TRAITÉ

DES

HORLOGES MARINES.

TRAITÉ

DES

HORLOGES MARINES,

CONTENANT

LA THÉORIE, LA CONSTRUCTION, LA MAIN-D'ŒUVRE DE CES MACHINES, ET LA MANIERE DE LES ÉPROUVER;

POUR PARVENIR, PAR LEUR MOYEN, A LA RECTIFICATION DES CARTES MARINES, ET A LA DÉTERMINATION DES LONGITUDES EN MER;

AVEC FIGURES EN TAILLE-DOUCE.

Dédié à SA MAJESTÉ, & publié par fes ordres.

Par M. FERDINAND BERTHOUD, *Horloger Méchanicien du Roi & de la Marine, ayant l'infpection de la conftruction des Horloges Marines, Membre de la Société Royale de Londres.*

A PARIS,

Chez J. B. G. MUSIER fils, Libraire, Quai des Auguftins, à S. Etienne.

M DCC. LXXIII.

AU ROI.

SIRE,

Si le zele qui m'anime pour le service de VOTRE
MAJESTÉ, *pour la gloire de son Regne & l'utilité*

publique, pouvoit suppléer en moi l'art heureux de présenter avec énergie des faits dignes de passer à la postérité ; je peindrois les Sciences & les Arts s'empressant à l'envi de seconder les grandes vues de VOTRE MAJESTÉ : d'un côté, de savants Académiciens envoyés par ses ordres à l'Equateur & au Pole, pour déterminer la figure exacte du Globe ; tandis qu'un célebre Astronome traçoit à l'extrémité de l'Afrique des Constellations inconnues à notre hémisphere : de l'autre, cet infatigable Citoyen qui, au dépens de ses jours, nous a procuré les moyens de mesurer l'intervalle immense qui sépare notre Planete du Soleil : ici, l'Académie des Sciences occupée à faire connoître à toutes les Nations la découverte & le secret de nos Arts : là, des Vaisseaux équipés en différents temps pour assurer la découverte des Longitudes & perfectionner la Géographie. Mais, SIRE, tous ces grands objets sont au-dessus de mes forces : trop heureux, si, conduit par l'exemple de ces bons Citoyens & pénétré du même esprit pour le bien public, j'ai pu remplir les ordres de VOTRE MAJESTÉ, en parvenant à composer & à exécuter des Horloges Marines assez exactes pour déterminer la Longitude en mer, même au-delà du

degré de justesse qu'exige la sûreté des Navigateurs !
C'est sous le regne & sous les auspices de *VOTRE
MAJESTÉ* que l'Art de l'Horlogerie , devenu
nécessaire à la Navigation comme il l'est à l'Astronomie,
a porté au dernier degré de perfection une découverte si
long-temps désirée , & dont il étoit réservé à *VOTRE
MAJESTÉ* de procurer la jouissance à toutes les
Nations. Tous mes souhaits seroient remplis ; j'aurois
obtenu la récompense la plus flatteuse ; si le Traité des
Horloges Marines que j'ai l'honneur de présenter à
VOTRE MAJESTÉ, & qui contient toute la suite
de mes recherches, pouvoit les rendre dignes de l'attention particuliere dont Elle a daigné les honorer.

    Je suis avec le plus profond respect ,

SIRE,

DE VOTRE MAJESTÉ,

Le très-humble & très-obéissant
serviteur,
FERDINAND BERTHOUD.

INTRODUCTION.

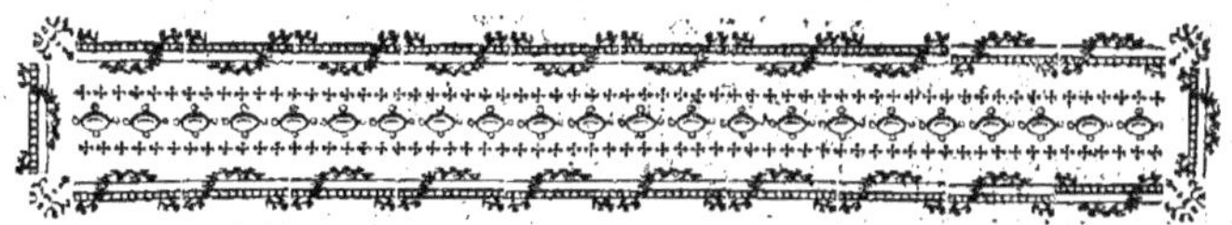

INTRODUCTION

AU TRAITÉ

DES HORLOGES MARINES.

La découverte d'un moyen propre à déterminer la Longitude (*a*) en mer, eft devenue, depuis plufieurs fiecles, l'objet des recherches des Savants & des Artiftes. Ce fameux Problême fe réduit à celui-ci : *Connoiffant l'heure qu'il eft au Navire* (*b*), *trouver quelle heure on doit compter au même inflant à un lieu dont*

(*a*) Pour déterminer exactement la véritable pofition abfolue d'un lieu fur le Globe Terreftre, & fa pofition relativement à celle des autres lieux, il faut connoître deux chofes; 1°. la diftance de ce point cherché, au Pole ou à l'Équateur, c'eft-à-dire, le nombre de degrés dont ce lieu eft avancé vers le Pole ou vers l'Équateur, dans la ligne qui va du Nord au Sud: on appelle *Latitude* cette quantité. 2°. Il faut connoître combien le lieu, dont on cherche la pofition, eft éloigné d'un autre lieu connu dans une ligne parallele à l'Equateur ou à la ligne *Eft* & *Oueft*, c'eft-à-dire, de combien le Méridien du lieu cherché, differe du Méridien du lieu connu; cette différence s'exprime en degrés ou en temps : & c'eft ce qu'on appelle *Longitude terreftre*. On détermine facilement la latitude d'un lieu quelconque,

parce que le Ciel préfente des points fixes qui fervent à cette mefure. L'Aftronomie fournit différentes méthodes pour déterminer la latitude ou la hauteur du Pole : on la déduit particuliérement de la hauteur méridienne des aftres.

Il n'eft pas auffi facile de déterminer la différence des Méridiens, parce que le mouvement de rotation de la Terre fur fon axe, qui fe fait dans le fens même de la longitude, empêche que nous n'ayons des points fixes dans le Ciel : on y fupplée à terre par les obfervations contemporaines d'un même phénomène célefte; mais les fecours que l'Aftronomie préfente à cet égard, ne peuvent pas s'appliquer avec facilité à l'ufage de la Navigation.

(*b*) Ou de tout autre lieu dont on cherche la Longitude.

la Longitude eft connue. La différence des temps, convertie en degrés, à raifon de 15 degrés par heure, donnera la Longitude cherchée du Navire, laquelle fervira à indiquer au Navigateur le véritable point du Globe où il fe trouve placé, & le chemin le plus court qu'il doit fuivre pour arriver à fa deftination, en évitant les écueils qu'il peut avoir à craindre. Voilà le premier ufage auquel on paroît avoir fixé cette recherche. Mais un fecond ufage qui n'eft pas moins effentiel, & qui eft plus preffant, c'eft de pouvoir, au moyen de cette découverte, rectifier la pofition des Ports, Ifles, Bancs, Côtes, &c. du Globe, afin de dreffer, d'après ces points, des Cartes exactes. Sans cette rectification, la détermination des Longitudes du Vaiffeau demeureroit imparfaite, puifqu'on iroit chercher un lieu où il n'eft pas en effet.

L'attention particuliere que les Souverains & les Nations intéreffées aux progrès de la Navigation, ont accordé dès long-temps à cette découverte, prouve affez fon importance & fon utilité. Si les récompenfes que la France a promifes, ne font pas auffi confidérables que celles que l'Angleterre a propofées ; un intérêt plus puiffant que l'attrait des récompenfes, l'honneur d'être utile à fa Patrie, & fur-tout l'accueil du Souverain, y ont fuppléé aux promeffes de la fortune, & ont excité les plus grands efforts. La Poftérité apprendra fans doute avec étonnement & avec reconnoiffance, de combien les Sciences & les Arts ont reculé leurs limites fous les yeux d'un Monarque qui les aime & les protege.

Mais pour nous renfermer dans notre objet, nous dirons

feulement que, dès l'année 1726, Sully, cet Artiſte à qui notre Horlogerie a dû ſon premier luſtre, reconnoît que c'eſt aux bien-faits du Roi qu'il doit l'état de perfeſtion de ſes ouvrages (*a*). Dans ces derniers temps, Sa Majeſté a fait armer pluſieurs fois, & à grands frais, des Vaiſſeaux pour éprouver les différentes méthodes propoſées pour la découverte des Longitudes en mer. C'eſt à cette Proteſtion diſtinguée du Gouvernement François, que je dois la ſuite de mon travail ſur les Horloges Marines (*b*). Le traitement favorable que le Roi a bien voulu accorder à mes recherches, prouve auſſi que la France, dans tous les temps, protege & récompenſe les découvertes utiles, ſans y être obligée par des Aſtes publics.

Parmi les encouragements excités en France pour la décou-verte des Longitudes en mer, on doit placer ceux que l'Aca-démie Royale des Sciences a propoſés. Cette ſavante Compa-gnie a fait pluſieurs fois, de cette découverte, le ſujet d'un Prix honorable (*c*).

Toutes les Méthodes propoſées juſqu'ici pour la ſolution de ce fameux Problême, ſe réduiſent à deux eſpeces principales : les obſervations Aſtronomiques (*d*), & les Machines ſervant à la

---

(*a*) Voyez *Deſcription abrégée d'une Horloge ſervant à la juſte meſure du temps en mer*, imprimée à Bordeaux en 1726; elle ſe vend à Paris chez Briaſſon.

(*b*) M. le Duc de Choiſeul, & enſuite M. le Duc de Praſlin, étant alors Miniſtres de la Marine.

(*c*) Ce n'eſt pas ſeulement par ſes Prix, que l'Académie fait naître parmi nous une louable émulation ; elle a plus fait encore en excitant cette émulation par des encou-ragements particuliers ; & je dois rendre

cet hommage à la vérité, que mes pre-mieres tentatives, pour la perfeſtion de l'Horlogerie, ont eu, pour premier but de mériter l'approbation de cette ſavante Compagnie, à qui je dois beaucoup.

(*d*) Qui ſont : 1°. Les Éclipſes de Lune. 2°. Les Éclipſes de Soleil. 3°. Les Éclipſes des Satellites de Jupiter. 4°. La diſtance de la Lune aux Étoiles ou au Soleil. 5°. Les hauteurs de la Lune, &c.

mefure du temps. Mais je ne parlerai ici que de la derniere,
qui a été l'objet de mon travail.

Cette Méthode eft la plus fimple (*a*) ; & on a lieu d'efpérer
qu'à beaucoup d'égards, elle fera plus exacte que les Méthodes Aftronomiques, fur lefquelles elle a l'avantage effentiel
d'être à la portée de tous les Marins, par la facilité des obfervations & des calculs ; ainfi il n'eft pas néceffaire d'exiger que
les Marins foient des Aftronomes, & moins encore qu'ils
foient obligés d'embarquer des Aftronomes avec eux , pour
pouvoir déterminer en mer la Longitude du Vaiffeau ,
fixer la pofition des Ifles, Ports, écueils, &c. En un mot,
les Navigateurs eux-mêmes pourront, par l'ufage des Horloges
Marines, achever un travail qui les intéreffe fi fort ; & les
Officiers de la Marine du Roi feront d'autant plus en état
de le. faire, que l'examen que l'on fait fubir aujourd'hui en
France à MM. les Gardes du Pavillon & de la Marine, oblige
ces jeunes Officiers de s'inftruire , & d'acquérir plus de connoiffances (*b*) qu'il n'en faut pour l'ufage des Horloges Marines ; enforte qu'ils feront en état de fuppléer, au befoin, à
l'ufage de ces Machines, par les obfervations & les méthodes

(*a*) Pour faire ufage des Horloges dans la Navigation, un feul inftrument eft né-ceffaire : c'eft l'Octant à réflexion, de M. *Hadley* , qui eft entre les mains de tous les Marins. Ainfi avec la Bouffole, l'Octant & l'Horloge, les Marins pourront conduire leurs vaiffeaux & rectifier les cartes, en fuppofant toujours l'exactitude requife de l'Horloge.

(*b*) M. *Bezout*, de l'Académie Royale des Sciences , Examinateur de MM. les Gardes du Pavillon & de la Marine, a compofé , par ordre du Miniftere , un Cours complet de Mathématiques à l'ufage de ces jeunes Officiers. On a lieu d'atten-dre les plus grands fruits de cet Établiffe-ment fi utile à la perfection de la Naviga-tion ; on en a même déja reffenti les bons effets, durant la campagne faite par MM. de *Fleurieu* & *Pingré* ; plufieurs jeunes Officiers qui furent embarqués , firent, avec beaucoup de facilité, les calculs & obfervations néceffaires à l'ufage des Hor-loges Marines.

Aftronomiques. Et il eft bon de ne point négliger ces dernieres Méthodes : car, plus on aura de moyens, plus on naviguera avec sûreté.

La Méthode de déterminer la Longitude en mer, par le moyen des Horloges, avoit été propofée fort anciennement ; & les Savants ont toujours convenu qu'elle étoit la plus fimple (*a*) & à la portée de tous les Marins. Mais plus cette Méthode paroiffoit utile à la Navigation, moins on ofoit fe flatter de parvenir à donner à des Horloges ou Machines fervant à la mefure du temps, une exactitude fuffifante pour pouvoir confier les Vaiffeaux à leur conduite : cette découverte étoit conftamment rangée dans la même claffe que la Pierre philofophale, &c. C'eft feulement de nos jours que l'Art de l'Horlogerie ayant été porté à un très-haut degré de perfection, on a commencé à penfer que les Artiftes qui s'occupoient de cette recherche, pourroient enfin arriver au

---

(*a*) La difficulté de cette méthode confifte uniquement dans la conftruction d'une Horloge exacte, qui conferve conftamment une marche uniforme, malgré les agitations du Vaiffeau, les différences de la température, les variations des frottements, &c. Mais ayant une Machine dans laquelle on a détruit ces obftacles, on déterminera toujours facilement, par fon moyen, les longitudes, c'eft-à-dire, la différence qu'il y a (en temps ou en degrés) entre le Méridien du Vaiffeau, & un Méridien quelconque connu. Car fi, en partant d'un lieu dont la longitude eft connue, on met l'heure de l'Horloge à l'heure de ce lieu du départ ; & qu'après deux mois de Navigation, par exemple, on defire connoître la longitude du Vaiffeau, il ne faudra, pour l'obtenir, que trouver quelle heure il eft au Vaiffeau, & comparer cette heure, ou temps trouvé, avec l'heure de l'Horloge Marine, (laquelle a dû conferver, comme en dépôt, l'heure qu'il eft au même inftant au lieu de départ) : la différence des heures donnera la différence des longitudes. Si il y a donc une heure de différence entre l'heure du Vaiffeau & l'heure du lieu de départ, on fera affuré qu'il y a 15 degrés de différence en longitude, entre le Méridien du Vaiffeau & celui du départ ; ce qui eft évident, puifque la circonférence de la Terre, dont la révolution fe fait en 24 heures, étant compofée de 360 degrés, une heure de temps répond à 15 degrés de longitude, & 4′ de temps à un degré. Je me borne à cette courte explication, parce que cette matiere eft fuffifamment connue aujourd'hui.

but ; & il a fallu le travail de plus d'un siecle pour amener le Public à ce point d'espérance. Enfin les épreuves qui ont été faites dans ces derniers temps, tant en France qu'en Angleterre, peuvent changer nos espérances en certitudes.

Mais si nous pouvons aujourd'hui nous flatter d'être arrivés au but, en procurant à la Navigation une découverte qui lui est si utile, nous n'avons pu le faire qu'en ajoutant aux anciennes recherches, le degré de perfection qui leur manquoit.

L'Art de l'Horlogerie, si perfectionné de nos jours, doit au célebre *Huyghens*, les plus belles de ses découvertes, le Pendule & le Spiral, les deux parties les plus essentielles de la mesure du temps. Il est aussi un des premiers qui ait proposé de faire servir les Horloges à la détermination des Longitudes en mer ; & les Machines qu'il fit exécuter, & qui furent embarquées (*a*) en 1664, sont certainement les premieres dont on ait fait usage en mer.

L'Académie Royale des Sciences de Paris, proposa, pour le Prix (*b*) de 1720, cette Question :

Quelle seroit la maniere la plus parfaite de conserver sur mer l'égalité du mouvement d'une Pendule, soit pour la construction de la Machine, soit par la suspension.

Le Prix fut accordé à un Mémoire fait par M. *Massi*, Horloger Hollandois. A juger de ce Mémoire, on doit penser qu'il y eut alors peu de Concurrents, ou que l'Art de l'Hor-

---

(*a*) Voyez son Traité des Horloges, imprimé à Paris chez Muguet, en 1673. | (*b*) Voyez le premier Volume des Prix de l'Académie.

logerie étoit encore dans l'enfance : car, on n'y voit aucunes vues nouvelles, ni rien qui pût annoncer la précifion requife ; à moins qu'on ne regarde comme tel le moyen qu'il propofe, pour empêcher la Machine de varier par le chaud & le froid : c'eft de la placer dans une armoire avec une lampe , qui puiffe y entretenir une température uniforme ou conftante.

Vers le même temps, *Sully* s'occupoit en France de cette recherche (*a*). Le génie & les talents de cet Artifte célebre, fembloient lui affurer le fuccès. Il publia en 1726, la *Defcription abrégée d'une Horloge d'une nouvelle invention, pour la jufte mefure du temps fur mer* (*b*). Il rend compte dans cet Ouvrage (*c*) du fuccès des épreuves qu'il avoit faites en mer avec deux de fes Horloges. Ces épreuves furent faites à Bordeaux en 1726.

A juger des Horloges Marines de Sully, par l'ouvrage dont nous venons de parler, on peut penfer qu'il ne lui reftoit qu'un pas à faire pour arriver fort près du but ; mais pour franchir cet intervalle, il falloit des connoiffances dont la découverte ne pouvoit fe faire que lentement, & à mefure que l'Art fe perfectionneroit.

L'Académie Royale des Sciences propofa un nouveau Prix en 1745 : il fut remis pour l'année 1747. Le fujet étoit cette

(*a*) On trouve dans le Recueil des Machines approuvées par l'Académie, *Tome III, page 93*, la defcription & le plan d'une Montre qu'il préfenta à l'Académie en 1716, & qu'il deftinoit à la mer.

(*b*) Le premier Mémoire dont il parle dans cet Ouvrage, fut lu devant l'Académie Royale des Sciences, le 17 Avril 1723.

(*c*) Imprimé à Bordeaux, chez les freres *Labottiere*. Ce Livre eft fort rare, & je n'ai pu me le procurer qu'en 1765. Mais on peut voir le deffin gravé de l'Horloge Marine de Sully, Recueil des Machines de l'Académie, *Tome IV*, & dans le Traité d'Horlogerie de *Thiout*.

Queſtion (*a*) : *La meilleure maniere de trouver l'heure en mer*, *ſoit dans le jour*, *ſoit dans le crépuſcule*, *& ſur-tout la nuit*, *quand on ne voit pas l'Horiſon*. Ce Prix a été remporté par M. Daniel Bernoully. Son Mémoire a pour titre : *Recherches mécha-niques & Aſtronomiques*. On y trouve des recherches très-pro-fondes ſur la Meſure du temps, & particuliérement ſur les Horloges Marines. Si ce célebre Géometre eût été à portée de faire lui-même l'application de ſes Principes aux Horloges Marines, on ne peut pas douter que nous n'euſſions joui plutôt de cette importante découverte.

Je n'entreprendrai point de rapporter ici les Principes & la Théorie que MM. Huyghens, Sully & Bernoully ont établis ſur les Horloges Marines, dans les Ouvrages que je viens de citer; il faut recourir à leurs Ouvrages mêmes, qui ne pour-roient que perdre, ſi on vouloit en donner l'extrait.

En ſuivant l'ordre des dates, c'eſt ici le lieu de parler de mes propres recherches & de mon travail ſur la même matiere; car je dirai, parce que je le dois & que j'y ſuis forcé, que, depuis Sully, je ſuis le premier en France qui me ſois occupé de la détermination des Longitudes en mer par des Horloges. Non-ſeulement l'ancienneté de mes recherches eſt conſtatée par la date de divers Projets (*b*) que j'ai dépoſés en différents temps au Secrétariat de l'Académie ; elle l'eſt encore par

---

(*a*) Prix de l'Académie, *Tome VI.*
(*b*) Le premier Projet que j'ai dépoſé à l'Académie, eſt du 20 Novembre 1754. (Voyez Appendice N°. 1.) Mais avant de dépoſer ce Projet, je m'étois occupé de cette recherche, laquelle avoit été précédée par d'autres travaux qui m'ont conduit à perfectionner quelques parties de l'Hor-logerie. *Voyez Eſſai ſur l'Hrlogerie.*

l'exécution

l'exécution & l'épreuve même de mes premiers Effais en ce genre. Car mon Horloge Marine N°. 1 , eft la premiere Horloge Marine qui ait été faite en France depuis celle de Sully (*a*). Mon *Effai fur l'Horlogerie*, eft de même le premier Ouvrage qui ait été publié en Europe, fur les principes & la conftruction d'une Horloge Marine ; enfin ma Montre Marine, N°. 3 , eft la premiere Machine de cette efpece éprouvée en France (*b*). Ainfi quand même mes Horloges Marines ne feroient pas les plus parfaites qui ayent été faites, j'aurois au moins la gloire d'être le premier en France qui , de nos jours, ait tenté cette recherche, & qui en aye indiqué la route. Je dois même avouer que c'eft à l'ancienneté de mon travail & de mes recherches fur les Horloges Marines, que j'ai dû l'honneur d'avoir été choifi (en 1763) par l'Académie Royale des Sciences (*c*), & envoyé, par ordre du Roi, à Londres avec M. *Camus* , pour affifter à l'examen (*d*) qui avoit été propofé pour la Montre de M. *Harrifon.*

Cependant fi ce travail n'avoit d'autre mérite que fon ancienneté en France, je me garderois bien d'ofer le préfenter

---

(*a*) *Voyez* Appendice N°. 2 , le rapport de l'Académie fur cette Horloge.

(*b*) M. Duhamel & M. l'Abbé Chappe furent chargés de cette épreuve. M. le Duc de Choifeul, alors Miniftre de la Marine , ordonna l'armement de la Corvette l'Hyrondelle , qui fut commandée par M. le Chevalier de Goimpy. Au retour de l'épreuve , M. l'Abbé Chappe en rendit compte à l'Académie , dans la féance publique du 14 Novembre 1764. On a lieu d'être furpris de ne point trouver ce Mémoire dans les Volumes des *Mémoires de l'Académie* , ni pour l'année 1764, ni pour les fuivantes.

(La loi que je me fuis impofée, ne me permet pas d'interpréter cet oubli, qui ne peut être attribué à M. l'Abbé Chappe.) M. l'Abbé Chappe m'en avoit remis une copie long-temps avant fon départ pour la Californie, & le Mémoire original même m'a été donné par le frere de M. l'Abbé Chappe, en 1770 : c'eft ce Mémoire que je donne ici dans l'Appendice N°. 6.

(*c*) *Voyez* Appendice N°. 3.

(*d*) Nous fîmes le Voyage ; mais l'examen , comme tout le monde fait, n'eut pas lieu.

c *

au Public ; mais les épreuves qui ont été faites ; prouvent affez de jufteffe dans ces Machines, pour que, fans trop fe flatter, on puiffe penfer que mes travaux feront utiles à la Navigation.

Je ne me permettrai pas de parler ici des tentatives qui ont été faites par d'autres Artiftes depuis mes premiers effais, & la publication de mes Recherches : il ne m'appartient pas de juger mes Contemporains.

Parmi les différents travaux dans lefquels cette Recherche m'a engagé, je puis compter onze Horloges Marines exiftantes, & toutes différentes les unes des autres. Il y en a de ce nombre qui n'ont pas été totalement terminées ; mais j'ofe affurer qu'il n'y en a aucune qui n'eût pu fervir, fi, au lieu d'en commencer une autre, j'euffe voulu la rectifier (*a*). Ces onze Horloges font le fujet de ce Traité, dans lequel eft également compris la Théorie fervant de bafe à ces Machines, les Inftrúments propres à les exécuter, &c. Pour fe former une idée de mon Ouvrage, onpeut confulter la Table des Chapitres ; cette Table tient ici lieu d'un Plan de l'Ouvrage.

J'étois occupé du travail de mes quatrieme & cinquieme Horloges Marines, lorfque le Miniftere, inftruit depuis long-temps de l'objet de mes Recherches, me chargea, en 1766,

---

(*a*) Je fuis même fortement perfuadé que fi j'avois eu la conftance de faire à ma premiere Horloge Marine, les corrections dont elle étoit fufceptible, en rectifiant les défauts que j'y avois reconnus, elle eût pu donner une plus grande exactitude qu'aucune autre de mes Horloges Marines : (*voyez* n°. 497) ; en forte que dès l'année 1761, nous aurions joui de cette découverte : je me ferois évité bien du travail ; mais je dois auffi convenir que les difficultés que j'ai éprouvées, ont fervi à m'inftruire plus particuliérement fur cette matiere.

de la compofition & de l'exécution de deux Horloges Marines pour le compte de Sa Majefté. Ces Machines, connues
fous le nom d'*Horloges*, N°. 6 & N°. 8, furent terminées en
Septembre 1768. M. le Duc de Praflin, Miniftre de la Marine, ordonna auffi-tôt l'armement d'une Frégate, pour faire
l'épreuve de ces Machines. Le Commandement de la Frégate
fut accordé à M. de Fleurieu (*a*), Enfeigne de Vaiffeau ; &
il fut auffi chargé, conjointement avec M. Pingré, des obfervations qui devoient conftater la marche des Horloges. Ces
épreuves eurent un fuccès (*b*) tel qu'on pouvoit le défirer.
Le Rapport fait par l'Académie, en conféquence des ordres
du Roi, ayant été renvoyé au Miniftre de la Marine, le Traité
qui avoit été fait pour ces Horloges, eut fon entier effet.

L'Académie, peu de temps après, follicita, auprès du Miniftre de la Marine, un Armement deftiné à des épreuves propres à fixer le mérite des différentes Méthodes propofées pour
les Longitudes. L'exécution de ce projet fut alors retardée ;
mais les vues d'utilité publique qu'il renfermoit, ne pouvoient
échapper au Miniftre éclairé qui fuccéda à M. le Duc de
Praflin. M. de Boynes ordonna en effet au mois de Septembre
1771, l'armement de la Frégate la Flore. Je reçus l'ordre de
faire embarquer une de mes Horloges fur ce Vaiffeau ; mais

(*a*) Pour juger de l'utilité de ces Horloges & de leur exactitude, on doit confulter
le *Voyage fait par ordre du Roi* en 1768 &
1769, publié par M. de Fleurieu. On verra
également combien cet habile Officier a
fu faire fervir cette campagne à la perfection de la Navigation.

(*b*) Voyez dans la feconde Partie de cet
Ouvrage, N°. 715, & N°. 899, l'extrait
de la marche des Horloges Marines, N°. 6
& N°. 8, pendant cette campagne, qui a
duré un an. On peut auffi confulter le
Rapport de l'Académie, *Appendice* N°. 8.

non point à titre d'Epreuve (*a*), ni pour concourir (*b*). La marche de cette Horloge durant cette feconde Campagne, a été encore plus exacte (*c*) que dans la premiere ; enforte qu'il eft bien prouvé que mes Horloges Marines (*d*) ont rempli le but propofé. Il ne refte maintenant qu'à établir l'ufage de ces Machines dans la Marine ; & c'eft ce qu'on a lieu d'attendre d'un Miniftre qui connoît & protege également tout ce qui eft bon & utile à la Navigation.

L'Horloge Marine, N°. 8, pouvoit être confidérée, ainfi que je l'avois annoncé, comme la plus parfaite des deux que j'avois faites pour le compte du Roi. Mais j'efpérois encore pouvoir aller au-delà de ce point ; enforte qu'auffi-tôt après que l'Horloge N°. 8, fut terminée, & après fon départ pour fes Epreuves en 1768, je m'occupai de la conftruction d'une nouvelle Horloge qui fut bientôt exécutée. Quoique cette Machine foit terminée depuis long-temps, elle n'a pas encore été en mer. J'efpere qu'après avoir fait quelques rectifications, elle pourra remplir le but que je me fuis propofé (*e*). Je ne parle point ici de la fuite de ce travail, ni des Horloges N°. 10 & 11, qui font partie du Traité que je publie.

En parvenant, comme j'ai eu le bonheur de le faire, à la compofition de bonnes Horloges Marines, jugées telles par des expériences fûres, je ne crois pas avoir affez fait ; ce n'eft

---

(*a*) Voyez, *Appendice* N°. *9*, l'extrait d'une Lettre écrite par M. de Boynes à M. de Fleurieu, fur cette Campagne.

(*b*) Voyez même N°. *9* de l'Appendice.

(*c*) Cette Campagne a duré un an. Voyez la marche de l'Horloge pendant ce temps, n°. 1466 ; & n°. 1467 les Longitudes qui ont été conclues d'après la marche de cette Machine pendant cette feconde Campagne.

(*d*) Voyez, *Appendice* premiere fuite du N°. 11. la Lettre de M. l'Abbé de Rochon, écrite de l'Ifle de France, fur la marche de l'Horloge N°. 6.

(*e*) Voyez, n°. 947 & fuiv. ce qui concerne cette Machine.

même pas encore affez d'en publier la conftruction par des difcours & par des Planches. Pour qu'on puiffe facilement en exécuter de pareilles, il faut indiquer aux Ouvriers toutes les
dimenfions d'une telle Machine, parce qu'aucune n'eft indifférente à fa perfection. Il faut, pour les Artiftes, leur rendre
compte des expériences & des raifonnemens qui nous ont
conduit à la détermination exacte des dimenfions & de la conftruction de cette Machine ; & l'on doit également & aux Savants & aux Artiftes, le détail des Principes & de la Théorie
qui ont fervi de bafe à leur compofition. Cette Théorie & ces
Principes font utiles aux Artiftes pour les diriger, foit qu'ils
veuillent en exécuter de femblables, ou les porter à une plus
grande perfection. Ils font utiles aux Savants & au Public, pour
leur faire connoître que fi des Horloges Marines, ainfi conftruites, donnent une grande jufteffe, elle n'eft due ni au hafard
ni à des tâtonnements d'exécution; mais qu'elle eft une fuite néceffaire de fes Principes de conftruction ; & les Savants eux-mêmes
pourront ajouter à l'épuration de ces Principes. Tel eft le plan
que je me fuis fait dès le moment que des expériences certaines
m'ont affuré de l'exactitude de mes Horloges Marines. J'ofe
croire que leur fuccès eft dû aux Principes de conftruction qui
leur fervent de bafe. Je dois, pour me conformer aux inten-
tions du Miniftere, autant que pour fatisfaire à mes propres vues,
publier, fans aucune réferve, toutes mes recherches fur cette
matiere (a); j'efpere qu'elles ferviront de guide aux Artiftes

---

(a) Le Traité des Horloges marines que je publie aujourd'hui, comprend en général tout ce qu'il eft néceffaire de favoir pour exécuter des Horloges marines femblables à qui voudront exécuter de femblables Machines: elles pourront également aider ceux qui voudront porter ce travail à un plus grand degré de perfeâion.

En publiant, comme je le fais aujourd'hui, toutes les con-noiffances que plus de vingt ans d'un travail affidu m'ont acquifes pour parvenir à la perfeâion des Horloges Marines, j'ai fait tout ce qui étoit èn mon pouvoir pour faire jouir les Navigateurs de cette découverte. Le feul fervice que je puiffe ajouter à celui-ci (fi j'ofe le regarder comme tel), c'eft de former des Artiftes capables de continuer le même travail, c'eft-à-dire, d'exécuter des Horloges Marines auffi exaâes qu'il eft poffible ; mais on conçoit aifément qu'avec le plus grand defir d'y réuffir, & d'établir l'ufage des Horloges Marines dans la Navigation, cela ne dépend nullement de ma volonté. Il n'y a pas plus de difficultés de la part des Artiftes : il en exifte au-jourd'hui d'affez habiles & intelligents pour devoir être cer-tain, qu'étant conduits, ils pourront devenir en état d'exécu-ter des Horloges Marines exaâes & telles que la Théorie le prefcrit. J'ofe croire que l'étude de l'Ouvrage que je publie aujourd'hui, feroit prefque fuffifante. Pour établir donc l'ufage des Horloges Marines dans la Navigation, cela ne peut appar-tenir aâuellement qu'aux Puiffances intéreffées aux progrès & à la fûreté de la Marine ; car on ne peut exécuter des Ouvrages

celles que j'ai faites ; favoir, la théorie qui fert de bafe à leur jufteffe ; la conftruâion des diverfes Horloges Marines que j'ai exé-cutées ; la defcription des inftruments & outils que j'ai employé à leur exécution ; un traité de la main-d'œuvre de ces Machines ; enfin la maniere d'éprouver & de reâifier les Horloges Marines, pour leur donner toute la jufteffe dont elles peuvent être fufcepti-bles par leur conftruâion. La Table des Chapitres & de leurs divifions, préfente en abrégé le Plan de cet Ouvrage.

de cette nature, à moins qu'ils ne foient deftinés : & on ne peut former des Artiftes & des Ouvriers, qu'en exécutant de pareilles Machines. Enfin la perfection que l'on peut ajouter aux Horloges Marines, dépend également de l'ufage répété qu'on en fera. Si je defire, comme je le fais, de voir l'ufage de ces Machines établi, je puis affurer qu'en cela je ne confulte ni le repos dont je puis avoir befoin, ni mon intérêt particulier, mais uniquement le bien de la chofe : car je ne croirai avoir atteint au but que je me fuis propofé, que lorfque les Horloges Marines feront employées & reçues par les Navigateurs.

Une objection qui pourroit être faite, c'eft que des Machines de cette efpece font néceffairement d'un grand prix, en forte qu'on ne pourra pas en multiplier le nombre autant qu'il en feroit befoin; mais j'ai paré à cette difficulté autant qu'il étoit en moi : 1°. en réduifant le méchanifme de ces Machines à la plus grande fimplicité poffible, fans cependant diminuer leur exactitude ; 2°. en conftruifant une autre forte d'Horloge, qui, étant d'un moindre volume, deviendra néceffairement moins coûteufe (*a*) : celle-ci fervira aux ufages ordinaires de la Navigation, & pour des Campagnes de moindre durée; tandis que la premiere efpece fervira, fur-tout, pour les grandes Expéditions, pour rectifier les Cartes, &c. (Voyez Chapitre XIV, deuxieme Partie, N°. 1052).

(*a*) Le prix de ces Machines ne fera nullement proportionné aux dépenfes immenfes que cette Recherche m'a occafionnées, & au temps que j'y ai employé. Tel grand que foit le facrifice, & tel tort qu'il ait fait à ma fortune, je me crois dédommagé fi mon travail eft utile à la Navigation.

Si les Horloges Marines ont procuré, ainfi qu'il eft prouvé, des moyens d'utilité pour les Navigateurs, on doit convenir qu'on a, par-là même, enrichi l'Art de la Mefure du temps, d'une découverte qui lui eft également honorable, & qui fervira à fa perfection; en forte qu'on a lieu d'efpérer que les Principes qui fervent de bafe à ces Machines, & la conftruction de ces Horloges, ferviront à étendre les limites de l'Art : car ces Principes, & la conftruction de ces Machines, peuvent également s'appliquer à des Montres portatives (*a*), & rectifier encore les Horloges Aftronomiques. C'eft un point de vue qui m'a toujours guidé; & j'avois, en conféquence, tenté depuis long-temps de faire une Montre *Aftronomique* (*b*) très-exacte; mais occupé du travail des Horloges Marines, je l'ai beaucoup négligée. Depuis ce temps mes Horloges Marines s'étant perfectionnées, & leurs principes épurés, j'ai pu compofer une nouvelle Montre Aftronomique (*c*), qui, j'efpere, fera affez parfaite pour pouvoir fervir à déterminer les

(*a*) Dès 1764, je conftruifis une Montre de poche, dans laquelle je raffemblai divers moyens qui devoient en rendre la marche exacte, appuyés fur les principes qui fervent de bafe à mes Horloges Marines. Cette Montre à fecondes fut terminée en 1765 ; mais l'exécution ne répondant point aux principes, je n'en tirai pas la précifion que j'en devois attendre; en forte que je la vendis à Londres en 1766. J'en commençai auffi-tôt une autre, que M. de Fleurieu emporta encore imparfaite en 1768. A fon retour, en 1769, j'en achevai les corrections. Les deux Montres dont je viens de parler, n'étoient différentes des autres que parce que le Régulateur en étoit plus puiffant, & qu'elles avoient un méchanifme

de compenfation. Je dépofai, le 29 Août 1764, à l'Académie, avant de partir pour Breft, les Principes de conftruction, & les deffins de cette forte de Montre. Voyez *Appendice* N°. 4.

(*b*) Dès 1765, j'avois commencé une Montre Aftronomique fort différente des précédentes, & dans laquelle je raffemblai tous les moyens employés dans mes Horloges marines ; le mouvement en fut fait cette même année : elle étoit deftinée pour M. le Marquis de Courtenvaux; mais elle n'a pas été achevée.

(*c*) L'exécution de cette Machine eft fort avancée, & également deftinée à M. de Courtenvaux.

longitudes

Longitudes fur terre, fur-tout pour les petites diftances. Enfin, pour tirer tout le fruit qu'on doit attendre de la découverte des Horloges Marines, je me propofe auffi de faire ufage des recherches dans lefquelles elles m'ont engagé, pour donner un nouveau degré d'exactitude aux Horloges Aftronomiques ; mais ce travail n'appartient point au Traité des Horloges Marines.

Je ne traiterai point ici de la maniere de faire ufage des Horloges Marines dans la Navigation, foit pour rectifier les Cartes, trouver la Longitude du Vaiffeau, régler les Atterrages, &c. M. de Fleurieu l'a fait d'une façon claire, fimple & lumineufe, dans le *Voyage fait par ordre du Roi*, (a) en 1768, & 1769, pour l'épreuve de mes Horloges Marines, N°. 6 & N°. 8.

L'*Appendice* qui termine l'Ouvrage utile dont nous parlons, contient les Méthodes que l'on doit employer pour faire fervir les Horloges à la Navigation. L'Auteur étoit d'autant plus en état de prefcrire des regles exactes, qu'il joint au zèle d'un bon Citoyen, les connoiffances relatives à la Marine, celles de l'Aftronomie & de la Méchanique (*b*). Et fi les Horloges Marines préfentent des moyens certains pour la rectification des Cartes, d'où dépend la fûreté des Navigateurs, on doit convenir que M. de Fleurieu eft le premier qui ait fait fervir ces Machines à cet objet effentiel (*c*).

(*a*) Il s'imprime à l'Imprimerie Royale. Ce Livre a pour titre : *Voyage fait par ordre du Roi en 1768 & 1769, à différentes parties du monde, pour éprouver en mer les Horloges marines de M. Ferdinand Berthoud, &c.* publié par ordre du Roi.

(*b*) M. de Fleurieu étant encore à Toulon, envoya un projet d'Horloge Marine à M. le Duc de Choifeul. Les Commiffaires qui furent choifis par ce Miniftre pour l'examiner, lui en rendirent un compte très-favorable.

(*c*) Les Horloges Marines, N°. 6 & N°. 8, font, en effet, les premieres Machines de cette efpece qui ayent réellement fervi dans la Marine.

d *

Le Traité des Horloges Marines que je publie aujourd'hui ; contient la Description de onze Machines ou Horloges pour la Mesure du temps en mer : elles sont différentes les unes des autres à bien des égards. On pourroit être incertain sur le choix : & l'embarras de donner la préférence à l'une plutôt qu'aux autres , pourroit induire à penser que , dans ce grand travail, j'ai été entraîné par des Essais hasardés. Je dois donc au Public plus qu'à moi-même , sinon de justifier mes recherches, du moins d'exposer ici, en peu de mots , quel esprit les a dirigées.

Toutes les Horloges Marines que j'ai décrites dans cet Ouvrage , peuvent être rangées sous trois classes ou trois points de vue différents. Mon 1er objet a été de faire une Machine qui puisse mesurer le temps en mer avec la plus grande exactitude possible, comme le font nos Horloges Astronomiques à Terre, & je ne m'occupois ni du volume ni de la *dépense* (*a*). Dans la seconde classe je dois comprendre les Horloges dont on a cherché à réduire le volume (*b*), afin de les rendre moins embarrassantes dans le Vaisseau : enfin la derniere comprend les Horloges Marines

---

(*a*) Dans mes premieres tentatives, le mot *dépense* ne s'étoit pas encore présenté à mon esprit comme un obstacle : la perfection seule m'occupoit ; & ce n'est que long-temps après qu'on m'a fait considérer le volume & le prix de ces Machines.

(*b*) Si je n'avois consulté que mes propres idées , sans m'occuper des difficultés qui m'ont souvent été faites , soit sur le volume ou sur le prix de ces Machines , je n'aurois certainement considéré ni choisi comme Horloges Marines, que celles de la premiere classe ; mais malheureusement je me suis laissé entraîner contre mes propres principes , & j'ai consumé en diverses tentatives, un temps qui auroit été mieux employé si je n'eusse suivi que mes seules idées. Cependant j'avoue que ces diverses recherches feront non-seulement utiles à la Marine même , mais de plus elles serviront à perfectionner l'Art de l'Horlogerie. Je dois même ajouter ici que de toutes les Machines dont je rends compte dans cet Ouvrage , il n'y en a aucune qui n'eût rempli sa destination pour la détermination des Longitudes en mer , mais avec un peu plus ou un peu moins de précision.

faites à deffein d'en diminuer le prix, pour rendre plus général l'ufage de ces Machines.

Les Horloges Marines N°. 1, N°. 2, N°. 8, N°. 9 & N°. 10, font partie de la premiere Claffe. Les Horloges N°. 6 & N°. 7, forment la feconde ; la Montre Marine N°. 3, & l'Horloge N°. 11, font de la derniere.

De toutes les Horloges Marines que j'ai compofées & exécutées, j'ai lieu de croire que celle N°. 1, auroit donné la plus grande exactitude, fi, dès le commencement de 1761, qu'elle fut terminée, j'euffe fait à cette Machine les corrections que l'expérience & diverfes recherches m'enfeignoient : dès ce moment, nous aurions joui d'une Machine très-exacte pour la Mefure du temps à la mer. Mais la grandeur que j'avois donnée à cette Horloge, l'auroit peut-être rendue incommode dans un Vaiffeau ; en forte que quand même elle auroit eu la plus grande juftefle, les Marins ne l'auroient employée qu'avec peine. Je la laiffai donc en fon premier état, pour en commencer une autre moins embarraffante. Je n'ai cependant pas abandonné le Projet de rectifier (a) cette premiere Horloge ; j'efpere même pouvoir m'en occuper bientôt, quand ce ne feroit que pour connoître tout ce qu'on en peut obtenir ; mais fût-elle la plus parfaite qu'on puiffe défirer, une Machine de cette efpece ne pourroit pas être facilement imitée, & dès-lors, elle ne feroit pas d'un ufage

(a) On peut même en diminuer le volume, en changeant la fufpenfion, & fans déranger le Régulateur, qui eft l'objet effentiel ; le Rouage & le Méchanifme de Compenfation ferviront également.

général dans la Marine. Je penſe que l'Horloge Marine N°. 8, ſera celle qui tiendra un juſte milieu entre celles que j'ai décrites, & dont on pourra étendre l'uſage dans la Navigation.

J'ai cru que ce court Expoſé de mon travail, en préſentant l'idée que l'on doit s'en former, ne ſeroit pas déplacé à la ſuite de cette Introduction.

TABLE
DES CHAPITRES
DU TRAITÉ DES HORLOGES MARINES.

PREMIERE PARTIE.

De la Théorie servant à la Construction des Horloges Marines.

Description

TROISIEME PARTIE.

De la Main-d'œuvre des Horloges Marines.

QUATRIEME PARTIE.

Des épreuves & opérations par le moyen defquelles on peut donner aux Horloges Marines toute la perfection dont elles peuvent être fufceptibles.

A P P E N D I C E.

Contenant diverfes Pieces relatives à la recherche & au travail de mes Horloges Marines.

TABLE DU SUPPLÉMENT

au Traité des Horloges Marines.

ERRATA.

PAGE 70, *lig.* 5 , j'ai appellai , *liſez :* j'ai appellé.

Page 70, *lig. 6* , Planche XXIV, *liſez :* Planche XXV.

Page 93 , *lig.* 15 , de effets, *liſez :* des effets.

Page 115 , nᵒ. 262 , *liſez :* 362.

Page 116, nᵒ. 365 : 3ᵒ. *liſez :* nᵒ. 365 : 4ᵒ.

Page 170 , *lig.* 4 , Deſcription de l'Horloge Marine nᵒ. 1 , *liſez :* Deſcription de l'Horloge Marine Nᵒ. 2.

Page 180, nᵒ. 537, *lig.* 4 , les grands leviers *MM*, *liſez :* les grands leviers L L.

Page 199 , nᵒ. 592 , *liſez :* 591.

Page 222 , 1ʳᵉ. lig. Dſipoſition, liſez : Deſcription.

Page 226 , nᵒ. 672 , *lig.* 7 , mêmes poids , *liſez :* même poids.

Page 280 , nᵒ. 867 , *lig.* 1 , les petits cerles , *liſez :* les petits cercles.

Page 341 , nᵒ. 1041 , *lig.* 5 , le pont *V* , du levier, *liſez :* le pont *Y* du levier.

Page 357 , nᵒ. 1082 , *lig.* 18 , le bout *C* du garde chaîne, *liſez :* le bout *c* du garde chaîne.

Page 366 , *lig.* 2 , *A B* eſt le platine cadran, *liſez : A A* eſt le platine cadran.

Page 383 , *lig.* 4 , (*fig.* 1.) , *liſez :* (*fig.* 3.).

Ibid. *lig.* 8 , la pointe des vis , *liſez :* la pointe des vis *d d*.

Page 386 , nᵒ. 1143 , *lig.* 3 , les plus inclinés , *liſez :* les plans inclinés.

Page 492 , nᵒ. 1043 , *liſez :* 1403.

AVIS AU RELIEUR.

LES **27** *Planches ſeront placées ſelon l'ordre de leurs Numéros à la fin de l'Ouvrage, après la Table des Matieres.*   TRAITÉ

TRAITÉ
DES HORLOGES
MARINES.

PREMIERE PARTIE.

De la Théorie servant à la construction
des Horloges Marines (ª).

CHAPITRE PREMIER.

Du degré de justesse que doit avoir une Horloge Marine;
des obstacles à vaincre pour faire servir les Horloges
à la Navigation.

1. POUR parvenir sûrement à la composition d'une machine
qui mesure le temps, & déterminer parfaitement les dimensions
des différentes parties qui doivent en constituer le *système*, il faut

(ª) Je fais précéder, ainsi que cela doit
être, l'exécution par la théorie ; je donnerai
cependant ci-après une partie de la théorie
qui n'a été conduite au point où je l'ai portée,

A *

le concours de l'*Invention*, de la *Théorie*, de la *Main-d'œuvre*, & de l'art des *Expériences*.

1°. *L'Invention* ou l'application des moyens, c'est-à-dire, la construction même de l'Horloge : cette partie est la base d'une bonne machine.

2°. *La Théorie*, ou les principes qui servent à régler l'application des moyens de construction.

3°. *La Main-d'œuvre* qui met en exécution la construction de l'Horloge avec la perfection que la théorie exige.

4°. *L'Expérience* : c'est à l'aide de cette derniere seulement qu'il est possible de fixer les limites de la théorie par la connoissance des obstacles qu'opposent la matiere, le mouvement, le frottement, &c.

2. C'est la réunion de ces quatre parties principales qui peut porter une machine quelconque servant à la mesure du temps à sa plus grande perfection. Mais si, dans les Horloges ordinaires, cette réunion est nécessaire, elle est sur-tout indispensable dans les Horloges Marines, dont l'usage exige qu'elles aient la plus grande exactitude, par les conséquences qui résulteroient de leurs erreurs, si l'on abandonnoit aveuglément la conduite des Vaisseaux & la vie des hommes à des horloges dans lesquelles une ou plusieurs de ces choses auroient été négligées. C'est à traiter de cette partie essentielle de la mesure du temps que je vais travailler ; j'espere qu'animé par l'amour du bien public & par la gloire de l'entreprise, si je ne parviens pas tout-à-fait au but, j'aurai du moins la satisfaction d'avoir applani la route.

3. Jusqu'à ce jour, j'ai exécuté moi-même dix Horloges Marines : presque toutes ont pour base les mêmes principes de construction ; mais elles different principalement par leurs dimensions. C'est à l'aide des expériences multipliées que l'exé-

---

qu'au moment où j'exécutai la sixieme de mes Horloges Marines ; c'est celle qui concerne le spiral, que j'avois cependant annoncée, en donnant les premiers projets de mes Horloges (*Essai sur l'Horlogerie*, n°. 512). J'avois de même projetté dans ma seconde Horloge Marine d'adopter le poids pour moteur (*Ess.* n°. 2210) ; mais je n'en ai fait l'application qu'à ma sixieme Horloge ; je n'ai pas cru devoir changer l'ordre naturel de cet Ouvrage, ni suivre celui des temps pour une partie de la théorie qui n'a pas été amenée avant l'exécution des Horloges, au point où je l'ai ensuite conduite.

cution de ces machines a entraînées, & par une étude fuivie de
la théorie ou de leurs principes, que je fuis également parvenu
à fixer, & les limites de ces principes & les dimenfions de chaque
partie de ces machines. Je n'entrerai pas dans les détails immenfes où ce travail m'a entraîné ; pour ne pas donner trop
d'étendue à ce Traité, je me contenterai d'en rapporter les
plus effentiels. Je ne penfe pas qu'il foit inutile de tracer la marche que j'ai fuivie : on fera plus en état de fentir la néceffité des
dimenfions que j'ai établies pour ces machines, quand on verra
les conféquences qui en ont réfultées toutes les fois qu'ayant été
entraîné par la théorie & la compofition feule, l'expérience
m'a obligé de revenir fur mes pas : on verra auffi, qu'à l'aide de
bonnes expériences, j'ai donné à la théorie toute l'extenfion que
la matiere, les frottements, le mouvement, &c, ont pu permettre.

4. Avant de traiter de la théorie qui eft l'objet de cette
premiere Partie de mon Ouvrage, je dois montrer 1°, quel eft
le degré de jufteffe que doit avoir une Horloge Marine, pour
déterminer la longitude en mer ; 2°, préfenter en abrégé les
obftacles qui empêchent que les Horloges ordinaires, fervant à
terre, ne puiffent être employées dans la Navigation; 3°, donner une notion de la conftruction ou des moyens que j'ai employés pour la compofition de ces machines, pour parvenir à
remplir leur deftination. Cet examen fait, je traiterai de la
théorie ou de l'application des principes qui doivent fervir de
guides dans l'exécution des Horloges Marines conftruites de
la maniere propofée. Je ne donnerai pas à cette premiere Partie
toute l'étendue dont elle feroit fufceptible : tout m'en empêche, le peu de temps, les bornes de cet Ouvrage, & peut-être
auffi la difficulté de rendre toutes les combinaifons & les raifonnements qu'il eft néceffaire de faire, lorfque l'on compofe
de telles machines ; d'ailleurs dans la feconde Partie de ce
Traité, je placerai, avant la defcription de chaque machine,
l'application de quelques principes, pour rendre raifon des
changements que j'y ai faits ; & les expériences qui ont fuivi
l'exécution ferviront encore à fuppléer à ce qui pourra manquer à cette premiere Partie.

A ij

Du degré de justesse que doit avoir une Horloge Marine,
pour déterminer la longitude en Mer.

5. Dans le Programme que l'Académie Royale des Sciences de Paris a publié (ª), « elle desire que les Montres, Pen-» dules ou Instruments ne soient pas sujets, s'il est possible, à » un dérangement de plus de deux minutes en six semaines, » afin qu'ils puissent donner la longitude à un demi-degré près » dans cet espace de temps ». Telle est aussi la limite que le Parlement d'Angleterre avoit fixée pour le plus grand prix (ᵇ). Or pour qu'une Horloge Marine remplisse ces conditions, il ne faut pas que son écart journalier soit au-dessus de $2''\frac{6}{7}$, quantité infiniment petite, si l'on fait attention à tous les obstacles qui s'opposent à la justesse de ces machines, soit frottement, changements de température, agitations du Vaisseau, &c; & il ne faut pas s'imaginer qu'une Horloge qui, au bout de six semaines, n'auroit eu que deux minutes de temps, ou un demi-degré d'erreur, mais qui dans l'intervalle auroit eu des variations journalieres au-dessus de $2''\frac{6}{7}$, comme, par exemple, celle qui auroit avancé ou retardé de 12 à $13''$ par jour, il ne faut, dis-je, pas croire qu'il fût possible d'avoir confiance à une telle Horloge. Il ne suffit donc pas, pour l'usage de la Navigation, qu'une Horloge donne au bout d'un certain temps l'exactitude demandée, il faut de plus, & cela est de la plus grande conséquence, que, pendant l'intervalle, elle n'ait eu aucune compensation, sans quoi on ne pourroit pas avoir confiance à un résultat qui ne feroit dû qu'au hasard ; car un écart subit de $13''$, par exemple, qui a eu lieu un jour, peut continuer, augmenter encore, varier & se répéter assez, pour qu'après une seconde vérification, l'erreur fût, au lieu du demi-degré demandé, de plusieurs degrés de longitude.

(ª) En 1769, de l'Imprimerie Royale.
(ᵇ) Le prix, par l'acte de la douzieme année de la Reine Anne, étoit fixé à vingt mille livres sterlings pour celui ou ceux qui, après un voyage aux Isles d'Amérique, qui est de six semaines, auroient déterminé la longitude à un demi-degré de grand Cercle.

6. Pour procéder avec ordre, il eſt donc eſſentiel d'examiner d'abord, ainſi que je viens de le faire, quel eſt l'état de la queſtion & l'exactitude que doit avoir une Horloge Marine, pour ſervir ſûrement à la détermination de la longitude en Mer : nous partirons donc de ce terme, $2'' \frac{5}{7}$, pour le plus grand écart que doive avoir par jour une Horloge pendant une période de 42 jours. Il faut cependant obſerver, pour ne pas exiger plus que l'on ne demande, que ſi étant parfaitement ſûr de l'uniformité de marche d'une Horloge Marine reconnue réglée en partant d'un port (a), on trouvoit qu'au bout de 42 jours elle avançât ou retardât par jour de $5'' \frac{5}{7}$, elle auroit encore donné la longitude à demi-degré près dans cet intervalle ; ce qui eſt évident, puiſque l'écart de $5'' \frac{5}{7}$ qui s'eſt manifeſté au bout de 42 jours, eſt ſuppoſé s'être accru par une progreſſion conſtante & arithmétique : or on a la ſomme d'une telle progreſſion, en multipliant le dernier terme $5'' \frac{5}{7}$ par la moitié 21 du nombre des termes, ce qui donne pour produit $120'' = 2'$ de temps = un demi-degré de longitude ; ainſi l'écart journalier & moyen de l'Horloge eût été de $2'' \frac{5}{7}$, conformément à ce qui eſt demandé. Mais cette concluſion ne ſera fondée que dans le cas où l'on feroit afsûré de la marche uniforme & réguliere d'une Horloge : voilà donc le plus grand écart que l'on puiſſe admettre pour qu'une Horloge détermine la longitude à un demi-degré près en ſix ſemaines, ainſi qu'on le deſire.

(a) Il eſt de néceſſité abſolue que la marche d'une Horloge Marine ſoit uniforme ; mais il n'eſt pas néceſſaire qu'elle ſoit parfaitement réglée, c'eſt-à-dire, qu'elle ſuive exactement le temps moyen : il ſuffit, dans l'uſage de ces machines pour la Navigation, de connoître la quantité dont une Horloge avance ou retarde, chaque jour, ſur le temps moyen, afin d'en tenir compte ; ainſi il ne faut pas confondre une Horloge qui varie avec celle qui n'eſt pas réglée : ces deux choſes ſont tout-à-fait différentes ; celle qui varie eſt défectueuſe, & ne peut jamais être réglée, & l'autre peut être réglée en touchant convenablement au ratéau du ſpiral.

Des obstacles à vaincre pour faire servir les Horloges à la Navigation.

7. Nous venons de montrer le degré d'exactitude que l'on exige d'une Horloge Marine, pour qu'elle puisse servir à la détermination des longitudes en Mer : nous allons maintenant exposer en abrégé les obstacles qui empêchent que des machines ordinaires servant à la mesure du temps à terre ne puissent être employées dans la Navigation : cette connoissance doit nécessairement précéder la recherche des nouvelles Horloges demandées.

8. Les Horloges *Astronomiques* (ᵃ), dont on se sert à terre, sont les machines les plus exactes que l'art de l'Horlogerie ait produites; & leur justesse est telle que si l'on pouvoit les employer en Mer, on détermineroit toujours la longitude par leur moyen & par une méthode fort simple, sûre & exacte au-delà du besoin des Navigateurs; mais on est bien éloigné de pouvoir faire usage de ces machines en Mer : les agitations auxquelles un Vaisseau est exposé, empêcheront toujours qu'une Horloge Astronomique, telle qu'on s'en sert à terre, ne puisse marcher deux moments de suite sur un Vaisseau sans s'arrêter, quelques soient les précautions mises en usage pour la suspendre : le premier obstacle vient donc *des agitations que le Vaisseau éprouve.*

9. Un second obstacle qui empêche que le pendule ne puisse être le régulateur d'une Horloge Marine, naît *des changements qu'éprouve la pesanteur par différentes latitudes;* & cet effet est tel qu'une Horloge à pendule réglée par la latitude de $66^\circ\ 48'$ retarderoit environ de $3'\frac{1}{2}$ par jour, si on la transportoit sous l'Equateur.

10. Il faut donc chercher un régulateur qui, ayant la même

(ᵃ) J'appelle *Horloges Astronomiques* celles à secondes dont se servent les Astronomes. Le régulateur de ces machines est un pendule qui fait une vibration par secondes, & a 3 pieds 8 lignes $\frac{1}{2}$ de long, du centre de suspension à celui d'oscillation. Ce pendule est composé de sorte que l'Horloge ne varie pas de l'été à l'hiver, ou du chaud au froid. Le moteur est un poids, &c. *Voyez Essai sur l'Horlogerie* pour ce qui concerne la théorie & la construction de ces machines.

puiſſance que le pendule & étant auſſi dépouillé de frottements , ait de plus l'avantage de n'être pas , comme lui , ſuſceptible des agitations du Vaiſſeau. Le régulateur des Montres préſente cette derniere propriété ; mais quoique par ſa nature il entraîne beaucoup de frottements & de difficultés , c'eſt cependant celui que nous ſerons obligés d'adopter : nous verrons ci-après comment on peut le compoſer pour en faire un excellent régulateur d'Horloge Marine.

11. Les agitations que le Vaiſſeau éprouve ſont toujours irrégulieres & ſouvent violentes ; & leur effet eſt tel que quelque ſoit le régulateur que l'on adopte pour régler la marche d'une Horloge Marine , il doit en être affecté , ſinon dans la durée de ſes oſcillations (a) , du moins dans l'étendue des arcs qu'il décrit.

12. 3ᵉ. Obſtacle. *Les changements de la température ſoit par la différence des ſaiſons ou par celle des climats :* ces changements affectent toutes les parties de la machine , mais particuliérement le régulateur dont ils troublent très-fort l'iſochroniſme, ſoit par l'extenſion & la contraction de la matiere dont il eſt compoſé , ſoit par le plus ou le moins d'élaſticité du reſſort dans le régulateur des Montres. Le chaud & le froid influent encore fortement ſur les frottements , les huiles , &c.

13. 4ᵉ. Obſtacle. *Les frottements ou réſiſtance que tout corps en mouvement éprouve par la nature de la matiere :* cet obſtacle eſt celui qui par ſes ſuites eſt le plus difficile à vaincre , & qui exige les plus grandes précautions , ſinon pour le détruire abſolument, ce qui eſt impoſſible , du moins pour en réduire les effets à un état conſtant.

14. 5ᵉ. Obſtacle. *Les réſiſtances variables des huiles que l'on emploie pour adoucir le frottement :* réſiſtances qui changent 1°, du chaud au froid. 2°, L'huile d'abord fluide , quand on l'employe, ceſſe inſenſiblement de l'être , elle ſe coagule à la longue au point de rendre ſa réſiſtance aſſez forte pour ſuf-

____

(a) On verra ci-après comment on peut parvenir à avoir un régulateur dont les arcs d'inégale étendue ſoient cependant d'égale durée.

pendre en entier le mouvement de l'Horloge ; mais fi cet effet
de la réfiftance des huiles n'a pas fouvent lieu jufqu'à ce point ,
il en exifte prefque toujours un autre tout auffi dangereux ,
c'eft que les huiles & les frottements, par leurs plus ou moins
de réfiftances , affectent la durée des ofcillations du régulateur. Car , en fuppofant que les ofcillations foient parfaitement ifochrones , étant dégagées de frottement & de réfiftance , ces ofcillations·perdront leur ifochronifme , fi les pivots du régulateur ont des frottements fenfibles , & éprouvent
des réfiftances d'huile , lors fur-tout que les huiles feront
épaiffies , que l'Horloge fera au froid , &c. Nous pouvons
donc confidérer les frottements & les réfiftances variables des
huiles, comme les deux plus grands obftacles qu'on rencontre
pour obtenir d'excellentes machines fervant à la mefure du
temps.

15. 6e. Obftacle. *Les changements dans les engrenages des
Roues & Pignons.*

16. 7e. Obftacle. *Les changements ou accidents du reffort comme
moteur , & la difficulté d'employer le poids pour moteur d'une
Horloge Marine.*

17. Voilà en abrégé les obftacles qui empêchent que des
Horloges ordinaires ne puiffent fervir à la Navigation. Nous
allons propofer une conftruction , & établir d'après elle des
principes & une théorie , à l'aide de laquelle on puiffe vaincre
les difficultés qui fe préfentent , & créer de nouvelles Horloges
qui rempliffent d'une façon fûre l'objet defiré ; enforte que
l'exactitude que ces machines donneront foit uniquement l'effet
de la certitude des principes , & ne puiffe être attribuée à un
hafard de combinaifon ou de tâtonnement produits par la
main-d'œuvre : en un mot, que ces machines tirent leur jufteffe,
comme le font les Horloges Aftronomiques , de la nature même
de leurs principes de conftruction, & indépendamment de toute
compenfation produites par des défauts oppofés.

CHAPITRE II.

CHAPITRE II.

Notions préliminaires sur la construction des Horloges Marines, pour servir à la théorie de ces Machines.

18. J'ai traité ci-devant, dans mon *Essai sur l'Horlogerie*, des principes de construction que j'avois proposés pour l'exécution de mes premieres Horloges Marines ; j'ai également décrit les Horloges, & rendu compte, dans cet Ouvrage, des expériences que j'avois faites alors pour les perfectionner. Je dois maintenant rendre compte de la suite de ce travail & de la perfection que j'ai pu donner à ces machines : elle a été reconnue dans les deux Horloges , n°. 6 & n°. 8. que j'ai faites par ordre du Roi, & à ses frais, ces Horloges ayant été éprouvées dans un voyage fait à différentes isles d'Europe, d'Afrique & d'Amérique. Il paroît enfin que l'on ne révoque plus en doute , comme autrefois , la possibilité de faire des Horloges assez exactes pour déterminer la longitude en Mer : plusieurs épreuves faites , tant en France qu'en Angleterre , en ont prouvé la possibilité ; mais ce feroit avoir peu fait pour la Société , fi l'on ne rendoit pas publique une découverte aussi intéressante , que la possession même des machines éprouvées ne pourroit assurer , fi elle n'étoit accompagnée des principes qui ont servi à leurs constructions , des dimensions de ces machines , des soins d'exécution , & en général de tout ce qu'il est nécessaire de savoir pour en faire de semblables , & même les perfectionner : or un tel travail ne peut appartenir qu'à ceux qui les ont composées & exécutées. Telle est la carriere que j'ose me proposer.

19. Dans toutes machines qui mesurent le temps, le *Régulateur* en est la partie la plus essentielle & celle qui en détermine la justesse. Il y a deux sortes de régulateurs : le premier est le *Pendule* ; c'est celui des Horloges fixes qu'on appelle communément *Pendules* ou *Horloges* à pendule : le second est le *Balancier*;

B *

c'eft le régulateur de toutes machines portatives, comme les Montres ; c'eft auffi le plus convenable pour une Horloge Marine.

20. Le régulateur d'une Horloge Marine doit être un balancier comme dans les Montres ; il eft par fa nature moins troublé par les agitations. Je ne crois cependant pas qu'il foit impoffible d'employer le pendule pour régulateur dans une Horloge Marine ; j'ai même conftruit deux Horloges à pendule, dont je donnerai la defcription dans cet Ouvrage : l'une eft bientôt terminée ; c'eft une tentative que j'ai cru devoir faire, & qui doit d'ailleurs fervir à déterminer la pefanteur par différentes latitudes. Je ne confidere, dans cet Ouvrage, pour véritable régulateur d'une Horloge Marine, que le balancier (ᵃ).

21. Quoique j'aie traité affez au long, dans mon *Effai fur l'Horlogerie*, de la théorie du balancier, je dois, pour rendre ce Traité complet, reprendre tout ce travail ; & c'eft par les mêmes raifons que, pour raffembler en un feul corps tout ce qui a rapport aux Horloges Marines, je joindrai ici les plans & les defcriptions des premieres Horloges qui font partie de mon *Effai*.

22. Le balancier tel que j'en ai fait l'application à mes Horloges Marines, fe meut dans un plan parallele à l'horifon (ᵇ) ; il eft fufpendu par un reffort (ᶜ), & fes vibrations font produites & réglées par un reffort fpiral (ᵈ), qui eft au

(ᵃ) Le balancier eft un anneau circulaire dont la circonférence, également pefante dans tous fes points, eft concentrique aux pivots de l'axe fur lequel l'anneau eft monté. Cet anneau doit donc être en équilibre dans quelque pofition qu'on le place, & quelque efpace qu'il ait parcouru ; enforte que fon inertie tend également à refter en repos, lorfqu'il y eft, & à le faire tourner uniformément lorfqu'on l'a mis en mouvement, malgré même les agitations qu'il peut éprouver. Il tire fa propriété effentielle de fa nature même, parce que fon centre de mouvement eft le même que celui de gravité. Le balancier fimple n'a donc aucune tendance à fe mouvoir d'un côté plutôt que de l'autre ; ainfi il ne peut faire de lui-même des vibrations, d'où il fuit que la viteffe de fon mouvement eft variable felon l'inégalité de la force qui le fait agir.

(ᵇ) Effai, n°. 2099.

(ᶜ) Effai, n°. 2100.

(ᵈ) La propriété d'un reffort quelconque eft qu'ayant été écarté de fon repos par l'effort d'une puiffance, dès qu'on l'abandonne à lui-même, non-feulement il retourne vers le point d'où il eft parti, mais il fait autant de chemin de l'autre côté qu'on lui en a fait faire en le tendant ; le reffort ayant confumé toute fa force revient fur lui-même, & fait ainfi des vibrations de même qu'un pendule. Si donc l'on attache

balancier, ce que la pesanteur est au pendule : c'est par le spiral que le balancier acquiert la propriété d'aller & de revenir alternativement sur lui-même , c'est-à-dire , de faire des vibrations librement & indépendamment du rouage. Ce sont les propriétés & les dimensions les plus favorables de ce régulateur que je dois établir, avant que de traiter des autres parties de la machine, & de parcourir le travail immense qui m'a conduit par des degrés très-insensibles à un point de perfection, auquel j'avoue, que je ne suis parvenu, qu'après des peines infinies, & après avoir parcouru des routes longues & pénibles : moins heureux que ces Génies qui ont le bonheur d'arriver au but sans parcourir la carriere ; mais je me console aisément , persuadé que les difficultés que j'ai éprouvées , ont servi à m'instruire , & à envisager ce travail sous toutes les faces.

23. L'axe de balancier de ma premiere Horloge Marine portoit deux pivots que j'avois fait rouler dans des trous d'agate, afin d'en réduire le frottement (a) ; cependant , malgré cette disposition, & j'ose dire l'excellent moyen du ressort que j'avois imaginé pour suspendre la masse du balancier , il restoit encore un frottement très-nuisible à ces pivots ; ce frottement étoit sur-tout très-grand, lorsque l'Horloge étoit un peu inclinée : d'ailleurs le spiral porte nécessairement le balancier de côté & d'autre , effet qui augmentoit la pression des pivots contre les parois des trous. Lorsque je me fus afsûré de ce défaut essentiel de ma premiere Horloge, j'en commençai aussi-tôt une seconde (b) , dans laquelle je parvins à éviter ce défaut. Pour cet effet, je me servis d'un moyen dont l'application est dûe à *Sully* (c), c'est celui des *Rouleaux* servant à réduire les frottements : ainsi au lieu de faire rouler les pivots de balancier dans deux trous, je les fis passer entre trois rouleaux d'un

le bout d'un ressort à l'axe d'un balancier, & l'autre bout du même ressort à un point fixe , & que l'on fasse tourner le balancier sur son axe , ce balancier abandonné à lui-même , ira & reviendra, & fera ainsi des vibrations de même qu'un pendule libre ; c'est donc l'application du ressort qui a fait

du balancier un véritable régulateur pour les Horloges portatives.

(a) Essai , no. 2104.

(b) En 1763.

(c) Voyez *sa Description abrégée d'une Machine pour la mesure du temps en Mer,* dans le Recueil des Machines de l'Académie.

grand diametre. Par cette difpofition, j'ai dégagé le régulateur des frottemens les plus nuifibles , & je fuis parvenu à lui donner prefque autant de puiffance & de conftance qu'au pendule.

24. L'expérience nous a appris : 1°, que la force d'un reffort augmente par le froid , & diminue par la chaleur : 2°, que le diametre d'un balancier augmente par la chaleur, & diminue par le froid : or, la vîteffe des vibrations du balancier étant déterminée par la force du fpiral, le diametre du balancier & fa pefanteur, il réfulte que, la pefanteur étant conftante , l'Horloge doit avancer par le froid , & retarder par le chaud. Pour corriger cet écart confidérable, j'imaginai, pour ma premiere Horloge Marine , un méchanifme de compenfation (a), dont l'effet eft tel qu'à mefure que la chaleur tend à affoiblir le fpiral , la même chaleur agiffant fur ce méchanifme rend le fpiral plus court, & lui reftitue l'élafticité qu'il a perdue ; enforte que , malgré les variations de la température , l'Horloge demeure fenfiblement réglée. Ce méchanifme eft compofé d'un chaffis, formé en partie par des barres d'acier , & en partie par des barres de cuivre. La verge de cuivre du milieu de ce chaffis agit fur le talon d'un grand levier , & celui-ci fait mouvoir un levier ou rateau qui porte deux chevilles , entre lefquelles paffe le fpiral. Ce chaffis dont les barres extérieures font d'acier , eft fixé par un bout à la platine du côté du fpiral : l'autre bout a la liberté de s'étendre ; mais les barres de cuivre qu'il porte, fe dilatent plus que celles d'acier, d'où il réfulte un mouvement affez fenfible au levier qui le communique encore par voie de multiplication au rateau du fpiral (b).

25. Le moteur de mes premieres Horloges Marines étoit un reffort égalifé par une fufée (c) : j'expliquerai ci-après en traitant de la force motrice, pourquoi j'ai adopté le poids pour moteur : l'expérience a déja juftifié cette préférence.

26. Les roues du mouvement de mes Horloges Marines font horizontales (d) comme le balancier.

(a) Effai , 2121 : voyez auffi ci-après *feconde Partie.*
(b) Effai, n°. 2203.

(c) Effai, n°. 2114.
(d) Effai, n°. 2119.

27. Il est nécessaire de conserver une Horloge Marine dans une position qui soit toujours sensiblement horizontale (a) : pour cet effet, elle doit être attachée à une suspension à peu près semblable à celles des boussoles.

28. De ce qui précede, il suit qu'une Horloge Marine , telle que je l'ai construite , est composée.

1°. *Du Régulateur* qui comprend 1°, le balancier : 2°, le ressort de suspension du balancier pour en réduire le frottement : 3°, le ressort spiral qui détermine & regle les vibrations du balancier, & répond à l'effet de la pesanteur sur le pendule : 4°, les rouleaux pour la réduction des frottements des pivots du balancier : 5°, du méchanisme de compensation pour la correction des effets du chaud & du froid sur le spiral : cette partie répond au chassis du pendule composé des Horloges Astronomiques.

2°. *De l'Echappement.*
3°. *Du Rouage.*
4°. *Du Moteur.*
5°. *De la Suspension.*

29. Voilà les principales parties qui composent mes Horloges Marines : la plus essentielle est nécessairement le régulateur ; mais il faut le concours de toutes les autres, tant du côté des principes que de l'exécution, pour obtenir la justesse requise. Je vais traiter séparément des principes de ces diverses parties , avant de venir à la description de mes Horloges Marines, aux expériences qu'elles ont entraînées, aux soins d'exécution qu'elles exigent, & par quelle gradation je suis parvenu à leur donner le point de perfection que les dernieres ont acquise. Mais comme les frottements, & les résistances des huiles forment l'obstacle le plus essentiel, & qu'on doit le plus s'occuper à vaincre en établissant la théorie du balancier, nous allons premiérement traiter des frottements & de leurs effets : cette connoissance doit précéder la théorie qui tend à réduire les frottements du régulateur à la plus petite expression.

(a) Essai, n°. 2101 , & suiv.

CHAPITRE III.

Des frottements , & des effets que causent les huiles employées dans des Machines qui mesurent le temps.

30. Deux corps quelconques qui se meuvent, glissent ou roulent l'un sur l'autre, éprouvent une résistance qui détruit une partie du mouvement du corps qui se meut : on appelle *Frottement* cette résistance.

31. Pour bien entendre ce que c'est que le frottement, il faut savoir que tous les corps sont formés par des parties de matiere qui ne sont pas intimement liées les uns aux autres, mais qui sont séparées par des cavités ou *pores*; ensorte que la surface de ces corps ne peut jamais être parfaitement unie. Il reste donc des éminences & des creux, qui, quoiqu'imperceptibles à notre vue, diminuent sensiblement la force du corps qui se meut; car lorsque ce corps tourne ou se meut sur un autre, les éminences dont sa surface est formée, entrent dans les cavités de celui qui est en repos; & il arrive que, pour en sortir & pour continuer le mouvement, il faut, ou que les parties des matieres se déchirent, ou que le corps qui se meut, s'éleve au-dessus d'un certain niveau, puis retombe au-dessous, puisque les éminences entrent & sortent alternativement dans les cavités ; or l'un ou l'autre de ces effets ne peut être produit sans que le corps perde de sa force.

32. La considération des frottements est fort essentielle dans les machines qui mesurent le temps, sur-tout pour les pivots d'un balancier, à cause de la grande vîtesse ou de l'espace que ces pivots parcourent, puisque le frottement affecte par ses changements la durée des vibrations du régulateur, & par conséquent la justesse de l'Horloge ; au lieu que dans les autres machines, l'effet du frottement se borne à diminuer leur force, & qu'on peut y suppléer en employant une force plus grande.

La roue d'échappement exige particuliérement que l'on ait
égard à ſes frottements , & qu'on les réduiſe à la plus petite
quantité. Mais avant de donner les moyens de réduire les frottements , nous devons rapporter ici le précis des expériences
faites par *Muſchenbroeck* ſur les frottements de divers corps.

33. La force requiſe pour faire tourner un cylindre ou
aiſſieu d'acier bien rond & bien poli ſur des couſſinets ou dans
des trous de cuivre rouge , eſt la $\frac{1}{6}$ partie du poids du cylindre
appliqué à la circonférence de la partie frottante : il faut pour
cela que la vîteſſe ſoit preſque égale à zéro ou très-petite.

34. Ce cylindre exige ainſi la $\frac{1}{6}$ partie de ſon poids , lorſqu'il
roule à ſec ſur les couſſinets ; mais, lorſqu'on y met de l'huile ,
il n'exige plus que la $\frac{1}{8}$ partie de ſon poids ; ces quantités expri-
ment donc la quantité de force qu'il faut appliquer pour vaincre les frottements ; on trouve à-peu-près la même choſe ,
lorſque l'axe tourne ſur des couſſinets de cuivre jaune ; à cela
près cependant, que ſi l'on charge l'aiſſieu de différents poids,
le frottement n'augmente pas autant qu'avec les couſſinets de
cuivre rouge.

35. Lorſque l'aiſſieu roule ſur des couſſinets de plomb , il
éprouve les mêmes frottements que ſur le cuivre jaune.

36. Si l'on fait rouler l'aiſſieu ſur des couſſinets qui ſoient
auſſi d'acier , alors il faudra appliquer à la circonférence de
l'aiſſieu le quart de ſon poids, lorſqu'il tourne à ſec ; mais ſi l'on
y met de l'huile , il ne faudra que la ſixieme partie de ſon
poids.

37. Lorſque l'on fait tourner l'aiſſieu ou cylindre ſur des
couſſinets d'étaim , le frottement eſt pareil au précédent, lorſqu'il tourne à ſec , c'eſt-à-dire , le quart du poids du cylindre.

38. Le frottement devient plus grand , lorſque le poids
augmente ſur l'aiſſieu , quoique l'aiſſieu reſte le même ; cela
arrive , parce qu'en changeant l'aiſſieu, les éminences de la
ſurface ſont pouſſées plus profondément dans les cavités des
couſſinets ; c'eſt pourquoi, avant que l'aiſſieu puiſſe tourner ,
les parties doivent être courbées davantage , ou ſe rompre plus
près de leur origine : dans ces deux cas, la réſiſtance contre le

mouvement , c'eft-à-dire, le frottement , doit devenir plus grand : il paroît encore que le frottement augmente dans un plus grand rapport que le poids fur l'aiffieu.

39. Lorfque les corps ne fe meuvent pas avec beaucoup de rapidité les uns fur les autres, le frottement eft d'ordinaire en raifon de la vîteffe. Ce rapport n'eft pas toujours exact; car lorfque le mouvement des corps eft fort rapide , le frottement augmente confidérablement. Nous devons obferver ici qu'il ne paroît pas que les expériences de *Mufchenbroeck* prouvent rien de certain fur les frottements qui réfultent de l'augmentation de furface, le poids reftant le même. *Amontons* a prétendu le premier que l'augmentation de furface n'augmente pas le frottement , ce qui me paroît très - vraifemblable ; quoique le principe foit contredit par d'autres Phyficiens ; le Docteur *Défaguliers* appuie par des expériences le fentiment *d'Amontons*; voyez *Tome I, pag.* 270 *de la Phyfique Expérimentale* : on doit entendre ici, par cette augmentation de furface, la pofition d'un même corps de métal que l'on feroit mouvoir fur un plan horizontal, tantôt à plat & tantôt fur le côté.

40. Cela doit auffi s'entendre d'un cylindre que l'on feroit rouler fur des couffinets plus minces ou plus épais ; le frottement feroit alors égal ou à très-peu de chofe près. Mais quand même il arriveroit que le frottement d'une plus petite furface fût moindre pour le moment actuel, il ne s'enfuit pas delà que cette maniere foit préférable ; car lorfqu'un corps pefant qui roule fur un autre , ne pofe que fur une petite furface , alors les parties de matiere fe pénetrent plus avant , & fe déchirent par la fuite du mouvement ; ainfi le frottement augmente & varie.

41. Si l'on fait alternativement tourner le même corps fur des pivots qui foient de différents diametres , alors les frottements augmenteront comme leurs diametres.

42. Puifque le frottement augmente (ainfi que nous venons de le voir d'après *Mufchenbroeck*), 1°, en raifon du poids ou de la preffion qu'il éprouve (38) , 2°, comme la vîteffe ou l'efpace parcouru (39), il s'enfuit que l'on doit confidérer le frottement
d'un

d'un corps, *comme le produit de sa masse par l'espace qu'il parcourt dans un temps donné :* nous nous servirons dans la suite de cette expression pour désigner le frottement d'un corps, & le comparer au frottement d'un autre corps de masse & vîtesse différente, pour pouvoir en conclure l'avantage de l'un sur l'autre.

43. Quoique la pression & l'espace parcourus par un corps restent les mêmes, le frottement ou la résistance que le corps éprouve ne demeurent pas constamment de la même quantité ; mais ils varient & augmentent à mesure que les parties frottantes se déchirent, & perdent de leur poli : ce qui ôte la facilité de tourner ; cela augmente par conséquent le frottement.

44. En supposant toujours le même corps que dans l'article précédent, & parcourant le même espace dans le même temps, le frottement changera encore par les différentes températures ; il sera plus petit par le chaud & plus grand par le froid ; il augmentera sur-tout fort sensiblement, si le froid est fort grand : voilà donc deux causes qui font varier le frottement : & c'est en tant que ses quantités varient qu'il devient plus nuisible ; car il est évident que si le frottement étoit constamment le même, il n'en pourroit résulter aucun obstacle dans les machines qui mesurent le temps.

45. La réduction des frottements & des résistances variables des huiles forme donc, ainsi que nous l'avons déja dit, un des objets les plus essentiels des Horloges Marines ; car puisqu'il est prouvé que les frottements varient, & sans suivre de loix fixes, il est évident qu'il n'est pas possible d'en prévenir les erreurs par des moyens de compensation ; au lieu que les autres parties essentielles d'une Horloge Marine peuvent être réputées invariables, ainsi qu'on le verra ci-après. Mais si les frottements & les résistances des huiles ne sont pas réduits à la plus petite quantité possible, ensorte que leur relation, avec la puissance du régulateur, soit aussi petite qu'il est nécessaire pour ne point en affecter la marche ; si dis-je, on ne parvient à ce degré de réduction, on aura une Horloge Marine, dont la justesse ne pourra être réputée constante ; car, comme

C *

nous le verrons par la fuite, la compenfation du chaud & du froid ne peut être rigoureufement exacte & conftante, qu'autant que les frottements & les réfiftances des huiles feront infiniment réduits, &c.

46. Il eft très-effentiel d'obferver, par rapport aux frottements d'une Montre ou d'une Horloge à pendule, & même d'une machine quelconque, que ce n'eft pas tant la quantité abfolue du frottement, à laquelle il faut avoir égard, qu'à fa conftante uniformité ; car quoiqu'une machine ait moins de frottement qu'une autre, on ne doit en conclure qu'elle eft meilleure, que dans le cas où les frottements feroient de nature à ne pas changer par le mouvement de la machine ; car fans cela, il feroit préférable que la quantité abfolue du frottement fût plus grande, pourvu qu'en même temps le mouvement ne l'altérât pas : c'eft ainfi que fi l'on fait rouler un balancier pefant fur des pivots qui ne portent que dans des trous minces, les frottements pourroient bien être moindres dans l'inftant actuel ; mais la preffion du balancier fera entrer les éminences qui font à la furface des pivots dans les cavités des parois des trous, ce qui déchirera infenfiblement & la furface du pivot & celle du trou ; de forte que le trou s'agrandira, & que les frottements augmenteront fenfiblement.

47. Il faut auffi obferver que la matiere ne peut porter qu'un certain poids, & qu'au-delà, les parties de celui qui preffe entrant dans les cavités de celui qui porte, le mouvement en déchire les petites particules de matiere. La quantité de cette deftruction eft relative à la dureté des corps : il faudra donc un poids très-confidérable, pour que le diamant, par exemple, fe pénetre par la preffion & le mouvement ; il faudra un moindre poids à mefure que la preffion fe fera fur des corps plus mous ; à moins que l'on n'augmente la furface à proportion du poids, & à mefure que les corps feront moins durs. Or, par rapport aux pivots, il faut augmenter la longueur de fon appui autant que cela fe peut, & préférablement à la groffeur du pivot ; car l'un n'augmente pas la réfiftance au mouvement, au lieu que la réfiftance produite par la groffeur augmente comme les diametres des pivots.

48. Dans les premiers mobiles, on doit tenir les pivots plus gros & plus longs, par la raifon que la preffion étant plus forte, il faut proportionner la furface pour que les pivots & les trous ne fe déchirent pas ; & à mefure que les mobiles font plus éloignés de la premiere roue, c'eft-à-dire, que la force eft moins grande, il faut diminuer la groffeur des pivots, leur longueur & la pefanteur des roues.

49. Si l'on a un corps donné, balancier ou régulateur quelconque, à mettre en mouvement, & que la force motrice foit limitée, dans ce cas il faudra déterminer par le calcul (a) les frottements d'une telle machine, afin de connoître fi la force requife, pour mettre le corps en mouvement, jointe à la réfiftance des frottements, n'eft pas plus grande ou plus petite que la force motrice donnée ; mais ce cas particulier n'a jamais lieu dans les machines qui fervent à la mefure du temps ; car il eft toujours poffible d'augmenter ou de diminuer la force motrice, felon qu'il eft befoin, foit pour le régulateur, ou pour vaincre les frottements des roues.

50. On diminuera le frottement : 1°, fi l'on ne donne en grandeur & en pefanteur au balancier & aux roues d'une machine, &c, que la quantité requife pour être auffi folides que les efforts qu'elles ont à vaincre, l'exigent (b).

51. 2°, Si l'on a foin de proportionner la groffeur & la longueur des pivots au poids des roues & du balancier, & à la preffion du moteur, relativement à la vîteffe de ces roues.

52. 3°, Si les corps que l'on employe font auffi durs qu'il fe peut, en obfervant de ne pas faire agir l'un fur l'autre deux corps de même efpece, c'eft-à-dire, acier contre acier, & cuivre contre cuivre ; mais qu'au contraire il faut que l'acier agiffe contre le cuivre, &c.

53. 4°. Si on n'applique pour moteur à cette machine que la quantité abfolument requife pour en entretenir le mouvement.

(a) On trouvera, dans la Phyfique Expérimentale de *Defaguliers*, la maniere de faire le calcul des frottements. *Voyez Tome I, page 198.*

(b) Nous donnerons dans la feconde Partie toutes les dimenfions que l'expérience nous a fait affigner aux diverfes parties de nos Horloges Marines.

54. 5°, Enfin on diminuera le frottement , en mettant de l'huile aux pivots du balancier, aux roues & aux autres parties frottantes d'une Horloge.

55. Ayant ainſi conſtruit une machine , il eſt évident que l'on en a réduit les frottements à la plus petite quantité, & que toutes les données que l'on auroit déterminées difficilement par le calcul, y ſont cependant entrées. Examinons maintenant les avantages & les défauts que produit l'huile que l'on met aux machines qui meſurent le temps pour adoucir le frottement.

De l'effet des Huiles pour diminuer le frottement.

56. L'huile étant un fluide gras , dont les parties s'intro-duiſent dans les cavités de la matiere , ſoit du cuivre ſur lequel les pivots roulent, ou ſur l'acier dont les pivots ſont formés , il arrive que les éminences des pivots n'entrent que foiblement dans les cavités du corps ſur lequel ils roulent, mais qu'au contraire ils gliſſent ſur les parties très-déliées de l'huile , comme ſur de petits rouleaux ; enſorte que, par ce moyen , le frottement eſt conſidérablement diminué.

57. Le frottement reſte aſſez conſtamment le même toutes les fois que l'huile eſt également fluide ou mobile ; mais ſi elle s'épaiſſit, les pivots éprouvent une plus grande réſiſtance , ce qui diminue la force que la roue ou le balancier a pour ſe mouvoir. Examinons les effets de l'huile.

58. 1°, L'huile s'épaiſſit à la longue par la raiſon qu'il s'en évapore les parties les plus fluides.

59. 2°, L'huile s'épaiſſit, ou devient moins fluide , parce qu'il ſe détache quelques particules des parties frottantes des pivots & des trous, & qu'il ſe mêle des atômes avec l'huile ; tout çela s'amalgame enſemble , & forme une matiere pâteuſe & gluante, qui non-ſeulement diminue la force de mouvement de la roue ou du balançier, mais encore ronge inſenſiblement & détruit les pivots & les trous : il eſt donc très-eſſentiel de diſ-poſer les trous des pivots , de maniere que l'huile s'y conſerve long-temps en certaine quantité, & que les pivots, par leurs

roulements, ne s'ufent pas ; il eft effentiel auffi de faire choix
de bonne huile, & de la changer de temps à autre.

60. Enfin l'huile devient plus ou moins fluide & mobile,
felon qu'il fait chaud ou froid. Lorfqu'il fait froid, l'huile devient épaiffe & immobile, & il arrive, que non-feulement les
petits globules de l'huile ne fervent plus de rouleaux pour adoucir le frottement, mais qu'au contraire ils forment une matiere
pâteufe qui entoure les pivots, & diminue confidérablement la
tendance qu'ils ont à fe mouvoir, c'eft-à-dire, la force de la
roue ou du balancier.

61. La force perdue par la roue ou par le balancier, lorfque l'huile eft épaiffie par le froid ou coagulée, fera d'autant
plus grande que la quantité de mouvement du balancier ou de
la roue fera plus petite : fi donc l'on a une roue d'échappement
de Montre ou de Pendule, ou bien un balancier, qui fe meuve
avec une force infiniment petite, & qu'on expofe au grand
froid la machine à laquelle ils auront été appliqués ; il arrivera
de deux chofes l'une, ou que la réfiftance que caufera l'huile
épaiffie par le froid détruira toute la force de la roue ou du
balancier, & arrêtera fon mouvement, ou que cette réfiftance
en détruira une très-grande partie. Or la réfiftance de l'huile
étant fenfiblement la même, quelle que foit la force de mouvement de la roue ou du balancier, il fuit delà que plus la roue
ou le balancier auront de force pour fe mouvoir, & moins l'é-
paiffiffement de l'huile diminuera leur mouvement ; enforte que
fi la force d'un balancier A eft douze fois plus grande que celle
d'un balancier B, & que l'on fuppofe que l'huile épaiffie par le
froid, retranche la moitié de la force de B, ce même froid ne
retranchera que la vingt-quatrieme partie de la force du balancier A : donc, pour vaincre les réfiftances de l'huile, il faudra
que la force qui fait mouvoir A, foit augmentée de la vingt-
quatrieme partie, pendant que, pour vaincre les réfiftances de
l'huile en B, la force qui en entretient le mouvement devra
être double ; d'où l'on voit que les dérangemens caufés par
l'épaiffiffement de l'huile, font d'autant plus grands que la force
de mouvement d'un balancier eft plus petite : par conféquent

le balancier *A* n'aura en Eté, lorfque les huiles font fluides, que $\frac{1}{14}$ de force de plus qu'en Hiver; tandis que celle de *B* fera double. Or cette inégalité de force de *B* produira des effets femblables à ceux que donneroit une force motrice double; ce qui ne peut manquer de troubler l'ifochronifme des vibrations, comme nous le verrons ci-après.

62. La réfiftance des huiles tend néceffairement à rendre plus lentes les vibrations du balancier : or comme cette réfiftance augmente 1°, par le froid; 2°, à mefure que l'huile s'é-paiffit, il s'enfuit que les ofcillations du balancier font plus vîtes ou plus lentes, à proportion du plus ou du moins de fluidité des huiles mifes aux pivots du balancier.

63. Lorfqu'on a mis de l'huile aux parties frottantes d'une machine, on ne doit plus confidérer le frottement comme fim-ple; mais quoique diminué en effet par l'huile, les variations du frottement deviennent compofées 1°, de la réfiftance ou frot-tement propre au corps; 2°, de la réfiftance des huiles.

64. Toutes les efpeces d'huiles, même celles que l'on vend pour huile d'olives, ne font pas également propres à diminuer le frottement : il y en a même qui font de fi mauvaife nature, qu'en très-peu de temps elles deviennent tenaces & comme de la colle.

65. De tout ce qui précede, il fuit, comme je l'ai dit, que les frottements & les réfiftances des huiles oppofent le plus grand obftacle à la juftelle des machines qui mefurent le temps : nous allons donc faire les plus grands efforts pour diminuer l'effet de leurs variations. En attendant, pour les rapporter à nos Horloges Marines, nous obferverons,

66. 1°, Que, pour diminuer le plus efficacement les frotte-ments, & par conféquent les effets des huiles, il eft de la plus grande conféquence que les pivots des dernieres roues & ceux des rouleaux foient les plus petits poffibles, afin de donner moins de prife aux variations des huiles, des frottements, &c.

67. 2°, Que les effets des huiles étant encore plus fenfibles dans l'échappement, il faut faire tous les efforts imaginables pour en obtenir un qui n'exige pas d'huile, & qui ait cependant

la propriété effentielle de ne pas troubler l'ifochronifme des vibrations. Tels font ceux à repos pour cette derniere propriété ; mais ceux-ci, par leur nature, exigent de l'huile.

68. 3°, Qu'il faut bien s'affurer de la nature de l'huile que l'on employera dans les Horloges Marines.

69. 4°, Que pour diminuer, autant qu'il eft poffible, les effets des frottements & les réfiftances des huiles, en tant qu'elles contribuent à diminuer la force de mouvement , & à changer la durée des vibrations , il faut donner la plus grande puiffance au régulateur, c'eft-à-dire, la plus grande force de mouvement ; mais de forte que le frottement n'augmente pas dans la même proportion. On aura par-là cet avantage effentiel , que les réfiftances des huiles feront dans un moindre rapport avec la force de mouvement ; car il eft bon de remarquer, ainfi que je l'ai déja fait, que cette réfiftance caufée par les huiles eft fenfiblement la même, foit que la roue ou le balancier ait plus ou moins de force, la vîteffe reftant la même : mais un ré-gulateur puiffant ayant une grande force de mouvement fup-pofe néceffairement que la force motrice en doit être plus grande; par conféquent les effets des huiles auront moins de prifes pour diminuer cette force , en fuppofant que les pivots font bien proportionnés.

70. 5°, Que lorfqu'on voudra fe fervir d'une Horloge Ma-rine dans les grands froids , alors il fera néceffaire de tenir dans la caiffe de l'Horloge une lampe allumée, enforte que le Thermometre foit au-deffus de cinq degrés, afin que l'huile ne ceffe pas d'être fluide.

71. On doit obferver une différence fenfible entre les èf-fets des frottements & ceux des huiles : les frottements aug-mentent par une plus grande preffion, tandis que l'effet des ré-fiftances des huiles diminuent par une plus grande force.

CHAPITRE IV.

Du Régulateur des Horloges Marines (ª).

PREMIER PRINCIPE.

72. ON peut établir ici pour principe ou axiome qui n'a pas besoin de démonstration, que, *sans la résistance de l'air & des frottements, un régulateur quelconque, étant une fois mis en mouvement, s'y conserveroit éternellement ;* & que par conséquent l'étendue & la durée de ses oscillations seroient toujours les mêmes. C'est de ce principe que nous partirons pour parvenir à composer un bon régulateur d'Horloge Marine ; car s'il n'est pas possible de détruire entiérement les frottements, le régulateur qui les réduira à la plus petite quantité sera le plus parfait.

73. Le principe fondamental d'une machine qui mesure le temps est que le *Régulateur libre* (ᵇ) étant mis en mouvement, il le conserve le plus long-temps possible, sans qu'aucun agent extérieur le lui restitue. Lorsque j'ai composé mes Horloges, soit Astronomiques ou Marines, j'ai toujours eu ce principe présent. Ainsi, en construisant mes Horloges Astronomiques, je ne considérai d'abord que le pendule libre abandonné à lui-même ; je cherchai la figure de la lentille, sa pesanteur, la suspension la plus convenable, &c, pour que le pendule mis en mouvement s'y conservât fort long-temps : or c'est la marque non équivoque de la réduction des frottements & de la puissance du régulateur.

74. Le même raisonnement est applicable au balancier mu par un ressort spiral ; car de même que, dans les Horloges à pendules, on doit juger que la combinaison du régulateur est la meilleure, lorsque le mouvement se conserve plus long-temps

---

(ª) Je n'entends pas ici seulement par régulateur le balancier, mais toutes les parties qui le composent (28).

(ᵇ) J'entends par *Régulateur libre* celui qui *vibre* seul séparé du rouage.

&

& plus uniformément ; de même fi l'on fait un balancier, auquel une impulfion donnée procure des ofcillations ifochrones , en confervant fon mouvement pendant un temps fort long , on eft cenfé avoir réduit les frottements à la moindre quantité pof-fible, de forte que ce balancier fera le meilleur régulateur applicable à une machine portative. Nous examinerons ci-après comment on peut parvenir à lui donner ces propriétés.

II.e Principe.

75. Les temps des ofcillations d'un corps feront les mêmes , fi la réfiflance au mouvement eft toujours la même , & fi la puiffance motrice agit avec une force conflante (a). Ainfi les vibra-tions d'un régulateur feroient ifochrones , fi les réfiflances de l'air & du frottement étoient conftamment les mêmes , fi la force motrice ne changeoit pas , &c.

III.e Principe.

76. Pour juger de l'avantage d'un régulateur fur un autre il faut comparer les forces ou quantités de mouvement (b) *de l'un & de l'autre, comparer de même les frottements ou réfif-tances qui s'oppofent au mouvement de l'un & de l'autre corps.* Ainfi, fi la force ou quantité de mouvement d'un corps A eft à la quantité de mouvement du corps B dans un plus grand rapport que n'eft la réfiflance qu'il éprouve à fe mouvoir , comparée à celle qu'éprouve le corps B, le corps A fera préférable , puif-qu'il a plus de force pour vaincre les frottements que n'en a le corps B.

IV.e Principe.

77. Plus la réfiflance ou frottement d'un corps fera grande , re-lativement à la force & au frottement d'un autre corps, & plus auffi la force requife pour entretenir fon mouvement , devra être grande.

(a) Je fais abftraction pour le moment des changements de la température.

(b) J'entends par force ou quantité de mouvement cette propriété qu'a un corps de vaincre un nombre d'obftacles ; alors la me-fure de cette force eft le produit de la maffe du corps par le quarré de fa viteffe.

D *

Ainfi, fi les frottements d'un corps *A* font aux frottements d'un corps *B* dans un plus grand rapport que n'eft la force de *A* à celle de *B*, la force requife pour entretenir le mouvement du corps *A*, fera dans un plus grand rapport que n'eft la force de *A* comparée à celle de *B* ; de forte qu'il arrivera que, quoique le corps *A* ait une plus grande quantité abfolue de mouvement, il perfiftera cependant moins à le conferver ; car l'excédent de fa force fur la réfiftance étant moindre que dans le corps *B*, il faudra une plus grande force motrice pour entretenir fon mouvement. Il fuit de-là 1°, qu'un moindre changement dans les frottements ou dans la réfiftance qu'éprouvent les corps, caufe une différence dans la vîteffe : 2°, que la force motrice étant plus grande, relativement à la quantité de mouvement du corps, elle augmente les frottements, & par conféquent les inégalités des forces tranfmifes au régulateur.

ARTICLE I. *Du Balancier & des Rouleaux.*

Principes fur les forces de mouvement des Balanciers.

78. On démontre que les forces que les corps en mouvement emploient à vaincre des obftacles, font en raifon compofée de leurs maffes & du quarré de leur vîteffe (a). Or comme la force produite par un corps eft égale à l'action qui la caufe, il fuit delà que la force qui a été employée à procurer un mouvement à un corps, eft comme le produit de la maffe de ce corps par le quarré de la vîteffe qu'il a acquife. Si donc on appelle m la petite maffe, M la grande, v la petite vîteffe, V la grande vîteffe, f la force produite par la petite vîteffe & par la petite maffe, F la force produite par les grandes : on aura, d'après ce principe, $f : F :: v^2 m : V^2 M$: donc $f V^2 M = F v^2 . m$.

(a) On peut voir ce principe démontré dans l'excellent Traité de Phyfique de *s'Gravefande* & dans celui de *Mufchenbroeck*. Les expériences que nous rapporterons ci-après, fervent auffi à le confirmer.

Corollaire I.

79. Si, dans l'équation précédente, on fait $f = F$, elle deviendra par la réduction $V^2 M = v^2 m$. Donc $V^2 : v^2 :: m : M$; c'eft-à-dire que, fi les forces de deux corps en mouvement font égales, leurs maffes feront en raifon inverfe des quarrés des vîteffes ; & réciproquement, toutes les fois que les maffes feront en raifon inverfe du quarré des vîteffes , les forces des corps en mouvement feront égales.

Corollaire II.

80. Si $m = M$, on aura $f : F :: v^2 : V^2$; c'eft-à-dire, que, fi les maffes des deux corps font égales, les forces des corps feront entr'elles comme le quarré de leurs vîteffes.

Corollaire III.

81. Si $v = V$, on aura $f : F :: m : M$; lors donc que les vîteffes de deux corps font égales , les forces des corps font entr'elles comme les maffes.

82. Les actions, ou puiffances requifes pour donner le mouvement à deux corps, font comme les forces de ces corps (78). On peut donc confidérer ici les puiffances au lieu des forces produites par les corps : ainfi les corollaires font également vrais à l'égard des puiffances. En appliquant les principes aux balanciers, on en déduira les regles fuivantes.

83. 1°, Si les maffes de deux balanciers en mouvement font en raifon inverfe des quarrés des vîteffes , les forces des balanciers font égales (Corollaire I); ou fi les forces font égales , les maffes font en raifon inverfe du quarré des vîteffes : par exemple , foit la vîteffe de $A = 1$, & celle de $B = 2$, le quarré de la vîteffe de A eft 1 , & celui de B eft 4 ; fi donc la maffe du balancier $A = 4$, & celle de $B = 1$, les forces des balanciers feront égales, &c ; les actions requifes , pour en entretenir le mouvement , feront entr'elles comme le produit des maffes par le quarré des vîteffes.

94. 2°, Si deux balanciers ont des maffes égales, & font

mus avec des vîteffes inégales, leurs forces feront comme les quarrés de leurs vîteffes : ainfi la vîteffe du balancier *A* étant $= 1$, & celle du balancier *B* $= 5$, la force du balancier *A* fera à celle de *B* comme 1 eft à 25 ; donc l'action requife, pour donner le mouvement au balancier *A*, eft à celle qu'il faut pour donner le mouvement au balancier *B*, comme la force de *A* eft à celle de *B*, c'eft-à-dire, comme 1 eft à 25.

85. 3°, Si les vîteffes de deux balanciers font égales, leurs forces feront entr'elles comme les maffes : ainfi les actions requifes, pour entretenir leurs mouvements, feront auffi comme les maffes.

86. 4°, En général, fi les vîteffes & les maffes de deux balanciers font inégales, leurs forces feront comme le produit des maffes par les quarrés de leurs vîteffes. Nous nous fervirons de ces principes pour déterminer les pefanteurs des balanciers, leurs diametres felon le nombre des vibrations, la force requife pour leur faire parcourir les arcs quelconques, &c.

87. Nous prouverons, par les expériences que nous rapporterons ci-après, qu'ayant établi les maffes des balanciers d'après ces principes, les forces de ces corps en mouvement font en effet en raifon compofée de leurs maffes & des quarrés de leurs vîteffes. Connoiffant donc la maffe d'un balancier, fa vîteffe & la force qui le met en mouvement, on en déduira facilement toutes les conditions requifes pour un autre balancier, lorfqu'il devra avoir une maffe différente, avoir plus ou moins de vîteffe, & plus ou moins de force pour fe mouvoir, &c.

88. Pour comparer les vîteffes de deux balanciers, il faut multiplier le nombre des vibrations, pendant un temps donné, par le diametre de chaque balancier : les produits exprimeront les vîteffes, en fuppofant qu'ils décrivent des arcs femblables. Mais, fi les arcs different, il faudra, pour chaque balancier, faire un produit de ces trois chofes : 1°, du nombre de vibrations dans le même temps ; 2°, du diametre ou du rayon du balancier ; 3°, de l'arc parcouru par le balancier. Nous en ferons voir l'application par des exemples, dans les comparaifons que nous aurons occafion de faire pour juger de l'avantage d'un balancier fur un autre.

Principes pour servir à trouver les dimensions les plus favorables au Balancier, pour qu'il ait le moindre frottement.

Premiere Propostion.

89. Si deux balanciers, de même pesanteur & d'inégale grandeur, ont la même vîtesse à leurs circonférences, & décrivent des arcs semblables : 1°, les nombres de leurs vibrations, dans le même temps, seront en raison inverse de leurs diametres : 2°, les frottements de leurs pivots, que je suppose de même grosseur, seront entr'eux comme les nombres de leurs vibrations : 3°, ils auront la même forme de mouvement.

Démonstration.

Soit *A* le grand balancier, & *B* le petit : si le diametre de *A* est à celui de *B*, comme 2 est à 1, pour que le balancier *B* ait, à sa circonférence, la même vîtesse que le balancier *A*, en décrivant, comme nous le supposons, des arcs semblables, il faudra qu'il fasse deux fois plus de vibrations que le balancier *A*. Ainsi, 1°, le nombre des vibrations de *A* sera au nombre des vibrations de *B* en raison inverse des diametres : 2°, le frottement étant le produit de la masse par la vîtesse, exprimée par les espaces parcourus (42), & supposant, comme nous l'avons fait, des pivots de même grosseur (a) & les balanciers d'égales pesanteurs, il s'ensuit que les frottements seront comme les espaces parcourus, c'est-à-dire, comme les nombres de vibrations : 3°, la vîtesse & la masse des balanciers étant la même, ils auront la même force de mouvement.

(a) Je dis qu'il faut supposer les pivots de même grosseur : & voici sur quels principes cela est fondé. On doit faire les pivots d'un balancier d'Horloge Marine les plus petits qu'il est possible, afin d'en réduire le frottement à la plus petite quantité ; mais cette grosseur des pivots est limitée par les obstacles de la matiere, car, au-dessous d'une certaine grosseur, les pivots ne se tourneront plus ronds : on ne peut donc pas les réduire en même proportion que le balancier. Il suit delà que des pivots, réduits à la plus petite dimension que comporte la matiere, peuvent être également employés avec des balanciers de même pesanteur & de diametre différent.

90. Cette propofition démontre l'avantage d'un grand balancier à vibrations lentes fur un petit à vibrations promptes, puifqu'en doublant le diametre, on diminue les frottements de moitié, fans changer la force de mouvement ni la réfiftance de l'air, & que les vîteffes aux circonférences des balanciers font les mêmes.

91. On prouvera de la même maniere que plus on augmentera le diametre du balancier, en diminuant ie nombre de vibrations, plus les frottements des pivots feront réduits.

SECONDE PROPOSITION.

92. Si deux balanciers d'égales grandeurs, & décrivant, l'un de grands arcs, & l'autre de petits arcs, ont la même force de mouvement, & font les mêmes nombres de vibrations ([a]); les frottements des pivots, fuppofés de même groffeur, feront en raifon inverfe des efpaces parcourus par les balanciers.

DÉMONSTRATION.

Pour que les forces de mouvement des balanciers foient les mêmes, il faut que les maffes foient en raifon inverfe du quarré de leurs vîteffes (79) ou des arcs parcourus. Soit donc A le balancier qui décrit de grands arcs, & B celui qui en décrit de plus petits : fuppofons que les arcs décrits par A font à ceux décrits par B, comme 2 eft à 1, la pefanteur du balancier A fera à celle de B, comme le quarré de la vîteffe 1 de B, eft au quarré 4 de la vîteffe 2 de A. Or le frottement étant le produit de la maffe par l'efpace parcouru, on aura, pour le frottement de A, la maffe 1 multipliée par l'efpace parcouru 2, dont le produit égale 2, & le frottement de B fera repréfenté par le produit de fa maffe 4, multipliée par la vîteffe 1 = 4. Les frottements des pivots du balancier A font donc à ceux de B, comme 2 eft à 4, ou : : 1 : 2, c'eft-à-dire, en raifon inverfe des arcs parcourus.

93. Il réfulte de cette propofition, que, fi le diametre d'un balancier, le nombre de fes vibrations & fa force de mouve-

([a]) Les pefanteurs des balanciers feront donc néceffairement inégales.

ment font donnés, on doit préférer de lui faire parcourir de
grands arcs avec une plus petite maffe, plutôt que de lui faire
parcourir de petits arcs avec une maffe plus grande : car non-
feulement il aura moins de frottement, mais il devient par-là
moins fufceptible des agitations.

94. Nous n'examinons pas ici la réfiftance de l'air, dont la
confidération n'eft pas fort effentielle pour l'objet actuel : car
quoique cette réfiftance augmente d'autant plus que la vîteffe
du balancier eft plus grande, & qu'il préfente une plus grande
furface, comme cette réfiftance eft toujours à peu près la
même, il arrive qu'elle détruit continuellement une même
quantité de mouvement ; ce qui n'arrive pas dans le cas des
frottements des pivots, parce que ces frottements vont en augmentant, à mefure que les huiles fe deffechent, & que les pivots perdent de leur poli (43). Ces variations dans les frottements font d'autant plus confidérables, que le frottement lui-
même eft plus grand, il eft donc bien effentiel de le réduire à
la moindre quantité poffible, afin de le rendre plus conftamment le même ; ce qui, dans ce cas, feroit la même chofe que
fi on le réduifoit à zéro. D'ailleurs il faut obferver que la
réfiftance que l'air oppofe au mouvement des balanciers, eft
peu confidérable, puifque ce fluide n'eft point déplacé ou ne
l'eft que par les barrettes ou croifées du balancier. Ainfi cette
réfiftance eft beaucoup plus petite qu'elle ne feroit, fi le balancier étoit formé par des poids, comme, par exemple, de petites boules ou lentilles.

Quelle doit être la nature des Balanciers felon les diver-
fes agitations qu'ils doivent éprouver ?

PREMIERE PROPOSITION.

Plus un Balancier fait un grand nombre de vibrations dans un temps
donné, & moins il eft fufceptible des agitations.

9 5. Si deux balanciers, de même diametre, l'un faifant
des vibrations promptes, & l'autre des vibrations lentes, font

placés avec leurs refforts fpiraux, chacun dans une cage, & que l'on faffe tourner ces cages avec égale force autour des centres des balanciers , ce mouvement circulaire donné aux cages fe communiquera aux balanciers, & caufera des vibrations plus étendues au balancier à vibrations lentes qu'à celui à vibrations promptes. Les balanciers à vibrations lentes font donc plus fufceptibles des agitations que ceux à vibrations promptes.

96. Pour mieux concevoir cet effet des agitations caufées par les mouvements de rotation (ᵃ) que des balanciers peuvent éprouver , fuppofons que l'on attache une lentille au bout d'une verge *inflexible*, que l'autre bout de la même verge foit fixé fur une piece, ou fur un axe fur lequel on fait tourner cette lame , dans ce cas, la lentille tournera avec la lame , en parcourant le même arc ; mais fi la même lentille eft attachée à une lame *flexible*, & qu'on la faffe tourner fur elle-même , le premier effet de ce mouvement fera de faire courber la lame, parce que la lentille réfifte au mouvement en vertu de fon inertie : or plus la lame fera flexible, plus elle fe courbera , plus auffi la lentille reftera en arriere : voilà l'effet qui a lieu , lorfqu'on fait tourner les cages autour des balanciers; l'effet de l'agitation eft d'autant plus grand, que le balancier a une plus grande maffe , relativement à la force du fpiral : c'eft-à-dire, que le balancier fait des vibrations lentes. Au contraire , l'effet des agitations eft d'autant moins fenfible que la force du reffort fpiral eft plus grande, relativement à la maffe du balancier: c'eft-à-dire, que le balancier fait des vibrations promptes.

97. Si l'on n'examinoit cet objet que fous cette face , on choifiroit auffi-tôt des vibrations promptes pour le régulateur d'une machine portative ; mais il en réfulteroit des obftacles beaucoup plus grands que celui qu'on auroit évité : car 1°, dans deux balanciers qui ont la même force de mouvement , les frottements fur les pivots augmentent comme le nombre des

---

(ᵃ) Il n'y a que des mouvements circulaires (ou ceux qui en dépendent) qui puiffent affecter les vibrations d'un balancier; foit que les centres de ces mouvements foient concentriques ou qu'ils foient excentriques au balancier ; car fi le balancier étoit feulement emporté par un mouvement latéral , ou en ligne droite, avec une vîteffe quelconque , les vibrations n'en feroient pas fenfiblement troublées.

vibrations

vibrations (89) ; 2°, par l'expérience intéreffante (ª) que j'ai faite, j'ai trouvé que la durée du mouvement libre d'un même régulateur, auquel on fait faire alternativement des vibrations promptes & lentes, eft augmentée à proportion de ce que les vibrations font plus lentes.

98. Ainfi quoique, dans une machine portative, les vibrations promptes foient moins fufceptibles des agitations, que les vibrations plus lentes, cependant on eft obligé de préférer ces dernieres par les raifons que je viens de dire.

(ª) Lorfque je compofai mon Horloge Marine (n°. 1), je fis des expériences pour fervir à déterminer fa conftruction : j'en rapporte ici une affez intéreffante fur les vibrations d'un même balancier, dont le diametre étoit d'un pied, & le poids de 3ᵗᵗ 9 onces 6 gros.

Je fufpendis le balancier horizontalement par fon centre, avec un reffort plat de pendule, lequel étoit arrêté à force dans le trou du balancier : je fis vibrer le balancier ainfi fufpendu, le reffort étant arrêté à un étau renverfé du haut en bas : je donnai une telle longueur au reffort que le balancier libre faifoit deux vibrations par feconde ; le mouvement dura fort peu de temps. Je ne comptai pas le nombre des vibrations.

J'alongeai le reffort, en le pinçant plus loin du balancier, enforte que les vibrations fuffent d'une feconde : le mouvement du balancier dura 15 minutes, le balancier décrivant d'abord 30 degrés, & enfuite 5 degrés.

Ayant aminci le reffort, enforte que les vibrations étoient de 2 fecondes, le mouvement du balancier dura 30 minutes, en partant de 30 degrés, & finiffant à 5 degrés.

J'affoiblis encore le reffort : les vibrations fe faifoient en 6 fecondes : le mouvement du balancier dura une heure & demie.

Dans ces trois expériences, le balancier a décrit les mêmes arcs ; la durée de fon mouvement a été exactement comme les temps des vibrations, & le nombre des vibrations a été le même : car lorfque les vibrations étoient d'une feconde, le mouvement a duré 15 minutes × 60 = 900 vibrations.

Lorfque les vibrations étoient de 2 fe-condes, le mouvement a duré 30 minutes = 30 × 30 = 900.

Les vibrations étant de 6 fecondes = 10 par minutes, le mouvement a duré 90 minutes = 90 × 10 = 900.

Pour tirer des conféquences de ces trois expériences, il faut comparer les forces de mouvement du balancier dans les différents cas, ainfi que les forces employées à donner le mouvement au balancier.

Mais les forces employées à donner le mouvement ont été comme les forces mêmes des refforts, puifque c'eft le même balancier : or les forces des refforts étant entr'elles, en raifon inverfe de la durée des vibrations, il s'enfuivra que la force néceffaire, pour produire une vibration par feconde, eft à la force pour produire une vibration en 2 fecondes, comme 2 eft à 1.

La force de mouvement du même balancier peut être exprimée par le quarré du nombre de fes vibrations faites dans le même temps, à caufe que le balancier & les arcs décrits font les mêmes : ainfi on aura, pour les vibrations d'une feconde, 900 vibrations (en 15 minutes), dont le quarré eft 810000.

Lorfque les vibrations étoient de 2″ en 15′, il s'en eft fait 450, dont le quarré eft de 202500.

La force de mouvement, dans le fecond exemple, eft le quart de ce qu'elle a été dans le premier ; mais, comme dans le fecond, la durée du mouvement a été de 30′, il fuit que les forces de mouvement font comme 2 à 1, c'eft-à-dire, comme les forces employées à donner le mouvement au balancier.

E

SECONDE PROPOSITION.

La vîteffe des vibrations du Régulateur d'une machine portative, fa maffe, &c, doivent varier felon la nature des agitations, auxquelles le Régulateur doit être expofé.

99. UNE petite Montre à vibrations promptes, & à balancier léger, fera peu dérangée par les agitations violentes du cheval. En général, une Montre qui fait 17 à 18 mille vibrations par heure eft la plus convenable pour porter dans la poche. Il eft vrai que, dans ces fortes de Montres, le régulateur a beaucoup de frottement ; mais ce défaut produit un bien, puifque, fans le fecours du méchanifme de compenfation, ces Montres ne varient pas fenfiblement du chaud au froid. *Voyez Effai fur l'Horlogerie*, n°. 1894.

100. Si l'on vouloit conftruire des *Montres de poche*, dans lefquelles les frottemens du régulateur fuffent moindres, il faudroit diminuer le nombre des vibrations, & augmenter le diametre du balancier : or dans ce cas, 1°, de telles Montres feroient moins réglées dans toutes fortes de pofition ; 2°, elles avanceroient par le froid, & retarderoient par le chaud ; ainfi, pour les avoir très-exactes, il faudroit y appliquer un méchanifme de compenfation, & leur faire battre 4 vibrations par feconde.

101. Les *Montres de carroffe* peuvent encore avoir une combinaifon différente & être fufceptibles d'une plus grande exactitude, parce qu'elles font toujours fenfiblement verticales : le balancier peut être fort grand, & ne faire que deux vibrations par feconde ; il aura donc moins de frottement & une plus grande quantité de mouvement. Mais il faudra alors, comme on le verra par ma *Montre Marine*, un méchanifme de compenfation.

102. Enfin, on peut ranger dans la claffe des machines portatives, fervant à la mefure du temps, les *Horloges Marines* ; mais il faut les confidérer plutôt comme des machines qui ne font expofées qu'à des mouvements très-lents & moëlleux, &

en cela très-différentes des Montres dont nous venons de parler : les Horloges Marines approchent plus de la nature des pendules fixes que de celles des machines portatives ; elles font fuspendues, de forte qu'elles n'éprouvent ni un de ces mouvements circulaires fi nuifibles, ni de ces mouvements violents les feuls à craindre : le Vaiffeau fe balance autour de leur point de fufpenfion qui s'éleve & s'abaiffe en même temps que le Navire, tandis que celui-ci les emporte avec lui par un mouvement latéral.

103. Pour rendre le balancier encore moins fufceptible des agitations du Vaiffeau, il faut qu'il fe meuve dans un plan parallele à l'horizon (ª) ; alors les agitations fe font néceffairement dans un plan perpendiculaire à celui de balancier, &, par conféquent, celui-ci n'éprouve que de foibles dérangements par les balancements du Vaiffeau.

104. Les Horloges Marines font donc, comme on vient de le voir, d'une nature très-différente de celle des autres machines portatives ; elles ne font expofées à aucuns des mouvements des Montres ; & les principes de leur conftruction doivent être, par-là, très-différents de ceux de ces dernieres. Les Horloges Marines doivent, par la nature de leurs principes, beaucoup plus participer de ceux des Horloges Aftronomiques que de ceux des Montres ; elles doivent avoir la même jufteffe que les Pendules Aftronomiques, avec un avantage fur celles-ci ; c'eft qu'une bonne Horloge Marine doit aller également bien, foit qu'elle foit placée à terre, & dans le repos, ou qu'elle foit établie dans un Vaiffeau agité ; au lieu que l'Horloge Aftronomique, à pendule, ne peut fervir qu'à terre, fixée très-folidement contre un mur invariable.

105. Les machines qui fervent à la mefure du temps, font donc comprifes dans ces trois claffes :

1º, Les Horloges à pendule pour les Obfervatoires fixes.

2º, Les Montres à balancier léger, & vibrations promptes pour l'ufage ordinaire.

(ª) Voyez Effai, nº. 2099.

3°, Les Horloges Marines à balancier pour servir dans la Navigation.

106. Cette division des machines qui servent à la mesure du temps, nous conduit naturellement aux principes qui doivent servir de base à la construction de chacune en particulier. J'ai traité ci-devant, dans mon *Essai sur l'Horlogerie*, de tout ce qui concerne les Montres & les Pendules, & j'y ai jetté les premiers fondements de la construction des Horloges Marines. J'entreprends aujourd'hui de conduire ce travail à son plus haut degré de perfection ; mais avant de le faire, il est très-essentiel d'envisager l'usage de ces machines, & les obstacles qui s'opposent à leur justesse, & sur-tout de n'embarrasser pas cette recherche de difficultés qui seroient en pure perte, si l'on exigeoit, par exemple, qu'une Horloge Marine servît indifféremment à la mesure du temps, soit qu'elle fût placée dans un Vaisseau, ou dans une Voiture. Il est évident qu'alors on borneroit extrêmement le degré de perfection d'une telle machine : ce ne seroit plus qu'une Montre de carrosse, qui, par sa nature, ne comporteroit qu'un degré de justesse infiniment au-dessous de celui que doit avoir une Horloge Marine, uniquement construite pour la Mer : c'est cependant cette idée de vouloir généraliser l'usage d'une telle machine qui empêcheroit de jamais parvenir au but, & j'avoue que quelques personnes m'avoient même arrêté par-là, en exigeant que ces machines pussent être éprouvées dans une voiture, & marchant tantôt horizontalement & verticalement : je n'ai su me soustraire à ces difficultés, qu'en me restraignant uniquement à la véritable destination des Horloges Marines.

107. Une Horloge Marine ne doit donc servir à mesurer le temps qu'en Mer dans un Vaisseau ; ou si l'on en veut faire usage à terre, il faut qu'elle reste en repos & fixe sur sa suspension avec la liberté naturelle de prendre son à plomb.

108. Par une suite de ce qui précede, une Horloge Marine ne doit pas marcher lorsqu'on la porte de terre au Vaisseau, & il faut attendre, avant de la mettre *en marche*, qu'elle soit placée sur le Navire : car la nature des mouvements qu'une telle

Horloge éprouveroit, en la portant au Vaiffeau, feroit très-différente de ceux du Vaiffeau même; enforte qu'on auroit à craindre, ou que l'Horloge s'arretât, ou qu'elle éprouvât des variations. Si elle devoit fupporter de tels mouvements, même pour un moment de tranfport, elle pourroit fupporter également, & pendant un plus long-temps, ceux d'une voiture; & conféquemment, fa conftruction devroit être diffé-rente: ce ne feroit plus une Horloge Marine. On gagneroit in-finiment peu en obtenant une Horloge qui pourroit être tranf-portée *marchante* ([a]), & on perdroit beaucoup du côté de la jufteffe. On verra, par la fuite, lorfque je traiterai des ufages des Horloges Marines pour la détermination de la longitude en Mer, que, dans le tranfport des Horloges de la terre au Vaiffeau, il eft abfolument inutile qu'elles marchent. Lorfqu'elles font établies fur le Vaiffeau, on les met à l'heure, & on les fait marcher. Elles doivent refter fur le Navire pendant tout le temps qu'il eft armé.

109. En reftreignant ainfi les Horloges Marines à leur vé-ritable ufage, & en dépouillant leur conftruction de toutes les difficultés qu'on auroit voulu y joindre mal à propos, on pourra parvenir à donner à ces machines une jufteffe qui eft même au-deffus de celle qu'exige le befoin des Navigateurs; & l'on ob-tiendra une méthode fimple & fuffifante pour déterminer les longitudes en Mer, & perfectionner les Cartes.

110. Il ne fuffit pas d'avoir affranchi les Horloges Marines des vaines difficultés qu'on a pu fufciter, en exigeant que ces machines marchaffent dans les tranfports par terre, il faut éga-lement régler leur volume fur celui que les principes nous in-diqueront; ainfi je ne m'aftreindrai point à les réduire dans un petit efpace, fi la théorie me prouve qu'elles doivent avoir de grandes dimenfions pour obtenir la plus grand jufteffe poffible.

111. Enfin nous devons obferver que la pofition d'une Horloge Marine, foit verticale, horizontale, ou inclinée, doit

---

([a]) C'eft dans la vue de fuppléer à cette difficulté que j'ai conftruit une Montre très-fimple & exacte, pour fervir à regler l'Horloge Marine dans le Vaiffeau, & à la mettre à l'heure, lorfqu'elle y eft une fois établie.

toujours être la même, & qu'une telle machine ne peut pas, comme les Montres, être tantôt verticale, tantôt horizontale, & enfuite inclinée. C'eft d'après cet examen préliminaire que nous partirons pour conftruire l'Horloge Marine la plus exacte.

De la maniere de déterminer la pefanteur & le diametre du balancier d'une Horloge.

I I 2. La pefanteur du balancier, dans une Horloge portative, n'eft pas du tout arbitraire ; & lorfque la conftruction eft décidée, le poids du balancier devient exactement limité ; il doit être tel que l'Horloge ne varie pas en paffant de la pofition horizontale à une pofition inclinée (ᵃ). Une Montre, comme la premiere que j'ai faite pour la Marine (fous la dénomination du nº. 3), devoit aller également jufte dans toute pofition (ᵇ); cependant elle retarde horizontalement, & avance perpendiculairement : cela prouve que, dans la pofition horizontale, le balancier a plus de frottement, puifque dans cette pofition il décrit de plus petits arcs ; il faudroit donc, pour égalifer les frottements, que le balancier fût plus léger : ainfi la marque diftinctive feroit qu'il décrivît les mêmes arcs dans les deux pofitions, & dans ce cas la Montre feroit également réglée.

I I 3. Dans ma feconde Horloge Marine, à deux balanciers, un effet contraire arrive par la même caufe, le trop de pefanteur des balanciers : lorfque l'Horloge eft horizontale, les vibrations font plus étendues, parce qu'alors toute la pefanteur étant

---

(ᵃ) Et dans les Montres, de la pofition horizontale à la verticale.

Dans les Montres à demi-fecondes, lorfqu'elles font pofées horizontalement, le balancier décrit de plus grands arcs que lorfqu'elles font verticales, les balanciers font donc encore trop pefants.

Les Montres ordinaires à vibrations promptes & à balanciers légers, font naturellement réglées dans les deux pofitions horizontales & verticales. Voilà donc la difpofition la plus convenable pour les Montres de poche qui font néceffairement expofées à ces changements alternatifs de pofition : c'eft d'être également réglée dans la pofition horizontale ou dans la verticale.

(ᵇ) Je penfois, lorfque je compofai cette Montre (nº. 3), que cela devoit être ainfi ; mais je ne tardai pas à voir qu'une Horloge Marine doit toujours fenfiblement conferver fa même pofition (106).

foutenue par les refforts de fufpenfion, ils ont moins de frottement; mais pour peu qu'on l'incline, les arcs diminuent fenfiblement, parce que le poids des balanciers étant foutenu en
partie par les rouleaux, la pefanteur des balanciers n'eft pas
proportionnelle à ce que les rouleaux peuvent fupporter : ou
bien les rouleaux font trop petits & l'axe du balancier trop gros.

1 1 4. Il fuit donc, de ce qui précede, que la pefanteur du
balancier eft relative à la nature des frottements & à la difpofition de la machine, & aux agitations qu'elle doit éprouver.

1 1 5. Ainfi, 1°, on peut avoir un balancier pefant pour régulateur, & les vibrations auront la même étendue, l'Horloge
étant horizontale ou un peu inclinée, fi le balancier eft d'un
grand diametre, s'il eft fufpendu par un reffort, fi l'axe eft très-
petit, & fi les rouleaux font d'un fort grand diametre avec de
petits pivots, &c.

1 1 6. 2°, Un balancier qui roulera fur la pointe, & tournera entre des rouleaux, doit être beaucoup plus léger que
dans le premier cas, à caufe de la grande différence des frottements par la fufpenfion ou par la pointe.

1 1 7. 3°, Un balancier, dont les pivots rouleront dans des
trous de diamants, fera beaucoup plus léger que le précédent;
parce que le frottement fur la circonférence des pivots eft plus
grand, que lorfqu'il roule entre des rouleaux.

1 1 8. Un grand balancier, pefant comme celui de ma premiere Horloge Marine, feroit le meilleur régulateur, fi l'Horloge reftoit en repos; mais j'ai éprouvé que les agitations en
dérangent fort le mouvement. Un tel balancier peut donc être
confidéré comme un des extrêmes. Un balancier petit & léger
à vibrations promptes, les pivots roulant dans des trous de
diamants, me paroît l'autre extrême, à caufe qu'il a trop peu
de force de mouvement, & que fes pivots exigeant néceffairement de l'huile éprouvent trop de frottement & de réfiftances
variables par les diverfes températures, &c.

1 1 9. La Montre Marine (ou n°. 3) tient à peu près le
milieu entre ces deux extrêmes : le balancier a affez de viteffe
& eft affez léger pour n'être pas fufceptible des agitations ni

des changements des huiles, ce qui prouve son peu de frotte-ment & sa puissance. Il ne lui manque que d'être également réglé dans la position horizontale & dans la position inclinée : c'est de ces deux machines (n°. 1 & n°. 3), que je suis parti pour la construction de mes dernieres Horloges.

120. Nous observerons ici qu'il faut augmenter, autant qu'il est possible, la vîtesse du balancier plutôt que sa pesanteur, parce que la vîtesse n'augmente pas autant le frottement que le poids : or le nombre de vibrations étant donné , on peut également-ment augmenter la vîtesse , ou par de plus grands arcs , ou en donnant un plus grand diametre au balancier ; ainsi on doublera la vîtesse , en faisant parcourir au balancier des arcs doubles ; ou les arcs restant les mêmes , en doublant le diametre. Mais on voit que le dernier moyen est préférable , parce que la vîtesse augmente sans que le frottement, qui est en raison de l'espace parcouru par le pivot, éprouve aucun changement : car, en supposant la même force de mouvement dans les deux cas, le balancier, étant double de diametre , devroit être de même pe-santeur que le balancier qui décriroit des arcs doubles ; ainsi la pression contre les pivots feroit la même , pendant que l'espace parcouru par les pivots du grand balancier feroit moitié plus petit.

Suite des principes servant à donner au Régulateur d'une Horloge Marine les dimensions les plus favorables.

PREMIERE PROPOSITION.

121. LE plus grand obstacle du balancier est causé par les frottements de ses pivots , & c'est à réduire ces frottements à la plus petite quantité qu'il faut employer tout l'art imaginable. Nous avons prouvé ci-devant (89) que plus le balancier sera grand , plus les vibrations feront lentes , plus aussi les frotte-ments des pivots feront petits : voilà un moyen.

SECONDE

SECONDE PROPOSITION.

122. Si l'on a un balancier dont le poids & la force de mouvement foient donnés, & dont les pivots roulent dans des trous : fi, au lieu de faire rouler ces pivots dans des trous, on les fait tourner fur *des Rouleaux*, dont les dimenfions foient telles que le diametre du rouleau foit à celui de fes propres pivots, comme, par exemple, 40 à 1, je dis qu'on pourra augmenter le poids du balancier dans le même rapport, fans changer les frottemens; enforte que la force de mouvement augmentera comme la pefanteur : car on a augmenté la preffion comme 40 à 1 (ª), & on a diminué l'efpace parcouru, tranfporté au pivot des rouleaux, dans le même rapport : or le frottement, étant le produit de la maffe par l'efpace parcouru (42), il fera le même dans les deux cas.

COROLLAIRE.

123. De cette propofition, il fuit que plus on augmentera le diametre des rouleaux, les pivots reflant les mêmes, plus on pourra augmenter la pefanteur du balancier, & par conféquent fa force du mouvement, fans changer le frottement des pivots. Voilà un fecond moyen de réduire les frottemens des pivots du balancier à la plus petite quantité.

TROISIEME PROPOSITION.

124. Si l'on fufpend, ainfi que je l'ai fait, le balancier par un reffort (22), ce balancier devient alors néceffairement horizontal : or toute fa pefanteur étant fupportée par le reffort, les rouleaux en feront moins chargés que dans la pofition verticale; enforte qu'on pourra, 1°, donner plus de pefanteur au balancier que s'il étoit vertical, & on augmentera par ce moyen la puiffance de ce régulateur, fans changer fes frottemens;

(ª) Je dis que la preffion eft diminuée comme 40 à 1 : on doit remarquer que le balancier étant fuppofé vertical, il faut 4 rouleaux pour le fupporter, & les 4 rouleaux ont 8 pivots; ainfi la pefanteur du balancier fe trouve fupportée par ces 8 pivots. Or cela augmente l'efpace parcouru en même proportion que le poids fe trouve fubdivifé : on peut donc confidérer, comme nous avons fait, le rapport du diametre du rouleau à fon pivot.

F *

2°, cette difpofition horizontale du balancier le rendra moins fufceptible des agitations du Vaiffeau. La fufpenfion du balancier par un reffort eft donc un troifieme moyen de réduire fes frottements à la plus petite quantité.

REMARQUE.

1 2 5. Quoique la pefanteur du balancier foit fupportée par le reffort, fi fes pivots avoient trop de jeu entre les rouleaux, il en réfulteroit un effet très-nuifible; car, à chaque vibration, l'axe feroit porté de côté & d'autre, par l'action du fpiral : or, dans ce cas, la preffion augmente par l'étendue des arcs, dans le rapport du quarré de ces arcs; & l'effort contre les rouleaux doit augmenter comme la maffe du balancier, multipliée par le quarré de fa vîteffe, d'où l'on voit qu'il eft effentiel de laiffer le moins de jeu poffible à l'axe de balancier.

QUATRIEME PROPOSITION.

1 2 6. Plus le régulateur libre fera puiffant, en confervant long-temps le mouvement de vibration qu'on lui a imprimé, moins les petites quantités de frottement reftant feront capables de troubler l'ifochronifme de fes ofcillations (article de la plus grande conféquence); & dans un tel régulateur, il faudra moins de force, pour entretenir le mouvement : enforte que les petites inégalités de force motrice ne pourront affez l'affecter pour changer fa jufteffe; & par une fuite de cette propriété, le rouage même fera moins fujet aux frottements, tant par la diminution que l'on peut faire au diametre des pivots, que par le moins de preffion du moteur fur ces pivots; enfin, la preffion fur l'échappement fera la plus petite, tandis que la force de mouvement du régulateur fera très-grande; ainfi cette preffion de l'échappement troublera moins, par les changements qui pourroient y furvenir, la durée des ofcillations. On ne peut trop infifter fur la néceffité de réduire à la plus petite quantité les réfiftances ou frottements du régulateur, en même temps qu'on augmente fa puiffance : c'eft un principe fondamental qu'on ne doit pas perdre de vue un inftant.

Corollaire.

127. Par une suite de cette perfection du régulateur, plus son mouvement libre se conservera long-temps, plus les effets du chaud & du froid seront grands ; car les résistances ou frottements étant infiniment petits, l'action du chaud sur le spiral, pour rallentir les vibrations, & celle du froid pour les accélérer, agiront avec toute leur énergie, puisque nous supposons qu'il ne reste aucuns des frottements, dont les changements servent à la compensation (*Essai sur l'Horlogerie*, n°. 1894).

Cinquieme Proposition.

128. Si deux balanciers de différentes combinaisons, tant pour le diametre que pour les vibrations, sont cependant tels que la force de mouvement, comparée au frottement, soit exactement dans le même rapport dans l'un & dans l'autre, les régulateurs seront également propres à mesurer le temps ; c'est-à-dire, que si l'on a un grand balancier pesant, à vibrations lentes, dont la force de mouvement soit au frottement réduit de ses pivots dans un rapport donné, & qu'il soit possible de parvenir dans un balancier petit & léger à vibrations promptes, à réduire les frottements de ses pivots, de maniere que la force de mouvement soit au frottement réduit des pivots dans le même rapport, il est évident que le petit balancier sera un régulateur aussi parfait que le premier (ᵃ). Mais pour peu que l'on examine les principes que nous avons établis ci-devant, on sentira que s'il est possible de faire, par deux combinaisons différentes, deux balanciers également puissants, & dont les frottements soient réduits en même proportion, ce ne peut être que lorsque les forces de mouvement seront sensiblement les mêmes dans l'un & dans l'autre ; car la réduction des frottements, dans un petit balancier, a des limites ; &, au contraire, l'augmentation de force de mouvement d'un corps n'en a point ; d'ailleurs en augmentant le diametre d'un

(ᵃ) En supposant cependant que le rouage, l'échappement, & la force motrice ‖ soient, comme dans le premier, proportionnés à la force de mouvement.

balancier prefque à l'infini , on peut faire que fes frottements n'augmentent pas à proportion de fa puiffance ; d'où
l'on voit que plus il acquerra de force , plus le frottement deviendra petit , relativement à la quantité de mouvement acquife : ainfi l'on voit que ces conditions ne peuvent exifter
réellement ; mais cette propofition m'a fervi à prouver encore
l'avantage d'un grand balancier. Voilà donc un principe que la
théorie préfente ; mais on voit qu'elle eft refferrée par les obftacles de la *matiere*. L'expérience feule , aidée des principes ,
peut fervir à fixer les limites de la théorie. Nous devons d'ailleurs obferver, pour notre objet actuel , où le régulateur doit
être expofé aux agitations du Vaiffeau , que fa maffe devient un
obftacle ; car c'eft en vertu de l'inertie du balancier , que les
agitations du Vaiffeau en troublent les ofcillations. Pour parvenir donc à compofer le meilleur régulateur poffible , pour
une Horloge Marine , on a également à craindre , d'un côté le
peu de force de mouvement , & les grands frottements d'un
petit balancier ; de l'autre , les effets des agitations du Vaiffeau fur le grand balancier pefant à vibrations lentes.

Comment on peut juger de la perfection d'un Régulateur, lorfqu'il eft exécuté.

I 2 9. Il faut établir , ainfi que nous l'avons fait ci-devant ,
des principes pour fervir de bafe à la jufteffe d'un régulateur ;
mais ce n'eft que lorfque ces principes font mis en exécution ,
que l'on peut connoître fi les propriétés que l'on a fuppofées
ne font pas détruites par des obftacles de la matiere, par des
frottements , &c : voici comment on peut en juger.

I 3 0. 1°, Le régulateur étant libre & féparé du rouage , &
mis en mouvement, on eftimera qu'il eft plus parfait qu'un autre , s'il s'y conferve plus long-temps. Je fuis parvenu à conftruire une fufpenfion de pendule , telle qu'ayant fait décrire à
ce pendule des arcs de 10 degrés , il a confervé fon mouvement pendant 3 jours ; & le pendule ordinaire d'expériences ,
dont j'ai parlé (*Effai* n°. 1571) ayant décrit 10 degrés , a

confervé fon mouvement pendant 2 jours. Dans ma premiere Horloge Marine, le mouvement libre des balanciers a duré 50′, & le balancier de l'Horloge, n°. 8, a duré une heure. Les balanciers des Horloges, n°. 6 & 7, étant mis en mouvement, leur mouvement libre a duré feulement 10′ minutes. Voilà des termes de comparaifon.

131. 2°, On eftimera qu'un régulateur d'Horloge Marine eft plus parfait & plus dégagé des frottements qu'un autre, lorfque les effets du chaud & du froid feront plus fenfibles (n°. 127); j'ai vu, par expérience, avec ma premiere Horloge Marine, que pour 30 degrés de différence dans la température, l'Horloge retardoit de 16″ $\frac{4}{11}$ par heure, ou 6′ 32″ en 24 heures : (ª) ainfi toutes les fois qu'une autre Horloge ne produira pas les mêmes quantités par les mêmes différences de la température, on fera afsûré que les frottements font partie de la compenfation & au contraire.

132. 3°, On peut calculer la force de mouvement du régulateur d'une Horloge Marine, & la comparer à la force de mouvement d'un autre régulateur connu. C'eft une méthode que j'ai toujours employé pour m'afsûrer de la puiffance que le balancier pourroit acquérir par fes différentes combinaifons.

133. 4°, Par le principe de l'article (76), on eftimera l'avantage d'un régulateur fur un autre, en comparant non-feulement les forces de mouvement, mais auffi les forces requifes pour en entretenir le mouvement.

134. 5°, On jugera qu'un régulateur eft puiffant, & que les frottements font réduits à la plus petite quantité, s'il conferve conftamment la même durée de mouvement libre, foit que les huiles des pivots des rouleaux foient fraîches, ou qu'elles foient épaiffies : fi, par exemple, lorfqu'on vient de nettoyer & remonter l'Horloge, le balancier conferve fon mouvement libre pendant une heure ; & qu'au bout de deux ou trois ans, fon mouvement foit de même durée, on aura une preuve très-fûre du peu d'effet des frottements & des réfiftances des huiles fur la machine.

135. 6°, On peut juger encore du peu d'effet des frotte-

(ª) Effai, n°. 2208.

ments , & des réfiftances des huiles, &c , lorfque le balancier conferve conftamment les mêmes arcs , foit que les huiles foient fraîches , ou qu'elles foient anciennes.

136. Enfin, on fera afûré de la bonté d'un régulateur , lorfque la marche d'une Horloge ne changera pas , foit que les huiles foient fraîches , ou qu'elles foient épaiffies ; mais fi cette marche differe à mefure que les huiles s'épaiffiffent, on jugera que le régulateur eft défectueux , (& c'eft ce qui arrive dans nos meilleures montres) : on obfervera feulement que cet effet, peut-être produit par deux caufes , 1°, par le défaut d'ifochronifme dans les vibrations du balancier ; 2°, par la réfiftance des huiles fur les pivots, qui tendent elles mêmes à rendre les vibrations plus rallenties. (*Effai fur l'Horlogerie* , n°. 1881).

ARTICLE II. *De l'Ifochronifme des vibrations du Balancier par le Spiral.*

137. L'APPLICATION du fpiral au balancier eft une des plus heureufes découvertes qu'ait fait l'art de l'Horlogerie : on la doit, ainfi que le pendule , à *Huyghens*. Le fpiral cependant , tel qu'on l'employoit ci-devant , caufoit des écarts très-confidérables aux Horloges : car 1°, on a reconnu par expériences que la chaleur diminue l'*élafticité* des refforts , & que le froid l'augmente (a) ; enforte qu'une Horloge où il eft appliqué , doit retarder par le chaud, & avancer par le froid (b). 2°, J'ai appris par des expériences fûres que les grands & les petits arcs d'un balancier ne font pas ifochrones , & qu'en général , dans un balancier libre , les grands arcs font plus prompts que les petits :

(a) L'*Elafticité* eft cette propriété des corps par laquelle, lorfque leur figure a été changée par quelque effort , ils reprennent cette figure dès que l'effort vient à ceffer , c'eft cette propriété qui conftitue les refforts.

C'eft en vertu de l'élafticité qu'un reffort écarté de fon repos tend à y revenir ; mais c'eft en vertu de fa pefanteur qu'il fait autant de chemin de l'autre côté, & qu'il produit des vibrations.

(b) Nous traiterons dans le Chapitre fuivant des moyens de corriger ces effets de la température.

ainſi , pour peu que le balancier faſſe de plus grands ou de plus petits arcs , l'Horloge variera , & cet effet eſt cauſé par l'action du ſpiral. Je vais traiter dans cet Article des principes qui m'ont conduit à rendre iſochrones (ᵃ) les vibrations inégales du balancier, un des objets les plus intéreſſants des Horloges Marines.

Examen des effets qui réſultent de l'inégalité dans les arcs de vibrations du Balancier , ſoit qu'elle ſoit produite par les changements de la force motrice, ou par les agitations du Vaiſſeau.

138. Les arcs de vibrations du balancier peuvent augmenter, ou diminuer dans une Horloge Marine par deux cauſes principales, 1°, par les inégalités de la force motrice , des engrenages , des frottements , des réſiſtances des huiles, &c; 2°, par les agitations du Vaiſſeau. Or ſi le régulateur n'a pas en lui-même une telle propriété que ſes grandes & ſes petites oſcillations ſoient conſtamment de mêmes durées , il réſultera que l'Horloge fera des variations conſidérables , toutes les fois que les arcs de vibrations changeront d'étendue par l'une ou l'autre de ces cauſes.

139. On peut, par une combinaiſon particuliere de l'échappement , parvenir à détruire les variations de l'Horloge qui ſont cauſées par le plus ou moins d'étendue des arcs de vibra-

(ᵃ) On peut conſidérer, ſous deux points de vue très-oppoſés, les moyens d'établir la juſteſſe d'une machine qui meſure le temps, 1°, on pourroit faire une Horloge avec une telle perfection, tant du côté de la conſtruction que de celui de l'exécution, que toutes les parties conſervaſſent conſtamment le même état, enſorte qu'elles n'éprouvaſſent aucuns changements , ſoit de la force motrice , ſoit des frottements ou des huiles , &c; & que par conſéquent, les oſcillations du régulateur, reſtant conſtamment de même étendue, fuſſent néceſſairement de même durée ; 2°, le régulateur pourroit être tel que, mal-gré la différente étendue de ſes arcs cauſés par l'inégalité de la force motrice , des frottements des pivots , &c, ſes oſcillations fuſſent cependant iſochrones. Le dernier moyen eſt celui que nous propoſons d'établir dans ce Chapitre ; mais il eſt bon d'obſerver qu'il ne faut pas, pour cela, négliger le premier moyen , parce qu'il eſt bien difficile, ainſi que l'expérience nous le prouvera , d'obtenir cette extrême préciſion de l'un ou de l'autre ſeulement : il faut faire concourir les deux moyens, ſi l'on veut avoir une Horloge auſſi exacte qu'il eſt néceſſaire pour la Navigation.

tion , en tant que cette inégalité eſt produite par les changements de la force motrice (*a*) ; mais quand même un tel chappement conſerveroit conſtamment cette propriété, elle ne pourroit ſervir qu'à corriger les inégalités de l'action du moteur, &
nullement à compenſer les variations que cauſent à l'Horloge les
différentes étendues dans les vibrations , lorſque cette inégale
étendue des vibrations eſt produite par des agitations du Vaiſſeau. Car , ſi une agitation du Vaiſſeau augmente l'étendue
d'une vibration, & que par la nature du régulateur (*b*) , les
vibrations , par les grands arcs , ſoient plus lentes que les vibrations par les petits arcs, il arrivera que , la force motrice
reſtant la même , l'échappement ne mettra pas plus d'oppoſition
à l'étendue de cette vibration ; il n'aura d'ailleurs aucune action,
au moyen de laquelle il puiſſe ramener le balancier avec plus de
vîteſſe : la vibration demeurera donc néceſſairement de plus
longue durée , tandis que , ſi la plus grande étendue de la vibration eût été produite par la force motrice , l'échappement étant
ſuppoſé Iſochrone (*Eſſai* , n°. 1631) , en eût abrégé la durée.

140. Si nous ſuppoſons que les grandes oſcillations libres
du balancier ſont de plus courte durée que les petites, pour que
l'échappement puiſſe les rendre iſochrones , ſa conſtruction devra être différente que pour le premier cas ſuppoſé ; car il
faudra que l'échappement laiſſe achever la vibration ſans oppo-
ſer de réſiſtance , & qu'au contraire, au retour, il faſſe rétrograder la roue. Mais avec un tel échappement, de même que
dans notre première ſuppoſition (139) , il arriveroit qu'il ne
rendroit iſochrones que les oſcillations rendues inégales par la
force motrice, & nullement celles qui le ſeroient par les agitations du Vaiſſeau : ainſi , de quelque côté qu'on examine cette

(*a*) Voyez *Eſſai ſur l'Horlogerie* (n°. 1638 *& ſuiv.* 2180) , par quels moyens & d'après quels principes j'ai conſtruit un échappement propre à rendre iſochrones ou d'égales durées les vibrations d'inégale étendue , ſoit d'un pendule ou d'un balan-cier.

(*b*) Il eſt évident , ſi le régulateur eſt tel que nous le ſuppoſons ici, c'eſt-à-dire , ſi ſes grandes oſcillations libres ſont plus lentes que les petites , que, pour rendre ſes grandes & petites vibrations de même durée par l'échappement , il faudroit que cet échappement fût tel que les grandes oſcil-lations fuſſent rendues plus courtes qu'elles ne ſeroient, ſi elles ſe faiſoient librement; ce qui auroit lieu en employant un échap-pement à recul. Voyez (*Eſſ.* n°. 1627).

matiere ,

matiere, on voit qu'il n'eſt pas poſſible de parvenir à faire qu'un échappement quelconque rende iſochrones d'autres vibrations que celles dont l'inégalité provient du moteur, & jamais celles qui ſont produites par les agitations du Vaiſſeau. Il eſt donc abſolument néceſſaire de rechercher cette propriété de l'iſochroniſme dans les oſcillations libres du régulateur même ; car les oſcillations du régulateur étant iſochrones par leur nature, elles perſiſteront à l'être, quelle que ſoit la cauſe qui change leur étendue, ſoit la force motrice, ſoit l'agitation du Vaiſſeau, &c, alors on n'aura plus à demander à l'échappement que de ne pas troubler les oſcillations du Régulateur (ᵃ).

C'eſt l'examen que je viens de préſenter qui m'a prouvé que l'iſochroniſme des vibrations ne pouvoit avoir lieu par l'échappement, & qu'on ne peut l'obtenir que par le régulateur même.

PREMIERE PROPOSITION.

Comment on peut obtenir par le ſpiral l'Iſochroniſme des vibrations du Balancier.

141. *Si l'on a un balancier ſimple, ſans ſpiral, auquel on veuille alternativement faire décrire de grands & petits arcs dans le même temps, il faudra que la force* (ᵇ) *ou puiſſance, qui doit lui donner le mouvement, change comme le quarré des arcs* (84). Donc, ſi, au lieu de la puiſſance, on ſubſtitue un reſſort ſpiral, il faudra que la progreſſion de ſa force ſoit telle que, dans tous les arcs correſpondants, les produits de ſa force augmentent dans la même proportion que celle du balancier ; & dans ce cas, les

---

(ᵃ) Voyez auſſi dans l'*Appendice*, n°. 7. L'extrait du Mémoire que je dépoſai au Secrétariat de l'Académie le 10 Février 1768, pour établir la nouvelle théorie que je préſenterai ci-après.

(ᵇ) L'expreſſion qui doit déſigner la force des corps, differe, lorſqu'il eſt queſtion du *Mouvement* ou de l'*Equilibre* : car les poids qui font équilibre au reſſort ſpiral par différents arcs, augmentent ſimplement comme les arcs ; mais pour marquer la puiſſance ou force du même reſſort en mouvement, elle eſt exprimée par les quarrés des arcs ; car ici cette force n'eſt pas ſeulement de la quantité du poids qui fait équilibre, mais elle eſt compoſée des ſommes des forces ou poids employés à faire parcourir tous les arcs intermédiaires, entre zéro & le point actuel de l'équilibre : or ces poids étant en progreſſion Arithmétique, leur ſomme, qui égale la force ou puiſſance du reſſort en mouvement, augmente comme les quarrés des arcs parcourus.

G *

ofcillations feront ifochrones. Si donc les arcs décrits par le balancier font 0, 10, 20, 30, 40, 50, 60, 80, 100, 110, 120, &c, ou ce qui eft le même 0, 1, 2, 3, 4, 5, 6, 7, 8, 9, 10, 11, 12; les forces de mouvement correfpondants à ces arcs feront 0, 1, 4, 9, 16, 25, 36, 49, 64, 81, 100, 121, 144, &c. Donc pour l'ifochronifme, les puiffances du fpiral, correfpondantes à ces arcs, devront augmenter dans cette derniere proportion. Or fi la force afcendante du fpiral eft en progreffion Arithmétique, enforte que l'on ait les deux progreffions fuivantes.

Arcs parcourus ([a]) 0, 10, 20, 30, 40, 50, 60, 70, 80, 90, 100, 110, 120,
Forces du Reffort ([b]) 0, 1, 2, 3, 4, 5, 6, 7, 8, 9, 10, 11, 12,

Je dis que les fommes ou produits de ces forces du reffort fpiral, dans tous les termes correfpondants de ces arcs, feront comme les quarrés des arcs : ce qui eft une fuite de la propriété de la progreffion Arithmétique. Ainfi les ofcillations d'un balancier quelconque, auquel ce fpiral fera appliqué, feront de même durée, foit que le balancier décrive de grands arcs, ou de petits arcs ([c]) : ce qui eft évident, puifque les puiffances du fpiral donné fuivent la même loi par laquelle fe fait l'augmentation de force dans le corps en mouvement.

SECONDE PROPOSITION

142. Pour donner cette qualité au fpiral, on peut l'obtenir en le *rendant plus long ou plus court*, ainfi qu'il eft aifé de le prouver. Si l'on a un reffort fpiral fort long & très-foible, enforte qu'il puiffe faire un grand nombre de tours, comme 10, par exemple; fuppofant de plus qu'étant remonté tout au haut, fa force devienne double de celle du tour d'en bas, dans ce cas, je dis que le premier tour de bande augmenteroit environ $\frac{1}{10}$ de la force totale, & que la progreffion afcendante de fa force ne feroit pas affez grande pour fuivre la loi du quarré des arcs : ainfi en appliquant un tel reffort à un balancier, les

([a]) Par le Reffort fpiral.
([b]) Ou poids avec lefquels il fait équilibre.

([c]) Nous fuppofons que ce régulateur eft libre & fans frottements.

ofcillations libres de ce régulateur ne feroient pas ifochrones ; les grands arcs feroient plus lents que les petits.

143. Si au contraire on rend le même reffort fpiral affez court pour ne pouvoir être bandé que fort peu , alors la progreffion de fa force augmentera dans une plus grande proportion que celle qui eft requife pour l'ifochronifme ; ainfi les vibrations, par les grands arcs, feront de plus courte durée que les vibrations par les petits arcs.

144. Puifqu'un reffort fpiral , tel que nous le fuppofons ici , doit rendre les grands arcs de vibrations plus lents que les petits, lorfqu'il eft fort long (142) : & qu'étant plus court , les grands arcs de vibrations font au contraire plus vîtes (143) que les petits ; il s'enfuit que ce même fpiral aura entre ces deux termes un point par lequel, étant arrêté, les ofcillations par les grands & par les petits arcs feront ifochrones ou d'égales durées : & ce point eft celui où le fpiral, étant mis en équilibre par des poids, aura la progreffion de fa force parfaitement Arithmétique; car , dans ce cas, les fommes de fes forces feront entre elles (dans le mouvement) comme les quarrés des arcs.

Troisieme Proposition.

Les ofcillations du Balancier feront encore ifochrones après l'application de l'échappement à l'Horloge.

145. D'après ce que je viens de dire, on conçoit la poffibilité de donner cette propriété effentielle de l'ifochronifme au balancier libre ; mais il n'y aura pas plus de difficulté à le faire, lorfque l'échappement fera appliqué à l'Horloge, ce n'eft même que dans le dernier cas qu'il eft poffible de favoir fi les ofcillations font parfaitement ([a]) ifochrones , & fi elles ne font

---

(a) J'ai fait un inftrument que j'appelle *Balance Eláftique* , à l'aide de laquelle je mefure & connois la progreffion afcendante du reffort fpiral avec la plus grande exactitude ; enforte que, lorfque le fpiral fuit la loi requife, fi étant appliqué au balancier , les ofcillations ne font pas ifochrones, c'eft une preuve de quelques défauts étrangers au fpiral. On trouve la defcription & l'ufage de cet inftrument dans mon *Effai fur l'Horlogerie* , n°. 512.

pas troublées , foit par des frottements dans le régulateur, ou par l'échappement même ; car un balancier libre ne conferve pas fon mouvement affez de temps pour pouvoir en compter les vibrations par les grands & les petits arcs , & en conclure leurs durées. Ces expériences ne peuvent fe faire qu'au moyen de l'échappement, l'Horloge marchante ; ainfi l'expérience même fera connoître fi l'échappement ne caufe pas d'obftacle , & fi le fpiral a parfaitement la progreffion que la théorie lui affigne. Mais fi l'on fait ufage d'un échappement à repos, comme celui que j'ai employé, on fera afsûré qu'il ne troublera pas fenfiblement les ofcillations grandes ou petites du balancier : on réunira donc , à la fois, trois propriétés bien effentielles , 1°, la juftteffe de l'Horloge ne changera pas, quoiqu'il y ait plus ou moins de force motrice , & quelques foient les changements dans les huiles du rouage, les engrénages, &c: 2°, fi les agitations du Vaiffeau , ou toute agitation quelconque diminuent ou augmentent l'étendue des arcs, cela ne changera pas la durée des vibrations ; 3°, enfin , fi l'Horloge eft un peu inclinée, les arcs venant à diminuer par un peu plus de réfiftance des rouleaux , cela n'affeᶜtera pas fenfiblement la marche de l'Horloge.

QUATRIEME PROPOSITION.

Un Spiral d'une force quelconque ayant la progreffion requife par la loi de l'Ifochronifme , il confervera cette propriété, foit qu'on l'applique à un balancier qui faffe des vibrations promptes , ou à un balancier qui faffe des vibrations lentes.

146. 1°, Si l'on a un fpiral dont la progreffion afcendante de fa force foit en progreffion Arithmétique , il eft évident, par la nature de cette progreffion, que les fommes de fes forces augmenteront comme les quarrés des inflexions (a), & que par conféquent le fpiral fuivra la loi requife pour l'ifochronifme (141).

(a) Voyez *'Gravefande*, n°. 1341.

2°, Je dis que le même reſſort conſervera ſa propriété *iſochronique*, à quelque eſpece de balancier qu'on l'applique, ſoit grand & peſant, ſoit petit & léger : car c'eſt de la maſſe du balancier & de ſon diametre, le ſpiral étant donné, que dépend la nature des vibrations promptes ou lentes. Si l'on adapte à ce *Spiral iſochronę* (ª) un grand balancier peſant, les vibrations ſeront lentes; & au contraire, ſi le balancier eſt petit & léger, elles ſeront promptes : mais les forces du balancier & du ſpiral conſerveront entre elles le même rapport dans ces différents cas ; car, dans un balancier quelconque donné, la force augmente toujours comme les quarrés des arcs parcourus, &, dans le ſpiral iſochrone, les ſommes de ſes forces augmentent dans la même proportion. Voilà les principes qui conſtituent néceſſairement la nature des vibrations promptes ou lentes, lorſque le ſpiral eſt donné. Mais ſi le balancier étoit donné ainſi que le nombre des vibrations, alors on parviendroit à lui faire battre ce nombre de vibrations par le plus ou moins de force du ſpiral. La force du ſpiral étant donnée, quelle qu'elle ſoit, il ſera toujours poſſible de changer la progreſſion de ſa force : cela dépend de ſa longueur, de ſa force, de ſa figure, & du nombre de ſes ſpires ou tours, ainſi que je le ferai voir ci-après.

147. Si l'on vouloit que dans un balancier libre, qui décrit de grands arcs, les oſcillations fuſſent iſochrones, depuis les plus petites vibrations juſqu'aux plus grandes, il faudroit nonſeulement que le ſpiral eût la longueur requiſe pour cela, mais encore qu'il fût figuré en conſéquence, afin que la progreſſion aſcendante de ſa force fût parfaite dans tous ſes points. Mais cette extrême exactitude ne feroit pas néceſſaire dans l'application du balancier à l'Horloge ; car, au-deſſous des arcs de levée, l'Horloge arrêteroit, & par conſéquent l'inégalité des arcs ne peut aller juſques-là. Il ſuffit donc que le parfait iſochroniſme, ou, ce qui revient au même, la progreſſion aſcendante du reſſort ait lieu au-deſſus des arcs de levée ; alors tous les degrés in

---

(ª) J'appelle *Spiral iſochrone* celui dont la progreſſion de la force eſt arithmétique & reconnue telle ſur la balance élaſtique.

termédiaires s'acheveront dans le même temps, quoique leur étendue soit différente.

148. Il eſt cependant bon d'obſerver qu'il faut donner au ſpiral les dimenſions les plus propres pour qu'il ait la progreſſion convenable dans tous les points de ſon inflexion, à compter de zéro, où il n'eſt pas encore tendu, juſqu'à la plus grande inflexion que les vibrations du balancier peuvent lui donner ; car, en y réfléchiſſant plus attentivement, je trouve que ſi la progreſſion n'étoit pas parfaite au-deſſous de la levée, comme au-deſſus, les oſcillations ne ſeroient pas iſochrones dans tous les points de l'arc de vibration, même au-deſſus de la levée : cela eſt même évident, puiſqu'il faut, pour l'iſochroniſme, que les ſommes des forces employées à bander le reſſort ſoient comme les quarrés des arcs parcourus. Or, d'après cela, ſi, au-deſſous de l'arc de levée, la progreſſion étoit plus petite qu'elle ne doit l'être, c'eſt-à-dire, ſi elle n'étoit pas en progreſſion Arithmétique, les ſommes des forces par les arcs qui ſeroient plus grands, augmenteroient dans un plus grand rapport que le quarré des arcs correſpondants, & ainſi de ſuite de plus en plus ; & les plus grands arcs de vibrations ſeroient d'une moindre durée que les petits, c'eſt-à-dire, que l'Horloge avanceroit par de grands arcs, & retarderoit par de petits, quoique au-deſſus des arcs de levée, la progreſſion aſcendante de la force du ſpiral fût Arithmétique.

149. Pour parvenir à donner au ſpiral la propriété d'être iſochrone, j'ai dit que cela dépendoit de ſa longueur, de ſa figure & du nombre des ſes tours : je le prouverai ci-après par le raiſonnement & par l'expérience. On verra de même qu'un peu plus ou un peu moins de longueur change ſa progreſſion. Cette longueur donc étant déterminée, & ce ſpiral ayant la progreſſion requiſe, ſi on l'adapte à un balancier, dont les vibrations ſoient données, il ne faudra pas, comme on le fait communément dans les Montres, alonger ou accourcir le ſpiral pour régler l'Horloge : cela ôteroit la propriété iſochronique du ſpiral ; mais il faut, au contraire, rendre le balancier plus peſant ou plus léger, juſqu'à ce que l'Horloge ſoit réglée ; ou,

ſi l'on ne veut pas toucher au balancier, il faut faire un autre
ſpiral qui ait en même temps la force convenable & la progreſſion requiſe. Mais, lorſqu'on ſera parvenu à faire un ſpiral
iſochrone, & qui, étant adapté à un balancier, ait la force
convenable, &c: toutes les fois que l'on voudra avoir un balancier de même dimenſion & du même nombre de vibrations, les dimenſions du ſpiral ſeront auſſi données, & il ſera
facile de lui procurer la force & la progreſſion requiſes pour
l'iſochroniſme.

Sur les Lames d'acier ſervant à faire des reſſorts ſpiraux.

PREMIERE PROPOSITION.

1 5 0. *Les inflexions* (ª) *de deux reſſorts d'égale longueur & de
forces inégales, ſont en raiſon inverſe de leurs forces.* Si donc on a
un reſſort qui ait une force double d'un autre reſſort, & que tous
deux ſoient de même longueur, le plus foible aura une inflexion
double de celle du plus fort, & tous deux ſeront dans le même
état forcé au bout de leur inflexion.

1 5 1. D'où il ſuit qu'ayant un balancier donné, auquel ſoit
adapté un ſpiral d'une longueur donnée, ſi les grandes oſcillations de ce balancier ſont plus promptes que les petites, on
parviendra à les rendre iſochrones, en employant un reſſort
ſpiral plus foible, ſa longueur reſtant la même; parce que ſon
inflexion devenant plus grande, la progreſſion aſcendante de
ſa force diminuera à proportion, & le balancier fera auſſi, dans
ce cas, un moindre nombre de vibrations dans un temps donné.
On peut donc encore parvenir à l'iſochroniſme ſans changer la
longueur du ſpiral, mais en changeant ſeulement ſa force, &
par conſéquent ſon inflexion, ou, ce qui revient au même, la
force aſcendante de ſa progreſſion; &, dans ce cas, le balancier
reſtant le même fera plus ou moins de vibrations dans le même
temps.

(ª) J'entends par inflexion l'eſpace qu'un reſſort peut parcourir ſans être *forcé.*

Mais si le nombre des vibrations est donné, ainsi que la pesanteur & le diametre du balancier, alors, pour parvenir à l'isochronisme, il faudra changer la force & la longueur du spiral.

SECONDE PROPOSITION.

152. *Puisque les inflexions des ressorts diminuent à proportion de l'augmentation de leur force, il s'ensuit que plus un ressort sera fort, & plus aussi il devra être long pour parvenir à la progression ascendante de la force convenable à l'isochronisme.* Si donc l'on a un balancier grand & pesant, qui fasse des vibrations promptes, il faudra que le spiral soit fort long, pour que l'augmentation de sa force soit en progression Arithmétique ; & , au contraire, dans un petit balancier léger, qui fera des vibrations lentes, le spiral, pour être isochrone, doit être très court, ensorte que, dans les Montres de poche même, il est possible d'obtenir l'isochronisme des vibrations par un spiral. Mais , quoique cette propriété soit très-utile dans une Horloge Marine, elle donneroit plus de satisfaction à l'esprit dans une Montre que de perfection réelle ; car cette propriété seroit anéantie par les frottements du régulateur, & sur-tout par l'échappement, &c.

TROISIEME PROPOSITION.

153. *La force d'un ressort spiral étant donnée, on peut parvenir à l'isochronisme sans changer sa longueur mais en rendant le ressort plus large ;* car nous venons de voir que l'inflexion augmente, lorsque le ressort est plus mince ; & par ce moyen on le rend isochrone (151). Mais si le ressort doit être plus fort, on y parviendra également en le rendant plus large : si , par exemple, un ressort d'une longueur & d'une épaisseur données est isochrone, & que l'on veuille en avoir un qui soit 4 fois plus fort, il remplira ce que l'on demande, si on le fait 4 fois plus large ; & il sera également isochrone sans être plus long que le premier. Voilà donc encore un moyen de parvenir à rendre le spiral isochrone.

QUATRIEME

Quatrieme Proposition.

154. *La progreſſion aſcendante de la force d'un même ſpiral doit changer ſelon qu'il ſera plié plus ou moins grand*, c'eſt-à-dire, qu'il fera plus ou moins de tours, & que ces tours occuperont plus ou moins d'eſpace ; car il eſt évident que, ſi le reſſort eſt d'abord plié en un petit nombre de tours fort grands, les inflexions devant ſe faire de proche en proche dans toute l'étendue de la lame en commençant, je ſuppoſe, au centre, elles agiront comme ſur des léviers fort inégaux, & la progreſſion aſcendante de la force augmentera dans un plus grand rapport.

155. Si, au contraire, le même reſſort eſt plié très-ſerré par un grand nombre de tours, les inflexions ſe feront par des léviers plus ſemblables, & la progreſſion aſcendante de la force ſe fera dans un moindre rapport (ᵃ).

156. Il ſuit de cette propoſition, qu'ayant deux lames de reſſort d'une même force & d'une même longueur, ſi l'on plie l'une des deux, de ſorte que les tours ſoient ſerrés & en grand nombre, & que l'autre ſoit pliée, grande & en peu de tours, ces deux ſpiraux n'auront pas également la propriété de rendre iſochrone les grandes & petites oſcillations du balancier : celui qui ſera plié par un plus grand nombre de tours ſerré ſera plus propre à l'iſochroniſme. Voilà donc encore un moyen de parvenir à procurer cette propriété au ſpiral.

Cinquieme Proposition.

157. *Si la lame qui doit former le ſpiral, n'eſt pas parfaitement calibrée dans toute ſa longueur, la progreſſion aſcendante de la force du ſpiral changera ſelon que la lame ſera plus forte ou plus foible du dehors ou du dedans, &c.* Si cette lame eſt trop forte du dehors, les grandes oſcillations devront être plus promptes que les petites ; & pour parvenir à l'iſochroniſme, il faudra l'affoiblir par le dehors ; ſi, au contraire, le dehors eſt plus

---

(ᵃ) Une autre propriété d'un reſſort ainſi plié, & qui fait pluſieurs tours, c'eſt que les oſcillations du balancier en ſont beaucoup plus libres, ainſi que je l'ai appris par expérience.

foible que le centre, les grandes oscillations seront plus lentes que les petites ; ainsi, en l'accourcissant, on trouvera un point convenable à l'isochronisme : voilà donc encore un moyen de donner cette propriété au ressort.

SIXIEME PROPOSITION.

1 5 8. Enfin, les dimensions & *les conditions requises pour l'iso- chronisme du spiral changeront encore selon la nature de l'acier dont le ressort est fait, selon la force ou la qualité de la trempe :* car si l'acier est très-fin & très-pur, & la trempe très-dure, pour qu'un tel ressort ait la force donnée, il faudra qu'il soit plus mince ; par conséquent, son inflexion sera plus grande ; & pour être isochrone, il doit être plus court que ne seroit un autre ressort de même force, ayant même largeur, mais dont l'acier seroit moins bon & la trempe moins dure ; d'où l'on voit com- bien il faut réunir de propriétés pour parvenir à avoir d'excel- lents ressorts spiraux : on le verra encore mieux, lorsque nous traiterons de leur exécution.

1 5 9. De tout ce qui précede, il suit 1°, que, pour obtenir facilement l'isochronisme, il faut que la lame soit plus forte du centre que du dehors, & aille ainsi en diminuant du centre au dehors ; 2°, que le spiral soit plié très-serré ; 3°, que la lame soit d'une bonne longueur, afin que le spiral soit plié en un plus grand nombre de tours, ce qui est favorable à l'étendue des vibrations & à la liberté des oscillations ; pour cela il faut se régler sur le chemin que peut faire le méchanisme de compen- sation ; 4°, que la lame soit faite d'excellent acier trempé fort dur.

Des qualités essentielles qu'il faut ajouter à un Spiral isochrone, pour que, par son application au Balan- cier, il produise la plus grande quantité de mouve- ment, & conserve ses propriétés.

1 6 0. Quand on est parvenu, ainsi que nous l'avons fait

ci-devant, à trouver les moyens de donner au reſſort ſpiral la propriété requiſe pour l'iſochroniſme, on a déja fait un grand pas pour procurer à l'Horloge beaucoup de juſteſſe ; mais cela ne ſuffit pas encore, l'application du ſpiral au balancier exige les plus grands ſoins, & il faut d'ailleurs que la propriété de l'iſochroniſme du ſpiral ſoit conſtante ; or cela dépend de ſa figure (154) qui pourroit être changée par le chaud & par le froid ; cela dépend auſſi de la nature même du reſſort qui doit avoir la plus grande élaſticité poſſible, & la conſerver ſans perte.

161. La comparaiſon de la durée du mouvement libre de deux balanciers ſert à eſtimer leurs puiſſances reſpeêtives : or, pour procurer au régulateur d'une Horloge Marine cette propriété eſſentielle de conſerver long-temps ſon mouvement, cela ne dépend pas ſeulement des dimenſions du balancier, des rouleaux, & en général de la réduêtion des frottements ; mais ce qui contribue encore beaucoup à augmenter cette puiſſance, c'eſt la maniere dont le reſſort ſpiral eſt appliqué au balancier, & la nature même de ce reſſort ; enſorte qu'il eſt poſſible, dans un balancier donné, de changer conſidérablement ſa puiſſance, ou la durée de ſon mouvement libre, en mettant un ſpiral plus ou moins parfait, quoique les vibrations ſoient de même durée : d'où l'on voit combien le choix d'un excellent reſſort ſpiral & ſon application au balancier ſont de conſéquence ; car plus le mouvement libre du balancier ſe conſervera long-temps, moins les frottements du rouage, &c, auront d'influence ſur lui pour troubler l'iſochroniſme des vibrations. Nous allons rechercher dans cet article les moyens de parvenir à faire un excellent ſpiral, & l'appliquer au balancier, de ſorte qu'il ſoit dans un état parfaitement libre.

1°, Les corps les plus parfaitement durs ſont les plus élaſtiques ; ainſi un reſſort fera un nombre de vibrations d'autant plus grand, que la matiere dont il eſt formé ſera plus dure. Un reſſort ſpiral, fait d'excellent acier trempé très-dur, doit procurer au balancier libre un mouvement d'une plus grande durée ; & un tel reſſort conſervera conſtamment ſa force élaſtique,

& restituera celle qui est employée à le faire vibrer.

162. 2°, Pour que l'action du spiral se communique au balancier avec le moins de perte, & sans causer de frottement aux pivots du balancier, il faut que le mouvement du spiral se fasse sans déplacer l'axe du balancier.

163. Pour parvenir à procurer cette propriété au spiral, il faut qu'il soit fort long & plié par un grand nombre de tours serrés & d'un petit diametre, alors il aura un centre commun dans son mouvement, & la durée du mouvement libre du balancier en sera plus grande.

164. 3°, Il faut que l'axe du balancier & celui du ressort coincident parfaitement.

165. 4°, Que le spiral adapté au balancier (celui-ci étant arrêté) soit dans un état parfaitement libre.

166. 5°, Que le bout intérieur du spiral soit fixé très-solidement à la virole portée par l'axe du balancier, ensorte que le spiral étant bien concentrique à cet axe, il tourne bien droit dans le même plan.

167. 6°, Que le *Piton* qui arrête le bout extérieur du spiral soit très-solide, & ne fasse pas *brider* le spiral.

168. 7°, Que le *Pince-spiral* soit inébranlable aux coups qu'il reçoit du ressort à chaque vibration.

169. 8°, La nature de l'acier dont on doit faire un ressort spiral, est la premiere condition qui peut conduire à l'objet proposé : on doit donc employer l'acier le plus fin & le plus pur, tel que celui qu'on appelle *Acier fondu*.

170. Il ne suffit pas d'avoir de l'acier excellent, il faut savoir l'employer, & sur-tout le forger avec précaution, sans altérer sa qualité; en forgeant l'acier, & sur-tout en le battant à froid, on en resserre les pores, &c.

171. C'est par la trempe que l'on parvient à donner aux ressorts la plus grande élasticité ; or plus on conservera le ressort dur, plus il sera élastique : il ne faut donc faire revenir un ressort, dont on veut faire un spiral, qu'autant qu'il est nécessaire pour le plier sans casser, parce qu'un tel ressort n'est pas exposé à des extensions forcées dans son office, comme

l'eſt le reſſort moteur (ᵃ) d'une Montre ; ainſi , une fois plié, il ne peut jamais caſſer en vibrant.

172. On peut donc employer, pour faire un excellent ſpiral, une lame d'une trempe forte & bien au-deſſus de celle des reſſorts moteurs : toute la difficulté conſiſte à le plier & à fixer ſa figure. Nous allons donner les principes que nous avons établis pour parvenir à ce but.

Principes pour ſervir à donner au Reſſort la figure ſpirale , & lui faire conſerver cette figure.

PREMIERE PROPOSITION.

173. Si on ſuſpend un poids très-peſant à un fil d'acier infiniment petit , & que dans cet état on l'expoſe à une chaleur un peu forte , le fil s'alongera d'une plus grande quantité qu'il n'auroit fait, s'il n'avoit pas été chargé du poids ; car la chaleur, en écartant les parties de la matiere, affoiblit néceſſairement le fil , & la grande peſanteur du poids aide encore à les écarter. Si l'on expoſe enſuite le même fil à la température où il étoit expoſé avant que de le chauffer, l'action du froid ne ſera pas aſſez grande pour rapprocher les parties de matiere du fil : ces parties n'étant pas en aſſez grande quantité , & le poids y mettant obſtacle, le fil reſtera plus long, & aura moins de force qu'il n'avoit avant cette épreuve.

174. La même choſe arrivera, ſi, au lieu d'un fil & d'un poids , l'on ſuppoſe un reſſort que l'on tende fortement, & qu'on expoſe enſuite à la chaleur. La force qui tient le reſſort tendu , fera ſur ce reſſort le même effet que produit le poids ſur le fil , c'eſt-à-dire , que l'extenſion du reſſort ſera plus grande , lorſqu'il eſt tendu, qu'elle n'auroit été ſans cette ſituation forcée. Ainſi le froid n'aura pas une action ſuffiſante pour rendre au reſſort la même force qu'il avoit auparavant. Un reſſort continuellement dans un état forcé perd donc une partie de ſa force

(ᵃ) Les reſſorts moteurs ſont expoſés à caſſer , parce que, durant leur action ils font preſque toujours dans un état forcé.

élastique, & la cause de cette perte est dûe à l'extension que cause la chaleur.

175. Si l'on redonne un degré de tension au ressort, de sorte qu'elle soit de la même quantité qu'avant l'épreuve précédente, le ressort exposé de la même maniere perdra encore un degré de force; & si l'on continue à le tendre, à mesure qu'il perd de sa force, il perdra à la longue une partie assez considérable de son élasticité.

SECONDE PROPOSITION.

176. Si l'on suppose le même ressort dans son premier état, mais qu'il soit chargé d'un poids attaché à l'une de ses extrêmités, & qu'on donne au ressort & au poids qu'il porte un mouvement de vibration, enforte que le ressort & le poids qu'il porte, aillent & reviennent continuellement sur eux-mêmes par de promptes vibrations, & que dans cet état on fasse souffrir au ressort un degré de chaleur pareil à celui de l'épreuve précédente, le ressort ne s'alongera pas d'une plus grande quantité que s'il ne portoit pas de poids; car la réaction continuelle du ressort sur lui-même empêchera l'effet du poids; & si l'on expose ensuite le ressort au froid, l'action du froid rendra au ressort la force que lui avoit fait perdre la chaleur.

177. Il suit, de la premiere proposition, que si l'on fait une Horloge dont le ressort soit long-temps à se développer, ce ressort demeurera long-temps tendu, & qu'il éprouvera sensiblement les mêmes effets que s'il étoit en repos; ainsi il sera exposé en restant long-temps dans la même situation à divers changemens de température qui diminueront sa force (174).

178. Il suit, de la deuxieme proposition, que le ressort spiral d'une Horloge ne doit éprouver d'autre diminution dans sa force (a) que celle qui est causée par le frottement des parties qui le composent; & que si la chaleur l'alonge d'une certaine quantité, le froid le raccourcit & le remet toujours au même état, sans que l'opposition du poids du balancier y mette obstacle.

(a) Je ne parle ici que de la force qu'un ressort spiral perd à la longue, & qu'il ne reprend point: on dit qu'un ressort se *rend*, quand il perd ainsi de sa force.

179. Tous les reſſorts ne perdent pas également de leur force élaſtique, quoiqu'ils éprouvent les mêmes degrés de tenſion; cette différence dépend de la nature de la matiere du reſfort & du degré de dureté des parties qui le compoſent : ainſi l'acier dont les pores ſont fins & ſerrés, lorſqu'il eſt bien trempé, perd une moindre quantité de ſa force élaſtique. Il eſt vrai que plus les pores de l'acier ſont ſerrés & qu'il eſt trempé dur, plus auſſi il eſt ſujet à caſſer par le froid; mais cette conſidération ne doit pas avoir lieu dans un reſſort ſpiral; car, lorſqu'il eſt plié, quand même il auroit toute la dureté de la plus forte trempe, il ne pourroit jamais caſſer par l'action ſeule qu'il éprouve dans les oſcillations, à moins d'un accident ou d'une cauſe étrangere.

180. Les principes que nous venons d'établir, ſervent à prouver qu'un reſſort ſpiral ne perd pas de ſa force élaſtique, en ſuppoſant ſa figure conſtante; mais cela nous a ſur-tout ſervi de baſe pour parvenir à plier des reſſorts durs, en leur donnant une figure ſpirale très-égale : cela nous ſervira auſſi de guide pour fixer la figure d'un ſpiral, de ſorte qu'elle ne change pas en paſſant par diverſes températures. D'après ce que nous venons d'établir, on voit que ſi l'on entoure un *arbre* avec une lame de reſſort, & qu'on l'arrête & retienne dans cet état forcé, qu'enſuite on la faſſe chauffer même ſans lui faire changer de couleur, & qu'on la *ſaiſiſſe* en la plongeant dans l'huile, cette lame, auparavant droite, prendra une figure ſpirale très-égale, & les tours ſeront d'autant plus ſerrés que l'on aura beaucoup chauffé la lame. Voilà ce qui ſert de baſe à la méthode dont je me ſuis très-utilement ſervi pour faire d'excellents reſſorts ſpiraux : j'en donnerai les détails en traitant de l'exécution des Horloges Marines.

181. Un reſſort, ainſi plié, eſt néceſſairement dans un état forcé; enſorte que s'il éprouve un degré de chaleur, l'extenſion des parties du reſſort le fera auſſi rouvrir. Pour ramener donc ſa figure à un état conſtant, il ne faut que le faire chauffer, après qu'il eſt plié & libre, par un degré de chaleur plus grand que celui que l'Horloge peut jamais éprouver par différentes températures, il ſe rouvrira un peu; mais tant qu'il

n'éprouvera pas de plus grande chaleur , sa figure restera la même.

182. Voilà un moyen de fixer la figure du spiral : c'est après qu'il est plié de le faire chauffer assez fort pour le faire ouvrir ; mais un moyen plus sûr, & préférable encore , c'est de tremper les ressorts après qu'ils sont pliés.

Du Rapport qu'il y a entre la pesanteur du Balancier & la force du Spiral. Comment trouver la force du Spiral , le Balancier étant donné ; ou , le Spiral étant donné , comment trouver la pesanteur du Balancier?

183. Le rapport, entre la force du spiral & la pesanteur d'un balancier de grandeur donnée , détermine le nombre des vibrations que ce balancier peut battre en un temps donné. Si donc le balancier est pesant & le ressort foible , les vibrations seront lentes ; & si , au contraire , le balancier est léger & le ressort fort , elles seront promptes.

184. Mais , si le nombre des vibrations, en un temps donné , est fixé , le rapport entre la pesanteur du balancier & la force du spiral sera constamment la même , quelles que soient les dimensions du balancier , soit qu'il ait plus ou moins de force , de mouvement , &c. La connoissance de ce rapport est nécessaire pour régler les dimensions d'un balancier ou d'un spiral , lorsqu'on cherche à varier l'une ou l'autre des dimensions , soit du balancier ou du spiral.

185. Nous avons vu (86) que les forces des balanciers en mouvement sont en raison composée de leurs masses & du quarré des vîtesses ; & le principe est également prouvé par des expériences certaines : on peut donc la regarder comme une loi invariable. Or, comme le spiral doit être considéré comme la puissance qui donne le mouvement au balancier (141), il suit delà que les forces des ressorts spiraux doivent augmenter comme les quantités de mouvement des balanciers, décrivant des arcs semblables , & en suivre la loi ; ainsi on
déduira

déduira des propofitions mêmes que nous avons établies en traitant du balancier celles qui fuivent, & qui appartiennent aux refforts.

186. 1°, Les forces des refforts font entr'elles comme les quantités de mouvement des balanciers, décrivant des arcs femblables (a).

187. 2°, Si les maffes de deux balanciers font égales, les forces des refforts feront comme les quarrés des vîteffes.

188. 3°, Dans un même balancier, les forces du reffort fpiral doivent être comme les quarrés des nombres de vibrations qu'on veut lui faire battre, & réciproquement les quarrés des vibrations font comme les forces des refforts.

189. 4°, Si deux balanciers, de même diametre, décrivant des arcs égaux, & d'un même nombre de vibrations, font d'inégale pefanteur, les forces de mouvement feront comme leurs maffes, & les forces des refforts fpiraux feront entr'elles comme les pefanteurs des balanciers.

190. 5°, Si la force de mouvement de deux balanciers (décrivant des arcs femblables) eft égale, les refforts fpiraux feront de même force.

191. 6°, Si l'on applique alternativement un même reffort fur deux balanciers de même diametre & de maffes inégales, les quarrés des nombres de vibrations feront en raifon inverfe des maffes, & réciproquement, &c.

192. 7°, Si deux balanciers, de même pefanteur & d'inégales grandeurs, décrivent des arcs femblables, le nombre des vibrations fera en raifon inverfe des diametres : les balanciers auront même force de mouvement, & les refforts auront des forces égales.

(a) Nous fuppofons toujours ici, dans la comparaifon des forces, que les arcs de vibration des deux balanciers font femblables.

PROBLÊME I.

La force d'un ressort spiral étant donnée, trouver quelle doit être la pesanteur du balancier, pour qu'il fasse un nombre de vibrations donné dans une heure.

193. Je suppose que l'on connoît la force de mouvement d'un balancier libre & celle de son spiral, on s'en servira pour terme de comparaison. Soit donc le balancier de l'Horloge n°. 8. & son spiral : je suppose que le diametre du balancier, dont on cherche le poids, est à celui n°. 8, comme 3 est à 2 ; qu'ils doivent décrire des arcs semblables, & font l'un & l'autre des vibrations dont la durée est d'une seconde.

194. Pour avoir la force de mouvement du balancier n°. 8, on multipliera le quarré 4 de sa vitesse par 51 demi-gros [a], poids de ce balancier ; & le produit 204 représentera sa force de mouvement. La force du spiral n°. 8, est telle qu'il fait équilibre avec 13 grains, à 5 degré de la balance élastique ; & celle du spiral du balancier cherché est de 30 grains : on demande le poids convenable à son balancier, pour que l'Horloge batte les secondes, on le trouvera par la proportion suivante 13 [grains] : 30 [grains] : : 204 force de mouvement du balancier n°. 8 : $x =$ 470 $\frac{10}{13}$ demi-gros force de mouvement du balancier cherché. Or, en divisant cette quantité par le quarré 9 de la vitesse de ce balancier, le quotient, 52 $\frac{46}{117}$ demi-gros, exprimera la pesanteur cherchée du balancier.

195. Si la masse eût été donnée, on auroit trouvé par la même méthode, ou le diametre du balancier, ou le quarré de sa vitesse, en divisant la force de mouvement trouvée par cette masse.

[a] Je prends pour mesure de comparaison le *demi-gros*, qui est composé, comme on le fait, de 36 grains.

PROBLÊME II.

Suppofant un Balancier qui pefe 88 demi-gros, & fait 2120 vibrations par heure, avec un fpiral donné ; trouver la pefanteur que devroit avoir le Balancier, pour faire 3600 vibrations par heure avec le même fpiral.

196. Pour cet effet, on doit obferver que la pefanteur du balancier doit être en raifon inverfe du quarré des vibrations (191), on aura donc la proportion $\overline{3600}^2 : \overline{2120}^2 :: 88 : x$ ou 129600 : 44944 :: 88 : $x = 30\frac{67071}{129600}$ demi-gros ou environ $30\frac{6}{12}$ qui valent 1 once, 7 gros, 18 grains.

PROBLÈME III.

La force de mouvement d'un Balancier qui fait une vibration par feconde étant donnée, ainfi que la force de fon fpiral, trouver la force que devra avoir le fpiral d'un petit Balancier faifant quatre vibrations par feconde.

197. Soit A le balancier qui fait une vibration par feconde, qui a 56 lig. de diametre, pefe 51 demi-gros, & dont le fpiral tire 13 grains à 5 degrés de la balance : foit B le balancier qui fait 4 vibrations par feconde, qui a 28 lignes de diametre, & pefe 8 demi-gros : on demande la force de fon fpiral, pour que le balancier faffe 4 vibrations par feconde. On trouvera la vîteffe de A en multipliant fon diametre 56 lignes par 1 vibration = 56 (a), dont le quarré eft 3136, lequel multiplié par 51 demi-gros, donne 159936, qui repréfente la force de mouvement du balancier A. On trouvera la vîteffe B, en multipliant fon diametre, 28 lignes, par 4, nombre de fes

(a) Il ne faut pas, dans ce calcul, faire entrer l'étendue des arcs, cette confidération eft étrangere au fpiral, parce que nous ne confidérons fa force que dans le même point de 5 degrés de la balance, & que la vibration refte de la même durée, quoiqu'elle foit plus étendue. Ainfi il faut feulement, pour avoir la vîteffe, faire le produit du nombre de vibrations par le diametre ; & pour avoir la force du balancier pour, en conclure celle du fpiral, multiplier la maffe par le quarré de la vîteffe trouvée ; mais, lorfqu'on aura befoin, comme nous le ferons voir par la fuite, de la quantité abfolue de la force de mouvement, on y fera entrer l'étendue des arcs.

vibrations ; on aura 112 , dont le quarré eſt 12544, lequel , multiplié par la peſanteur 8 demi-gros, donnera 100352 , qui repréſente la force de mouvement du balancier B, qu'on ſuppoſe décrire des arcs ſemblables à ceux de A ; on fera donc la proportion : 159936 force de mouvement de A : 100352 force de mouvement de B : : 13 grains. $x = 8 \frac{25088}{159936}$ grains : ainſi le reſſort ſpiral du balancier B doit tirer environ 8 grains $\frac{2}{15}$, à 5 degrés de la balance élaſtique.

P R O B L Ê M E IV.

Trouver la force du Reſſort ſpiral d'un Balancier, dont on connoît la quantité de mouvement.

198. Soit la force de mouvement d'un balancier A exprimée par 204, dont le ſpiral tire 13 grains ; ſoit la force de mouvement d'un balancier B, exprimée par 792, on aura la proportion ſuivante : 204 : 792 : : 13 : $x = 50 \frac{96}{204}$ grains. La force du ſpiral B doit donc être de 50 grains $\frac{96}{204}$.

P R O B L Ê M E V.

Trouver la force du Reſſort ſpiral pour un Balancier donné.

199. Si l'on a un balancier donné, dont le ſpiral ne ſoit pas de force convenable, on trouvera facilement quelle devra être ſa force, ſi l'on ſait combien le balancier fait de vibrations par heure avec ce reſſort. Je ſuppoſe que ce balancier doit battre les ſecondes, c'eſt-à-dire , 3600 vib. par heure, & qu'avec ſon ſpiral il en fait 3000 qui ſont à 3600, comme 5 eſt à 6 ; on fera la proportion : le quarré de 5 $= 25$, eſt au quarré de 6 $= 36$, comme la force du reſſort ſpiral que je ſuppoſe tirer 12 grains , eſt à la force du ſpiral cherché : on aura pour quatrieme terme 17 $\frac{7}{25}$ qui exprime la force cherchée pour le ſpiral.

P R O B L Ê M E VI.

La force d'un Reſſort ſpiral étant donnée,& ſon Balancier étant trop peſant, trouver la peſanteur du balancier qui convient à ce ſpiral.

200. Si l'on a un balancier peſant 88 demi-gros, faiſant

une vibration par seconde, avec un spiral qui tire 50 grains à
5 degrés de la balance ; mais que ce balancier soit trop pesant ,
relativement aux rouleaux, aux agitations , &c. & que l'on
veuille faire servir un spiral plus foible tirant 35 grains, dont la
progreffion soit convenable pour l'ifochronifme, il faudra , dans
ce cas, que la pefanteur du balancier soit diminuée dans le rapport de 50 à 35. Car les vîteffes étant les mêmes , les forces de
mouvement font comme les maffes , & les forces de mouvement elles-mêmes , feront comme les forces des refforts spi-
raux : on aura donc la proportion fuivante : $50 : 35 :: 88 : x = 61$, le balancier devra donc pefer 61 demi-gros.

*Expériences faites fur la progreffion de la force des
Refforts fpiraux , pour fervir à prouver les Principes
établis fur l'ifochronifme des vibrations du Balancier.*

201. J'ai donné , dans mon *Effai fur l'Horlogerie* , le plan
d'un inftrument que j'avois conftruit à deffein de faire des expériences fur la durée des grandes & des petites vibrations d'un
même balancier, & à mefurer les différents degrés de force
d'un même fpiral , felon qu'il eft plus ou moins tendu (a) ; mais
ces expériences n'ayant pas été d'abord faites ni en affez grand
nombre, ni avec affez de précifion, je n'en ai pas tiré , auffi-tôt
que je l'aurois dû, tout le fruit que je devois en attendre ; de
forte que mes Horloges Marines ont été perfectionnées plus tard,
& avec beaucoup plus de travail. Ce qui m'avoit empêché de
fuivre ces expériences, c'eft que cet inftrument n'étoit pas affez
commode , & qu'il falloit beaucoup de temps pour changer de
fpiral : enfin, lorfque les Horloges Marines n°. 6 & 7 furent
achevées, j'éprouvai tant de difficulté pour parvenir à obtenir
des ofcillations ifochrones , que je recherchai de nouveaux
moyens pour y parvenir. C'eft aux difficultés que j'éprouvai
alors, que je dois la théorie que j'ai établie ci-devant ; mais ,

____

(a) Premier Volume, n°. 512 & 513, il eft repréfenté Planche XVIII. *fig.* 13 & 14
de *l'Effai fur l'Horlogerie.*

pour la confirmer par des expériences sûres, & répéter celles que j'avois déja tentées depuis si long-temps, je construisis un nouvel instrument pour mesurer les différents degrés de force des ressorts spiraux. Cet instrument que, eu égard à son usage, j'ai appellai *Balance élastique*, est décrit dans la troisieme Partie de cet Ouvrage, & représenté dans la *Planche XXIV*. *fig. 6*. C'est cette balance élastique qui a servi à un grand nombre d'expériences, dont je ne rapporterai que les principales.

Expériences faites avec des Ressorts droits disposés comme ceux de suspension des Balanciers.

202. N°. 1. *Ressort droit de* 21 *lig*. ¾ *de long*.

A 5°. Le Ressort est en équilibre avec 75 grains.

10	150
15	225
20	300
25	375
30	450
35	525
40	602
60	932

Le dernier terme, si la progression étoit arithmétique, devroit être 900. La différence en *excès*, est de 32 grains.

203. *Ressort droit*, n°. 2. *long*. 21 *lig*. ¾.

A 5°. Le Ressort est en équilibre avec 28 grains.

10	56
15	84
20	112
25	140
30	168
60	336
120	656

204. N°. 2. *même ressort droit rendu plus court*, *long*. 15 *lig*. ½.

A 5°. Le Ressort est en équilibre avec 36 grains.

10	72
15	108
20	144
25	180
30	216
60	432
120	876

205. N°. 3. *Ressort droit de même largeur par un bout que le précédent ; mais fait en fouet dans le sens de la largeur seulement*, *long*. 21 *lig*. ¾,

A 5°. Le Ressort est en équilibre avec 44 grains.

10	88
15	132
20	176
25	220
30	264
60	542

devroit être 528.

206. J'ai placé sur la Balance un Reſſort ſpiral qui étoit plié fort grand ; faiſant 3 tours & ayant 15 lignes de diametre. J'ai éprouvé que ,

A 5°. Le Reſſort eſt en équilibre avec 10 grains $\frac{1}{2}$.

10	21
15	32
20	42
25	54
30	65
35	76
40	88
45	99
60	134
120	278

ſi la proportion étoit conſtante, le dernier terme ſeroit 252 différence plus 26 grains.

207. Le même ſpiral plié plus petit, fait 5 tours & a 8 lig. de diametre.

A 5°. Le Reſſort eſt en équilibre avec 11 grains.

10	22
15	33
20	45
25	56
30	67
35	78
40	89
45	100
50	111
55	122
60	133
120	250

Si la progreſſion étoit conſtante, le dernier terme ſeroit 264 différ. moins 14 grains.

REMARQUES.

208. Ces deux expériences faites avec beaucoup de ſoin, nous apprennnent que le même ſpiral, quoiqu'avec la même longueur, s'il eſt plié plus grand ou plus petit, a une progreſſion différente aſſez ſenſible pour devoir contribuer à changer l'iſochroniſme : le ſpiral plié plus grand, par un petit nombre de tours, doit faire, d'après la premiere expérience, accélérer les grands arcs de vibration ; & par la ſeconde expérience, le même reſſort plié plus petit, doit rendre les grands arcs plus lents. Voilà deux effets oppoſés du même reſſort qui ne dépendent que de la maniere dont il eſt plié : on pourroit donc trouver dans ce reſſort ſpiral un point où la progreſſion de ſa force feroit celle qui convient à l'iſochroniſme (144), il faudroit le rendre plus court qu'il n'étoit dans la ſeconde expérience.

Il eſt auſſi à remarquer que j'ai eu grande attention à conſerver exactement la même longueur au ſpiral dans les deux expériences.

2ᵉ. REMARQUE.

209. L'aiguille de la balance élastique fut mise, un soir, à 70 degrés, le ressort faisant équilibre avec 80 grains. Le lendemain matin l'aiguille n'étoit plus qu'à 68 degrés.

210. L'aiguille de la balance ayant été mise à 70 degrés juste, le ressort équilibroit à 82 grains $\frac{1}{4}$: je mis l'instrument dans l'étuve, afin de connoître l'effet de la température sur le ressort : le Thermometre étant 25^d. l'aiguille marquoit 68^d. Cet effet ne résulte pas de la dilatation du ressort ; car son alongement auroit dû faire avancer l'aiguille, au lieu de la faire reculer. En ôtant le poids, l'aiguille ne s'arrêta pas à zéro, comme auparavant, elle retourna à 2^d. de l'autre côté : cet effet est donc causé par les spires qui s'ouvrent par la chaleur.

211. Ayant ôté la balance élastique de l'étuve, & l'ayant laissée à l'air, l'aiguille n'a pas repris sa premiere position : ce changement de 2^d. a donc été produit par l'ouverture des spires : & j'ai observé plusieurs fois ce même effet avec mes Horloges Marines.

212. J'ai appliqué sur la balance élastique le ressort spiral qui étoit à l'Horloge Marine n°. 8 ; le ressort fait 7 tours, a de diametre 11 lignes, sa largeur est de 1 ligne $\frac{1}{2}$, son épaisseur de $\frac{1}{48}$: le spiral appliqué à l'Horloge fait faire 45 minutes en une heure, & appliqué à la balance élastique, sans avoir changé de longueur, il a donné la proportion suivante :

A 5°. Le Reſſort eſt en équilibre avec 7 grains.

10	14
15	21
20	28
25	35
30	42
35	49
40	56
45	63
50	71
55	78
60	85
65	92
70	99
75	106
80	113
85	$120\frac{1}{2}$
90	$127\frac{1}{2}$
95	$135\frac{1}{2}$
100	$142\frac{1}{2}$
105	$149\frac{1}{2}$
110	$155\frac{1}{2}$
115	$162\frac{1}{2}$
120	$169\frac{1}{2}$

Le dernier terme devroit être 168 grains, au lieu de $169\frac{1}{2}$ différ. en plus, 1 grain$\frac{1}{2}$.

REMARQUE.

2 1 3. La progreſſion de la force de ce ſpiral eſt preſque uniforme, puiſqu'il n'y a que 1 grain $\frac{1}{2}$ de plus ſur 120 degrés, & c'eſt la principale condition de l'iſochroniſme des vibrations du balancier : auſſi ai-je éprouvé avec le reſſort ſpiral, qu'en doublant la force motrice, on n'apperçoit pas une différence fort ſenſible dans la marche de l'Horloge.

2ᵉ. REMARQUE.

Uſage eſſentiel de la Balance Elaſtique.

2 1 4. Les expériences que j'ai faites avec cet inſtrument, m'ont été très-utiles, puiſque par-là j'ai connu exactement tous les effets de divers reſſorts ; mais un uſage qui m'a été très-avantageux, c'eſt que la balance élaſtique m'a ſervi à choiſir les reſſorts ſpiraux très-promptement & ſûrement. Pour cet effet, j'ai raccourcis le ſpiral & réglé l'Horloge : enſuite je l'ai placé de nouveau ſur la balance élaſtique pour meſurer ſa force ; ainſi j'ai connu combien un balancier pareil à celui de l'Horloge, n°. 8, exige de force dans le ſpiral ; & en l'eſſayant avant de le mettre ſur le balancier, j'ai connu tout de ſuite s'il étoit de force convenable, & ſi la progreſſion s'y conſervoit conſtamment la même.

K *

215. *Seconde expérience faite avec le même spiral de l'Horloge N°. 8, mais ne faisant que 6 tours, & n'ayant que 9 lig. $\frac{1}{2}$ de diametre*

A 5°. Le Ressort est en équilibre avec 8 $\frac{3}{4}$ grains.

10	17 $\frac{1}{2}$
15	26 $\frac{1}{4}$
20	35
25	43 $\frac{3}{4}$
30	52 $\frac{1}{2}$
35	61 $\frac{1}{4}$
40	70
45	78 $\frac{3}{4}$
50	87 $\frac{1}{2}$
55	96 $\frac{1}{4}$
60	105
65	113 $\frac{3}{4}$
70	122 $\frac{1}{2}$
75	131 $\frac{1}{4}$
80	140
85	148 $\frac{3}{4}$
90	157 $\frac{1}{2}$
95	167
100	175 $\frac{3}{4}$
105	184 $\frac{1}{2}$
110	194
115	202 $\frac{1}{2}$
120	211 $\frac{1}{4}$

Le dernier terme devroit être 210.

Troisieme expérience sur le Ressort spiral de l'Horloge N°. 8.

216. Ayant raccourci le spiral & réglé l'Horloge (il fait alors 4 tours $\frac{1}{2}$) je l'ai appliqué sur la balance élastique parfaitement à la même longueur que lorsqu'il est au balancier.

A 5°. Le Ressort est en équilibre avec 13 [a] gr.

10	26
15	39
20	52
25	65
30	78
35	92
40	105
45	118
50	131
55	144
60	158
65	171
70	184
75	197
80	210
85	223
90	236
95	249
100	262
105	275
110	288
115	301
120	314

devroit être 312.

[a] La force du ressort spiral, lorsque l'Horloge est réglée, doit donc être de 13 grains à 5°; & pour que les oscillations soient isochrones, il faut qu'à 10° cette force soit de 26 &c. & à 120° de 312 grains.

217. *J'ai éprouvé un ressort spiral marqué* N°. 1, *fait* 5 *tours* ½. *Diametre 9 lignes*

A 5°. Le Ressort est en équilibre avec 9 grains.

10	18
15	27
20	36
25	45
30	55
35	64
40	73
45	82
50	92
55	101
60	110
65	119
70	128
75	138
80	147
85	156
90	166
120	223

devroit être 216. Différence 5 grains en excès.

218. *Ressort spiral marqué* n°. 2. *Il faisoit 3 tours, diametre* 12 *lignes*

A 5°. Le Ressort est en équilibre avec 15 grains.

10	30
15	45
20	60
25	75 ½
30	91
120	374

devroit être 360. Différence 14 grains.

219. *Même ressort plié plus petit fait* 5 *tours.*

A 5°. Le Ressort est en équilibre avec 14 gr. ½.

10	29
15	43 ½
20	58
25	72 ½
30	87
35	101 ½
40	116
45	130 ½
50	145 ½
55	161
60	175 ½
65	190 ½
70	205
75	219 ½
80	235
85	249 ½
90	264
120	354

devroit être 348. Différence 6 grains.

Le même ressort plié plus ferré a donc une progression plus constante.

220. *Reſſort ſpiral* N°. 3. J'ai fait faire un reſſort ſpiral fort long à 14 lig. de diametre, & fait 5 tours.

A 5°. Le Reſſort eſt en équilibre avec 12 grains.

10	24
15	36
20	48
25	61
30	73
35	85
40	97
45	110
50	122
55	134
60	147
65	159
70	171
75	183
80	196
85	208
90	221
120	296

devroit être 288. Différence 8 grains.

221. *Même reſſort* N°. 3, plié plus ſerré fait 8 tours, 8 lignes $\frac{1}{2}$ diametre.

A 5°. Le Reſſort eſt en équilibre avec 13 grains.

10	26
15	39
20	52
25	65
30	78
35	91
40	104
45	117
50	130
55	143
60	156
65	169
70	182
75	195
80	208
85	221
90	234
120	312

Ainſi la progreſſion eſt parfaitement conſtante.

Remarques ſur les Epreuves précédentes.

222. On voit, par les expériences faites ſur le reſſort ſpiral n°. 3, que ce n'eſt pas par la longueur du ſpiral ſeulement que l'on parvient à lui donner la force progreſſive convenable pour l'iſochroniſme ; mais que c'eſt particuliérement par le nombre des ſpires, lorſqu'elles deviennent plus ſerrées, & que ce reſſort agit alors par des rayons ou leviers, qui peuvent être réputés plus ſenſiblement de même longueur (155).

223. Ce reſſort n°. 3, dont la progreſſion eſt conſtante, étant appliqué à l'Horloge, donne des oſcillations parfaitement

ifochrones : voilà donc la loi que doit fuivre le fpiral bien établi par la théorie & par l'expérience ; ainfi, avec la balance
élaftique, on peut trouver aifément un reffort & l'éprouver,
de forte qu'il ait non-feulement la force requife pour le régulateur, auquel il doit être appliqué, mais en même temps la
progreffion Arithmétique qu'il doit fuivre pour que les ofcillations du balancier foient ifochrones.

224. Le reffort n°. 3, qui a fervi à l'expérience précédente, étoit très-bon ; mais ayant voulu le tremper pour rendre fa figure plus conftante, il s'eft totalement dérangé, en
forte que j'ai été obligé d'en recommencer d'autres : j'ai fait
faire deux lames dont voici les dimenfions avant d'être pliées.

Reffort N°. 4.

La largeur eft 1 ligne $\frac{7}{12}$.
Epaiffeur $\frac{5}{48}$ lignes.
Longueur, y compris l'Œil, 15 pouces.
Pefanteur 49 grains.

Reffort N°. 5.

Largeur 1 ligne $\frac{7}{12}$.
Epaiffeur $\frac{5}{48}$ lignes.
Longueur, y compris l'Œil, 15 pouces.
Pefanteur 48 grains.

225. *Reffort fpiral* N°. 4, *appliqué à la Balance* 10 *lignes diametre & 8 tours* $\frac{3}{4}$.

A 5°. Le Reffort eft en équilibre avec 10 grains $\frac{1}{2}$.

10	21
15	$31\frac{1}{2}$
20	42
40	85
80	$170\frac{1}{2}$
120	$255\frac{1}{2}$

devroit être 252.

226. *Le même reffort* N°. 4, *faifant* 8 *tours, diametre* 9 *lignes.*

A 5°. Je Reffort eft en équilibre avec 12 grains.

10	24
15	36
40	95
80	190
120	285

devroit être 288. différence en moins = 3 grains.

On peut donc, en rendant ce reffort plus court, lui donner la progreffion requife pour l'ifochronifme (144).

227. N°. 5. 8 tours $\frac{1}{4}$.

A 5°. Le Reffort eft en équilibre avec   9 grains $\frac{1}{2}$.
10 19
15 . . . . 28 $\frac{1}{2}$
20 38
25 . . . . 47 $\frac{1}{2}$
30 . . . . 57 $\frac{1}{2}$
35 . . . . 67 $\frac{1}{2}$
40 . . . . 76 $\frac{1}{2}$
80 154
120 230

Ce reffort n°. 5 eft fort mal fait & très-inégal, il s'eft mal plié.

228. N°. 4. *faifant* 7 *tours* $\frac{1}{2}$. *Diametre* 8 *lignes* $\frac{3}{4}$.

A 5°. Le Reffort eft en équilibre avec 13 grains.
10 26
15 39
20 52
25 65
30 78
35 90
40 103
80 207
120 309

devroit être 312.

REMARQUE.

229. J'avois laiffé pendant 24 heures le reffort N°. 4 fur la balance avec le poids 309, fur 120 degrés : l'aiguille a rétrogradé de 5 degrés ; ainfi le fpiral s'eft ouvert. Voilà plufieurs fois que je trouve cet effet qui femble rendre la trempe du reffort indifpenfable.

230. J'ai ôté de l'Horloge N°. 6 le fpiral tout monté fur la virole & fans le déranger ; je l'ai adapté par un canon avec fa même virole fur la tige de la balance, & l'ai ajufté de façon qu'il a parfaitement la même longueur que celle où l'Horloge étoit réglée : ce reffort a été trempé après qu'il a été plié, il fait deux tours $\frac{1}{2}$, & a 7 lignes de diametre (ᵃ).

(ᵃ) Ce reffort étoit exécuté avant que j'euffe établi ma nouvelle théorie.

A 5°. Le Reſſort eſt en équilibre avec   7 grains $\frac{3}{4}$.

10	15 $\frac{3}{4}$
15	23 $\frac{3}{4}$
20	31 $\frac{1}{2}$
25	39 $\frac{1}{4}$
30	47 $\frac{1}{4}$
35	55
40	63 $\frac{1}{4}$
45	71
50	79
55	86 $\frac{1}{2}$
60	94 $\frac{1}{4}$
65	102 $\frac{1}{2}$
75	118
80	125 $\frac{1}{2}$
120	188

devroit être 186 grains (a).

231. J'ai fait faire deux nouvelles lames pour des reſſorts ſpiraux : avant d'être pliées, elles avoient chacune 16 pouces, & même largeur que ci-devant & même épaiſſeur, elles peſoient 47 grains. J'ai plié ces deux reſſorts avec beaucoup de précautions, & de ſorte qu'ils ne puſſent pas s'ouvrir, afin de pouvoir me diſpenſer de les tremper ; car des reſſorts ainſi pliés, ſerrés ne peuvent ſe tremper aiſément, ainſi que je l'ai éprouvé par pluſieurs eſſais qui ne m'ont pas réuſſi. Pour y ſuppléer donc, & faire que mes ſpiraux ne changeaſſent pas de figure, & ne puſſent s'ouvrir par l'effet des vibrations & des différentes températures, je les ai pliés à mon ordinaire par l'action du feu, le reſſort dans un état forcé ſur l'outil fait à cet uſage. Auſſi-tôt qu'il a été bien chauffé, je l'ai trempé dans l'huile, afin d'huiler la lame que j'ai fait chauffer de nouveau, & que j'ai plongée dans l'eau froide, qui ſaiſit plus vivement toutes les parties du reſſort que l'huile. Auſſi le reſſort devient froid dans l'inſtant, reſte courbé, plus ſerré qu'avec l'huile ; & pour plus de ſûreté encore, je le débande promptement, & le jette de nouveau dans l'eau.

(a) Ce reſſort ſpiral, quoique fort court, a cependant ſa progreſſion très-approchante de celle qui eſt requiſe pour l'iſochroniſme : & on pourroit l'y amener en affoibliſſant le tour exterieur (157).

232. Reffort fpiral N°. 7 a 8 tours paffés, pefe 50 grains. Diametre 9 lignes.

A 5°. Le Reffort eft en èquilibre avec I I grains.
10. 22
15. 33
20. 44
40. 89
50. III
60. . . . . 133½
80. 180
90. 200
100. 222
110. 244
120. 266

devroit être 264 diff. 2 grains.

233. Mis fur la Balance, le reffort N°. 8 fait 7 tours.

A 5°. Le Reffort eft en équilibre avec 8 grains.
10. 16
15. 24
120. 197

devroit être 192 diff. 5 grains.

Le même reffort affoibli par le dernier tour.

A 5°. Le Reffort eft en équilibre avec 8 grains.
10. 16
40. 64
50. 78
120. 192

Cette opération a rendu la progreffion conftante : voilà donc encore un moyen de parvenir à l'ifochronifme (157).

234. N°. 9 fait 9 tours. Diametre 9 lignes ⅓.

A 5°. Le Reffort eft en équilibre avec I 2 grains.
10. 24
20. 48
30. 73
60. 147
120. 295

Le dernier terme devroit être 288. diff. en excès = 7 grains.

Remarques fur les Expériences précédentes.

235. Le reffort n°. 9 de la précédente expérience eft fort long ; il avoit 14 pouces ½ en action , & faifoit beaucoup de tours ferrés ; cependant il eft bien moins propre à l'ifochronifme que celui n°. 4, plus court & plié par un moindre nombre de tours : ce n'eft donc pas dans la longueur feule qu'il faut rechercher l'ifochronifme, c'eft particuliérement par ces trois chofes :

1°, Par la force de la lame, plus ou moins forte par le centre ou par le dehors : c'eft-à-dire, aminciè du centre, ou du dehors :

2°, Par les tours plus ferrés : enforte que la force du
spiral

fpiral agiffe le plus qu'il fe pourra par le même levier.

3°, Enfin par la longueur de la lame.

Il eft bon d'examiner encore avec foin cette matiere.

237. Si le reffort eft fait en fouet, & aminci par le centre, la premiere action qui réfultera, en bandant ce reffort, c'eft que le centre pliera le premier : ainfi l'action de ce reffort agira fur le balancier par le plus petit levier ; & à mefure qu'il deviendra plus tendu, la flexion fe fera en allant au-dehors, & par confé-quent agira de plus en plus par un grand levier. Ainfi cette caufe, jointe à la propriété naturelle du reffort, rendra fon action fur le balancier beaucoup plus inégale.

238. On expliquera, par les mêmes raifonnements, l'iné-galité qui réfulte du reffort dont les tours font fort écartés les uns des autres, c'eft-à-dire, pliés fort grands. Son action agira par des leviers fort inégaux, d'abord fort petits, enfuite très-grands : auffi a-t-on vu quel en eft l'effet dans un même reffort (le reffort n°. 4) d'abord plié fort grand, & enfuite petit.

239. De ce qui precede, il fuit 1°, que, pour obtenir fa-cilement l'ifocronifme, il faut que la lame foit plus forte ou plus épaiffe du centre, & aille un peu en diminuant au dehors : 2°, que le reffort foit plié très-ferré ; & peut-être que, par ces deux chofes, on pourroit fe difpenfer d'avoir un reffort auffi long, quoique d'ailleurs ce foit un avantage de le tenir long pour la liberté des ofcillations : il faut d'ailleurs régler fa longueur fur celle que le méchanifme de compenfation pourra permettre.

Sur la trempe des Refforts fpiraux.

240. J'avois déja tenté plufieurs fois de tremper des ref-forts fpiraux : & j'ai voulu en faire encore l'effai avec un reffort fpiral long & plié ferré : c'eft celui n°. 9 qui faifoit 9 tours $\frac{1}{2}$, & qui, avant que d'être trempé, avoit 9 lignes $\frac{1}{4}$ de diametre. Pour l'empêcher de s'ouvrir en fe chauffant, je l'ai mis dans *l'outil à tremper* (ᵃ), que j'avois rempli avec précaution d'un

(ᵃ) Je donnerai, dans la IIIᵉ Partie de mon Ouvrage, la defcription de cet Outil.

L *

fable fin qui garniffoit tout le reffort & le contenoit : le couvercle preffoit fortement le fable : en cet état, je l'ai fait chauffer
& rougir, & l'ai laiffé refroidir. Ayant ôté le fpiral, je l'ai trouvé
dans le même état & de la même grandeur qu'auparavant : je
l'ai remis dans l'outil avec le fable , & l'ai fait chauffer de
même ; enfuite je l'ai trempé. J'ai trouvé le fpiral agrandi &
fa figure dérangée. Cette derniere tentative n'ayant pas réuffi ,
j'abandonnai, pour ce moment, le projet de tremper les refforts
tout pliés.

Sur la maniere de rendre conftante la figure du Spiral pour l'empêcher de s'ouvrir.

241. Ma méthode de plier les refforts eft très-bonne :
cela leur donne une courbure très-réguliere ; auffi le *Pince-
fpiral* parcourt naturellement un grand efpace fans gêner le
reffort, il faut donc éviter de les travailler avec les pinces ;
mais , pour cet effet, il ne faut pas couper l'œil du centre ,
parce qu'il eft à propos de pouvoir refferrer plus ou moins le
fpiral avec l'outil à plier les refforts Le reffort ainfi plié, il
faut le faire chauffer tout doucement , en le pofant fur une
plaque mife fur du charbon. Par ce moyen , les fpires s'ou-
vriront un peu ; mais comme il éprouvera une chaleur beaucoup au-deffus de celle où il peut être expofé , il ne fera plus
fujet à s'ouvrir par les différentes températures qu'il peut fubir. Voilà donc enfin les moyens propres à rendre le fpiral
ftable , & il faut faire attention fur-tout à ce que les fpires
foient les plus ferrées qu'il fera poffible, il faut feulement obferver qu'elles ne puiffent pas fe toucher par leur action.

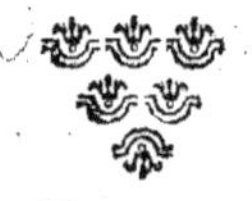

ARTICLE III. *Méchanifme de Compenfation.*

De la matiere du Balancier.

242. Les expériences fuivies que nous avons données dans l'*Effai fur l'Horlogerie* (a), concernant la dilatation & la contraction de tous les métaux par le chaud & le froid, m'ont fervi 1°, à dreffer une table exacte des différentes extenfions de la plupart des corps; 2°, à compofer des Pendules qui corrigent ces effets; 3°, cette connoiffance m'a dirigé pour trouver les moyens de compenfer ces effets dans les Horloges Marines. Notre Table préfente le rapport des dilatations, & fert à prouver combien des Horloges, fans compenfation, feroient d'écart. Elle nous fervira auffi de guide dans l'emploi des moyens que nous mettrons en ufage pour la compenfation.

243. On voit, par la Table que nous venons de rapporter, que le verre eft le corps qui fe dilate le moins ; ainfi un balancier de verre cauferoit le moins d'écart par fa dilatation. Cependant je ne penfe pas que l'on doive jamais en faire ufage, non-feulement parce qu'il feroit expofé à fe caffer par des fecouffes, mais encore par la raifon qu'il feroit très-difficile, pour ne pas dire impoffible, de figurer convenablement un tel balancier de verre, de forte que toute la pefanteur fût portée à l'aneau, & que les croifées fuffent très-foibles, on auroit de la peine à l'équilibrer convenablement, &c.

244. Après le verre, l'acier eft la matiere qui fe dilate le moins ; cependant, je ne penfe pas que l'on doive l'employer

---

(a) (*Effai fur l'Horlogerie* N°. 1691). Ayant appliqué alternativement fur mon Pyrometre des verges de différents métaux qui font toutes de même longueur, favoir, 3 pieds 2 pouces 5 lignes $=$ 461 lignes · je les ai expofées au même degré de froid, & finiffant au même degré de chaleur, c'eft-à-dire, qu'à chaque expérience le Thermometre, ainfi que les verges, étant d'abord à zéro, j'ai pouffé la chaleur, enforte que le Thermometre montât à 27 degrés. Les verges ayant été expofées au même degré, voici la Table de leur dilatation. Acier recuit s'eft alongé de 0 lig. $\frac{59}{360}$. Fer recuit $\frac{72}{360}$. Acier trempé $\frac{77}{360}$. Fer battu $\frac{78}{360}$. Or recuit $\frac{82}{360}$. Or tiré à la filiere $\frac{94}{360}$. Cuivre rouge $\frac{107}{360}$. Argent $\frac{119}{360}$. Cuivre jaune $\frac{121}{360}$. Etain $\frac{160}{360}$. Plomb $\frac{194}{360}$. Verre $\frac{61}{360}$.

L ij

pour faire les balanciers, fur-tout à caufe de l'effet du magnétifme fi dangereux, & qu'il acquiert quelquefois même dans
l'exécution. L'acier eft d'ailleurs fujet à la rouille.

245. L'or feroit le métal le plus convenable pour faire un
balancier, mais cette matiere eft trop chere pour qu'il foit
poffible de s'en fervir dans une Horloge Marine, donc le balancier eft grand & pefant.

246. Il refte donc le cuivre qui eft, à coup fûr, la matiere la plus propre pour un balancier. Il eft vrai que le cuivre
fe dilate plus que l'or & l'acier, mais, en revanche, il n'a pas
le défaut de l'acier; il eft plus facile à travailler; il n'eft point
fujet à la rouille; & il n'eft jamais fujet au magnétifme. Nous
regardons en conféquence le cuivre comme la feule matiere que
l'on doive employer, pour faire les balanciers d'Horloges Marines. Cela pofé, recherchons maintenant l'écart que le changement dans fes dimenfions peut caufer dans la marche de
l'Horloge.

De l'action du chaud & du froid fur le Régulateur d'une Horloge Marine.

247. Le balancier de mon Horloge N°. 9, qui eft un des
plus grands que j'aie employé, a 84 lignes de diametre, & fait
une vibration par feconde. Ce balancier, ainfi que tous ceux
de mes Horloges Marines, eft de cuivre : felon la Table des
dilatations des métaux, on voit qu'une verge de cuivre de 461
lignes s'eft alongé de lig. $0\frac{121}{360}$, en paffant du terme de zéro à
27° de chaleur. Donc le balancier dont le diametre auroit 84
lig. & qui feroit éprouvé au terme de la glace, deviendroit de
$8\frac{1}{4}$ lig. environ $\frac{22}{360}$ ou $\frac{11}{180}$ s'il éprouvoit la chaleur de 27° (a).

248. Si donc le balancier, éprouvant le froid de la glace,
fait 3600 vibrations par heure, il n'en fera, dans le même
temps, que $3597\frac{1}{3}$ environ, s'il eft expofé à la chaleur de 27°
(*du Thermometre de Réaumur*).

(a) Voici la proportion : 461 : 121 :: 84 : $x = \frac{22}{360}$.

249. Car, si l'on suppose que la force du spiral demeure constante, pendant que le balancier éprouve diverses températures; les nombres de vibrations du balancier, lorsqu'il est exposé au chaud ou au froid, seront en raison inverse de ses diametres (89), on a donc la proportion :

$84\frac{11}{180} : 84 : : 3600 : x = 3597\frac{1}{7}$, nombre de vibrations que fera le balancier, étant agrandi par la chaleur de 27°, c'est-à-dire, que l'Horloge retarderoit, dans ce cas, de $2''\frac{3}{7}$ environ par heure. Mais nous avons éprouvé, avec notre premiere Horloge Marine, qu'un changement de 27° dans la température la faisoit avancer ou retarder de $16''\frac{4}{11}$ par heure (*Essai sur l'Horlogerie* n°. 2208). Donc il y avoit d'autres causes qui, jointes à celles-ci, la faisoit plus avancer par le froid, & retarder davantage par la chaleur.

250. Voilà l'effet que cause la chaleur sur le balancier pour changer la durée de ses vibrations, en supposant que le spiral conserve sa même force : mais la force du spiral même change par le chaud & par le froid : c'est donc une seconde cause d'erreur ; & comme elle est dans le même sens que celle qui provient du balancier (c'est-à-dire, que la chaleur relâche le ressort, & lui fait perdre de sa force), cet effet, loin de compenser le premier, augmente encore la durée des vibrations de l'Horloge ; enforte que la chaleur fait retarder l'Horloge par ces deux causes, l'augmentation du diametre du balancier, & la diminution de l'élasticité du ressort : le contraire arrive par le froid.

251. Il est évident que si l'on rend un ressort plus long, il devient plus foible : & plus fort, au contraire, si on l'accourcit. Or la chaleur, en rendant un ressort plus long, diminue, par cela même, la force de ce ressort, & le froid l'augmente au contraire en le rendant plus court. Maintenant, pour en estimer l'effet, dans la marche de l'Horloge, prenons pour exemple le ressort spiral d'une de mes Horloges que je désigne sous le nom de N°. 9. Ce spiral a 15 pouces de long = 180 lig. Il sera facile de connoître de combien les changements de la température peuvent altérer ses dimensions : car, selon notre

Table, une verge d'acier de 461 lignes, trempée & *revenue bleu*, c'est-à-dire, ayant la même qualité qu'un bon reſſort ſpiral, s'eſt alongée de lig. o $\frac{77}{360}$, en paſſant du terme de la glace à 27° de chaleur ; on a donc la proportion :

$$461^{\text{lig.}} : \tfrac{77}{360} \text{lig.} :: 180^{\text{lig.}} : x = \text{o lignes } \tfrac{30}{360} + \tfrac{30}{461}.$$

252. Le reſſort ne s'eſt donc alongé que d'environ $\frac{1}{12}$ de lig. différence qui peut tout au plus faire retarder l'Horloge d'une ſeconde par heure ([a]). Il ſe joint donc aux cauſes que nous venons d examiner une troiſieme plus puiſſante que les deux premieres ; car, dans notre premiere Horloge, où le régulateur n'étoit pas dépouillé de tous les frottements, & où, par conſéquent, il reſte une compenſation aux effets du chaud & du froid (compenſation produite par les frottements même comme nous le verrons ci-après). Dans cette premiere Horloge, dis-je, 27° de différence dans la température cauſent un écart de 16″ $\frac{4}{11}$ par heure, & nous ne trouvons encore qu'environ 3″, tant par l'augmentation du diametre du balancier, que par l'alongement du ſpiral.

253. Ce troiſieme effet, plus puiſſant que les deux premiers, appartient aux changements que le chaud & le froid cauſent à l'élaſticité du reſſort, & indépendamment du changement que la chaleur opere dans ſa longueur, elle relâche encore le reſſort, & lui fait perdre de ſa force élaſtique : le froid, au contraire, en reſſerrant les pores du reſſort, en augmente la force élaſtique. C'eſt un fait que nous devons à l'expérience, quant à la cauſe, ou aux cauſes qui le produiſent,

---

(a) Pour trouver la quantité exacte dont cet alongement du ſpiral a rallenti les vibrations du balancier, on obſervera 1°, que les forces des reſſorts ſont en raiſon inverſe de leurs longueurs : ſi donc le ſpiral qui a 15 pouces, fait équilibre avec 51 grains, le même ſpiral, n'ayant que 14 pouces 11 lig. $\frac{11}{12}$, fera équilibre à 50 grains $\frac{701}{719}$, ce que l'on trouvera par la proportion : 15 pouces $= 180$ lignes : 51 grains :: 14 pouces 11 lig. $\frac{11}{12} = 179$ lig. $\frac{11}{12} : x = 50$ grains $\frac{702}{719}$.

2°, Que les forces des reſſorts ſont, dans un même balancier, comme les quarrés des nombres de vibrations. Si l'on cherche le nombre de vibrations faites avec un reſſort plus foible, on fera la proportion ſuivante : $51 : \overline{\tfrac{50703}{719}}^{2} :: \overline{3600}^{2\prime\prime} : \overline{x}^{2} = 12954000$; & en faiſant l'extraction de la racine quarrée, on a 3559, 179 : l'Horloge n'a donc retardé que d'environ $\frac{41}{101}$ de ſecondes par heure par l'alongemen $\frac{1}{12}$ de lig. du ſpiral.

j'en abandonne l'explication à ces Philofophes heureux, pour qui la nature n'a rien de caché.

254. Quoiqu'il en foit, il eft évident d'après ce que nous venons d'expofer, que la durée des vibrations d'une Horloge Marine eft augmentée par trois caufes, lorfqu'elle eft expofée à la chaleur : 1°, par l'augmentation du diametre du balancier ; 2°, par l'alongement du reffort fpiral ; 3°, par la perte de fa force élaftique. Nous allons chercher les moyens de compenfer, auffi parfaitement qu'il eft poffible, les effets du chaud & du froid.

Des moyens de compenfer les effets du chaud & du froid dans les Horloges Marines.

255. PLUSIEURS moyens fe préfentent pour compenfer les effets que la chaleur & le froid produifent fur le régulateur d'une Horloge Marine, & qui en alterent fi fenfiblement la durée des vibrations ; mais celui-là fera le meilleur dont l'application fera facile, & confervera conftamment fon même état, fans que rien l'affecte ; tous les moyens de compenfation peuvent fe ranger fous trois claffes.

256. 1°, On peut difpofer le balancier pour qu'il devienne plus petit par la chaleur & plus grand par le froid, enforte que cela compenfe en même temps l'action de la chaleur produite fur le balancier, & celle qui eft produite fur le fpiral.

257. 2°, On peut rendre au fpiral non-feulement la force qu'il a perdue, mais lui donner encore le furplus néceffaire pour compenfer l'extenfion & la contraction du balancier.

258. 3°, Enfin, on peut faire agir la compenfation en même temps fur le balancier & fur le fpiral ; mais comme cette méthode fuppofe un méchanifme plus compofé, nous ne parlerons que des deux premieres.

259. Dans un des premiers projets que je fis d'une Horloge Marine, le régulateur devoit être compofé de deux balanciers placés dans un plan vertical & fupportés par quatre rouleaux ; les balanciers, au lieu d'être circulaires, devoient

être formés chacun par deux boules ou lentilles, portés par une verge compofée de cuivre & d'acier, attachée par le milieu à l'axe de balancier ; les verges de ces balanciers devoient être tellement combinées que non-feulement leurs boules ou lentilles ne s'écartaffent pas de leur centre de mouvement par la chaleur ; mais que même elles s'en rapprochaffent pour compenfer l'action de la même chaleur fur les reflorts fpiraux. Je ne tardai pas à abandonner ce moyen tout fimple & tout naturel qu'il paroifloit ; car, 1°, pour peu que l'un des bouts de ces verges compofées éloignât ou approchât la lentille du centre de mouvement, plus que ne faifoit l'autre verge, ce balancier n'étoit plus d'équilibre, & cela feul auroit été capable de caufer les plus grands écarts, quand même les balanciers fe feroient mus horizontalement ; 2°, cette combinaifon des verges rendoit les balanciers trop pefants du centre, & augmentoit, en pure perte, & les frottements fur leurs axes, & les effets que leurs inerties devoient produire par les agitations ; 3°, le point de compenfation devenoit affez difficile à trouver, fur-tout pour qu'elle opérât de maniere que non feulement, dans le moment actuel, les balanciers fuffent d'équilibre, mais, ce qui étoit de conféquence & affez difficile, qu'ils continuaffent à l'être par tous les autres degrés de température. Enfin, cette difpofition du régulateur lui donnoit plus de prife à la réfiftance de l'air. J'abandonnai donc dès-lors, par les raifons que je viens de dire, le projet de cette forte de compenfation.

260. On auroit pu, par cette même méthode, compenfer les écarts de l'Horloge produits par le chaud & le froid, en employant, au lieu des verges compofées des Thermometres de Mercure de la même maniere que *Graham* en avoit d'abord fait l'application au Pendule. Mais on auroit eu à craindre non-feulement la fragilité des tubes, mais encore les inégalités de leurs parois intérieures & de leurs diametres, qui auroient pu faire changer l'équilibre du balancier.

261. On pourroit auffi parvenir à la compenfation par la même méthode, en plaçant à la circonférence du balancier deux maffes diamétralement oppofées ; ces maffes feroient fixées fur

deux

deux lames compofées d'acier & de cuivre rivées l'une fur l'autre : (ᵃ) la chaleur agiffant fur ces lames obligeroit les maffes à fe rapprocher du centre, &c. Mais il ne m'a pas paru qu'aucun de ces moyens portât avec lui la précifion fi indifpenfable pour l'objet en queftion.

262. La feconde méthode qui peut produire la compenfation, eft, comme je l'ai dit (257), de rendre au fpiral la force qu'il perd; 1°, par fon alongement; 2°, par la perte de fon élafticité : cette compenfation doit de plus corriger l'effet de l'augmentation qu'éprouve le diametre du balancier par la même chaleur, à laquelle le fpiral fe trouve expofé.

263. Pour compenfer, par cette méthode, les effets du chaud & du froid, il faut augmenter ou diminuer la tenfion du fpiral, c'eft-à-dire, qu'à mefure que la chaleur l'affoiblit & rallentit les vibrations du balancier, il faut augmenter la force du fpiral, de forte que les ofcillations du balancier foient de même durée qu'auparavant.

264. Pour produire cet effet, il faut faire tourner autour du fpiral un rateau portant deux chevilles, entre lefquelles le fpiral paffe. Ce mouvement doit être produit par le chaud & le froid, afin que la même caufe, qui tend à faire varier l'Horloge, répare elle-même, & en même temps, l'écart qu'elle occafionne. J'ai employé à cet ufage une verge compofée d'acier & de cuivre, à peu près pareille à celles de nos verges d'Horloge Aftronomique, mais avec cette différence que, dans les Horloges Aftronomiques, on a pour but de maintenir le centre d'ofcillation toujours à la même diftance de fon point de fufpenfion; au lieu que pour notre objet actuel, le chaffis compofé doit, par les différentes dilatations des deux métaux qui le forment, produire le plus grand mouvement poffible (ᵇ),

---

(ᵃ) De la même maniere que M. *Harrifon* les a difpofés pour alonger ou accourcir fon fpiral.

(ᵇ) Nous avons vu ci-devant art. (252), qu'un alongement de $\frac{1}{12}$ de lig. dans le fpiral produit un changement de $\frac{82}{100}''$ dans la marche de l'Horloge : on peut, d'après cela, eftimer affez exactement le chemin que le pince-fpiral doit faire pour compenfer un changement de 16'', par exemple, on trouveroit qu'il doit parcourir un peu plus d'une ligne $\frac{1}{2}$, en fuppofant que le reffort fpiral foit de même longueur que celui du n°. 9. que nous avons cité (251).

M *

de sorte que l'excès de dilatation du cuivre sur l'acier, soit capable de donner au rateau du spiral un mouvement suffisant pour compenser l'action du chaud & du froid. On verra, quand je traiterai de la construction de mes Horloges Marines, comment je suis parvenu à la compensation par cette méthode, & le degré de perfection que j'ai pu donner à ce méchanisme. Je me flatte d'avoir rempli, à cet égard, tout ce qu'on pouvoit souhaiter, & avec autant de sûreté & de facilité dans l'application, que je l'avois fait pour les Horloges Astronomiques; mais j'avoue que je ne suis arrivé à ce degré de précision qu'avec beaucoup de peine.

265. J'ai éprouvé qu'il est infiniment difficile de parvenir à la compensation du chaud & du froid dans une Horloge Marine. Mais, une fois ce méchanisme bien déterminé, ainsi que ses dimensions, alors l'application en devient facile; & par la disposition que je lui ai donnée, on trouve promptement & sans tâtonnement le point requis. Mais je dois convenir que je n'ai pas également trouvé qu'il fût facile de produire cette compensation pour tous les degrés extrêmes & moyen de la température; & peut-être ne le peut-on pas, parce que l'espace parcouru par le pince-spiral n'est pas proportionnel aux changements d'élasticité du ressort & de diametre du balancier; mais pour parer à cette difficulté, il faut disposer la compensation pour la température moyenne la plus ordinaire dans un Vaisseau, & dresser une Table des quantités dont l'Horloge avance & retarde par les degrés extrêmes du chaud & du froid. Le Thermometre qui a servi à dresser cette Table, doit accompagner l'Horloge Marine. Ainsi, lorsque l'on voudra savoir l'heure de l'Horloge, on ajoutera ou on retranchera de l'heure qu'elle marquera, la somme des quantités indiquées dans cette Table pour les degrés de température qu'on aura notés chaque jour.

266. Nous devons observer qu'une des conditions indispensables d'un méchanisme de compensation, est que toutes les parties qui le composent, soient fixes & immuables, afin que le mouvement en soit constamment le même, lorsque la

température revient au même point; fans quoi là compenfation qui auroit eu lieu à un certain degré de chaleur, ne feroit plus la même, quand la chaleur feroit revenue à ce même degré.

267. Nous obferverons de plus que, pour former ainfi une Table qui marque toujours exactement les écarts de l'Horloge par divers degrés de température, il faut néceffairement que les frottements de la machine foient infiniment réduits, enforte qu'ils foient conftants, & que le méchanifme de compenfation foit parfait (ᵃ). Car, pour peu que, dans le régulateur, il refte des frottements variables, la compenfation deviendra trop forte ou trop foible felon les variations de ces frottements, & l'erreur, ou l'écart feront d'autant plus grands que les frottements auront plus de relation avec le régulateur, c'eft-à-dire, qu'ils auront plus de prife pour en troubler l'ifochronifme. L'examen que nous allons faire dans l'article fuivant, fervira encore à prouver ce que nous venons d'établir.

Des changements qui arrivent dans la Compenfation par les réfiftances qui réfultent des huiles & des frottements.

Proposition.

268. Si l'on a une groffe Montre de Carroffe (ou une Montre Marine) dont le balancier, grand & léger, faffe des vibrations promptes, les pivots tournant dans des trous de *Diamant*, enforte que le frottement foit auffi réduit que cette difpofition le comporte : je dis 1°, que les huiles mifes aux pivots du balancier cauferont une réfiftance qui variera par les différentes températures, de forte que cette réfiftance des huiles fervira à

(ᵃ) Et fi l'on fuppofe un méchanifme quelconque qui compenfe parfaitement les effets de la température dans tous les degrés moyens & extrêmes, la compenfation n'au-ra conftamment lieu qu'autant que le régulateur confervera la liberté & l'état fur lequel on a établi la compenfation.

compenser une partie des effets du chaud & du froid (ᵃ) sur le régulateur. Maintenant, si l'on applique un méchanisme quelconque dont l'effet soit non-seulement constant, mais même correspondant par tous les degrés de température ; ensorte que ces deux compensations réunies (des huiles & du méchanisme) forment une compensation parfaite dans l'instant où cette Montre vient d'être finie, que les huiles sont fluides, &c. Je dis 2°, que cette compensation ne demeurera constante qu'autant de temps que les huiles des pivots conserveront leur fluidité , les frottements leur constance, & que l'harmonie subsistera dans son premier état ; car à mesure que les huiles des pivots de balancier deviendront épaisses , elles ralentiront les vibrations du régulateur, & différemment par les diverses températures , ensorte que la Montre retardera ensuite par le froid : c'est comme si l'on avoit augmenté la compensation ; l'écart augmentera encore par une autre raison, c'est que la force motrice venant aussi à diminuer, la force de mouvement du régulateur deviendra aussi plus petite , & les frottements auront par-là plus de prise : cela pourroit venir au point de rendre inutile le méchanisme de compensation, sur-tout si les oscillations grandes & petites du régulateur libre ne sont pas isochrones. Dans ce cas, ces effets des frottements & des résistances des huiles affecteront beaucoup plus la durée des vibrations , lorsque la machine passera du chaud au froid.

269. De ces deux observations , il résulte 1°, qu'on doit réduire les frottements du régulateur à la plus petite quantité possible, ensorte qu'ils puissent être réputés constants ; 2°, qu'il faut employer une force motrice parfaitement constante ; 3°, que le méchanisme de compensation doit produire des effets

(ᵃ) Les frottements & les résistances des huiles dans les pivots du balancier l'affectent de deux manieres , 1°, dans l'étendue de ses vibrations ; 2°, dans la durée des vibrations.

Car, lorsqu'il fait chaud , les frottements sont moindres & les résistances des huiles plus petites ; ainsi les arcs de vibrations sont plus grands. Mais cette moindre résistance des frottements & des huiles , en même temps qu'elle permet plus d'étendue aux vibrations, tend aussi à affecter leur durée. Voyez dans l'*Essai sur l'Horlogerie* n°. 1880. *& suiv.* la théorie que j'ai établie sur la compensation du chaud & du froid dans les Montres par la résistance des huiles & des frottements.

qui foient toujours rigoureufement les mêmes ; 4°, que le fpiral doit conferver toujours exactement la même élafticité.

270. Il eft évident , par une fuite de la premiere condition , que fi les frottements du régulateur pouvoient être diminués au point d'être réputés nuls, alors le chaud & le froid agiroient fur le fpiral & fur le balancier avec toute leur énergie, & cauferoient les plus grands écarts, en fuppofant, pour un moment, que cette Horloge n'eût point de méchanifme de compenfation (a) ; ainfi il faudroit alors que le moyen de compenfation qu'on y appliquera, produisît le plus grand effet, & que cet effet diminuât au contraire à mefure que les frottements augmenteroient. L'augmentation même des frottements peut être telle qu'ils produifent la compenfation (b) fans fecours étranger.

De la Compenfation de effets du chaud & du froid par les huiles & les frottements des Pivots de Balancier.

271. LES huiles que l'on met aux pivots des roues, des balanciers & des rouleaux , fervent à adoucir les frottements ; mais l'huile , étant plus fluide par le chaud que par le froid, oppofe plus de réfiftance au mouvement dans ce dernier état ; c'eft par cette raifon , que j'ai fait tous mes efforts pour fouftraire le régulateur de mes Horloges à ces impreffions , en donnant au régulateur la plus grand puiffance poffible, & en diminuant, par des rouleaux d'un grand diametre, le frottement de leurs pivots, enforte que les petits changements reftants ne puiffent affecter la durée des vibrations : effet qui auroit lieu fi le balancier étoit petit, & rouloit fur de petits rouleaux. Ces rouleaux ayant de gros pivots, il arriveroit néceffairement que les réfiftances des huiles par le froid jointes à l'augmentation du frottement, tendroient à ralentir les vibrations du balancier (c). C'eft d'après ces principes que j'ai établi

---

(a) Effai n°. 1894.
(b) Effai n°. 2276 & fuiv. 1880 , &c.

(c) Voyez la théorie que j'ai établie làdeffus pour les Montres. Eff. n°. 1880 & fuiv.

ma théorie fur la compenfation du chaud & du froid par les huiles des pivots de balancier dans une Montre. Mais, quoique cette compenfation ait lieu dans les Montres , il feroit très-dangereux d'en faire ufage pour les Horloges Marines ; car , pour cette compenfation , il faut que le balancier foit petit & léger . faffe des vibrations promptes , & ait une très - petite quantité de mouvement (a) : or une telle compenfation ne peut avoir lieu qu'autant que les frottements qui la font, feront conftants ; mais les huiles , en s'épaiffiffant, ne réfiftent plus de la même maniere , & on ne peut jamais s'affurer de la conf-tance de tels frottements. Loin donc de devoir faire ufage de ce moyen pour des Horloges Marines , il faut les compofer de forte qu'il ne refte ni frottement ni réfiftance dans les huiles des pivots des rouleaux , ou au moins les réduire à une fi petite quantité , relativement à la puiffance du régulateur , que celui-ci n'en puiffe jamais être affecté.

272. Nous obferverons, avant de terminer cet article , qu'il eft poffible d'imaginer plufieurs autres moyens de com-penfation : tous font égaux, pourvu que l'on parvienne fûre-ment à remplir les conditions que la chofe exige : en voici encore un qui pourroit avoir lieu.

J'ai vu , par des expériences fûres, faites avec la Montre Marine , que pour peu que l'on refferre ou écarte les chevilles du rateau (ou pince-fpiral) entre lefquelles le reffort fpiral paffe, la Montre avance ou retarde confidérablement : on pour-roit donc difpofer les chevilles par un moyen fort fimple , de façon qu'elles fe refferrent par la chaleur, & s'écartent par le froid. Nous nous fervirons de cette méthode pour la Montre Marine que nous propoferons pour porter l'heure au Vaiffeau.

(a) Effai n°. 1883.

CHAPITRE V.

De l'Echappement.

273. Quand on eſt parvenu, d'après une bonne théorie appuyée de l'expérience, à la compoſition d'un excellent régulateur, & que l'exécution répond aux principes établis, on a jetté
les fondements de la régularité d'une Horloge; mais cela ne ſuffit
pas : il reſte à entretenir d'une maniere conſtante le mouvement
du régulateur, de ſorte que l'iſochroniſme de ſes vibrations ne
ſoit pas troublé. Or cela dépend 1°, de cette partie que l'on appelle *l'Echappement* ; 2°, *du Moteur* ; 3°, *du Rouage* qui tranſmet
la force du moteur au régulateur, & dont l'office eſt en même
temps de marquer les parties du temps meſurées par le régulateur. Je ne traiterai dans cet article que de l'échappement : le
moteur & le rouage formeront chacun un Chapitre à la ſuite de
celui-ci.

274. L'office de l'échappement eſt 1°, de reſtituer au régulateur la force qu'il perd à chaque vibration, ſoit par les frottements ou par la réſiſtance de l'air, ou enfin dans une Horloge
Marine la force que les agitations du Vaiſſeau peuvent détruire
dans le régulateur. 2°, Pendant que le régulateur meſure le
temps, l'échappement fait l'office de *Compteur* (ª), & ſuſpend
l'action du rouage & de la force motrice.

275. Il faut donc conſidérer deux temps dans l'effet de l'é-
chappement, celui de l'impulſion rendue au balancier, pendant
lequel la roue d'échappement tranſmet ſa force au régulateur,
& avance d'une partie qui répond à une vibration (ce même
mouvement de la roue marque les ſecondes ou parties de la
meſure du temps); & le ſecond, celui par lequel l'action de la
roue & celle du moteur demeurent ſuſpendues, tandis que le
régulateur acheve librement ſa vibration.

(ª) Voyez Eſſai n°. 24.

276. Or, pour que l'échappement foit le plus parfait poffible, il faut que la roue d'échappement communique au balancier, ou régulateur, au moyen de l'échappement, toute fon action (& par conféquent celle du moteur) fans une perte fenfible, c'eft-à-dire, avec le moins de frottement poffible ; & , lorfque l'impulfion eft donnée au balancier, il faut que l'action de la roue demeure fufpendue, de forte que le balancier continue fa vibration & l'acheve librement, c'eft-à-dire , avec le moins d'obftacle poffible de la part de l'échappement.

277. L'échappement à repos remplit affez bien , par la nature de fa conftruction, les conditions effentielles que nous venons d'énoncer. Mais, tout parfait qu'il eft par fes principes, il réfulte , de la part de la matiere & des frottements , qu'il entraîne des obftacles très-nuifibles & affez confidérables pour détruire une partie de fes propriétés ; & caufer des écarts fenfibles dans les Horloges à pendules, même malgré la grande puiffance du régulateur.

278. Lorfque je compofai ma Montre Marine, ou N°. 3, je propofai un échappement qui paroiffoit devoir obtenir les propriétés demandées : pour cet effet, le frottement, qui , dans l'échappement à repos, s'exerce fur des palettes circulaires, devoit être tranfporté à des pivots ; ainfi la roue auroit agi fur des plans inclinés fixes pour donner l'impulfion ; & le repos fe feroit fait par l'appui de la roue fur deux leviers mobiles, chacun fur deux pivots concentriques à l'axe d'échappement, les petits leviers fervant au repos , cédant & fe féparant de l'ancre, & reftant à la circonférence de la roue , tandis que l'ancre ou palette fixe s'enfonçoit contre le centre de la roue, & fans la toucher. Cet échappement n'oppoferoit, pour réfiftance aux ofcillations libres du balancier, que le petit frottement des pivots des petits leviers de repos, & celle d'un reffort pour ramener toujours les leviers contre les plans inclinés d'impulfion ; mais, malgré les avantages apparents de cette difpofition, il reftoit encore affez de frottement & de difficultés , pour n'avoir pû me réfoudre à faire ufage de cet échappement, qui auroit d'ailleurs le défaut d'être fort compofé

&

& d'une exécution trop difficile, pour que fon effet fût sûr.

279. J'ai employé, dans l'Horloge Marine, N°. 2, un échappement qui préfentoit un très-grand avantage, celui de n'avoir que très-peu de frottement; encore les quantités très-petites de frottement qui reftent, s'exercent fur des pivots, ce qui le rend parfaitement conftant. Cet échappement a la propriété de communiquer, fans perte, au régulateur la force ou action du moteur ou de la roue d'échappement; mais il a, en revanche, le défaut d'être à recul, & par conféquent très-fufceptible des inégalités de la force motrice ([a]); cet échappement a encore un autre défaut, celui d'être trop compofé, & trop difficile à exécuter pour que les effets en foient parfaitement affurés.

280. On connoît peu une autre forte d'échappement à repos d'une conftruction très-différente de ceux dont on fait ordinairement ufage, c'eft l'échappement à repos par des détentes ([b]) dont la première idée paroît être venue à feu Jean-Baptifte *Dutertre*, pere.

281. Je compofai, en 1754, un échappement fur ce principe dont je fis un modele. Ici ce balancier fait deux vibrations pendant qu'il n'échappe qu'une dent de la roue, c'eft-à-dire, que le balancier va & revient fur lui-même: & , à fon retour, la roue échappe & reftitue, en une vibration, le mouvement que le régulateur a perdu en deux. La roue d'échappement eft à rochet; fon action demeure fufpendue (pendant que le balancier ofcille librement) par un ancre ou cliquet,

---

([a]) Au refte, il faut convenir que fi les ofcillations des balanciers euffent été ifochrones par leur nature, & que le moteur eût été un poids, que cette Horloge auroit, même avec cet échappement, donné une grande jufteffe, ainfi que nous le dirons en fon lieu, en traitant de cette Machine.

([b]) Dès les premières tentatives, que je fis pour les Horloges Marines, je compofai un échappement de cette efpece, j'en fis un modele en 1754, que, dans le temps, je montrai à M. *Camus*, pour le préfenter à l'Académie; mais il me dit que M. *Dutertre*, pere, avoit eu la même idée; & quoique j'ignore encore aujourd'hui comment cet échappement étoit fait, ou fi même il a exifté autrement qu'en projet, je gardai mon modele fans en faire ufage. Ce qui m'a fur-tout empêché de l'employer, a été le peu de fûreté de fes effets.

M. *Mudge* fort habile Artifte, Horloger de Londres, me fit voir en 1766 un échappement à vibrations libres qu'il avoit exécuté depuis long-temps.

fixé à un axe portant un levier à pied de biche ; le levier correfpondant a une cheville placé près du centre de l'axe de balancier. Lorfque le balancier rétrograde, ou fait la premiere vibration, la cheville, que fon axe porte, fait fléchir le pied de biche, & le balancier continue librement fon chemin, fa liberté n'étant troublée, durant toute cette vibration, que par une très-petite & très-courte réfiftance du pied de biche. Lorfque le balancier revient fur lui-même, & fait la deuxieme vibration, la même cheville qu'il porte, éleve le levier à pied de biche, enforte que l'ancre qu'il porte, dégage la roue, afin qu'elle reftitue au balancier la force qu'il a perdue dans la premiere vibration, & celle qu'il perdra en achevant la feconde : voici comment cet effet eft produit. Dans l'inftant que le levier à pied de biche eft élevé, la roue tourne & agit fur le levier d'impulfion ; celui-ci eft formé par une palette d'acier qui agit fur la roue, & par un autre bras qui agit fur un rouleau d'acier placé fur l'axe de balancier ; &, dans le même inftant que la roue agit fur le levier d'impulfion, le fecond bras, que fon axe porte, & qui eft plus grand, appuie fur le rouleau, & le mouvement de la roue fe communique au balancier prefque fans perte & fans frottement, & par la plus petite décompofition de force. Auffi-tôt que la roue ceffe d'agir fur le levier d'impulfion, il retombe étant preffé par un reffort, & il fe préfente à une autre dent.

2 8 2. Pour rendre les ofcillations du régulateur plus libres, & indépendantes du rouage, & diminuer, autant qu'il eft poffible, la réfiftance qu'il éprouve à chaque vibration, il faut placer la cheville fort près du centre du balancier, & ne faire parcourir à ce levier que le chemin requis pour rendre l'effet du cliquet parfaitement fûr, & empêcher que pendant que le balancier tourne & fait fes deux vibrations, il n'échappe plus d'une dent de la roue : effet qui feroit très-dangereux, puifque l'aiguille des fecondes portée par la roue annonceroit plus de fecondes ou de temps que le balancier n'en auroit mefuré par fon mouvement. C'eft la crainte de ce défaut qui me fit abandonner cet échappement qui, je l'avoue, eft très-fédui-

fant ; mais il ne préfente pas à l'efprit cette fûreté (a) dans les effets fi néceffaires fur-tout dans une Horloge Marine , dont l'ufage eft de trop grande conféquence pour qu'on doive rien hazarder.

283. Les tentatives dont je viens de donner une idée, ne m'ayant pas entiérement fatisfait, j'ai travaillé à perfectionner l'échappement ordinaire à repos ; j'ai obfervé que , fon plus grand défaut provenant des frottements du repos , il étoit poffible de les réduire infiniment , & de les amener à un état conftant , en employant, pour fon exécution, une matiere moins pénétrable. Je me propofai donc de former les palettes ou portions cylindriques avec des *Rubis d'Orient*, & de faire la roue d'un acier très-dur. Je l'ai exécuté d'une maniere qui a très-bien réuffi, foit par la perfection que l'échappement a acquife, foit par la façon dont il eft conftruit, qui affure également & fa perfection, & le rend facile à exécuter. Par cette difpofition, je remplis, auffi bien qu'il eft poffible, ce que l'on peut demander d'un tel échappement, c'eft-à-dire , de n'avoir que peu de frottements, d'avoir des frottements conftants,enforte qu'ils ne puiffent troubler l'ifochronifme des ofcillations du régulateur. J'ai éprouvé, par expérience, qu'il remplit les conditions effentielles ; mais j'avoue qu'il refte encore à cet échappement le défaut d'exiger de l'huile : or l'huile venant à s'épaiffir , cela diminue l'étendue des arcs de vibration , ainfi qu'on le verra, lorfque je rapporterai les expériences faites avec les Horloges N°. 6 & N°. 8. C'eft par cette raifon que je travaille de toutes mes forces à appliquer à N°. 10. un nouvel échappement à vibrations libres ; j'ai lieu d'efpérer qu'il remplira l'objet defiré.

(a) Je me fuis depuis quelque temps fort occupé à perfectionner cet échappement , fur-tout à lui donner cette certitude d'effet fi néceffaire , & j'ai lieu de croire que j'ai réuffi. Je travaille à l'appliquer à l'Horloge n°. 10 , après l'avoir déja effayé à n°. 4, on le verra gravé *Planche XVI*, & décrit 2e Partie, *Chap. XII.*

CHAPITRE VI.

Du Rouage des Horloges Marines.

284. On appelle rouage, dans une Horloge, cette partie compofée de roues & de pignons, au moyen defquels la force du moteur eft tranfmife au régulateur, pour en entretenir les vibrations, & qui fert, en même temps, à indiquer les parties du temps divifé par le régulateur.

285. La plus grande perfection que l'on puiffe exiger d'un rouage, c'eft que la force du moteur foit tranfmife au régulateur d'une maniere uniforme & conftante, fans éprouver ni changement dans la quantité tranfmife, ni viciffitude. Or, pour parvenir à cette conftance de force, cela dépend de deux chofes : 1°, des engrenages des roues & des pignons, dont le rouage eft compofé, & au moyen duquel la force paffe du moteur au régulateur ; 2°, Des frottements que les pivots du rouage éprouvent par leur mouvement.

285. Nous nous arrêterons peu fur cette partie de l'Horloge, parce que c'eft la plus connue en Horlogerie & la mieux mife en pratique, & que d'ailleurs les principes qui fervent à faire le rouage d'une Montre & d'une Horloge à pendule, font les mêmes qui doivent fervir de bafe pour le rouage d'une Horloge Marine. Nous nous bornerons donc à parcourir les principes qui doivent être fuivis. Je ne traiterai pas ici de la théorie de l'engrenage, je l'ai fait dans mon Effai fur l'Horlogerie ; je puis me difpenfer d'en parler, ayant affez d'autres objets plus effentiels à parcourir. Nous allons d'ailleurs fuppléer à cet article pour donner plus de facilité aux Artiftes.

Des Engrenages.

286. Pour qu'une roue agiffe fur fon pignon d'une ma-

niere uniforme , enforte que l'action d'une dent imprime ,
pendant tout le temps de fon action , une vîteffe égale à celle
avec laquelle la roue tourne , il faut que les dents du pignon &
de la roue foient figurées par des courbes qu'on appelle *Epi-
cycloïdes* ; il faut, de plus , que la groffeur des pignons foit parfaitement au diametre de la roue comme le nombre des ailes
du pignon eft au nombre des dents de la roue.

287. Une autre condition effentielle d'un bon engrenage ,
c'eft que toutes les dents du pignon foient également efpacées ,
c'eft--à-dire, qu'elles aient toutes la même groffeur & le même
intervalle entr'elles ; il faut , de plus , qu'elles aient exactement
la même figure & la même grandeur de rayon , ou , ce qui revient au même , que le pignon foit parfaitement rond.

288. Ces conditions qu'exige un pignon , doivent être
également réunies dans une roue : l'égalité de groffeur des
dents & des intervalles , la bonne figure des courbures , l'égalité
des dents & la parfaite rondeur de la piece.

289. Lorfque le nombre de révolutions qu'un pignon doit
faire pendant une révolution de la roue qui doit le mener , &
le diametre de la roue font donnés , le diametre du pignon eft
auffi donné ; mais on peut varier à volonté le nombre des dents
du pignon & de la roue , pourvu que les nombres foient dans
le rapport des diametres : ainfi on peut faire un pignon de
5, 6, 7, 8 dents, &c, cela ne change , comme il eft aifé de le
voir , ni le nombre de révolutions , ni les groffeurs des pignons.
Il n'eft cependant pas indifférent , par rapport à la perfection des
engrenages , de faire des pignons plus ou moins nombrés : car
fi , par exemple , on fait des pignons peu nombrés , comme de 6,
alors les dents de la roue doivent porter des courbures affez
grandes pour que chaque dent faffe parcourir 60 degrés au pignon ; & , fi les courbures ne font pas exécutées avec une extrême précifion , l'engrenage fera fujet à des inégalités & à des
traînées très-nuifibles. Ainfi , quoique dans la fpéculation , il
foit poffible de faire d'auffi bons engrenages avec des pignons
peu nombrés qu'avec des pignons plus nombrés , cependant des
pignons de 16, 18, 20 ou 30 font infiniment préférables dans la

pratique ; car de tels pignons ne peuvent avoir que de petites inégalités, & les dents de la roue ayant des courbures même mal faites, l'engrenage feroit encore bon. C'eft la connoiffance intime que j'ai des défauts des engrenages des pignons peu nombrés (ª), & de la difficulté de les bien exécuter, qui m'a déterminé à n'employer dans mes Horloges Marines que des pignons de 16, de 20, & même de 30 & 40 ; &, pour donner aux engrenages toute la perfection dont ils font fufceptibles, j'ai conftruit des inftruments pour exécuter ces pignons, enforte que j'ofe croire qu'il refte peu à defirer pour cette partie, ainfi qu'on le verra, lorfque nous traiterons de la conftruction & de l'exécution de nos Horloges.

Examen des effets qui réfultent des mauvais Engrenages.

290. LORSQUE les courbures des dents font mal faites, la roue mene le pignon avec différents degrés de force, ce qui ne peut manquer de nuire au régulateur même. Il faut d'ailleurs que la force du moteur, pour faire tourner le pignon, foit plus grande qu'il ne feroit néceffaire, fi le mouvement étoit uniforme : ainfi cet excédent de force tend, par cela feul, à détruire la machine.

291. Si une roue mene un pignon trop grand, la force communiquée par la roue fera en partie détruite par les dents du pignon qui arcbouteront ; la force motrice devra donc être plus grande ; les trous des pivots s'agrandiront ; & il y aura plus de frottement.

292. Si le pignon eft trop petit, la roue lui communiquera une moindre force & plus de vîteffe & inégalement ; le moteur devra encore être plus grand qu'il ne feroit befoin fans ce défaut.

293. Un rouage, étant ainfi compofé de roues & de pignons dont les engrenages font mauvais, communiquera au

(ª) Voyez Effai nº. 1444.

régulateur tantôt plus , tantôt moins de force; & les défauts peuvent , indépendamment des frottements , faire arrêter la machine.

294. Nous croyons donc que , quoique le régulateur d'une Horloge Marine foit tellement combiné qu'un peu plus ou moins de force n'en change pas la juſteſſe, il eſt cependant né-ceſſaire , pour ſa plus grande perfeċtion , de faire tous ſes ef-forts pour entretenir cette égalité de force tranſmiſe au régu-lateur ; mais , indépendamment de cette conſidération , il eſt eſſentiel , pour la durée & pour la ſûreté de la machine , que toutes les parties qui la compoſent , éprouvent le moins de frottement poſſible. C'eſt dans cet eſprit que j'ai travaillé à réunir tout ce qui pouvoit afsûrer l'état de chaque partie. Lorſ-que je traiterai de l'exécution des Horloges Marines , on verra à quel point de perfeċtion elles ſont portées dans leurs combi-naiſons & dans l'exécution.

Des Frottements des Pivots.

295. Le rouage d'une Horloge éprouve une très-grande quantité de frottement , à cauſe qu'il eſt compoſé de pluſieurs roues , & que ces roues, qui ſont naturellement peſantes, re-çoivent toute la preſſion du moteur. On voit , par cela même , que toutes les roues ne ſont pas également preſſées : la pre-miere , c'eſt-à-dire, celle qui reçoit immédiatement la force du moteur , éprouve la plus grande preſſion; & la derniere, qui tranſmet au régulateur cette force , éprouve la moindre; mais, en revanche , celle-ci a plus de vîteſſe, & ſes pivots parcourent, dans le même temps , un plus grand eſpace, d'où il ſuit que les pivots ſur leſquels tournent ces roues , doivent être de diffé-rente groſſeur , les plus gros aux premieres roues , les plus petites à la derniere.

296. Il eſt aiſé de ſentir l'utilité & la néceſſité de cette diſtribution, il ne faut que faire attention à la nature du frot-tement ; car, ſi l'on charge un axe portant de petits pivots d'un grand poids , les pivots ayant peu de ſurfaces, les pores dont ils

font compofés, fe pénétreront & tendront par leur mouvement à déchirer les trous. Or cet effet n'a pas lieu, lorfque la furface eft proportionnée à la charge ; il y a moins de deftruction, parce que les pivots fe pénetrent moins. Voilà donc un moyen fûr de rendre non-feulement le frottement conftant, mais encore d'en diminuer la quantité abfolue, quoiqu'au premier abord on puiffe penfer le contraire.

297. Dans les premiers mobiles, il faut tenir les pivots plus gros & plus longs, en proportion de la preffion du moteur, afin que les trous ne s'ufent pas ; & à mefure que les mobiles font plus éloignés de la premiere roue, & que, par conféquent, ils ont plus de vîteffe & moins de preffion, il faut tenir à proportion les pivots plus petits.

298. Les groffeurs des pivots étant données, on rendra le frottement conftant en exécutant les pivots avec foin, enforte qu'ils foient parfaitement ronds, d'acier pur le plus dur poffible & bien poli ; & on apportera les mêmes foins aux trous. Pour cet effet, il faut employer du cuivre de chaudiere, bien pur & durci. On proportionnera la longueur du pivot à fon diametre : ma regle eft que la longueur foit deux fois le diametre.

299. Pour rendre les frottements les plus petits poffibles, il eft très-effentiel de répartir la preffion qui fe fait fur un pignon, de maniere que chaque pivot en fupporte la moitié (*Effai* n. 941 & 2299). Pour cet effet, il faut placer les pignons & les roues au milieu de la longueur de leurs axes.

300. Nous avons traité dans le Chap. III, des frottements & des réfiftances des huiles : ainfi nous y renvoyons. Quant aux dimenfions convenables à donner aux pivots de rouage, &c, d'une Horloge Marine, on les trouvera ci-après à la fuite de chaque defcription de ces machines.

La force

La force communiquée au Régulateur par la roue d'é-
chappement, est en raison du surplus de la vîtesse
de la roue sur celle du Régulateur.

3 0 I. Ce n'est pas seulement par la plus grande force motrice qu'on parvient à donner un plus grand mouvement au
régulateur d'une machine quelconque, c'est par la différence
qu'il y a entre la vîtesse de la roue qui communique la force,&
la vîtesse du régulateur, balancier ou pendule qui reçoit cette
force ; car si la vîtesse de l'une & de l'autre étoit la même , le
régulateur s'échapperoit & fuiroit, pour ainsi dire , devant la
roue ou piece d'échappement , sans en recevoir aucune impulsion. Si donc l'on a un balancier qui fasse des vibrations
très-promptes, & que la *fourchette* ou piece d'échappement
soit pesante, il est évident qu'elle n'ira pas avec une grande
vîtesse , & qu'elle ne pourra communiquer au balancier qu'une
partie de sa force, l'autre qui est en pure perte se trouvant
employée à mouvoir la fourchette , & à lui donner une vîtesse
égale à celle du régulateur : le surplus de cette vîtesse sera
donc la force communiquée par la roue au régulateur.

3 0 2. Une autre considération qui a rapport à cette premiere, c'est que, dans un régulateur dont les vibrations sont
données, la vîtesse varie selon l'étendue des oscillations. Supposons un balancier qui décrive des arcs de 120 degrés , &
ensuite 240; dans le second cas, la vîtesse sera double , & ainsi
de suite. Il faut donc y avoir égard d'après l'observation ci-
dessus.

3 0 3. Pour placer, en conséquence, le point de contact par
lequel il est le plus favorable que la piece d'échappement agisse
sur le balancier dans une Horloge , dont le régulateur doit décrire de très-grands arcs , il ne faut pas que la piece d'échappement agisse trop près de la circonférence du balancier ; car il
suit , de ce que nous avons dit, que sa grande vîtesse se sous-
trairoit à l'impulsion d'une partie de la force de l'échappement ;
& , s'il agit trop près du centre, une partie de l'effort se por-

teroit contre l'axe de balancier : d'où l'on voit qu'il n'eſt pas facile, dans une telle matiere, de choiſir le parti le plus convenable.

304. Enfin, par une ſuite de cette obſervation, on voit qu'il faut tenir la roue d'échappement la plus légere poſſible (enforte qu'elle ait peu d'inertie) & d'autant plus légere que ſa vîteſſe ſera plus grande, c'eſt-à-dire, qu'elle aura des dents plus diſtantes entr'elles, que les vibrations ſeront plus promptes, & que le point de contact dans l'échappement ſe fera plus loin du centre du balancier, &c.

CHAPITRE VII.

Du Moteur d'une Horloge Marine.

305. On a vu, par ce qui précede, que je me ſuis appliqué de toutes mes forces à donner au régulateur la plus grande puiſſance poſſible, en réduiſant ſes frottements à la plus petite quantité, & en lui donnant la propriété de faire des oſcillations iſochrones malgré les agitations du Vaiſſeau, & dans le cas même, où la force motrice, les frottements, les réſiſtances d'huiles, les inégalités du rouage, &c, viendroient à éprouver des changements. Mais cela ne ſuffit pas encore : pour donner à une Horloge Marine toute l'exactitude poſſible, il faut réunir tous les moyens qui peuvent y concourir : car quoique des oſcillations d'inégale étendue puiſſent être iſochrones, il faut cependant faire tous ſes efforts pour leur conſerver la même étendue dans tous les cas, c'eſt-à-dire, qu'il eſt néceſſaire que les agitations du Vaiſſeau ne puiſſent en changer l'étendue (a), que le moteur ſoit conſtamment le même, ainſi que les frottements du rouage, &c, afin que la force tranſmiſe au régulateur ſoit conſtante, &c.

(a) C'eſt l'office de la ſuſpenſion dont nous traiterons dans la ſuite.

306. Il est évident que, par la réunion de ces perfections dans l'Horloge Marine, elle aura un degré de justesse très-grand. Car si, par la nature des principes & de l'exécution du régulateur, les oscillations, conformément à ce que nous avons établi (141), font isochrones, quoique les arcs changent d'étendue, ces oscillations seront à plus forte raison de même durée, lorsqu'elles feront de même étendue. D'ailleurs il est bon d'observer qu'il n'est pas aussi facile, comme on le verra, de disposer un spiral de maniere qu'il soit parfaitement isochrone dans tous les points ; & encore une fois, quand il le feroit, l'égalité parfaite dans la force motrice ou dans celle qui est transmise au régulateur, & par conséquent l'égalité d'étendue des arcs du balancier, est la marque la plus assurée de l'isochronisme de ses vibrations. Nous ferons donc tous nos efforts, pour que cette force transmise au régulateur soit toujours égale ; ce qui dépend, 1°, comme nous l'avons expliqué dans les Chapitres précédents, de l'Echappement, des Engrenages, des Frottements, des Pivots, des Roues, &c. 2°, Du *Moteur*. C'est l'Article que nous allons traiter.

307. On connoît deux agents propres à fervir de moteur aux machines qui mesurent le temps, le *Poids* & le *Ressort*. Nous allons examiner les avantages de l'un & de l'autre, afin de nous fixer à celui auquel on doit donner la préférence.

Comparaison du Ressort-moteur & du Poids ; des obstacles que cause le ressort employé pour moteur d'une Horloge Marine.

308. 1°, Un ressort-moteur est sujet à se casser par les changements qui arrivent dans la température, sur-tout lorsque le ressort est très-fort, & qu'il se trouve dans un état forcé. Or un tel accident ne peut être réparé en mer. On ne peut donc pas compter sur une Horloge Marine à ressort : les conséquences en sont trop dangereuses.

309. 2°, Un ressort change de force, selon qu'il est exposé au chaud & au froid.

3 1 0. 3°, Un ressort perd de sa force à mesure qu'il agit, c'est-à-dire, qu'il se *rend* (a).

3 1 1. 4°. Quelque parfaite qu'on suppose la fusée, l'action du ressort n'est jamais exactement égale par tous ses points : d'ailleurs à mesure que le ressort se *rend*, la fusée perd encore de son égalité.

3 1 2. 5°, Il faut nécessairement mettre de l'huile aux lames ou spires du ressort pour en adoucir le frottement ; mais, dès que cette huile s'épaissit, le frottement augmente, & & souvent au point qu'il suspend toute l'énergie du ressort (b).

Des propriétés du Poids pour Moteur & de la préférence qu'il doit avoir.

3 1 3. 1°, LE poids employé pour moteur, a, par sa nature, une puissance constante & uniforme dans tous les temps (c), & il est prouvé que les agitations du Vaisseau ne lui causent aucun dérangement, de ce côté seul il mérite toute préférence.

3 1 4. 2°. Le poids est très-facile à employer pour moteur, & il est très-aisé de lui donner la quantité de force qui convient au Régulateur.

3 1 5. 3°, On peut en tout temps, & sans rien déranger

(a) Les ouvriers disent qu'un ressort se *rend*, quand, en marchant, il perd de sa force.

(b) Voici les raisons qui m'avoient décidé à employer un ressort dans mes premieres Horloges Marines.

1°, Pour que l'Horloge eût un petit volume.

2°, Que le tambour étant plus court coutât moins cher.

3°, Pour éviter le travail qu'entraîne le poids. Ce n'étoit donc qu'un objet de dépense : voyons le travail qu'entraîne le ressort.

1°, Une Fusée qui est difficile à tailler, & exige un outil cher.

2°, Un Garde-chaîne.

3°, Le Barrillet & un Encliquetage.

4°, Le Ressort est d'une exécution très-difficile pour en trouver de force convenable au régulateur.

5°, Il faut une chaîne qui est chere, & encore sujette à se casser.

Et j'ai d'ailleurs éprouvé, par ma propre expérience, que du côté même de l'économie, un poids pour moteur à l'Horloge coûte moins que le ressort.

(c) Nous ne nous arrêterons point aux changements qu'éprouve la pesanteur des corps, par les diff. latitudes. Cette considération ne mérite pas que, par rapport au poids moteur, on s'en occupe dans la pratique.

à l'Horloge, augmenter ou diminuer le poids à volonté & felon le befoin.

316. 4°, Il faut néceffairement, pour trouver un reffort fpiral ifochrone, fe fervir alternativement d'une force motrice plus forte ou plus petite, qui faffe décrire de grands & de petits arcs au balancier, & le poids eft très-favorable à ces expériences, par la facilité de l'augmenter ou de diminuer felon le befoin : le méchanifme du poids fe trouve naturellement tout difpofé à cet ufage. On n'a pas ces avantages en employant un reffort.

317. 5°, Le poids moteur appliqué à une Horloge Marine ne peut caufer aucun accident, ni fe caffer comme le reffort ; il n'a point de frottement , &c.

318. 6°, La defcente du poids exige que le tambour qui contient l'Horloge foit long, & cela même eft un avantage : car le bas du tambour étant chargé d'une maffe, les effets de la fufpenfion en font beaucoup plus afsûrés, parce que le tambour forme un long pendule qui reprend toujours plus fûrement fon à-plomb, & ayant une plus grande maffe en un point éloigné du balancier, ce régulateur, par fes vibrations, tend moins à ébranler le tambour, & à lui communiquer fon mouvement.

319. 7°, Enfin, je dois ajouter en faveur du poids , comme moteur, que fi le reffort fpiral n'eft pas parfaitement ifochrone, il en réfulteroit des erreurs bien moins dangereufes qu'avec le reffort , parce que les arcs de vibrations feroient toujours très-fenfiblement de même étendue : propriété que l'on ne peut jamais efpérer avec un reffort.

Examen du Rapport qu'il doit y avoir , dans une Horloge Marine , entre la Force motrice
& le Régulateur.

320. DANS une Horloge Aftronomique à pendule , la force motrice ne doit être que de la quantité néceffaire pour entretenir le mouvement du pendule ; ainfi elle eft relative à l'étendue

des arcs de levée, à la pefanteur de la lentille, &c. Si l'on donne au moteur une plus grande force, & que le pendule décrive de trop grands arcs au-deſſus de ceux de levée, cela augmentera néceſſairement les frottements tant du rouage que de l'échappement; & les frottements ne pouvant jamais être réputés conſtants, les arcs de vibration varieront comme les frottements; or comme les arcs inégaux du pendule ne ſont pas iſochrones, cela fera varier l'Horloge : d'où l'on voit la néceſ-ſité de proportionner la force motrice au régulateur; car plus la force de mouvement du régulateur ſera grande, & ſes frotte-ments petits, moins il faudra de force pour l'entretenir; & par conféquent, cette force ſera moins capable de troubler l'iſo-chroniſme des vibrations.

321. Les mêmes raiſonnements devroient avoir lieu pour les Horloges Marines, ſi ces machines étoient fixes comme les Horloges à pendules; mais, par leur nature, elles ſont expoſées à divers mouvements ou agitations qu'elles reçoivent du Vaiſ-ſeau, malgré toutes les précautions que l'on emploiera pour *ſuſpendre* l'Horloge. Il faut donc que les impreſſions du Vaiſ-ſeau, aſſez puiſſantes pour diminuer l'étendue des vibrations du régulateur, ſoient auſſi-tôt *réparées* par l'excès de la force motrice qu'on emploie dans une Horloge Marine ſur la force qui lui ſeroit ſuffiſante, ſi la machine n'étoit pas expoſée à des agitations : & cet excès doit être tel que les *arcs de vibrations* ſurpaſſent aſſez conſidérablement ceux de *levée*.

322. Ces effets des agitations du Vaiſſeau & les frotte-ments variables obligent donc néceſſairement, 1°, à rendre les oſcillations du balancier iſochrones, afin que les arcs de vibra-tion qui ſont rendus inégaux par le Vaiſſeau, s'achèvent dans le même temps. 2°, Il faut, pour que l'Horloge ne s'arrête pas dans les grands mouvements du Vaiſſeau, que la force motrice ſoit aſſez grande pour faire décrire au régulateur les plus grands arcs poſſibles au-deſſus de ceux de levée. Cette ſura-bondance de force motrice n'auroit rien de nuiſible, ſi elle n'augmentoit pas les frottements; car, ſans les frottements de l'échappement, la force de mouvement du balancier augmen-

teroit fenfiblement , dans la même proportion que la force motrice : & ces deux forces, celle de mouvement du régulateur & celle du moteur , ayant toujours entr'elles , ans le cas fuppofé, la même relation, il n'en réfulteroit aucun obftacle ; mais la preffion fur l'échappement augmente comme la force motrice : donc le frottement accroît dans la même proportion. C'eft pour diminuer, autant qu'il eft poffible ce défaut, que j'ai adopté un échappement ayant des palettes de rubis & une roue d'acier trempé très-dur. Car quoique , dans cette échappement, la preffion augmente comme le moteur, le frottement ou la réfiftance de la preffion ne s'accroît pas , à beaucoup près , dans la même raifon, que fi les palettes étoient d'acier & la roue de cuivre : ce qui eft évident ; car l'expreffion du frottement varie felon que les corps ont plus ou moins de facilité à fe pénétrer. Je puis donc , dans mes Horloges Marines, augmenter affez confidérablement l'étendue des arcs de vibration au-deffus de ceux de levée , fans qu'il en réfulte aucun frottement nuifible dans l'échappement ; & j'ai lieu de croire que les arcs de vibration ou la force de mouvement du régulateur font accrus proportionnellement à la force motrice : propriété que l'on n'obtient pas avec d'autres échappements.

323. Quant aux frottements que la plus grande force motrice caufe au rouage , aux pivots , &c , il n'en peut réfulter aucuns écarts dans la marche de l'Horloge , parce que cet effet dans les frottements du rouage , d'ailleurs très-petit , fe borne à augmenter ou diminuer la force tranfmife au régulateur. Par conféquent , cela ne fait que changer de fort peu l'étendue des vibrations : or , comme ces arcs inégaux font ifochrones par leur nature , cela ne peut affecter la jufteffe de la machine ; d'ailleurs , les pivots doivent être faits d'une groffeur relative à la force du moteur , de façon à ne caufer que les plus petits frottements poffibles.

CHAPITRE VIII.

De la Suspension des Horloges Marines.

324. LORSQUE nous avons traité des diverses parties du régulateur, & des Horloges Marines en général, nous avons cherché à établir chaque partie sur des principes sûrs, pour appuyer la perfection de l'Horloge, en supposant même qu'une autre partie de la machine seroit vicieuse. Ainsi nous avons donné toutes les attentions possibles pour que le balancier décrive toujours les mêmes arcs, soit qu'il soit horizontal ou incliné, quoiqu'il doive toujours être horizontal. Nous avons rassemblé, dans le spiral, toutes les propriétés requises pour que les oscillations du balancier soient isochrones, quand même elles seroient de différente étendue, quoiqu'elles ne doivent pas changer : de même j'ai choisi un moteur qui doit agir constamment sur le régulateur, avec la même puissance, de maniere que le balancier décrive toujours les mêmes arcs, comme si ces arcs plus grands ou plus petits n'étoient pas isochrones. C'est par une suite du même esprit qu'il me reste, pour conduire les principes de construction d'une bonne Horloge Marine à leurs points, à prescrire encore la combinaison la plus convenable pour que la suspension de l'Horloge, loin de troubler la justesse que nous avons rassemblée dans toutes les parties de cette machine, serve au contraire à y ajouter une nouvelle perfection. Pour parvenir à ce but, il faut que la suspension soit telle que, dans toutes les agitations du Vaisseau, l'Horloge demeure parfaitement horizontale, sans participer aux mouvements que la suspension éprouve par les balancements du Vaisseau : voilà la premiere condition d'une bonne suspension.

325. Une seconde condition, peut-être plus essentielle que la premiere, c'est que la suspension joigne à cette facilité,

dans

dans ses mouvements une extrême solidité, ensorte que l'Horloge puisse être considérée comme attachée à un mur inébranlable.

326. Tout le monde connoît la suspension de *Cardan* qui sert aux Boussoles Marines. C'est celle que j'ai adopté pour mes Horloges, mais tellement combinée que les agitations du vaisseau ne puissent ni lui donner des mouvements de vibration, ni changer la position horizontale de l'Horloge.

327. Pour parvenir à ce but, j'avois, dans ma premiere Horloge Marine, appliqué un ressort de pression, pour empêcher le mouvement de vibration que le vaisseau pouvoit causer à l'Horloge : cela me réussit très-bien. Mais je vis, par la suite, que ce que j'avois obtenu par un ressort, je pouvois me le procurer également par la grosseur des pivots de la suspension, c'est-à-dire, en augmentant leurs résistances : cela m'a très-bien réussi. On voit, par-là, que le diametre de ces pivots est relatif à la pesanteur qu'ils ont à supporter, & ils doivent être tels que l'Horloge reprenne toujours sûrement son à-plomb, & ne puisse pas avoir la liberté d'osciller.

328. Pour remplir la seconde condition qu'exige une bonne suspension d'Horloge Marine, il faut que les parties mêmes de la suspension soyent très-solides & liées entre-elles sans aucun jeu ; la suspension elle-même doit être fortement attachée dans une caisse qui renferme l'assemblage de l'Horloge : cette caisse doit être fixée sur le plancher du vaisseau.

329. Je dis que la suspension d'une Horloge Marine doit être solide & inébranlable, de sorte que l'Horloge soit comme attachée à un mur, en voici les raisons : le balancier, par ses oscillations, tend à ébranler & à faire osciller les parties auxquelles il tient ; & si ces parties n'étoient pas inébranlables, les vibrations du balancier seroient troublées & rendues variables : il est donc très-essentiel que le mouvement d'une Horloge Marine soit renfermé dans un tambour de cuivre, très solide & soudé, de sorte que le fond & la virole ne forment qu'une seule piece. Par cette disposition du tambour, le mouvement sera 1°, plus à l'abri des influences de l'air, garanti de l'humidi-

P *

té, &c. : 2°, il pourra être plus folidement attaché au tambour.

3 3 0. Le tambour qui contient le mouvement de l'Horloge doit être fupporté lui-même par la fufpenfion, mais par des pieces folides & bien faites.

3 3 1. Pour empêcher que les ofcillations du balancier ne puiffent ébranler le tambour, il faut que celui-ci foit chargé d'une maffe pefante. C'eft par-là principalement que l'on parviendra à interrompre le mouvement par lequel le balancier tend à ébranler toutes les parties auxquelles il tient : mouvement qui pourroit parvenir jufques au plancher du vaiffeau, s'il n'étoit arrêté par la maffe du tambour, par la fufpenfion rendue maffive & folide, enfin par l'inertie même d'une forte caiffe qui doit contenir la fufpenfion & l'Horloge : cette caiffe elle-même doit être arrêtée trés-folidement au plancher du vaiffeau (a).

3 3 2. Pour rendre encore le tambour plus immuable & la fufpenfion plus parfaite, il faut donner la plus grande longueur poffible à ce tambour, il faut que le point de fufpenfion foit au haut du tambour & paffe par le milieu du balancier, c'eft-à-dire, par fon plan même : alors le tambour formera une efpece de long pendule qui reprendra toujours fûrement fon à-plomb, & qui, par fa longueur & fa maffe, oppofera encore une plus grande réfiftance aux efforts que le balancier fait continuellement pour ébranler les parties qui le foutiennent : cette action du balancier aura moins de puiffance encore lorfque le point de fufpenfion paffera, comme nous avons dit, par le plan d'ofcillation du régulateur.

3 3 3. Il eft aifé de fentir combien cet effet eft de conféquence : car fi l'on fuppofe qu'un balancier ait une grande quantité de mouvement, un fpiral très-fort, une cage légere, une fufpenfion foible, &c. il arriveroit néceffairement que l'action du balancier feroit fléchir & vibrer la cage, la boîte & la fufpenfion : or cet effet diminueroit néceffairement les vibrations du balancier plus ou moins, felon les pofitions, l'in-

______

(a) Voyez Effai n°. 2107, 2091, 2029.

clinaifon, & même felon l'état du plancher auquel la boîte feroit attachée.

Des moyens propres à garantir une Horloge Marine des mauvaifes influences de l'air de la Mer.

334. Après avoir établi les conditions requifes dans une fufpenfion d'Horloge Marine pour diminuer les effets des agitations du vaiffeau fur le régulateur, il eft à propos de prefcrire ici quelques précautions néceffaires pour garantir, en même-temps, l'Horloge des mauvais effets de l'air de la mer & des changements fubits de la température.

335. Le premier moyen eft de placer le mouvement de l'Horloge dans un tambour de cuivre fort & folide, & tellement fermé que l'air puiffe à peine y pénétrer. Pour cet effet, ce tambour doit être foudé, ainfi que fon fond; & la *batte* qui porte le mouvement, & qui s'attache au tambour, doit être ajuftée avec foin. C'eft à ce tambour que la fufpenfion de l'Horloge doit être attachée.

336. On pourroit fixer la fufpenfion d'une Horloge Marine immédiatement au plancher, on a toute autre partie folide du Vaiffeau; mais il eft bien préférable de placer la fufpenfion, & l'Horloge qu'elle porte dans une caiffe particuliere qui foit forte & folide, & dont le dedans foit garni d'étoffe de laine : car 1°, elle garantira l'Horloge de l'air humide de la mer, 2°, elle empêchera que les changements fubits de la température ne pénetrent trop promptement l'intérieur de la machine. Voilà le fecond moyen.

337. Cette caiffe peut être faite avec du bois de noyer; elle ne doit être que de la grandeur néceffaire pour que, dans les plus grands balancements du Vaiffeau, le tambour ne puiffe jamais battre aux côtés de la caiffe (ª).

338. Enfin, pour garantir encore plus fûrement l'Horloge

(ª) On verra dans la fecond Partie quelles doivent être les dimenfions de la caiffe, & l'étendue des arcs que le tambour doit pouvoir parcourir dans les plus grands balancements du Vaiffeau.

du mauvais air de la mer & des changements fubits de la température, il faut établir fur le Vaiffeau une *armoire* qui renferme la caiffe de l'Horloge ; & cette armoire doit être garnie, comme la caiffe, avec de l'étoffe de laine.

Du lieu du Vaiffeau où l'on doit placer l'Armoire qui doit renfermer l'Horloge Marine.

339. POUR déterminer le lieu du Vaiffeau dans lequel
il eft le plus convenable de placer l'Horloge Marine, il faut
avoir plufieurs confidérations en vue ; 1°, il faut placer l'Horloge dans un endroit du Vaiffeau qui foit fec, de forte que l'humidité ne puiffe s'introduire infenfiblement dans la machine ; 2°,
que l'Horloge foit cependant dans un endroit commode, pour
fervir aux obfervations auxquelles elle eft deftinée ; 3°, il faut
qu'elle foit placée dans un endroit où elle foit moins expofée
aux viciffitudes trop fubites de la température ; 4°, enfin, il
faut chercher, autant que les premieres conditions peuvent le
permettre, à placer l'Horloge auffi près qu'il fe pourra du centre
de *balancement* ou de gravité du Vaiffeau, afin qu'elle n'éprouve pas des agitations trop violentes par le *Roulis* (ᵃ), & par
le *Tangage*.

340. Voilà les quatre principales conditions qu'il faut

(ᵃ) Un Vaiffeau éprouve diverfes fortes
de mouvement : 1°, celui d'ofcillation ou de
balancement qui comprend les balancements
faits felon la largeur du Vaiffeau qui s'ap-
pellent *Roulis*, & les balancements felon la
longueur du Vaiffeau qu'on appelle le *Tangage* ; ces ofcillations fe font autour du centre de gravité du Navire : 2°, le Vaiffeau eft
emporté par le fillage ou mouvement pro-
greffif : 3°, le Vaiffeau s'éleve & s'abaiffe
par le mouvement des vagues : 4°, en même
temps que le Vaiffeau avance par le fillage,
il éprouve, felon la longueur, un petit mouvement qui l'éloigne de fa route directe,
tantôt fur un bord tantôt fur l'autre : 5°, un
Vaiffeau éprouve, par l'action des *Lames*,
un mouvement de *trépidation*, &c. La fufpenfion d'une Horloge Marine peut être
combinée de façon que les balancements du
Vaiffeau n'affectent pas fenfiblement la pofition horizontale que doit conferver l'Horloge ; mais cette fufpenfion ne peut pas également détruire l'effet des autres mouvements que le Vaiffeau éprouve : il eft vrai
que ces mouvements font de bien moindre
conféquence. Tous les points du Vaiffeau
ne participent pas également aux agitations
ou mouvements d'ofcillation ; les extrémités
en reffentent le plus, & au contraire le centre de gravité ou celui de balancement en eft
le moins affecté : ce feroit donc à cet endroit que devroit être placée une Horloge
Marine, fi d'autres confidérations ne s'y
oppofoient.

tâcher de réunir, mais quelques-uns fe trouvent en oppofition ;
ainfi il eft bon d'examiner lefquelles on doit plutôt facrifier.

341. Il eft évident qu'en confidérant feulement l'effet des
agitations du Vaiffeau fur l'Horloge, il faudroit que le centre
de mouvement du balancier fe confondit avec le centre de
balancement du Navire ; car, alors, les ofcillations du Vaiffeau
tendroient fort peu à troubler celles du régulateur de l'Horloge. Mais le centre de gravité du Vaiffeau étant néceffairement
fitué dans la *Cale*, & au-deffous du niveau de l'eau, on auroit
à craindre qu'en cet endroit l'Horloge n'éprouvât une humidité
plus nuifible que ne peuvent l'être les agitations du Vaiffeau ;
& , en ce même endroit, l'Horloge ne feroit pas commodément
placée pour les obfervations, pour la remonter, &c. Ainfi
quoique, près du centre de gravité du Vaiffeau, l'Horloge fût
moins expofée aux viciffitudes fubites de la température, cependant, à caufe de la difficulté qu'on auroit à s'en fervir dans
l'ufage de la Navigation, &c, & fur-tout à caufe du mauvais
air dans lequel elle feroit placée, je penfe qu'il vaut beaucoup mieux l'établir dans un endroit plus fain & plus commode,
quoique plus agité.

342. Dans les Bâtiments ordinaires, comme Frégates, &c,
on peut établir l'armoire d'une Horloge Marine, entre le mât
d'artimon & la cloifon de la grande chambre, ou de la chambre
de confeil ; & dans les Vaiffeaux de ligne, on peut placer
tout fimplement l'Horloge Marine dans la chambre du confeil,
parce que, dans les grands Vaiffeaux, les agitations font bien
moins fortes que dans les petits Bâtiments ; & en cet endroit,
elle fera plus commode pour fes ufages dans la Navigation.

FIN DE LA PREMIERE PARTIE.

SECONDE PARTIE.

De la Conſtruction des Horloges Marines.

*Deſcription de ces Machines ; détail des Expériences faites
par leur moyen.*

CHAPITRE PREMIER.

*Des Principes que j'ai ſuivis dans la compoſition
de ma premiere Horloge Marine* (ª).

343. Les Horloges Aſtronomiques ſont, par la nature de
leurs principes & de leur conſtruction, les machines les plus
exactes qui ſervent à la meſure du temps : il eſt donc néceſſaire
d'examiner avec une extrême attention les cauſes qui conſtituent leur juſteſſe, ſi l'on veut parvenir à la conſtruction d'excellentes Horloges Marines. Nous allons examiner les propriétés du pendule, & chercher à découvrir les cauſes de ſa
juſteſſe, ce régulateur étant le plus parfait que l'on ait trouvé
pour les machines qui meſurent le temps.

344. Les expériences que j'ai faites ſur le pendule libre
ont fait voir que, lorſqu'il eſt bien ſuſpendu & bien diſpoſé,
il peut oſciller pendant deux jours entiers, étant abandonné à
lui-même, après l'avoir éloigné de 5° de la verticale : voici
les cauſes qui ſervent à conſerver auſſi long-temps le mouvement du pendule.

(ª) Je vais préſenter de nouveau les
principes qui ont ſervi à déterminer la conſtruction de ma premiere Horloge Marine,
tels que je les ai établis avant ſon exécution,
& que je les ai déja donnés dans mon *Eſſai*
ſur l'Horlogerie. Depuis le n°. 2080 juſques
au n°. 2250, ce qui comprend la théorie
que j'avois établie alors, & la conſtruction
de mes premieres Horloges Marines.

345. 1°, La forte pesanteur de la lentille exige que la puissance qui la met en mouvement soit grande ; ainsi la force qu'elle acquiert est en même raison : or, plus la lentille est pesante, plus la résistance de l'air diminue (*Essai* 1565) : *une lentille pesante a donc une grande quantité de mouvement, & peu de résistance de la part de l'air* (a) *; elle tend donc à conserver le mouvement imprimé.*

346. 2°, La durée du mouvement du pendule libre vient de sa suspension, dont le frottement est infiniment petit, par la raison que l'espace parcouru par la lentille est très-grand relativement à celui qui est parcouru par le point de suspension : cette différence sera d'autant plus grande que la lentille sera plus distante du point de suspension, c'est-à-dire, que le pendule sera plus long, l'angle du *Couteau* restant le même. D'ailleurs le frottement de la suspension du pendule se fait par le développement de l'angle du couteau sur la *gouttiere* (*Essai* 2024) ; or cette espece de frottement est la plus favorable.

347. 3°, Le point de suspension du pendule étant formé par des parties très-dures, elles ne peuvent pas être pénétrées, & conséquemment le frottement est très-petit.

Causes de l'Isochronisme des vibrations du Pendule, & de la justesse d'une Horloge Astronomique.

348. 1°, C'est, comme on le sait, l'action de la pesanteur qui produit les vibrations du pendule ; car lorsqu'on a éloigné un pendule de la verticale, & qu'on l'abandonne à lui-même, la pesanteur le fait descendre ; & , avec la force qu'il acquiert par sa descente, il remonte à la même hauteur de l'autre côté de la verticale ; ayant perdu toute sa force, la pesanteur le fait redescendre, &c ; or cette action de la pesan-

---

(*) Ce n'est pas seulement parce que la lentille éprouve peu de résistance de la part de l'air que son mouvement se conserve plus long-temps, mais sur-tout à cause que par la nature de la suspension en augmentant la pesanteur de la lentille, le frottement ne croît pas à proportion de son grand poids : propriété qu'il est difficile de donner au balancier : on ne le peut que par les rouleaux, & cela borne très-fort le poids du balancier.

teur eſt conſtamment la même, d'où ſuit l'iſochroniſme des vibrations du pendule, puiſque, ſi l'on ſuppoſe pour un moment, que le pendule n'éprouve aucune réſiſtance de la part de l'air ni de celle de la ſuſpenſion, il fera toutes ſes vibrations de même étendue, & par conſéquent de même durée : & quoiqu'un pendule quelconque ne puiſſe jamais être en mouvement ſans éprouver de la réſiſtance de la part de l'air & du frottement de la part de la ſuſpenſion, cependant, ſi ce régulateur eſt bien diſpoſé, il fera un très-grand nombre d'oſcillations qui auront ſenſiblement la même étendue, & par conſéquent la même durée.

349. 2°, D'où il ſuit qu'un tel pendule exige une force infiniment petite pour en entretenir le mouvement, & que par conſéquent cette force motrice ne doit pas troubler l'iſochroniſme des vibrations, puiſque la quantité de mouvement du pendule qui eſt très-grande, ne peut être interrompue par les petites inégalités de la force motrice.

350. 3°, La force motrice d'une Horloge Aſtronomique eſt toujours un poids dont l'action eſt conſtante, & qui communique au pendule des degrés égaux de force pour en entretenir le mouvement.

351. 4°, On ſait que la verge d'un pendule ordinaire s'alonge par le chaud, & ſe raccourcit par le froid, enſorte qu'une Horloge, qui a un tel régulateur, doit avancer en hiver & retarder en été; mais on eſt heureuſement parvenu à compoſer des pendules qui ne changent pas de longueur. *Voy. Eſſ.* n°. 2016 *& ſuiv.* On peut donc ajouter comme une perfection des Horloges Aſtronomiques, celle de n'être en aucune maniere affectée des variations de la température.

352. 5°, Une des cauſes de la conſtante juſteſſe d'une Horloge Aſtronomique, c'eſt que le point de ſuſpenſion du pendule reſte ſenſiblement le même; c'eſt-à-dire, que la réſiſtance ou le frottement qui s'oppoſent au mouvement du pendule ſont toujours les mêmes, ne varient point, où infiniment peu, & cauſeront d'autant moins de changement dans la durée des oſcillations, que les réſiſtances ſont infiniment petites,

relativement

relativement à la force de mouvement du pendule.

353. 6°, Enfin, nous devons observer ici que la justesse d'une Horloge Astronomique dépend aussi de la grande différence qu'il y a entre la quantité de mouvement du pendule & la force motrice ; car il pourroit encore arriver que, malgré toutes les propriétés du pendule que nous venons de rapporter, l'Horloge à laquelle il seroit appliqué feroit des écarts ; c'est dans le cas où la force motrice feroit affez grande pour donner d'elle-même le mouvement au régulateur & le tirer du repos, (comme cela fe fait dans les Montres) ; or la justesse d'une telle machine dépendroit alors de l'uniformité de la force tranfmise au régulateur ; mais la force tranfmise au régulateur, lors même que le moteur eft un poids, varie par la coagulation des huiles, par les frottements du rouage (qui feroient alors très-grands, ainfi que ceux de l'échappement), par la contraction des parties par le froid, &c ; donc la force motrice étant plus grande que celle du régulateur , celui-ci en fuivroit les impreffions ; & on ne pourroit parvenir à donner la justesse à une telle machine, qu'en appliquant un échappement qui eût la propriété de rendre ifochrones les ofcillations du pendule , malgré l'inégalité des arcs qu'il décrit : & un tel moyen ne donneroit pas toute la justesse poffible ; car les frottements de l'échappement changeroient fa propriété. L'addition de la *Cicloïde* ne réuffiroit pas mieux ; car elle ne pourroit fe faire qu'avec un échappement à repos, dont les frottements varient beaucoup. Lors donc que l'on veut que les ofcillations du pendule foient ifochrones , fans recourir à des propriétés d'échappement très-difficiles à obtenir, & plus encore à conferver, il faut que la force motrice ne faffe que reftituer au pendule la force qu'il perd à chaque ofcillation.

REMARQUE.

354. NOUS devons obferver ici, par rapport au pendule , qu'il faut que le point de fufpenfion de cet excellent régulateur foit parfaitement inébranlable & folidement arrêté, fans quoi le moindre mouvement, la moindre flexion qu'il éprouveroit

Q *

changeroit la durée des ofcillations, & feroit même arrêter le pendule, pour peu que le mouvement fût un peu confidérable ; car fi l'on fuppofe que pendant que le pendule éloigné de la verticale tend à defcendre, le point de fufpenfion fe meuve felon le plan d'ofcillation, en fens contraire de la defcente du pendule, & avec la vîteffe de la lentille, celle-ci arrivée au milieu de fa defcente refteroit en repos, puifqu'elle fe trouveroit dans la verticale du point de fufpenfion, fans avoir acquis de force pour remonter de l'autre côté ; & par une fuite de la même remarque, les ofcillations du pendule changeroient de durée felon que varieroit le rapport du mouvement de la fufpenfion au mouvement de la lentille.

Recherches pour parvenir à donner aux Horloges Marines un Régulateur qui ait les mêmes propriétés que le Pendule.

355. LA remarque que nous venons de faire fur la néceffité de rendre très-fixe le point de fufpenfion du pendule, fert à nous faire voir l'impoffibilité d'employer un tel régulateur (a), dans les Horloges Marines continuellement expofées à toutes fortes d'agitations & de mouvements : il faut donc recourir à un régulateur qui conferve fes ofcillations, malgré qu'il foit

---

(a) Le pendule oppofe encore un autre obftacle qui l'empêche de pouvoir fervir en Mer, quand même on parviendroit à fufpendre l'Horloge, de manière à ne pas déranger les ofcillations ; c'eft celui qui eft caufé par la différence de la pefanteur : car un pendule qui bat les fecondes à Paris, doit être plus court, fi on le tranfporte fous l'équateur, & plus long fi on le tranfporte fous le pole ; & cette différence de la pefanteur eft capable de caufer des écarts très-confidérables ; car la longueur du pendule qui bat les fecondes fous l'équateur, eft de 36 pouces 7,07 lignes au niveau de la Mer. A Paris, dont la latitude eft de 48 degrés 50 minutes, la longueur du pendule à fecondes eft de 36 pouces 8,57 lignes. A *Pello* en Laponie, à 66 degrés 48 min. de latitude, 36 pouces 9,17 lignes, c'eft-à-dire, qu'une Horloge qui feroit réglée à *Pello*, retarderoit environ de 3 min. ¼ par jour, fi on la tranfportoit fous l'équateur : il eft vrai que l'on pourroit conftruire une courbe, au moyen de laquelle on éleveroit ou abaifferoit le pendule felon la longueur requife pour telle latitude ; mais cette courbe ne pourroit être que tâtonnée, & par conféquent fujette à erreur ; ce moyen feroit d'ailleurs très-incommode : on pourroit auffi fouftraire de l'heure marquée par l'Horloge à pendule, le changement qui a dû arriver par telle différence de latitude.

agité; tel eſt celui que l'on emploie dans les Montres, je veux dire le *balancier*; cette propriété du balancier vient, comme nous l'avons vu (*Eſſai* 124), de ce que ſon centre de mouvement eſt le même que celui de gravité.

356. Voyons maintenant comment on peut parvenir à ſubſtituer au balancier l'équivalent des propriétes qui cauſent la juſteſſe du pendule.

357. 1°, En faiſant le balancier peſant, il éprouvera une moindre réſiſtance de la part de l'air (ᵃ).

358. 2°, En faiſant le balancier fort grand, comme d'un pied de diametre, on diminueroit le frottement à proportion; mais pour remplir cet objet, il faudroit que la peſanteur du balancier fût ſupportée, de maniere à produire le moindre frottement poſſible; c'eſt ce que nous expliquerons ci-après.

359. 3°, La propriété que donne la peſanteur au pendule pour lui faire faire des vibrations, eſt celle qu'il eſt le plus difficile de donner au balancier; car ſi on vouloit les produire par un poids, comme avoit fait *Sully* (ᵇ), la moindre inclinaiſon ou agitation de la machine augmenteroit ou diminueroit l'action du poids, ce qui changeroit la durée des oſcillations; d'ailleurs le poids, par ſa deſcente, participeroit aux changements de peſanteur produits par la différence des latitudes : le reſſort ſpiral eſt donc le ſeul agent connu propre à produire les oſcillations du balancier, puiſque ſon action eſt la même dans toutes les poſitions; mais on ſait qu'un reſſort agit avec plus ou moins de force, ſelon qu'il fait froid ou chaud, ce qui fait accélérer ou retarder les oſcillations du balancier : nous expliquerons ci-après par quels moyens nous eſpérons parvenir à vaincre cet obſtacle.

360. 4°, Lorſque le balancier libre décrit de grands arcs, ces arcs diminuent & changent ſenſiblement d'étendue; ainſi il faut une grande force pour en entretenir le mouvement; au contraire, lorſqu'il décrit de petits arcs, il s'en fait, comme

______

(ᵃ) La réſiſtance de l'air ne peut cauſer que des erreurs très-inſenſibles aux mouvements du balancier.

(ᵇ) Voyez le Recueil des Machines préſentées à l'Académie.

dans le pendule libre, un grand nombre de même étendue; par conféquent les ofcillations font alors fenfiblement de même durée, & la force requife, pour les entretenir eft plus petite, & differe de la force du mouvement du balancier. Il faut donc faire décrire de petits arcs au balancier, & ne donner pour force motrice que la quantité requife pour reftituer au balancier la force que la réfiftance de l'air, les frottements des pivots & de la fufpenfion lui font perdre; mais il eft bon de remarquer que, dans ce cas, la force motrice ne fera pas fuffifante pour rendre le mouvement au balancier, lorfque la machine eft arrêtée, & que par conféquent, pour la faire marcher, il faudra donner le mouvement au balancier, comme on le fait dans les Horloges à pendules, ce qui ne fouffre aucune difficulté. Il n'en eft pas de même de l'effet des agitations du Vaiffeau ; car les agitations peuvent être affez grandes pour augmenter & diminuer l'étendue des vibrations, & même pour arrêter la machine, défaut très-confidérable; il eft vrai qu'en donnant affez d'action à la force motrice, elle pourroit alors redonner le mouvement au balancier : les ofcillations feroient alors fujettes aux variations de la force motrice ; enfin, on pourroit encore corriger les inégalités de force motrice par un échappement ifochrone; mais nous avons heureufement un moyen propre à lever ces obftacles, en confervant au régulateur les propriétés du pendule ; c'eft de faire deux balanciers de même diametre, de même poids, &c, dont les axes portent des roues qui s'engrenent & fe communiquent le mouvement. Par ce moyen, aucune agitation du Vaiffeau ne pourra troubler les ofcillations du régulateur ; car ces balanciers tournent toujours en fens contraire; ainfi les impreffions du Vaiffeau fur un balancier feront auffi-tôt détruite par l'autre balancier. Il ne fera donc befoin que de très-peu de force motrice, dont l'inégalité ne pourra troubler l'ifochronifme des vibrations.

3 6 1. Enfin nous fufpendrons la machine de maniere que tous les mouvements & les agitations du Vaiffeau ne puiffent changer fenfiblement la pofition de la machine. Nous allons

entrer dans tous les détails de conſtruction qui ont précédé l'exécution de notre premiere Horloge Marine.

2 6 2. 1°, Les balanciers feront poſés horizontalement; ainſi leurs oſcillations ſe feront dans un plan perpendiculaire aux balancements du vaiſſeau.

3 6 3. 2°, Les balanciers feront ſuſpendus par des reſſorts (a) qui en foutiendront toute la maſſe; enforte qu'ils n'éprouveront qu'un frottement infiniment petit , & qui fera conſtamment le même, à cauſe de la poſition avantageuſe des balanciers qui ſe meuvent horizontalement; leurs pivots ne ſupporteront qu'une très-petite partie du poids des balanciers, lors même que la poſition ne fera pas tout à fait horizontale.

3 6 4. 3°, Comme le frottement qui ſe feroit ſur la circonférence des pivots feroit conſidérable , ſi les balanciers prenoient toutes les inclinaiſons du Vaiſſeau , nous employerons tous les moyens poſſibles pour conſerver les balanciers toujours fenſiblement horizontaux. Pour cet effet, l'Horloge fera attachée à une ſuſpenſion (b) à peu près femblable à celle qu'on emploie pour les Bouſſoles Marines, mais avec une diſpoſition particuliere. Autour des quatre pivots qui forment les balancements , pour le roulis & le tangage, il y aura quatre demi-cercles ayant tous même grandeur, & ſur leſquels on fera appuyer une plaque d'acier, afin de produire un frottement égal qui empêchera les oſcillations de la machine, dont le poids ne fera que ſuffiſant pour ramener à la ſituation horizontale; on augmentera & on diminuera ce frottement à volonté.

(a) Avant de déterminer exactement la conſtruction de ma premiere Horloge, je fis des expériences ſur un grand balancier peſant : j'eſſayai d'abord de faire vibrer le balancier peſant, en faiſant rouler la pointe du pivot ſur une agathe orientale ; mais le pivot creuſoit la pierre : enſuite j'employai un diamant; alors la pointe du pivot s'émouſſoit , de ſorte que les vibrations de ce balancier ceſſoient en très-peu de temps : enfin j'imaginai de le ſuſpendre par un reſſort de la maniere qu'on le voit *Pl. I & II*, ce qui me réuſſit parfaitement.

(b) Je m'étois d'abord propoſé d'employer une ſuſpenſion à genoux, à peu près femblable à celle d'un pied ordinaire de Téleſcope; mais j'ai obſervé que, pour éviter que l'axe de la boule ne touchât aux calottes dans les grandes agitations du Vaiſſeau, il faudroit faire l'ouverture de cette calotte très-grande, & que dans ce cas il ne reſteroit qu'une très-petite ſuperficie frottante , que le frottement continuel de la boule auroit bientôt détruit; & qu'alors ce frottement deviendroit beaucoup plus conſidérable.

365. 3°, Pour éviter les contre-coups que peuvent caufer les agitations violentes du tangage, j'adapterai au-deſſous de la ſuſpenſion un reſſort en forme de tire-bourre, lequel ſuſpendra l'Horloge, & adoucira les ſecouſſes de la même maniere que les reſſorts d'un caroſſe.

366. 5°, Lorſque la mer eſt fortement agitée, le Vaiſſeau reçoit des mouvements de trépidation à peu-près comme une Montre que l'on feroit aller & revenir vivement en la tournant ſelon le plan du cadran; le mouvement ſe fait donc ſelon le plan des balanciers; & quoique les deux balanciers doivent ſervir à rendre nulles de telles agitations, il eſt eſſentiel de les empêcher de parvenir juſqu'aux balanciers : c'eſt pour l'éviter que la ſuſpenſion ſera conſtruite de maniere que le Vaiſſeau venant à tourner ſelon ſon plan, par ce mouvement de trépidation, la ſuſpenſion tournera ſéparément de l'Horloge, dont l'inertie la fera reſter en repos.

367. 6°, Pour diminuer les frottements ſur la circonférence des pivots, au lieu de les faire rouler dans des trous de cuivre, je ferai ces trous dans des agathes orientales les plus dures, & je conſtruirai les axes des balanciers, de maniere que l'on puiſſe rapporter aiſément des pivots d'un acier fin & trempé très-dur; car ſi l'on formoit les pivots ſur les axes mêmes, il ne ſeroit pas poſſible de leur donner le même degré de dureté, puiſque plus les pieces ſont groſſes, moins l'acier eſt fin, moins il devient dur à la trempe; d'ailleurs ſi l'on venoit à caſſer un pivot, on le rapporteroit facilement, comme on le verra par la deſcription de l'Horloge. Enfin il réſultera de cette diſpoſition des pivots & des trous, que l'huile que l'on mettra pour adoucir encore le frottement, ſe conſervera très-long-temps pure; car il ne pourra ſe detacher des parties de métal, qui broyées avec l'huile, l'épaiſſiſſent bientôt (comme cela arrive aux Montres) ce qui altere néceſſairement la liberté de mouvement du balancier.

368. 7°, Les vibrations des balanciers feront produites par des reſſorts ſpiraux les plus parfaits poſſible, c'eſt-à-dire, de bon acier, & trempés très-dur.

569. 8°, Chaque balancier fera réglé par un fpiral, enforte qu'en les faifant vibrer féparément, leurs ofcillations foient d'une feconde; & lorfqu'ils feront mis en place, & qu'ils fe communiqueront par l'engrenage des roues, ils feront leurs vibrations dans le même temps (une feconde) : l'engrenage fervira donc uniquement dans le cas d'agitation du Vaiffeau.

370. 9°, Il faut que les deux bouts de chaque fpiral foient attachés très-folidement, l'un à la virole portée par l'axe, & l'autre à la platine, de maniere que le piton ne puiffe ni fléchir ni vibrer ; car fans cela le mouvement de vibration que l'on donneroit au reffort feroit bientôt détruit, puifque fa force fe confumeroit à ébranler le corps qui le retient ; & celui-ci ne reftituant pas la même quantité de mouvement, les ofcillations diminueroient plutôt ; il arriveroit auffi que les ofcillations fe feroient en des temps différents de ce qu'elles feroient fi le reffort eût été fixé très-folidement.

371. 10°, La perfection des refforts fpiraux eft très-effentielle, & exige des foins infinis : il faut qu'ils aient une bonne courbure, & que la force des lames foit menagée, de forte qu'en vibrant, toutes les parties du reffort fe développent ; ils doivent être trempés très-dur. Pour cet effet, il faudra les tremper après qu'ils feront pliés ; de cette maniere ils reftitueront une plus grande partie de la force qu'ils reçoivent : ainfi le balancier vibrera plus long-temps.

372. Il ne faut pas que les fpiraux gênent les balanciers & preffent les pivots contre les trous ; comme ils feront forts, une telle preffion cauferoit un frottement capable de troubler les vibrations ; ainfi lorfque les balanciers feront arrêtés & la machine pofée horizontalement, il ne faut pas que les pivots touchent au parois des trous; c'eft pour y parvenir que je difpofe le piton du fpiral, de maniere à pouvoir l'approcher ou l'écarter du centre, & à l'arrêter avec deux fortes vis au point où le reffort libre le porte.

373. La virole du fpiral arrêtera le reffort au moyen de deux vis ; & le fpiral pourra monter & defcendre fur le piton & fur la virole, de maniere à ne pas pouvoir être bridé felon la hauteur des lames.

374. Pour que le fpiral, par fon mouvement, ne porte pas les pivots du balancier, tantôt d'un côté des trous, & tantôt de l'autre, il faut qu'il faffe plufieurs tours de lame, & que la virole du fpiral foit bien au milieu du reffort; alors le balancier tournera fans que fon centre fe meuve hors de l'axe.

375. 11°, Pour employer la moindre force motrice, les balanciers ne décriront que des arcs d'environ 20 degrés.

376. 12°, La force motrice ne fera que de la quantité requife pour entretenir les vibrations du balancier.

377. 13°, La force motrice d'une telle machine ne peut être un poids; car les agitations du Vaiffeau tendroient à diminuer où à augmenter fon action; j'employerai donc un reffort, dont la force fera rendue uniforme au moyen d'une *fufee*.

378. 14°, J'ai fait voir (*Effai* 1989) que plus un reffort a de vîteffe, & fait des vibrations approchantes de celle d'un fpiral de balancier, & plus un tel reffort conferve fon élafticité; je ne ferai donc marcher cette Horloge que 24 heures fans la remonter.

379. 15°, La force tranfmife par le rouage au régulateur change néceffairement par les frottements, par l'épaiffiffement des huiles, par l'action du chaud &. du froid fur les huiles & fur le reffort moteur, &c; ainfi l'étendue des arcs décrits par les balanciers, doit auffi changer de même que la durée des vibrations. Pour éviter ces petites inégalités, j'employerai un échappement qui rende les ofcillations ifochrones, malgré l'inégalité de la force motrice.

380. 16°, Dans une machine dont le moteur eft un reffort, on n'eft pas maître d'appliquer très-exactement la force convenable pour entretenir les vibrations du régulateur : j'employerai ici, pour fuppléer à cette difficulté, une *Fourchette* mobile, qui fera décrire de plus grands ou plus petits arcs au balancier, felon que je l'approcherai ou l'éloignerai du centre du balancier.

381. 17°, Pendant qu'on remonte une Montre, elle s'arrête. Pour éviter ce défaut effentiel dans notre Horloge, nous employerons une détente qui entretiendra le mouvement de

la

la machine ; cette détente portera une piece qui recouvrira le trou du remontoir, enforte qu'on ne puiffe faire entrer la clef fur le quarré fans avoir déplacé la détente , & par conféquent fans la faire agir fur le rouage.

382. 18°, Les roues du mouvement feront placées horizontalement, comme les balanciers ; ainfi leur pefanteur fera portée par la pointe des pivots qui rouleront fur des *coquerets* d'acier.

383. 19°, Les expériences que j'ai faites fur les balanciers libres m'ont appris que plus les vibrations font lentes, plus l'impulfion qu'on donne au balancier fe conferve long-temps : d'où l'on voit qu'il feroit avantageux d'employer des vibrations lentes, parce qu'alors la force requife pour entretenir le mouvement du balancier , feroit très-petite ; mais il eft bon d'obferver, ainfi que nous l'avons fait (*Effai* 1865), que la quantité de mouvement d'un régulateur doit être grande, afin que les changements qui peuvent arriver dans les frottements & les huiles , foient dans un moindre rapport avec cette force ; je ferai donc chaque vibration d'une feconde, ce qui eft préférable à des ofcillations plus lentes, fur-tout pour l'ufage de l'Aftronomie.

384. 20°, Enfin, je difpoferai un méchanifme qui foit tel, que les impreffions du chaud & du froid ne changent pas la durée des ofcillations des balanciers ; & j'efpere en venir auffi heureufement à bout que pour les Horloges Aftronomiques. Pour cet effet, je placerai fur la cage des balanciers une verge compofée d'acier & de cuivre : je ferai agir fur la verge de cuivre du milieu le petit bras d'un grand levier ; & l'extrêmité du grand portera une cheville qui fera mouvoir le rateau qui porte les chevilles, entre lefquelles le fpiral d'un des balanciers paffe : ainfi lorfque la chaleur agiffant fur les fpiraux, les affoiblira , & tendra à retarder les vibrations du régulateur, la même chaleur agira fur les verges, & fera mouvoir le levier, & par conféquent le rateau , de forte qu'il accélérera les vibrations de la même quantité que l'affoibliffement des fpiraux l'a fait retarder , & compenfera ainfi les écarts que le chaud & le froid pourroient produire : voici en gros la route qu'il faudra tenir.   R *

385. Lorsque l'Horloge Marine sera exécutée, je la placerai d'abord au froid de la glace, & ensuite au chaud de 30 ou 40 degrés, afin d'estimer la variation que cette différence de température cause à l'Horloge : je noterai exactement les écarts. Je placerai ensuite l'Horloge dans un air tempéré ; j'avancerai le rateau ou porte-cheville du spiral, jusqu'à ce qu'il fasse autant avancer l'Horloge, que le froid l'avoit fait avancer dans le temps donné de l'expérience ; je placerai ensuite le rateau en arriere, & ferai retarder l'Horloge de la même quantité que la chaleur l'a fait retarder, ayant attention que pendant tout le temps l'Horloge soit à la même température, je marquerai sur la platine les points où a été conduit ce rateau ; cela connu, j'aurai la quantité dont il faudroit tourner le rateau, pour conserver les oscillations des balanciers isochrones, quoiqu'ils éprouvassent le froid de la glace, & passassent ensuite à 30 ou 40 degrés de chaleur. Je composerai donc en conséquence la verge de compensation, avec plus ou moins de verges, selon la quantité de mouvement que devra faire le rateau ; cela donnera aussi les dimensions du levier de compensation, & la distance où il devra agir sur le rateau ou porte-cheville du spiral ; mais je me réserverai encore un moyen de changer les dimensions, en rendant mobile la cheville du grand levier de compensation, afin de la faire agir plus loin ou plus près du centre du rateau, & par conséquent de lui faire parcourir plus ou moins d'espace, & de corriger, selon qu'il sera besoin, les rapports, afin que la compensation se fasse exactement lorsque l'Horloge sera exposée à différentes températures. La description de cette Horloge suppléera à ce qu'on n'aura pas entendu ci-devant. Voilà en gros les principes de construction que nous avions établis sur notre premiere Horloge Marine, avant de travailler à son exécution : nous allons maintenant la décrire, réservant quelques expériences que j'ai faites pour être placées à la fin du Chapitre suivant.

CHAPITRE II.

Defcription de l'Horloge Marine , N°. 1.

PLANCHE I.

LA Figure de la Planche I. repréfente l'Horloge Marine toute
montée avec fa fufpenfion, en un mot, prête à attacher au
Vaiffeau.

De la Sufpenfion.

386. *ABCD*, eft une plaque épaiffe de cuivre qui doit
pofer fur une planche du plafond du Vaiffeau, avec laquelle
elle s'attache au moyen des quatre fortes vis, 1, 2, 3, 4; cette
plaque eft percée d'une grande ouverture en parallélogramme
a, b, c, d; la planche du Vaiffeau doit avoir une pareille ouverture pour laiffer le jeu à la fufpenfion : cette plaque *A D* qui
eft fondue, porte deux parties oppofées & femblables *E, F,*
qui font deux demi-cercles, dont le centre eft percé & taraudé pour recevoir les vis *G*, dont les bouts font terminés par
des pivots : le cercle *HI* eft percé en quatre points également
diftants entr'eux. Deux de ces trous fervent pour recevoir
les pivots portés par les pieces *E, F,* les deux trous oppofés reçoivent les pivots des vis *K, L;* ces vis font attachées
fur une fourchette de cuivre fondu *M N O ;* la fourchette porte
en *N* l'axe *QR* qui fupporte l'Horloge. Ainfi on voit que fi
le Vaiffeau s'incline felon fa longueur, c'eft-à-dire, qu'il agiffe
par le *tangage*, le roulement fe fera fur les pivots oppofés
portés par les pieces *E, F;* & à caufe de la pefanteur de
l'Horloge, elle reftera immobile, pendant que le Vaiffeau
balancera fur fa longueur; & fi le Vaiffeau fe balance felon
fa largeur, c'eft-à-dire, par le *roulis*, le mouvement fe fera

R ij

fur les pivots des vis *K* , *L* , & l'Horloge reftera encore en repos , ou fenfiblement horizontale ; enfin, fi les balancements du Vaiffeau fe font en partie par les roulis, & en partie par le tangage, alors le mouvement de la fufpenfion fera formé, partie par le mouvement autour des pivots *K* , *L* , partie autour des pivots *G* , *F* ; & l'Horloge reftera encore horizontale.

387. Autour des vis *K* , *L* , font formés deux demi-cercles, *M* , *O* , pareils à ceux *E* & *F* , & de même rayon ; le reffort à quatre branches *Q Q* , agit fur chacun de ces cercles, & les preffe également pour produire un frottement capable d'empêcher les ofcillations que pourroit prendre l'Horloge dans de certaines agitations du Vaiffeau : la broche *e* qui porte ce reffort, eft fixée fur une plaque portée par le deffous du cercle *H I* ; l'écrou *f* fert à donner plus ou moins de tenfion au reffort *Q Q* , & par conféquent à changer le frottement qu'il produit autour des demi-cercles *E* , *F* , *M* , *O*. Pour empêcher que le frottement fur les pivots des vis *G* , *F* , *K* , *L* ne puiffe faire tourner les vis dans leurs trous, chaque demi-cercle porte un couffinet, comme *g* , qui traverfe le trou, & eft taraudé ; la vis de preffion *h* agit fur le couffinet, & fixe très-folidement la vis dans fon trou.

388. L'axe *P Q* porte, par fon extrémité fupérieure, la boule *Q* qui roule dans la cavité fphérique faite en *N* à la fourchette *M N O*. La boule a deux fortes de mouvements ; le premier, par lequel l'Horloge pourra tourner horizontalement & féparément de la fufpenfion ; c'eft pour éviter que des mouvements de trépidation du Vaiffeau, ne puiffent entraîner l'Horloge, car la force d'inertie fera fupérieure à la réfiftance de la boule, ce qui fera refter l'Horloge immobile, tandis que le Vaiffeau ira & reviendra vivement fur lui-même ; le fecond mouvement de la boule permet à l'axe *P Q* de s'incliner de côté & d'autre fur la fourchette, par le roulement de la boule dans fa cavité fphérique ; pour cet effet, le trou de la fourchette, à travers lequel paffe l'axe, eft agrandi felon les lignes ponctuées *i* , *l*. Le mouvement d'inclinaifon que peut prendre l'axe *P Q* , felon tous les fens, eft femblable à celui d'une fuf-

penſion à genoux ; il peut ſervir à diminuer l'effet des balancements du Vaiſſeau qui ſe font en même-temps par le tangage
& le roulis. La traverſe *m* poſe ſur le ſommet de la boule
Q ; cette traverſe eſt rendue fixe ſur la fourchette au moyen
de deux vis, comme *n* ; en ſerrant plus ou moins les vis, on
cauſe plus ou moins de frottement à la boule, ſelon qu'il eſt
beſoin, pour empêcher le mouvement de vibration que pourroit prendre l'Horloge : cette traverſe *m* ſert en même-temps
à empêcher que dans de fortes ſecouſſes du Vaiſſeau, la boule
& l'axe ne puiſſent s'éloigner de la fourchette.

3 8 9. L'axe *P Q* porte une forte plaque ronde *R*, formée
ſur l'axe même ; elle ſert à retenir, au moyen des deux ponts
o, p, le bout inférieur d'un reſſort à boudin *S*, dont le trou
entre librement ſur l'axe ; le bout ſupérieur de ce reſſort eſt
fixé par deux ponts oppoſés *q*, avec la partie *T*, ſur laquelle
s'attachent les quatre branches 5, 6, 7, 8, dont les extré-
tés inférieures ſont fixées à la cage de l'Horloge : l'axe *P Q*
eſt cylindrique, il entre librement dans les trous faits en *T*
& *V* ; ainſi le reſſort *S* ſoutient toute la peſanteur de l'Horloge, & s'il arrive que le Vaiſſeau éprouve de fortes ſecouſſes par le tangage, le reſſort fléchit, & cede à leur impreſſion
qui ne ſe communique pas juſqu'à l'Horloge. On voit que
la croix *V* ſert à retenir l'extrémité *P* de l'axe, & à l'empêcher
de s'incliner d'aucun côté, en conſervant toujours cet axe dirigé perpendiculairement au plan du cadran de l'Horloge, &
au centre de gravité de la machine ; cette croix *V* eſt attachée
par quatre vis, avec les branches 5, 6, 7, 8.

3 9 0. Le bout ſupérieur de chaque verge 5, 6, &c, eſt
attachée à la piece *T* par deux vis, & les bouts inférieurs
ſont auſſi fixés à la cage de l'Horloge par deux vis.

3 9 1. *X Y Z* eſt la cage des balanciers de l'Horloge : le
mouvement *B B* eſt porté par la plaque du cadran *A A* ; &
celle-ci eſt fixée par quatre vis ſur deux ponts oppoſés *C C. D D,*
E E ſont les deux balanciers ſuſpendus l'un & l'autre, comme
celui *D D*, par la ſuſpenſion à reſſort *r*. La cage *B B* contient le
rouage du mouvement, & l'échappement pour entretenir le

mouvement du régulateur. *F F* eſt le bout de la verge de compenſation ; le levier *s t* mobile en *s*, porte le talon *u* qui appuye ſur le bout *x* de cette verge ; l'autre bout *t* du lévier agit ſur le rateau *y* du ſpiral *G G*, pour compenſer les effets du chaud & du froid. *H H* eſt la partie non dentée de la roue portée par le balancier *D D* ; l'autre roue portée par le balancier *E E*, n'eſt pas vue dans cette Planche.

392. Nous venons de décrire particuliérement ce qui concerne la ſuſpenſion, & de donner en gros une idée de l'Horloge ; il faut entrer maintenant dans les détails qu'exige cette machine, pour être conçue.

393. La figure de la *Planche II* repréſente la cage ou chaſſis des balanciers, lorſqu'on ôte le mouvement & la ſuſpenſion de l'Horloge. Le chaſſis *A B C D* eſt fait d'une ſeule piece de cuivre fondu ; les montants tiennent lieu de piliers, & s'élevent perpendiculairement à la baſe *E F* ; ces montants ſont terminés par des bouts taraudés qui paſſent à travers les trous faits aux branches *a, b, c, d* de la platine ſupérieure *G* ; les vis entrent dans les écrous 1, 2, 3, 4, & fixent ſolidement le chaſſis inférieur & la platine *G*, ce qui forme la cage dans laquelle ſe meuvent les balanciers *H, I*.

394. Les ponts *e f g h* ſont attachés chacun par deux vis à la platine *a b c d G*, ces ponts ſervent à recevoir la plaque du cadran, laquelle s'attache deſſus au moyen de quatre vis qui entrent ſur les bouts ſupérieurs 5, 6, 7, 8 ; la cage du mouvement entre dans l'intervalle *f g* que forment les ponts.

395. L'ouverture faite en *G* à la platine ſert à laiſſer deſcendre le pont & la fourchette d'échappement, dont le rouleau porté par la fourchette va agir ſur la fente *K* de la roue portée par le balancier *I*, ce qui entretient le mouvement des balanciers. Les ponts *e f, g h* ſervent auſſi à porter la ſuſpenſion des balanciers : pour cet effet, le milieu de chaque pont eſt percé en *i* & *l* d'un trou, à travers lequel paſſe une piece ronde ou broche qui porte une baſe, pour la retenir ſur le pont ; le bout de cette piece eſt fendu par le milieu, de maniere à y recevoir les plaques de cuivre qui attachent le bout ſupérieur des

refforts de fufpenfion *m*, *n*; les plaques,& la piece qui traverfe le pont, font affemblés par une cheville. Pour empêcher que l'action des refforts ne faffe tourner les broches, les petits coquerets *i*, *l*, preffent les broches contre le pont, au moyen des vis qui les attachent.

396. Le bout inférieur de chaque reffort eft attaché de la même maniere que le reffort fupérieur, à une petite broche fixée fur les plaques *o*, *p*; les plaques font affemblées par deux vis, avec des affiettes fixées fur les axes des balanciers, (ces affiettes font logées dans l'épaiffeur de la platine *G*); ainfi toute la pefanteur des balanciers eft fupportée par les refforts de fufpenfion *m*, *n*.

397. Les axes des balanciers font terminés par des pivots qui roulent dans des trous faits à deux traverfes *q* attachées à la platine *G* avec deux vis; les pivots inférieurs des balanciers roulent dans des trous faits à la platine *E F* (a) : or comme , par la difpofition de la fufpenfion, l'Horloge doit toujours être fenfiblement horizontale, & que les plans des balanciers fe meuvent horizontalement, on voit que le frottement fur la circonférence des pivots fera infiniment petit. Nous avons déja parlé des moyens que nous avons employés pour le réduire encore (367) par l'ufage des agathes percées : nous expliquerons ci-après la difpofition de cette partie de la fufpenfion des balanciers & des pivots.

398. Les roues *K* & *L* font fixées chacune par deux vis fur les affiettes des axes des balanciers ; ces roues font dentées chacune du tiers de la circonférence ; elles s'engrenent pour que le mouvement de l'une foit communiqué à l'autre, & détruire, par l'oppofition de leur chemin, l'effet des agitations du Vaiffeau ; une de ces roues eft d'acier, & l'autre de cuivre; elles font fendues fur le nombre 150, afin que l'engrenage en

---

(a) Les deux vis qui affemblent les refforts de fufpenfion avec les axes des balanciers, fe meuvent dans l'ouverture de la platine fur les côtés des traverfes ; on voit que les balanciers ne peuvent pas décrire de fort grands arcs ; car ces traverfes l'empê- cheroient, ainfi que les barettes des balanciers ; ils en pourroient décrire de près de 120 deg. mais la plus grande étendue des arcs qu'ils parcourent, eft au plus de 30 degrés.

foit plus parfait ; il n'y a que 60 dents de fendues, le refte étant inutile. Elles font entieres, pour ne pas changer l'équilibre.

399. Chaque balancier a un pied de diametre, & pefe 3 liv. 9 onces 6 gros ; les balanciers font fixés fur leurs axes, chacun par deux vis qui entrent dans des trous faits aux affiettes.

400. Le bout inférieur de chaque axe de balancier porte une virole qui tourne à frottement ; ces viroles reçoivent & fixent les bouts inférieurs des refforts fpiraux M, N ; les bouts extérieurs des fpiraux font attachés aux pitons O, P, dont les bafes fe fixent à la platine $E F$, chacune par deux fortes vis ; les pitons font formés par les bafes O, P, & par une partie qui s'éleve perpendiculairement ; celle-ci eft percée de deux trous, dans lefquels entrent deux vis r, r ; le bout extérieur du reffort paffe entre cette partie du piton & la plaque Q, ce qui le fixe très folidement avec le piton ; les vis font affez diftantes entre elles, pour permettre au reffort (avant de le ferrer) de pren- dre fa fituation naturelle fans être forcé. Les viroles font ajuf- tées de la même maniere, & avec les mêmes précautions : je les détaillerai ci-après ; les bafes des pitons O, P font fendues par des rainures, qui permettent à ces pitons de s'écarter ou de s'approcher du centre des balanciers ; c'eft pour permettre au fpiral de prendre fa pofition naturelle, & pour qu'il ne foit pas contraint par les pitons ; on n'arrête ceux-ci fur la platine, qu'a- près que l'on a laiffé agir le fpiral qui porte le piton à la diftance & au point qui lui convient. La piece R eft ce que j'appelle le *Pince-fpiral ;* c'eft une fourchette d'acier trempé, qui tient lieu des chevilles mifes au rateau d'une Montre : ce pince-fpiral eft rivé fur une petite plaque de cuivre qui s'attache fur le rateau S au moyen d'une vis ; le trou de cette plaque eft affez grand pour permettre à cette plaque de prendre la diftance convenable, afin qu'elle ne gêne pas le fpiral, lorfque celui-ci eft arrêté ; alors on ferre la vis, & cette piece refte fixée fur le rateau S ; ce rateau fe meut près du centre du balancier en décrivant la cour- bure du fpiral ; c'eft ce rateau qui fert à régler l'Horloge ; la vis 10 fert à fixer le rateau avec la platine $E F$; il porte un *index* qui marque fur la platine le nombre de degrés dont on avance

le

le rateau ou dont on le retarde, ces degrés font gravés fur le plan *F* de la platine.

401. Le rateau *T* porte, comme celui *S*, un pince-fpiral ajufté de la même maniere; le centre de mouvement du rateau *T* eft placé à côté de celui du balancier *H*, afin que le rateau fuive exactement la courbure du fpiral *M*, & qu'en avançant ou reculant, il ne gêne pas le fpiral; ce rateau fe meut fur le plan de la platine *E F*, & entre la *couliffe VV*, & très-jufte, pouvant feulement tourner librement fur lui-même; enforte que l'action du fpiral fur le pince-fpiral ne peut faire monter ni defcendre le plan du rateau qui refte très-fixe : c'eft ce rateau qui fert à compenfer les effets du chaud & du froid fur l'Horloge de la maniere que je vais l'expliquer.

402. Le plan de la platine *E F* eft prolongé de *V* en *X* : fur le bout *X* s'élevent quatre piliers comme *x*, *y*, qui forment, avec les platines *X*, *Y*, une cage dans laquelle fe meut en *z* le levier *z*, 12 : entre les piliers *x*, *y* & la platine fupérieure *Y*, eft attaché le bout *A A* de la verge à chaffis de compenfation *A A*, *B B*, *C C*; ce bout *A A* eft percé de deux trous, à travers defquels paffent deux fortes vis 15; l'endroit de ces vis qui entre dans la platine *Y*, eft conique, ainfi que ceux des vis 16, 17, ce qui rend cette platine très-inébranlable & folidement arrêtée, enforte qu'elle ne puiffe céder à aucun effort : la verge du milieu *a a* qui eft de cuivre, porte, par fon extrémité, une piece *b b* prolongée jufqu'au dehors du chaffis, fur laquelle agit, comme on l'a vu (*Pl. I*), un talon porté par le levier *z*, 12; le grand bout 12 de ce levier porte une cheville qui entre dans une rainure faite à un bout 13 du rateau de la compenfation *T* : ainfi, lorfque la chaleur agit fur les verges de compenfation *A A*, *B B*, *C C*, elle dilate différemment les verges d'acier & celles de cuivre, enforte que l'excès de dilatation du cuivre fur l'acier fait remonter la partie *b b* de la verge de cuivre du milieu vers *z*; & ce bout agiffant fur le talon du levier, il fait parcourir un grand arc à l'extrémité 12; & celui-ci agiffant fur le rateau de compenfation, ce rateau avance & rétrograde felon l'action du chaud & du froid fur les verges. Nous expliquerons ci-

S *

après, comment nous fommes parvenus à trouver les dimenfions des verges & des leviers de compenfation, pour que l'action du chaud & du froid fur ces verges compenfe celle qu'ils produifent fur les fpiraux & les balanciers.

403. Le reffort Z preffe contre le centre du rateau de compenfation, afin que le talon du levier agiffe continuellement contre la partie bb de la verge de cuivre aa.

404. DD, EE font deux ponts qui fervent à élever le bout BB des verges à la même hauteur, au-deffus de la platine, que les piliers x, y élevent le bout AA; ces ponts fervent auffi à empêcher que cette verge ne puiffe s'élever plus haut, ni s'écarter de côté ou d'autre, en fuppofant que l'Horloge fût agitée.

PLANCHE III.

405. La fig. 1 repréfente le plan de la platine ou chaffis inférieur des balanciers, lorfqu'on a ôté les balanciers & la platine fupérieure. $ABCD$ eft cette platine; a, b font les trous dans lefquels entrent les axes des balanciers; les balanciers font ponctués en E & F, pour marquer leurs projections fur ce plan; G, H font les roues d'engrenage projettées, comme les balanciers; $ILcdef$ eft le premier chaffis d'acier, ou verge de compenfation; le bout I de ce chaffis eft arrêté, comme je l'ai dit, par les vis 1, 2, qui entrent dans les piliers formés fur le plan de la platine prolongée M; ce chaffis eft retenu entre les piliers & la platine N par la preffion de ces vis; le chaffis $IcdeLf$ eft d'acier, & d'une feule piece; il paffe entre les ponts 3, 4; ce chaffis ne peut monter ni defcendre, ni s'écarter, mais feulemént fe mouvoir felon fa longueur; & comme ce chaffis eft fixé en 1, 2, l'action de la chaleur le fera alonger en éloignant les points L de ceux I; gh & il font deux verges de cuivre de même longueur, dont les bouts h, l pofent fur le bout ef du chaffis d'acier: ainfi la chaleur fera écarter les extrémités h, l des verges de cuivre du point L; mais comme le cuivre s'alonge plus que l'acier, dans le rapport de 121 à 74, on voit que les bouts i, g fe feront au contraire approché de I;

m m n n eſt un ſecond chaſſis d'acier qui porte deux talons formés par un levier mobile en 5 ſous la fourchette *O*; les talons
poſent ſur les bouts *g* & *i* des verges de cuivre *i l*, *g h* : ce chaſſis
eſt donc remonté par l'excès de dilatation de ces verges : ce
chaſſis ſe dilate auſſi ; mais comme il porte deux verges de cuivre correſpondantes *o p*, *o p* dont les bouts *p p* poſent ſur le
bas du chaſſis *n n*, & que les verges de cuivre s'alongent dans
un plus grand rapport, les bouts *o*, *o* ſe rapprochent plus de *l*,
que les bouts *n n* ne s'en ſont écartés ; enfin les bouts *o*, *o* des
verges de cuivre agiſſent ſur les talons du troiſieme chaſſis d'a-
cier *q q r r* ; le bout *r r* de ce chaſſis reçoit la verge de cuivre *S t*,
dont la dilatation, étant plus grande que celle du troiſieme
chaſſis, remonte & s'approche plus de *N* ; ainſi le point *t* eſt
remonté vers *N* de tout l'excès de la dilatation du cuivre ſur
celle de l'acier.

406. La piece *O* eſt une fourchette de cuivre, laquelle
eſt attachée ſur la verge de cuivre *S*, afin de tranſporter le
mouvement des verges juſqu'au dehors du chaſſis, pour agir
ſur le talon *u* du levier de compenſation *u P* mobile en *x* ; ce
levier eſt vu (*Fig.* 2) ; il porte en *P* une fente pour y faire mouvoir à couliſſe la broche *6*, que l'on fixe au point convenable,
au moyen de l'écrou 7 ; cette broche du levier entre dans une
fente faite au bras *Q* du rateau *R* de compenſation.

407. Les rateaux *R* & *S* ſe meuvent hors du centre des
balanciers, comme on le voit par la figure 1 ; les trous des
rateaux roulent ſur des canons faits aux ponts *T*, *V* ; *T* (*Fig.* 3)
repréſente un de ces ponts vu en perſpective ; le rateau *R* ſe
meut juſte & librement ſur la platine, & entre la couliſſe *X*
qui eſt graduée en degrés du cercle ; le rateau eſt vu en perſpective (*Fig.* 4) ; le talon *y* qu'il porte, ſert à faire appuyer
deſſus le petit levier mobile *z* (*Fig.* 1), ſur lequel agit le reſſort *Y* ; je n'ai pas fait agir immédiatement le reſſort ſur le
bras *y* du rateau, afin de rendre ſon action plus égale ; le reſſort eſt bien fort, & agit ſur le petit bras du levier *z* ; ainſi
pendant que *y* parcourt un grand eſpace, le reſſort qui agit ſur
un levier quatre fois plus petit, en parcourt quatre fois moins,

il change donc infiniment peu de force; cette action du reffort doit être affez grande à caufe des frottements du rateau , & de la jufteffe qu'il exige dans fa couliffe; ; & comme le levier *x P* eft environ 17 fois plus long que celui *x u*, on voit que fi cette action du reffort eft de demi-livre au point *6*, elle eft 17 fois plus grande en *u* ; par conféquent l'action qui produit la dilatation fur les verges, auroit à vaincre un effort de 8 livres $\frac{1}{2}$, c'eft pour réfifter à cet effet du levier que j'ai ajouté les vis 8 , 9 , afin d'éviter la flexion des platines ; j'ai rendu les bouts des chaffis très-larges pour éviter toute flexion.

408. Les traverfes 10 & 11, attachées fur les verges de compenfation , font des brides pour retenir les verges enfemble de bas en haut , & de haut en bas ; ainfi toutes ces verges doivent fimplement fe mouvoir librement , & felon leur longueur. Les pieces 12 & 13 (*Fig.* 1.) font les pitons des fpiraux vus en plan. *u* (*Fig,* 5)repréfente le pince-fpiral vu en perfpective.

409. *A* (*Fig.* 6) repréfente une des agates percées pour y laiffer rouler les pivots inférieurs des balanciers ; ces agates font coniques en dehors ; elles entrent dans des trous de même figure faits aux centres *a* & *b* (*Fig.* 1.) des balanciers ; elles fe placent dans l'épaiffeur de la platine, après laquelle elles font retenues par-deffous au moyen d'un coqueret *B* (*Fig.* 6); le fommet du cône vient à fleur du plan fupérieur de la platine.

410. La *Fig.* 7 repréfente le pont de fufpenfion d'un balancier avec le reffort de fufpenfion, & l'axe tout monté, comme il eft dans la cage, à l'exception du balancier, du fpiral, & de la roue d'engrenage que l'on a ôtée pour mieux faire voir tous les ajuftements de cet axe, de la fufpenfion & de la virole du fpiral. *A A* eft le pont, dont la traverfe eft percée dans le milieu pour y ajufter la broche *B* vue développée (*Fig.* 8); *C* eft le reffort de fufpenfion, (vu féparément *Fig.* 8); à chaque bout de ce reffort, font rivées très-folidement deux plaques de cuivre ; ces plaques & le reffort font percées chacun de trois trous, dans lefquels font rivées trois chevilles d'acier ; l'extrémité des plaques de cuivre eft percée d'un trou qui fert à

l'affembler par une goupille avec la broche B, dont la fente fert à y loger très-jufte l'épaiffeur des plaques; le bout inférieur du reffort s'ajufte avec la broche D, de la même maniere que le bout fupérieur avec la broche B; la broche D eft rendue fixe après la plaque E, au moyen de deux chevilles qui traver-fent l'affiette de la broche & la plaque E; le trou de cette plaque qui reçoit la broche doit être parfaitement concentri-que avec l'axe du balancier, & la broche B doit être de même placée parfaitement dans l'axe prolongé du balancier; c'eft-à-dire, qu'il faut que les trous des pivots & ceux des broches, foient exactement dans la même ligne, fans quoi la pefanteur du balancier fe porteroit contre les côtés des trous des pivots, & cauferoit un frottement; & en fuppofant ces balanciers mis bien horizontalement, toute leur pefanteur ne feroit pas fup-portée par le reffort de fufpenfion, mais en partie par les pivots, ce qui feroit un très-grand défaut.

411. La plaque E (*Fig.* 7) eft affemblée avec l'affiette F fixée à l'axe, au moyen des deux vis 1, 2 diamétralement op-pofée; c'eft par cet ajuftement que toute la maffe du balancier eft fupportée par le reffort; b eft le pivot d'en haut de l'axe, il roule dans le trou fait à l'agate placée à la platine fupérieure de la cage.

412. H eft l'affiette qui fert à fixer la roue d'engrenage des balanciers; cette roue eft rendue fixe après l'affiette au moyen de deux vis, afin de pouvoir la démonter; mais, pour cela, il eft néceffaire que l'affiette & le canon F fe démontent faci-lement de deffus l'axe; c'eft pour parvenir à ce but que le ca-non F s'ajufte fimplement à frottement, & qu'il eft retenu par une goupille d qui le traverfe ainfi que l'axe.

413. L'affiette I fert à fixer le balancier au moyen de deux vis, afin de pouvoir le démonter; alors on ôte la virole de fpiral $KLMN$, vue dévelopée (*Fig.* 9); cette virole eft formée de quatre pieces: la premiere L eft le canon, lequel eft fendu pour entrer à force fur la partie L de l'axe, vu (*Fig.* 10) & produire le frottement; elle s'arrête avec une vis qui la preffe contre le creu fait en m (*Fig.* 9) à la feconde piece M;

le bout inférieur *n* sert à maintenir cette piece sur l'axe, sans changer de direction : la troisieme piece *K* sert à presser le ressort spiral contre la piece *M*, & à le fixer très-solidement au moyen de deux vis 3, 4; la quatrieme piece *N* (*Fig.* 7) est fixée après celle *M* en *o* (*Fig.* 9), au moyen de deux vis; c'est le bras *N* qui sert à faire tourner la virole de spiral *KLM*, & à amener le spiral au point convenable pour l'échappement.

414. La *Fig.* 10 représente l'axe du balancier démonté pour faire voir les ajustements des pivots : le canon *F* est percé d'un trou bien fait, & de grosseur convenable pour entrer très-juste sur l'extrémité *e* de l'axe, lequel entre jusqu'au milieu de la longueur de ce canon; ils sont rendus fixes, comme j'ai dit, par la cheville *d*; sur l'autre partie du trou, entre à frottement le pivot *b* chassé assez à force pour y tenir très-solidement, & de maniere cependant à pouvoir l'ôter pour en changer au cas qu'il ne fût pas de bon acier, ou qu'il vînt à casser.

415. Le canon *O* est percé de même que *F*, d'un trou bien fait dans toute sa longueur; la partie supérieure de ce canon entre à force sur le bout *f* de l'axe, & l'autre partie du trou sert à y chasser à force le pivot inférieur *c*.

416. La *Fig.* 11 représente le mouvement de l'Horloge vu de profil; les vibrations du Régulateur sont d'une seconde; le moteur est un ressort corrigé par une fusée. *N N, O O* sont les platines de la cage qui contient le rouage; *L* est la fausse plaque : entre cette plaque *L* & la platine *N* sont logées les roues de cadrature : *G* est le barrillet, *H* la fusée, *I* la grande moyenne. Cette roue engrene dans le pignon *h*. Ce pignon passe à la cadrature & conduit la roue de minute *l* qui tourne sur un pont attaché à la platine. Cette roue porte, comme dans les pendules à secondes concentriques, une petite roue rivée sur le canon qui porte l'aiguille des minutes. Cette roue tourne à frottement sur la roue *l*, & elle engrene dans la roue de renvoi *m*, dont le pignon conduit la roue de cadran *n*. *M* représente les bouts des canons sur lesquels doivent être ajustées les aiguilles : *e*, *f*, *g* est la détente qui sert à faire marcher l'Hor-

loge pendant qu'on la remonte. La roue moyenne *K* engrene dans le pignon *i* de fecondes. La roue d'échappement *A* eft rivée fur ce pignon : *o* eft l'ancre d'échappement , *a b* fa tige : *B* fon pont , *D C F* la fourchette : *F* le rouleau , *D* le quarré de la vis de rappel pour mettre l'Horloge dans fon échappement.

417. L'échappement & la roue font vus (*Fig.* 12) : *A* eft la roue d'échappement , les dents s'élevent perpendiculairement au plan de la roue ; j'ai donné cette difpofition à la roue pour faciliter les grands arcs ; *B* eft l'ancre d'échappement ; la fourchette *C* eft mobile en *D* , pour mettre la piece dans fon échappement au moyen de la vis de rappel *a*.

418. La tige *E* qui communique avec la roue d'engrenage des balanciers , pour entretenir le mouvement du régulateur , fe meut en couliffe le long de la fourchette *C* fur la rainure *b* ; c'eft pour faire décrire de plus grands ou petits arcs aux balanciers , felon qu'elle agit plus près ou plus loin du centre du balancier.

419. *F* eft un rouleau d'acier dont le trou eft formé par un canon de cuivre qui entre jufte fur la tige *E* ; ce rouleau fert à réduire le frottement qui fe feroit fur la fente de la roue d'engrenage ; la petite virole *c* eft arrêtée après la tige par une goupille pour retenir le rouleau ; l'écrou *d* fert à fixer la tige au point convenable fur la fourchette.

Détail de main-d'œuvre , Calcul & Expériences concernant l'Horloge Marine. N°. 1.

Des Refforts fpiraux des Balanciers.

420. Ayant plié en fpiral une lame d'acier bien battue à froid , & appliqué le fpiral au balancier avant de le tremper ; le balancier, fufpendu par fon reffort de la maniere que je viens de l'expliquer (& les pivots roulant dans les trous des agates) le balancier a fait 141 vibrations en deux minutes ; le fpiral étoit arrêté par fes deux extrémités : ayant fait tremper ce reffort ,

je l'ai laissé de toute sa dureté, je l'ai appliqué sur le balancier, & je l'ai arrêté exactement au même point où il étoit avant de le tremper ; il a fait faire 136 vibrations au balancier en deux minutes ; c'est-à-dire, qu'il paroîtroit, par cette expérience, que l'acier trempé a moins de force que lorsqu'il est battu à froid, mais ce changement de force doit être causé par le changement que la courbure du spiral a éprouvé par la trempe ; j'ai fait revenir le spiral en l'échauffant, jusqu'à ce qu'il fût bleu ; appliqué au balancier, celui-ci a fait 138 vibrations en 2 minutes.

421. Le ressort spiral dont je viens de parler étant trop fort, j'en ai fait exécuter un autre, dont la lame a 22 pouces de longueur, 7 lig. $\frac{2}{12}$ de largeur, & $\frac{9}{12}$ de lig. d'épaisseur, l'acier bien battu à froid ; cette lame étant calibrée & polie, je l'ai pliée en spirale, faisant quatre tours. Pour la plier, je me suis servi d'un gros arbre de faiseurs de ressorts ; j'ai ensuite ouvert les tours de lames, pour laisser entr'elles un intervalle égal. Afin d'empêcher que la trempe ne dérangeât la courbure du spiral, j'ai fait, à travers de deux bouts de ressorts, plusieurs fentes qui sont paralleles entr'elles, comme les lames du spiral ; ces deux bouts ou brides étant placés en croix, l'un d'un côté, & l'autre de l'autre du spiral, contiennent les lames du spiral, & l'empêchent de se déranger à la trempe, en maintenant les lames parfaitement dans le même plan : j'ai arrêté les deux brides par un fil de fer, & j'ai fait chauffer le tout dans un fourneau à réverbere, dont se servent les faiseurs de ressorts ; ils posent leurs ressorts sur une plaque mobile qu'ils font tourner dans le feu, afin que le ressort prenne un égal degré de chaleur dans toute sa longueur ; cela fait, je l'ai trempé dans l'huile, il a pris un égal degré de dureté, qui est parfaitement le même dans toute sa longueur ; j'ai ensuite poli ce spiral avec de l'émeri & un bois mince, ayant attention à supporter l'endroit sur lequel j'appuiois pour ne pas casser le ressort.

422. J'ai fait revenir le ressort, en le posant sur une plaque de fer mise sur du charbon ; en retournant le ressort de

côté

côté & d'autre, il a pris une couleur bleue fort égale.

423. Je ne crois pas qu'il soit inutile d'entrer dans ces détails de pratique, puisque c'est par de pareilles opérations que l'on parvient à la perfection ; car, par rapport à ce spiral, sa perfection est très-essentielle pour la justesse de l'Horloge, & on ne seroit jamais parvenu à plier un ressort trempé, en lui donnant une courbure spirale. Les faiseurs de ressorts ne parviennent à plier leurs ressorts au centre, qu'en les rendant fort mous, & d'ailleurs le degré de dureté qu'ils donnent à leurs ressorts, est fort au-dessous de celui que j'ai donné aux spiraux du balancier ; je les aurois même laissés de toute leur dureté, si je n'avois craint qu'en nettoyant la machine, quelque mal-adroit ne les eût cassés, car les ressorts ont trop peu de mouvement, pour pouvoir casser seuls en vibrant ; enfin j'ai souvent éprouvé qu'un ressort étant revenu d'un bleu très-vif, a plus d'élasticité.

Des Agates dans lesquelles roulent les pivots de Balanciers.

424. J'ai fait percer par un Lapidaire des agates *Sardoines* ; ensuite j'ai poli les trous avec une attention extrême. Pour cet effet, il faut commencer par les bien dresser, en faisant rouler un petit arbre lisse dans le trou, avec de l'émeri ; lorsqu'ils ont été parfaitement adoucis, j'ai tourné les pierres avec une pointe de diamant, afin de rendre chacune bien ronde pour ne pas changer le centre du balancier, & conique pour qu'elle soit retenue par le trou fait à la platine ; j'ai enfin poli les trous de ces agates, en faisant rouler une broche d'étain presque cylindrique, c'est-à-dire, de la figure de l'arbre lisse qui a formé le trou, & je mettois du tripoli sur la broche d'étain : je suis ainsi parvenu à polir parfaitement ces trous.

425. Les agates ainsi disposées, & ajustées comme nous avons dit ci-devant, & les pivots des balanciers terminés avec beaucoup de soin, j'ai mis en place un balancier, avec sa suspension & le ressort spiral ; dans cet état, les vibrations du

T *

balancier qui font d'une feconde, fe font très-librement ; car ayant fait décrire des arcs de 30 degrés, le balancier libre s'eft mu pendant plus de 30 minutes.

426. J'ai terminé le régulateur de mon Horloge Marine, N°. 1, compofé de deux balanciers parfaitement de même grandeur, de même poids, &c, portant l'un une roue dentée de cuivre, & l'autre une d'acier, toutes deux de même diametre (4 pouces) & fendue fur 150 : l'engrenage eft très-bien fait ; les pivots roulent dans des agates ; ces balanciers fufpendus par deux refforts femblables, & ayant chacun un fpiral fait, comme je l'ai expliqué ; enfin tout ce qui concerne le régulateur, terminé avec des foins extrêmes, les balanciers d'équilibre, &c. Dans cet état, j'ai mis les deux balanciers dans la cage avec leurs fufpenfions, mais fans refforts fpiraux, afin de voir fi des mouvements de rotation quelconque, donnés à la machine, pourroient les faire mouvoir : je l'ai donc agitée avec beaucoup de force, en faifant tourner la cage fur elle-même ; mais les balanciers font toujours reftés immobiles : j'ai enfuite mis féparément chaque balancier avec fon fpiral, afin de le régler, de maniere que fes vibrations foient d'une feconde, & qu'étant adaptés enfemble, ils faffent leurs vibrations, comme s'ils les faifoient feuls & librement : ayant ainfi réglé chaque balancier, je les ai remontés tous deux, & les ai mis en mouvement ; leurs vibrations ont été d'une feconde, & ils fe font mus auffi librement qu'ils le faifoient féparément, ce qui prouve que l'engrenage ne caufe aucun frottement ; en cet état, j'ai fortement agité la machine, & n'ai point apperçu de changement dans les vibrations du régulateur.

427. Nous obferverons ici qu'il faut avoir attention lorf-qu'on remonte les balanciers, de mettre les refforts fpiraux dans leurs repos, c'eft-à-dire, que les balanciers étant arrêtés, les refforts fpiraux ne foient point tendus, car cet état forcé des refforts ôte la liberté des vibrations. Pour éviter ces défauts, lorfque les balanciers ont la direction requife pour que l'entaille de la fourchette fe préfente convenablement, je tourne les viroles des fpiraux jufqu'à ce que les pitons s'arrêtent libre-

ment fur les trous des vis qui fervent à les fixer : en cet état on attache les vis , & on fixe les pitons. Cette obfervation doit fervir particuliérement lorfqu'on exécute une telle machine ; car dès qu'elle eft terminée, on n'a jamais befoin de déranger les refforts ; il n'eft befoin que de mettre les balanciers aux reperes qui doivent être marqués fur leurs roues d'engrenage.

428. J'ai donné affez de jeu à l'engrenage des balanciers , pour que la poufliere qui pourroit s'attacher aux dents , ne puiffe pas en gêner le mouvement.

De l'Echappement.

429. J'ai appliqué le rouage de l'Horloge à la machine entiérement finie ; il eft conftruit, comme on l'a vu , ayant une fourchette mobile à rouleau pour entretenir le mouvement du régulateur ; & pour éprouver l'effet de l'échappement fur le régulateur, j'ai adapté une poulie fur laquelle paffe la corde de la fufée ; cette corde porte un poids pour agir en place du reffort ; ainfi en augmentant & diminuant les poids , j'ai noté les changements qu'ils ont produits dans la marche de l'Horloge, ce qui m'a donné lieu de faire un échappement qui pût rendre les ofcillations du régulateur ifochrones , malgré l'inégalité de la force motrice.

PREMIERE EXPÉRIENCE *fur l'Echappement*.

430. A 9 heures 57 min. j'ai mis un poids de 3 liv. le balancier décrit des arcs de 8 degrés , l'échappement eft à repos : en 2 heures l'Horloge a avancé d'une feconde.

SECONDE EXPÉRIENCE.

431. A 11 heures 47 min. j'ai ajouté un poids de 6 livres : la force motrice eft donc de 9 livres, ou triple de ce qu'elle étoit dans la premiere expérience ; les balanciers décrivent 20 degrés. En deux heures l'Horloge a retardé de 6 fecondes.

432. On trouve donc encore par cette expérience que

l'échappement à repos ne corrige pas les inégalités de la force motrice ; car en triplant la force, elle retarde de 3 secondes par heure ; ce qui produit une différence de 84 secondes en 24 heures.

Troisieme Expérience.

433. J'ai adapté un échappement à recul, dont le recul est un tiers du chemin de la roue.

A 4 heures 31 min. j'ai mis un poids de 4 livres, les balanciers décrivent 15 degrés.

En une heure l'Horloge a suivi constamment la *Pendule*.

J'ai ajouté un poids de 8 livres : en une heure l'Horloge a avancé de 6 secondes sur la pendule.

434. J'ai refait un ancre qui a fort peu de levée, afin d'augmenter l'arc de supplément, & d'éviter que des secousses subites puissent arrêter la machine. Le recul de cet ancre est un $\frac{1}{6}$ du chemin de la roue par chaque vibration.

A 11 heures 50 min. le poids moteur étoit de 3 livres.

Arc de levée 7 degrés $\frac{1}{2}$; arc de vibration 9 degrés.

En une heure l'Horloge a retardé d'une seconde.

J'ai ajouté un poids de 6 livres (force motrice 9 livres).

En une heure l'Horloge a retardé de $\frac{1}{2}$ seconde.

La force motrice étant de 6 livres, l'Horloge a retardé d'une seconde par heure.

Remarque sur cet Echappement.

435. L'ancre dont nous venons de parler remplit, aussi bien qu'il est possible, ce qu'on exige ; car la durée de la vibration n'a pas changé sensiblement en doublant la force motrice. Or les changements de la force motrice ne peuvent jamais être si considérables, puisque le ressort ne peut pas perdre la moitié de sa force ; d'ailleurs il ne la perd que dans un temps très-long : nous pouvons donc conclure que les oscillations des balanciers seront sensiblement isochrones, malgré la petite inégalité qui surviendra dans la force motrice par l'épaississement des huiles,

& l'affoiblissement du ressort, dont l'action est d'ailleurs rendue égale par la fusée.

436. Lorsque le rouleau de la fourchette est à égale distance de son centre, & de celui du balancier, celui-ci décrit 20 degrés étant mu par le ressort moteur. Nous avons examiné si, en éloignant le rouleau du centre de la fourchette, & laissant la même force motrice, cela pouvoit changer l'étendue des arcs : l'arc de levée étoit alors de 13 degrés, & les balanciers décrivoient 30 degrés passés : il est donc préférable de laisser agir le rouleau en ce point, puisque la force motrice étant la même, elle communique avec le même échappement une plus grande quantité de mouvement ; cela vient de ce que l'échappement, dans le second cas, parcourt un plus petit espace, & éprouve par-là moins de frottement, quoique pressé par la même force.

Des Verges de compensation pour corriger les effets du chaud & du froid.

437. Lorsque j'eus terminé le régulateur & le rouage de l'Horloge, & exécuté les rateaux & pinces-spiraux, je fis subir à cette machine diverses épreuves du froid au chaud, afin de conclure les dimensions des verges & du levier de compensation. Nous allons rapporter ces épreuves très-essentielles pour parvenir à la composition de cette partie de l'Horloge.

Expérience.

438. L'air extérieur étant à 1 degré $\frac{1}{2}$ au-dessous de la glace, & la coulisse & le pince-spiral de compensation étant mis en place, j'ai exposé l'Horloge au froid avec un Thermometre placé dans la boîte de l'Horloge, afin qu'il m'indiquât la température qu'elle éprouvoit. Le Thermometre étant à zéro, & l'index du pince-spiral de l'Horloge Marine étant arrivé à 3 degrés, j'ai mis cette Horloge à l'heure de mon Horloge Astronomique, dont le mouvement est réglé par un pendule

compofé à chaffis, pour compenfer les effets du chaud & du froid.

En une heure, l'Horloge Marine a avancé de 8 fecondes.

Je plaçai l'Horloge & le Thermometre dans une efpece d'étuve.

Le Thermometre étant à 27 degrés, l'Horloge a retardé de 7 fecondes.

439. C'eft-à-dire, que l'Horloge étant d'abord expofée au froid de la glace pendant une heure, & enfuite pendant le même temps à la température de 27 degrés au-deffus, la chaleur l'a fait retarder de 15 fecondes par heure ; ceci fervira à nous donner à peu près le chemin que doit faire le rateau de compenfation pour corriger cet écart ; ce que j'ai trouvé de la maniere fuivante. J'ai réglé l'Horloge dans une température conftante, afin d'eftimer le chemin que doit faire le rateau ; enfuite j'ai fait mouvoir ce rateau en avant & en arriere, jufqu'à ce que j'aie fait avancer & retarder l'Horloge de 15 fecondes par heure.

440. J'ai trouvé qu'en faifant parcourir 17 degrés au rateau, cela donnoit l'écart en queftion, ce qui répond à 4 lignes de mouvement du pince-fpiral. C'eft d'après cela qu'il faut trouver les dimenfions des verges & leviers de compenfation ; mais il faut trouver premiérement l'excès d'alongement des verges de cuivre fur celles d'acier, puifque c'eft cet excès qui doit produire le mouvement du levier, & conféquemment du pince-fpiral, pour compenfer les effets du chaud & du froid.

441. Je fis d'abord trois verges (a) de cuivre & autant d'acier, placées à côté les unes des autres ; ce qui formoit en tout fix branches arrangées avec des talons. Quoique les verges

---

(a) Je fis ces verges auffi longues qu'il fut poffible ; & j'en augmentai le nombre jufqu'à fix, afin qu'elles né puffent pas être affaiffées par la preffion des refforts qui agiffent fur le rateau de compenfation : j'évitai de les faire trop fortes, afin que l'action du chaud & du froid pût agir fenfiblement dans le même inftant & avec le même effet fur les verges & fur les fpiraux ; je les ai donc faites minces, longues & en plus grand nombre pour éviter ces deux défauts effentiels : l'un d'être affaiffées par la preffion du reffort, & l'autre de n'éprouver pas dans le même inftant la même différence de température.

ne foient pas celles que nous avons employées, nous croyons devoir en parler, puifque c'eft aux épreuves auxquelles elles ont donné lieu, que nous devons la difpofition actuelle de cette partie de l'Horloge.

Dimenfion des anciennes Verges.

442. Deux verges d'acier de dix-huit pouces chacune, font.. 36 pouces.

Une de.. 13

pouces 49

Deux verges de cuivre de 18 chacune........ 36
Une de.. 13

pouces. 49

Trouvons donc l'excès d'alongement des verges de cuivre fur celles d'acier.

443. Pour cet effet, il faut réduire ces verges en lignes, on aura 49 pouces $=$ 588 lignes; or nous avons trouvé par nos expériences qu'une verge d'acier qui a 461 lignes (*Effai* N°. 1691 & 1699) s'alonge de $\frac{74}{360}$ de ligne, lorfqu'elle éprouve un changement de 27 deg. de température : on fera donc la proportion $461 : 74 :: 588 : x = \frac{94}{360}$.

On trouve donc que 588 lignes d'acier doivent s'alonger de $\frac{94}{360}$ de ligne en 27 degrés.

444. On fera pour les verges de cuivre la proportion fuivante, fondée fur ce qu'une verge de cuivre de 461 lignes s'alonge de $\frac{121}{360}$ à 27 degrés. $461 : 121 :: 588 : x = \frac{154}{360}$.

588 lignes de cuivre s'alongent donc de $\frac{154}{360}$ de ligne. Or $\frac{154}{360}$ de ligne furpaffe $\frac{94}{360}$ de lig. de $\frac{60}{360} = \frac{1}{6}$ de ligne ; c'eft-à-dire, que 27 degrés de température produifent un excès d'un $\frac{1}{6}$ de ligne, dont la dilatation ou conftruction du cuivre furpaffe celle de l'acier : il faut donc donner des dimenfions au levier de compenfation qui foient telles que pendant que le petit levier ou talon qui appuie fur la verge de cuivre, par-

court $\frac{1}{6}$ de ligne, le pince-ſpiral parcoure 24 fois plus de chemin.

445. J'exécutai donc en conſéquence le levier de com-penſation & les verges; mais l'action du rateau ſur le levier & ſur les verges, les faiſoit fléchir, ainſi que le pont qui ſervoit de cage au levier; enſorte que l'effet de la dilatation ou de la contraction des verges s'employoit uniquement à faire courber les verges, & à faire fléchir le pont.

446. Pour porter cette Horloge à ſa perfection, je pris donc le parti de faire d'autres verges avec les diſpoſitions ſui-vantes que je rapporte ici, telles que je les imaginai avant de les mettre en exécution.

447. 1°. Pour éviter la flexion des verges, je les ai diſpo-ſées dans un chaſſis comme celles du pendule aſtronomique, afin que l'effort ſe fît perpendiculairement, ſans tendre à faire fléchir les verges comme cela arrivoit à celles dont j'avois fait uſage; car tout l'effort étoit employé à courber les verges, & non à les mouvoir ſelon leur longueur; par ce moyen les ver-ges n'ont pas beſoin d'être plus fortes; car, outre que l'effort ſe fera perpendiculairement, il ſera diviſé ſur deux verges cor-reſpondantes, ce qui évitera & l'affaiſſement & la flexion.

448. 2°, J'emploie trois verges d'acier & autant de cuivre: il y aura donc, à cauſe des chaſſis, 12 verges ou bran-ches à côté les unes des autres.

449. 3°, La verge de cuivre du milieu doit avoir deux largeurs, afin que toutes les parties éprouvent le même effort.

450. 4°, Pour être aſſuré que l'effort ſe diviſe également ſur les verges correſpondantes, j'ai placé deux leviers mobiles aux chaſſis intérieurs.

451. 5°, Les verges de compenſation ſeront placées à plat ſur la platine, & fixées avec elle au moyen de deux fortes vis: j'éviterai par ce moyen le pont qui fléchiſſoit.

452. 6°, Le levier de compenſation ſera mis en cage entre la platine & une petite platine qui arrête la verge de com-penſation : cette cage ſera rendue fixe par quatre fortes vis, ce qui rendra inébranlable le levier & la verge qui ne pour-ront

·ront fléchir ni s'écarter l'un de l'autre ; défaut eſſentiel à prévenir.

453. 7°, La verge de cuivre du milieu portera une fourchette arrêtée par deux vis, laquelle paſſant par-deſſus les leviers des chaſſis ira poſer hors du grand chaſſis ſur le talon du
levier de compenſation.

454. 8°, Le levier de compenſation doit être fort & ſolide, afin qu'il ne puiſſe fléchir : le talon qui appuie ſur les
verges de compenſation, doit auſſi être fort, & fixé très-
ſolidement.

455. 9°, La cheville portée par l'extrémité du grand levier doit être mobile en couliſſe, & arrêtée par un écrou,
afin d'augmenter ou diminuer l'effet des verges de compenſation : ainſi tout ce méchaniſme étant achevé, nous ferons
éprouver à l'Horloge différents degrés de température, &
nous ferons mouvoir cette cheville juſqu'à ce que l'Horloge
marche uniformément pendant toutes les épreuves qu'elle ſubira.

Dimenſions actuelles des Verges de compenſation.

456. Le grand chaſſis d'Acier . . . . 2 pieds. 0 pouces. 6 lignes.
Deuxieme chaſſis d'acier. 1   11   6.
Troiſieme chaſſis d'acier. 1   10   9

$$\overline{}$$

        5   2   9

Verges de Cuivre.

Premiere. . . . . 1 pieds. 11 pouces. 10 lignes.
Seconde. 1   10   11
Troiſieme. 2

$$\overline{}$$

        5   2   9

· Largeur des verges, 5 lignes ; épaiſſeur, 4 lignes.

457. Il faut trouver l'excès d'extenſion des verges de cuivre ſur celles d'acier, afin de déterminer les dimenſions du

V *

levier de compenfation: nous emploierons la méthode qui eft expliquée dans les articles (443 & 444).

On trouve que l'alongement de l'acier feroit de $\frac{138}{60}$ de ligne pour 27 degrés de température ; & celui de cuivre de $\frac{222}{360}$ de ligne étant expofé à la même température : l'excès de dilatation du cuivre fur l'acier eft donc de $\frac{84}{360}$, c'eft-à-dire, fort près d'un quart de ligne. Or nous avons vu que l'Horloge éprouvant une différence de 27 degrés dans la température, le pince-fpiral devroit parcourir 4 lignes pour corriger les impreffions que caufe cette différence : réduifant 4 lignes en 360emes, & divifant par 84, on trouve pour quotient $17\frac{1}{7}$, c'eft-à-dire, qu'il faut que les dimenfions du levier de compenfation foient telles que le pince-fpiral faffe 17 fois $\frac{1}{7}$ plus de chemin que le talon qui appuie fur la verge de cuivre du milieu des verges de compenfation , ce qui compenfera les effets du chaud & du froid. Le talon du levier eft fixé à 7 lignes du centre, & la cheville du grand levier eft diftante de 119 lignes , & agit à la même diftance du centre du rateau que le fpiral : on peut changer , comme j'ai dit, la pofition de cette cheville ; pour cet effet , il faut éprouver l'Horloge par différentes températures.

PREMIÈRE EXPÉRIENCE.

458. L'Horloge Marine étant achevée de la maniere que je viens de l expliquer , je l'ai réglée à peu-près dans une température moyenne : elle retardoit de 25 fecondes en 24 heures, expofée à 8 degrés de chaleur du Thermometre. J'ai enfuite placé l'Horloge dans une étuve, dont la température étoit de 19 deg. elle a avancé d'une feconde en 7 heures; au lieu que fi elle eût été à 8 deg. elle auroit retardé de 7 fecondes.

REMARQUE.

459. Cette expérience fert à prouver la bonté du méchanifme, puifque la chaleur fait actuellement avancer l'Horloge ; au lieu que , fans la compenfation , elle auroit retardé de 10

fecondes par heure, expofée à 19 deg. de température.

SECONDE EXPÉRIENCE.

460. Après avoir rapproché du centre du levier de compenfation la cheville mobile, j'ai expofé l'Horloge à divers degrés de température ; elle avançoit conftamment d'une feconde, foit qu'elle ait été expofée au froid de 4 degrés au-deffous de la glace, foit que l'ayant mife dans mon Cabinet, le Thermometre foit monté à 18 degrés au-deffus de la glace. Enfin, pendant trois mois & demi, j'ai continué à faire marcher l'Horloge par différentes températures ; elle a toujours avancé felon la même progreffion d'une feconde par heure, c'eft-à-dire, qu'elle a été avec une extrême jufteffe ; car je fuis le maître de l'empêcher d'avancer, il ne faut que toucher au rateau qui fert à la faire avancer ou retarder ; mais il me fuffifoit qu'elle marchât avec uniformité.

461. Je n'ai rapporté ici que le précis des expériences que j'ai faites pour parvenir à donner cette jufteffe à l'Horloge Marine, N°. 1 ; les détails en font trop grands, & formeroient feuls un Volume ; ils font d'ailleurs inutiles dans le cas actuel : j'ai rapporté le point où je l'ai amenée, & cela fuffit.

Iʳᵉ. REMARQUE.

462. Pour favoir combien l'Horloge Marine varieroit, fi elle n'avoit pas de méchanifme de compenfation, j'ai fait diverfes expériences dont le réfultat eft que, pour 11 degrés de différence dans la température, l'Horloge avance ou retarde de 6 fecondes par heures ; c'eft-à-dire, que fi l'on regle l'Horloge à la température de 4 degrés, & qu'on l'expofe au chaud de 15 degrés, elle retardera de 6 fecondes par heure, & ainfi de fuite à proportion de la différence dans la température : donc pour 30 degrés de différence, l'Horloge retarderoit, par la chaleur, de 16 fecondes $\frac{4}{11}$ en une heure ; & en 24 heures, de 6 mi

nutes 32 secondes $\frac{8}{11}$: voilà la quantité de variation qui est produite par la dilatation du spiral & du balancier. Or notre Horloge passant alternativement du froid de la glace à la chaleur de 30 degrés, marche toujours uniformément par l'effet des verges & des leviers de compensation ; d'où l'on voit l'utilité de ce méchanisme dans une Horloge où l'on a réduit infiniment les frottements des pivots & de la suspension du régulateur.

2e. *REMARQUE sur cette Horloge Marine.*

463..Les expériences que j'ai faites avec l'Horloge, N°. 1, m'ont prouvé assez de justesse dans sa marche pour oser espérer que cette machine pourroit être utile à la Navigation ; mais comme elle est assez compliquée, d'une exécution très-difficile, & par conséquent à la portée de peu d'Artistes, ce qui rend nécessairement le prix d'une telle machine trop considérable, & que cette seule raison seroit suffisante pour en empêcher l'usage, nous allons chercher une construction qui, en nous donnant la même précision, puisse être exécutée plus facilement & à moins de frais.

CHAPITRE III.

Construction d'une Horloge Marine plus simple que la précédente.

464. Lorsque je composai l'Horloge Marine, N°. 1, que j'ai décrite ci-devant, je n'avois pas encore trouvé les moyens d'employer un poids pour moteur, ce qui m'avoit entraîné dans une construction plus compliquée ; car à cause de l'inégalité de force d'un moteur tel qu'un ressort, & pour donner plus de puissance au régulateur, il est nécessaire, lorsqu'on veut mettre l'Horloge en marche, de donner un mouvement de vibration aux balanciers (353) ; & par une suite de

cette combinaison, il a fallu adapter un second balancier, afin que si la machine éprouve de certaines agitations, elles ne soient pas capables d'interrompre la marche de l'Horloge. Or depuis que j'ai exécuté cette machine, j'ai eu le temps de l'envisager sans prévention, & de chercher à la perfectionner; je l'ai examinée, comme si elle étoit l'ouvrage d'un autre Artiste. Je vais donc rendre compte des moyens que je crois propres à lui donner la justesse nécessaire pour servir utilement dans la Navigation; ensuite suivra le plan de cette machine.

Du Poids employé pour moteur dans une Horloge Marine.

465. Par la construction de la suspension de l'Horloge, cette machine fera toujours sensiblement horizontale : ainsi si l'on attache à la boîte de l'Horloge un tuyau perpendiculaire, & que l'on y place le poids, celui-ci descendra librement; enforte que s'il n'a pas de jeu, les agitations mêmes auxquelles pourroit être exposée l'Horloge, n'influeront pas fur le poids. Il n'y a que le cas ou les fecousses du Vaisseau se feroient de bas en haut, où de haut en bas; alors le poids perdroit ou acquerroit de la force selon le fens de l'agitation. Mais voici comment je prétends y remédier. Le poids fera quarré, ainsi que le tuyau ; il n'aura que le jeu convenable pour descendre librement : on attachera aux deux côtés opposés du tuyau, en dedans, deux regles dentées à rochet ; ces regles formeront des efpeces de crémailleres, dont le côté droit des dents fera en bas. Le poids portera deux cliquets qui appuieront fur les dents des crémailleres, enforte qu'à mesure que le poids descendra, les cliquets arcbouteront alternativement contre les côtés droits des dents ; & que si le Vaisseau éprouve une fecousse de bas en haut, &c, le poids ne pourra cesser d'agir fur la corde, & qu'il ne produira pas de contre-coup, parce que nous fuppofons les dents de crémailleres peu diftantes les unes des autres, & qu'il y aura un cliquet en prife, tandis que l'autre glissera contre le côté incliné des dents. Enfin pour éviter en-

core ce petit contre-coup, je placerai au-deſſous de l'axe de la poulie du poids un très-fort reſſort qui ſuſpendra le poids; ainſi lorſqu'une agitation du Vaiſſeau de haut en bas fera ceſſer le poids d'agir ſur la corde, alors le reſſort dont l'action eſt égale à celle du poids qui le tend, tendra la corde, & continuera à faire marcher l'Horloge pendant le très-petit intervalle de temps où le poids ceſſera d'agir : nous expliquerons ci-après ces effets du poids & du reſſort dont nous ne donnons ici qu'une notion. Cela poſé, on voit que le poids n'éprouvera que les agitations de l'Horloge même que nous avons ſuppoſé reſter ſenſiblement horizontale, à cauſe de ſa ſuſpenſion; ainſi le poids ne peut avoir de contre-coup qui le faſſe ceſſer d'agir pendant un inſtant ſur la corde , & qu'à l'inſtant ſuivant ce poids agiſſe avec toute la force acquiſe par ſa deſcente, comme cela arriveroit, s'il n'étoit forcé de ſuivre les mouvements du tuyau, & d'être comme fixé avec lui, n'ayant ſeulement que la faculté de deſcendre à meſure que l'Horloge marche; enfin, par cette diſpoſition, le poids n'ayant pas de contre-coups ne pourra ni rompre la corde, ni la corde ſortir de la poulie. Maintenant pour remonter le poids, on voit qu'il faut mettre les cliquets hors de priſe des dents des crémailleres; pour cet effet, on pratiquera, à côté des cliquets, une eſpece de *Tenaille à boucle*, dont un bout agira ſur les cliquets pour les rapprocher du centre du poids; & lorſque le poids ſera remonté, on lâchera les cliquets qui ſe remettront en priſe. Mais comme, par cette diſpoſition, il faudroit à chaque fois que l'on veut remonter l'Horloge, agir ſur cette tenaille pendant tout le temps que l'on remonteroit le poids, ce qui ſeroit incommode, j'ai ſuppléé à cet obſtacle, en diſpoſant la détente qui ſert à faire marcher l'Horloge, pendant qu'on remonte le poids, de ſorte qu'elle communique avec les cliquets, & qu'elle les mette hors de priſe; ainſi à meſure que la détente va à ſon repos, les cliquets reprennent leur ſituation : on ne peut pas remonter l'Horloge ſans déplacer cette détente. Nous en expliquerons l'effet ci - après.

Des autres Parties de l'Horloge.

466. La suspension de l'Horloge, telle que nous l'avons exécutée & décrite ci-devant, devient trop composée & trop coûteuse ; c'est pour cette raison que nous emploierons une suspension à double genou, avec le ressort à boudin, pour adoucir les cahotages.

467. On peut supprimer le double balancier, enforte que l'Horloge aura pour régulateur un simple balancier.

468. Pour que les changements qui arrivent dans le rouage par la coagulation des huiles, variations de frottement, &c, n'influent pas sur la justesse des oscillations du régulateur, on adaptera un échappement rendu isochrone selon l'article (433).

469. Le balancier se mouvra verticalement ; son axe portera des pivots rapportés, très-fins, & très-durs : les pivots, au lieu de rouler dans des trous, se développeront sur des gouttieres d'agates, à-peu-près comme l'angle d'un couteau de pendule. Pour empêcher que les pivots ne puissent casser, il faut les revêtir du dessus & des côtés, ne laissant à découvert que la partie inférieure qui doit se développer sur la gouttiere.

470. Les vibrations du balancier seront déterminées par un ressort spiral placé à l'un des bouts de l'axe, & l'ancre d'échappement à l'autre.

471. Le balancier pourra n'avoir que 6 pouces de diametre, & une livre de pesanteur ; car je n'ai pas apperçu qu'en faisant mouvoir librement les balanciers de l'Horloge Marine, ils eussent acquis une faculté de conserver leur vibration qui fût proportionnelle à leur pesanteur & à leur diametre.

472. Le balancier fera une vibration par seconde.

473. Pour corriger les variations causées par les différentes températures, on adaptera des verges de compensation, comme pour l'Horloge décrite ci-devant, à cela près que dans celles-ci, les verges seront placés verticalement,

ainſi que le levier & le rateau de compenſation. Par cette diſpoſition, la peſanteur du rateau ou porte-cheville ſuffira pour lui faire ſuivre le mouvement du levier de compenſation ; ainſi on ſupprimera le reſſort qui preſſe le rateau, la couliſſe, le cliquet, & il en réſultera d'ailleurs que le pince-ſpiral roulant ſur des pivots, aura beaucoup moins de frottement, & dès-là les verges de compenſation pourront être plus minces, & pénétrées dans le même temps par la température qui agit ſur le ſpiral.

474. Les ſecondes excentriques ſont plus ſimples, & cauſent moins de frottement : on en fera donc uſage.

Deſcription de cette Horloge, vue Planche IV.

FIGURE I.

475. LA plaque *A* s'attache au Vaiſſeau, au moyen de quatre vis 1, 2 ; cette plaque porte fixement la calotte *B* ſur laquelle s'attache l'autre calotte *C* : c'eſt entre ces deux calottes que roule la boule formée à l'extrémité du petit axe *D* ; l'autre bout de cet axe porte une boule qui roule entre deux calottes *E* pareilles à celles *B*, *C*. L'ouverture, à travers laquelle paſſe l'axe dans ces calottes, eſt aſſez grande, pour qu'il puiſſe s'incliner de côté & d'autre ; j'emploie deux boules, afin de faciliter la plus grande inclinaiſon à la plaque *A* qui repréſente ici le Vaiſſeau ; & ſans être obligé de trop agrandir l'ouverture de l'axe *D*, ainſi que cela devroit être, s'il n'y avoit qu'une boule & deux calottes : la calotte inférieure *E* eſt attachée à la tige *F F*, ſur laquelle le bout *G* du reſſort à boudin *H* eſt fixé ; l'autre bout de ce reſſort eſt attaché au pont à quatre branches *I*, *K* : les pattes de ce pont ſont fixées par des vis ſur la planche quarrée *L L* : cette planche eſt le deſſus de la boîte qui contient le mouvement de l'Horloge.

M M (*Fig.* 2) eſt une planche qui forme le fond de la boîte, dont on a ſupprimé les côtés pour laiſſer voir la machine chines à découvert. On voit, par cette difpofition, que le reſſort à boudin *A* (*Fig.* 1) foutient tout le poids de la machine par laquelle il eſt comprimé; ainſi ce reſſort s'accourcit & s'alonge felon les agitations du Vaiſſeau dont il adoucit les chocs.

476. Le mouvement de l'Horloge (*Fig.* 2) eſt compofé de trois platines *N, O, P,* qui forment deux cages au moyen de 8 piliers; la quatrieme plaque *Q* eſt le cadran vu par derriere; celle-ci forme, avec la platine des piliers *P,* une troiſieme cage, entre laquelle font placées à l'ordinaire les roues de cadran. La cage *O N* contient les roues du mouvement que nous nous difpenfons de décrire, parce qu'elles n'ont rien de particulier.

477. Les platines *O, N* forment la cage entre laquelle fe meut le balancier ou régulateur *F.* L'axe de balancier porte à chaque bout un pivot fixe, dur, & revêtu, qui va fe développer fur les gouttieres fixées l'une à la platine des piliers *P,* l'autre à la platine *O.*

478. Le poids *S* eſt le moteur de l'Horloge; il defcend entre les crémailleres *T, V :* ce poids porte deux plaques de cuivre *a* & *b* fixées avec lui; les plaques portent deux entailles oppofées, dans lefquelles paſſent les crémailleres; le poids eſt contenu par les crémailleres qui tiennent en même temps lieu du tuyau, dont nous avons parlé; ainſi ce poids defcend librement fans pouvoir fe mouvoir d'aucun fens féparément des crémailleres; celles-ci font fixées par en haut à la platine *X* fur laquelle s'attache le mouvement, & par en bas à la planche *M M*; fur la plaque *a* du poids font ajuſtés les cliquets *c* & *d* qui arcboutent contre les dents des crémailleres : les chapes *e, f* de la poulie *Y* fe meuvent en couliſſe fur les ponts *g, h,* attachés à la plaque *a*; ce mouvement fert à faciliter la compreſſion du reſſort *i* qui eſt bandé par le poids, & agit fur le rouage, lorfque par un contre-coup, ce poids tendant à remonter, eſt arrêté par les cliquets, & ceſſe par conféquent d'agir fur le rouage, & alors le reſſort *y* fupplée; la corde *W* s'attache par un bout à la platine

X *

X, & par l'autre au cylindre K que porte la premiere roue du mouvement.

479. Quand on veut remonter le poids, on fait agir une détente qui produit plufieurs effets dans le même inftant; 1°, un bras découvre le trou du remontoir, pour pouvoir y placer la clef : 2°, un deuxieme bras va agir fur une roue du rouage, afin que pendant tout le temps qu'on fufpend le poids pour le remonter, l'Horloge ne difcontinue pas de marcher : 3°, un troifieme bras porte une cheville 3 qui paffe en deffous de la platine X pour agir fur le bras 4 de la piece ZZ mobile fur deux pivots, dont l'un roule dans la platine X, & l'autre dans celle MM; cette piece ZZ, en tournant fur elle-même par le mouvement de la détente, agit en même temps fur les petits leviers l, m, dont les bouts oppofés agiffent fur les cliquets c, d, & les mettent hors de prife des crémailleres. ce qui donne la facilité de remonter le poids; car la piece ZZ étant également large dans toute fa longueur, elle écarte les leviers l, m, & par conféquent les cliquets; & dès que le poids eft monté en haut, l'Horloge continuant à marcher, la détente dont nous avons parlé, reprend fon repos, ainfi que la piece ZZ, les leviers l, m, & les cliquets qui fe remettent de nouveau en prife avec les crémailleres, à mefure que le poids defcend. Voilà en gros le méchanifme du poids, dont nous donnerons le détail ci-après.

480. Les verges de compenfation 5, 6, 7 font attachées fur la platine O, au moyen de deux fortes vis 8, 9; la plaque 5 qui recouvre les verges fert en même temps de pont pour y faire mouvoir le levier de compenfation no, mobile en n, & dont le bout o agit fur un bras du pince-fpiral p, ainfi celui-ci fe meut felon l'excès de dilatation des verges de cuivre fur celles d'acier; voyez (402) : le pince-fpiral fe meut fur deux pivots, dont l'un roule dans un trou fait à la platine O, & l'autre au coq q; il faut que ce pince-fpiral ne foit pas tout-à-fait concentrique à l'axe du balancier, mais qu'il décrive un arc qui fe confonde avec la portion du fpiral, afin qu'en tournant, le pince-fpiral ne contraigne pas le fpiral.

481. Le pince-fpiral *p* peut tourner à frottement & féparément du bras *s o* fixé fur l'axe *t* ; cet effet eft néceffaire pour régler l'Horloge ; fans cette précaution, cela ne pourroit fe faire fans alonger ou accourcir le fpiral par fon piton, ce qui feroit une opération difficile : le pince-fpiral porte un index *r* qui marque fur une graduation faite à la platine la quantité dont on l'a tourné pour faire avancer ou retarder l'Horloge.

482. Nous n'entrerons pas dans de plus grands détails fur les verges & leviers de compenfation ; ceux qui auront lu tout ce qui concerne l'Horloge Marine, N°. 1, entendront de refte cette matiere.

Détail du poids, de la détente & de la fufpenfion de l'Horloge.

483. La Fig. 3, Pl. IV, fait voir en perfpective la détente en action fur la bafcule pour écarter les cliquets, lorfqu'on veut remonter le poids. L'axe *A B* de la détente fe meut dans des trous faits, l'un à la plaque du cadran, & l'autre à la feconde platine du mouvement. Le bras *C* fert à recouvrir le trou du remontoir, afin qu'on ne puiffe remonter le poids fans faire produire à la détente fes différents effets ; le bras oppofé *D* reçoit l'action du reffort qui fert à continuer le mouvement pendant qu'on foutient le poids : le bras *E* porte une cheville qui paffe à travers une ouverture faite au cadran ; c'eft fur cette cheville que l'on agit pour faire découvrir le trou du remontoir, bander le reffort qui agit en *D*, &c : le bras coudé *F* porte le pied de biche *a* mobile en *b*, preffé par le reffort *c*, & retenu par la cheville *d* ; ce pied de biche emporté par le mouvement de la détente va fe mettre en prife avec une roue du mouvement, & par l'action du reffort qui preffe le bras *D*, agit fur le rouage pour le faire marcher, tandis qu'on monte le poids ; la cheville *G* de la détente, par le mouvement qu'on a produit, en la faifant tourner pour découvrir le trou, fait tourner la bafcule *H* au moyen de fon bras en fourchette *I*. Ce mouvement de la bafcule écarte les leviers

d, *e* mobiles en *f* & *g* ; les bouts *i* & *l* de ces leviers agiffent fur deux chevilles portées par les cliquets *m*, *n* ; ainfi
ces cliquets font ramenés contre le centre du poids *K*, enforte que les cliquets font mis hors de prife des dents de
crémaillere : le reffort *O* porte deux bouts qui agiffent, l'un
fur le cliquet *m*, & l'autre fur *n* pour les ramener en prife,
auffi-tôt que la détente (abandonnant la roue fur laquelle le
pied de biche agiffoit) reprend fon repos.

484. Le poids *K* porte fixement les plaques de cuivre
L & *M* ; les fentes *n*, *p*, *q* fervent à recevoir les crémailleres ; la coupe des crémailleres eft vue en *A* & *B* (*Fig.*
4) ; la même figure fait voir en plan la bafcule *H* ; les leviers
d, *e*, & les cliquets *m*, *n* font attachés fur la plaque de
cuivre fupérieure *L* ; les traits ponctués *p*, *q* marquent la
place des ponts qui fupportent les chapes de la poulie ; ces
ponts fervent à contenir les bouts extérieurs des cliquets ;
les bouts intérieurs le font par des vis *à-portée* qui entrent
dans les ouvertures alongées des cliquets : *o*, eft le reffort
qui ramene les cliquets.

485. La figure 5 fait voir de profil le poids affemblé
avec fes ponts & chapes : *A* eft le poids ; *B*, la plaque de
cuivre inférieure qui porte les fentes oppofées pour le faire
mouvoir en couliffe fur les crémailleres ; *C*, la plaque fupérieure qui fert au même ufage, & de plus à porter les
ponts, leviers & cliquets : les ponts *D* & *E* tiennent à la
plaque, chacun par deux vis : les chapes *F*, *G*, qui portent la poulie, font retenues après les ponts *D*, *E* par les vis
à-portée a, *b* ; ces chapes auxquelles tiennent les vis, peuvent monter en couliffe, & defcendre felon la hauteur des
ponts ; pour cet effet, les ponts portent des trous alongés,
dans lefquels paffent les vis *à-portée*, & deux tenons écartés
des vis, pour empêcher que les chapes ne puiffent vaciller. Le reffort *H* tient par fon centre à la plaque *C*, au moyen
de la vis *c* ; ce reffort appuie fur les talons portés par les
chapes *F*, *G* ; ainfi la force de ce reffort étant proportionnée
à la pefanteur du poids, on voit que ce reffort fléchit, en-

forte que fi par un contre-coup le poids ceffoit d'agir, le reffort, dont la force eft d'équilibre avec celle du poids, continueroit à faire marcher l'Horloge.

Remarque fur cette Horloge.

486. Quoique la difpofition du balancier placé verticalement paroiffe rendre la machine plus fimple; cependant
je ne crois pas encore être parvenu au but que je defire;
car les ajuftements des pivots font affez difficiles & fujets à
des frottements. Mais on peut prendre de cette machine,
la difpofition du poids, & tout ce qui lui eft relatif, &
combiner cela avec le balancier, tel que je l'ai employé dans
ma premiere Horloge, faire ufage de même des verges &
leviers de compenfation, enforte qu'il réfultera du tout une
machine très-fimple, d'une facile exécution, & dont j'efpere
que la jufteffe fera très-grande. Nous allons donner une notion de cette Horloge, dont les principales parties font vues
(*Fig. 6*).

Defcription d'une Horloge Marine, à un feul Balancier horizontal & fufpendu : cette Horloge eft à poids, elle a des verges de compenfation, &c.

487. Cette Horloge qu'on voit dans la Fig. 6, Pl. IV, eft
à fecondes d'un feul battement; le poids eft diftribué comme dans l'Horloge que nous venons de décrire : l'échappement eft à roue de rencontre à 30 dents; fon axe porte l'aiguille des fecondes qui font marquées fur un petit cadran excentrique : le balancier *A* eft fufpendu par un reffort *a* attaché
à un pont qui fe fixe fur une platine qui n'eft pas ici repréfentée, mais qu'il eft facile de fe figurer, puifque la difpofition du balancier doit être la même que dans l'Horloge, N°.
1. Le pivot fupérieur du balancier doit rouler dans un trou
fait à cette platine; & le pivot inférieur dans un trou fait
à la platine *B B* : les pivots ne font faits que pour mainte-

nir le balancier, en l'empêchant de s'écarter de la ligne *a b*, car fon poids eft entiérement foutenu par le reffort *a*.

488. Le bras *C* eft rivé fur un canon qui roule à frottement fur l'axe du balancier ; ce bras porte une cheville ou plutôt un rouleau qui communique à la fourchette *D*, rivée fur un canon qui entre à frottement fur l'axe des palettes d'échappement *E* : ainfi la force de la roue de rencontre eft tranfmife au balancier ; ce qui lui donne fon mouvement & l'entretient. Les platines *G*, *H* forment la cage qui contient le rouage de mouvement ; on ne voit de ces roues que celles d'échappement *F*, & le cylindre porté par la premiere roue : ce cylindre *I* eft entouré de la corde *K* qui foutient le poids moteur *L*, dont la difpofition eft expliquée ci-devant.

489. La platine *M M* eft le derriere du cadran ; cette platine s'attache à celle des piliers *H* par quatre faux piliers rivés fur la plaque du cadran : les roues de cadran font placées à l'ordinaire, entre le cadran & la platine des piliers.

490. Les vibrations du balancier font réglées par le reffort fpiral *N* ; le bout intérieur eft retenu fur l'axe du balancier par une virole faite comme celle qui eft déja décrite (413) ; le bout extérieur eft arrêté à un piton *O* arrangé comme celui qui eft décrit (400).

491. L'axe du balancier eft fait d'une feule piece. Comme il n'a pas befoin d'être fort gros, le balancier étant plus petit & léger, on peut le faire d'affez bon acier pour avoir des pivots qui foient durs.

492. Le fpiral peut être fait comme un reffort de Montre, & auffi élaftique que ceux dont nous avons fait ufage, qui ont cependant coûté beaucoup de peines & de foins.

493. Le pince-fpiral fera difpofé comme celui de la figure 2, décrit (480) ; l'axe *b c* de ce pince-fpiral fera mobile au-deffous de l'axe de balancier, entre le deffous de la platine *B B*, & le pont *P* : le bras *Q* eft mis en mouvement par la fourchette *R* fixée fur l'axe *S* du levier *T* ; ce levier appuie fur la verge de cuivre prolongée du milieu du chaffis

de compenfation VX, dont on ne voit que le bout fupérieur.

494. On n'a pas ici repréfenté un reffort qui doit preffer le pince-fpiral, afin qu'il oblige par fon bras Q le lévier
T de fuivre le mouvement de la verge prolongée V, & fuivre par-là toutes les impreffions que produifent le chaud &
le froid fur les verges de compenfation : il eft d'ailleurs facile de fe repréfenter ce reffort.

495. Nous ne nous arrêterons pas plus long-temps à expliquer les détails de cette Horloge Marine qui, ainfi que celle
qui la précede, eft demeurée en projet fans être exécutée.

C'eft ici où fe termine la partie de mon travail fur les Horloges
Marines, que j'avois déja donnée dans mon *Effai fur l'Horlogerie*,
& qui eft compris dans ce traité depuis le N°. 343. jufqu'à celui-ci.
Nous allons entreprendre une nouvelle carriere, en publiant
l'extrait du travail immenfe que j'ai fait fur les Horloges Marines,
depuis l'exécution de l'Horloge, N°. 1.

C H A P I T R E IV.

De l'Horloge Marine N°. 2. Le Régulateur formé par deux balanciers, &c.

496. LEs défauts que l'expérience me fit appercevoir dans
ma premiere Horloge Marine me déciderent, avant même
qu'elle fût achevée, à conftruire une nouvelle Horloge qui
en fût exempte, & qui par-là devînt plus parfaite. Il eft néceffaire de préfenter ici ces défauts de ma premiere Horloge
pour mieux entendre les changements faits dans fa conftruction, & pour fuivre la marche pénible dans laquelle j'ai été
entraîné. Cette connoiffance fera également utile, puifqu'elle
apprendra aux Artiftes qui voudront fuivre la même carriere
les obftacles qu'ils rencontreroient s'ils quittoient certaines limites, que nous tracerons d'après nos propres recherches &
nos expériences.

497. Le principe fondamental, fur lequel le régulateur de ma premiere Horloge eſt établie, étoit, j'oſe le dire, excellent, & toutes les expériences l'ont juſtifié, puiſque je n'ai pu m'en écarter ſans perdre quelque avantage ; & ſi, dèſlors, au lieu de commencer une nouvelle Horloge, j'euſſe fait les corrections dont la premiere étoit ſuſceptible, elle eût peut-être donné une plus grande juſteſſe que toutes celles que j'ai faites depuis. Mais je trouvai que cette machine étoit d'un trop grand volume & trop embarraſſante à placer dans un vaiſſeau, & que l'exécution en devenoit trop pénible & trop coûteuſe. Je recherchai donc une conſtruction d'Horloge qui pût être aſſez facilement exécutée pour devenir d'un uſage ſuivi dans la Marine : content de ſavoir combien cette premiere Horloge auroit été ſuſceptible de perfection ſi j'euſſe voulu la corriger.

498. Le régulateur de cette premiere Horloge eſt, comme on l'a vu, compoſé de deux balanciers peſants (360), qui ont 12 pouces de diametre : cette grande maſſe des balanciers produiſit pluſieurs défauts eſſentiels. Le premier c'eſt que, par ſa grande inertie, la moindre agitation changeoit l'étendue des arcs de vibration, malgré la propriété reconnue de deux balanciers qui, en s'engrenant, vont toujours en ſens contraire. Le 2e c'eſt que cette grand maſſe des balanciers cauſoit un très-grand frottement ſur les pivots, malgré l'excellent moyen que j'avois mis en uſage pour en ſoutenir le poids ; pour peu que l'Horloge fût inclinée, la preſſion ſe faiſoit ſur les pivots ; & d'ailleurs, à chaque vibration, les reſſorts ſpiraux portent les balanciers de côté & d'autre, enſorte qu'il ſe fait néceſſairement une preſſion contre les parois des trous, & d'autant plus forte que la force de mouvement eſt plus grande. 3°. Les arcs de vibration, décrits par les balanciers, étoient trop petits, enſorte que le régulateur avoit trop de maſſe & trop peu de vîteſſe.

499. On conçoit aiſément qu'il m'eût été facile de corriger ces défauts en diminuant la maſſe des balanciers, en augmentant leur vîteſſe, & en employant un artifice connu pour

la

la réduction des frottements des pivots , je veux dire celui
des rouleaux ; mais cela entraînoit un travail confidérable , &
j'aimai mieux conferver ma premiere Horloge telle qu'elle
étoit , & en recommencer une nouvelle.

500. En réduifant, comme je le fis, le volume de ma feconde Horloge Marine , je confervai au régulateur la plus grande
puiffance poffible : je me propofai de faire le balancier de fix
pouces de diamettre , & pefant 5 à 6 onces ; & comme ,
dans ce cas , je craignois encore les agitations dont il devoit étre fufceptible par fon inertie , je penfai qu'il étoit
néceffaire de compofer le régulateur de deux balanciers comme celui de ma premiere Horloge : je confervai la fufpenfion
des balanciers par des refforts ; & , pour diminuer & réduire,
autant qu'il étoit poffible, le frottement des pivots de balancier , je jugeai que l'application des rouleaux pour foutenir
leurs pivots, étoit un fûr moyen.

501. J'avois reconnu, dans ma premiere Horloge Marine, que
fon échappement étoit fujet à beaucoup de frottement, & par
conféquent aux variations qui en font la fuite, & qui affectent fi fenfiblement la marche d'une Horloge. Je cherchai donc
à éviter cet obftacle par la conftruction d'un échappement où je
réduifis les frottements à la plus petite quantité : je réuffis très-
bien pour cet objet (ª) ; mais cet échappement, tout fatisfaifant
qu'il paroît à la premiere vue , entraîne un défaut effentiel, c'eft
que , comme il eft à recul , il trouble confidérablement
l'ifochronifme des vibrations , pour peu que la force motrice
varie.

502. Dans cette Horloge , la force motrice eft un reffort ; & cette force eft, par conféquent, néceffairement inégale : c'eft pour parer à cette difficulté que j'appliquai un *Remontoir* , pour égalifer la force du moteur : on verra ci-après
combien cette application eft imparfaite , & remplit mal fon
objet.

(ª) Voyez ci-après la defcrip. Voyez auffi
l'appendice, N°. 4, où fe trouve un Mémoire
affez détaillé fur cette Horloge. Je le dépofai en 1764 à l'Académie , avant d'aller
à Breft éprouver la fufpenfion de cette Horloge , N°. 2 , & la Montre Marine , N°. 3.

503. Pour rendre la compenſation du chaud & du froid plus efficace, j'employai ici à chaque balancier un chaſſis compoſé, & tout le méchaniſme de compenſation ſe trouva double.

Deſcription de l'Horloge Marine. N°. 1.

PLANCHE V.

504. La Figure de la Planche V repréſente le profil du mouvement de cette Horloge : ce mouvement eſt compoſé de 4 cages. 1°, Celle *A B* contient le rouage, le moteur, le remontoir ; & l'échappement ſe trouve compris dans cette cage, dont on a ſupprimé les piliers, pour ne pas cacher des pieces plus eſſentielles. 2°, La cage *C D E F* du régulateur ; enfin les cages *C G E H*, *D K F I* des rouleaux. Les roues de cadrans ſont contenues à l'ordinaire entre le cadran *L* & la platine *A* des piliers du mouvement ou rouage.

505. Les heures & minutes ſont concentriques au cadran : les ſecondes ſont excentriques : le canon de la roue de cadran *M* porte l'aiguille des heures *N* : le canon de la roue de minute *O* porte l'aiguille des minutes *P*, & la tige de la roue de ſecondes *Q* porte l'aiguille des ſecondes *R*.

506. *S* eſt la roue de fuſée, *T* le barillet qui contient le grand reſſort ou moteur : la roue de fuſée engrene, comme cela ſe fait dans les Montres, dans le pignon *V* de la roue de minute ou grande moyenne : la roue des minutes *X* engrene dans le pignon *Y* de la petite moyenne *Z* : celle-ci engrene dans deux pignons de même nombre ; le premier, que l'on ne peut voir ici, eſt celui de la roue d'échappement ; le ſecond eſt celui *a* qui porte la roue *b* de remontoir ; celle-ci engrene dans le pignon *c* du volant *d*.

507. Pour entendre l'effet du remontoir, il faut ſavoir dans quelle vue on a imaginé ce moyen dont la premiere idée appartient à M. *Hvyghens*. Le moteur ou grand reſſort étant naturellement inégal, la force que la roue d'échappement tranſmet au régulateur varie, & ſa différence eſt encore augmentée

par les inégalités des engrenages , par les frottements des pivots, par les changements qui arrivent dans les huiles mifes à ces pivots ; & différemment encore felon la nature de ces huiles. Pour parer à tous ces défauts réunis qui tendent à troubler l'ifochronifme des vibrations du régulateur, on imagina d'appliquer à la roue d'échappement un fecond moteur ([a]) ou reffort , qui, étant remonté de proche en proche par le grand reffort , conferveroit une force conftante : c'eft ce même méchanifme que j'appliquai à cette Horloge, lorfque j'eus reconnu toute l'influence des inégalités du moteur fur le régulateur.

508. La roue d'échappement porte donc en deffous le reffort *auxiliaire b e* ; le bout extérieur de ce reffort eft attaché & fixé à un piton porté par une des croifées de la roue, & le bout intérieur eft arrêté au canon du pignon de la roue d'échappement ; ce pignon ne fait point corps avec la tige de cette roue, mais, au contraire, en eft féparé. Pour cet effet, ce pignon eft percé dans fa longueur, & porte un canon qui entre librement fur le tigeron de la roue d'échappement : une petite virole, qui entre à frottement fur le bout du tigeron, retient le pignon felon fa longueur, en lui laiffant la liberté de tourner aifément : ce pignon, ainfi porté par la roue d'échappement, peut donc tourner féparément de la roue ; & le reffort auxiliaire, arrêté au canon du pignon, fe trouve donc bandé ; & on peut le contracter plus ou moins, felon qu'il eft convenable pour le régulateur. Cela entendu, on concevra aifément comment le grand reffort peut remonter réguliérement le reffort auxiliaire.

509. La petite roue moyenne engrene, comme j'ai dit, dans le pignon de la roue d'échappement & dans celui de la roue de remontoir : le pignon de volant, que fait tourner cette roue, porte deux bras diamétralement oppofés : ces bras portent deux chevilles qui font alternativement arrêtées fur le bras d'une détente *f* qui porte un grand bras, lequel va agir

___

([a]) *Huyghens* avoit propofé pour ce moteur auxiliaire un petit poids qui devoit être remonté par le grand reffort toutes les minutes.

fur 4 petites levées formées fur l'axe de la roue de fecondes ;
à chaque quart de minute, cette roue éleve la détente, &
laiffe la liberté au rouage de tourner & de remonter le reffort
auxiliaire d'un quart de tour : le rouage demeure ainfi fufpendu
pendant un quart de minute : au bout de ce temps une des petites levées de la roue d'échappement fait agir le rouage , &
ainfi de fuite : d'où l'on voit que les aiguilles des minutes &
des heures ne tournent pas uniformément , mais par intervalles , de quart en quart de minute. On concevra aifément , par
ce que je viens de dire , l'effet de cette détente qui reffemble
à celle d'une fonnerie , & on comprend que la roue de remontoir & le volant font faits pour modérer la trop grande vîteffe
avec laquelle le reffort auxiliaire feroit remonté fans cette
précaution : cela fert en même temps à affûrer les effets de la
détente ; & comme elle agit fur un grand bras du volant , la
preffion qu'elle en reçoit eft très-petite , & diminue la réfiftance que les petites levées éprouvent pour élever la détente :
cela feul eût dû exiger cette addition de la roue de remontoir
& du volant, fans lefquels la détente auroit été extrêmement
dure à lever , & fujette à manquer fi elle eût agi fur la petite
roue moyenne.

5 1 0. La roue d'échappement *g* porte 30 chevilles , lefquelles agiffent fur les bras de deux leviers *h* , *i* portés par
l'axe *l* du balancier *A A*. Nous expliquerons ci - après l'effet &
le méchanifme de cet échappement : cette figure ne fuffit pas
pour le faire entendre.

5 1 1. Le régulateur eft formé par deux balanciers de même
grandeur & de même pefanteur ; ils font fufpendus par des refforts, de la même maniere que ceux de l'Horloge , N°. 1 ,
afin de diminuer par-là le frottement que cauferoit leurs poids ;
ils fe communiquent leur mouvement par des roues d'engrenage , pour les raifons expliquées (360). Les axes de ces balanciers fe meuvent chacun entre fix rouleaux , ce qui diminue
confidérablement le frottement que leurs pivots éprouve-
roient , s'ils rouloient fimplement dans des trous. Le bout inférieur de chaque axe de balancier porte un reffort fpiral ,

dont la force élaftique demeure toujours fenfiblement la même au moyen du méchanifme de compenfation qui lui rend ou lui ôte la force perdue ou acquife par le chaud ou par le froid.

512. *B B* , *B B* font les ponts auxquels font fixés les refforts *m m* , *m m* de fufpenfion des balanciers ; ces refforts font attachés aux ponts & aux axes à peu-près de la même maniere que ceux de l'Horloge , N°. 1 , (410).

513. Le balancier *A A* porte lui feul l'échappement , & communique au balancier *D D* , au moyen des roues d'engrenages *E E* , *F F* , le mouvement que le premier reçoit du moteur ; & la propriété de ces deux balanciers , ainfi liés entr'eux par ces roues d'engrenage eft telle que , fi l'un des deux reçoit une agitation qui tende à augmenter ou diminuer fon mouvement , cet effet eft auffi-tôt corrigé par le mouvement imprimé à l'autre balancier par la même agitation , & en fens contraire du premier.

514. 1 , 2 , 3 , 4 , 5 , 6 : 1 , 2 , 3 , 4 , 5 , 6 : font les rouleaux qui contiennent les axes de balancier pour en réduire le frottement : *G G* , *H H* , font les axes de balancier ; les bouts inférieurs *G G* , *H H* , portent les refforts fpiraux *I I* , *K K*.

515. *L L* , *L L* eft un des chaffis de compenfation , le fecond placé à la même hauteur ne peut être vu : *M M* , *M M* font les ponts des pinces-fpiraux 7 , 7 : les axes 8 , 8 des pinces-fpiraux portent les branches 9 , 9 , fur lefquelles entrent les boîtes mobiles 10 , 10 : les chevilles portées par ces boîtes appuient contre les grands leviers de compenfation ; les axes 12 de ces leviers font mobiles entre les ponts 13 , 13.

516. La tige *n o* eft l'axe d'une détente ou piece de précaution pour arrêter le balancier *D D* avant que le grand reffort foit tout-à-fait au bas : elle porte en *p* une palette fur laquelle vient s'arrêter une cheville du balancier , & en *q* , un bras dont le bout va agir fur une cheville *r* d'une étoile que fait mouvoir le quarré de fufée. La figure de la Planche VI fervira à faire entendre les effets de cette difpofition que nous expliquerons ci - après.

PLANCHE VI.

517. La figure de la Planche VI repréfente le plan ou vue en plan de l'Horloge Marine, N°. 2, dont on a ôté le cadran. *A B* eft la cage du mouvement vue du côté de la cadrature; cette cage eft attaché par deux vis *CD*, fur la cage *E F* du régulateur. Les ponts *G*, *G* font ceux qui foutiennent les balanciers par les refforts de fufpenfion, ces ponts font attachés fur la platine *FF* du régulateur. *H*, *I* font les balanciers, & *K*, *L* deux rouleaux; les autres rouleaux font ponctués étant cachés par les platines. Le balancier *H* porte deux chevilles pour régler l'étendue des vibrations au moyen du pont *M*. Les fentes *N*, *N* des platines fervent à ôter les balanciers fans démonter les cages, en démontant feulement les rouleaux *K*, *L*, & les correfpondants de la cage inférieure qui ne font pas vus ici.

518. *O* eft le barrillet, & *P* fon encliquetage, *Q* eft le quarré de fufée. La roue de fufée ponctuée *Q* engrene dans le pignon *R* de minute; la roue *S* de minute engrene dans le pignon *T* de la petite moyenne *a*, celle-ci engrene, comme je l'ai dit (506), dans le pignon *b* de la roue d'échappement, & dans celui *c* de la roue de remontoir : cette roue de remontoir engrene dans le pignon *d* de volant. Ces roues & pignons font ponctués à caufe qu'ils font placés au-deffous de la platine *Q* qui les cache; le volant *e* eft fait fort grand, afin de modérer le mouvement de la petite moyenne lorfqu'elle remonte le reffort auxiliaire.

519. Le bout *f* de la détente *fg* porte deux chevilles qui fervent à arrêter le bras *h* du volant, & à le laiffer échapper, lorfque le bout *g* de cette détente, après avoir été élevé par une des quatre levées portées par l'axe de la roue d'échappement, vient à retomber; & c'eft alors que le volant fait un tour, & que le reffort auxiliaire eft remonté : ce reffort auxiliaire *l* eft placé au-deffous de la roue d'échappement *V*, le bout extérieur attaché par un piton rivé fur une croifée, & le bout intérieur de ce reffort attaché au canon du pi-

gnon *b* auffi placé deffous la roue, quoique la figure le repréfente au-deffus.

520. La plaque *X* fur laquelle font placés les leviers ou
crochets d'échappement, & leurs ponts, porte en deffous un canon
fendu qui entre fur le bout de l'axe de balancier faillant
au-deffus des rouleaux; ce canon porte deux vis qui fervent
à fixer très-folidement cette plaque & fon canon avec l'axe
de balancier. C'eft à cet ufage que le canon eft fendu, afin
que les vis, par leurs preffions, ferrent le bout de l'axe, comme
on le fait avec un *cuivrot à vis.*

521. La roue d'échappement *V* porte trente chevilles
qui agiffent alternativement fur les leviers terminés en crochets *m, n.* Ces leviers font fixés fur des axes, & portent des
pivots qui font mis en cage entre la plaque *X* & les ponts *o, p,*
& font placés à égales diftances du centre de la plaque ou axe du
balancier. Les bouts fupérieurs des axes des leviers portent de
petites fourchettes, dans chacune defquelles entre le bout extérieur d'un petit reffort fpiral: les bouts intérieurs font arrêtés
aux pieces *f, t* attachées aux ponts *o, p;* au moyen de ces refforts,
les leviers *m, n* peuvent céder à deux mouvements, & aller &
revenir fur eux-mêmes, effet néceffaire dans cet échappement.

522. J'ai déja dit que cet échappement eft à recul, &
il ne peut même agir fans cette condition indifpenfable, que
je vais tâcher de faire concevoir. Lorfqu'une cheville de la
roue *V* agit fur le levier *m,* le balancier tourne de *X* en
m, & le levier *n* venant à entrer dans l'intervalle d'une cheville, fon crochet vient appuyer fur la cheville *u,* & le
balancier continuant à tourner dans le même fens, ce crochet
fait rétrograder la roue; enforte que la cheville qui agiffoit
fur le levier *m* ceffant d'appuyer fur fon crochet, fon petit
reffort, qui avoit été tendu par le mouvement de la levée, fe
débande, & porte le levier contre le centre du balancier, &
dégage le crochet d'entre les chevilles: c'eft de ce moment
que la levée du levier *n* eft produite, & que fon reffort fpiral fe bande; & cela continue jufqu'à ce que, le balancier revenant fur lui-même, le crochet *m* vienne fe préfenter à une

cheville de la roue, & que le balancier, en continuant fon mouvement, faffe rétrograder la roue, & dégage le levier de la même maniere que nous l'avons expliqué pour celui n, & ainfi de fuite.

523. Pour que les balanciers ne puiffent pas, par des contre-coups, remonter, & caffer les refforts de fufpenfion, les plaques X, Y auxquels ces refforts font attachés, font formées de deux plaques, laiffant entr'elles un intervalle fuffifant pour y faire paffer les pieces d'acier x, y qui vont fe préfenter aux pointes des axes des balanciers, & les retiennent de façon qu'elles n'y touchent pas; mais, fi l'on met le cadran de l'Horloge en en bas, quand on travaille au méchanifme de compenfation, ou aux refforts fpiraux, &c, ces pointes appuient fûrement fur les pieces x, y, fans que les refforts de fufpenfion fouffrent.

524. 1, 2 eft une détente qui fert à faire marcher l'Horloge pendant qu'on la remonte, étant preffée par le reffort 3 qui fupplée à la force du grand reffort ou moteur: un bras à pied de biche placé en dedans de la cage va agir fur la roue de minute S. Le bras 1 de cette détente recouvre le trou de remontoir, enforte qu'on ne peut y faire entrer la clef fans faire tourner le bras 2 qui va au cadran; & en découvrant le trou, on met en action le bras à pied de biche fur la roue de minute, & le reffort qui la preffe fait marcher l'Horloge pendant qu'on la remonte.

525. La palette Q placée fur le quarré de fufée fert à faire tourner la roue z, de forte que, lorfque le reffort eft monté au haut, la palette ne trouvant plus de dent, appuie fur le bord de la roue, & fert d'arrêt ou garde-chaîne; mais cette difpofition eft particuliérement deftinée à un autre ufage, dont il faut faire fentir la néceffité. La force du reffort auxiliaire l doit être dans un certain rapport avec le régulateur, & cette force une fois donnée ne doit pas changer : lors donc que l'on a bandé le reffort auxiliaire à ce point convenable, en lâchant plus ou moins la détente gf, il faut avoir grand foin de le conferver en cet état; or pour

cela,

cela, il faudroit que l'Horloge ne s'arrêtât jamais toute feule, & que le grand reffort n'allât jamais jufqu'*au bas*, fans quoi, lorfque le grand reffort feroit au bas, & qu'il ne pourroit plus remonter le reffort auxiliaire, celui-ci ayant, je fuppofe, un ou deux tours de bande, continueroit cependant à entretenir le mouvement des balanciers, jufqu'à ce que lui-même fût au bas ; or en remontant de nouveau le grand reffort, il remonteroit le reffort auxiliaire dans l'état où il eft au moment actuel, c'eft-à-dire, reftant au bas, &, par conféquent, n'ayant plus la tenfion requife pour le régulateur ; ainfi, quoique le grand reffort fût remonté, & les balanciers remis en mouvement, ils ne pourroient plus marcher, & l'Horloge arrêteroit jufqu'à ce qu'on rendît de nouveau au reffort auxiliaire fa véritable bande. Pour parer à cette difficulté, j'ai difpofé une détente qui arrête le balancier avant que le grand reffort foit tout-à-fait au bas : c'eft à faire agir cette détente que la palette Q & la roue z font deftinées. Pour cet effet, la roue z porte une cheville 4 qui vient agir fur le bras 5 de la détente 6, 7, lorfque la fufée eft à fon dernier tour de chaîne : la palette Q agiffant fur la roue z, & la dent 8 de cette roue étant parvenue à l'angle du fautoir g, celui-ci continue de faire avancer la roue & par un mouvement vif, alors le bras 7 s'approche du balancier, dont la cheville 10 va s'arrêter fur la palette 11, ainfi le balancier s'arrête tout d'un coup : cette palette 11 fe meut fur deux pivots & eft preffée par un reffort, afin que fi, au moment que la détente s'approche du balancier, la cheville 10 du balancier fe trouvoit fituée devers N de l'autre côté de la palette, le balancier en revenant devers E, cette cheville fît céder la palette : de forte que le balancier retournant enfuite fur lui-même, fa cheville 10 s'arrêteroit fur la palette 11.

526. La cheville 10 du balancier eft tellement placée que l'arrêt du balancier fe fait au-deffus de l'arc de levée de l'échappement, enforte que dès qu'on lâche la détente, l'Horloge marche de nouveau & toute feule ; or, en fuppofant que l'Horloge fe fût arrêtée faute d'être remontée, &

Z *

qu'on vienne à la remonter, dès que la palette Q agiffant en fens contraire, fera rétrograder la roue z, la cheville 4 ceffant d'appuyer fur le bras 5 de la détente, un reffort droit dont on voit la tête b éloignera la détente du balancier, & celui-ci reprendra fon mouvement, & l'Horloge marchera toute feule.

527. La détente fg eft mobile en 12 fur deux pivots, & maintenue par le pont 13 : cette détente eft preffée par un reffort léger contre les levées portées par l'axe de la roue d'échappement.

528. Les plaques X, Y ārrêtées aux axes de balancier portent en deffus au centre, de petits canons dans lefquels entrent les bouts des refforts de fufpenfion de balancier qui font traverfés par des goupilles, ce qui lie les refforts aux axes. Les bouts fupérieurs de ces refforts portent des canons fixes, lefquels ont des rebords pour appuyer fur le deffus des ponts G, G, ces rebords font preffés par des ponts 14, afin que les refforts de fufpenfion ne puiffent tourner.

529. Les barretes 15, 15 fervent à contenir les pivots fupérieurs des rouleaux $I L$; en ôtant ces barretes, on peut démonter les rouleaux & les balanciers.

530. Le pont 16 eft celui de la roue de renvoi 17 de cadrature qui engrene dans la roue de chauffée R, & le pignon de la roue de renvoi dans la roue 18 de cadran.

531. La grande platine $N N$ forme avec la platine FF la cage du régulateur; elle eft plus longue que la fupérieure, parce que, comme elle porte en deffous les chaffis de compenfation, il étoit néceffaire que ces chaffis euffent la plus grande longueur.

P L A N C H E VII.

*Defcription du Méchanifme de compenfation de
l'Horloge Marine, N°. 2.*

532. La Figure de la Planche VII. repréfente le deffous

de la platine inférieure du régulateur , fur laquelle eſt placé tout ce qui appartient au méchaniſme de compenſation. *AB*, *A B* ſont les balanciers , & *B* , *B* leurs croiſées apparentes : *C* , *C* des parties de rouleaux : *D* , *D* les coquerets de ces rouleaux que l'on démonte quand on veut retirer les balanciers : les coquerets ſervent auſſi à donner le jeu convenable aux axes des balanciers.

533. Les reſſorts ſpiraux *E* , *E* ſont placés en dehors des rouleaux , & attachés aux bouts ſaillants des axes de balancier ; par cette diſpoſition on peut démonter les reſſorts ſpiraux pour en changer , les travailler , &c , ſans démonter les balanciers , précaution eſſentielle pour faciliter les opérations de la main-d'œuvre : le bout intérieur de chaque reſſort ſpiral eſt atta-ché à une virole à mâchoire ſerrée par des vis à-peu-près comme celle de l'Horloge , N°. 1 ; & les bouts extérieurs de ces reſſorts ſont arrêtés aux pitons *F* , *F* par des couſſinets preſſés par derriere par les vis *a* , *a*. Ces pitons ſont fixés par des vis *b* , *b* paſſant dans des fentes pour laiſſer aux ſpiraux la facilité de prendre leur véritable poſition pour n'être pas for-cés (400).

534. *G* , *G* ſont les ponts des pinces-ſpiraux *H* , *H* : les boîtes *H* , *H* forment par leurs bouts prolongés des fentes entre leſquelles paſſent librement & juſte les lames de cha-que ſpiral ; ainſi , ſi l'on fait tourner ces pinces-ſpiraux de *H* devers les pitons , les reſſorts ſpiraux deviendront plus longs , & l'Horloge retardera ; & au contraire l'Horloge avancera ſi on les fait tourner de l'autre ſens : il faut donc faire mouvoir les pinces-ſpiraux de maniere que les reſſorts , devenus plus courts , acquierent l'élaſticité convenable tant pour compenſer celle que la même chaleur a fait perdre aux reſſorts que pour la quantité requiſe pour le retard produit par la dilation du ba-lancier devenus plus grands (262) ; tel eſt l'objet du mécha-niſme de compenſation. Pour donner aux pinces-ſpiraux toute la mobilité & la ſolidité néceſſaire , ils ſe meuvent ſur des pivots , & roulent bien juſtes dans les trous des doubles ponts *G c* , *G c* qui leur ſervent de cage.

Z ij

535. Les bras H, H des pinces-fpiraux portent diamé-tralement les index I, I formés de la même piece que les bras H, H. Au-deffous des index paffent les petits rateaux gra-dués d, d, fixés par des canons fur l'axe des pinces-fpiraux. Les bras & index HI, HI peuvent tourner fur ces rateaux avec lefquels ils font centrés par leurs trous qui entrent jufte fur les canons des rateaux; & ils font retenus après ces ra-teaux au moyen des vis de preffion e, e qui lient les bras HI, HI, & les rateaux dd en ne leur laiffant que la liberté de tourner un peu à frottement dur, lorfqu'on veut régler l'Horloge. Les vis de rappel f, f fervent à cela.

536. Les axes de pinces-fpiraux portent chacun un bras g, g, fur lefquels coulent à volonté des boîtes h, h portant par en bas des chevilles qui appuient fur les grands bras L, L des leviers de compenfation; ces boîtes h, h fervent à augmenter ou diminuer la compenfation, felon qu'on les éloi-gne ou qu'on les rapproche des centres des pinces-fpiraux.

537. Les leviers de compenfation L, L font mobiles en i, i, fur deux pivots mis en cage entre la platine & les ponts M, M; les chevilles m, m fixées aux petits leviers $i\,m$ & im qui font liés avec les grands leviers M, M, appuient fur le bout prolongé des tringles de cuivre du milieu des chaf-fis de compenfation NO, NO. Or, on a vu (402) que l'excès de dilatation des tringles de cuivre de ces chaffis, fur la dilatation des tringles d'acier produit en m, m un mou-vement affez fenfible pour mouvoir ces leviers; c'eft ce mou-vement qui fert à la compenfation des effets du chaud & du froid.

538. Les refforts P, P fervent à faire fuivre continuel-lement aux pinces-fpiraux le mouvement qui leur eft impri-mé par les leviers L, L, & qui eft produit par les chaffis de compenfation NO, NO. Pour cet effet, ces refforts agif-fent près des centres des pinces-fpiraux fur des talons pra-tiqués à cet ufage; ainfi les chevilles des boîtes h, h preffent continuellement fur les leviers L, L, & les chevilles de ceux-ci fur les bouts des tringles de cuivre, & fuivent par con-

féquent les impreffions que la chaleur & le froid impriment à ces chaffis.

539. Les index portés par les petits rateaux gradués d, d des pinces-fpiraux fervent à marquer fur les portions de cercles ou ponts Q, Q, le chemin que les chaffis compofés font faire aux pinces-fpiraux, & ils fervent fur-tout à eftimer à coup fûr fi ces chaffis ne font pas gênés, & fi les refforts P, P ne font pas trop forts, relativement à l'effet que ces chaf-fis peuvent fupporter. On juge de cela, lorfque ces index étant preffés d'un ou d'autre côté ne reviennent pas exactement à la même divifion. Or un tel défaut eft un des plus effen-tiels, puifque, lorfqu'il a lieu, on ne peut jamais s'affurer que l'Horloge étant expofée aux mêmes degrés de tempéra-rature, la compenfation fe faffe de la même maniere, & que les pinces-fpiraux reviennent aux mêmes points. Il faut donc que les tringles de ces chaffis ne brident pas du tout : que les pivots des leviers foient parfaitement faits & très-libres, & que la force des refforts foit exactement proportionnée à la folidité des chaffis, & au chemin ou efpace parcouru par les pinces-fpiraux pour la compenfation.

De la fufpenfion de l'Horloge.

540. Le mouvement de cette Horloge eft renfermé dans une boîte quarrée de cuivre foudé, afin d'éviter par-là le paffage du mauvais air; elle eft recouverte par un couver-cle auffi de cuivre que l'on met après que le mouvement eft placé dans la boîte. Le mouvement fe fixe à la boîte par le moyen de quatre vis qui traverfent les pieds NN, NN figure de la Planche V, & qui font taraudés dans le fond de la boîte : le couvercle porte la lunette & la glace du cadran de l'Horloge ; ce couvercle entre très-jufte fur la boîte, après laquelle il eft arrêté par plufieurs vis. Les mouvements de la fufpenfion font arrêtés à la boîte : cette fufpenfion n'eft pas ici repréfentée ; celle de l'Horloge, N°. 7, Planche XVII, qui lui eft femblable, nous en difpenfe pour ne pas multi-plier inutilement les figures.

Expériences faites avec l'Horloge Marine, N°. 2.

Première Expérience.

Sur le nombre de Vibrations le plus convenable à cette Horloge.

541. DANS les Horloges à pendule, le nombre des vibrations que l'on veut faire battre eft néceffairement déterminé par la longueur du pendule que l'on a adopté ; ou, au contraire, fi le nombre des vibrations eft donné, la longueur du pendule le devient auffi-tôt, fans que l'Artifte puiffe fe permettre de changement, ils font rendus impoffibles par des loix invariables. Il n'en eft pas de même des Horloges réglées par des balanciers ; on peut à volonté faire battre des vibrations promptes à un grand balancier, & des vibrations lentes à un petit balancier ; mais, quoique l'on n'éprouve pas un obftacle abfolu pour fe permettre ce renverfement d'ordre, puifqu'il eft plus naturel de faire battre comme dans les pendules des vibrations promptes aux petits balanciers & des lentes aux grands, cela tient à de certaines bornes qu'on auroit bien de la peine de franchir ; ou, tout au moins, il en réfulteroit des vices fi grands que l'on ne tarderoit pas à s'appercevoir qu'on a *forcé nature*. Perfuadé de cette vérité, je fis, avec les balanciers de ma premiere Horloges, des expériences pour connoître quelles feroient les efpeces de vibrations qui leur feroient le plus convenables (97). Les plus lentes, dont la durée feroit de 6 fecondes, auroient été plus favorables ; & je ne m'arrêtai à celle d'une feconde que pour la facilité de l'ufage de l'Horloge & des obfervations : ajoutez à cela que des vibrations fi lentes font plus fufceptibles des agitations (96).

542. Auffi-tôt que les deux balanciers de l'Horloge, N°. 2, leurs fufpenfions & leurs rouleaux furent achevés, en un mot, dès que tout ce qui concerne le régulateur fut terminé, je répétai la même expérience pour juger du nombre de vibrations que je devois employer : j'adaptai des refforts fpiraux

affez forts pour faire battre les demi-fecondes ; mais, je trouvai que ces vibrations étoient trop promptes pour la grandeur & le poids des balanciers ; enforte qu'à chaque vibration, les axes ou pivots donnoient des fecouffes affez vives aux rouleaux ; je changeai de reffort, & j'y en mis de plus foibles, pour avoir des vibrations d'une feconde : ce qui réuffit très-bien, les rouleaux étant moins fatigués. Par-là j'obtins la facilité d'adapter l'échappement à crochet & à reffort, dont les effets ne peuvent être produits fûrement avec des vibrations plus promptes.

Seconde Expérience.

L'échappement de l'Horloge, N°. 2, eft fufceptible des plus petites inégalités de la force motrice.

543. Dès que l'échappement fut exécuté, je fis marcher l'Horloge, & j'éprouvai des variations très-fenfibles dans l'intervalle même de 24 heures. Le Thermometre reftant aux mêmes degrés : je ne pus les attribuer qu'à l'échappement, dans lequel le plus petit changement de la force motrice caufoit des écarts confidérables : les grands arcs étoient plus prompts & les petits plus lents. Je répétai affez long-temps & affez fouvent les expériences pour qu'elles ne puffent me laiffer aucun doute. J'aurois dû, dès ce moment, profcrire cet échappement; mais, féduit par la propriété qu'il a de n'avoir point ou du moins fort peu de frottement, & fur-tout de n'exiger pas d'huile, je m'opiniâtrai à vouloir le faire fervir: c'eft pour cette raifon que, fans trop examiner un méchanifme anciennement connu & fouvent employé, je me déterminai à l'adapter à cette Horloge, je veux parler du remontoir inventé par *Huyghens*, en 1675.

Troisieme Expérience.

Le Remontoir eft un méchanifme défectueux, inutile, nuifible.

544. Le remontoir difpofé, comme je l'ai expliqué, (507), & exécuté avec foin, ne corrigoit point ce défaut

essentiel que je voulois vaincre pour sauver l'échappement : mes soins & mon travail furent employés en pure perte ; car les arcs décrits par le régulateur varierent comme auparavant, & même plus, enforte que les variations de l'Horloge ne firent qu'accroître par cette addition. Je ne rapporte ici que le précis des expériences faites à ce sujet, & je ne parle même pas des tentatives que j'ai faites pour corriger le remontoir en égalifant par une fufée la force du reffort auxiliaire. Cette invention, toute féduifante qu'elle a pu paroître en idée, eft fi défectueufe en réalité, que je regrette beaucoup le temps employé à me détromper, fâché de ne l'avoir pas jugé avant de me déterminer à l'exécuter,

QUATRIEME EXPÉRIENCE.

L'Horloge étant droite ou inclinée, les Arcs de vibration varient trop fenfiblement.

545. Ayant incliné l'Horloge d'environ deux degrés, les arcs de vibration ont diminués de $1°\frac{1}{4}$, ce qui a fait retarder l'Horloge : cette diminution dans les arcs eft caufée par le frottement exercé fur les pivots des rouleaux, qui parcourent trop d'efpace, parce que les axes de balanciers font beaucoup trop gros. Cela vient auffi de la mauvaife exécution des pivots des rouleaux, &c, comme nous l'expliquerons ci-après,

CINQUIEME EXPÉRIENCE.

Sur la Compenfation du chaud & du froid.

546. J'ai fait plufieurs expériences avec cette Horloge pour l'amener au point requis pour la compenfation du chaud & du froid, mais fort inutilement, quoique le méchanifme de compenfation foit tel que la compenfation étoit même trop forcée, enforte qu'il paroiffoit facile de lui trouver le point convenable ; mais les vices de l'Horloge même dépendant des

autres

autres parties, ont toujours empêché de pouvoir diftinguer les erreurs provenant de l'échappement, de l'inégalité de la force motrice, du remontoir, de l'engrenage &c, d'avec celles qui étoient caufées par la compenfation : d'où l'on voit combien il eft effentiel de rendre parfaite chaque partie féparément, afin que, dans les expériences·à faire, les défauts de l'une ne fe confondent pas avec ceux d'une autre.

Examen des défauts de l'Horloge, N°. 2, & des moyens de lui donner toute la perfection dont elle eft fufceptible

547. PARMI les défauts que j'ai découverts à cette Horloge, par grand nombre d'expériences dont je n'ai rapportai qu'une partie, il y en a qui font des vices de conftruction, & d'autres qui font ceux de l'exécution.

548. L'échappement & le remontoir peuvent paroître féduifants, & cependant ils font l'un & l'autre conftruits de forte qu'ils deviennent vicieux & défectueux par leur propre nature, en fuppofant même l'exécution la plus parfaite. Si donc on vouloit donner à l'Horloge N°. 2, toute la perfection dont elle pourroit d'ailleurs être fufceptible, il faudroit commencer par fupprimer tout-à-fait le remontoir comme défectueux, inutile & nuifible, ainfi qu'il eft bon de le faire voir ici.

548. 1°, Si le reffort auxiliaire n'eft pas remonté à chaque fois exactement dans le même temps, il aura plus ou moins de force ; or le volant qui regle la vîteffe du remontage tourne plus ou moins vîte felon l'inégalité de la fufée du grand reffort, par le frottement du grand reffort, l'inégale tenacité des huiles, & les inégalités des engrenages.

2°, Les expériences que j'ai rapportées ci-deffus prouvent l'inutilité de ce méchanifme.

3°, Le remontoir peut être nuifible, parce que les effets de fes détentes font moins fûrs que celui d'un fimple rouage ; ce méchanifme caufe d'ailleurs une augmentation d'ouvrage & beaucoup de difficulté d'exécution en pure perte, & dans aucuns cas il ne peut avoir une application utile.

A a *

550. Quant à l'échappement à crochet & à reſſort, ce que j'en ai dit ci-devant montre la néceſſité de l'abandonner malgré ſes avantages, puiſqu'il eſt ſujet à des défauts plus grands que ceux qu'il évite. Pour donner donc à cette Horloge toute la perfection deſirable, il faudroit changer d'échappement. Je n'en propoſe point d'autres pour le préſent, renvoyant pour cela au Chapitre XII qui traite de l'*Échappement à vibrations libres.*

551. Cette Horloge eſt beaucoup trop compliquée : un ſeul balancier, comme je l'ai employé depuis, auroit donné beaucoup plus de ſimplicité & de préciſion.

552. Il ſeroit bien préférable de faire marcher l'Horloge avec un poids.

553. Les défauts que nous venons d'indiquer, appartiennent à la combinaiſon de l'Horloge. Nous allons en indiquer d'autres qui dépendent de l'exécution, & quelques-uns qui ſont des vices de dimenſions ou de proportions.

1°, Les rouleaux ſont trop foibles & fléchiſſent.

2°, Les pivots des rouleaux ne ſont pas faits avec de l'acier aſſez bon : ils n'ont pu ſe tourner parfaitement rond.

3°, Les axes ou pivots de balancier ne ſont pas faits non plus avec de l'acier aſſez bon, ils n'ont pu être tourné bien rond ; ces pivots ſont beaucoup trop gros.

554. Immédiatement après que j'eus fait, avec cette Horloge, les expériences que j'ai rapportées, je fis l'examen de ſes défauts & de ſes avantages. Le régulateur étoit aſſez favorablement diſpoſé pour devoir eſpérer une grande juſteſſe de cette machine, en y appliquant les corrections & les perfections qu'elle exigeoit ; mais je fus effrayé du travail que cela entraînoit, & j'aimai mieux recommencer de nouvelles Horloges que d'employer mon temps à perfectionner celle-ci. C'eſt le même eſprit que je n'ai pu vaincre qui m'a conduit à exécuter juſqu'aujourd'hui dix Horloges Marines, & je ne puis encore dire qu'il ne reſte rien à deſirer.

554. Pour terminer ce qui concerne cette Horloge, j'avoue que j'ai quelques regrets de n'avoir pas eu plus de conſ-

tance pour la perfectionner ; car la difpofition du régulateur (l'ame d'une machine qui mefure le temps) eft très-bonne, & n'a péché que par une mauvaife exécution qu'il étoit facile de corriger , en confervant même l'échappement (le remontoir fupprimé) , & en employant un poids pour moteur , comme je l'ai fait depuis avec fuccès. J'aurois obtenu une grande jufteffe de cette machine , fur-tout fi je me fuffe dèflors appliqué , comme je l'ai fait depuis , à rendre les ofcillations ifochrones par le fpiral , au lieu de vouloir l'exiger de l'échappement feul (139).

CHAPITRE V.

De l'Horloge N°. 3, ou de la Montre Marine.

556. LES deux premieres Horloges Marines que nous venons de décrire font conftruites de forte qu'elles ne peuvent fupporter que des mouvements , tels que font ceux d'un Vaiffeau. Dans le même temps que je compofai l'Horloge , N°. 2, je travaillai à la conftruction d'une Horloge (ª) qui pût fervir & à la mer & fupporter les mouvements d'une voiture. C'eft celle dont nous allons traiter , & à laquelle pour cette raifon j'ai donné la forme d'une Montre ; je l'appelle auffi par la même raifon *Montre Marine* ou *Horloge Marine* , N°. 3.

557. Nous avons fait voir que l'ufage auquel on deftinoit une machine pour mefurer le temps , conftituoit la nature de fon régulateur : ainfi dans les Horloges uniquement deftinées pour la mer , on peut employer , comme je l'ai fait dans mes deux premieres Horloges , un grand balancier pefant à vibrations lentes. Mais dans une Horloge portative qui doit éprouver des mouvements plus irréguliers , il faut que la vîteffe de fon balancier , & le nombre de fes vibrations fuppléent à la maffe d'un grand balancier à vibrations lentes.

(ª) Elle fut commencée le même jour que N°. 2 , & elle a été terminée long-temps avant. C'eft la même que j'éprouvai à Breft en 1764 par ordre du Roi , & que j'ai depuis confié à M. l'Abbé *Chappe. Voyez* Appendice , N°. 6.

A a ij

558. Je conftruifis en conféquence de ces Principes, Nᵒ. 3 , avec un balancier qui fit 4 vibrations par fecondes, & dont le diametre fût de deux pouces , & le poids de 3 à 4 gros ; telles furent les dimenfions que je propofai & que j'eftimai les plus convenables pour l'ufage de cette machine. Les expériences que nous rapporterons à la fuite de la defcription de cette machine , juftifieront la bonté des principes & des dimenfions d'abord données.

559. Pour réduire les frottements des pivots des balanciers à la plus petite quantité , je fis rouler chacun de fes pivots entre trois rouleaux, du plus grand diametre que le volume auquel je m'étois reftraint a pu permettre , & les pivots, tant du balancier que des rouleaux font auffi petits que la preffion qu'ils éprouvent , pouvoit le fouffrir.

560. La pofition des Horloges décrites ci-devant doit toujours être horizontale ; je difpofai au contraire la montre pour être verticale ainfi que le balancier : mais ayant cependant la propriété de devenir inclinée & même horizontale , fans troubler fenfiblement l'ifochronifme de vibration : d'où l'on voit que , dans une telle Horloge, on ne pouvoit faire ufage du reffort de fufpenfion du balancier ; mais pour égalifer, autant qu'il étoit poffible , le frottement par les pointes de l'axe de balancier à celui de la circonférence des pivots , je difpofai la machine de forte que , dans les pofitions inclinées ou horizontales , les pointes de l'axe de balancier rouloient fur des rubis d'Orient bien plats & polis. Ainfi, dans la pofition verticale , le balancier eft fupporté par les rouleaux , fans que les points portent contre ces rubis , qui ne font alors que maintenir l'axe felon fa longueur.

561. En donnant ainfi au régulateur la plus grande puiffance poffible pour fon volume, & relativement à la nature de la Montre , & en réduifant les frottements à la plus petite expreffion , l'action du chaud & du froid fur le fpiral & fur le balancier devoit néceffairement agir fortement fur la Montre pour en changer la marche : or la compenfation ordinaire des Montres qui fe fait par les frottements & les réfiftances des hui-

les, ne peut avoir lieu dans une telle machine, puifque, par nos principes (267), nous cherchions même à la dépouiller, finon de la totalité abfolue de ces réfiftances & frottements, au moins de la plus grande partie. Ainfi il étoit néceffaire, de même que nous l'avons fait dans nos Horloges Marines, d'employer un méchanifme de compenfation.

562. Le méchanifme de compenfation, que j'ai employé dans ma premiere Horloge, ayant très-bien réuffi, je l'appliquai également à la feconde Horloge & à la troifieme, & avec les difpofitions néceffaires pour en augmenter ou diminuer l'effet à volonté fur le fpiral : propriété effentielle pour parvenir promptement à la compenfation, non-feulement fans rien refaire, mais même fans démonter aucune partie & fans arrêter l'Horloge.

563. L'échappement, cette partie fi effentielle & fi difficile à appliquer dans une Horloge Marine, le devenoit encore plus dans une Montre Marine : auffi ai-je éprouvé les plus grands obftacles pour en trouver un qui puiffe remplir cet objet propofé, de tranfmettre fans perte au régulateur la force qu'il reçoit du rouage, & de ne pas troubler l'ifochronifme des vibrations par plus ou moins de force motrice ; ce n'eft qu'après des peines & des expériences fans nombre que je fuis parvenu à être fatisfait.

564. L'échappement à reffort & à leviers que j'ai employé dans l'Horl. N°. 2, avoit d'abord été compofé pour la Montre Marine ; mais je ne pus jamais le faire fervir avec des vibrations promptes, comme nous le verrons ci-après, lorfque nous donnerons l'extrait du Journal & des Expériences faites avec cette Montre. L'échappement actuellement appliqué à cette Montre eft celui à cheville (a) & à repos d'un très-petit rayon : quoiqu'il ne fatisfaffe pas, à beaucoup près, à l'objet demandé, il m'a fervi à différentes expériences utiles, qui m'ont fait trouver mieux pour les autres Horloges que j'ai faites après celles-ci.

(a) Je viens d'appliquer à la Montre Marine un autre échappement dont je me promets du fuccès, comme on le verra ci-après. *Voyez* Chapitre XII.

565. Dans une Horloge Marine où , comme dans notre premiere , le régulateur eſt puiſſant , il eſt néceſſaire que l'action communiquée à l'échappement ſoit conſtante , en ſuppoſant même iſochrones les grands & petits arcs (305). Or cette néceſſité eſt encore plus abſolue dans une Montre Marine où le régulateur a moins de puiſſance pour maîtriſer les inégalités du rouage & du moteur ; il faut donc que le rouage ſoit conſtruit avec toutes les précautions qui peuvent le rendre le plus parfait , par la nature des engrenages & celle des frottements.

566. Dans notre Montre Marine, le moteur eſt néceſſairement un reſſort : or on ſait que, pour rendre égale ſon action ſur le rouage , il faut qu'il ſoit égaliſé par une fuſée ; mais, malgré cette belle invention, le reſſort eſt encore ſujet à pluſieurs défauts nuiſibles & qui rendent ſa force inégale , ſoit par le chaud & le froid , & particuliérement par ſes propres frottements ; d'ailleurs un reſſort perd de ſa force en marchant. Le reſſort a de plus le défaut de pouvoir caſſer, accident très-fâcheux qu'il eſt de la plus grande conſéquence de prévenir : auſſi me ſuis je fortement appliqué à rechercher les moyens de lever cette difficulté , & d'appliquer le reſſort pour moteur de l'Horloge de la maniere la plus favorable dont il peut être ſuſceptible , ſoit pour conſerver conſtamment ſa même force élaſtique , ſoit pour empêcher qu'il ne caſſe.

567. Quoique cette Montre Marine dût marcher par toutes ſortes de poſitions , cependant ſa véritable ſituation & la plus naturelle pour ſa conſtruction , étoit la verticale ; & pour qu'elle ne variât pas trop ſenſiblement , j'y adaptai une ſuſpenſion : & en ôtant la ſuſpenſion, elle pouvoit auſſi marcher étant horizontalement ; mais les pointes des axes de balancier éprouvoient trop de frottement , le poids du balancier étant trop grand relativement à l'effort que ces pointes ſont capables de ſupporter ſans s'émouſſer : & en la tenant verticale, j'ai ſouvent porté cette Montre dans une voiture (ſans ſuſpenſion) ſans que ſa marche ait été altérée, ou qu'elle ait varié ſenſiblement.

568. La ſuſpenſion de cette Montre étoit fort ſimple, & formée par une eſpece de genou. Cette ſuſpenſion a ſervi lorſ-

que cette Montre a été embarquée à Breſt, & dans le voyage de M. l'Abbé *Chappe* en Californie, j'y en ai depuis adapté une autre plus ſolide.

569. Cette Montre marche 36 heures ſans remonter : les ſecondes ſont concentriques au cadran ainſi que les aiguilles des heures & des minutes. Ainſi la conſtruction du rouage de cette Montre eſt à peu-près la même que celle d'une de mes Montres à ſecondes ordinaires (*Voy. Eſſ.* N°. 1991). La plus grande différence vient du balancier qui, dans la Montre Marine, eſt en cage, & contenu par des rouleaux qui en réduiſent le frottement.

Deſcription de la Montre Marine , N°. 3.

Planche VIII.

570. La Figure 1 repréſente le plan ou calibre des pieces contenues dans la cage de cette Montre : C'eſt le côté intérieur de la platine des piliers. *A* eſt le barrillet, *B* la roue de fuſée : l'ajuſtement de la fuſée avec la roue eſt fait comme dans les Montres ordinaires, à l'exception cependant que la fuſée s'attache au rochet d'encliquetage par deux vis, afin de pouvoir changer de fuſée ſans déranger l'arbre. Le crochet & garde-chaîne de la fuſée étoient d'abord faits à l'ordinaire, mais par la ſuite je les ſupprimai tout-à-fait par les raiſons que j'expliquerai ci-après, en rapportant les expériences & changements que cette Montre a ſubis.

571. La roue de fuſée *B* engrene dans le pignon *a* qui porte la grande roue moyenne *C*. Celle-ci fait un tour par heure. La roue *C* engrene dans le pignon *b* qui porte la petite roue moyenne *D*. Celle-ci engrene dans le pignon *c* de la roue de ſecondes. La roue de ſecondes eſt placée en dehors de la platine des piliers ſous le cadran, & placée dans l'épaiſſeur même de la platine percée à cet effet, comme on le voit en *E* (*Fig.* 2). La tige de cette roue porte l'aiguille des ſecondes ; le pivot ſupérieur qui porte l'aiguille roule dans un bouchon mis au pont *F F* : l'autre pivot roule dans la petite platine.

572. *G* (Figure 1) repréfente la détente qui fert à faire marcher la Montre pendant qu'on la remonte , le levier ou pied-de-biche *d* s'engage quand on déplace la détente dans les dents de la petite roue moyenne, & le reffort qui preffe cette détente fupplée à la force du grand reffort pour faire marcher la Montre pendant tout le temps que cette force motrice eft fufpendue lorfqu'on remonte le reffort.

573. Le balancier *H H* eft placé dans le milieu de la hauteur de la cage ; les pivots formés fur fon axe roulent fur la circonférence des rouleaux 1 , 2 , 3. Ces rouleaux font au nombre de fix , trois pour le pivot fupérieur faillant dans la cadrature pour porter l'échappement , & 3 pour le pivot inférieur faillant , en dehors de la petite platine , pour porter le fpiral.

574. La Figure 3 repréfente le profil de la cage de la Montre, & du régulateur qu'elle contient. Ce régulateur eft compofé du balancier *H*, & des rouleaux 1 , 2 , 3 , 4 , 5 , 6 : les rouleaux 1 , 2 , 3 font mis en cage entre la platine des piliers *A A* & la petite platine *B* de même diametre que le balancier : & les rouleaux 4 , 5 , 6 font mis en cage entre la *petite platine CC* & la platine *D* : le tout forme donc trois cages , & au milieu des deux petites cages des rouleaux paffe le balancier. *E E* eft la batte qui s'attache par trois vis à la platine des piliers , comme dans les répétitions ; cette batte fert à contenir les roues de cadran , l'échappement , la détente , &c , comme on le voit *Fig.* 2.

575. La roue de fecondes *E* (*Fig.* 2) engrene dans le pignon *f* de la roue d'échappement *I I* : cette roue *I I*, figurée comme on le voit en grand (*Fig.* 4) , agit fur le cylindre porté par le bout faillant de l'axe de balancier : le pivot de cet axe roule dans l'interfection formée par les rouleaux 1 , 2 , 3 (*Fig.* 2).

576. La Figure 4 repréfente une portion de la roue d'échappement : au lieu de dents , ce font des chevilles formées fur chaque côté , & prifes dans la roue même : les chevilles fupérieures agiffent fur la virgule *K* , & celles inférieures fur

la

la virgule *L* : le dedans de ces virgules eſt formé par des portions de cercles qui font le repos au moment qu'une des chevilles
y poſe. Ce cylindre à virgules eſt un canon découpé comme la
figure le repréſente ; il eſt emmanché ſur le bout de l'axe de
balancier ſaillant dans la cadrature. Le bouchon *M* eſt terminé
en pointe très-fine ; cette pointe eſt retenue par un pont placé
dans la cadrature qui porte un rubis, afin de diminuer le frottement qui ſe fait lorſque la Montre marche à plat, ou, qu'é-
tant inclinée, la pointe preſſe un peu ſur le rubis ; l'autre bout
de l'axe eſt également terminé en pointe qui poſe de même
ſur un rubis porté par le pont du pince-ſpiral : par ce moyen,
l'axe de balancier eſt maintenu ſelon ſa longueur, & n'éprouve,
par ſes pointes, qu'un frottement léger.

577. La Figure 2 repréſente le dehors de la platine des
piliers : c'eſt ſur ce côté que la batte *L L* s'applique pour ſervir à ménager une hauteur pour contenir, l'échappement, les
roues de cadrans, & les détentes. *M* eſt le pont du pignon
prolongé de la petite roue moyenne ; ce pignon *a* engrene dans
la roue de minute ou chauſſée, qui n'eſt pas ici repréſentée,
non plus que la roue de renvoi & de cadran, leurs diſpoſitions étant la même que celle des Montres à ſecondes concentriques. *Voyez Eſſai ſur l'Horlogerie N°. 1991. la conſtruction
de ces ſortes de Montres.*

578. L'échappement eſt placé en dehors de cette platine,
Fig. 2, ſous le cadran, pour plus de facilité à le démonter &
à le travailler, ſans rien déranger des autres parties de la
Montre : le pont *N* eſt celui de la roue d'échappement *I I* :
O eſt l'encliquetage du grand reſſort ou moteur.

579. J'ai ſupprimé le garde-chaîne ordinaire d'abord placé
à cette montre ; ce qui en tient lieu eſt la dent *P* portée par
le quarré de fuſée qui, à chaque tour, fait avancer une dent
de l'étoile *Q* maintenue par le ſautoir *R*. Lorſque le reſſort eſt
remonté au point convenable, l'étoile, ou roue *Q*, préſente à la
dent *P* ſa partie non taillée *b*, ce qui arrête la main & empêche de remonter le reſſort plus haut. Ce méchaniſme ſert
à faire arrêter le balancier par une détente, avant que le

reſſort ſoit tout-à-fait au bas ; & cet arrêt ſe fait de maniere qu'à l'inſtant qu'on remonte la Montre, le balancier reprend de lui-même ſon mouvement. Pour produire cet effet
à l'inſtant que le reſſort eſt prêt d'être au bas, la dent P agit
ſur l'étoile, & ayant amené la dent c à l'angle du ſautoir, celui-ci la fait avancer tout-à-coup, & la cheville d va pouſſer
le bout e de la détente ST mobile en f. L'axe de cette détente porte dans le milieu de la cage (*Fig 3*) le bras Lm qui
s'approche tout-à-coup du balancier ; celui-ci porte à ſa circonférence une cheville qui , en paſſant ſous la palette mobile m,
& étant preſſée par un reſſort, éloigne la palette ; & la cheville
s'arrête ſur le bout de la palette m, quand le balancier revient.
Le balancier eſt donc arrêté au-deſſus de ſon arc de levée ; ainſi,
en lâchant la détente, il reprend auſſi-tôt ſon mouvement : c'eſt
ce qui arrive quand on remonte la Montre : la cheville de l'étoile
s'éloigne de la détente S (*Fig.* 2) renvoyée par le reſſort V.

5 8 o. Lorſqu'on veut arrêter la Montre pour la mettre au
midi , &c, on ſe ſert de la même détente. Pour cet effet, on
pouſſe le bras g de la détente gh (*Fig.* 2) de g en i, & le bras
h pouſſe celui X de la détente STX, ce qui fait arrêter le balancier de la maniere que je l'ai expliqué ci-deſſus. Pour faire
marcher la Montre, on ne fait que repouſſer le bras g de i en g.

5 8 1. La détente YZ ſert à faire marcher la Montre pendant qu'on la remonte. Pour cet effet, on pouſſe le bras Y devers l: la partie Z qui bouchoit le trou du cadran le découvre,
& laiſſe la liberté de remonter la Montre. L'axe de cette détente porte en dedans de la cage la détente à pied de biche Gd
(*Fig.* 1), laquelle s'engage dans les dents de la roue de minute
ou grande moyenne, & par l'action du reſſort mm (*Fig.* 2), la
montre marche pendant qu'on la remonte.

5 8 2. La barette no qui ſert de pont au rouleau 3 ſert, en
démontant ce rouleau, à retirer le balancier ſans démonter les
autres parties de la Montre : la pareille barrette ou pont A
(*Fig.* 5) a le même uſage pour le rouleau correſpondant de l'autre bout de l'axe de balancier : ces deux rouleaux ôtés, on démonte le balancier, les platines étant fendues pour cela.

583. Le méchanifme pour la compenfation du chaud & du froid eft repréfenté dans la Fig. 5 , qui eft le côté extérieur de la petite platine de la grande cage : le bout de l'axe de balancier paffe de même ici entre trois rouleaux , comme le fait le bout du côté de l'échappement : le fpiral eft arrêté fur une virole ajuftée à frottement au bout de la partie faillante de l'axe hors du rouleau : le bout extérieur du fpiral eft fixé au piton *B* par une clavette : le fpiral paffe dans une fente faite à la boîte ou pince-fpiral *a* ; cette boîte s'arrête par une vis de preffion fur le bras *b* : le pince-fpiral *a* , *b* , *c* eft mobile en *d* fur deux pivots qui roulent dans la cage formée par le double pont *C D* , & concentriquement au balancier.

584. Le pince-fpiral porte un deuxieme bras *F*, dont la boîte *e* appuie fur le grand bras du levier *F G* mobile en *f* : le petit levier ou talon *G* du levier *F G* appuie fur le bout des verges de cuivre du milieu du chaffis de compenfation *H I* : ainfi , felon que le chaud & le froid agiffent fur le chaffis , le talon *G* fait mouvoir le levier *E* ; & par conféquent le pince-fpiral , ce qui corrige les écarts que la température cauferoit à la Montre fans cet artifice. Le reffort *L* preffe continuellement le pince-fpiral contre le grand levier , & celui-ci contre le chaffis pour en fuivre les mouvements.

585. Le pince-fpiral porte une vis de rappel en *g* pour régler la Montre : l'index indique fur le limbe gradué *c* les quantités dont on fait mouvoir le pince-fpiral.

586. Le petit rateau *c* porte un index qui marque, fur le pont gradué *K* , le chemin que fait le pince-fpiral lorfque la Montre change de température : *L* eft le pont de la fufée.

Nombre des dents des Roues & Pignons de la Montre Marine.

Roue de fufée B (*Planche VIII. Fig.* 1) 120 engrene pignon *a* 20 : grande moyenne C 128 engrene pignon *b* 16 : petite moyenne D 120 engrene pignon *c* : la roue de feconde E (*fig.* 2) *a* 60 engrene dans le pignon *f* de la roue d'échappement : ce pignon a 20 dents : la roue d'échappement porte 40 chevilles de chaque côté. La roue de minute à 128 dents, elle eft conduite par le pignon *a* : les roues de renvois de cadrature ont chacune 36 : le pignon 8 & la roue de cadran 96.

Dimensions de la Montre Marine, N°. 3.

La batte (*Fig.* 3) a 4 pouces 10 lignes $\frac{1}{2}$ de diametre.

La grande platine 4 pouces 5 lignes $\frac{1}{2}$.

Il faudroit donner 5 pouces de diametre à la batte, & 4 pouces 10 lignes à la grande platine, & augmenter à proportion la petite platine ; par ce moyen, les rouleaux ne déborderont pas la cage, & ils feront plus en sûreté.

Le chaffis de compenfation peut être de 5 lignes plus long qu'il n'eft, c'eft-à-dire, qu'il peut avoir 4 pouces 6 lignes du dehors au dehors ; il eft pofé dans le milieu de la platine, & dirigé au centre du barillet.

La hauteur des piliers eft de 10 lignes $\frac{1}{4}$; épaiffeur des platines $\frac{12}{12}$ de lignes.

Hauteur des piliers de la cage des rouleaux 3 lignes $\frac{1}{2}$; épaiffeur des platines $\frac{7}{12}$.

Largeur du reffort fpiral $\frac{7}{12}$; épaiffeur $\frac{4}{48}$.

Groffeur du pivot de fufée 1 lig. $\frac{9}{12}$.

Epaiffeur de la roue de fufée $\frac{9}{12}$.

Pivot de grande roue moyenne $\frac{8}{12}$.

De petite moyenne $\frac{12}{48}$.

De la roue de champ ou de fecondes $\frac{10}{48}$; celui qui porte l'aiguille $\frac{14}{48}$: ces pivots ont été diminués enfuite, & ont actuellement $\frac{8\frac{1}{2}}{48}$.

Celui de la roue d'échappement $\frac{7}{48}$ & $\frac{6\frac{1}{2}}{48}$.

Pivot de balancier, c'eft-à-dire, la partie qui fe développe fur les rouleaux, eft de $\frac{6\frac{1}{2}}{12}$ de ligne ; pivots de grands rouleaux, une partie ont $\frac{6\frac{1}{2}}{48}$, & l'autre $\frac{7}{48}$; les petits $\frac{6}{48}$.

Epaiffeur des rouleaux $\frac{14}{48}$; on peut leur donner $\frac{1}{3}$ de ligne.

La grande roue moyenne eft épaiffe d'un tiers de ligne ; elle eft à fleur de la grande platine.

Pour que l'action de la roue de fufée fur le pignon de grande roue moyenne fe faffe bien entre les deux pivots, j'ai mis un pont fous le cadran pour l'un de ces pivots, ce pont eft élevé de 4 lignes pris du deffous.

La petite roue moyenne eft un peu plus mince que la grande roue moyenne ; elle eft élevée à la hauteur de la petite platine des rouleaux portée par la grande platine.

La roue de champ ou de fecondes eft en dehors de la grande platine ; fon épaiffeur eft de $\frac{8}{12}$; la platine eft creufée de la moitié de l'épaiffeur de la roue ; dans cette creufure fe centre le pont de minute, lequel eft creufé en deffous pour le paffage de la roue de fecondes ; la creufure eft profonde de $\frac{10}{12}$ de lignes : il eft épais d'une demi-ligne.

La roue de minute eft élevée de 2 lig. $\frac{1}{2}$ au-deffous de la platine.

La roue de cadran eft élevée de 4 lignes.

La hauteur de la batte (ou fon épaiffeur) au-deffus de la platine, eft de 3 lignes $\frac{9}{12}$: elle peut être de 4 lignes.

Le cadran doit être plus petit que la platine.

Le pince-fpiral diftant du centre de 3 lig. $\frac{1}{2}$.

Longueur du rateau 8 lig.

Hauteur du pont pout la tige du rateau, eft de 2 lig. $\frac{3}{2}$, devroit être de 4 lignes.

La groffeur des pivots de ce rateau ou pince-fpiral eft de $\frac{12}{48}$, devroit être de $\frac{16}{48} = \frac{1}{3}$ de lignes.

Les petits piliers des chaffis font élevés de $\frac{9}{12}$.

Le fpiral placé à moitié dans l'épaiffeur de la platine.

Pivots du levier de compenfation $\frac{1}{2}$ ligne.

Le pont de fufée doit être élevé de 4 lignes au-deffus de la platine.

Le pont qui porte la roue d'échappement, placée fous le cadran, paffe fous la roue de minute ; l'autre coq , ou pont de la même roue, eft en-dedans de la grande platine : il paffe fous le rouleau.

Le barrillet de toute la hauteur de la cage.

Le reffort fait 7 tours dans le barrillet ; il a un tour de bande ; trois tours utiles, ainfi il refte 4 tours : il tire 6 onces ¼.

Le balancier a deux pouces de diametre ; il pefe 105 grains d'or, a 1 lig. ⅔ d'épaiffeur : il décrit 180°.

La levée de l'échappement eft de 70 degrés.

L'arc de vibration 190 ; ainfi il furpaffe l'arc de levée de 120 degrés : la force motrice pourroit être réduite prefque à la moitié.

Expériences faites avec la Montre Marine : des changements faits à fa conftruction.

PREMIERE EXPÉRIENCE.

Les vibrations à demi - fecondes trop lentes pour que la Montre pût fervir dans une Chaife, comme je me l'étois propofé.

587. CETTE Montre fut achevée au commencement de Novembre 1763. Le balancier pefoit 3 gros ; il avoit 24 lig. de diametre , & il faifoit deux vibrations par fecondes : l'échappement étoit à repos, & formé par un ancre portant des plans inclinés. La roue étoit à cheville d'un feul côté : le reffort tiroit 10 onces : la fufée faifoit un tour en 5 heures. Dans un voyage que je fis dans le même mois, j'éprouvai que les agitations de la Chaife dérangoient confidérablement la juftefle de la Montre par les battements du balancier : ce défaut étoit caufé par la grande inertie du balancier , & par l'échappement même qui ne permettoit pas au balancier d'auffi grandes excurfions qu'il eût été néceffaire. Je pris donc le parti de refaire un autre échappement , celui à cheville , repréfenté dans la Planche VIII (Fig. 4) : fa levée eft de 70 degrés, le balancier pefant 50 grains , & faifant 4 vibrations par fecondes. Ayant fait marcher la Montre fans mettre d'huile à l'échappement, le balancier décrivoit 180$^{deg.}$; & ayant enfuite mis de l'huile à l'échappement, le balancier décrivoit près de 300$^{deg.}$ & la Montre avançoit plus qu'auparavant : d'où l'on voit combien l'huile mife à l'échappement eft nuifible. Je tentai vainement d'y ap-

pliquer alors l'échappement à reſſort à crochet, que j'appliquai enſuite à l'Horloge, Nº. 2; il n'a pû avoir lieu avec les
vibrations promptes qui ſont néceſſaires dans une Montre que
je deſtinai à ſervir à terre dans une voiture, & à la mer : je
m'appliquai donc à perfectionner cette Montre en conſervant
ſon échappement.

588. La Montre étant en cet. état, le balancier étoit ſujet à battre, parce qu'il étoit trop léger. Le grand reſſort étoit
trop fort ; il tiroit 10 onces à 4 pouces du centre de la fuſée.

SECONDE EXPÉRIENCE.

Le Balancier rendu plus peſant.

589. J'ADAPTAI à cette Montre un balancier qui a une
ligne de diametre de plus, & qui peſe 105 grains tout doré. En
employant un reſſort qui avoit été affoibli, & qui tiroit 6 onces $\frac{1}{4}$, ce reſſort faiſoit décrire 180deg· au balancier peſant
50 grains. Ayant donc changé de balancier & conſervé le même reſſort, les arcs décrits ſont également de 180deg· d'où il
étoit aiſé de conclure l'avantage de ce changement, puiſque
la force motrice, & par conſéquent les frottements de l'é-
chappement reſtant les mêmes, la force de mouvement du
balancier eſt plus que doublée.

590. J'éprouvai auſſi, qu'en portant la Montre dans une
voiture, les rouleaux avoient pris du jeu. : j'ajoutai une vis
de plus à chaque barrette mobile. Ceci eſt un défaut de
conſtruction ; car la Montre étant verticale, ces rouleaux qui
ſoutiennent le balancier n'auroient pas du ſe démonter ; il auroit fallu démonter ceux d'en haut. Je refis auſſi, dans ce temps,
le pince-ſpiral en acier trempé, afin que ſa fente reſtât toujours de même grandeur. J'obſervai auſſi que les bouts de l'axe
de balancier, quoique portant ſur les rubis, exigeoient de l'huile.

TROISIEME EXPÉRIENCE.

La Compenfation trop forte permet de changer de fpiral, & d'en mettre un plus long.

592. POUR parvenir plus sûrement à la compenfation, j'avois employé un fpiral affez court qui ne faifoit que deux tours ; mais, après avoir éprouvé la Montre par différentes températures, & vu que la compenfation (ᵃ) étoit trop forte, je pris le parti d'employer un plus long fpiral : moyen que j'avois toujours reconnu excellent pour augmenter la durée du mouvement libre du balancier, &, par conféquent, propre à diminuer la force motrice, en confervant aux arcs de vibration la même étendue. J'adaptai donc un fpiral faifant trois tours, & je fis faire alors un autre reffort moteur qui ne tiroit que 4 onces $\frac{1}{2}$: les arcs de vibration font encore de $180^{deg.}$ ce qui prouve que la preffion fur le repos eft bien diminuée, & combien il eft à propos, pour avoir des ofcillations libres, que la force motrice ne foit que fuffifante pour entretenir le mouvement du régulateur. Les différentes corrections ayant très-bien réuffi, & ayant vu, par grands nombres d'expériences, la grande juffeffe de cette Montre, je travaillai à la compenfation, & l'amenai à fon point, après avoir corrigé le chaffis de compenfation qui n'étoit pas d'abord parfaitement libre. Enfin, ofant efpérer que cette machine pouvoit être utile à la Navigation, je propofai à M. le Duc de Choifeuil, alors Miniftre de la Marine, d'en faire faire l'effai en mer, ayant fur-tout intention de juger fi les agitations du Vaiffeau troubleroient fa marche, je voulois auffi me mettre par-là en état de conftruire les nouvelles Horloges Marines que j'avois

---

(ᵃ) Le méchanifme de compenfation avoit un défaut effentiel, c'eft que fi l'on preffoit le pince-fpiral d'un ou d'autre côté, il ne revenoit pas au même degré ; cela étoit caufé par le chaffis qui n'étoit pas libre, & par le trop de force du reffort. Enfin, après plufieurs tentatives, je corrigeai très-bien ce défaut, & tellement qu'après, la compenfation étoit devenue trop forte, parce que toutes les parties de la machine, devenues libres, faifoient parcourir plus de chemin au pince-fpiral : je réglai auffi la Montre par diverfes pofitions en touchant au balancier.

projettées. M. l'Abbé *Chappe* fut chargé de faire l'épreuve de cette Montre , & M. *Duhamel* d'y affifter. Nous nous rendîmes à Breft, en Octobre 1764 (ᵃ), où l'on avoit armé la Frégate l'*Hirondelle*, qui fut commandée par M. le Chevalier de *Goimpy*. Voyez les détails de ce voyage & les épreuves, appendice N°. *6*, qui contient le *Mémoire de M. l'Abbé* Chappe, *lu à la rentrée publique de l'Académie le 14 Nov.* 1764.

592. L'épreuve qui fut faite à Breft, quoiqu'affez courte, fervit à m'affurer : 1°, que les écarts de la Montre ne venoient pas des agitations du Vaiffeau ; 2°, que ces écarts étoient produits par des changements arrivés dans les frottements de la machine même, fur-tout par les changements dans les huiles de l'échappement, ce qui faifoit décrire au balancier des arcs inégaux qui n'étoient pas ifochrones. Pour corriger ce défaut, je ne m'attachai alors qu'à l'échappement, fans rechercher un moyen plus fûr que j'avois préfenté long-temps auparavant (*Effai*, N°. 512), & auquel malheureufement je ne m'arrêtai que long-temps après, je veux dire, celui de chercher à donner aux vibrations du balancier libre l'ifochronifme par les arcs inégaux, tandis que je m'efforçois alors de conferver l'ifochronifme par l'égalité des arcs de vibration. Or, il eft aifé de voir que ce moyen eft, finon abfolument impoffible, du moins fort difficile ; d'ailleurs, quand même cette égalité dans les arcs auroit lieu dans une Montre Marine gardant la même pofition, il n'en feroit plus de même lorfqu'elle feroit placée dans un Vaiffeau (139).

593. A mon retour de Breft, je fuivis exactement la marche de la Montre Marine : elle fut fort bien pendant l'hiver de 1764 jufques-là, qu'en 15 jours, à peine fit-elle deux fecondes d'erreur ; mais il y eut enfuite des temps où elle avançoit, & d'autres où elle retardoit, fans que cela pût venir de la température : j'attribuai

---

(ᵃ) Avant de partir pour Breft, je dépofai à l'Académie un Mémoire contenant la defcription des Horloges Marines, N°. 1, & la Montre N°. 3, avec les deffeins de ces machines, & d'autres nouvelles Horloges que je propofai. J'avois déja éprouvé long-temps avant que ma Montre Marine étoit fufceptible de variations par l'échappement, &c. Je propofai dans ce Mémoire des moyens de perfection. *Voyez Appendice*, N°. 4.

encore

encore ces variations aux frottements de l'échappement. Pour
m'en assurer, je nettoyai avec beaucoup de soin la roue d'é-
chappement & le cylindre, sans démonter le balancier, afin
de ne pas déranger le jeu des rouleaux, & que tout d'ailleurs restât dans le même état. Je ne remis point d'huile à
l'échappement, afin de mieux connoître son influence. La
Montre qui auparavant étoit réglée, retardât de 18″ en 24
heures : ayant ensuite mis de l'huile, elle fut réglée.

594. Pour corriger ce défaut de l'échappement, je n'imaginai alors d'autre moyen que d'en refaire un autre qui n'eût
point de frottement, ou au moins fort peu, & qui n'exigeât
pas d'huile. Celui à ressort & à crochet n'ayant pu servir,
ainsi que je l'avois essayé, l'échappement à roue de rencontre me parut propre à remplir cet objet ; mais, comme il est
susceptible des inégalités de force motrice, je proposai d'a-
jouter un remontoir : j'exécutai aussi-tôt ces deux choses avec
tous les soins possibles ; & l'échappement fut fait de sorte qu'il
avoit très-peu de recul. La verge d'échappement étoit entaillée
jusqu'au centre, & les dents de la roue alloient jusqu'au centre des palettes : le balancier faisoit 18000 vibrations par
heure ; & pour rendre la force imprimée au balancier plus
égale, je refis les roues & pignons du rouage plus nombrés,
le premier de 20, & les autres de 16, & les roues à proportion : cela donna de fort bons engrenages. Je ne rapporterai
pas ici toutes les expériences que je fis avec la Montre
ainsi corrigée : il suffit de dire, qu'après m'être assuré par diverses expériences faites dans le cours de plus de cinq mois, je
fus obligé de supprimer l'échappement à roue de rencontre
& le remontoir, & de remettre en place l'ancien échappement que j'avois conservé sans rien déranger, tout étant disposé pour changer l'un & l'autre à volonté, afin de faire de
nouvelles expériences.

595. Dans les diverses épreuves que je fis avec l'échappement à roue de rencontre, j'avois essayé des balanciers de
différentes pesanteurs : celui qui réussit le mieux pesoit 220
grains. Après avoir changé d'échappement, & remis celui à

C c *

cheville, je voulus connoître si, avec ce balancier pefant, la Montre n'auroit pas plus de régularité. Je fus, après bien des expériences, obligé de le changer & de remettre l'ancien, celui qui pefoit 105 grains ; car, avec le balancier pefant, les rouleaux étoient trop fatigués, la preffion étant au-deffus de l'effort qu'ils pouvoient fupporter.

La Montre ainfi remife à fon ancien état, je m'attachai à la perfectionner fans changer fa conftruction, aimant mieux conftruire une nouvelle Machine.

596. Différentes expériences que je fis alors me prouvoient que, depuis que j'avois adapté le balancier pefant à la Montre, le régulateur n'étoit pas auffi libre, ni auffi puiffant qu'avec le balancier de 105 grains ; je calculai les forces de mouvement des deux balanciers : le calcul confirma les expériences ; & en conféquence je remis le balancier pefant 105 grains : la Montre alla avec plus de jufteffe.

597. Peu de temps après, la Montre alloit en retardant : ce que j'attribuai à l'huile de l'échappement que je trouvai defféchée : j'en remis de nouvelle ; j'examinai l'étendue des arcs par diverfes pofitions : les plus grands arcs font par la verticale, & les plus petits lorfqu'elle eft horizontale.

598. Je fis effai, en Novembre 1766, d'une lame compofée d'acier & de cuivre (a), en place du chaffis & du grand levier de compenfation ; j'éprouvai que la compenfation pouvoit également avoir lieu, & plus fimplement qu'avec le chaffis.

599 Des variations reconnues dans la Montre ne pouvant être attribuées qu'à l'inégalité de force motrice, connoiffant d'ailleurs, par toutes les expériences, que le plus petit changement dans les arcs de vibration, faifoit avancer ou retarder

---

(a) Cette difpofition de la lame, pareille à celle qu'a employée M. *Harriffon*, a cette différence, que, pour parvenir facilement à la compenfation, je fis agir le bout de la lame fur le bras du pince-fpiral dont la boîte eft mobile, de même que le grand levier agit felon ma méthode : au lieu que la lame de M. *Harriffon* agit fur le fpiral même, & fans que fon action puiffe être modifiée fûrement.

la Montre, pour en mieux eſtimer l'effet, je levai le cadran &
donnant deux tours de bande de plus au reſſort, cela fit avancer
la Montre de 26″ en 24 heures. Je démontai la Montre afin de
meſurer quelle étoit la force du reſſort pendant cette expérience ; je la trouvai de 5 onces $\frac{1}{2}$, au lieu qu'elle étoit auparavant
de 4 onces $\frac{1}{2}$. Je trouvai auſſi que le reſſort n'étoit pas égal
avec ſa fuſée ; & comme ce reſſort faiſoit un grand nombre de
tours & que les lames étant foibles ſe frottoient, j'imaginai que,
pour avoir une force plus conſtante, il falloit faire un reſſort
plus fort & qui fît moins de tours, parce que le développement s'en fait avec moins de frottement, & employer une
plus petite fuſée pour obtenir la force requiſe, c'eſt ce que
j'exécutai. Le premier reſſort que j'employai étoit trop fort,
il tiroit 5 onces $\frac{1}{3}$: auſſi la compenſation en étoit changée, parce
que la preſſion trop forte de la roue d'échappement ôtoit la
liberté du régulateur. J'en mis un qui tire 3 onces $\frac{1}{4}$, le *Balancier*
décrit 180[deg.], & la Montre retarda plus par le chaud : ainſi la
la compenſation étoit trop foible, ce qui eſt une perfeƈtion, &
la preuve de la diminution de frottement, & de l'augmentation de puiſſance du régulateur (181).

600. La Montre Marine ayant aſſez de juſteſſe dans certains temps pour m'engager à ne pas la laiſſer imparfaite, je
continuai à m'appliquer à étudier les cauſes de ſes écarts, &
cela devenoit d'autant plus néceſſaire que j'étois alors occupé (en 1767) de la conſtruƈtion des deux Horloges Marines que j'ai faites pour le Roi, & que les défauts de la Montre
Marine & de mes premieres Horloges Marines m'ont beaucoup ſervi à les perfeƈtionner. Les plus grands écarts de cette
Montre venoient des inégalités de ces arcs ; & pour en mieux
voir l'effet, j'ôtai le mouvement de la boîte, & l'attachai à un
pied que je fis faire exprès, & plaçai la Montre avec ſon pied ſous
un verre ou récipient, de ſorte que, ſans toucher à la Montre,
je pouvois, en obſervant ſa marche, eſtimer l'étendue des arcs
décrits par le balancier. Malgré toutes les précautions que j'a-
vois employées, je trouvai beaucoup d'inégalité dans les arcs
de vibration ; j'obſervai que, pour peu que l'axe de balancier

changeât, par le défaut de rondeur des rouleaux, les arcs de vibration changeoient aussi sensiblement d'étendue, l'échappement devenant plus fort ou plus foible : les engrenages, les frottements, &c, contribuoient à cette inégalité. Je démontai la
Montre, & ayant trouvé les rouleaux mal ronds, je refis les
quatre grands sans les croiser : les pivots de ces rouleaux
ne sont pas parfaitement ronds par la mauvaise qualité de l'a-
cier : cependant lassé de refaire des pieces, je les conservai ;
j'examinai le ressort & le trouvai de même force, & la fusée
assez égale. Je nettoyai cette Montre avec soin & la remontai, & m'attachai à la régler (a), ainsi que la compensation.
Elle étoit en cet état, lorsque M. l'Abbé *Chappe* étoit prêt
de partir pour la Californie. Cet habile Astronome, & excellent citoyen, me sollicita vivement pour que je lui confiasse
cette Montre : mes refus furent inutiles : je fus obligé de
céder en la lui remettant, malgré les imperfections que je connoissois à cette machine. M. *Chappe* me donna une reconnoissance motivée pour me garantir de toute interpretation sur le
succès de mes Horloges Marines, si l'on trouvoit, comme cela
devoit être, des écarts à cette Montre; & pour qu'on ne la
confondît pas avec mes Horloges Marines. *Voyez* cette reconnoissance, *Appendice*, N°. 6.

601. La Montre Marine me fut rendue le 10 Décembre
1770, par le frere de M. l'Abbé *Chappe* (b) : avant de la démonter je fis des expériences pour juger des changements ar-

(a) Dès le mois de Janvier 1768, j'a-
vois heureusement découvert des principes
sûrs pour rendre isochrones les arcs inégaux
des balanciers. *Voyez Théorie*, N°. 137 &
suiv. & *Appendice*, N°. 7. J'en fis aussi-tôt
l'application à mes Horloges Marines,
N°. 6, 7, 8, & j'aurois également pu l'appliquer à la Montre Marine ; mais j'étois
alors si occupé de mes nouvelles Horloges
Marines, que je n'en eu pas le temps, &
depuis, d'autres travaux, sur le même objet,
ayant succédé à ceux-là, j'ai toujours laissé
les anciennes Horloges avec leurs imperfections, en m'attachant uniquement à perfectionner les nouvelles par les défauts mê-

mes des premieres.

(b) Le 20 Mars 1771, cette Montre me
fut demandée par le Ministre de la Marine
pour servir à M. *de Chabert*, Capitaine des
Vaisseaux du Roi, dans la Campagne qu'il
alloit faire dans la Méditerranée. Je ne
confiai cette Montre, ainsi imparfaite, à cet
habile Astronome, qu'à condition qu'il s'en
serviroit uniquement pour son travail des
Cartes, & sans que l'on pût regarder sa campagne comme une épreuve d'Horloge Marine, l'ayant prévenu des défauts que je lui
connoissois. Il me fit en conséquence la reconnoissance portée à la suite du N°. 6 *de
l'Appendice.*

rivés depuis fon départ. Je fis, pour cet effet, marcher fous
un verre le mouvement attaché verticalement fur fon pied.
Je trouvai les arcs de vibrations les mêmes qu'ils étoient le
14 Janvier 1768 : il y avoit de l'huile à l'échappement, &
pas la moindre tâche de rouille ni de faleté dans aucune partie de la Montre (a). Je démontai la Montre & mefurai le
reffort dont la force étoit la même (3 onces $\frac{1}{4}$) ; je rebouchai un
trou de pivot de rouleau qui s'étoit agrandi étant de mau-
vais cuivre. Je n'eus que quatre jours pour nettoyer cette
Montre, la remonter, faire faire une nouvelle fufpenfion, une
caiffe, &c, & pour former en gros une table de la température. Je remis cette Montre, le 24 Mars, à M. de
Chabert, qui s'en eft fervi pour fon travail des cartes de la Méditerranée. Cette Montre arrêta à fon retour en rade de
Toulon : elle me fut rendue le 26 Novemhre 1771. J'ai
trouvé l'huile de l'échappement deffechée, & plufieurs pieces courbées, entr'autres, la roue d'échappement, & la tige
de fecondes ; ce qui a pu fe faire par le mouvement de la
chaife de pofte.

602. Avant de la démonter, je fis une expérience pour
favoir combien le mouvement libre du balancier dureroit,
méthode excellente pour juger de la bonté d'un régulateur.
Voyez Théorie (130), & *Effai*, N°. 1821, &c. Le balancier marchant librement & verticalement, fon mouvement libre n'a duré
que $1'\frac{1}{2}$; ayant démonté la Montre, rebouché un trou de pivot
de rouleau agrandi, nettoyé, fait marcher de nouveau le
balancier librement, fon mouvement n'a duré que $3'\frac{1}{2}$. La
Montre retarde beaucoup, le pince-fpiral étant au même degré où il étoit auparavant : cela eft fûrement produit par le
cylindre d'échappement qui s'eft dépoli, faute d'huile.

(a) Tout le monde fait que M. l'Abbé *Chappe* mourut en Californie, peu de temps après l'obfervation du paffage de Vénus, victime de fon zele. Ses amis & tous ceux qui l'ont connu perfonnellement, favent encore mieux qu'on a perdu en cet habile Aftronome, un excellent citoyen, un ama-teur zélé de tout ce qui étoit bon, utile & glorieux à l'Etat : peu de Savants font auffi regrettés que celui-ci.

Des moyens propres à donner à la Montre Marine toute la perfection dont elle est susceptible, sans changer les Principes de sa construction.

603. LE détail abrégé que nous venons de donner des expériences & des changements que la Montre Marine a éprouvé, ne présente qu'une idée imparfaite du travail que cette machine m'a causé : j'ai sur-tout été fort tourmenté par les défauts de l'échappement, lequel par sa nature exige de l'huile, & par conséquent est exposé à causer plus ou moins de résistance au mouvement du balancier, & à faire varier les arcs de vibration, selon que l'huile est plus ou moins fluide : ces arcs varient encore selon que les engrenages sont ou ne sont point favorables ; que le ressort est inégal ; que les huiles du rouage sont épaissies ; que les rouleaux sont mal ronds, ce qui rend l'échappement plus fort ou plus foible ; que l'Horloge est inclinée ; enfin, par toutes les causes qui tendent à faire varier l'étendue des arcs de vibration : or ces arcs inégaux se font en des temps différents, c'est-à dire, ne sont pas isochrones, d'où suivent ces variations si sensibles de la Montre, dont j'ai rendu compte ci-devant fort en gros. Mais depuis que j'ai découvert que la véritable cause des écarts les plus grands de cette Montre viennent du non-isochronisme des vibrations du balancier, & que j'ai établi, par des principes & des expériences sûres, des moyens de donner à un balancier libre quelconque cette propriété essentielle, on peut décomposer les erreurs produites, ou par le manque d'isochronisme, ou par les frottements de l'échappement de la maniere que nous le verrons, Chapitre VIII. & X.

604. Il est certain que les différences dans l'étendue des vibrations du régulateur de cette Montre appartiennent bien réellement, pour la plus grande partie, à la différence survenue dans les frottements de l'échappement, soit par les changements dans les huiles soit par les frottements mêmes ; mais cette différence d'étendue dans les vibrations du balan-

lier, en tant qu'elle affecte la marche de la Montre, est particuliérement produite par le non-isochronisme des vibrations. Si donc l'on suppose que les oscillations libres du balancier fussent parfaitement isochrones, elles le seroient encore très-sensiblement, malgré que ses vibrations fussent entretenues par un échappement, comme celui de la Montre Marine, lequel est à repos & exige de l'huile ; car, dans la supposition actuelle, les changements dans les huiles de l'échappement & dans les frottements mêmes affecteroient particuliérement l'étendue des vibrations; mais, comme nous supposons que les grands & petits arcs sont isochrones, il s'ensuit que la Montre iroit dans ces différents cas avec la même justesse ; il n'y auroit qu'une très-petite quantité dont elle retarderoit, causée par la résistance ou les frottements de l'échappement, comme nous le ferons voir ci-après, lorsque nous traiterons des Horloges, N°. 6 & 8. Ainsi la Montre Marine, même dans son état actuel, seroit susceptible de beaucoup de justesse, si les oscillations libres du balancier étoient isochrones. Il faut cependant dire qu'elle seroit encore plus exacte si l'échappement n'avoit que fort peu de frottement, & n'exigeoit pas d'huile ; car alors il y auroit pour erreur de moins la résistance dans l'échappement, laquelle tend à ralentir les oscillations ; d'ailleurs l'échappement étant supposé sans frottement , on ôte la plus grande cause de la diminution des arcs : or les arcs égaux sont naturellement isochrones , indépendamment des propriétés du spiral (137).

605. Un moyen de connoître la quantité dont les frottements de l'échappement peuvent affecter l'isochronisme des vibrations, c'est par le spiral même que nous supposons avoir la progression requise pour l'isochronisme constatée par la balance élastique (145) : ce spiral étant appliqué à la Montre, & arrêté par les mêmes points pour lesquels il l'étoit sur la balance, si ses oscillations sont isochrones, ce sera une preuve sûre que l'échappement ne change pas l'isochronisme , & que, par conséquent, l'effet de ses frottements est réduit ; mais si au contraire les grandes oscillalations étoient plus

lentes que les petites, cela prouveroit que les vibrations font rallenties par la plus grande preffion que reçoit l'échappement lofque le balancier décrit les grands arcs, c'eft-à dire, lorfque la force motrice eft plus grande. Par ce moyen, on eftimera fûrement la quantité dont le frottement affecte la durée des vibrations.

606. De tout ce qui précede, il réfulte que la plus grande perfection que l'on puiffe ajouter à cette Montre pour la rendre conftamment exacte, en confervant fa conftruction actuelle, c'eft d'y ajouter un fpiral ifochrone. Il feroit également néceffaire de refaire les axes des rouleaux d'excellent acier fondu, car il eft effentiel que les pivots foient parfaitement ronds, & qu'ils roulent dans des trous bien faits avec de bon cuivre.

De la préférence que l'on doit donner à une Horloge Marine horizontale fur une verticale.

607. Les expériences que j'ai faites avec la Montre Marine N°. 3, depuis fon retour de la Méditerranée, fervent à m'éclairer fur le projet que j'avois formé de conftruire une Horloge Marine verticale; mais je vois aujourd'hui qu'à la vérité la conftruction en feroit plus fimple, mais qu'il en réfulteroit moins de jufteffe. L'économie, qui avoit été mon unique but dans ce projet, doit céder à l'exactitude. Voici les défauts du balancier rendu vertical.

608. 1°, Ayant fait marcher librement le balancier, N°. 3, tout nouvellement rémonté, fon mouvement n'a duré que $3'\frac{1}{2}$, tandis que celui, N°. 6, qui eft de même efpece, a duré 10', comme on le verra ci-après, Chapitre VI.

609. 2°, La preffion continuelle du poids du balancier fur les rouleaux a fait agrandir les trous des pivots des rouleaux.

610. 3°, Les pointes de l'axe caufent un frottement qui peut être nuifible.

611.

611. 4°, Si le balancier n'eſt pas parfaitement d'équilibre, l'Horloge varie étant ou n'étant pas inclinée.

612. 5°, Les agitations du Vaiſſeau affeÄent davantage une Horloge Marine dont le balancier eſt vertical.

613. 6°, Une Horloge verticale fera plus facile à être dérangée en la remontant, ſi l'on n'eſt pas attentif à ne lui donner aucun mouvement.

CHAPITRE. VI.

De l'Horloge Marine, N°. 4.

614. Lorsque l'Horloge Marine N°. 2, & la Montre N°. 3, furent achevées, & que par des expériences certaines, je fus aſſuré des avantages & des défauts de conſtruction de l'une & de l'autre machine, je m'appliquai à compoſer une nouvelle Horloge Marine qui pût réunir quelques propriétés qui étoient particulieres aux Horloges N°. 2 & 3 : je cherchai ſur-tout à éviter les défauts que l'expérience m'avoit fait reconnoître dans ces Horloges : telle fut l'origine de l'Horloge N°. 4. Cette machine fut commencée en 1764 , & j'en dépoſai le projet à l'Académie , avant mon départ pour aller éprouver à Breſt les Horloges N°. 2 & 3 (ª).

615. Le régulateur de l'Horloge N°. 2, ainſi que celui de N°. 1, eſt compoſé , comme nous l'avons vu , de deux balanciers ſe mouvant horizontalement , & ſuſpendus par des reſſorts. Cette diſpoſition de la ſuſpenſion des balanciers, qui eſt la plus favorable pour une Horloge Marine , ne pouvoit avoir lieu dans la Montre Marine que nous venons de de décrire (Chap. V) parce que je voulois que cette Montre pût également ſervir dans un Vaiſſeau & dans une voiture : or en voulant ainſi faire ſervir la même machine à deux deſtinations ſi oppoſées (106) , je lui fis perdre une propriété eſſentiel-

(ª) *Voyez Appendice*, N°. 4.

D d *

le, celle de fufpendre le balancier par un reffort, & de fe mouvoir toujours horizontalement; mais lorfque je conftrui-fis N°. 4, je ne m'occupai que de faire une bonne Horlo-ge, deftinée uniquement à la mer : or fa pofition horizon-tale devenoit par-là décidée; mais fi, en ce point, je m'éloi-gnai de la conftruction de la Montre Marine, cette derniere fervit en revanche à me décider à ne pas faire ufage du dou-ble balancier, comme je l'avois fait dans les Horloges, N°. 1 & 2. J'avois éprouvé, à différentes fois, qu'en portant la Montre Marine avec précaution dans une voiture, elle ne fouffroit aucun derangement fenfible, enforte que je ne dou-tai pas de la poffibilité de faire le régulateur d'une Horloge Marine par un feul balancier.

616. Le régulateur de N°. 4 devant être, ainfi que nous venons de le dire, formé par un feul balancier horizontal, & fufpendu par un reffort, je penfai que, pour le rendre moins fufceptible des agitations du Vaiffeau, ce balancier devoit, comme dans la Montre Marine, faire des vibrations promptes, & décrire de grands arcs; je réglai donc les dimenfions de ce régulateur fur celui de la Montre Marine, mais en augmen-tant fa force de mouvement, tant par le plus grand diametre du balancier, que par fa plus grande maffe.

617. Les rouleaux que j'ai employés pour réduire les frottements du régulateur, dans l'Horloge N°. 2, ainfi que dans N°. 3, avoient trop bien réuffi pour n'en pas faire éga-lement ufage dans N°. 4; mais en difpofant toute cette partie du régulateur, de façon à réduire fes frottements à la plus petite quantité, foit en donnant un grand diametre à ces rou-leaux, ou en rendant l'axe de balancier le plus petit poffi-ble, ainfi qu'en réduifant de même les pivots des rouleaux au plus petit diametre, & en divifant la preffion du balan-cier, de forte que chaque pivot des rouleaux en fût éga-lement chargé.

618. J'adoptai pour N°. 4, le méchanifme de compen-fation employé dans N°. 3; mais en le rendant plus fimple, & en donnant plus de longueur au chaffis, afin de rendre plus certains les effets de la compenfation.

619. L'échappement, cette partie si essentielle & si difficile d'une machine qui mesure le temps, & qui, dans l'Horloge N°. 2, comme dans la Montre Marine, m'avoit si fort tourmenté, l'échappement, dis-je, n'étoit pas facile à choisir pour ma nouvelle Horloge ; car celui à cheville de la Montre Marine corrigeoit assez bien les inégalités de force motrice ; mais outre qu'il avoit des frottements très-nuisibles, il étoit d'une exécution très-difficile & fort coûteuse ; ainsi par cette seule raison, je fus obligé d'y renoncer : l'échappement de l'Horloge N°. 2, avoit très-peu de frottements ; mais il étoit, en revanche, très-susceptible de la plus petite inégalité de la force motrice ; d'ailleurs cet échappement étoit trop composé, & de plus d'une exécution fort difficile : je ne pus donc adapter pour N°. 4, ni l'échappement de N°. 2, ni celui de N°. 3 ; je préférai à ceux-ci, à cause de sa simplicité, celui que j'avois employé dans N°. 1, qui avoit d'ailleurs la propriété de rendre isochrones les vibrations inégales du balancier, en tant qu'elles sont produites par la force motrice ; mais comme le balancier de N°. 4, devoit décrire des grands arcs, je ne pouvois pas, comme dans N°. 1, faire communiquer le mouvement de l'échappement au balancier par un simple rouleau ; je me proposai de placer un rateau sur l'axe de l'ancre d'échappement : ce rateau devoit engrener dans un pignon nombré, porté par l'axe de balancier ; par ce moyen le balancier pouvoit décrire de grands arcs sans que l'ancre parcourût trop de chemin ; & d'ailleurs cette ancre pouvoit, comme je l'ai dit, être tellement figuré, que, malgré les inégalités de la force motrice, les oscillations du balancier fussent isochrones.

620. Immédiatement après que j'eus exécuté ma premiere Horloge, je proposai le poids pour moteur d'une Horloge Marine ; & quoique je fûs très-persuadé qu'il devoit réussir, je n'osai encore l'adopter pour N°. 4, parce que je m'étois laissé persuader qu'il convenoit qu'une Horloge Marine n'occupât pas trop de place ; or le poids augmente considérablement le volume de ces machines : c'est par cette raison que je disposai encore N°. 4, comme mes premieres Hor-

D d ij

loges N°. 1, 2 & 3, pour être à reffort, & le reffort égalifé par une fufée.

621. La difpofition du rouage de N°. 3, m'ayant fort bien réuffi, je l'adoptai pour N°. 4; mais en le fimplifiant encore, & en augmentant la grandeur du mouvement, la hauteur des cages, &c; & au lieu de faire une batte comme dans N°. 3, j'employai une fauffe plaque avec de faux piliers, comme dans les Pendules, & ces faux piliers devoient être affez élevés, afin de donner plus de longueur au reffort de fufpenfion du balancier.

622. La fufpenfion de l'Horloge N°. 2, ayant été reconnue fort bonne par les épreuves que j'en fis à Breft, en 1764, j'en adoptai la difpofition pour N°. 4; mais comme le mouvement de cette derniere devoit être rond, j'employai un tambour au lieu de la boîte quarrée de cuivre de N°. 2. Nous venons de parcourir fort rapidement les raifons qui déciderent la conftruction de N°. 4; nous allons, pour achever, de donner une notion de cette machine, en décrire les principales parties, autant qu'on peut le faire fans figures, n'ayant pas fait graver cette machine pour ne pas trop multiplier les Planches. D'ailleurs l'Horloge N°. 6, qui eft faite d'après celle-ci, fervira à la faire entendre, autant qu'il en eft befoin pour fuivre l'ordre de notre travail.

623. Le balancier de l'Horloge N°. 4, a 28 lignes de diametre, il pefe 4 gros : il fait 14400 vibrations par heure ou 4 par fecondes (comme N°. 3); ce balancier eft horizontal, & fufpendu par un reffort, comme ceux des Horloges N°. 1 & 2, & il fe meut entre fix rouleaux.

624. Le mouvement de l'Horloge eft horizontal, comme le balancier les heures, les minutes & les fecondes font concentriques. La difpofition des minuteries & fecondes eft pareille à celles de nos Pendules, & Montres à fecondes concentriques que l'on peut voir, *Effai fur l'Horlogerie*, Planche II, III & XXVII, & expliquée, N°. 59, 1991 *& fuiv.* On verra auffi ci-après cette difpofition de la cadrature dans l'Horloge N°. 6.

625. Le rouage eſt placé, comme dans N°. 3 , dans une même cage qui contient le régulateur & les rouleaux : cette cage a 12 lignes de hauteur : les deux grandes platines ont 5 pouces de diametre, & les deux petites, ſervant à former les cages des rouleaux, ſont de même grandeur que le balancier, c'eſt-à-dire , de 28 lignes.

626. La cadrature, c'eſt-à-dire, les minuteries & les ſecondes ſont placées au dehors de la platine des piliers : l'échappement eſt auſſi placé du côté de la cadrature, comme dans la Montre N°. 3.

627. Le reſſort de ſuſpenſion du balancier eſt attaché à un pont, comme dans N°. 2, & ce pont eſt placé ſur le dehors de la platine des piliers : ce pont eſt de toute la hauteur des faux piliers qui ſont ici de 15 lignes. Ces faux piliers qui ſont au nombre de 4 ſont rivés ſur la fauſſe plaque : cette fauſſe plaque ſert en même temps de cadran ; elle s'attache ſur une bâtte pareille à celle de nos Pendules. La bâtte s'attache au tambour qui contient l'Horloge. Le cadran eſt de cuivre argenté, il a été gradué ſur ma plate - forme, & chaque diviſion des ſecondes eſt ſubdiviſée en quatre parties, pour répondre aux battements du balancier, & par conſéquent de l'aiguille des ſecondes.

628. Le méchaniſme de compenſation eſt placé, comme dans N°. 3, en dehors de la ſeconde platine du mouvement. J'ai attaché en dehors de cette même platine trois pilliers qui ſervent de pieds pour poſer le mouvement de l'Horloge, lorſqu'il eſt dehors de ſon tambour : par ce moyen, on peut voir marcher l'Horloge, & l'éprouver hors de ſon tambour, en la plaçant ſous un verre pour la garantir de la pouſſiere.

629. Le tambour qui contient l'Horloge N°. 4, a 5 pouces $\frac{1}{4}$ de diametre : en dedans, ſa hauteur eſt de 4 pouces $\frac{1}{2}$ (a). Le fond de ce tambour eſt ſoudé, afin d'empêcher le paſſage du mauvais air ; ce tambour porte les pieces de la ſuſpenſion : cette ſuſpenſion eſt diſpoſée comme celle de

____

(a) La caiſſe qui contient l'Horloge & ſa ſuſpenſion eſt faite en bois de Noyer ; elle a 14 pouces de haut, & 11 pouces de largeur.

l'Horloge N°. 2. La Planche XVII, qui repréfente la fufpenfion des Horloges Marines N°. 6 & 7, &c. fervira également à donner une idée de la fufpenfion de N°. 4.

630. L'Horloge Marine, N°. 4, fut terminée de la maniere que nous venons de l'expliquer, en 1765 ; mais, peu de temps après, je fus chargé de conftruire & d'exécuter pour le compte du Roi, deux Horloges Marines, dont on devoit faire des épreuves féveres ; je m'occupai en conféquence de tous les moyens qui me parurent pouvoir fervir, à obtenir des machines auffi exactes qu'il étoit néceffaire fur-tout pour une épreuve qui devoit, en quelque forte, décider de la confiance que les Navigateurs pourroient accorder à cette découverte. Je penfai que fi les principes de conftruction devoit être la bafe de la juftelfe d'une Horloge Marine, il n'étoit pas moins néceffaire de réunir à ces Principes une exécution auffi parfaite qu'il étoit poffible ; or, pour remplir ce but, je fis conftruire divers inftruments & outils propres à donner à l'exécution cette grande exactitude. J'abandonnai donc pour le moment l'Horloge N°. 4, pour recommencer deux nouvelles Horloges, dans lefquelles je me propofai de réunir toutes les perfections qui étoient en ma puiffance : je fis ainfi les Horloges Marines N°. 6 & N°. 8, qui furent pour le compte du Roi, & l'Horloge, N°. 7, m'eft reftée pour fervir à mes propres expériences.

631. Depuis les épreuves qui ont été faites en mer des Horloges N°. 6 & N°. 8, & après avoir auffi terminé N°. 9, je fuis parvenu à la conftruction d'un échappement qui a des propriétés effentielles : j'en ai fait l'application à l'Horloge Marine N°. 9, & à la Montre N°. 3. Son fuccès m'a fait prendre le parti de l'adapter à l'Horloge N°. 4 : &, pour lui donner toute la perfection qu'elle peut comporter, j'ai augmenté le diametre & le poids du balancier pour qu'elle batte les demi-fecondes : l'Horloge N°. 8, dont les battements du balancier font d'une feconde, ayant bien réuffi en mer, il eft évident que les vibrations à demi-fecondes réuffiront également bien.

632. En changeant la difpofition de l'échappement, j'ai

ajouté une autre perfection à cette machine , d'après ma nouvelle théorie du fpiral ; ainfi le fpiral de cette Horloge doit
être rendu ifochrone felon les principes que j'ai établis (N°.
141 & fuiv.)

633. Ayant reconnu , d'après les épreuves faites en mer
avec les Horloges N°. 6 & N°. 8 , que les refforts à boudins ,
employés dans les fufpenfions , font inutiles , j'ai fimplifié la
fufpenfion de cette machine qui eft actuellement telle qu'on la
voit repréfentée *Planche XXV* , *Fig.* 2.

634. Je dois ajouter ici , avant de finir ce Chapitre , que
pour procurer à la Navigation des moyens faciles de déterminer
la Longitude, j'ai conftruit , d'après les Horloges N°. 3 & 4, des
Horloges fort fimples & peu embarraffantes , qui pourront fervir aux ufages ordinaires de la Navigation , lorfqu'on aura d'a-
bord rectifié les Cartes , &c , par des Horloges Marines les
plus parfaites. Ces Horloges font à reffort & à fufée : le rouage
du mouvement eft le plus fimple poffible, n'ayant point de cadrature. La difpofition du rouage étant femblable à celle des N°.
7 , 8 , 9 , &c , le méchanifme de compenfation eft différent que
celui de N°. 3 , & plus fimple. La fufpenfion , repréfentée
Planche XXV , a été difpofée pour ces nouvelles Horloges. Il
ne m'a pas encore été poffible de faire des épreuves avec ces machines qui peuvent devenir intéreffantes par leur fimplicité &
leur commodité; mais notre objet actuel doit être d'obtenir les
machines les plus parfaites , fans avoir égard à leur volume; &
cela fait , nous nous occuperons , encore plus que nous ne l'a-
vons fait , des moyens de réduire ces machines pour l'ufage ordinaire des Navigateurs.

CHAPITRE VII.

De l'Horloge Marine à pendule, ou N°. 5.

635. Parmi les plans d'Horloges Marines que je déposai à l'Académie en 1764 ([a]) avant mon départ pour Brest, la seule dont l'exécution ne fut pas achévée, étoit l'Horloge Marine à pendule. Depuis ce temps, je me suis uniquement occupé de la perfection de mes Horloges Marines à balancier & à poids. Je suis heureusement parvenu à leur donner assez d'exactitude, pour oser espérer qu'elles seront utiles à la Navigation : les épreuves que nous rapporterons ci-après semblent au moins le prouver. *Voyez App.* N°. 8. Je puis donc me permettre de reprendre une recherche qui, si elle pouvoit réussir, donneroit des machines beaucoup plus simples, & par-là même d'un usage plus universel & à la portée d'un plus grand nombre d'ouvriers ; telle seroit nécessairement une Horloge à pendule. *Huyghens*, cet homme si célebre, à qui l'Horlogerie doit ses plus belles découvertes, peu de temps après qu'il eut appliqué si heureusement le pendule aux Horloges, proposa de faire servir cet excellent régulateur aux Horloges Marines ; il fit même exécuter plusieurs de ces Horloges dont il donne la description dans son Traité des Horloges ([b]) publié en 1673 : deux de ces machines, ainsi qu'il nous l'apprend dans cet ouvrage, furent éprouvées en mer ; il paroît qu'elles eurent assez de succès pour qu'on eût dû espérer encore, en perfectionnant cette méthode, d'aller plus loin. Cependant il ne paroît pas que personne s'en soit occupé depuis. J'entreprends donc dans ce Chapitre la construction d'une

---

([a]) Le Plan que j'avois déposé à l'Académie (ainsi que la Description) étoit fait d'après un mouvement qui étoit exécuté de même que le pendule. *Voyez Appendice,* N°. 4.

([b]) Imprimé à Paris, chez F. *Muguet*, 1673.

Horloge

Horloge Marine à pendule ; si mes Essais ne sont pas d'une utilité aussi grande que je le desirerois, ils serviront au moins, ainsi qu'ils l'ont déja fait, à exciter l'émulation des Artistes qui n'avoient pas encore tourné leur vue de ce côté intéressant pour le bel Art de l'Horlogerie.

636. Dans le compte que M. *Huyghens* rend du succès de ses Horloges, il dit que, dans les grandes agitations du Vaisseau, le pendule n'étoit pas encore en état de conserver son égalité. Cet obstacle est non-seulement causé par la nature du pendule même, mais particuliérement par la longueur qu'il lui avoit donnée : il avoit 9 pouces passé, & battoit les demi-secondes, & peut-être que la maniere dont il l'avoit appliqué à l'Horloge contribuoit aussi à le rendre plus susceptible des agitations.

637. S'il y a lieu d'espérer de parvenir à avoir des Horlo- ges Marines à pendule, ce ne peut être qu'avec un pendule très-court, c'est-à-dire, faisant des vibrations promptes ; car dans ce cas ses oscillations feront plus dissemblables de celles du Vais- feau qui font naturellement lentes : mais il ne faut pas non plus prendre l'extrême, parce que les frottements de la suspension augmentent comme le nombre des vibrations, & que d'ailleurs un pendule fort court a une très-petite puissance. Or c'est particuliérement de la grande force de mouvement du régula- teur qu'une machine qui mesure le temps tire toute sa justesse. (73).

638. La lentille d'un pendule aussi court ne peut pas être fort pesante, car il feroit trop affecté des agitations du Vais- feau. Pour suppléer à cela, il faut que le pendule décrive de très - grands arcs ; il acquerra par-là une plus grande quantité de mouvement, tant par la vîtesse de ses oscillations, que par l'étendue des arcs qu'il parcourra. Ainsi il fera beaucoup moins susceptible des agitations du Vaisseau.

639. Dans les Horloges à pendule dont on se sert, le pendule décrit de fort petits arcs, parce que ces machines font fixées très-solidement contre des murs. Or les arcs que les pendules décrivent, étant petits, se confondent avec des arcs de cycloïde, & font par conséquent isochrones, malgré qu'il

y ait quelques inégalités dans leur étendue : telle eſt la proprićté des petits arcs. D'ailleurs, avec la perfection que l'on donne aujourd'hui aux Horloges Aſtronomiques, les arcs décrits par le pendule changent peu d'étendue, la force motrice étant conſtante, & le rouage & l'échappement bien faits ; d'ailleurs ces machines ont un régulateur puiſſant qui ſe trouve naturellement à l'abri des petites inégalités du rouage, &c. Or, dans de telles machines, la cycloïde d'*Huyghens* devient parfaitement inutile. Mais dans une Horloge Marine, qui auroit un pendule pour régulateur, il n'en ſeroit pas de même ; car les agitations du Vaiſſeau changeroient néceſſairement l'étendue de ſes arcs ; ils ſeroient tantôt plus grands & tantôt plus petits, malgré toutes les précautions employées dans la ſuſpenſion de l'Horloge : & des arcs de vibrations, qui ſont néceſſairement grands, n'ont plus cette propriété des petits arcs : les plus grands ſont plus lents : s'ils deviennent plus petits, ils ſont plus prompts. La cycloïde devient donc abſolument indiſpenſable dans une telle machine, & la ſuſpenſion ne peut plus être à couteau, elle doit être faite ou avec des fils, ou plutôt avec des lames de reſſort très-minces : nous expliquerons ci-après un autre moyen que je propoſe pour rendre les oſcillations iſochrones, & tenir lieu de la cycloïde.

640. Dans les grandes agitations du Vaiſſeau le pendule pourra éprouver diverſes ſortes de mouvement, outre ceux dont nous venons de parler, & par leſquels l'étendue des arcs peut devenir plus grande ou plus petite. Le plan du pendule doit toujours être perpendiculaire à l'horizon, & cependant les petites inclinaiſons que l'Horloge peut prendre, tendroient à le changer, ſi la ſuſpenſion du pendule ne pouvoit pas tourner & laiſſer au pendule la liberté de prendre ſon à-plomb. La ſuſpenſion du pendule ſera donc diſpoſée comme celle des Horloges Aſtronomiques, mais il faut qu'elle tourne à frottement moëlleux, afin que le pendule puiſſe ſeulement reprendre ſon à-plomb, ſans pouvoir vibrer : trop de liberté pourroit cauſer des oſcillations elliptiques au pendule.

641. La ſuſpenſion, dans une Horloge Marine à pendule ;

exige que fa conftruction foit la meilleure poffible, & telle que le tambour, qui contient l'Horloge, ne participe à aucun des mouvements du Vaiffeau, c'eft-à-dire, qu'il refte parfaitement immobile pendant que le Vaiffeau fe balance autour de lui. Les fufpenfions de mes Horloges, N°. 6 & N°. 8, ont très-bien réuffi, & elles doivent me fervir de guide : leur perfection eft particuliérement dûe à la grande longueur du tambour & aux maffes de plomb que j'ai attachées au fond. Cela forme comme une forte de pendule ou à-plomb qui conferve toujours fa pofition verticale, malgré les mouvements du Vaiffeau. J'augmenterai encore cette propriété autant que la place le permettra ; car plus le tambour fera long, fon centre de mouvement étant élevé au-deffus du fond, & ce fond chargé d'une grande maffe, plus il reftera immobile.

642. De cette difpofition du tambour & de la fufpenfion de l'Horloge, il réfultera un avantage fort effentiel pour la jufteffe de l'Horloge : c'eft que les ofcillations du pendule regulateur de l'Horloge, ne feront pas affez puiffantes pour ébranler cette maffe. J'ai fait obferver il y a long-temps (*Voyez Eff.* N°. 2107) combien il étoit néceffaire d'éviter ce défaut, & l'expérience a parfaitement juftifié mon raifonnement. Cette confidération devient de la plus grande conféquence dans une Horloge, foit Aftronomique ou Marine. Dans les premieres on évite ce défaut en arrêtant les Horloges folidement contre des gros murs ; mais on ne peut y fuppléer dans une Horloge Marine, qu'en fubftituant de grandes maffes au tambour qui contient l'Horloge, & ce tambour lui-même doit être fait trés-folidement. C'eft auffi ce que j'ai pratiqué pour mes Horloges, car ce tambour ne forme qu'une feule piece avec fon fond qui eft foudé : c'eft à ce fond que la maffe de plomb eft attachée fort folidement.

643. Pour que le pendule ait moins de puiffance pour communiquer fon mouvement au tambour & à la fufpenfion, il faut rechercher quelle eft la pofition la plus convenable dans le tambour. Je penfe qu'il n'y a qu'un point unique pour cela, c'eft de faire coincider le centre de fufpenfion du

pendule avec celui de l'Horloge : tous points au-dessus ou en dessous agmentent la puissance du pendule pour ébranler le tambour.

De l'Isochronisme des Vibrations du pendule par des arcs inégaux.

644. Si l'on emploie le pendule pour régulateur d'une Horloge Marine, ainsi que nous le proposons, il sera nécessairement exposé à décrire de grands & de petits arcs par les agitations du Vaisseau. Or on sait qu'ils ne sont pas isochrones, c'est-à-dire, que les plus grands arcs se font plus lentement que les petits ; ainsi on ne peut pas se servir du pendule simplement, comme on le fait dans les Horloges Astronomiques. Dans celles-ci, on se sert de petits arcs qui sont toujours sensiblement les mêmes, & qui, par leur nature, sont fort approchants d'être isochrones, parce que les petits arcs de cercle se confondent avec ceux de la cycloïde (*Voyez le Traité des Horloges d'Huyghens*). Cet Astronome célebre auquel les Sciences doivent tant, dès qu'il eut fait l'application du pendule aux Horloges, vit bientôt que les grands & les petits arcs d'un même pendule ne pouvoient être isochrones ; &, pour les rendre égaux, malgré cette inégalité d'étendue, il découvrit les propriétés d'une courbe (la cycloïde) laquelle remplissoit ce but. Il suspendit, pour cet effet, le pendule par un fil qui passoit entre deux lames cycloïdales. C'est une découverte très-heureuse, mais dont on n'a presque fait aucun usage. Elle devient inutile dans les Horloges Astronomiques, telles qu'elles sont faites de nos jours, en décrivant de petits arcs ; mais dans une Horloge Marine à pendule, le pendule doit nécessairement décrire de grands arcs, & deslors il faut employer la cycloïde, & suspendre le pendule par des lames de ressort très-flexible, afin que leur développement sur la courbe se fasse sûrement. Voilà un moyen de rendre isochrones les oscillations du pendule régulateur d'une Horloge Marine. En voici un autre fondé sur un principe différent.

645. Les arcs décrits par le pendule étant plus grands, font plus lents ; & j'ai trouvé que ceux d'un balancier devenoient au contraire plus prompts, parce que la force afcendante du fpiral accroît dans un trop grand rapport, & l'on peut varier à volonté cette progreffion de la force du fpiral, en le rendant plus long ou plus court. (*Voyez Théorie*, N°. 141 *& fuiv.*) Donc fi l'on adapte à l'axe de mouvement d'un pendule un reffort fpiral, les ofcillations de ce régulateur compofé pourront être rendues ifochrones par le fpiral, & d'une façon affez fimple & fûre, en alongeant ou raccourciffant le fpiral, jufqu'à ce que les grandes & les petites ofcillations du pendule foient ifochrones. Et ayant une fois trouvé la longueur & la force d'un fpiral, fa progreffion, &c, pour un pendule donné, il fera toujours facile de trouver un fpiral femblable pour un autre pendule de mêmes dimenfions, & cela au moyen de la balance élaftique. Il eft évident que le pendule devra être plus long avec un tel reffort fpiral pour battre des vibrations données, qu'il ne le feroit fans cette application, mais cela n'éprouve aucune difficulté ; car cela ne le rendroit pas plus fufceptible des agitations du Vaiffeau, quoiqu'un peu plus long, le fpiral y fuppléant & ramenant fes vibrations au nombre donné qu'il doit battre par heure.

646. Le pendule étant compofé pour la correction du chaud & du froid, l'addition du fpiral changeroit néceffairement les dimenfions pour la compenfation, laquelle devroit avoir un excès pour corriger l'effet du chaud & du froid fur le fpiral. La feule difficulté qu'il y ait à cela, c'eft que pour juger de la compenfation il faudroit faire marcher l'Horloge, & que, le pendule étant feul, on peut le corriger, comme je le fais pour mes Horloges Aftronomiques, en l'adaptant fimplement fur le *pyrometre*. Au refte, c'eft un léger obftacle ; car pour une Horloge Marine même à pendule fimple fans fpiral, il feroit toujours néceffaire de juger de la compenfation par la marche de l'Horloge même après les épreuves faites fur le pyrometre, afin que, s'il refte quelques différences, on en puiffe tenir compte dans l'ufage de la Navigation.

Disposition de l'Horloge Marine à pendule.

647. Le pendule étant le régulateur d'une Horloge Marine, il devra faire trois vibrations par secondes = 10800 par heure : sa longueur du centre d'oscillation à celui de suspension sera donc de 4 pouces.

648. Le pendule est à chassis comme ceux de mes grandes verges d'Horloges Astronomiques (*Voyez Ess. Pl. XXVIII, Fig.* 1). Il est composé de neuf barres, dont quatre forment deux chassis d'acier : la verge d'acier qui soutient la lentille & quatre barres de cuivre ; toutes ces barres sont liées par des chevilles, afin qu'elles n'aient aucun jeu, & que le pendule soit *invariable*. Le chassis extérieur a 5 pouces $\frac{1}{4}$ de long en dehors, & 15 lignes de largeur : chaque barre a 1 ligne $\frac{1}{2}$ de largeur, & celle du milieu a 3 lignes.

649. J'ai donné plus de longueur au pendule qu'il n'est besoin pour la compensation, mais le surplus doit servir à corriger l'effet du chaud & du froid sur le spiral qui doit rendre les oscillations isochrones ; & si la compensation étoit encore trop forte, on la corrigeroit en rendant les verges du milieu du pendule plus courtes, &c.

650. L'échappement sera fait avec une roue d'acier de 20 dents, pareille à celles des N°. 6 & 7, les palettes en rubis.

651. La force motrice est un poids disposé comme dans N°. 8, *Voyez ci-après Chapitre X.*

652. Le mouvement est horizontal ([a]). La grande roue de cylindre est placée au centre de la cage, afin qu'en remontant l'Horloge, l'action ou effort de la main ne soit pas aussi grande pour ébranler le tambour.

653. Les minutes sont excentriques ainsi que les secondes,

([a]) J'avois tenté de mettre le mouvement vertical comme le pendule, mais j'y ai trouvé beaucoup de difficultés. Il eût même fallu, pour que le centre de suspension du pendule coïncidât avec celui du tambour, ainsi que cela doit être, que le cadran se fût trouvé en partie au-dessous de la suspension du tambour, ce qui auroit caché le cadran. Le cadran étant horizontal, est beaucoup plus commode pour l'observation. La construction que j'ai donnée à cette Horloge ne cause d'ailleurs aucuns défauts, & j'ai réuni le plus d'avantage que j'ai pu sans perte.

ce qui forme deux cadrans qui font rapportés fur la platine , chacun par le moyen d'une vis , & de deux pieds , comme dans l'Horloge N°. 10 , Pl. XX.

654. La grande roue de cylindre fait un tour en 4 heures. Je l'ai difpofée ainfi , afin que le pignon de minute fût d'un plus grand diametre avec des ailes folides. Ce pignon a 30 dents & 8 lignes de diametre. J'ai fait ce pignon d'un auffi grand diametre , par la raifon que le pendule devant décrire des grands arcs , il faudra une plus grande force motrice. Or fi la premiere roue eût fait un tour en 12 heures , le pignon de minute eût été trop fatigué.

655. Les heures ne pouvant être marquées comme dans N°. 8 , par la premiere roue , j'employe une roue de renvoi , dont le pivot porte une aiguille qui marque les heures fur un cadran excentrique à la grande platine. Ce cadran des heures eft attaché à la platine , comme ceux de minutes & de fecondes. Je fais marcher l'Horloge 30 heures fans la remonter ; ainfi la premiere roue fait 7 tours ½ : c'eft le nombre de rainure du cylindre.

656. Tout le mouvement eft contenu dans une feule cage , dont les piliers n'ont que 12 lignes de hauteur , ce qui eft néceffaire pour approcher le quarré de remontoir le plus près poffible du centre de fufpenfion du tambour , cela diminue d'autant l'action de la main pour ébranler le tambour.

657. Le mouvement étant horizontal , & le pendule par fa nature étant vertical , la roue d'échappement doit devenir verticale comme le pendule , tandis que les autres roues font horizontales. L'axe de la roue d'échappement eft donc parallele aux platines , & la roue de feconde eft figurée en roue de *champ* les dents en en-bas. Par cette difpofition le renvoi fe fait très-fimplement : cela fait l'effet d'une roue de champ avec le pignon de rencontre d'une Montre ordinaire.

658. Le centre de fufpenfion du pendule coincide parfaitement avec celui du tambour , & eft placé exactement au milieu des platines.

659. J'ai fupprimé tout-à-fait la fourchette qu'on em-

ploie pour les pendules, & j'ai fait communiquer immédiatement la roue d'échappement fur l'ancre d'échappement placé dans l'axe de mouvement du pendule. Il faut donc que la roue d'échappement paffe dans le milieu ou centre de la cage, & auffi dans le milieu de l'épaiffeur de la verge, c'eft-à-dire, dans le plan même décrit par le pendule.

660. La fufpenfion du pendule eft à couteau, difpofée pour que le pendule reprenne toujours fon à-plomb. Il eft néceffaire que les fupports du couteau foient parfaitement à égales diftances du milieu du pendule, afin que l'inclinaifon du pendule ne change pas l'échappement.

661. Le reffort fpiral, pour rendre ifochrones les ofcillations du pendule, eft placé fur l'axe du couteau au moyen d'une virole tournant à frottement.

662. La fufpenfion du pendule eft attachée par deux forts ponts à la petite platine.

663. La roue d'échappement eft attachée en dehors de la petite platine par deux ponts, ainfi cette roue fe trouve placée entre la fufpenfion du pendule & la petite platine, le plan de cette roue paffant par le centre de la platine, & par tous les centres de mouvement du pendule.

664. La roue de fecondes ou de champ paffe au-deffous de la petite platine, pour engrener dans le pignon de la roue d'échappement, dont l'axe eft, comme j'ai dit, parallele aux platines.

665. Le pivot inférieur de la roue de champ eft porté par un pont attaché en dehors de la petite platine.

666. Le cylindre ou ancre d'échappement eft rapporté & centré avec les couteaux de fufpenfion du pendule, & difpofé de façon à pouvoir être démonté facilement : les couteaux font formés fur de petits cylindres qui entrent à frottement dans un canon entaillé au milieu pour recevoir le cylindre avec lequel ils font centrés par les bouts intérieurs des couteaux ou parties cylindriques. Le canon eft de cuivre, & porte deux oreilles pour l'attacher fur le haut du chaffis du pendule.

667. La roue d'échappement eft figurée de façon à laiffer

décrire

décrire les plus grands arcs qu'il fera possible au pendule, comme de 30 degrés.

668. Une seule cage formée de deux platines, dont l'une, qui est celle des piliers, sert de cadran, contient donc tout le mouvement, & porte en même temps le pendule.

669. Une seconde cage de trois piliers sert à contenir le poids moteur. La disposition de cette partie est différente de celle de mes autres Horloges : dans celles-ci, la cage du poids étoit attachée à une des platines du mouvement, & le tout se plaçoit dans un long tambour : ici, je fais tenir la cage du poids au fond d'un tambour de cuivre qui n'a que six pouces de hauteur. Je donne 14 pouces $\frac{1}{2}$ aux piliers du poids, qui par ce moyen se trouvent en dehors du tambour ; & cette grande longueur est très-favorable, non-seulement pour augmenter la descente du poids, mais plus particuliérement pour rendre la suspension du tambour moins susceptible des agitations, & le tambour plus stable. J'obtiens ces avantages sans faire le tambour plus long, ce qui est très-difficultueux & coûteux ; & pour garantir le mouvement, je ferai faire un calotte de fer blanc qui s'attachera au bas du tambour de cuivre.

670. L'exécution de cette Horloge à pendule est fort avancée, & j'y donne d'autant plus de soin, qu'elle me servira à deux usages essentiels : premiérement, j'espere qu'elle pourra servir en mer : en second lieu, un autre usage essentiel, c'est de déterminer les différentes longueurs du pendule par toutes les latitudes ; il pourra être regardé, par sa construction & l'exactitude de toute l'Horloge, comme *invariable*. C'est pour parvenir à ce but que je donnerai à mon loisir toutes les attentions imaginables à la perfection de l'échappement, de la suspension, &c ; car il est bon de connoître à coup sûr ce qu'on peut espérer d'une Horloge de cette espece. Mais je dois dire que je ne la propose que comme un essai ou une tentative, dont je suis bien loin d'affirmer le succès.

Nous allons reprendre nos Horloges Marines à balancier, & suivre la marche de mon travail.

F f *

CHAPITRE VIII.

De l'Horloge Marine N°. 6.

671. **L**ES Horloges que l'on a vues décrites ci-devant peuvent être confidérées comme des effais & des tentatives qui m'ont conduit infenfiblement & par degrés à mes Horloges Marines. En commençant les premieres, je n'avois que des efpérances, mais maintenant on peut fe flatter qu'en continuant à s'appliquer à cette recherche, on parviendra à les réalifer autant qu'il en eft befoin pour l'ufage de la Navigation. Telle eft au moins l'idée que préfentent les épreuves qui ont été faites en mer par MM. *de Fleurieu* (ª) & *Pingré* avec les Horloges Marines que je vais décrire.

672. Le régulateur de l'Horloge N°. 6, eft formé par un feul balancier, comme N°. 3, & fufpendu horizontalement par un reffort, comme N°. 4 ; & quoique cette derniere Horloge n'eût pas été entiérement achevée lorfque je commençai N°. 6, cependant elle a fervi de bafe pour fa conftruction, & pour la conduire à une plus grande perfection. Son balancier eft de mêmes poids & diametre que celui de N°. 4 ; fait de même 4 vibrations par fecondes, eft placé entre fix rouleaux, &c. Mais, comme cette Horloge N°. 4, n'étoit pas exécutée avec autant de perfection qu'il étoit néceffaire, & que j'étois alors en état de le faire, au moyen des inftruments que j'avois fait exécuter pour cela, j'en commençai une nouvelle ; or, cette nouvelle Horloge m'ayant été ordonnée pour fervir à des épreuves qui devoient décider de l'ufage qu'on feroit de ces machines dans la Marine, je ne dûs rien négliger pour lui donner la plus grande perfection. Un des moyens que je crus propre à me conduire à cette perfection, fut

---

(ª) *Voyez Appendice* N°. 8, le rapport de l'Académie fur ces épreuves.

d'employer le poids pour moteur de cette machine ; car , quoique dans mon Essai sur l'Horlogerie (N°. 2211) j'eusse déja
proposé le poids pour moteur d'une Horloge Marine , je n'en
avois pas encore tenté l'application. C'est ce que je fis enfin
avec l'Horloge N°. 6. L'épreuve qui en a été faite en mer ,
justifie l'idée que je m'étois formée de la bonté d'un tel moteur.

Description de l'Horloge Marine. N°. 6.

PLANCHE IX.

673. La Figure de la Planche IX représente le mouvement de cette Horloge vu de profil entiérement rassemblé , &
prêt à être placé dans son tambour sur sa suspension.

674. Cette Horloge est à poids : les secondes sont concentriques au cadran, ainsi que les minutes & les heures : le
balancier , suspendu par un ressort , fait 4 vibrations par secondes.

675. Le balancier est placé dans une petite cage particuliere avec ses rouleaux ; cette cage porte le pont de suspension
& l'échappement : disposition avantageuse, parce que l'on peut
faire exécuter séparément par un Ouvrier tout ce qui concerne le
régulateur. Le Méchanisme de compensation est à peu près de
la même construction que celui des Horloges N°. 2 & N°. 3.

676. Le mouvement de cette Horloge N°. 6 , est com-
posé de trois grandes cages : 1°, Celle du poids qui est inférieure ;
2°, celle du milieu contient une partie du rouage & le régulateur ;
3° , la cage supérieure qui contient les roues de cadran &
de secondes , &c.

677. La cage du régulateur est attachée dans la grande
cage du milieu du mouvement. Cette cage du régulateur en
forme aussi trois petites : deux pour les rouleaux , & une plus
grande qui les rassemble , & au milieu de laquelle passe le balancier.

678. Le poids ou moteur *A Figure* de la Planche IX ,
est placé dans la grande cage *B C* formée par deux platines *B,C,*

& les trois piliers *B, D, E.* Le poids peut monter & defcendre librement dans cette cage, fans cependant pouvoir acquérir de balotage, étant maintenu par trois côtés au moyen des poulies *a, b* qui roulent fur le pilier *B* : celles *c* , *d* fur le pilier *E*, & deux autres qui ne font pas vues, roulent de la même maniere fur le pilier *D* : par le moyen de ces 6 poulies, le poids peut defcendre librement, & fans pouvoir participer aux agitations du Vaiffeau.

679. Le poids moteur porte en *e* des cliquets, dont l'office eft le même que ceux que j'ai décrits (N°. 465). Lorfque le poids defcend, ces cliquets fe mettent en prife avec les dents de la crémaillere *A F*, enforte que le poids ne peut pas remonter par un contre-coup, ni par conféquent la corde quitter fa poulie. Lorfqu'on veut remonter l'Horloge, il faut donc écarter la crémaillere, & la mettre hors de prife des cliquets. Cet effet eft produit d'une façon très-fimple : la crémaillere *A F* porte deux bras *f, g* fixés fur l'axe ou tige *h i* mobile dans la platine *G* du cadran, & dans celle *B* du poids. Cette tige *h i* porte le bras *i l*, dont le bout *l*, portant un plan incliné, paffe à côté du quarré de la grande roue de cylindre fur lequel s'enveloppe la corde du poids. Lorfqu'on veut remonter l'Horloge, le corps de la clef agit fur le plan incliné du bras *l*, & l'éloigne du quarré; ainfi la crémaillere eft, par cet effet, mife hors de prife des cliquets du poids, pendant tout le temps qu'on remonte le poids. Dès qu'on retire la clef, un reffort, qui preffe la crémaillere & fon axe, la remet en prife avec les cliquets.

680. La roue de cylindre *H* eft mife en cage dans la grande cage du milieu *C I*, & fon quarré monte dans la cage fupérieure *G I* de cadrature, à la hauteur du plan incliné *l*. Cette roue de cylindre *H* eft placée horizontalement (ainfi que toutes les roues du mouvement) ; il a donc fallu renvoyer la corde, pour la rendre verticale comme la defcente du poids. C'eft à cet ufage qu'eft deftiné la poulie *K* fur laquelle paffe la corde du cylindre *L*, pour aller à la poulie du poids, repaffer en *d*, & s'accrocher au crochet *m* attaché à la platine *C*.

681. Pour que, pendant qu'on remonte le poids, l'Horloge ne cesse pas de marcher, la roue de cylindre *H* porte un ressort qui est tendu par l'action du poids : ce ressort est placé entre la roue & un rochet *n* qu'elle porte ; un bout du ressort est arrêté avec une cheville à la roue *H*, & l'autre l'est de la même maniere au rochet *n* ; celui-ci ne peut pas rétrograder lorsqu'on souleve le poids, étant arrêté par le cliquet *o* pressé par le ressort *p* : l'encliquetage du rochet *q* du cylindre se fait sur le rochet *n*. Nous détaillerons ci-après plus particuliérement la disposition de la roue de cylindre, en décrivant l'Horloge N°. 7. Nous devons d'ailleurs observer que ce méchanisme, par lequel l'Horloge continue de marcher pendant qu'on la remonte, est tout-à-fait semblable à celui que nous avions imaginé pour que le poids de l'Horloge Marine décrite (*Ess.* N°. 2217) ne cessât pas de faire marcher la machine, malgré les contre-coups qu'il pouvoit éprouver.

682. La roue de cylindre *H* engrene dans le pignon *r* de la grande roue moyenne, ou des heures *M*, mise en cage dans la grande cage du milieu formée par les platines *C, I*.

683. La grande roue moyenne *M* engrene dans le pignon *s* de la petite roue moyenne *N* posée dans la cage de la cadrature formée par les platines *G, I*. La petite roue moyenne est mise en cage entre un pont *st* porté en dessous de la platine *I*, & le pont *O* posé au-dessus de la même platine.

684. La roue moyenne ou de champ *N* engrene dans le pignon *u* de la roue de secondes ; ce pignon & la roue sont mis en cage entre la platine *I*, & le pont de secondes *P*, qui porte les roues de cadrature.

685. La roue de secondes *Q* engrene dans le pignon de la roue d'échappement : cette derniere n'est pas vue dans la figure ; elle est portée par la cage du régulateur. La roue d'échappement agit sur un cylindre portant deux palettes de rubis. L'axe de cylindre porte un rateau qui engrene dans un pignon porté par l'axe du balancier. Nous renvoyons, pour l'explication de toute cette partie, à la description de l'Horloge Marine N°. 7, où toute cette disposition sera donnée en grand détail.

686. Le pignon *x* de la roue de champ *N* engrene dans la roue de minute *R*, dont le canon porte l'aiguille des minutes, & roule fur le canon du pont *P*.

687. La roue de minute, difpofée comme celle des pendules à fecondes, porte à frottement la roue qui conduit celle de renvoi : le pignon *z* de la roue de renvoi conduit la roue de cadran *S*.

688. *T* eft le pont de la roue de renvoi, & *V* celui qui porte par fon canon la roue de cadran.

689. *X* eft le pont de fufpenfion du balancier ; ce pont auquel eft attaché au haut le reffort de fufpenfion, s'attache par deux vis à la platine fupérieure *M* du régulateur.

690. La cage du régulateur eft compofée de deux grandes platines *M, Y*, tenues par les piliers, *Y, Z* ; & des deux petites cages des rouleaux formées par les platines *Y*, 1 & *M*, 2 : *A A* eft le balancier ; 3, 4, 5, font les rouleaux : les trois autres rouleaux ne font pas vus.

691. Le chaffis de compenfation *B B* eft fixé par deux vis au pont *D D* : le pont *C C* porte le grand levier de compenfation.

692. Je n'ai fait graver que cette figure de la Planche IX, pour l'Horloge N°. 6, parce que j'ai préféré de traiter dans le plus grand détail l'Horloge N°. 7, qui eft conftruite fur les mêmes principes que N°. 6, & dont les dimenfions font les mêmes, mais qui eft rendue plus fimple. Je renvoie donc au Chapitre fuivant pour une plus ample explication des parties qui ne font pas repréfentées ici, afin de ne pas multiplier les figures inutilement.

693. La Planche XVII repréfente la fufpenfion, & le tambour des Horloges N°. 6 & 7.

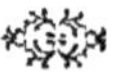

Des Nombres de dents des roues & pignons de l'Horloge N°. 6, & de quelques dimensions différentes de celles de N°. 7 qu'on donnera ci-après.

694. L'ÉLÉVATION ou profil de cette Horloge est exactement la même que celle qui est représentée dans la figure de la Planche IX, & toutes les pieces font également vues dans leur véritable grandeur; ainsi à l'aide de cette figure & de quelques dimensions que nous allons donner, on pourroit exécuter cette Horloge; mais je préfere de donner pour modele l'Horloge N°. 7, qui, comme je l'ai déja dit, est construite sur les mêmes principes, & est en même temps plus simple en réunissant les mêmes avantages, & les pieces essentielles de même dimension. Je ferai même observer à ce sujet que je n'aurois pas représenté, ni parlé de N°. 6, si elle n'étoit pas connue par les épreuves qu'elle a subies en mer, pour qu'on n'imagine pas que je réserve pardevers moi quelque chose qui pourroit être utile.

Nombre des roues & pignons, & leurs dimensions.

695. LA grande roue de cylindre H (Pl. IX) a 26 lignes de diametre, & 160 dents : le pignon de grande moyenne ou des heures, a 3 lig. $\frac{1}{12}$ de diametre, & 20 dents : la roue de cylindre fait un tour en 8 heures, & le cylindre fait 3 tours $\frac{1}{2}$; ainsi l'Horloge marche 28 heures : le diametre du cylindre 13 lig. $\frac{1}{2}$: la grande roue moyenne M, a 19 lig. $\frac{1}{5}$ de diametre, & 160 dents, elle fait un tour par heure : le pignon de petite moyenne ou de champ, 2 lig. $\frac{1}{2}$ de diametre, & 20 dents : la petite roue moyenne N, a 18 lig. $\frac{3}{24}$ de diametre, & 150 dents; elle fait un tour en $7'\frac{1}{2}$; elle engrene dans le pignon de secondes qui a 2 lig. $\frac{1}{2}$ de diametre, & 20 dents : la roue de secondes Q, a 14 lig. $\frac{1}{2}$ de diametre, & 120 dents, fait un tour par minute; elle engrene dans le pignon de la

roue d'échappement qui a 2 lig. $\frac{1}{2}$ de diametre, & 20 dents : la roue d'échappement a 12 lig. de diametre, & 20 dents ; elle fait 6 tours par minute : la roue de minute de cadrature 160, eft menée par un pignon 20 : la roue de cadran 96 : les roues de renvoi 60, pignon 8.

Le pignon de balancier a 40 dents, & 5 lig. $\frac{1}{24}$ de diametre. Le rateau placé fur l'axe du cylindre d'échappement a 94 dents, & 11 lig. $\frac{11}{12}$ de diametre ; ce rateau engrene dans le pignon du balancier.

L'arc de levée de l'échappement eft de 45 degrés.

Le balancier que j'avois employé en premier avoit 27 lig. $\frac{1}{2}$ de diametre, pefoit 228 grains : j'en fis un autre qui eft celui qui a fervi ; il pefe 290 grains, & il a 28 lig. de diametre : l'arc qu'il décrit eft de 130 degrés, poids moteur 6 liv. $\frac{1}{2}$.

Expériences faites avec l'Horloge N°. 6.

696. CETTE Horloge, la premiere des deux que j'ai exécuté pour le compte du Roi, & par fes ordres (en date du 2ᵉ. Août 1766, ne fut achevée qu'en Octobre 1767). Avant que de travailler à l'Horloge même, je conftrufis & fis exécuter beaucoup d'inftruments (a) & d'outils pour donner à la main-d'œuvre toute la précifion defirable ; auffi puis-je affurer que toutes les parties de cette machine font exécutées avec une perfection qui n'étoit pas encore connue : les pignons font fendus fur une machine à fendre, arrondis & égalifés fur un outil que j'ai conftruit pour cela. Les dentures font également faites à l'outil.

697. Ayant ajufté un fpiral de force convenable, je le trempai au moyen de l'outil fait à cet ufage. Ce reffort faifoit 2 tours $\frac{1}{4}$: je réglai l'Horloge, & enfuite la compenfation.

(ª) Nous donnerons à la fin de cet Ouvrage quelques-uns de ces Inftruments, & un Traité de main-d'œuvre relatif à mes Horloges Marines.

698.

698. La compensation étant mise à son point, j'éprouvai l'Horloge avec différents poids, & je trouvai, qu'en augmentant le moteur d'une livre, cela faisoit avancer l'Horloge d'une seconde par heure.

699. Dans la premiere disposition de l'Horloge, la levée de l'échappement étoit de 110 deg. ce qui exigeoit un poids trop considérable, & un balancier léger : je refis le pignon du balancier de 40, au lieu de 30 ; & le rateau ayant un plus petit diametre, la levée fut de 40 deg. Je fis un balancier plus pesant, & la force motrice en devint cependant plus petite.

700. Ayant fait marcher l'Horloge sans mettre d'huile à l'échappement, elle alloit toujours en retardant de plus en plus, & les arcs de vibration diminueroient sensiblement. L'huile y étant donc absolument nécessaire, j'en mis.

701. J'observai un écart assez considérable à cette Horloge qui ne venoit ni du poids, parce que les arcs n'ont pas assez changé, & que le poids doit sensiblement être le même, ni de la température qui avoit fort peu varié : le retard alloit toujours en augmentant, quoiqu'elle avançât auparavant. Je mis de l'huile à l'échappement, pour voir si cela pouvoit venir delà : en effet, elle a moins retardé.

702. Cette différence dans la marche de l'Horloge doit être uniquement attribuée à l'huile que j'ai mise à l'échappement ; car auparavant elle retardoit, parce que l'huile étoit desséchée, &, depuis, elle avance, par la raison que l'huile a rendu les arcs plus libres, plus grands ; &, par conséquent, comme le spiral n'est pas isochrone, les vibrations font plus vîtes : voilà encore un défaut dans mes Horloges, si l'échappement manque d'huile, le frottement ou résistance est plus grand. Il est vrai que si le spiral étoit isochrone, les arcs de vibrations rendus plus grands par l'huile mise à l'échappement changeroient peu de durée ; car il n'y auroit que la petite différence dans la résistance du frottement par le plus ou moins d'huile, différence qui, si elle étoit seule, abstraction faite des arcs inégaux supposés isochrones, causeroit peu d'écart sensible. Il faut encore observer que, dans cette Horlo-

Gg *

ge, la différente réfiftance dans l'échappement devient d'au-tant plus fenfible que, outre ce que j'ai dit ci-deffus, la preffion de l'échappement eft trop grande relativement à la force de mouvement du balancier; enforte que le moindre changement dans cette réfiftance affecte l'étendue des vibrations & même leur vîteffe. Or, ces défauts n'auroient pas lieu, 1°, fi le balancier étoit plus grand & pefant; 2°, fi les rouleaux étoient d'un plus grand diametre; 3°, fi l'axe de balancier étoit beau-coup plus petit; 4°, fi la levée de l'échappement étoit plus grande; enfin fi, par la premiere caufe expliquée, le fpiral étoit ifochrone de fa nature.

703. J'obfervai fouvent auffi que, dans le premier inftant où l'Horloge étoit en marche, les arcs n'ayant pas encore pris toute leur étendue, elle retardoit; mais dès que les arcs devenoient plus grands, elle avançoit.

704. En faifant marcher l'Horloge dans fa pofition ho-rizontale, elle étoit réglée; mais, en l'inclinant de quelques degrés, de côté ou d'autre, elle retardoit.

705. C'eft à ces expériences fouvent répétées avec cette Horloge, & plus encore avec celle N°. 7, que je dois la découverte que je fis des principes pour rendre ifochrones les grands & les petits arcs d'un balancier quelconque (141). J'en fis la premiere application à l'Horloge N°. 6; mais, avant d'a-dapter un nouveau fpiral, je changeai la difpofition du mé-chanifme de compenfation, en ajoutant un levier concentri-que au balancier pour porter le pince-fpiral: un feul levier n'auroit pas produit affez de mouvement avec un plus long fpiral que celui qui y étoit; d'ailleurs, le grand levier, n'étant pas concentrique au balancier, ne pouvoit décrire qu'un très-petit arc fans faire brider le fpiral. La difpofition actuelle eft donc la même que celle que j'avois employée dans les Hor-loges N°. 1, 2 & 3, & que j'ai fuivie pour N°. 8, 9, &c.

706. Je fis exécuter, d'après cette nouvelle théorie, des refforts fpiraux pour fervir à l'Horloge N°. 6; j'appliquai fur la balance élaftique le reffort porté N°. 3.

A   5 degrés il fait équilibre avec   9 grains.
  10.....................................18
  20................................36
  30.............................54
  40.........................72
  50......................90
  60..................108 $\frac{1}{2}$
devroit être 108 différence $\frac{1}{2}$ grains.

707. Ayant adapté ce reffort N°. 3 à l'Horloge, les ofcillations étoient fenfiblement ifochrones ; mais il étoit un peu foible : l'ayant accourci pour régler l'Horloge, & ayant mis une livre de plus au moteur, les grands arcs étoient plus prompts que les petits de $\frac{1}{4}$ de feconde par heure.

708. Je fis faire un reffort fpiral qui avoit 12 pouces de long : & pefoit 27 grains étant plié felon ma méthode (173 *& fuiv.*), il faifoit 8 tours $\frac{1}{4}$: éprouvé fur la balance, il tiroit

à   20 degrés .   .   .   .   36 grains $\frac{1}{2}$
 40 .   .   .   .   73 $\frac{1}{2}$
 60 .   .   .   .   110 $\frac{1}{2}$ ([a]).

Je l'appliquai à l'Horloge ;

A 10^h 23′ mis l'Horloge à l'heure, ajouté une livre au moteur.
A 11^h 23′ Horl. ret. 8″, ôté une livre du moteur.
A 12^h 23′ ret. 16″.

Les ofcillations paroiffant fenfiblement ifochrones, je réglai l'Horloge.

709. Le régulateur ainfi fini, le balancier s'eft mû librement pendant 10 minutes.

710. Après avoir réglé l'Horloge, & terminé ce qui concernoit le fpiral, je m'occupai des épreuves propres à fixer

[a] La progreffion n'étoit pas parfaitement arithmétique, mais je fus obligé d'employer ainfi ce fpiral, faute de temps pour en faire un autre, étant fort preffé de terminer mes Horloges, dont l'épreuve devoit commencer en Automne, & me reftant beaucoup d'expériences à faire avant de les livrer.

la compenfation. Pour cet effet, la premiere expérience fut de placer le méchanifme de compenfation à fon point le plus grand, afin de m'affurer, qu'avec ce long fpiral, la compenfation pouvoit être affez forte : heureufement elle fut trouvée trop grande, ainfi j'étois alors affuré de trouver un point convenable, & tel que le chaud ni le froid ne fiffent avancer ou retarder l'Horloge que de fort peu.

711. Le point de compenfation étant trouvé, je démontai l'Horloge pour la nettoyer avec tous les foins poffibles : je la remontai, & je répétai encore les principales expériences. Je la laiffai marcher fans me permettre aucunes corrections, depuis le 13 Septembre 1768 jufqu'au 8 Octobre qu'elle fut éprouvée de nouveau à la glace, avant de l'emballer pour la tranfporter à Rochefort.

Etat de l'Horloge Marine N°. 6, à Paris le 13 Octobre 1768, avant de la placer dans fa caiffe d'emballage.

712. Le Thermometre étant à 13 deg. $\frac{1}{4}$, l'index du pince-fpiral à 28 deg. (la *boîte de compenfation* à 30 deg. $\frac{1}{2}$) l'arc de vibration 130 deg.

713. L'Horloge étant arrivée à Rochefort, ma premiere occupation fut de travailler à vérifier fa marche, & les changements que le tranfport avoit pu caufer ; mais ils furent inutiles : je ne pus voir le foleil. Je fis cependant de nouvelles épreuves par le chaud & le froid, pour avoir les différences, ce que je pouvois connoître en comparant la marche de l'Horloge à celle de l'Horloge Aftronomique : à mon retour à Paris, je dreffai une table de corrections que j'adreffai au Miniftre de la Marine, pour les faire remettre à M.rs de *Fleurieu* & *Pingré*. Voici cette Table.

Table des Corrections qu'il est nécessaire d'appliquer au temps marqué par l'Horloge N°. 6, pour estimer sa marche par les différentes températures.

714. L'Horloge N°. 6, est supposée réglée à la température de 15 deg. au-dessus du terme de la glace (Thermometre de *Réaumur*) ; elle avance par le froid, & retarde par le chaud des quantités mentionnées dans la Table, & dont il est nécessaire de tenir compte.

Degrés au-dessus de la glace.	En 24 Heures.	Secondes.
A 5ᵈ	Avance en 24 heures	$5''\frac{4}{5}$
7	Avance	3
10	Avance	2
12	Avance	$0\frac{3}{4}$
15	Supposée réglée	0
18	Retarde	$0\frac{3}{4}$
21	Retarde	3
26	Retarde	8
32	Retarde	16

Extrait de la marche de l'Horloge Marine N°. 6, pendant ses épreuves en mer, tiré du journal que M. de Fleurieu doit publier par ordre du Roi (Il s'imprime à l'Imprimerie Royale).

715.   A ROCHEFORT.

Du 14 Novembre 1768 jusqu'au 7 Décembre, par un milieu cette Horloge retarde sur le temps moyen, en 24 heures, de $6'',33$

A L'ISLE D'AIX.

Les observations comparées du 22 Décembre 1768, & du 18 Janvier 1769, par un milieu l'Horloge retarde, en 24 heures, de $4'',86$

A CADIX.

Du 1 au 4 Mars, le retard journalier eſt de   5″,61

A LA PRAYA.

Du 13 au 18 Avril, le retard journalier   7ʹ,815

AU FORT ROYAL.

Du 11 au 15 Mai, retard journalier   4″,175

AU CAP-FRANÇOIS.

Du 30 Mai au 10 Juin, retard journalier   6″,12

A ANGRA.

Du 25 au 31 Juillet, retard journalier   12″,78

A SAINTE-CROIX.

Du 18 au 23 Août, retard journalier   14″,05

A CADIX.

Du 4 au 10 Octobre, retard journalier   25″,035

A L'ISLE D'AIX.

Du 1 au 13 Novembre, retard journalier   25″,105

Examen des différentes cauſes qui ont pu produire le retard qui s'eſt manifeſté dans les Horloges, durant le cours des épreuves en mer, pour ſervir à démêler avec certitude les quantités de cet écart qui appartiennent à chaque cauſe particuliere.

716. LORSQUE les Horloges Marines me furent rendues au retour de l'épreuve, avant de les ôter de leurs caiſſes, je crus néceſſaire de faire un examen réfléchi des cauſes de leurs variations, afin de procéder avec ordre, & ſûrement

à les découvrir. Je dreſſai en conſéquence la note ſuivante que je ne donne ici que pour indiquer en gros la route que l'on peut ſuivre en pareil cas.

717. Il s'eſt manifeſté dans mes Horloges un retard en allant de l'Iſle d'Aix à Cadix, qui a continué à s'accroître pendant le cours de l'épreuve : (dans N° 6 ce retard a varié) ce retard des Horloges vient de deux cauſes prinpales.

718. 1°, En allant de l'Iſle d'Aix à Cadix, le Vaiſſeau a été aſſez agité pour que le tambour ait battu à la caiſſe, ce qui a dérangé le levier de compenſation, qui n'eſt qu'à frottement ſur ſa tige.

719. 2°, Les huiles de l'échappement ſe ſont inſenſiblement deſſéchées ou épaiſſies, autre cauſe de retard qui s'eſt jointe à la première, & qui a fait aller l'Horloge en retardant de plus en plus depuis la relâche au Cap-François. Maintenant, pour s'aſſurer de la certitude de ces ſuppoſitions, il faut examiner les Horloges avec les précautions ſuivantes.

720. 1°, Voir ſi l'humidité & l'air de la mer n'ont point affecté quelques parties, ſoit du mouvement ou de la ſuſpenſion.

721. 2°, S'il ne s'eſt point attaché de ſaletés à l'axe de balancier : ſi cela eſt, il ne faut les ôter qu'après avoir obſervé la marche de l'Horloge, & l'avoir notée.

Je dois, ſur cet article, obſerver qu'il ne faut nettoyer ni l'axe ni le bord des rouleaux, qu'après diverſes autres épreuves que j'expliquerai ci-après.

Lorſqu'on aura nettoyé l'axe & les bords de rouleaux, on obſervera de nouveau la marche de l'Horloge.

722. 3°, Il faut placer le mouvement bien horizontalement ſur une table ſolide, mettre le balancier en mouvement, & donner une température de 13 deg. dans le lieu où ce mouvement ſera placé.

723. 4°, Le Thermometre étant à 13 deg. remarquer ſi l'index du levier de compenſation marque auſſi 13 deg., ainſi que cela étoit à Rochefort, lorſque je l'ai remiſe à Mrs *de Fleurieu* & *Pingré* : ſi l'index eſt au même point par le même degré

de température, c'eſt une preuve qu'il n'a pas changé, & qu'il n'eſt pas la cauſe du retard : ſi, au contraire, il n'eſt pas le même, avant de le ramener à ſon point, il faut faire marcher l'Horloge pour connoître de combien elle differe en 24 heures, & ſi c'eſt la même quantité obſervée à l'Iſle d'Aix : cela étant ainſi, je concluerai que l'Horloge, en venant à Paris, n'a pas ſouffert de dérangement ; je laiſſerai l'Horloge en cet état, ſans rien déranger.

724. 5°, Obſerver & noter l'étendue des arcs décrits par le balancier : s'ils ſont plus petits qu'avant mon départ pour Rochefort, cela doit être produit par les changements arrivés dans les huiles, ſoit des pivots de rouleaux ou de celles de l'échappement ; j'indiquerai, dans un moment, (Art. 9ᵉ & 10ᵉ) comment je demêlerai laquelle de ces deux cauſes eſt la véritable.

725. 6°, Je ſuppoſe que l'index ait changé de poſition ; on obſervera & on notera, comme j'ai dit, la marche de l'Horloge ; enſuite je le ramenerai à ſon point ; j'obſerverai de nouveau la marche de l'Horloge ; & ſi elle eſt la même qu'elle étoit à Rochefort avant le départ, c'eſt une preuve que c'eſt la véritable cauſe.

726. 7°, Il faut obſerver la marche de l'Horloge, du chaud au froid, avant de nettoyer aucunes parties.

727. 8°, Nettoyer l'axe & les bords des rouleaux, noter enſuite la marche de l'Horloge, & la comparer à celle qu'elle avoit auparavant.

728. 9°, La marche de l'Horloge étant bien connue, il faut mettre de l'huile à l'échappement : ſi c'eſt la cauſe du retard, le balancier doit reprendre les mêmes arcs de vibration, & l'Horloge la même marche qu'elle avoit â Rochefort.

729. 10°, S'il reſte encore une différence dans la marche de l'Horloge, elle ſera cauſée par les huiles des pivots de rouleaux ; & ſi le balancier n'a pas encore repris l'étendue de ſes arcs, les huiles du rouage peuvent auſſi y contribuer, & ces deux cauſes pourroient ſe confondre dans l'examen : pour demêler encore les quantités, je démonterai le rouage ſans

rien

rien toucher à tout ce qui concerne le régulateur; je nettoierai ainsi tout le rouage & mettrai de nouvelles huiles, enforte qu'il fera au même point où il étoit, lorfque je la fis partir; & les différences reftantes appartiendront enfin uniquement aux réfiftances des huiles de pivots de rouleaux.

730. 11°, Enfin, cela ainfi vu, on nettoiera cette partie du régulateur; & mettant de nouvelles huiles, l'Horloge doit avoir exactement la même marche qu'elle avoit avant fon départ.

731. Les diverfes épreuves ci-deffus étant faites, je fuivrai, autant qu'il me fera poffible, la marche de l'Horloge N°. 8. Quant à l'Horloge N°. 6, je n'en rechercherai pas, avec autant de foin, les caufes d'erreur, parce qu'elle n'eft pas fufceptible de la même perfection que N°. 8; j'y donnerai feulement le temps qui pourra fervir à mon inftruction.

732. 12°, Une autre expérience effentielle, c'eft de voir fi les ofcillations font toujours ifochrones.

733. Il fera peut-être à propos d'éprouver l'Horloge par les différentes températures, & de voir fi les ofcillations font toujours ifochrones, avant de rien déranger ni nettoyer, &c.

Expériences faites avec l'Horloge N°. 6, depuis fon retour de l'épreuve en mer, pour fervir à déterminer les caufes des écarts que cette Machine a eus.

734. 1°, LA premiere obfervation que je fis, après avoir ôté le mouvement de fon tambour, fut de voir s'il n'y avoit pas de rouille ni de faletés : je trouvai toutes les parties de cette machine non-feulement fans rouille ni pouffiere, &c; mais le poli même du cuivre n'avoit pas changé de couleur : il étoit fans la moindre tache qui pût indiquer que l'humidité avoit pénétré au-dedans.

735. 2°, Je trouvai que la cheville de renverfement du balancier étoit de 3 deg. à droite de fon repere, effet caufé par le fpiral qui s'eft ouvert par la chaleur, faute d'avoir été affez chauffé après l'avoir plié.

H h *

736. 3°, Les arcs de vibration étoient de 115 degrés. Avant le départ ils étoient de 130 degrés : différence 15 deg.

737. 4°, J'éprouvai que le spiral n'étoit pas parfaitement isochrone ; car en ajoutant 2 liv. au moteur, l'Horloge retardoit de 24″ en 24 heures, & le balancier décrivoit 130 deg. Sans cette addition du poids, le balancier décrivoit 115 deg., & l'Horloge retardoit de 41″ $\frac{1}{2}$ en 24 heures : diff. 17$\frac{1}{2}$, causée par l'addition de 2 liv. Or cette quantité appartient uniquement au non-isochronisme du spiral, puisque les huiles, pendant ces deux expériences, n'ont pas changé.

738. 5°, Ayant mis de l'huile à l'échappement, les arcs font devenus de 120 deg. différence 5 deg. L'Horloge a moins retardé de 8″, c'est-à-dire, qu'elle a avancé par cette augmentation de 8″ en 24 heures. Mais, par l'expérience précédente, le non-isochronisme du spiral a causé 17″ $\frac{1}{2}$ pour 15$^{\rm d}$. $= 5″\frac{6}{5}$ pour 5$^{\rm d}$. il reste pour l'effet du retard appartenant aux huiles 1″$\frac{4}{6}$. On voit, par cette expérience, que l'huile qu'on a mise à l'échappement, a fait avancer l'Horloge de 8″ en 24 heures ; & que le desséchement ou les changements arrivés dans l'huile de l'échappement, depuis le départ, avoient fait retarder l'Horloge de cette quantité.

739. 6°, Après avoir ramené la cheville de renversement du balancier à son repere, l'Horloge ne retarde plus que de 7″ en 24 heures, le mouvement étant placé dans son tambour sur sa suspension : voilà donc une différence considérable, causée par ce changement du spiral qui étoit dans un état forcé : d'où l'on voit combien il est essentiel d'en fixer la figure.

740. 7°, Ayant nettoyé l'échappement, & fait marcher, sans y mettre d'huile, les arcs font de 105 deg., & l'Horloge retarde de 24″ en 24 heures.

741. 8°, Ayant mis de l'huile à l'échappement, les arcs font de 120 deg. & l'Horloge avance 5″$\frac{1}{2}$ en 24 heures : ainsi, dans cette Horloge, l'huile mise à l'échappement cause une grande différence dans l'étendue des arcs. La différence dans les arcs est ici de 15 deg.; or pour 15 deg. le non-isochronisme du spiral change la marche de 17″$\frac{1}{2}$ en 24 heures. La différence ci-dessus est de 29″$\frac{1}{2}$, lorsque l'échappement marche sans huile, ou avec de

l'huile: refte donc 12″ de différence, dont une partie appartient au retard que caufe le frottement propre de l'échappement, lorf-qu'il n'a pas du tout d'huile. Cette différence eft d'autant plus fenfible que le balancier n'a pas une grande force de mouve-ment pour vaincre ces frottements, relativement à la preffion & à la traînée de l'échappement. Enfin, une partie de ces 12″ appartient auffi à une autre caufe, dont je n'ai pas encore parlé : c'eft que, lorfque l'Horloge marchoit fans huile à l'é-chappement, elle étoit fimplement pofée fur mon laboratoire ; & après y avoir mis de l'huile, je la plaçai fur fa fufpenfion : or, dans ces derniers cas, le balancier doit décrire de plus grands arcs, le mouvement étant arrêté plus folidement ; & l'Hor-loge avance dans ce cas.

742. 9°, Lorfque l'échappement fut nettoyé, & que j'y eus remis de l'huile, le balancier décrivoit 120^d, & lorfque l'Hor-loge eft partie pour Rochefort, il en décrivoit 130 : donc la différence 10 deg. appartient aux changements furvenus dans les huiles du rouage, des pivots de rouleaux, dans les frottements, &c.

743. 10°, Ayant fait marcher le balancier librement fans l'échappement, fon mouvement a duré 10′.

Corrections à faire à l'Horloge Marine N. 6, pour lui donner la plus grande perfection dont elle peut être fufceptible.

744. 1°, Les plus grandes erreurs de cette Horloge ont été produites par les changements arrivés dans les huiles de l'échappement, & par la trop grande preffion de la roue d'é-chappement fur le cylindre ; preffion d'autant plus grande que ce cylindre parcourt peu de chemin au moyen du rateau qui multiplie l'efpace qu'il parcourt : ce rateau eft donc devenu une partie nuifible dans l'Horloge ; mais avant que j'euffe decouvert le moyen de rendre ifochrones les grandes & petites ofcillations du balancier, le rateau étoit néceffaire, afin que le jeu de l'axe de balancier ne changeât pas l'étendue des arcs, ainfi que cela arrive dans la Montre Marine N°. 3. Il faut donc fup-

primer le rateau & le pignon de balancier , & faire agir immédiatement l'échappement fur l'axe, comme dans N°. 3 ; & ce
même échappement étant confervé, ainfi difpofé, cauferoit
moins d'erreur; on auroit moins de travail , & il y auroit le
frottement de l'engrenage évité , & celui des deux pivots de
l'axe de rateau de moins.

745. 2°, On donneroit encore une plus grande perfection
à l'Horloge , fi , en confervant le régulateur tel qu'il eft, on
pouvoit adapter un échappement qui fût tel qu'il ne troublât
pas les ofcillations, & qu'il n'exigeât pas d'huile : nous rendrons
compte ci-après de nos tentatives là-deffus.

746. 3°, L'axe de balancier eft beaucoup trop gros, ce
qui augmente le frottement en pure perte : il faudroit donc réduire les parties de cet axe, qui fervent de pivots, à $\frac{1}{12}$, au lieu
qu'ils ont une ligne de diametre : celui de la Montre Marine
n'eft que de $\frac{1}{2}$ ligne. J'avois donné plus de diametre à ces pivots , crainte que leur action fur les rouleaux ne fît des
marques ou petits creux ; mais j'ai reconnu depuis, par expérience , que cela n'a pas lieu.

747. 4°, Les expériences que nous avons rapportées nous
prouvent que les grands & petits arcs, décrits par le balancier, ne font pas ifochrones, & que, par conféquent, il faut
corriger ou changer le fpiral (a).

748. 5°, Une chofe effentielle , pour affurer la conftante
jufteffe d'une Horloge Marine , feroit de tremper les refforts
tout pliés , comme je l'avois pratiqué autrefois dans N°. 1 , &
même en premier dans les Horloges N°. 6 , 7 & 8 : cela fixe-
roit d'une maniere immuable la figure du fpiral. Nous traiterons cet objet en parlant de la main-d'œuvre.

(a) Il eft bon d'obferver ici, par rap- fenfible dans 24 heures. C'eft par cette raifon
port au fpiral , que pour l'éprouver il ne que lefpiralN°.6 m'avoit paru affez ifochrone
faut pas, comme je le fis dans N°. 6 , fe autrefois ; mais, comme je l'ai dit ailleurs ,
contenter de voir marcher pendant une j'avois trop peu de temps pour en changer
heure feulement l'Horloge avec le même & multiplier les épreuves. Or dans cette
poids , mais il faut l'éprouver pendant au Horloge N°. 6 , le changement arrivé dans
moins 12 heures de fuite : les fractions né- la figure du fpiral, a caufé le plus grand
gligées dans une heure , caufent une erreur écart. (*Voyez* 739).

749. 6°, Les rouleaux dans N°. 6 font portés à l'extrémité des axes, afin d'empêcher le jeu que le fpiral & le pignon de balancier auroient s'ils étoient éloignés des rouleaux. Or, par cette difpofition, il arrive que les pivots du côté des rouleaux font trop fatigués. On verra comment j'ai évité ce défaut dans l'Horloge N°. 9 : ce qui m'a permis de tenir plus petits les pivots des rouleaux, & de diminuer, par conféquent, leurs frottements & les réfiftances des huiles : une telle correction feroit fort effentielle dans N°. 6.

750. 7°, La crémaillere ajoutée à l'Horloge, pour empêcher les contre-coups du poids, eft abfolument inutile : il faut donc la fupprimer. J'ai fuppléé à cet accident, qui peut n'avoir jamais lieu, par un moyen très-fimple, comme on le verra pour N°. 7. On fupprimera également les 6 poulies du poids qui roulent le long des piliers : de fimples ponts font tout auffi bons.

751. 8°, Dans la conftruction d'une pareille Horloge, il faudroit fupprimer, comme j'ai fait dans N°. 7, toutes les roues de cadrature : cela fimplifie beaucoup le travail.

752. 9°, En exécutant une nouvelle Horloge fur les principes de N°. 6, il faudroit augmenter le diametre du balancier & des rouleaux. Le balancier pourroit avoir 36 lig. de diametre, & les rouleaux à proportion. On lui donneroit, par conféquent, une beaucoup plus grande force de mouvement, & on diminueroit en même temps les frottements : par ce moyen, l'Horloge auroit beaucoup plus de jufteffe. Les écarts qu'elle a eus par le froid, dans l'épreuve en mer, font uniquement caufés par ce défaut : les huiles étant gelées, cela a diminué les arcs de vibration; & l'Horloge a dû retarder, les petits arcs étant plus lents que les grands, par le manque d'ifochronifme.

753. 10°, Le méchanifme de compenfation dans N°. 6 & 7, eft trop compofé & n'eft pas affez fixe. J'ai prévu ces défauts dans mes nouvelles Horloges, comme je le dirai en traitant de N°. 8 & N°. 9.

754. 11°, Il faut placer des barrettes ou ponts à un rouleau de la cage fupérieure, de même qu'à la cage inférieure, pour donner le jeu convenable à l'axe de balancier.

755. 12°, Une correction essentielle à faire en construisant une nouvelle Horloge Marine, c'est de disposer la suspension, de sorte qu'elle reprenne toujours sûrement son à-plomb, & que cette suspension soit parfaitement solide.

Des Corrections faites à l'Horloge N°. 6, avant son départ pour les Indes.

756. LES expériences faites au retour de mes Horloges Marines étoient à peine achevées de la maniere que je l'ai expliqué ci-devant, que je reçus ordre du Ministre de la Marine de remettre l'Horloge N°. 6, à M. l'Abbé *de Rochon*, de l'Acad. des Sc. Astron. de la Marine, pour lui servir dans le voyage qu'il alloit faire aux Indes par ordre du Roi. Il me restoit trop peu de temps pour faire à cette machine toutes les corrections que nous avons indiquées ci-devant; je me hâtai d'en faire les plus essentielles. Je vais rendre compte d'une partie du nouveau travail que j'y fis.

757. Je fis faire un ressort spiral (a) ayant 12 pouces de long 1 lig. $\frac{7}{12}$ de largeur, & du poids de 36 grains. Etant plié avec soin, il fait 8 tours $\frac{1}{4}$ à 8 lig. de diametre; à 5 degrés de la balance il tiroit 9 gr. $\frac{1}{2}$; à 10 deg. il tiroit 19 gr.$''\frac{1}{2}$; & à 60 deg. il tiroit 120 gr. ainsi il tiroit 6 grains de trop à 120 deg. aussi l'Horloge avançoit-elle de 2$''$ par heure de plus par les grands que par les petits arcs. J'affoiblis donc à plusieurs reprises le dehors de ce ressort; & je trouvai ensuite, qu'en le rendant encore un peu plus court, je parvins à lui donner la progression approchante pour l'isochronisme. Alors il tiroit 10 grains $\frac{1}{4}$ à 5 degrés; ensorte que ce spiral étoit trop fort pour son balancier. Mais, pour faire servir ce spiral & le balancier, je fus obligé d'ajouter des masses au balancier, afin de lui donner la pesanteur convenable au spiral. Je déterminai par la méthode appliquée (193, 200) quel devoit être le poids des masses, pour que l'Horloge fût ré-

---

(a) Je ne parle ici que du ressort spiral que j'ai employé, quoique j'en aie fait faire plusieurs autres précédemment, qui n'ont pu servir étant trop loin d'être isochrones.

glée : en cet état le balancier pese avec ses masses 311 grains.

758. Le changement du spiral m'obligea à toucher au méchanisme de compensation, parce que la compensation étoit nécessairement dérangée, tant par la différence dans la longueur du spiral actuel, que par sa figure qui étoit différente de celle de l'ancien. Il a donc fallu recommencer les expériences de la compensation, & dresser une nouvelle Table pour l'équation de la température.

759. Dans une des expériences que je fis pour trouver le point de compensation, l'Horloge ayant été chauffée, de sorte que le Thermometre étoit monté à 28 degrés, je trouvai que la cheville du balancier étoit sortie de son repere, c'est-à-dire, que la chaleur avoit fait tant soit peu couvrir le spiral : défaut assez essentiel, puisqu'il avoit été cause du plus grand écart de cette machine, dans le voyage à l'Amérique. Nous observerons, à ce sujet, que ce défaut des ressorts spiraux exigera nécessairement qu'on les trempe tout pliés, ainsi que je l'avois pratiqué autrefois (*Ess.* N°. 2166). Mais nous traiterons plus particuliérement cet article à la suite de la main-d'œuvre.

760. La saison où je fis ces expériences n'étoit pas des plus favorables. C'étoit au mois d'Avril où le Thermometre étant à 11 degrés, il ne m'étoit pas possible, à cause du peu de temps qui me restoit, de faire subir à cette machine une température au-dessous de ce terme de 11 deg. au moyen du froid artificiel. Je me bornai d'ailleurs à l'usage de cette machine pour cette nouvelle Campagne. Comme elle devoit servir dans un Pays chaud, je m'appliquai particuliérement à connoître la marche de l'Horloge dans les températures de 18 & 24 degrés, ceux auxquels elle doit être plus souvent exposée. Voici la nouvelle Table d'Equation de la température.

A 11 degrés du Thermometre . . . . . o correction
A 18 de l'Horloge . . . . avance . . . 2″ $\frac{1}{10}$ en 24 heures.
A 24 degrés . . . . avance . . . 3″ $\frac{1}{2}$ en 24 heures.
A 29 degrés . . . . avance . . . 7″ $\frac{1}{35}$ en 24 heures.

761. La compenfation ainfi réglée, j'éprouvai cette Horloge en la faifant marcher avec différents poids, afin de voir fûrement jufqu'à quel point le fpiral étoit ifochrone. Je trouvai que le moteur ayant 2 liv. de moins, l'Horloge retardoit de demi-fecondes en 2 heures $\frac{1}{4}$. Cette expérience fut faite la veille du départ de l'Horloge Marine, ainfi je ne penfai pas, pour le préfent, à lui donner plus de perfection. Pendant que j'étois occupé à adapter un autre fpiral à l'Horloge N°. 6, je fis faire plufieurs corrections à la fufpenfion d'après l'obfervation fuivante.

Obfervations fur l'effet de la fufpenfion.

762. DANS les premiers temps que je compofai mes Horloges, je m'attachai à donner à leurs fufpenfions toute la perfection que j'imaginai néceffaire pour conferver l'Horloge fenfiblement horizontale ; mais je n'ai bien fçu tout ce qu'elle exigeoit, que depuis que j'ai reconnu, par expérience, qu'une très-légere inclinaifon de l'Horloge changeoit l'étendue des vibrations, & par conféquent leur durée ; d'où il fuit qu'il faut que la fufpenfion foit telle que l'Horloge foit toujours parfaitement horizontale, ou qu'elle reprenne promptement cette pofition, chofe qu'il n'eft pas facile d'obtenir ; car fi les frottements de la fufpenfion font très-petits & comme avec des couteaux, dans ce cas l'Horloge étant à terre, demeurera parfaitement horizontale ; mais dans ce cas de la plus grande liberté, lorfqu'elle fera dans le Vaiffeau, elle prendra des mouvements d'ofcillation pareils à ceux d'un pendule. Voilà donc les deux défauts à éviter. 1°, fi l'Horloge eft fufpendue très-librement, elle reftera, lorfqu'il n'y aura pas d'agitation, dans une pofition plus parfaitement la même & horizontale ; mais, dans les agitations, elle ofcillera. 2°, Si la fufpenfion n'eft pas libre, elle ne prendra jamais fûrement & parfaitement la même pofition horizontale ; mais, d'un autre côté, elle ne prendra pas de mouvement d'ofcillation ; & c'eft pour cette raifon que dans ma premiere Horloge Marine, j'avois, à deffein, mis des refforts pour faire frottement ; & pour que le Vaiffeau, en fe balançant autour de

l'Horloge ,

l'Horloge ne lui fît jamais prendre d'ofcillations, & cela ne
fe fait effectivement ainfi, comme plufieurs expériences l'ont
prouvé. C'eft le principe que j'ai adopté & fuivi pour les fufpenfions de toutes mes Horloges Marines, & cela a très-bien
réuffi ; à cela près cependant que, fi l'Horloge reftoit en repos
à terre, fa marche feroit différente qu'à la mer ; parce qu'à la
mer, les agitations qui fe font continuellement & en tout fens,
font garder à l'Horloge une pofition moyenne & conftante ; au
lieu qu'à terre le frottement, qui réfifte au poids du tambour,
lui fait prendre une pofition tant foit peu inclinée, qu'il garde
conftamment jufqu'à ce qu'on touche à la machine, & que
par-là, ou on lui faffe prendre une inclinaifon oppofée, ou bien
une pofition exactement horizontale ; & on fent que cela dépend
de l'action qu'on donne au tambour en remontant l'Horloge. Or fi
le régulateur de l'Horloge n'a pas la propriété d'avoir des ofcillations ifochrones par les petites différences dans les arcs qu'il décrit, il eft évident que l'horloge avancera ou retardera tant foit
peu par cette petite inclinaifon du tambour : inclinaifon qui, comme je l'ai dit, n'a pas lieu à la mer ; & c'eft pour cette raifon que
j'ai toujours exigé que les obfervations fuffent faites avec ces
Horloges lorfqu'elles font dans le Vaiffeau, parce qu'alors on établit leurs marches lorfqu'elles font exactement dans les mêmes
circonftances par lefquelles elles doivent fervir. J'avoue qu'il fera poffible de faire que les Horloges confervent la même marche
à terre & à la mer ; mais comme elles ne font faites que pour
fervir dans les Vaiffeaux, & qu'on n'en a que faire pour la
terre, je ne me fuis pas gêné, & je ne penfe pas qu'on doive
ajouter cette inutile entrave aux difficultés très-réelles, que la
chofe même comporte pour leur ufage dans la Navigation. Je
dois encore ajouter d'autres raifons qui, pour n'être pas de la
même conféquence, n'en font pas moins réelles ; c'eft que la
manière différente dont la caiffe peut être fixée à terre ou dans
le Vaiffeau, foit à des corps élaftiques, comme des planches, ou
bien à des murs inébranlables, peut encore changer la marche de
ces machines, en faifant décrire au balancier de plus grands ou
de plus petits arcs. C'eft ainfi qu'une Horloge Aftronomique

étant attachée contre un mur invariable, ou contre une cloison qui ne l'eft pas, fon pendule décrira, dans le 1er. cas, de plus grands arcs & de plus petits dans le fecond. Une autre caufe tend encore à changer la pofition horizontale du tambour, c'eft le poids moteur qui, pour peu qu'il defcende obliquement, relativement au point de fufpenfion & au centre de gravité du tambour, tend néceffairement à changer la ligne du centre de gravité, & fait incliner le tambour. Il eft vrai que cela ne peut caufer qu'une erreur qui fe répete tous les jours conftamment de la même maniere, & devient par-là de peu de conféquence; mais il eft bon d'examiner tout ce qui fe paffe dans tous les cas du mouvement de ces machines, afin de pouvoir y faire des corrections qui en compenfent les effets. Quant à celui de la fufpenfion dont nous venons de parler, le moyen le plus fûr, pour empêcher que des petits changements dans la pofition horizontale du tambour ne puiffent affecter l'Horloge, c'eft de s'appliquer à obtenir des ofcillations ifochrones, malgré que les arcs de vibration du balancier changent tant foit peu d'étendue : enfin il faut également s'appliquer à donner une grande perfection à la fufpenfion, pour qu'elle conferve la pofition horizontale autant & fi parfaitement qu'il eft poffible.

CHAPITRE IX.

De l'Horloge Marine N°. 7.

763. LES principes de conftruction de cette Horloge, font parfaitement les mêmes que ceux de N°. 6. Le balancier du même poids & diametre, fufpendu par un reffort faifant 4 vibrations par fecondes, le méchanifme de compenfation le même, & le moteur également un poids, mais fans crémaillere : l'échappement eft auffi parfaitement femblable à celui de N°. 6; la feule différence confifte dans la diftribution du rouage, lequel eft beaucoup plus fimple dans N°. 7, que dans

N°. 6. Lorfque j'exécutois cette derniere, je trouvai tant de travail à la cadrature, que je penfai à la fupprimer entiérement, & c'eft ce qui donna lieu à la conftruction du rouage de N°. 7, que j'ai toujours fuivi depuis; c'eft par cette raifon que l'on trouvera ici toutes les parties de cette Hôrloge expliquées dans le plus grand détail : cela fervira également à fon intelligence, & à celle de N°. 6, dont nous avons abrégé la defcription; enfin elle fervira auffi aux Horloges qui ont fuivi celle N°. 7, (a).

Defcription de l'Horloge N°. 7.

Planche X.

764. La Figure de la Planche X repréfente le profil ou élévation du mouvement de l'Horloge N°, 7, entiérement raffemblé, ôté de fon tambour. *A* eft le poids ou moteur de l'Horloge, lequel porte trois ponts *B*, *B*, *B*, dont les bouts entaillés embraffent les piliers *E*, *E*, *E*. Sur la plaque de cuivre du poids *A*, font formées trois entailles qui embraffent également la demi-circonférence des piliers; par ce moyen le poids eft maintenu par les piliers, fans pouvoir prendre de jeu, & ayant feulement la faculté de defcendre librement. .

765. Les piliers du poids font rivés fur la platine *G*, & s'affemblent à l'ordinaire par des goupilles avec la platine *H*, qui eft celle qui porte la cage du régulateur.

766. Le poids *A* (b) porte dans fon épaiffeur la poulie fur laquelle paffe la corde qui le fupporte. Cette corde *a* paffe deffus la poulie de renvoi, & va entourer le cylindre *b c* de la grande roue *K*; cette roue fait fon tour en 12 heures; elle marque les heures, & tient lieu de la roue de cadran,

---

(a)Nous devons remarquer ici que cetteHorloge N°. 7, avoit d'abord été deftinée pour être la deuxieme de celle que j'étois chargé de faire pour S. M. mais fon exécution étant totalement achevée, je conftruifis de nouveau une autre Horloge N°. 8, à laquelle

je parvins heureufement à donner beaucoup plus de perfection, comme on le verra lorfque nous traiterons de cette machine.

(b) *Voyez* le plan du poids & de la platine des piliers du poids, *Planche XV,* *Fig.* 1.

au moyen du cadran *d* mis à frottement par son canon, sur un canon prolongé de cette grande roue (ᵃ).

767. Les heures gravées sur ce cadran paroissent à travers la *platine des cadrans L L* (ᵇ) ; cette ouverture de la platine porte un index qui marque l'heure.

768. La grande roue de cylindre *K*, porte un ressort auxiliaire (ᶜ) qui sert, comme nous l'avons dit (681), à faire marcher l'Horloge pendant qu'on la remonte ; *e* est le rochet de ce ressort ; *f*, le cliquet ; & *g* le ressort du cliquet.

769. La grande roue *K* engrene dans le pignon de minute *h*, dont le pivot prolongé *i*, porte l'aiguille des minutes, marquant sur un petit cadran particulier excentrique (ᵈ).

770. Le pignon *h* porte la roue des minutes *M*: celle-ci engrene dans le pignon *l* de la petite moyenne *N*: la petite roue moyenne *N*, engrene dans le pignon *m* de la roue de secondes, concentrique à la grande platine *L* : le pivot prolongé *n* de ce pignon porte l'aiguille des secondes.

771. La roue des secondes placée en dedans de la cage *L O*, est à fleur du dessus de la platine *O* : cette roue est cachée par la poulie de renvoi *I*, & de ses ponts : la roue de secondes engrene dans le pignon *o*, dont l'axe porte la roue d'échappement *P*.

772. La roue d'échappement est portée par la platine supérieure *Q* de la cage du régulateur, & par le pont *R* qui passe à travers une ouverture faite à ce dessein, à la platine *O*, afin qu'il aille faire engrenage avec la roue de secondes, placée en dedans de la grande cage supérieure qui est celle du rouage.

773. La roue d'échappement *P* engrene dans le cylindre *p*, dont l'axe porte le rateau qui engrene dans le pignon du balancier (ᵉ) : le rateau & le pignon de balancier n'ont pu être représentés dans cette Figure.

(ᵃ) *Voyez* la disposition de cette roue, *Planche XV*, Fig. 3, 4, 5, &c, où elle est développée.

(ᵇ) *Voyez* le plan de cette platine & des cadrans, *Planche XI, Fig.* 2.

(ᶜ) *Voyez Planche XV*, Fig. 3, 4, &c. ce méchanisme & son explication ci-après.

(ᵈ) *Planche XV*, Fig. 2.

(ᵉ) *Voyez* les Figures des *Planches XIII* & *XIV*.

774. Le pont *S* de la fufpenfion du balancier eft attaché à la platine *Q* du régulateur, & paffe dans la cage du rouage: *q*, eft le reffort de fufpenfion du balancier.

775. Le balancier *T* fufpendu par le reffort *q*, fe meut entre les fix rouleaux 1, 2, 3, & 4, 5, 6 placés entre les platines *Q V* & *Y Z*: ces deux cages des rouleaux, & la grande *Q Z* forme celle du régulateur (ᵃ); celle-ci eft attachée par trois vis à la grande platine *H*.

776. Le méchanifme de compenfation eft placé fur le côté inférieur de la grande platine *H*; ainfi cette platine porte au-deffus tout ce qui appartient au régulateur, & en deffous à la compenfation (ᵇ): *A A* eft le chaffis de compenfation attaché fur un pont *B B*: le grand levier *C C* fe meut entre le pont *D D*, & la platine *H*; ce levier communique, par fon petit levier *t*, aux tringles de cuivre du milieu du chaffis par une efpece de charniere.

777. Le bout prolongé du grand levier porte l'index ou *Nonius r*, qui marque le chemin du pince-fpiral fur le limbe *s*.

PLANCHE XI.

778. La Figure 1 de la Planche XI repréfente le plan du rouage du mouvement, ou le deffus de la feconde platine du rouage, lorfqu'on a ôté la *platine cadran* (*Fig.* 2). *A* eft la grande roue ou de cylindre; *B* le cadran des heures (ᶜ); *C D* le reffort auxiliaire, dont le bout *C* eft attaché par une cheville au rochet d'arrêt, & l'autre bout *D* à une croifée de la roue *A*: *E* eft le cliquet du rochet d'arrêt du reffort auxiliaire.

779. *F* eft la poulie de renvoi pour la corde du poids; cette poulie fe meut entre les ponts *a a*, *b b*, attachés à la platine.

(ᵃ) *Voyez* tout ce qui appartient à cette cage du régulateur dans les Figures de la *Planche XIV*.

(ᵇ) *Voyez* le plan du méchanifme de compenfation, *Planche XII, Fig.* 1, & les développemens dans les Figures de la *Planche XVI.*

(ᶜ) Vu (*Fig.* 2.) à travers l'ouverture *B*, & dont *C* eft l'index fixé à la platine.

780. La corde du poids eft enveloppée fur le cylindre, & paffe fur la poulie de renvoi, enfuite fur la poulie du poids; & le bout va enfuite s'attacher à un crochet porté par le deffous de la grande platine de compenfation.

781. La roue de cylindre *A* engrene dans le pignon *a* de la roue de minute *G*, dont l'axe porte l'aiguille des minutes (*a Fig.* 2).

782. La roue de minute *G* engrene dans le pignon *b* de la petite roue moyenne *H*, & celle-ci engrene dans le pignon *c* de fecondes, dont l'axe porte l'aiguille des fecondes (*c Fig.* 2).

783. La roue de fecondes *I* engrene dans le pignon *d* de la roue d'échappement *K*; celle-ci engrene ou fait échappement avec le cylindre *L*, dont l'axe porte le rateau *M*, lequel engrene dans le pignon *N* du balancier.

784. Les cercles ponctués 1, 2, 3, repréfentent la pofition des rouleaux, entre lefquels fe meut le balancier.

PLANCHE XII.

785. La Figure 1 de la Planche XII repréfente le méchanifme de compenfation, porté, comme je l'ai dit, par le deffous de la troifieme grande platine. *A B* eft le chaffis de compenfation, dont le bout *B* eft libre, & celui *A* eft fixé très-folidement par deux vis au pont *C* attaché à la platine par une forte vis *a* : la partie *b* du chaffis eft un talon fixé fur le bout prolongé des tringles de cuivre du milieu du chaffis : ce talon eft lié par une cheville qui forme une efpece de charniere, avec la boîte *c* fixée par une vis de preffion fur la tige ronde *d*, qui forme le petit levier du grand levier *D d* : ce levier a fon centre de mouvement en *e*, entre la platine & le pont *E* : le grand levier *D* porte la boîte ou pince-fpiral *f*, qui agit fur le fpiral *G*.

786. Le petit levier ou tige *d* porte une feconde boîte *g*, laquelle porte une vis de rappel *F*, entrant à vis dans la boîte *g*, & dont le bout agit fur la boîte *c* pour la faire

mouvoir infenfiblement par la vis de rappel, en lâchant la vis de la boîte *c*, & ferrant celie de la boîte *g*. Par cette difpofition on peut rendre plus ou moins fenfible l'action du chaffis de compenfation, fur le levier *D d*, & augmenter ou diminuer la compenfation; puifque la dilatation & contraction du chaffis reftant la même, elle agit fur un plus grand ou petit rayon du levier *d*, & fait par conféquent parcourir plus ou moins de chemin au pince-fpiral *f*.

787. Outre ce mouvement infenfible, donné pour parvenir de proche en proche à la compenfation, on peut approcher, par de grandes quantités, la boîte *c* du centre *e* du grand levier. Pour cet effet, le pont *C* du chaffis peut fe mouvoir, comme dans une couliffe, au moyen de la fente *h* que porte fa patte, & de 4 chevilles fixées à la platine pour contenir cette patte *H* : ainfi en defferrant la vis *a* qui ferre le pont, & les deux vis des boîtes *c*, *g*, on peut approcher le point de contact ou charniere *c b*, tout contre le centre de mouvement *e* du levier *d*, ou à fon extrémité. On fe fert de ce grand mouvement pour les grandes différences, dans la compenfation, & de celui de la vis de rappel *F* pour les petites différences. La tête de la vis de rappel eft graduée, & la boîte *g* porte l'index *i* qui marque le chemin qu'on a fait faire à la boîte *c*, par la vis de rappel *F*.

788. Le bout *l* du grand levier *D* de compenfation porte l'index *l m*, dont le bout *m* eft gradué, & forme un Nonius avec le limbe *I* ; par ce moyen, on eftime exactement le plus petit chemin parcouru par le pince-fpiral *f*.

789. Le piton *K* du fpiral fixe le bout extérieur du fpiral à l'ordinaire par une clavette *n* : la patte du piton eft fendue, afin que le fpiral puiffe reprendre fa pofition naturelle, fans être forcé (400).

790. Le pont *L* porte en-deffous un fecond pince-fpiral qui fert à régler l'Horloge au plus près, au moyen de la vis *o*, qui fait plus ou moins ferrer le fpiral, & lui ôte ou donne la liberté de fléchir entre la boîte *D* & le piton *K*.

791. 1, 2, 3, font les têtes des vis qui fixent à la grande

platine la cage du régulateur, dont on en voit une partie à travers l'ouverture *M N*, faite à la grande *platine de compensation*; ainsi le dessous de la platine du régulateur porte le piton de spiral *K*, ensorte qu'en ôtant les vis 1, 2, 3, tout ce qui appartient à la compensation reste attaché à la grande platine; & tout ce qui appartient au balancier est attaché à la cage du régulateur, le spiral en dessous; & au-dessus, la suspension du balancier de l'échappement, comme on le verra ci-après.

792. *p*, *q*, *r*, sont des coquerets d'acier attachés par des vis au-dessous de la platine inférieure du régulateur, pour recevoir les pointes des pivots des rouleaux, & en diminuer le frottement.

793. 4, 5, 6, sont des trous faits à la grande platine pour le passage des bouts des piliers de la cage inférieure des rouleaux & de leurs goupilles.

794. *O*, est le crochet où vient s'attacher la corde du poids; ce crochet *O* (*Fig. 3*) est fixé à un ressort *O Q* attaché au-dessus de la platine en *A* (*Fig. 2*). L'office de ce ressort est de tenir toujours la corde tendue, dans le cas où le poids pourroit éprouver des secousses; ainsi dans le cas supposé, la corde ne pourroit sortir de dessus ses poulies. Voilà le moyen simple que j'ai substitué à la crémaillere. Peut-être les secousses n'auront jamais lieu; mais, en tout cas, la précaution n'est pas coûteuse. *P* (*Fig. 1.*) est une fente faite à la platine pour le passage de la corde, qui de-là va passer sur la poulie de renvoi, & sur le cylindre.

795. La figure 2 représente le dessus de la platine de compensation (*Fig. 1*). *A* est le ressort qui porte le crochet auquel s'attache le bout de la corde du poids : *B C*, est la platine supérieure de la cage du régulateur qui porte le pont de suspension du balancier, le rateau *L*, & la roue d'échappement *F* : ces pieces ne sont que tracées, parce qu'elles sont représentées fort en détail, Planche XIV. *G*, *G*, *G*, sont les piliers qui forment la cage où est placée celle du régulateur; & *H*, *H*, *H*, les trous des pivots de piliers de la cage du poids.

PLANCHE

Planche XIII.

796. La Figure 1 de la Planche XIII fait voir toutes les principales parties de l'Horloge , fur une même ligne , afin d'en mieux faire fentir la difpofition & les effets en les préfentant fous un feul point de vue. *A* eft la corde du poids ; *B* , la poulie de renvoi de la corde ; *C* , le cylindre ; *D* , la grande roue de cylindre ou des heures ; *E* , le cadran des heures ; *F* , le quarré de remontoir ; *a* , le pignon de minute ; *b* , le pivot qui porte l'aiguille des minutes ; *G* , la roue de minute ; *bb* , le pignon de petite moyenne ; *H* , la petite roue moyenne ; *c* , le pignon de fecondes , dont le pivot prolongé porte l'aiguille de fecondes *d* ; *I* , la roue de fecondes ; *e* , le pignon de roue d'échappement ; *K* , le pont de cette roue ; *L* , la roue d'échappement ; *M* , le cylindre ; *N* , le rateau ; *O* , le pignon de balancier ; *f* , le reffort de fufpenfion du balancier ; *g* , *g* , les pivots de l'axe de balancier qui roulent entre les rouleaux (qui ne font pas ici repréfentés) ; *P* , eft le balancier ; *Q* , le fpiral ; *R* , le pince-fpiral ; *S T* , le grand levier de compenfation ; *h* , l'index ou *Nonius* ; *i* , le limbe gradué ; & enfin *V* eft le chaffis de compenfation.

797. *A* (*Fig.* 2) repréfente le balancier monté fur fon axe *a b* ; la partie fupérieure *a* de l'axe entre jufte & à frottement dans le trou du pignon *B* de balancier ; ce pignon eft arrêté avec l'axe par une goupille qui traverfe le canon du pignon & l'axe ; le bout inférieur *b* de l'axe de balancier entre jufte , & par un petit frottement dans le trou du canon *e* qui porte la virole de fpiral *C* ; ce canon vu en grand en *d* eft d'acier ; la virole de fpiral *D* entre à frottement deffus , étant fendue à cet ufage , afin de la tourner à volonté féparement du canon d'acier *d* ; celui-ci eft rapporté fur le bout *b* de l'axe , & arrêté par une goupille , afin d'avoir la facilité de démonter le fpiral étant féparé de l'axe de balancier : ce qui fe fait en ôtant la goupille : & on le retire tout monté avec la virole , comme en *C.*

K k *

798. *Fig.* 3 eſt le balancier vu en plan.

Planche XIV.

799. La Figure 1 de la Planche XIV repréſente le profil ou élévation de la cage du régulateur, & de toutes les pieces qu'elle porte, & prête à attacher ſur la grande platine de compenſation. *A* eſt le pont de ſuſpenſion du balancier attaché ſur le deſſus de la platine ſupérieure, une branche de ce pont eſt coupée; le même pont eſt vu (*Fig.* 2); le petit pont *b* qu'il porte ſert à preſſer & fixer la mâchoire du reſſort *a* de ſuſpenſion; cette mâchoire *b* (*Fig.* 3) eſt formée de deux pieces d'acier *c, d*, entre leſquelles paſſent le bout *a* du reſſort, & ſerrées par deux vis 1, 2. Les bouts inférieurs de ces plaques ſont tournés, & forment une eſpece de pivot qui entre dans un trou du pont, & ſert de centre, au reſſort.

800. Le bout inférieur *e* du reſſort de ſuſpenſion eſt attaché de la même maniere que celui d'en haut, à une deuxieme mâchoire auſſi d'acier trempé; cette mâchoire *B* vue en grand (*Fig.* 3), eſt coudée ou forme une eſpece de manivelle pour donner paſſage à un pont d'acier *C* (*Fig.* 1) qui ſert à empêcher le balancier de remonter, & par-là de caſſer le reſſort de ſuſpenſion, le bout du pont *C* retenant la pointe de l'axe du balancier : la manivelle à mâchoire *B* (*Fig.* 3) eſt percée d'un trou qui entre juſte, & à frottement ſur le canon *D* du pignon de balancier; & le trou de celui-ci entre, comme je l'ai dit (797), ſur le bout ſupérieur de l'axe de balancier; & la même goupille qui lie le pignon à l'axe, traverſe auſſi le canon de la manivelle, enſorte que ces trois pieces ne peuvent tourner ſeparément les unes des autres : la plaque *E* eſt celle de la mâchoire qui s'attache ſur la manivelle par les vis 3, 4.

801. Le pont *F* (*Fig.* 1) eſt en même-temps celui de la roue d'échappement *G*, & du cylindre *H*; *f*, eſt le contrepoids qui ſert à équilibrer le râteau *I*, qui engrene dans le

pignon de balancier D : 1 ; 2, 3 , 4, 5 , 6 , font les rou·leaux entre lefquels roulent les pivots g , h du balancier K ; L eft le piton de fpiral, & i le fpiral : les pointes de tous les pivots inférieurs des rouleaux roulent fur des coquerets d'acier, comme l, m, n.

802. La figure 4 repréfente en plan le deffus de la platine fupérieure du régulateur ; A A eft le pont de fufpenfion du balancier, dont on a coupé le haut où s'attache le reffort pour faire voir le pignon D de balancier ; B eft le deffus de la manivelle à mâchoire ; C, le pont d'acier qui empêche le balancier de trop remonter ; G, la roue d'échappement ou de cylindre ; H, le cylindre vu par-deffus ; I, le rateau, & f fon contre-poids ; la roue de cylindre G eft figurée à-peu-près, comme les roues de cylindre de Montres, & porte, comme celle-ci, des plans inclinés ; mais ici cette roue eft toute plate, & fans colonne (elle eft d'acier trempé, les plans inclinés fort durs). Par cette difpofition de la roue, on voit que le cylindre ne peut pas décrire de grands arcs, les leviers ou tranches devant aller bientôt arcbouter contre le fond des dents ; mais comme le chemin parcouru par le cylindre eft multiplié par le rateau ; le balancier décrit par ce moyen des arcs d'une étendue fuffifante.

803. Les *tranches* ou palettes du cylindre font faites de rubis d'Orient, travaillés avec beaucoup de foins ; j'ai voulu, par cette difpofition, diminuer les frottements de l'échappement, & les réduire à un état conftant ; ces palettes ou tranches cylindriques a, b (*Fig.* 5) s'attachent fur l'axe du cylindre A au moyen de deux plaques de cuivre C, D ; fur les côtés intérieurs de ces plaques eft formé fur le tour une rainure ayant pour largeur l'épaiffeur des palettes de rubis ; la plaque C fe centre fur la tige du corps du cylindre A, & vient fe pofer en c fur le deffous de la plaque formée par le corps du cylindre, & s'y attache par une vis ; la plaque D s'ajufte de la même maniere en f, au moyen d'une vis que l'on ferre, après qu'on a mis les palettes dans leurs rainures : des petites chevilles mifes dans le fond des rainures fervent

à empêcher les palettes d'avancer ou de reculer, & les oblige à refter dans leurs véritables pofitions. L'axe du cylindre
A eft fait d'une feule piece d'excellent acier. Il eft figuré en
manivelle pour donner paffage à la roue d'échappement.

804. Le cylindre *A* (*Fig. 6*) eft vu tout monté avec fes
palettes, prêt à recevoir le rateau, au moyen du canon qui
doit entrer à force fur la tige inférieure.

805. La Figure 7 eft le deffous de la platine inférieure
du régulateur, celle qui s'attache fur le deffus de la platine
de compenfation; *L* eft le piton de fpiral; *i*, le fpiral; *a*,
b, *c*, les coquerets d'acier qui reçoivent les bouts de pivots
des rouleaux; *d*, *e*, *f*, les bouts des pivots des piliers de la cage
des rouleaux.

806. La Figure 8 eft le deffus de la platine inférieure du
régulateur; *a*, *b*, *c* font les rouleaux placés pour recevoir
la petite platine.

807. La platine inférieure du régulateur eft vue en profil (*Fig. 9*); *A A* eft cette platine qui porte quatre piliers;
B eft la petite platine qui, avec la grande *A B*, forme la cage
des trois rouleaux inférieurs du balancier; & *C C* (*Fig.* 10)
repréfente la platine fupérieure du régulateur, celle dont le
deffus porte le pont de fufpenfion & l'échappement; la petite platine *D* forme, avec celle *C C*, la cage des trois rouleaux fupérieurs du balancier.

PLANCHE XV.

808. La Figure 1, Planche XV, repréfente le poids moteur de l'Horloge, vu en plan fur la cage du poids. *A A* eft
le poids; *B B*, la plaque qui le fupporte, laquelle eft entaillée en
C, C, C, pour embraffer les piliers *D, D, D*; les ponts *E, E, E*,
portés par la plaque fupérieure du poids, font également entaillés & figurés pour le paffage libre des piliers. La grande
platine *F, F*, eft celle fur laquelle font rivés les trois grands
piliers qui forment la cage du poids moteur; *G G* eft la poulie
de la corde du poids; & *H H*, la chappe qui porte cette pou-

lie : cette chape eft attachée par deux vis fur le deffus du poids. Le plomb qui forme le poids eft ici contenu dans une ef- pece de tambour : la poulie fe loge dans ce tambour pour ne pas augmenter la hauteur.

809. On voit (*Fig.* 2) une autre difpofition que j'ai don- née au poids moteur de mes Horloges Marines : elle eft plus avantageufe que celle que je viens de décrire ; parce que les deux cordons de la corde du poids reftent toujours paralleles, & que la poulie de renvoi étant mife à l'extrémité de la cage, la corde forme du haut au bas du cylindre un angle moins grand, ce qui conferve l'égalité de force du moteur. Pour cet effet, au lieu d'une poulie pour la corde du poids, j'en ai employé deux A, B, placées à l'extrémité de la plaque fur laquelle s'attache le poids : la poulie de renvoi eft placée à la même diftance du centre de la platine fur laquelle elle s'attache : le crochet où s'attache le bout de la corde eft auffi placé à même diftance, d'où fuit le parallélifme des cordons.

810. Un autre avantage de la difpofition du poids mo- teur, c'eft que le plomb n'eft point enfermé dans un tam- bour, comme le précédent, mais s'attache fur des broches a, b; enforte qu'on peut l'augmenter à volonté. Le poids eft for- mé par deux maffes C, D, qui s'équilibrent ; elles font per- cées par des trous, & enfilées fur des broches rivées fur la pla- tine E, E du poids : des écrous c, d qui entrent à vis fur les bro- ches fervent à fixer les deux maffes C, D avec la platine E, E : cette platine eft entaillée pour le jeu des piliers F, F, F rivés fur la grande platine $G G$ qui forme la cage du poids. La plaque $E E$ porte trois ponts H, H, H, qui ferventà maintenir le poids, en ne lui laiffant que la faculté de defcendre librement ; I, K font les chapes qui portent les poulies A, B.

811. La figure 3 fait voir en plan la grande roue de cylindre; A eft la roue dont on n'a pas gravé la denture ; B, le ro- chet qui fert à tendre le reffort auxiliaire ; ce rochet porte l'encliquetage a b de remontage du poids ; C eft le cylindre attaché par deux vis fur le rochet d'encliquetage d. Lorf- que le poids agit fur le cylindre, le rochet d'encliquetage d

agit fur le cliquet *a* , & par conféquent fur le rochet *B* ; celui-ci, par fon action, tend donc le reffort auxiliaire, dont la
force eft d'équilibre avec celle du poids : fi donc on remonte
l'Horloge , le poids ceffera d'agir fur le rouage ; mais alors
le reffort auxiliaire y fuppléera avec une égale force : le rochet *B* ne pourra pas retrograder en étant empêché par fon
cliquet (*Voyez Planche XI. Fig.* 1).

812. *Fig.* 4 eft le profil du cylindre, qui entre fur le canon
A (*Fig.* 5) porté par l'arbre de cylindre *A B* ; fur ce canon *A*
eft rivé le rochet d'encliquetage *C* : le cylindre s'attache, comme j'ai dit, fur ce rochet au moyen de deux vis : *D* (*Fig. 6*)
eft le profil du rochet auxiliaire portant l'encliquetage de remontoir ; *E* (*Fig.* 7) eft le reffort auxiliaire vu en perfpective ; la cheville 1 entre dans un trou du rochet auxiliaire ,
& celle 2 dans un trou fait à la roue de cylindre *K* (*Fig.* 8) ;
F (*Fig.* 7) eft le reffort auxiliaire vu de profil. Le canon *G* de
la grande roue de cylindre roule librement fur la tige *B* de
l'arbre de cylindre *Fig.* 5 ; fur ce canon *G* (*Fig.* 8) entre à frottement le canon *H* du cadran des heures ; *I* eft une virole d'acier
ou *goutte* qui fert à retenir la roue de cylindre fur fa tige.

813. Je n'ai pu repréfenter ici la difpofition d'une clef à
remonter l'Horloge, au moyen de laquelle on ne peut jamais
la remonter à rebour , & par conféquent caffer des dents de
roues ou de pignons, ainfi que cela eft déja arrivé à d'autres
Horloges. Cette clef porte un encliquétage, en forte qu'elle
n'agit que du côté propre à remonter l'Horloge.

PLANCHE XVI.

814. *A* (*Fig.* 7) eft la vis de rappel fervant à la compenfation , qui entre dans le trou taraudé *a* de la boîte *B* ; &
le bout entaillé *b* entre dans la partie entaillée *c* de la boîte *C*
(*Fig.* 8); les trous *d* , *d* des boîtes *B*, *C* entrent librement fur la
tige *A* (*Fig.* 9) qui forme le petit levier de compenfation : on
voit en plan (*Fig.* 10) la difpofition des boîtes *B* , *C*, & de la vis
de rappel *A* attachées au pont du chaffis par la charniere
de la boîte , le levier étant ôté ; la *Fig.* 11 repréfente le chaffis

de compensation en plan portant la charniere & les boîtes. 1 eſt la traverſe du chaſſis qui s'attache au pont par les vis *a*, *b*: 2, 3, 4; 5, 6, 7, 8 ſont les autres traverſes de ce chaſſis. B (*Fig. 9*) eſt le pince-ſpiral porté par le grand levier de compenſation : *a* eſt l'index.

815. *Fig.* 12 fait voir le ſecond pince-ſpiral que j'avois adapté à l'Horloge N°. 7, pour la régler au plus près (790). *A B* (*Fig.* 13) eſt le pont du grand levier de compenſation : *a b* eſt le reſſort qui preſſe ce levier.

PLANCHE XVII.

816. La Figure de la Planche XVII repréſente la ſuſpenſion que j'ai employée pour les Horloges Marines N°. 6, 7, 8. *A B C D* eſt le pied qui s'attache au fond de la caiſſe qui doit renfermer l'Horloge au moyen de quatre vis : cette caiſſe eſt faite en bois de noyer, & doublée en ſerge de laine pour garantir la machine du mauvais air.

817. L'effet du reſſort à boudin *E* eſt le même que celui que j'ai décrit pour l'Horloge N°. 1 ; c'eſt-à-dire, d'adoucir les ſecouſſes que le Vaiſſeau pourroit tranſmettre à l'Horloge.

818. Le tambour *F F* eſt de cuivre ſoudé, afin d'empêcher le paſſage du mauvais air extérieur. Le fond du tambour eſt chargé d'une forte maſſe de plomb (331).

819. Le tambour porte deux pivots *H* diamétralement oppoſés qui roulent ſur des couſſinets d'acier portés par le cercle ovale de cuivre *I K* ; le cercle *I K* porte en *M*, *N* deux pivots paſſant par l'axe du tambour ; ces pivots roulent ſur des couſſinets d'acier attachés en *O*, *P* du ſupport *O P Q* ; ce ſont ces deux mouvements perpendiculaires l'un à l'autre qui forment la ſuſpenſion, au moyen de laquelle le plan *R* du cadran de l'Horloge demeure horizontal, & le tambour vertical, tandis que le Vaiſſeau ſe balance.

820. L'arbre *S T* du reſſort à boudin eſt attaché en *Q*, au ſupport *O P Q*, au moyen de l'écrou *S*. Le bout inférieur du reſſort à boudin eſt fixé à la tête *T* de l'arbre, & le bout ſupérieur du reſſort eſt attaché en *V*, au pont *X Y V*, porté par le pied *A*, *D*.

Dimensions de toutes les Parties essentielles de l'Horloge Marine
N°. 7.

La grande platine ou cadran a de diametre 5 pouces 7 lignes, épaisseur 1 lig. $\frac{1}{2}$.
Les trois autres grandes platines sont de même épaisseur.
Leurs diametres 5 pouces 3 lig.
Les piliers du mouvement sont rivés sur la grande platine du cadran ; ils ont 15 lig. de hauteur.
La grande cage qui sert à loger la cage du balancier, a 21 lignes de hauteur ; les piliers sont rivés sur la troisieme platine.
Toute l'Horloge est composée de trois grandes cages, dont la hauteur totale est de 13 pouces 3 lignes, & d'une petite cage particuliere que j'expliquerai.
Ces trois grandes cages sont formées de 4 platines de même épaisseur 1 lig. $\frac{1}{2}$.
La premiere cage, qui est la supérieure, contient les roues du mouvement.
La platine supérieure de cette cage sert en même temps de cadran. Je l'appelle *grande platine, ou platine-cadran :* cette platine a 5 pouces 7 lig. de diametre ; les piliers, au nombre de 4, sont rivés sur cette grande platine ; ils ont 15 lignes de hauteur, & 6 lig. $\frac{1}{2}$ de diam.
Les trois autres platines des grandes cages ont 5 pouces 3 lignes de diametre.
La seconde cage sert à porter & loger, du côté supérieur de la troisieme platine, la cage du régulateur ou balancier, & du côté de dessous le chassis, le levier & le méchanisme de compensation. C'est sur le côté supérieur de cette troisieme platine que sont rivés les trois piliers qui forment cette cage avec la petite platine du mouvement, qui est la seconde en descendant.
Les piliers de cette seconde cage, que j'appelle *grande cage du régulateur,* ont 21 lig. de hauteur, & 6 lig. $\frac{1}{2}$ de diametre.
La troisieme grande cage est celle du poids moteur : les piliers de celle-ci sont rivés sur la quatrieme platine, & s'assemblent avec la *platine du régulateur,* ou troisieme platine ; ces piliers ont 9 pouces 8 lignes de hauteur ; ils sont d'acier tourné, & cylindriques, ils ont 5 lig. $\frac{1}{2}$ de diametre.
Le poids a 2 pouces $\frac{1}{4}$ de haut, & 3 pouces 7 lignes de diametre : il porte trois ponts.
La grande poulie est logée dans le poids, elle a 2 pouces de diametre : toute cette partie est représentée dans les Planches décrites ci-devant.
La petite cage du régulateur ou balancier, a 17 lignes de hauteur, y compris l'épaisseur des platines.
Cette cage en forme elle seule trois particulieres composées de quatre platines, deux grandes & deux petites : les deux grandes ont 2 pouces 9 lignes de diametre, & $\frac{9}{12}$ lig. d'épaisseur : les deux petites sont de même épaisseur.
Les deux petites platines du régulateur ont 28 lignes de diametre.
La grande cage du régulateur s'attache sur la troisieme grande platine, au moyen de trois vis dont les têtes sont en dessous de cette grande platine.
La grande platine inférieure du régulateur porte quatre piliers de 15 lig. $\frac{1}{4}$ de haut, qui s'assemblent avec l'autre grande platine : les piliers ont 3 lig. $\frac{1}{2}$ de diametre : chaque petite platine du balancier porte trois piliers qui s'assemblent : savoir, la petite platine d'en bas avec la grande platine inférieure, & l'autre petite platine avec la grande platine du balancier supérieur : les petits piliers des petites platines ont 5 lig. $\frac{1}{2}$ de haut, & 3 lig. $\frac{1}{2}$ de diametre ; au moyen de quoi, entre les petites platines, il reste un intervalle d'environ 4 lignes, ce qui sert à y loger le balancier.
Les deux petites cages comprises dans la grande, servent à loger chacune 3 rouleaux.
Les rouleaux ont 16 lignes de diametre, & pas tout-à-fait $\frac{1}{12}$ lignes d'épaisseur.
Les pivots des rouleaux ont $\frac{8}{12}$ lig. de diametre.

L'axe

L'axe de balancier porte au milieu une affiette chaffée à force, fur laquelle s'attache le balancier avec trois vis.

Le bout fupérieur de l'axe s'affemble jufte fur le pignon du rateau : ce pignon porte à frottement la manivelle à laquelle s'attache le reffort : le pignon entre jufte, & eft arrêté par une portée de l'axe : la groffeur du pivot qui entre dans le pignon eft de $\frac{11}{12}$ de lig. : le canon de la manivelle qui entre fur le pignon, le canon du pignon & le bout de l'axe font percés d'outre en outre d'un trou, pour y faire entrer une goupille qui fixe parfaitement le tout enfemble.

Le bout inférieur de l'axe porte un canon d'acier qui y entre jufte, & eft goupillé de façon à être fixé avec l'axe, & à l'en retirer quand on veut : ce canon d'acier fert à y faire entrer à frottement la virole de fpiral.

Par cette difpofition de l'axe de balancier, on peut démonter le balancier en ôtant feulement les deux goupilles qui arrêtent d'un bout le fpiral, & de l'autre le pignon ; & en les remettant au repere, la piece fe retrouve toujours d'échappement.

Le bout de l'axe qui entre dans le canon d'acier & porte la virole de fpiral, a $\frac{10}{12}$ de lig. de diametre ; ce canon va tout contre le rouleau, afin que le fpiral en foit le moins éloigné qu'il eft poffible, ce qui empêche les chocs contre les rouleaux : le canon d'acier a une ligne $\frac{2}{12}$ de diametre, & 4 lignes $\frac{1}{2}$ de longueur.

La virole de fpiral a 1 lig. $\frac{8}{12}$ de diametre, non compris le talon pour recevoir le bout du fpiral. La fente de la virole eft diamétralement oppofée au talon : ce talon doit être le moins faillant poffible ; il n'y a ici que 1 lig. $\frac{1}{12}$ de diftance du centre.

Le fpiral fait deux tours $\frac{1}{2}$ depuis le piton : à l'endroit du piton, la lame ou fpire eft diftante du centre de 3 lignes $\frac{10}{12}$.

Le fpiral a $\frac{11\frac{1}{2}}{112}$ de lig. de largeur, & près de $\frac{4}{44}$ de ligne d'épaiffeur.

Les pivots de balancier, c'eft-à-dire, la partie qui porte fur les rouleaux a 1 lig. de diametre : les bouts des pivots inférieurs des rouleaux pofent fur des coquerets d'acier, trois portés par le deffous de la grande platine inférieure du balancier, & trois par le deffous de la petite platine fupérieure.

La platine fupérieure du balancier porte le pont de fufpenfion du balancier attaché à cette platine & concentriquement à l'axe par deux vis : ce pont monte jufqu'au-deffous de la grande platine ou cadran ; ce pont a 20 lignes de hauteur.

L'intervalle pour le paffage du pignon, eft de 5 lig. $\frac{1}{2}$; épaiffeur des montants, 1 lig. largeur, 4 lignes du haut en bas.

Les pattes faillantes, pour la place des vis, ont 3 lignes de plus que les montants.

Le reffort de fufpenfion eft fixé par en bas à la manivelle ; au moyen de deux vis formant une mâchoire concentrique à l'axe.

Le bout fupérieur de ce reffort eft fixé à une mâchoire formée de deux plaques d'acier ferrées par deux vis : cette mâchoire eft ronde & tournée par un bout pour entrer dans le trou du pont. Ce trou eft dans l'axe de balancier, c'eft-à-dire, eft élevé verticalement au-deffus de l'axe, afin que le reffort ne porte l'axe ni d'un côté ni d'autre. La mâchoire eft ronde afin de la faire tourner pour que le reffort de fufpenfion foit libre lorfque le balancier eft à zéro. A ce point, on fixe la mâchoire par une piece de preffion, & une vis que porte le bout fupérieur du pont.

La petite platine, fous le balancier, eft graduée en degrés, pour connoître & indiquer l'étendue des vibrations.

La grande platine inférieure du balancier porte le piton de fpiral ; ce piton eft d'acier ; il s'attache à cette platine avec une vis ayant une rondelle : le trou de la vis eft fort alongé, afin de laiffer prendre librement au fpiral fa place, felon qu'il eft un peu plus grand ou plus petit.

La grande platine fupérieure du balancier porte en outre le pont de fufpenfion, dont j'ai parlé, la roue d'échappement, l'ancre d'échappement & le rateau, & par confé-

L l *

quent tout ce qui appartient à l'échappement. La cage de balancier contient donc tout ce qui appartient au régulateur ; & comme l'exécution de cette partie est la plus difficile de l'Horloge, elle peut se faire séparément par un bon Ouvrier propre à ces opérations.

La roue d'échappement & l'ancre sont mis en cage d'un côté par la grande platine supérieure du balancier, & de l'autre par un coq.

La roue d'échappement a 12 lignes de diametre, & $\frac{3}{12}$ d'épaisseur : cette roue est d'acier trempé en paquet ; les extrémités des dents sont de toute la dureté de la trempe ; le milieu est revenu au moyen de l'outil fait à ce dessein.

Cette roue est plate & croisée à l'ordinaire : elle est d'acier fondu tiré au laminoir : le champ de la roue, y compris les dents, a 2 lig. $\frac{1}{12}$: profondeur des dents, 1 lig. $\frac{2}{12}$: le pignon de balancier a 5 lignes un peu fortes de diametre, il a 40 dents.

Son épaisseur totale, y compris le canon levé pour entrer dans le trou de la manivelle, est de 1 ligne $\frac{10}{12}$.

La partie dentée, 1 ligne d'épaisseur.

Grosseur du canon du pignon entrant dans le trou de la manivelle, 1 lig. $\frac{3}{12}$.

La manivelle est d'acier trempé ; elle a 3 lig. $\frac{1}{4}$ de longueur : l'intervalle pour loger le pont d'acier de précaution, est de 1 lig. $\frac{4}{12}$: le canon de la manivelle & sa mâchoire sont de même grandeur, qui est 2 lig. $\frac{7}{12}$.

La manivelle a du centre à l'extrémité 2 lignes $\frac{5}{12}$: les vis sont taraudées sur le tarau 9 de la petite filiere de *Sutter*, ainsi que la mâchoire supérieure : la pince ou mâchoire du bout supérieur du ressort de suspension a 1 ligne $\frac{1}{4}$ d'épaisseur ; de largeur 2 lignes $\frac{1}{4}$; longueur, y compris le pivot, 2 $\frac{1}{4}$ de ligne, dont moitié pour les vis : diametre du pivot 1 lig. $\frac{1}{12}$.

Le pont de la roue d'échappement de l'ancre a 6 lignes de hauteur, non compris l'épaisseur : le dessus de la roue d'échappement est élevé de 2 lignes $\frac{10}{12}$ au-dessus de la platine de balancier.

Le dessus du pignon est à 4 lignes $\frac{8}{12}$ au-dessus de la même platine.

Le rateau d'échappement a 11 lignes $\frac{11}{12}$ de diametre : épaisseur $\frac{2}{12}$; il a 22 dents.

Fendu sur le nombre 94, il est bien d'engrenage.

Les pivots de la roue d'échappement ont de diametre $\frac{6\frac{1}{2}}{48}$ lig.

Ceux de la tige d'ancre d'échappement $\frac{6}{48}$.

L'ancre d'échappement est formé par deux palettes de rubis taillées en portion de cylindre, dont le diametre extérieur est de 3 lignes ; la hauteur des palettes, dans le sens de l'axe, est de 1 lig. $\frac{4}{12}$ lig.

Largeur 1 ligne $\frac{4}{12}$ lig.

Leur épaisseur $\frac{2\frac{1}{2}}{12}$ lig.

Ces palettes de rubis sont arrondies sur le devant, pour ne pas gratter ; elles sont assemblées sur une manivelle formée par la tige d'ancre, & elles sont inclinées de façon à rétrograder la roue pour ralentir les vibrations, lorsqu'une addition au poids tend à les accélérer, ainsi que cela arrivoit lorsque les palettes étoient concentriques à l'axe de l'ancre. De nouvelles expériences m'ont prouvé que ces palettes devoient être concentriques à l'axe.

Le bout inférieur de la tige d'ancre porte le rateau qui est tout-à-fait à fleur de la platine, afin que le pignon ne soit éloigné des rouleaux que de l'épaisseur de la platine.

A propos des rouleaux, il faut les porter tout contre les platines de la grande cage de balancier, afin que l'engrenage d'un côté, & le spiral de l'autre, soient fort près des rouleaux, & que, par conséquent, le jeu de l'axe soit aussi petit qu'il est possible.

Dimensions de la Compensation.

LA verge ou le chassis de compensation est composée de 16 tringles : 8 d'acier trempé dur, les bouts seuls revenus : 8 sont de cuivre fort dur. La longueur extérieure du chassis 4 pouces 6 lignes $\frac{1}{2}$, y compris les traverses de cuivre.

La largeur du chassis prise en dehors des verges d'acier extérieures, est de 10 lignes : est de la grosseur des tringles, 1 lig. $\frac{1}{3}$.

Ce chassis est attaché solidement à une forte piece de cuivre (comme on l'a déja vu) par deux vis à têtes noyées : cette piece de cuivre s'attache elle-même par une forte vis sur le dessus de la platine du régulateur : le pied de ce pont de cuivre du chassis porte un trou alongé, pour faire mouvoir, comme en coulisse, le chassis, & l'approcher ou écarter du levier de rateau, ou pince-spiral, selon qu'il est besoin, pour la compensation.

J'ai placé sur la grande platine du régulateur, à côté du pont du chassis, deux vis qui agissent à égales distances de la vis du chassis : ces vis servent à faire tourner le chassis sur lui-même, & par conséquent à faire avancer ou retarder l'Horloge. Le chemin du rateau ou levier de compensation, qui correspond & est lié au chassis par une charnière, est indiqué par un *Nonius* que porte le bout du pince-spiral : les deux vis de cuivre susdites servent en même-temps à fixer le pont & le chassis de compensation, afin qu'il ne puisse plus tourner ni avancer ou reculer.

La tige du levier de compensation est mise en cage par le dessous de la platine du régulateur, & par un pont très-fort.

Cette tige a 22 lig. sans les pivots; sa grosseur 1 lig. $\frac{8}{12}$.

Diametre des pivots $\frac{27}{48}$ ou environ $\frac{7}{12}$.

Le levier qui porte le pince-spiral est d'acier; il porte un canon de même piece que lui, qui a 2 lig. $\frac{1}{2}$ de grosseur, & 6 lig. de longueur.

Le levier près du centre est de 1 lig. $\frac{10}{12}$ d'épaisseur, & de 2 lignes de large; il va en diminuant jusqu'à 15 lignes du centre, & là se termine en un quarré de 6 lig. de long, & de 1 lig. $\frac{1}{12}$ de grosseur : c'est sur ce quarré que s'ajuste, en coulant, le pince-spiral.

Le pince-spiral est d'acier trempé.

La longueur de la boîte est de 2 lignes $\frac{1}{2}$.

· Grosseur en quarré, 1 ligne $\frac{10}{12}$.

La fente du pince-spiral va jusqu'à la boîte; sa longueur, en ce sens, depuis la boîte, est 4 lignes : la boîte du pince-spiral porte en dessous une vis pour la fixer au levier.

La largeur du bout du pince-spiral est de 1 lig. $\frac{2}{12}$: la fente en bas, est un peu plus que l'épaisseur du spiral ; cette fente est plus grande au-dessus de la largeur du spiral jusqu'à la boîte ; la largeur du pince-spiral est en haut de toute la longueur de la boîte.

Le bout du levier de compensation est percé & taraudé pour recevoir la tige qui porte le *Nonius*, dont la longueur est depuis l'acier, ou bout du levier, de 23 lig. $\frac{1}{2}$.

La distance du pince-spiral au centre du levier, est de 17 lignes justes.

La distance du *Nonius* au centre du levier est de 3 pouces 8 lignes $=$ 44 lignes : ainsi l'espace parcouru par le pince-spiral, est à celui du *Nonius* comme 17 à 44.

Le bout du limbe sur lequel marque le *Nonius* est fixé à la platine du régulateur par une vis & deux pieds, & à même distance du centre du levier que le *Nonius*, c'est-à-dire, à 44 lignes : ce limbe est gradué sur une plate-forme sur le nombre 720.

Le *Nonius* subdivise en quatre parties égales chaque degré du limbe. Ce *Nonius* a été gradué sur ma plate-forme : j'aurois pu le subdiviser en 8 pour avoir les huitiemes & mieux seroit encore en 10 pour les dixiemes qui seroient très-sensibles. L'intervalle compris entre les 4 divisions du *Nonius* est de 1 ligne $\frac{10}{12}$: il a de hauteur une ligne $\frac{8}{12}$: de longueur, 3 lignes.

Le limbe gradué en 720 comprend quinze divisions; sa longueur, 7 lignes ; sa hauteur,

L l ij

3 lignes. J'ai coupé le *Nonius* & le limbe fur un même morceau de cuivre, dont le bout limé en portion de cercle de la largeur convenable pour y prendre l'un & l'autre : l'autre bout de ce morceau de cuivre s'ajufte fur un taffeau de ma plate-forme, & je gradue ainfi une partie de la portion du cercle en demi-degrés, & l'autre en parties propres à former le *Nonius* pour qu'il fubdivife les demi-degrés en 4. Cela fait, je fépare le limbe du *Nonius*, & je les figure l'un & l'autre convenablement.

La tige du levier de compenfation porte une affiette chaffée à force : cette affiette fert à y fixer une broche d'acier trempé, laquelle eft cylindrique : c'eft fur cette broche que s'ajuftent deux coulants, dont l'un porte la vis de rappel, & l'autre communique, par une efpece de charniere, aux deux tringles de cuivre du chaffis de compenfation : ces deux coulants fe fixent à volonté fur la broche au moyen de deux vis, & lorfqu'on veut approcher ou écarter, par de grands mouvements, le chaffis de compenfation du centre du levier, alors on defferre les vis ; & les coulants fuivent le mouvement du chaffis : fi au contraire on ne veut produire qu'un mouvement infenfible au coulant de la charniere, on defferre la vis, & l'autre refte fixe fur la broche ; & on fait tourner la vis de rappel dont le mouvement eft indiqué par un double index, dont un bout marque le nombre de révolution de la vis, & l'autre en indique les parties en dixiemes : cette vis, dont le pas eft très-fin, eft divifée en 11 parties.

Cette broche a 1 ligne $\frac{1}{12}$ de diametre ; longueur, 16 lignes en tout, dont 5 pour entrer à force dans l'affiette.

La vis de rappel eft mobile fur le coulant le plus écarté, & le bout eft tourné de maniere à entrer fort jufte dans une rainure du coulant à charniere, placé contre le centre ; cela eft ajufté de façon qu'il n'y a pas de perte dans fon mouvement.

Cette vis de rappel a 10 lig. de longueur, & 1 lig. $\frac{4}{12}$ de groffeur : elle eft taraudée fur la groffe filiere de *Sutter*.

Le coulant à charniere eft correfpondant, comme j'ai dit, avec le chaffis de compenfation : c'eft une cheville tournée avec foin qui les affemble. Lorfqu'on a trouvé le point de compenfation, il faut éviter de defferrer les coulants, ce qui n'eft jamais néceffaire ; cependant fi l'on avoit à toucher au chaffis ou au levier féparément, ou à démonter ces parties, il ne faudroit qu'ôter la goupille de la charniere ; par ce moyen les coulants refteroient arrêtés au levier, & l'on ne dérangeroit rien.

La tête de la vis eft graduée en 10 parties : elle eft de cuivre, & a 5 $\frac{1}{2}$ lignes de diametre ; la boîte à charniere du coulant a 4 lignes $\frac{1}{2}$ de long.

La boîte ou coulant qui porte la vis de rappel, a 3 lig. $\frac{1}{2}$ de long.

La broche cylindrique qui porte les coulants de compenfation, paffe à côté de la tige du levier, & en eft diftante de 2 lignes, d'un centre à l'autre.

Ainfi la goupille de la charniere doit être également diftante de 2 lignes du centre de la broche cylindrique des coulants : cette broche repréfente le petit levier de compenfation.

Pour ôter le petit jeu inévitable dans les trous de pivots du levier de compenfation, & dans ceux de la charniere, j'ai placé fur le pont de ce levier un reffort qui tend à écarter & éloigner le levier du chaffis.

Mâchoire du bout fupérieur de fufpenfion.

J'avois oublié de donner les dimenfions de cette partie & la décrire, je le fais ici.

La Mâchoire qui fixe le bout fupérieur de fufpenfion, eft compofée de deux plaques d'acier trempées & raffemblées, & ferrées par deux vis : pour faire cette mâchoire, j'ai affemblé par un bout deux plaques d'acier rivées : je fais, par leur joint, un point pour centrer & mettre fur le tour : j'y mets un cuivrot : à l'autre bout, je perce deux trous pour deux vis qui doivent être diftantes l'une & l'autre de 1 ligne $\frac{3}{4}$ du bout de la piece : ces deux vis ferrant les deux plaques, je fais par le joint un point qui me fert à tourner le pivot qu'il faut former pour entrer fur le pont : ce même point fert à centrer le reffort de fufpenfion. Le pivot ainfi tourné, je coupe auffi fur le tour la piece au-deffus des

vis, en réfervant une têtine au centre pour y rappeller le reſſort, afin qu'il ſoit parfaitement au centre de la mâchoire ; enſuite je trempe & adoucis la piece, & la finis avant
de la féparer des deux plaques, qui me ſervent pluſieurs fois : dimenſion de la mâchoire ;
épaiſſeur, 1 lig. $\frac{1}{3}$; longueur, y compris le pivot 2 lig. $\frac{1}{4}$, moitié pour la vis ; le pivot a
de diametre 1 lig. $\frac{1}{2}$.

Dimenſions du Rouage de l'Horloge N°. 7.

LA grande roue ou roue des heures, a 240 dents, & 29 lignes de diametre : cette roue
fait un tour en 12 heures : elle porte un canon tournant librement ſur l'axe : celui-ci
porte fixement le cylindre, l'encliquetage, & le reſſort auxiliaire qui entraîne la roue par
l'action du poids ; tout le méchaniſme de cette roue des heures eſt repréſentée *Planche
XV*, *Fig.* 3, 4, 5, &c.

L'axe de la roue des heures a 1 lig. $\frac{11}{12}$ de diametre ; le pivot du côté du quarré de
remontoir, 1 ligne $\frac{1}{2}$: le quarré eſt de même diametre, la groſſeur en eſt bonne : longueur
du quarré, 3 lignes ; au-deſſous du pivot, l'autre pivot de cet axe a 1 ligne $\frac{1}{4}$.

Le cadran s'ajuſte, par un canon à reſſort, ſur le canon de la roue des heures : le
cadran a 18 lignes de diametre, ſans le bord de recouvrement.

L'épaiſſeur du cadran $\frac{4}{12}$ de ligne.

La groſſeur du canon de la roue des heures, ſur laquelle s'ajuſte le cadran, eſt 2 l. $\frac{7}{12}$:
l'épaiſſeur de la roue, eſt de $\frac{8}{12}$ de lig.

Le cylindre a 15 lig. $\frac{1}{2}$ de diametre : ſon épaiſſeur, 4 lig. $\frac{1}{3}$.

Il contient quatre tours de rainure pour la corde : il n'a pas beſoin de plus de 3 lignes
d'épaiſſeur ; car il ne faut que deux tours $\frac{1}{2}$ de corde pour 24ʰ ; & quatre tours de la vis
ou rainure, ne font que 2 lig. $\frac{5}{12}$ lignes ; la corde eſt de fort bonne groſſeur.

Le rochet de cuivre, pour l'encliquetage du cylindre, eſt rivé ſur l'axe de la roue des
heures : il a 18 lignes de diametre & 80 dents, & d'épaiſſeur $\frac{2}{12}$ lig.

Le rochet qui ſert à faire marcher l'Horloge, pendant qu'on la remonte, eſt placé
contre le rochet de cuivre, & tourne librement ſur l'axe : ce rochet d'acier porte d'un
côté l'encliquetage du rochet de remontoir, & de l'autre il ſert à arrêter le bout du reſſort auxiliaire placé entre le rochet d'acier & la roue des heures : l'autre bout de ce reſſort
tient par une cheville à la roue des heures, & l'entraîne. Ainſi l'effort du poids bande le
reſſort auxiliaire, & ſe met d'équilibre avec lui, de ſorte que lorſqu'on remonte l'Horloge,
le rochet d'acier ne pouvant rétrograder à cauſe du cliquet mis en cage, qui le retient
continuellement, le reſſort auxiliaire agit ſur la roue, & continue à la faire marcher pendant que la main ſuſpend le poids.

Le rochet du reſſort auxiliaire a 22 l. de diametre, $\frac{1}{2}$ lig. d'épaiſſeur, & porte 150 dents.

La groſſeur du canon de l'aſſiette du rochet de remontoir eſt de 2 lig. $\frac{7}{12}$.

L'aſſiette a 6 lignes : elle eſt faite de cuivre pris en planche, ainſi que le cylindre : les
pivots du cliquet, pour le rochet d'acier, ont $\frac{5}{12}$ lignes de diametre.

La roue des heures engrene dans le pignon de la roue de minutes, qui a 20 dents & 12
lig. $\frac{1}{2}$ de diametre.

La roue des minutes fait un tour par heure : elle a 19 lig. $\frac{1}{3}$ de diametre, & $\frac{4}{12}$ d'épaiſſeur : elle a 160 dents.

La roue des minutes engrene dans le pignon de petite roue moyenne, lequel eſt de 20 dents
& a 2 lig. $\frac{1}{2}$ de diametre : cette roue a 18 $\frac{1}{24}$ de diametre, & $\frac{3\frac{1}{2}}{12}$ d'épaiſſeur.

Cette roue engrene dans le pignon de la roue de ſecondes placée au centre de la cage :
ce pignon a 20 dents & 2 l. $\frac{1}{2}$ de diametre : la roue de ſecondes a $\frac{2\frac{1}{2}}{12}$ d'épaiſſeur : elle a 14
lignes $\frac{1}{2}$ de diametre, & 120 dents : elle engrene dans le pignon de la roue d'échappe-
ment porté par la cage du balancier, comme je l'ai dit.

Les élévations de ces roues & de toute la machine font vues dans la Planehe X : le pivot de la roue des minutes qui porte l'aiguille, a $\frac{1}{2}$ lig. de diametre, un peu moins, ou environ $\frac{22}{48}$; longueur, 3 lignes : le pivot inférieur a 19 $\frac{1}{2}$ de ligne.

Les pivots de la petite moyenne ont de diametre $\frac{42}{48}$ de lig.

Le pivot de la roue de secondes, celui qui porte l'aiguille, a de diametre $\frac{10}{48}$ de ligne ; longueur, 1 lig. $\frac{11}{12}$: le pivot inférieur de la même $\frac{8}{48}$ de ligne.

Ces roues & les pignons sont entiérement formés à l'outil, arrondis, &c : les roues fendues enarbrées : les pignons sont des especes de roues chassées à force sur les tiges, l'un & l'autre fait d'acier fondu.

Les pignons ont d'épaisseur tous finis 1 lig. $\frac{7}{12}$: toutes les roues & les rouleaux sont faits d'excellent cuivre de chaudiere fort durcis : la poulie de renvoi du poids a 12 lignes de diametre : les pivots $\frac{1}{2}$ ligne.

Le balancier pese tout doré 284 grains : il a 27 $\frac{7}{12}$ de diametre.

Son épaisseur, 1 ligne $\frac{2}{11}$; largeur du champ, 1 lig. $\frac{5}{12}$; largeur du centre, 4 lignes ; épaisseur & des barrettes, $\frac{1}{2}$ ligne.

La grande platine, ou le cadran, est creusée sur tour, pour loger le cadran excentrique des minutes, & l'aiguille des minutes : cette creusure est de la moitié de l'épaisseur de la platine : la plaque du cadran des minutes s'ajuste dans cette creusure, au moyen d'une vis. J'ai donné cette disposition afin de donner plus de facilité au Graveur ; car il auroit été fort difficile de graduer le cadran, s'il eût été fait dans la creusure même, & cela auroit été mal-propre, &c : la plaque de rapport est donc utile & plus facile.

Remarques sur les Expériences faites avec l'Horloge N°. 7 ; & des moyens de la perfectionner.

821. L ES principes de construction des Horloges N°. 6 & 7, sont si parfaitement semblables, & elles sont exécutées avec tant de soins que les expériences ont donné exactement les mêmes résultats ; ensorte que ce seroit multiplier mal à propos le volume de cet Ouvrage, que de répéter les détails dont nous avons donné l'extrait à la suite de la description de l'Horloge N°. 6 ; nous renvoyons également à l'article de N°. 6, pour ce qui concerne le moyen de perfectionner N°. 7 : ce que nous avons dit convient parfaitement à ces deux machines.

CHAPITRE X.

De l'Horloge Marine N°. 8.

822. L ES Horloges Marines que j'ai décrites ci - devant avoient donné affez de jufteffe pour m'engager à pourfuivre ce travail, mais non pas affez pour me fatisfaire. Je voyois au-delà un terme affez éloigné auquel on pouvoit cependant atteindre. Cette idée d'une plus grande perfection que je voyois clairement très-poffible, me fit commencer N°. 8, lors même que les Horloges N°. 6 & 7 , venoient à peine d'être achevées. C'eft cette même Horloge, N°. 8 , qui appartient au Roi, qui a été exécutée par fes ordres, & dont l'épreuve a été faite par MM. de *Fleurieu* & *Pingré*, dans une campagne qui a duré plus d'un an. Nous donnerons ci-après l'extrait de fa marche pendant cette campagne ; & avant de la décrire, nous rapporterons fur quels principes étoient fondées mes efpérances pour perfectionner les Horloges Marines : on verra que ces principes ne font que l'application de ceux que nous avons établis dans la première Partie de cet Ouvrage. On verra également par les diverfes expériences qui ont été faites avec cette machine, que l'on peut, avec quelque certitude, penfer que l'Horlogerie fera un jour très-utile à la Navigation, à moins que les efforts des Artiftes ne foient arrêtés par les obftacles qu'on voudroit oppoferà la déco uverte qui les occupe.

Du Régulateur de l'Horloge N°. 8.

823. L ES balanciers des Horloges, N°. 6 & 7, ont 28 lignes de diametre, & font 4 vibrations par feconde : Examinons ici quelles font les dimenfions convenables à donner au balancier N°. 8 , pour qu'il ait la plus grande force de mouvement poffible (eu égard à la grandeur du tambour , dans lequel il doit être placé) & que cette force ait moins de frottement.

824. Si l'on fait battre deux vibrations par seconde au balancier, & qu'il soit de même poids que celui N°. 6, mais double de diametre, ils auront l'un & l'autre la même force de mouvement, en supposant qu'ils décrivent des arcs semblables ; mais les frottements feront comme les nombres de vibration, c'est-à-dire, comme 4 à 2. Il est donc préférable de diminuer le nombre des vibrations, & d'augmenter le diametre du balancier.

825. Si le balancier fait une vibration par seconde, & que son diametre soit quatre fois plus grand que celui de N°. 6, ils auront la même vîtesse à leurs circonférences, en supposant les arcs semblables ; & si les balanciers ont la même pesanteur, la force de mouvement sera la même ; mais dans ce cas, le balancier à vibration lente aura quatre fois moins de frottement (en supposant les pivots & les rouleaux de même diametre) ce qui est évident ; car la pesanteur étant la même, le frottement sera comme l'espace parcouru par les pivots, c'est-à-dire, comme le nombre de vibrations : des vibrations lentes, & un grand balancier font donc un moyen sûr de procurer un excellent régulateur.

826. C'est d'après cet examen que je suis revenu aux vibrations lentes, que j'avois employées dans mes deux premieres Horloges Marines. Je ne les avois abandonnées que dans la crainte que les agitations du Vaisseau ne tendissent à déranger ces sortes de vibrations ; mais j'ai prévenu ce défaut, en donnant plus d'étendue que je n'avois fait aux arcs de vibration, & en augmentant plutôt la vîtesse & la force de mouvement du balancier par son grand diametre que par la masse. L'expérience a pleinement justifié ces principes ; car dans l'épreuve qui a été faite en mer, on n'a pas pu penser que l'Horloge Marine N°. 8, fût plus susceptible des agitations que N°. 6.

827. Un autre avantage que le grand balancier doit procurer, c'est celui de pouvoir employer de grands rouleaux, en conservant cependant leurs pivots de même grosseur : par-là, on réduit considérablement les frottements du régulateur

828.

828. Les parties de l'axe de balancier qui tiennent lieu de pivots font d'un diametre beaucoup trop grand, dans N°. 6 & 7. Je me propofai donc de les réduire, autant qu'il feroit poffible, dans N°. 8, moyen sûr de diminuer le frottement, puifque, la preffion reftant la même, l'efpace parcouru diminue.

829. Pour employer un grand balancier, il faut néceffairement que le mouvement de l'Horloge foit plus grand pour le contenir; or, il en réfulte encore un moyen de perfection, c'eft celui d'employer un chaffis de compenfation plus long & plus folide, & par conféquent, plus propre à faire parcourir au pince-fpiral conftamment le même chemin, effet de la plus grande néceffité. Je m'appliquai auffi à fimplifier & à rendre plus folide tout le méchanifme de compenfation.

830. En adoptant les vibrations lentes d'une feconde pour le balancier de N°. 8, cela doit procurer le moyen de retrancher encore une roue du mouvement, en faifant que la roue, dont l'axe porte l'aiguille des fecondes, foit celled'échappement.

831. L'échappement à repos, formé par des palettes en rubis & une roue d'acier, employé dans les Horloges N°. 6 & 7, avoit affez bien réuffi pour devoir être adopté pour N°. 8; & il devoit d'autant mieux réuffir que le balancier ayant une plus grande puiffance, le frottement de l'échappement fuppofé le même que dans N°. 6, doit cependant moins influer fur la jufteffe d'une Horloge, ayant un régulateur comme celui propofé pour N°. 8.

832. La difpofition fimple & avantageufe du rouage de N°. 7, devoit néceffairement fervir à N°. 8; auffi n'y ai-je fait d'autres changements, que dans les dimenfions des roues & pignons, que j'ai faites plus grandes, à raifon de la place, pour leur donner plus de folidité, & pour faciliter l'exécution.

833. Dans les Horloges N°. 6 & 7, j'avois fait une cage particuliere pour le régulateur, ce qui augmentoit de deux platines & quatre piliers le travail de l'ajuftement de cette cage, avec la grande platine de compenfation : je difpofai donc la nouvelle Horloge, de maniere à pouvoir fupprimer un travail qui me parut alors inutile.   M m *

834. Quoique le régulateur de cette nouvelle Horloge dut être affez puiffant, & difpofé pour avoir des ofcillations ifochrones; je ne penfai pas pour cela devoir abandonner le poids pour moteur. Ses propriétés font trop effentielles à la plus grande perfection d'une Horloge Marine, pour que je duffe les négliger (313 *& fuiv.*)

835. Je ne m'appliquai pas moins dans la recherche qui m'occupoit à rendre la fufpenfion auffi parfaite qu'il étoit poffible, & fur-tout à empêcher que l'action du balancier ne pût donner du mouvement au tambour, effet qui a lieu, & qui peut troubler la jufteffe de l'Horloge (329).

Voilà en abrégé une notion des recherches préliminaires qui ont précédé l'exécution de N°. 8. je ne les ai pas données avec l'étendue qu'elles ont dans mes Livres manufcrits : cela feroit beaucoup trop long pour cet Ouvrage; mais un penchant que je ne puis vaincre pour cette Horloge N°. 8, n'a pu me permettre de retrancher tout-à-fait cette partie qui m'a conduit à lui donner affez de jufteffe, pour efpérer qu'elle pourra être utile à la Navigation.

Defcription de l'Horloge Marine N°. 8.

P L A N C H E XVIII.

836. Le mouvement de cette Horloge vu de profil, (*Planche XVIII, Fig.* 1), eft compofé de quatre grandes platines formant trois grandes cages, & de deux petites platines formant les deux petites cages des rouleaux.

837. La première grande platine 1 *A, A*, eft celle des piliers du rouage, je l'appelle auffi *platine-cadran*, parce qu'elle porte les cadrans de minutes & de fecondes, & que celui des heures paroît à travers une ouverture qu'elle porte. La feconde platine 2 *B, B* fait avec celle 1 *A, A* la cage du rouage, & elle eft en même temps commune avec la troifieme *C, C des piliers du régulateur*, pour former la feconde cage qui eft celle du régulateur. Le deffous de la feconde platine

B, *B* forme avec la petite platine *D*, *D*, la cage des trois rouleaux fupérieurs du balancier; & le deffus de la troifieme platine *C*, *C* forme avec la petite platine *E*, *E*, la cage des trois rouleaux inférieurs du balancier. Le deffous de cette troifieme platine *C*, *C* porte le mechanifme de compenfation.

838. La quatrieme grande platine n'eft point vue ici, c'eft la platine des piliers du poids; elle porte les piliers 4, 5, 6 qui s'affemblent avec la troifieme platine *C*, *C*, & forment la troifieme grande cage qui eft celle du poids.

839. Le plan de la platine des piliers du poids, & la difpofition du poids eft repréfentée, Planche XV. *Fig.* 2, & nous en avons donné la defcription (N°. 809). Nous renvoyons à l'un & l'autre, puifque cette partie de N°. 8, étant tout-à-fait femblable, il a été inutile de la répeter.

840. La corde *a* du poids paffe fur la poulie de renvoi *F*, & va entourer le cylindre *G*, porté par l'axe de la grande roue de cylindre ou des heures *H*. La difpofition de cette grande roue eft tout-à-fait femblable à celle de N°. 7 (expliquée N°. 681 : 811 *& fuiv.*); elle fait de même un tour en 12 heures, & porte le cadran des heures placé contre le dedans de la platine-cadran, qui marque les heures à travers l'ouverture que celle-ci porte (en *A Fig.* 2) : le cadran des heures n'eft pas vu dans cette figure pour ne pas cacher l'échappement : cette roue porte comme celle de N°. 7, un reffort auxiliaire *c* placé entre le rochet *d*, & la grande roue *H*, pour faire marcher l'Horloge pendant qu'on la remonte : *b* eft le quarré de remontoir de la grande roue; *d d*, le rochet du reffort auxiliaire *c*, & *I* le cliquet.

841. La roue des heures *H* engrene dans le pignon de minute *e*, dont le pivot prolongé *f* porte l'aiguille, marquant les minutes fur un petit cadran excentrique (*B Fig.* 2) : le pignon *e* porte la *roue de minute K*; celle-ci engrene dans le pignon *g* de la *petite roue moyenne L*; & celle-ci engrene dans le pignon *i*, dont le pivot prolongé porte l'aiguille *l* de fecondes, marquant fur le grand cadran concentrique (*C Fig.* 2).

842. L'axe du pignon de fecondes porte la roue *M*, *M*,

M m ij

qui eſt celle d'échappement : cette roue eſt figurée comme celle d'échappement, N°. 7 (802); elle eſt d'acier trempé, & porte 30 dents à plan incliné, qui agiſſent ſur les palettes de rubis portées par le cylindre *m*. La diſpoſition de ces palettes & de l'échappement eſt la même que celle qui a été expliquée (N°. 803); ainſi nous y renvoyons.

843. Le pivot ſupérieur de l'axe du cylindre *m* roule dans un trou de la barrette *n n* portée en dehors de la platine-cadran : cette barrette eſt utile pour donner l'engrenement convenable à l'échappement quand on le fait ; & elle ſert auſſi à démonter le cylindre, ſans démonter la cage du rouage. L'autre bout de l'axe du cylindre *m* porte un pivot qui roule dans la ſeconde platine; cet axe porte la *roue de rateau N* qui engrene dans le pignon *o o* du balancier.

844. Le pignon *o* de balancier eſt fixé par une goupille, avec le bout de l'axe de balancier ſaillant au dehors des rouleaux : ce pignon porte, comme celui de l'Horloge N°. 7, une manivelle à mâchoire *p* qui ſerre le bout du reſſort *q* de ſuſpenſion ; le bout ſupérieur de ce reſſort eſt ſerré dans la mâchoire *r* portée par le pont de ſuſpenſion *O P* attaché ſur le deſſus de la ſeconde platine *B, B* ; la diſpoſition des mâchoires du reſſort & du pont de ſuſpenſion ſont ſemblables à celles de N°. 7 (*Voyez* N°. 799).

845. Le pivot ſupérieur *s* de l'axe de balancier roule entre les trois rouleaux 7, 8, 9 ; & le pivot inférieur *t* de balancier roule entre les trois rouleaux 10, 11, 12 de la cage d'en bas.

846. Pour que chaque pivot des ſix rouleaux de balancier reçoive exactement la même preſſion, & pour repartir, autant également qu'il eſt poſſible, le frottement de ces pivots ; chaque rouleau eſt placé juſte au milieu de la longueur de l'axe, c'eſt-à-dire, à égale diſtance de ſes pivots. Pour donner cette propriété aux rouleaux, il a fallu faire les axes des trois rouleaux de chaque cage inégaux en longueur; & par conſéquent, au lieu de mettre tout ſimplement, comme je l'avois pratiqué ci-devant, les rouleaux en cage ; ici, les pivots d'en haut des

rouleaux 7, 8, 9 font maintenus par des ponts 13, 14 attachés fur la feconde platine *B B*. Les pivots inférieurs des rouleaux 10, 12 roulent dans les ponts 15, 26.

847. Le balancier *Q*, *Q* eft attaché par deux vis *v*, *v* fur une affiette fixée à l'axe de balancier *s t*.

848. Lorfque l'Horloge N°. 8 fut achevée, & que j'eus trouvé un fpiral qui avoit la progreffion requife pour l'ifochronifme ; le balancier fe trouvant trop léger pour faire fervir ce fpiral; au lieu de refaire un balancier plus pefant, je préférai d'ajouter à la circonférence *Q Q* de celui qui étoit fait, des maffes 16, 17, 18, au moyen defquelles je pouvois parvenir facilement à régler l'Horloge, fans même démontèr le balancier, en rendant ces maffes d'abord plus pefantes que le calcul ne le donnoit (196), & enfuite les diminuant peu à peu. En difpofant ces maffes, je voulois auffi m'en fervir pour régler l'Horloge au plus près, fans les rendre plus ou moins pefantes ; ce qui s'opéra en les approchant ou éloignant du centre du balancier. C'eft pour cette raifon que je les ai mifes à vis fur des pitons fixés à la circonférence du balancier ; mais j'ai enfuite fixé tout-à-fait les maffes, ayant éprouvé que, quoiqu'elles fuffent toutes trois de même poids, taraudées fur la même filiere, & graduées en même nombre, cependant en les avançant les unes & les autres du même nombre de degrés, cela changeoit l'équilibre du balancier.

849. Le bout inférieur de l'axe de balancier faillant au dehors des rouleaux porte la virole de fpiral difpofée comme dans N°. 7 (707) : le fpiral *R* attaché fur cette virole fe trouve placé dans l'épaiffeur de la troifieme platine *C, C*. Le pince-fpiral 28 *R* eft ajufté, par fa boîte 28, fur le bras *x* de l'axe *y* : cet axe concentrique au fpiral a deux pivots qui roulent dans le pont *T T* attaché au-deffous de la platine *C,C*.

850. La boîte 28 du pince-fpiral *R* eft fixée par une vis de preffion fur le bras *x* : on peut, en defferrant la vis, approcher ou écarter cette boîte du centre de l'axe, felon qu'il en eft befoin, pour que le fpiral paffe librement dans la fente du pince-fpiral.

851. Le bras z de l'axe du pince-fpiral porte la boîte *V* arrêtée fur ce bras par une vis de preffion : cette boîte porte une feconde vis, dont le bout appuie fur le bout du grand levier *X* de compenfation : le petit bras *Y* du grand levier *X.Y* appuie fur le bout des deux tringles de cuivre du milieu du chaffis *Z Z* de compenfation.

852. Le pont *T* porte un petit reffort rond 19, dont le bout agit près de l'axe fur un bras 20 : par cette action du reffort, le bout de la vis de la boîte *V* appuie continuelle-ment fur le grand bras du levier de compenfation, & le petit bras *Y* fur le bout du chaffis ; enforte que la dilatation ou la contraction de ce chaffis fe communique au pince-fpiral qui en fuit les impreffions, & alonge ou raccourcit le fpiral conve-nablement à la compenfation.

853. Pour augmenter ou diminuer le chemin du pince-fpiral (le chaffis de compenfation reftant le même, ainfi que cela doit être), j'ai rendu la boîte *V* mobile fur fon bras z ; enforte que fi l'on approche, ou éloigne cette boîte de fon axe, cela augmente ou diminue l'efpace parcouru par le pince-fpiral, & par conféquent rend la compenfation plus ou moins forte. Il fuffit donc, pour la compenfation, de trouver par des expériences le point où cette boîte doit être fixée fur fon bras z, pour que l'Horloge n'avance ni ne retarde par le chaud ou le froid.

854. Pour connoître combien le pince-fpiral parcourt de chemin par divers degrés de température, fon axe porte l'in-dex 20, 21, dont le bout 21, qui forme l'index, marque fur le limbe gradué *W*, les degrés parcourus par le pince-fpiral.

855. L'axe du grand levier *X Y* porte deux pivots qui rou-lent l'un dans la platine *C, C*, & l'autre dans le pont 22 : ce pont eft attaché par une forte vis à la platine *C, C* : ce même pont porte auffi le chaffis de compenfation *Z Z*, dont la traverfe 23, 23 eft attachée, par deux vis à tête conique, fur le dedans du pont 22.

P L A N C H E XVIII. *Fig.* 2.

Plan de l'Horloge N°. 8.

856. J'ai difpofé dans ce plan , de la maniere que je le fais toujours (ª) , tout ce qui appartient au mouvement de l'Horloge : rouage , piliers , ponts , rouleaux , jufqu'à la pofition des trous de pieds ou tenons faits aux platines , pour percer fur l'une & fur l'autre platine les trous des piliers , pivots, &c. Par ce moyen , un plan bien diftribué , facilite beaucoup l'exécution d'une machine ; car c'eft par fon aide feul qu'il eft , en quelque forte , poffible d'imiter une machine compofée.

857. *A* eft l'ouverture faite à la platine-cadran pour voir les heures gravées fur le cadran des heures , porté par la premiere roue : *a* , l'index porté par la platine pour indiquer l'heure.

858. *B* eft une portion du cadran de minute excentrique au grand cadran : *C* eft une portion du cadran des fecondes concentrique au grand cadran.

859. *D* eft la grande roue de cylindre ou des heures : cette roue a 240 dents : *E* eft le rochet du reffort auxiliaire : il a 150 dents : *F* , le rochet d'encliquetage , il a 100 dents : *G* eft la grandeur du cylindre : la ligne *b c* repréfente la corde du poids qui paffe fur la poulie de renvoi *c d* , maintenue par les deux petits ponts 1 , 2.

860. La grande roue de cylindre *D* engrene dans le pignon de minute *e* : le cercle *B* repréfente la roue de minute : cette roue a 160 dents , & le pignon *e* en a 20.

861. La roue *B* engrene dans le pignon *f* de 20 : ce pignon porte la petite roue moyenne *H*, de 150 : cette roue engrene dans le pignon *g* de 20 , qui eft celui des fecondes ; il porte la roue d'échappement *I* , de 30 dents , qui engrene

(ª) Je fais ordinairement une plaque de cuivre mince , de la grandeur de la grande platine : c'eft fur cette plaque que le plan eft tracé & les trous percés , & que je puis, par fon moyen , tranfporter fur l'une ou l'autre platine de l'Horloge la véritable pofition d'une roue ou autres pieces quelconques. *Voyez Traité de la main-d'œuvre*, 3ᵉ. *Part.Chap.III.*

dans le cylindre *h* à palette de rubis , dont l'axe porte la *roue de rateau L* , laquelle engrene dans le pignon de balancier *l*.

862. *M* , *N* , *O* font les rouleaux de balancier, & *m* , *n* , *o* leurs ponts : le pont *m* du rouleau *M* eft ferré par deux vis , parce que fes pieds ont un peu de jeu, afin de pouvoir, en l'écartant ou approchant du centre du balancier , ôter ou donner du jeu aux pivots du balancier entre leurs rouleaux ; les deux vis fervent donc à fixer les ponts mobiles folidement : les autres ponts font rendus fixes par leurs pieds.

863. *P l* eft le pont de fufpenfion du balancier.

864. *p* , *p* , *p* font les piliers des petites cages des rouleaux : *Q* , *Q* , *Q* , les trois grands piliers de la feconde cage , ou cage du régulateur : *R* , *R* , *R* , *R* , les quatre piliers de la premiere cage, qui eft celle du rouage : *S* , *S* , *S* , les trois piliers de la troifieme cage, qui eft celle du poids.

865. Le petit cercle *q* indique la vraie pofition où doit être accroché le bout de la corde du poids pour que les cordons foient parallele , & que le poids foit au centre de la cage , & puiffe defcendre librement fans frotter aux piliers ; le point *d* eft celui par où defcend la corde.

866. Les trous ou petits cercles *r* , *r* , *r* marquent la pofition des pieds percés à toutes les grands platines pour y ajufter le calibre ou plan deffus, & percer les pieces de l'Horloge dans leurs véritables pofitions.

867. Les petits cercles *s* , *s* , *s* indiquent pareillement la pofition des pieds percés aux grandes & petites platines, pour percer les trous des rouleaux.

868. *T* eft le cliquet qui retient le rochet auxiliaire, afin que le reffort que ce rochet tend faffe marcher l'Horloge pendant qu'on la remonte.

869. Les cercles *V* , *V* repréfentent le champ du balancier : le trait extérieur marque en même temps la grandeur du balancier , & la grandeur des petites platines des rouleaux : la petite platine des rouleaux *D* , *D* (*Fig*. 1), a été diminuée pour le paffage des maffes du balancier.

PLANCHE

Planche XIX. *Fig. 2.*

Méchanisme de Compensation.

870. La Figure 1 fait voir en plan le méchanisme de compensation porté en deffous de la troisieme platine : *A, A* est le deffous de la troisieme grande platine, que j'appelle *platine de compensation* : *a , a , a* font les trous des piliers de la cage du poids : *b , c , d* font les ponts des rouleaux : ces ponts portent des plaques d'acier *e , e , e*, ou coquerets, pour recevoir les bouts des pivots des rouleaux, & éviter le frottement des portées de ces pivots : le pont *b* porte deux vis de preffion, pour fervir à fixer ce pont folidement, lorfqu'on a donné le jeu convenable à l'axe de balancier entre fes rouleaux.

871. Le grand pont *B* porte le chaffis de compenfation au moyen de la grande traverfe *D* de ce chaffis, qui eft fixée par deux vis contre le montant du pont.

872. Le pont *B , D* fert en même temps à maintenir & faire rouler fur fes deux pivots le grand levier de compenfation *E* mobile en *f* (vu en perfpective , *Fig.* 2) : le petit bras *F* de ce levier porte une cheville d'acier terminée en calotte *g*, laquelle appuie fur une piece d'acier auffi trempée , & portée par l'extrémité des verges de cuivre du milieu du chaffis de compenfation *C , D*. Par cette difpofition, quoique les verges aient un peu de jeu, leur action fur le levier ou bras *F* fe fait toujours à la même diftance du centre *f*.

873. Le bout *G* du grand levier *E , G* (*Fig.* 1) va agir fur la vis de la boîte *i*, portée par le bras *l* du pince-fpiral *H, i, l* (*Voyez* ce pince-fpiral en perfpective , *Fig.* 3) : par ce moyen, la dilatation ou la contraction du chaffis de compenfation fait tourner le pince-fpiral *H* autour du fpiral *I, L*, & le rend plus long ou plus court de la quantité requife pour la compenfation.

874. La petite barrette *m* (*Fig.* 1), portée par le bout du

pont *M* du pince-fpiral, porte un reffort droit, qui appuie fur un talon près de l'axe du pince-fpiral, & oblige le bout de la vis de la boîte *i*, d'appuyer fur le bout du grand levier, & par conféquent force le bras *F* de ce levier à preffer continuellement fur le bout du chaffis, pour en fuivre les mouvements.

875. *p* eft le bras de l'index *o*, qui marque fur le limbe gradué *N* le chemin parcouru par le pince-fpiral.

876. Le bout extérieur *L* du fpiral eft fixé par une clavette *n* au piton mobile *O* que l'on fixe fur la platine, par la vis, lorfque le fpiral a pris fa pofition libre.

877. Le fpiral eft placé dans l'épaiffeur de la platine *A, A*, afin qu'il foit tout contre les rouleaux, & que fon action ait moins d'effet fur les rouleaux ; or, la platine étant ainfi percée, on n'a pu faire rouler le pivot du pince-fpiral dans la platine même. C'eft par cette raifon que *P* & *M* forment un double pont ou cage pour le pince-fpiral : le pont *P* fixé à la platine par la vis 1, & deux pieds, reçoit le pivot du pince-fpiral du côté de la platine ; & le pont *M*, attachée fur le premier *P* par la vis 2, & deux pieds, porte l'autre pivot du pince-fpiral.

878. Le pont *B* du grand levier *E, F, G* porte à fon extrémité une plaque *D* attachée par la vis 3, fur le bout du pont *B* : cette plaque maintenue par de forts pieds, fert à porter le trou *f* du pivot du grand levier : & en ôtant cette plaque, on peut démonter le levier fans démonter le chaffis, ni le pont *B* qui le porte.

879. La vis 4 fixe le pont *B* fur la platine *A, A*, au moyen de deux forts pieds ou tenons, étant effentiel de rendre toute cette partie de la compenfation parfaitement inébranlable.

880. Les cercles ponctués *Q, Q, Q* marquent les rouleaux & leurs interfections : entre ces rouleaux paffe l'axe de balancier, dans l'ouverture faite à la platine pour le fpiral.

881. *R, R, R* font les bouts de pivots des piliers de la petite cage des rouleaux.

882. La figure 2 repréfente en perfpective le grand levier de compenfation : *a* eft le pivot qui roule dans la platine, & *b*, celui qui fe meut dans la plaque du grand pont du chaffis : *F* eft le petit bras formé de la même piece que l'axe : *g* eft la cheville terminée en portion de calotte pour appuyer fur le bout faillant des verges du milieu du chaffis : cette cheville entre dans un trou fait à la palette ou bras *F*, & y eft rivée : *G* eft le grand levier dont le bout d'acier trempé agit fur la vis de la boîte du pince-fpiral : le canon *c* de ce levier entre à force fur la tige *a* de l'axe. Il eft bien effentiel que ce frottement du canon fur la tige foit très-fort pour qu'ils ne puiffent tourner féparément l'un de l'autre.

883. La figure 3 repréfente le pince-fpiral vu en perfpective : le pivot *a* roule dans le pont inférieur *P* (*Fig.* 1), & celui *b*, dans le pont *M* : *c* eft le pince-fpiral dont la boîte *d* fe meut fur le bras *e*, & que l'on fixe par la vis 1 : la boîte *i* fe meut également fur le bras *l*, & on la fixe fur ce bras par la vis 2 : cette boîte porte la vis 3, dont le bout *m* fert à appuyer fur le grand levier de compenfation : on fe fert de cette vis, qui tourne à frottement fur la boîte, pour régler l'Horloge au plus près. On a vu (853) que cette boîte *i* eft mobile fur le bras *l* pour trouver promptement le point de compenfation : *p*, *o* eft le bras de l'index, & *o* l'index même qui marque fur le limbe *N* (*Fig.* 1) le chemin du pince-fpiral, lorfque l'Horloge change de température.

De la Virole & du Piton de fpiral.

884. Nous avons vu dans la premiere Partie, en traitant du fpiral, combien il eft effentiel que fes deux bouts foient fixés folidement, & que cependant le fpiral foit dans un état parfaitement libre & non forcé. Pour parvenir à ce but dans ma premiere Horloge Marine, on a vu que le bout intérieur eft attaché dans une mâchoire figurée felon la courbure du fpiral ; cette mâchoire étoit ferrée par deux vis ; le bout intérieur l'étoit de même par deux vis : la grandeur des dimenfions de cette Hor-

loge m'avoit fait obtenir aifément cette excellente conftruction : les Horloges que je fis par la fuite n'étant pas fi grandes,
ni les refforts fpiraux fi forts, je crûs qu'il fuffifoit de les attacher comme on fait ceux des Montres, par la preffion de
chevilles ou clavettes. Je fus bientôt obligé d'abandonner cette
pratique fort bonne pour les Montres, mais qui ne vaut rien
pour des Horloges Marines : toute la difficulté étoit d'appliquer la même conftruction aux Horloges Marines, & c'eft ce
que j'ai heureufement fait pour N°. 8, & d'une maniere fimple ; mais il reftoit encore une perfection à donner au piton de
fpiral.

J'avois obfervé que, pour peu que la lame du fpiral ne fût
pas parfaitement droite, en ferrant le bout extérieur du fpiral,
on faifoit hauffer ou baiffer un des bouts ou des côtés du
piton de fpiral ; enforte qu'en ferrant le piton, le reffort fe
trouvoit dans un état forcé, & les ofcillations du balancier en
étoient moins libres. J'avois levé cette difficulté en limant le
deffous du piton convenablement, pour qu'il portât à plat lorfque la longueur du fpiral étoit trouvée ; mais cette opération
n'étoit jamais auffi exacte que je le defirois, & il falloit, pour
l'arrêter fûrement, des effais que je n'aime point. Pour parer à ce défaut, j'ai attaché 4 vis à la bafe du piton, lefquelles
fervent à le caler : cela m'a très-bien réuffi.

On peut voir le piton & la virole de fpiral (*Planche XX,*
Fig. 5 & 7) & leurs defcriptions à la fuite de celle de l'Horloge N°. 10, Chapitre XIII.

Dimenfions exactes de toutes les parties de
l'Horloge Marine N°. 8.

Elévation de l'Horloge toute raffemblée.

La hauteur totale de toutes les cages au-deffus de la platine-cadran, 13 pouces 10 lignes.
Piliers d'acier de la cage du poids, 10 pouces 6 lignes.
Hauteur des ponts de la plaque du poids, 2 pouces 5 lignes.
Defcente pour le poids, 8 pouces.
Groffeur des piliers d'acier, 6 lignes.
Pivots, 4 lignes.

Poulies du poids, 15 lignes de diametre ; pivots, $\frac{18}{48}$.
Epaiſſeur de la platine portant les piliers d'acier, 1 lig. $\frac{1}{3}$.
Plaque du poids, 1 ligne.
Grande cage du régulateur, piliers, 21 lignes de hauteur.
Petite cage du régulateur, piliers, 15 lignes de hauteur.
Hauteur du pont de ſuſpenſion du balancier , meſurée du deſſus , compris le coqueret, 23 lignes.
Cage du mouvement, 13 lignes ; épaiſſeur, platine-cadran, 1 lig. $\frac{1}{2}$ de diametre 6 pouces 6 lig. $\frac{1}{2}$, les autres 6 pouces 6 lignes.

Méchaniſme de Compenſation.

Hauteur du pont du grand levier, priſe du deſſus, 2 pouces 5 lignes $\frac{1}{3}$.
Largeur des traverſes du chaſſis, 28 lignes.
Longueur du chaſſis en dehors, 6 pouces 4 lignes.
Groſſeur des tringles , 1 ligne $\frac{4}{12}$.
16 tringles.
Grand levier de compenſation, point de contact, 30 lignes ; pivot, $\frac{9}{12}$.
Petit bras du grand levier depuis le centre, 2 lignes $\frac{11}{12}$.
Groſſeur de la tige, 2 lignes $\frac{1}{2}$.
Petit levier de compenſation eſt concentrique au balancier.
Le bras qui communique au grand levier porte une boîte dont la vis de contact eſt éloignée de 2 lignes $\frac{1}{2}$ de ſon centre ; hauteur de l'axe du petit levier, 11 lignes.
Diſtance du pince-ſpiral, au centre de l'axe, 4 lignes $\frac{1}{2}$; pivots, $\frac{7}{12}$.

Dimenſion du Piton du Spiral.

Ce piton eſt de cuivre ; mais il devroit être d'acier trempé, comme ceux de N°. 6 & 7 ; à cauſe que le ſpiral ayant ſes tours très-ſerrés , il reſte peu d'épaiſſeur au bout de la mâchoire.
La patte doit avoir de largeur, 6 lignes $\frac{1}{2}$; longueur, 9 lignes, non compris la mâchoire ; longueur de la mâchoire, 2 lignes.
La hauteur doit être proportionnée à la largeur du ſpiral , ici elle eſt de 3 lignes. Si le ſpiral avoit 2 lignes $\frac{1}{2}$, il ſeroit mieux, ainſi la mâchoire auroit de haut environ 4 lignes ; épaiſſeur de la mâchoire, 2 lignes $\frac{1}{2}$.
La mortaiſe a 1 lig. $\frac{1}{3}$; ainſi le mantonnet, qui eſt preſſé par la vis, a d'épaiſſeur près 1 ligne : la vis taraudée ſur le taraud 10 de la grande filiere de *Sutter*.
Les 4 vis portées par la patte , pour le caler, enſorte que le ſpiral ne bride pas , ſont de cuivre, pour ne pas marquer la platine : elles ſont taraudées ſur le taraud 10 de la filiere ſuſd.
Hauteur de la bâtte qui porte le mouvement entre la glace & la bâtte ſur laquelle poſe la platine-cadran, 10 lignes $\frac{1}{2}$.
Le ſpiral eſt marqué N°. 15 , ſa largeur 1 lig. $\frac{7}{12}$; (devroit avoir 2 lig. $\frac{1}{4}$ de largeur) ; longueur en tout 11 pouces, il n'agit qu'à 9 pouces près $\frac{1}{2}$, y ayant 18 lignes depuis le pince-ſpiral juſqu'au bout : il peſe 25 grains ; du point où il eſt arrêté au piton, fait 7 tours $\frac{1}{4}$.
En ce point a de diametre 8 lignes $\frac{1}{2}$.
La diſtance du point où le ſpiral eſt arrêté au piton , juſqu'à celui où agit le pince-ſpiral, eſt de 5 lignes $\frac{1}{2}$, ou environ 80 degrés ; épaiſſeur du ſpiral, $\frac{5}{48}$.

Mouvement ou Rouage.

Grande roue de cylindre, 240 dents , 36 lig. $\frac{1}{4}$ de diametre ; épaiſſeur, $\frac{10}{12}$.

Epaisseur du rochet du ressort auxiliaire, $\frac{4}{12}$; diametre; 33 lig. $\frac{1}{2}$, a 150 dents; ressort auxiliaire, même diametre que le rochet d'encliquetage; épaisseur, $\frac{11}{12}$; largeur, 1 lig. $\frac{1}{2}$.

Rochet d'encliquetage, 28 lignes; épaisseur, $\frac{10}{12}$, a 100 dents.

Diametre du cylindre, 23 lignes $\frac{1}{2}$, sans les canelures; hauteur, y compris le rebord, 3 lignes.

Contient trois tours de corde.

Grosseur de l'arbre d'acier, par le petit bout, 1 ligne $\frac{9}{12}$: grosseur du canon sur lequel s'ajuste le cylindre, 2 lignes $\frac{7}{12}$.

Grosseur du pivot du côté du quarré de remontoir, 1 ligne $\frac{6}{12}$; l'autre pivot, 1 lig. $\frac{4}{12}$.

Grosseur du canon, sur lequel s'ajuste le cadran des heures, 3 lignes.

Roue de minute, 19 lignes $\frac{4}{12}$, a 160 dents.

Son épaisseur $\frac{4}{12}$.

Son pignon 20.

Le pivot qui porte l'aiguille de minute $\frac{18}{48}$; l'autre pivot, $\frac{16}{48}$.

Petite roue moyenne, 18 lignes de diametre, a 150 dents; épaisseur, $\frac{4}{12}$, son pignon 20; ses pivots, $\frac{13}{48}$.

Roue d'échappement d'acier, diametre, 18 lignes, a 30 dents; épaisseur, $\frac{4}{12}$.

Pivot portant l'aiguille de secondes, $\frac{3}{48}$; l'autre pivot, $\frac{11}{48}$.

Roue de balancier 160 (ª); levée de l'échappement, 20 degrés; du balancier, 80 deg. épaisseur de cette roue, $\frac{4}{12}$; ses pivots, $\frac{8}{48}$; diametre extérieur du cylindre d'échappement, 2 lignes $\frac{11}{12}$.

Régulateur.

Le balancier a 55 lignes $\frac{7}{12}$ de diametre; épaisseur, 1 ligne $\frac{11}{12}$.

Largeur du champ, 2 lignes $\frac{5}{12}$.

Largeur du centre, 8 lignes; épaisseur, 1 ligne $\frac{1}{12}$.

Largeur des croisées, à l'extrémité 2 lignes $\frac{1}{12}$, près du centre 2 lignes $\frac{8}{12}$.

Balancier pese 3 onces 1 gros $\frac{1}{2}$ 27 grains.

Axe de Balancier.

Diametre de l'assiette qui porte le balancier, 6 lignes $\frac{10}{11}$.

Grosseur de l'assiette, pour le trou du balancier, 2 lignes $\frac{4}{12}$; grosseur de l'axe, 1 lig. $\frac{1}{2}$: des pivots $\frac{11}{12}$.

Rouleaux.

Les rouleaux ont 28 lignes $\frac{1}{2}$ de diametre; épaisseur $\frac{5}{12}$ passé.

Largeur du champ, 2 lignes $\frac{2}{12}$.

Ils sont croisés à 6 barrettes.

Largeur des barrettes près le champ, 1 ligne $\frac{1}{12}$; près le centre 1 ligne $\frac{10}{12}$.

Grosseur des assiettes, 4 lignes.

Grosseur de l'assiette à l'endroit de la rivure des rouleaux, 2 lignes $\frac{4}{12}$.

Grosseur de l'assiette pour les cuivrots, 1 ligne $\frac{10}{12}$.

Grosseur des axes, 1 lig. $\frac{3}{12}$.

Un rouleau des dimensions ci-dessus, tout monté sur son axe, entiérement fini & poli, pese 3 gros 18 grains.

Grosseur des pivots, $\frac{8\frac{1}{2}}{48}$.

(ª) Dans le plan que j'ai donné de cette Horloge, la roue de balancier est tracée plus petite, pour qu'elle passe à côté de la tige de la roue de secondes, & éviter un pont qu'il avoit fallu employer à N°. 8, pour laisser passer au-dessous de la tige la roue de balancier.

Hauteur des piliers des cages de rouleaux, 4 lignes $\frac{1}{2}$: le poids pese en tout 6 liv. moins une once $\frac{1}{2}$ = 5 liv. 14 onces $\frac{1}{2}$; ôtant le plomb, la plaque, les poulies, pont & broche pesent 1 liv. 5 onces 1 gros ; ainsi le plomb pese 4 liv. 9 onces 3 gros.

Des Expériences faites avec l'Horloge N°. 8.

885. L'Horloge Marine N°. 8 étant entiérement finie, je la fis marcher avec un fpiral qui faifoit 2 tours $\frac{1}{2}$, mais plié fort grand.

Le moteur étant 9 liv. elle avança $\frac{1}{2}''$, en 2 heures.

Mot. 4 liv. $\frac{1}{2}$, retarda 12$''$ en 2 heures.

Les grands arcs étant beaucoup plus prompts que les petits, j'adaptai à l'Horloge un fpiral qui faifoit 7 tours, & avoit 10 lignes $\frac{1}{2}$ de diametre : les ofcillations étoient fenfiblement ifochrones, mais le reffort étoit trop foible.

886. J'obfervai qu'après que l'Horloge eut marché quelque temps, la cheville de renverfement du balancier, qui auparavant étoit à 0, avoit changé de 5 degrés, ce qui montroit que le reffort s'étoit ouvert.

887. Je mis à l'Horloge le reffort fpiral N°. 3, après avoir été éprouvé fur la balance élaftique ; il faifoit 8 tours, & tiroit 13 grains à 5 degrés, & avoit 8 lignes $\frac{1}{2}$ de diametre ; la progreffion de fa force étant parfaitement conftante, les ofcillations doivent être ifochrones. J'éprouvai, en effet, ce reffort, en faifant marcher l'Horloge avec des poids de différentes pefanteurs, & les ofcillations, quoique fort inégales en grandeur, étoient ifochrones.

888. Le fpiral N°. 3, ainfi éprouvé, étoit reconnu trèsbon, & fervoit à prouver ma théorie fur les refforts, & fur les loix que doit fuivre la progreffion de leurs forces ; mais je craignois que lorfque ce reffort viendroit à éprouver différentes températures, & fur-tout la chaleur, il ne changeât de figure, & ne s'ouvrît, ainfi que je l'avois déja éprouvé avec d'autres. Je voulus donc tenter de fixer fa figure en le trempant tout plié, mais j'eus le malheur de ne point réuffir, & de perdre un excellent reffort ; car la chaleur fit ouvrir le fpiral, & le fit changer tout-à-fait de figure : je pris alors le

parti de le recuire & de le redreffer pour en prendre les di-menfions, afin d'en faire faire d'autres : il avoit 12 pouces 4 lignes de long : largeur, 1 ligne $\frac{7}{12}$: épaiffeur, $\frac{5}{48}$: pefanteur, 41 grains.

889. J'adaptai à l'Horloge un fpiral N°. 4, faifant 7 tours $\frac{1}{4}$: les ofcillations étoient très-fenfiblement ifochrones. Je fis marcher l'Horloge en lui donnant différentes inclinaifons, & j'éprouvai que, quoique les arcs de vibrations changeaffent un peu d'étendue, cependant cela n'affectoit pas la marche de l'Horloge ; & j'aurois dû, fatisfait d'un point fi important, m'en tenir à ce fpiral, en le laiffant en cet état ; mais la même crainte du changement, qui pouvoit arriver dans fa figure, me tourmentoit encore, & j'ofai tenter de tremper ce reffort, en prenant des précautions qui fembloient devoir l'empêcher de changer de figure, en le faifant chauffer pour le tremper : tout cela fut inutile, & je perdis encore ce ref-fort ; mais enfin ces deux accidents me firent chercher à fixer fûrement la figure des refforts fpiraux, fans les tremper ; & j'en vins fort heureufement à bout par la méthode de l'arti-cle (173) : j'en montrerai encore l'application en traitant de la main-d'œuvre. Cette méthode confifte à faire chauffer les fpiraux affez fortement, fans cependant les faire changer de cou-leur ; alors ils s'ouvrent un peu, & en les jettant dans l'eau ainfi chauffés, ils ne changeront pas de figure tant qu'ils n'é-prouveront pas de chaleur au-deffus de celle qu'ils ont reffentie.

890. Je mis à l'Horloge un fpiral N°. 7, qui fait 7 tours $\frac{1}{4}$ paffé, tire 13 grains. Les grands arcs décrits par le balancier étant plus prompts que les petits, j'amincis, à différentes reprifes, le tour extérieur du fpiral, enforte que, par ce moyen, je par-vins à rendre les ofcillations ifochrones, & même les grands arcs plus lents : effet contraire à celui qu'il faifoit d'abord, ce qui étoit facile de corriger en raccourciffant le fpiral.

891. Je voulus faire chauffer ce fpiral affez fortement, pour en bleuir le bout, & par-là fixer fa figure ; mais cette trop grande chaleur me fit encore perdre ce reffort. Ces différents accidents, loin de me rebuter, ne fervoient qu'à m'encourager,

puifque,

puifque c'eft par les différents obftacles éprouvés , que je fuis parvenu à donner à cette partie une perfeċtion que j'aurois ignorée , fans ces difficultés.

892. Enfin, après différentes tentatives pour obtenir un bon reffort fpiral ; après en avoir perdu plufieurs très-bons ; je m'arrêtai à celui N°. 19 , qui étoit de bonne force , & avec lequel les ofcillations étoient fenfiblement ifochrones , les grands arcs un peu plus prompts d'environ $\frac{1}{2}''$ par heure ; mais, faute de temps pour le perfeċtionner , je l'employai en cet état.

893. Le fpiral étant choifi , je réglai l'Horloge en chargeant le balancier de trois petites maffes , pour le rendre de la pefanteur convenable.

894. L'Horloge ainfi réglée , je la fis polir ; & après l'avoir remontée avec foin , je m'occupai de la compenfation , en achevant de l'amener à fon point. Voici les dimenfions où j'ai arrêté le méchanifme de compenfation , lorfqu'elle a été réglée.

La cheville du petit bras du grand levier de compenfation qui agit fur le chaffis eft diftante du centre du levier de 3 lignes : le grand levier, depuis le point de contaċt de la vis de la boîte, jufqu'au centre de ce levier, eft de 30 lignes : la vis de la boîte du pince-fpiral eft diftante du centre de fon axe de 3 lignes.

895. L'Horloge étant ainfi terminée & réglée, je la fis marcher, fans toucher davantage à aucune partie, depuis le 13 Septembre 1768, jufqu'au 12 Oċtobre fuivant, veille du départ de cette Horloge pour *Rochefort* : pendant ce temps, fa marche fut affez réguliere pour que je duffe efpérer qu'elle pourroit réuffir : la difpofition avantageufe de cette machine fervoit encore plus que cette courte expérience à me raffurer.

Etat de l'Horloge Marine N°. 8, à Paris le 13 Octobre 1768, avant de la transporter à Rochefort.

896. LE Thermometre étant à 13 deg. $\frac{3}{4}$, le rateau ou index du pince-spiral étoit à 13 deg. $\frac{1}{2}$: les arcs de vibration, 240 deg.

897. L'Horloge N°. 8, étant arrivée à *Rochefort*, je trouvai que, le Thermometre étant à 14 degrés, l'index du pince-spiral n'étoit qu'à 12. J'attribuai ce changement du pince-spiral aux secousses violentes de la chaise, qui avoient fait tourner le levier de compensation, lequel n'est mis qu'à frottement sur sa tige. Je le serrai de nouveau; &, le Thermometre étant à 13 degrés, je ramenai l'index à 13 degrés, & la laissai en cet état. Je fis ensuite diverses expériences sur la marche de l'Horloge par la grande chaleur, &c. A mon retour à *Paris*, je dressai la table des corrections à employer pour corriger la marche de l'Horloge, par les différentes températures. Voici cette Table que j'adressai au Ministre de la Marine, pour être envoyée à MM. *de Fleurieu* & *Pingré.*

Table des corrections qu'il est nécessaire d'appliquer au temps marqué par l'Horloge Marine N°. 8, pour estimer sa marche par les différentes températures.

898. L'Horloge N°. 8 est supposée réglée à la température de 15 degrés au-dessus de la glace; elle retarde par le froid ainsi que par la grande chaleur.

Degrés au-dessus de la glace.		Secondes.
A 5°	Retarde en 24 heures	$1''\frac{5}{7}$
10	. . . .	$0 \frac{1}{7}$
15	Supposée réglée	0
20	Retarde	$1 \frac{1}{4}$
25	Retarde	$2''\frac{1}{2}$
32	Retarde	$6''\frac{1}{4}$

Extrait de la marche de l'Horloge Marine N°. 8,
  *pendant les épreuves faites en mer, tiré du Journal
  que M.* de Fleurieu *doit publier par ordre du Roi.*
  (Il s'imprime à l'Imprimerie Royale).

899.   A ROCHEFORT.

Du 14 Novembre 1768 jusqu'au 7 Décembre ,
  même année , par un milieu, l'Horloge Marine
  N°. 8 retarde fur le temps moyen de   4″,12

           A L'ISLE D'AIX.

Par les obfervations comparées du 22 Décembre
  1768, & du 18 Janvier 1769 , par un milieu le retard de N°. 8 eft de   5″,09

             A CADIX.

Du 1 au 4 Mars, le retard journalier eft de   8″,545

           A LA PRAYA.

Du 13 au 18 Avril , le retard journalier   11″,61

          AU FORT ROYAL.

Du 11 au 15 Mai, retard journalier   13″,475

         AU CAP-FRANÇOIS.

Du 30 Mai au 10 Juin, retard journalier   12″,83

             A ANGRA.

Du 25 au 31 Juillet, retard journalier   16″,75

          A SAINTE-CROIX.

Du 18 au 23 Août, retard journalier   19″,275

A CADIX.

Du 4 au 10 Octobre, retard journalier   15,92

A L'ISLE D'AIX.

Du 1 au 13 Novembre, retard journalier   18,605

Des Expériences faites avec l'Horloge Marine N°.8,
depuis son retour de l'épreuve en mer, pour servir à
établir les causes du retard qu'elle a eu.

900. Pour parvenir sûrement à découvrir les causes qui ont fait retarder les Horloges Marines pendant l'épreuve en mer; je dressai, avant de toucher à ces machines, un plan qui devoit régler chaque opération, ou expériences que je me proposai de faire. Pour arriver à ce but, je fis l'examen que nous avons donné à la suite de la description de N°. 6 (716 *& suiv.*) : ainsi nous y renvoyons. Il suffit de dire que ce plan étoit encore plus particuliérement destiné à N°. 8, parce que j'étois beaucoup plus attaché à connoître les causes d'erreur de cette machine, que celle de N°. 6, cette derniere étant moins parfaite que l'autre, à beaucoup d'égards. C'est en suivant l'esprit de ce plan, que j'ose me flatter d'être certain des causes du retard de N°. 8, & par-là en état de les corriger & de perfectionner les Horloges Marines ; mais avant de traiter ce dernier article, je dois rapporter ici les expériences & observations faites.

901. Ayant ôté le mouvement de dedans son tambour, je n'y ai pas vu la moindre marque de rouille, ni tache quelconque, le polis du cuivre n'ayant pas changé de couleur; il n'y a pas la moindre saleté ni poussiere attachée, ni aux rouleaux, ni à l'axe; en un mot, la machine est aussi propre que lorsque je la remontai avant son départ.

902. A *Paris*, avant le départ, l'Horloge retardoit de 4″ en 24 heures, le Thermometre étant à 13 $\frac{3}{4}$, index 13 $\frac{1}{2}$.

A *Rochefort*, l'Horloge retardoit de 4″,12 ; & , à la fin de l'épreuve, elle retardoit de 18‴,60 : donc le retard a augmenté de

14″,48 en 14 mois. Nous allons rapporter l'extrait des expériences faites, pour assigner les causes de ce retard, & la quantité de chacune.

PREMIERE EXPÉRIENCE.

903. Les arcs de vibration, avant le départ, étoient de 240 degrés ; au retour de l'Horloge, j'ai éprouvé qu'ils étoient de 210 degrés : donc différence 30 degrés.

SECONDE EXPÉRIENCE.

904. A *Rochefort*, le Thermometre étant à 13 degrés, l'index étoit 13 ; au retour, le Thermometre étant à 14, l'index étoit 13 : donc différence (^{a}) 1 deg. ou environ.

TROISIEME EXPÉRIENCE.

905. Les arcs décrits par le balancier étant de 210 degrés, le mouvement dehors de son tambour, l'Horloge retarde de 29″ en 24 heures ; & ayant ajouté un poids de 2 liv. $\frac{3}{4}$, les arcs étant 240 degrés, l'Horloge a retardé 21″ en 24 heures : donc différence 8″ causée par l'addition du poids, & les arcs étant de 30 deg. plus grands : cette expérience a été faite avant de rien changer au mouvement.

QUATRIEME EXPÉRIENCE.

906. Ayant mis de l'huile à l'échappement, sans ôter l'ancienne qui restoit & étoit coagulée, l'Horloge a retardé de 21″$\frac{1}{4}$, au lieu qu'auparavant elle retardoit de 29″ en 24 heures : donc différence causée par l'huile 7″$\frac{2}{5}$.

907. Les arcs sont devenus de 230 degrés, après avoir mis de l'huile à l'échappement : donc l'huile les a fait augmenter de

(^{a}) Cette différence a pu augmenter en revenant de Rochefort à Paris.

20 degrés. Cet effet eſt cauſé par les huiles fraîches qui ont délayé l'ancienne huile.

CINQUIEME EXPÉRIENCE.

908. 12 onces ajoutées au poids moteur, ont fait décrire 240 degrés au balancier, au lieu de 230 deg. & cette différence dans le poids moteur & dans l'étendue des vibrations, a fait moins retarder l'Horloge de 2″ ½ en 24 heures ; ce qui, avec la troiſieme expérience, prouve que le ſpiral n'eſt pas iſochrone.

REMARQUE eſſentielle ſur les Expériences précédentes.

909. Après avoir mis de l'huile à l'échappement, l'Horloge a avancé de 7″ ⅖ ; or cet effet eſt principalement dû au non-iſochroniſme du ſpiral, ainſi que la cinquieme expérience le prouve. Car ſi 10 degrés de différence dans les arcs ont fait avancer l'Horloge de 2″ ½ en 24 heures, avec 12 onces ajoutées ; 20 degrés de différence ſurvenue dans l'étendue des arcs, après avoir mis de l'huile à l'échappement, ont du cauſer, par ce même effet du ſpiral, une différence de 5″ en 24 heures. Or comme l'huile, miſe à l'échappement, a fait avancer l'Horloge de 7″ ⅖, en augmentant les arcs de 20 degrés ; il s'enſuit encore qu'en ôtant 5″ appartenantes au non-iſochroniſme, les 2″ ½ dont elle a plus avancé, appartiennent à la réſiſtance ou augmentation du frottement de l'échappement arrivé depuis le départ de l'Horloge. La troiſieme expérience ſert encore de preuve à mon calcul ; car, avant de mettre de l'huile à l'échappement, l'addition d'un poids de 2 liv. ¾ a augmenté les arcs de 30 degrés, & l'Horloge a avancé de 8″ en 24 heures.

2ᵉ. REMARQUE.

910. La quantité 12 onces ajoutées au moteur, équivaut à la différence ſurvenue dans les huiles du rouage & des rouleaux.

3ᵉ. Remarque.

911. On pourroit trouver un moyen de compensation au retard causé par la résistance des huiles de l'échappement, & cela bien simplement, en disposant le spiral de sorte que les grands arcs fussent plus lents que les petits ; au lieu que le spiral, qui a servi pendant l'épreuve, rendoit les grands arcs plus prompts : nous en verrons l'application ci-après.

Sixieme Expérience.

912. Le Thermometre étant à 14, le rateau étoit à 12 deg. ½ passés. J'avançai l'index du pince-spiral à 14 degrés : en cet état, l'Horloge avance de 4″ en 24 heures.

Septieme Expérience.

913. Ayant démonté l'échappement, pour le nettoyer, j'ai fait marcher librement le balancier : son mouvement a duré une heure.

Huitieme Expérience.

914. L'échappement étant nettoyé, j'ai fait marcher l'Horloge sans remettre de l'huile à l'échappement ; & ensuite, en ayant mis, je n'ai apperçu qu'une très-petite différence dans la marche de l'Horloge : il paroît même que, sans huile, les arcs de vibrations sont plus grands, & que l'Horloge avance. J'ai répété souvent & pendant long-temps cette expérience, & j'ai trouvé à peu-près les mêmes résultats.

Neuvieme Expérience.

915. Le rouage étant nettoyé ainsi que l'échappement, je remis ces parties en leur premier état, huile nouvelle, &c. Les arcs de vibrations sont 230 degrés ; ainsi la différence de

10 degrés de moins, appartient aux huiles des pivots de rouleaux, &c; & peut-être une partie de ces 10 degrés appartient aussi à une petite augmentation dans les frottements des pivots du rouage ; quoique je n'aye apperçu ni aucun trou aggrandi, ni aucun pivot dépoli.

DIXIEME EXPÉRIENCE.

916. Ayant fait marcher le mouvement dehors de son tambour, simplement posé sur une table, & ensuite mis dans son tambour, sur sa suspension, l'Horloge avance de plus, dans le dernier cas, de 4″ en 24 heures.

917. Cette avance de l'Horloge, lorsqu'elle est sur sa suspension, appartient encore au non-isochronisme du spiral ; parce que lorsque le mouvement est posé sur une table, le balancier ébranle par ses vibrations le mouvement de l'horloge, ce qui les diminue ; au lieu qu'étant arrêté solidement, cette action du balancier a moins lieu, & les vibrations augmentent.

Résultat & Conclusion des Expériences que nous venons de rapporter.

918. LE retard de l'Horloge N°. 8, étoit à *Rochefort* de 4″,12, & il est devenu, à la fin de l'épreuve, 18″,60 : donc différence 14″,48.

Voici les causes de ce retard, & les quantités qui appartiennent à chaque cause.

919. L'huile, mise à l'échappement, a augmenté l'étendue des arcs de 20 degrés, & l'Horloge a avancé de $7''\frac{1}{5}$; mais par les expériences très-sûres que j'ai rapportées ci-devant, 20 degrés de différence dans l'étendue des arcs, par le non-isochronisme, ont fait avancer l'Horloge de 5″ ; ôtez-les de $7''\frac{1}{5}$, reste $2''\frac{1}{5}$, quantité qui appartient au changement de frottement ou de résistance dans l'échappement ; &, pour 30 degrés de différence dans l'étendue des arcs, le non-isochronisme cause

7″

$7''\frac{1}{2}$; ajoutez à cela $2''\frac{1}{5}$: on a pour ces deux caufes d'écart $9''\frac{9}{10}$: refte $4'',58$, quantité qui appartient au changement arrivé dans le pince-fpiral.

Des Corrections à faire à l'Horloge Marine N°. 8, pour lui donner la plus grande perfection.

920. DE toutes les Horloges Marines que j'ai compofées & exécutées ci-devant, la plus parfaite eft, fans contredit, N°. 8 ; cependant, pour que fa juftefte fût la plus grande poffible, il refteroit plufieurs chofes à ajouter, lefquelles nous allons indiquer : cela fervira à donner aux Horloges Marines la plus grande juftefte.

921. Nous obferverons d'abord que pour diminuer les frottemens, foit des pivots du rouage ou de ceux des rouleaux, &c, il faut employer de l'huile ; or l'huile venant à s'épaiffir diminue l'étendue des arcs de vibrations ; & quoique les arcs inégaux foient ifochrones ; les différentes réfiftances que le balancier éprouvera pourront changer la durée des vibrations. Il eft donc d'une grande conféquence de réduire les frottements à leur plus petite expreffion, & enfuite de faire choix d'une huile qui conferve long-temps la même fluidité ; car il eft bon d'être pénétré de cette vérité, c'eft que le moyen le plus fûr d'obtenir conftamment des ofcillations ifochrones, eft de conferver au régulateur la même étendue dans les arcs de vibrations.

922. 1°, Pour parvenir à donner à l'Horloge N°. 8, ou à toute autre machine de cette efpece, la plus grande exactitude, il faut abfolument employer un échappement qui n'exige pas d'huile (a), & dont, par conféquent, les frottements foient les

(a) Mais fi dans l'Horloge N°. 8, on vouloit conferver l'échappement, en perfectionnant cependant cette machine ; on pourroit le faire par une voie affez fimple, qui feroit d'ajouter une détente, portant un réfervoir d'huile, & au moyen de laquelle l'huile de l'échappement feroit renouvellée plufieurs fois pendant une campagne. Nous devons obferver ici que l'huile mife à l'échappement d'une Horloge, fe deffeche bien plus promptement que là même huile mife aux trous des pivots, parce que dans l'échappement l'huile fe trouve divifée fur toutes les dents de la roue, & fur la furface de l'échappement, enforte que, par la grande furface qu'elle préfente, l'air y a beauboup plus de prife ; & fi l'on met trop d'huile, elle eft attirée ailleurs, &c,

plus petits poffibles ; mais il faut en même-temps que les effets de cet échappement foient fûrs dans tous les cas , & qu'il ne puiffe pas troubler la nature des ofcillations libres du balancier. Nous donnerons , dans le Chapitre XII , un échappement où nous efpérons réunir ces propriétés effentielles (ᵃ).

923. 2°, Quoique j'infifte fortement à rendre une Horloge Marine tellement conftruite & exécutée , que les arcs de vibrations foient parfaitement de même étendue ; cependant, pour donner plus de perfection à ces machines, il faut que les ofcillations inégales du régulateur foient de même durée, c'eft-à-dire, ifochrones. Or nous avons prouvé, par la théorie & par l'expérience, qu'on parvient à donner cette propriété par le fpiral : il eft donc néceffaire de corriger en conféquence le fpiral de N°. 8.

924. 3°, Il faut rendre le méchanifme de compenfation parfaitement invariable : heureufement cela eft facile même dans celui de N°. 8. Pour cet effet, il faut fixer les leviers de compenfation & du pince-fpiral fur leurs axes. Lorfque je démontai cette Horloge, pour nettoyer tout ce qui appartient au régulateur , je trouvai une autre caufe de variation, c'eft que les points de contact des leviers de compenfation étoient marqués , & il y avoit autour une pouffiere rouge ; or , pour éviter cet effet caufé par l'action continuelle du fpiral contre ces leviers, il faut mettre aux points de contact un peu d'huile, faire ces parties avec de bon acier trempé le plus dur , & donner aux parties agiffantes plus de furface , afin qu'il y ait moins d'ufure.

925. 4°, Pour donner plus de perfection à l'Horloge , il ne faut pas négliger la fufpenfion : celle de N°. 8 avoit plufieurs défauts ; 1°, de ne pas reprendre toujours parfaitement fon aplomb (ᵇ) ; 2°, de ne pas permetre une affez grande étendue dans les arcs , enforte qu'il eft arrivé qu'en allant de

---

(ᵃ) Quoique par la huitieme Expérience (N°. 914), il paroiffe que dans l'Horloge N°. 8 l'échappement puiffe fe paffer avec avantage d'huile, cependant je n'oferai hazarder de l'envoyer en mer fans y en mettre, je craindrois qu'à la longue la traînée de l'échappement ne pût caufer un grippement plus dangereux encore que l'huile.

(ᵇ) C'étoit un vice d'exécution, les pivots n'étant pas bien tournés.

Cadix à l'Isle d'Aix, le Vaisseau étant fort tourmenté, le tambour battoit (ᵃ); 3°, le ressort à boudin est non-seulement inutile, mais il nuit encore, parce que la suspension, pour permettre son action, doit avoir du jeu, ce qui occasionne un balorage dangereux dans les agitations du Vaisseau.

Il faut donc corriger en conséquence la suspension, & surtout la rendre parfaitement solide & inébranlable, & qu'elle conserve toujours la même liberté. Je dois observer qu'il est très-avantageux d'employer un long tambour chargé d'un grand poids, l'Horloge, par les vibrations, ne peut l'ébranler (332), & il reprend plus sûrement son aplomb.

Des Corrections que j'ai faites à l'Horloge Marine N°. 8, depuis son retour, & avant la seconde Campagne ordonnée par le Roi.

926. Les épreuves particulieres que j'ai faites avec les Horloges Marines N°. 6 & N°. 8, depuis leur retour en 1769, ont servi à estimer, ainsi que nous l'avons vu ci-devant (900 & suiv.), les causes qui ont produit l'erreur totale, & à démêler la valeur particuliere de chaque cause; & c'est d'après cet examen que j'ai établi les corrections qu'il étoit nécessaire de faire à ces machines, pour leur donner une plus grande perfection. Je m'occupai sur-tout à rectifier l'Horloge Marine N°. 8, parce que j'ai toujours préféré cette machine à N°. 6, & jugé qu'elle doit, par sa nature, donner une plus grande justesse (ᵇ): Je dus d'autant plus, indépendamment de l'amour qu'un Artiste doit avoir pour la perfection de ses ouvrages, m'appliquer à rectifier ce qui pouvoit être défectueux ou imparfait dans N°. 8, que j'étois alors instruit de l'intention que le Ministre de la Marine avoit de faire servir cette Horloge pour une nouvelle expédition méditée, & dans laquelle on devoit vérifier plusieurs méthodes propres à déterminer les

(ᵃ) M. *de Fleurieu* a observé que les angles des roulis pouvoient passer 45 degrés.
(ᵇ) *Voyez, Appendice* N°. 11, la lettre que j'écrivis en conséquence au Ministre de la Marine.

longitudes en mer , & je remis , en conféquence des ordres du Miniftre (a) de la Marine , mon Horloge N°. 8 , à M. le Chevalier *de Borda* , le 27 Septembre 1771 , après que j'eus fait les corrections que je jugeai les plus effentielles. J'ignore encore quel fera le réfultat de mon travail , & s'il aura ajouté une nouvelle perfection à l'Horloge Marine N°. 8. Mais je dois , quoi qu'il en foit , en rendre compte ; car j'ofe croire que quand même le nouveau travail , fait à cette machine , n'auroit pas en effet tout le fuccès que je m'en étois promis pour perfectionner cette machine , il feroit cependant utile , en général , pour perfectionner les Horloges Marines , en préfentant de nouvelles vues. C'eft par ces raifons que je vais extraire de mon Journal les corrections & remarques les plus effentielles , afin de compléter ce qui concerne mon Horloge Marine N°. 8 ; mais je ne m'attacherai pas à rectifier le ftyle même de ce Journal. Qu'on fe rappelle que mon intention eft plus de préfenter au Public des chofes qui peuvent être utiles , que des phrafes qu'on ne doit pas exiger d'un Artifte.

927. La correction la plus effentielle à faire à l'Horloge Marine N°. 8 , eft celle de donner au fpiral la propriété d'être la plus ifochrone ; mais avant d'en changer , il faut examiner s'il ne peut pas être perfectionné. J'éprouvai donc ce fpiral en l'alongeant & le raccourciffant, afin de trouver , s'il étoit poffible , un point par lequel il fût plus ifochrone , les grands arcs étant plus prompts que les petits.

Pour eftimer exactement combien il manquoit au reffort pour être dans la progreffion convenable , je l'éprouvai fur la balance élaftique , en l'arrêtant par le même point où le fpiral agiffoit , lorfqu'après l'avoir alongé , l'Horloge retardoit 2' 15" 15''' par les grands arcs , & retardoit 2' 16" 50''' par les petits arcs , ce fpiral étant monté fur fa virole , fans le déranger.

(a) *Voyez* , *Appendice* N°. 10, l'ordre que je reçus du Miniftre à ce fujet. On verra dans la même piece N°. 10 de l'Appendice, que ce n'eft pas à titre d'épreuve que mon Horloge N°. 8 a été embarquée.

Le Spiral de l'Horloge N°. 8 , marqué N°. 19.

A 5 degrés de la balance il fait équilibre avec 12 grains ½.
10 25
20 . . . . 50 ½ .
120 309

Si la progreffion étoit conftante, le dernier terme devroit être 300 grains ; différence en excès, 9 grains ; & cet excès caufe un écart de 1″ 35‴ par heure dans la marche de l'Horloge , lorfque les grands arcs font de 250 degrés, avec un moteur de 5 liv. 14 onc. ½ , ou que ces arcs font de 220 degrés , avec un moteur de 4 livres.

928. Le même fpiral N°. 19 de l'Horloge N°. 8, arrêté fur la balance au même point où agit le pince-fpiral, lorfque l'Horloge eft réglée, c'eft-à-dire, par le même point où il étoit pendant les épreuves en mer :

A 5 degrés le reffort fait équilibre avec 13 grains ½
10 . . . . 27 ¼
20 . . . . 54 ¾
120 332

Le même fpiral rendu plus court,

à 5 degrés fait équilibre . . . . 14 grains ½
10 29
120 352

devroit être 348, différence 4 grains en excès.

929. Le fpiral N°. 19, qui étoit à l'Horloge N°. 8, pendant l'épreuve, n'étant pas auffi parfait que je le defirois, j'en éprouvai un marqué N°. 15, qui avoit été anciennement éprouvé. Ce reffort eft fait en fouet, le plus fort au centre ; il a 12 pouces ½ de long , pefe 41 grains ; fa largeur, 1 lig. 7/12 ; fait 8 tours , & a 8 lignes de diametre.

Ce reſſort mis ſur la balance,

à   30 degrés tire . . . . 55 grains.
     120 329

devroit être 330, différence 1 grain en moins : ce reſſort ſpiral ſera donc, à coup ſûr, convenable pour l'iſochroniſme.

930. Avant d'appliquer le reſſort ſpiral N°. 15 à l'Horloge N°. 8, je le démontai de deſſus ſa virole, afin de le faire chauffer, & de fixer ſa figure.

931. Le reſſort ſpiral étant fixé ſur ſa virole, je l'ai adapté à l'Horloge pour chercher le point requis pour l'iſochroniſme, & je me ſuis aſſuré, par de bonnes expériences, que ce ſpiral peut être parfaitement iſochrone. Pour cet effet, l'ayant rendu plus long, les grands arcs de vibration ſont plus lents que les petits arcs ; &, au contraire, l'ayant rendu plus court, les grands arcs de vibration étant plus prompts que les petits arcs, il eſt certain qu'il y a entre ces deux termes un point où la compenſation ſera exacte. Mais nous obſerverons que, pour pouvoir alonger ou accourcir le ſpiral par de petites quantités, il faut diſpoſer le piton en conſéquence, de ſorte qu'en ſerrant le ſpiral, il ne le faſſe pas brider. Pour cet effet, la preſſion doit ſe faire par une vis & une mâchoire, comme dans ma premiere Horloge Marine (400). J'exécutai en conſéquence le piton (ᵃ) dans le genre de celui repréſenté *Planche XX, Fig. 5.*

R E M A R Q U E.

932. Pour eſtimer au juſte la quantité dont on accourcit ou alonge le ſpiral, il faut la meſurer par le nombre de degrés parcourus par le balancier. Ainſi la cheville de renverſement ou de repere étant conſtamment à o, lorſque le balancier eſt artêté en deſſerrant la vis du piton ; il n'y aura qu'à avancer le balancier ou à le reculer, de ſorte que la cheville ſoit ſur 3, 4, 5, 10 degrés, &c ; reſſerrer la vis du piton, & no

---

(ᵃ) Ce piton eſt d'acier trempé, & a 9 lignes $\frac{1}{2}$ de long : largeur, 6 lignes : épaiſſeur de la patte, 1 ligne $\frac{1}{12}$: de la mâchoire, 3 lignes $\frac{1}{6}$.

ter fur le Journal de combien de degrés on a alongé ou accourcit le fpiral : enfuite ramener la virole du fpiral, pour que la cheville du balancier foit à o. On fera marcher l'Horloge, & on l'éprouvera par différents poids : & fi, par exemple, elle avance par les grands arcs, tandis qu'auparavant elle avançoit par les petits arcs, & que la longueur du fpiral ait été pour cela augmentée de 10 degrés du balancier ; on defferrera la vis du piton, & on tournera le balancier pour raccourcir le fpiral d'environ la moitié du nombre des degrés qu'on lui avoit fait parcourir précédemment. c'eft-à-dire, de 5 degrés ; & ainfi de fuite, de proche en proche, on parviendra, à coup fûr, au plus parfait ifochronifme que le fpiral comporte. Cela fait, on ne devra plus toucher au fpiral ; mais on devra régler l'Horloge, en augmentant ou en diminuant la maffe du balancier, ce que l'on fera par l'addition de trois maffes difpofées de la manière que nous l'expliquerons ci-après.

2ᵉ. REMARQUE.

933. Nous avons vu, par nos expériences, que l'épaiffiffement des huiles (ᵃ) dans l'échappement, avoit caufé un retard à l'Horloge N°. 8 de $2''\frac{2}{5}$ par 24 heures (909), & cet effet

(ᵃ) J'avois penfé que, pour donner à cette machine toute la perfection poffible, on pourroit y parvenir en difpofant une détente portant un réfervoir d'huile, pour renouveller de temps en temps l'huile de l'échappement ; par ce moyen les arcs de vibration conferveroient conftamment leur même étendue, ou fort approchant, fans avoir recours à la compenfation propofée dans cette Remarque ; mais quoique cette idée du réfervoir foit fort féduifante, j'avoue que l'application n'en eft pas facile, tant pour faire que ce réfervoir conferve une certaine maffe d'huile fraîche, que pour en communiquer à la roue d'échappement, fans rifque quelconque. Je renonçai donc pour lors à ce projet : voici les moyens que je propofai. Je fis effai d'un réfervoir difpofé affez fimplement : il eft formé par deux ef-peces d'entonnoirs oppofés par le fommet, ayant entr'eux, d'un côté, une entaille, dans laquelle l'huile doit aboutir, pour le communiquer à la roue une fois par mois. Pour faire agir cette détente, de maniere à remplir fûrement les effets defirés, il faudroit, qu'à chaque fois que l'on remonte l'Horloge, le poids arrivé au haut, fît avancer une dent d'une étoile de 30 dents à la 3ᵉ. dent, c'eft-à-dire, au bout de 30 jours. Au moment que l'étoile changeroit, le fautoir qui ferviroit en même temps de détente à ce réfervoir, avanceroit & fe préfenteroit pendant un inftant à la roue d'échappement, & une ou deux de fes dents prendroient une petite goutte d'huile : une dent de l'étoile, plus longue que les autres, produiroit cet effet par fon paffage fur le fautoir.

a eu lieu lorfque les arcs de vibration ont été diminués de 30 degrés. Or, fi l'on difpofe tellement le fpiral que les arcs de 210 degrés foient plus prompts que ceux de 240 degrés de $2''\frac{2}{5}$ en 24 heures; cela produira une compenfation qui fera telle que les réfiftances, dans les huiles de l'échappement, ne pourront affecter la juftefle de l'Horloge Marine; car, à mefure que les huiles s'épaifliront, & que, par conféquent, celles de l'échappement tendront à faire retarder l'Horloge, les arcs de vibration deviendront en même-temps plus petits; & les ofcillations, par les petits arcs, devenant à proportion plus promptes, il en réfultera une parfaite compenfation. Il faut donc régler l'ifochronifme en conféquence, avant d'ajouter des maffes au balancier pour régler l'Horloge.

Des Maffes propres à mettre le balancier en même temps de la pefanteur convenable pour le fpiral, & pour équilibrer, par leurs moyens, le balancier.

934. Pour que les maffes qu'on ajoutera au balancier, fervent en même temps à régler l'Horloge & à équilibrer le balancier, fans être obligé de leur donner ou ôter de la pefanteur; il faut qu'elles foient difpofées de façon qu'elles puiffent s'approcher ou s'écarter du centre du balancier. Pour cet effet, il faut fixer fur le champ du balancier, & à égales diftances du centre, trois broches de même pefanteur, & les équilibrer avec le balancier. C'eft fur ces broches que devront être mifes à vis trois maffes auffi d'égale pefanteur entr'elles: les plans de ces maffes feront gradués pour eftimer exactement la quantité dont on les éloigne ou on les approche du centre du blancier, foit pour mettre le balancier d'équilibre, foit pour régler l'Horloge, & fans toucher au fpiral que nous fuppofons au point requis pour l'ifochronifme.

935. Il faut premiérement que les maffes foient placées dans le milieu du champ du balancier, de forte qu'étant toutes de même pefanteur, le balancier foit d'équilibre; & il

faut,

faut, de plus, donner à ces masses la pesanteur convenable, pour ajouter au balancier le poids qui lui manque, afin que l'Horloge soit réglée au point actuel du spiral, que nous supposons toujours être le point requis : (on trouvera ce poids par la méthode expliquée (N°. 196), & comme on le verra encore ci-après).

936. Les masses étant ainsi faites de pesanteur, ou approchant, il faudra mettre le balancier parfaitement d'équilibre, en approchant l'une, & écartant l'autre de ces masses, &c, afin de ne pas dérégler l'Horloge. Alors on marquera sur le bord du plan des masses qui touchent le balancier, des traits qui feront le commencement de la graduation : on les marquera o. On graduera ces masses en un grand nombre de parties, & comme elles feront toutes divisées sur le même nombre, & leurs vis ayant dû être faites sur le même taraud ; en les approchant ou en les écartant du centre du même nombre de degrés, pour régler l'Horloge, on ne devra pas changer sensiblement l'équilibre du balancier. Mais, pour ne pas laisser d'incertitude dans une matiere aussi essentielle, lorsque l'Horloge sera réglée, il faudra encore s'assurer de l'équilibre du balancier, &c ; & s'il reste encore quelques petites quantités, pour que l'Horloge soit parfaitement réglée au plus près, on pourra, sans plus se permettre de toucher aux masses, achever de la régler au moyen de la vis du pince-spiral (883).

937. On conçoit qu'il est nécessaire que les vis des masses n'aient aucun jeu dans les trous de leurs pitons ; or, pour cela, il faut fendre les trous des pitons, afin qu'ils fassent ressort & pressent les vis des masses assez fortement, ensorte qu'elles ne puissent tourner que par un frottement fort & moëlleux. Ces masses doivent être percées selon la longueur de leurs vis, & tournées sur un arbre lisse, afin de pouvoir les diminuer à volonté, & également sur le tour. Pour faire tourner les masses, on disposera une espece de tourne-vis, dont une pointe entrera dans le trou du centre, & l'autre dans un trou excentrique. J'exécutai, en conséquence, ces masses avec beaucoup de soin, & je réglai à peu-près l'Horloge avant de la démonter pour

la nettoyer , & pour y ajouter la détente dont nous allons parler , fervant au tranfport de la machine.

De la Détente employée à l'Horloge N°. 8 , pour arrêter le Balancier , pendant le voyage par terre.

938. Pour tranfporter l'Horloge Marine N°. 8 , de façon
à m'éviter de faire le voyage de Breft , j'ai difpofé cette machine avec diverfes précautions (ᵃ) , au moyen defquelles j'ai
pu m'affurer qu'une perfonne infiniment moins intelligente que
M. le Chevalier *de Borda* , auroit pu encore tranfporter mon
Horloge Marine , la mettre en marche , &c , fans pouvoir
craindre d'accident. Pour cèt effet , je me fuis appliqué particuliérement à garantir le balancier , & à le contenir de forte
que les pivots des rouleaux ne fuffent point fatigués , & que
le reffort de fufpenfion du balancier fût également garanti de
tout danger : la détente dont je vais parler remplit très bien
ce double ufage.

939. Le méchanifme de cette détente eft formée par une
croifée à trois branches , laquelle eft placée fous la petite
platine des rouleaux de deffous le balancier : cette croifée porte
fixement trois chevilles ou petits piliers , placés à égales diftances : ces piliers , qui traverfent la platine des rouleaux , vont
fous le balancier : cette croifée peut monter & defcendre :
quand elle eft montée , les trois piliers qu'elle porte , vont
agir dans le milieu de la largeur du champ de balancier , &

(ᵃ) Outre la détente , pour garantir le régulateur de tout accident , il étoit nécef-faire d'empêcher que les agitations de la Chaife de Pofte ne puffent déranger le poids moteur , caffer la corde , & fatiguer le rouage , & fans cependant être obligé d'ôter le mouvement de dedans fon tambour. Pour remplir ce but , je l'ai fait par un moyen fort fimple. J'ai fait defcendre le poids tout au bas ; j'ai percé à travers le bas du tambour , & à fleur du deffus de la pla-tine du poids , deux trous diamétralement oppofés. Ces trous du tambour font taraudés pour recevoir deux vis d'acier , dont les bouts terminés en pivot , vont appuyer fur la platine du poids , & le retiennent de maniere qu'il ne peut monter ni defcendre , & refte fixe ; ainfi avant de faire partir l'Hor-loge , on laiffe defcendre le poids tout au bas , & on attache les deux vis en queftion , qui fixent ce poids d'une façon inébranlable ; & quand on veut faire marcher l'Horloge dans le Vaiffeau , on retire ces vis , &c. *Voyez* , dans *Appendice* N°. 11 , l'inftruction concernant la maniere de faire marcher l'Horloge Marine , N°. 8.

fervent à le foulever également par fa circonférence , de maniere à ne pas fatiguer les pivots des rouleaux ; & le balancier
étant ainfi foutenu , fon reffort de fufpenfion ceffe de le porter ;
& ce reffort fe trouve ainfi garanti , de même que le balancier & les rouleaux , de tout accident.

940. Pour élever ou abaiffer cette croifée , j'ai employé
une détente , dont la tige eft mife en cage entre la platine-
cadran & la platine inférieure du régulateur. L'axe de cette
détente porte un fort bras , dont le bout terminé en fourchette, paffe au-deffous du centre de la croifée : le bout de cette
fourchette (entre laquelle paffe l'axe de balancier) eft formé
en plan incliné : ce plan incliné , gliffant deffous la croifée , l'é-
leve & arrête le balancier en le foulevant ; & cet effet s'exerce
de maniere que chaque pilier de la croifée foutient également
le balancier , fans porter fon axe d'un côté plus que de l'autre.

941. Lorfqu'on veut faire marcher l'Horloge, il faut écarter le bras à fourchette de la détente, enforte que la croifée
ceffe de foulever le balancier, en s'en écartant par fon propre
poids ; mais pour rendre cet effet encore plus fûr , cette croifée eft obligée de redefcendre par la preffion d'un fort reffort fait en fourchette, lequel paffe dans une rainure formée
par l'affiette de la croifée.

942. Le bout fupérieur de l'axe de la détente porte un
bras qui paffe à fleur du deffous de la platine-cadran : fur ce
bras eft fixé une cheville qui paffe à travers une ouverture faite
à la platine : cette ouverture regle la courfe de la détente, foit
pour arrêter ou faire marcher le balancier : ce bras de la détente fait frottement avec la platine ; mais pour affurer encore,
mieux que par le frottement, l'effet de la détente , & pour
faire que dans le tranfport elle ne puiffe fe déranger, j'ai mis
une vis qui arrête fixement la détente en deux points ; celui
par lequel fe fait l'arrêt du balancier, & celui par lequel la détente ceffant de le foulever & de l'arrêter, le balancier devient
libre.

943. La détente d'arrêt du balancier étant achevée , je
nettoyai & remontai le mouvement avec beaucoup de foin,

& j'achevai de régler le fpiral de forte que les grands arcs fuffent plus lents que les petits ; & je le fixai à un point qui eft tel que lorfque le balancier décrit 240 degrés , l'Horloge retarde de 4″ en 24 heures de plus que lorfque ces arcs font de 205 degrés ; par ce moyen la compenfation que nous avons propofée (933) , eft même un peu forcée ; mais, faute de temps, je fixai le fpiral à ce point , qui d'ailleurs eft affez approchant du point requis.

944. L'ifochronifme des vibrations du régulateur ayant été fixé de la maniere que je viens de le dire , je m'occupai de la compenfation , & j'éprouvai en conféquence l'Horloge par différentes températures , dont la Table fuivante eft le réfultat.

Equations pour l'effet de la température (a).

945. Le Thermometre étant

A 3 degrés . . . . o correction
  10 l'Horloge . . . . avance . . . . $1''\frac{1}{3}$ en 24 heures.
  13 . . . . avance . . . $2''$
  15 . . . . avance . . $2''\frac{1}{2}$
  17 . . . . avance . . $1''\frac{1}{4}$
  20 . . . . avance . . $0''\frac{1}{2}$
  25 . . . . avance . . o

946. Enfin , pour achever ce qui concerne les corrections faites à l'Horloge N°. 8, pendant que j'étois occupé à rectifier le mouvement de cette machine , je fis travailler à la fufpenfion, tant pour la rendre plus fimple, plus folide, que pour donner plus d'excurfion à fes vibrations ; & je ne doute pas qu'elle ne rempliffe maintenant toutes les conditions qu'on en exige.

(a) C'eft cette Table de la température que j'ai remife à M. le Chevalier *de Borda* en même temps que l'Horloge. *Voyez Appendice*, N°. 11.

CHAPITRE XI.

De l'Horloge Marine N°. 9.

947. L'HORLOGE N°. 8 étoit à peine fortie de mes mains, pour être éprouvée en mer, que je m'occupai de la conftruction & de l'exécution d'une nouvelle Horloge Marine, dans l'efpérance de donner à ces machines une perfection plus grande que celle à laquelle j'étois parvenu. Cependant j'avois lieu d'être fatisfait de celle de N°. 8 ; mais je penfai, qu'en donnant plus d'extenfion à fes principes, on obtiendroit une exactitude encore fupérieure. Le plus grand changement que je me propofai, confiftoit à rendre le régulateur beaucoup plus puiffant (ª), en augmentant le diametre & la maffe du balancier, & en diminuant fes frottements par l'emploi de rouleaux plus grands, avec des pivots plus petits, & en diminuant auffi l'axe de balancier. Une autre perfection que j'avois en vue, étoit le méchanifme de compenfation, qui, devenant plus grand, devoit avoir par-là un effet plus fûr, les parties qui forment la compenfation devant auffi être immuables : telles font en abrégé les vues qui me firent entreprendre l'Horloge N°. 9, que je commençai en Février 1769.

948. La conftruction de l'Horloge N°. 9, eft fi parfaitement femblable à celle de N°. 8, que je dois me difpenfer de la décrire : la feule différence confifte dans les dimenfions de N°. 9, qui eft beaucoup plus grande. Je me contenterai donc de donner quelques-unes de ces dimenfions, & de rapporter les Expériences qui peuvent être utiles, en montrant combien la matiere & les difficultés de l'exécution limitent les avantages que la théorie préfente.

(ª) C'eft particuliérement de la grande puiffance du régulateur qu'une machine qui mefure le temps, tire fa juftefle (72 & fuiv.).

Dimensions de l'Horloge N°. 9.

949. LE tambour est de cuivre, le fond soudé, &c : il a 16 pouces de haut, & 9 pouces de diametre en dedans.

950. Les trois grandes platines du mouvement ont 8 pouces 11 lignes de diametre.

La hauteur de la premiere cage, ou du rouage, 20 lignes.

La cage du régulateur, ou seconde cage, a 20 lignes.

La troisieme cage, ou du poids, 12 pouces 1 ligne.

951. La grande roue de cylindre a 51 lignes de diametre, & 240 dents ; fait un tour en 12 heures : le diametre du cylindre, 21 lignes.

952. Le pignon de roue de minute est de 20 ; il a 4 lig. $\frac{1}{4}$ de diametre : la roue de minute de 25 lignes $\frac{4}{12}$ de diametre, a 160 : le pignon de petite moyenne, 3 lignes $\frac{2}{12}$, est de 20.

953. La petite roue moyenne a 23 lignes $\frac{9}{12}$, & 150 : le pignon de secondes est de 20, a 3 lignes $\frac{2}{12}$ de diametre.

954. La roue de balancier ou de rateau, est de 180 ; son diametre, 21 lignes $\frac{3}{16}$: le pignon de balancier est de 40, a 4 lignes $\frac{10}{12}$ de diametre.

955. La levée de l'échappement est de 14 degrés ; or, comme la roue de rateau multiplie 4 fois $\frac{1}{2}$ la levée ([a]), la levée est pour le balancier de 63 degrés.

956. Le balancier de cette Horloge a 83 lignes $\frac{1}{2}$ de diametre, pese 2 onces 2 gros 21 grains ; ses pivots ont $\frac{9}{12}$ ligne.

957. Les rouleaux ont 42 lignes de diametre ; leur pivots, $\frac{9}{48}$.

958. Le poids moteur pese 10 livres ; les arcs de vibration sont de 214 degrés.

959. Le chassis de compensation a de long 8 pouces $\frac{1}{2}$; sa largeur, 41 lignes ; diametre des tringles, 2 lignes $\frac{2}{12}$.

([a]) Puisque le pignon de balancier fait 4 tours $\frac{1}{2}$ pour un de cette roue.

Expériences faites avec l'Horloge N°. 9.

960. Le balancier, qui étoit destiné pour régulateur de cette Horloge, étoit beaucoup plus pesant que celui que j'ai employé (ᵃ). J'éprouvai de très-grandes difficultés pour avoir un ressort spiral isochrone assez fort pour ce balancier : parce que, plus les ressorts sont forts, moins ils sont propres à l'isochronisme, à moins que d'être fort longs. Il est vrai que, dans ce cas, on peut y suppléer en employant plusieurs ressorts, au lieu d'un ; mais cette Horloge n'étoit pas disposée pour cela. Je fis donc exécuter le balancier pesant 2 onces 2 gros, & pour estimer lequel de ces deux balanciers étoit le plus propre à servir de régulateur, je les réglai l'un & l'autre avec chacun un spiral, & les fis marcher librement : le balancier pesant conserva son mouvement pendant une heure 20′, & le léger, seulement pendant une heure. Le balancier pesant est donc préférable ; mais comme j'avois un spiral pour le balancier léger, lequel j'ai rendu parfaitement isochrone, en travaillant le tour extérieur, j'ai laissé marcher l'Horloge avec ce balancier, & l'ai réglée : j'ai même fixé la compensation, en attendant que je reprenne de nouveau cette Horloge, pour lui donner toute la perfection dont elle est susceptible, en employant, comme cela doit être, pour régulateur le balancier aussi pesant que les rouleaux, &c, peuvent le permettre.

Expérience sur les Ressorts spiraux, pour l'Horloge
N°. 9.

961. J'ai fait faire un ressort spiral de 23 pouces de long, de 3 lignes de largeur ; il pese 2 gros 14 grains : l'ayant plié, selon ma méthode (173 *& suiv.*), les tours fort serrés, il fait 10 tours : l'ayant appliqué sur la balance élastique arrêté à 10 tours :

(ᵃ) Ce balancier a 83 lignes $\frac{2}{11}$ de diametre, & pese 5 onces 4 gros 6 grains.

A 5 degrés ce reſſort tire . . . 13 grains.
   10 26
   60 — 2 gros 13 grains $\frac{1}{2}$ . . 157
   120 : 4 : 27 = ... 315
devroit être . . . . 312; différence 3 grains.

962. Le même reſſort arrêté, a 9 tours, & coupé d'un tour.

A 5 degrés il tire . . . . 15 grains.
   10 30
   15 45
   30 91
   50 151
   60 181
   120 361
devroit être . . . . 360; différence + 1.

Ce reſſort eſt donc rendu ſenſiblement iſochrone, quoiqu'il ſoit plus court que dans la premiere expérience : cela vient de ſa figure.

963. Ayant mis ſur la balance un reſſort de même dimenſion que le précédent :

A 5 degrés il tire 18
   10 36
   20 72
   30 108
   40 144
   50 180
   60 216
   70 252
   80 288
   90 324
   100 360
   110 396
   120 432

Ce reſſort eſt donc parfaitement dans la progreſſion requiſe pour l'iſochroniſme.   C'eſt

C'eſt ce même reſſort ſpiral qui eſt maintenant adapté à l'Horloge avec le balancier léger ; mais, pour faire ſervir ce reſſort, j'ai été obligé de l'accourcir, de ſorte qu'il tire près de 22 grains à 5 degrés de la balance, ainſi que le calcul le donne, & alors ce ſpiral n'étoit plus iſochrone : j'ai travaillé le bout extérieur, & il a acquis parfaitement cette propriété : ce ſpiral n'a pu ſervir avec le balancier peſant, parce qu'il eût été beaucoup trop foible, puiſqu'il eût dû tirer 52 grains à 5 degrés (a).

Expérience faite avec l'Horloge Marine N°. 9, pour ſervir de nouvelles preuves à la préférence que l'on doit donner aux vibrations lentes.

964. J'AI rapporté (N°. 97), une expérience que je fis en 1760 avec le grand balancier de l'Horloge N°. 1, ſur la durée du mouvement libre de ce balancier, ſimplement ſuſpendu par un reſſort ſans pivot ni ſans rouleaux, afin d'eſtimer, par cette expérience, la préférence que l'on doit donner aux vibrations promptes ou aux lentes : j'ai voulu répéter la même expérience avec un balancier mobile entre des rouleaux. Pour cet effet, j'ai fait faire un balancier de même poids que celui employé à cette Horloge (b), mais qui eſt exactement la moitié plus petit de diametre ; afin qu'étant adapté avec le même reſſort ſpiral, ſes vibrations ſoient juſtes de demi-feconde (89).

J'ai remonté l'Horloge & adapté le petit balancier ſur le même axe, & avec le même reſſort ſpiral, ſans être dérangé ni du piton, ni de la virole. Il eſt donc parfaitement de même force, & dans le même état où il étoit lorſqu'il étoit adapté au grand balancier, avec lequel il faiſoit juſte 3600 vibrations par heure : la force motrice reſtant auſſi la même, ce balancier décrit les mêmes arcs, & bat juſte les demi-fecondes ; ainſi la force de mouvement, dans l'un & l'autre balancier, eſt la même, puiſqu'ils ont même maſſe & même vîteſſe.

(a) *Voyez* le calcul pour trouver la force d'un reſſort ſpiral, le balancier étant donné (N°. 198).

(b) Il peſe exactement, comme lui, 2 onces 2 gros 2 grains.

Mais, pour décider sûrement la question dont je m'occupois, je fis marcher librement le petit balancier en ôtant l'échappement : ayant fait décrire des arcs de 280 degrés, son mouvement a duré juste 30', ainsi le balancier a fait 3600 vibrations.

J'ai démonté ce balancier, & mis en place le grand balancier de même poids avec le même spiral, & fait osciller librement : j'ai fait décrire 280 degrés : son mouvement a duré une heure, ainsi le balancier a fait 3600 vibrations.

965. Cette expérience confirme encore l'avantage des vibrations lentes ; car dans les deux expériences les forces de mouvement des deux balanciers sont les mêmes dans le même temps, puisque les vîtesses & les masses sont le mêmes ; & le mouvement du balancier à vibrations lentes a duré la moitié plus que celui du petit balancier à vibrations promptes.

Remarque sur l'Horloge N°. 9.

966. J'ai éprouvé de très-grandes difficultés pour l'exécution de cette machine, à cause de son trop grand volume ; & elle devient par-là très-pénible, difficile & coûteuse ; mais pour rendre l'usage des Horloges plus général dans la Marine, il faut nécessairement en faciliter l'exécution, & éviter la trop grande dépense qu'entraîne une machine d'un trop grand volume. Je pense donc ne devoir pas adopter les dimensions du N°. 9, & je n'ai rapporté ici l'extrait de mon travail sur cette Horloge, que pour montrer les limites dans lesquelles la théorie des Horloges Marines se trouve resserrée par les difficultés de l'exécution, de la matiere, &c. J'avoue cependant, qu'en donnant à ces machines un plus grand volume encore qu'à N°. 9, on pourroit obtenir une plus grande exactitude ; mais cela deviendroit d'une exécution si difficile, qu'on ne pourroit pas en adopter l'usage dans la Marine, tant par le prix qu'elles coûteroient, que par les talents qu'il faudroit exiger des Ouvriers.

Nous renvoyons au Chapitre suivant la description de l'é-

chappement à vibrations libres, dont nous avons fait la premiere application à l'Horloge N°. 9.

CHAPITRE XII.

De l'échappement à Vibrations libres ; de l'application
que j'ai faite de cet échappement à la Montre Marine
N°. 3 , & aux Horloges N°. 4 & N°. 9.

967. LES Horloges Marines N°. 6 & N°. 8 , ont eu affez
de précifion dans leur marche , pendant les épreuves qu'elles
ont fubies en mer, pour être certain que de pareilles machines
peuvent être très-utiles à la Navigation , foit pour rectifier
les cartes, ou pour fervir à la conduite d'un Vaiffeau ; enforte que s'il n'étoit pas poffible de perfectionner encore ces
machines , elles feroient d'un grand fecours , & même fuffi-
fantes. Mais nous avons montré , en traitant des Horloges
N°. 6 & N°. 8 , comment il eft poffible de conftruire encore
des Horloges Marines fupérieures à célles-là ; & nous nous fommes également appuyés par des principes fûrs , & vérifiés par
des expériences exactes : c'eft par ces fecours que nous fommes parvenus à trouver les caufes de leurs variations. Nous
avons déja indiqué , par une fuite de ces recherches , les
moyens de les perfectionner encore : parmi ces moyens, nous
devons compter l'échappement & le fpiral , pour ceux qui
font de la plus grande conféquence ; nous renvoyons ce qui
concerne le fpiral à la fuite du Chapitre III , 3e. Partie : nous
allons , dans ce Chapitre, traiter uniquement de l'échappement à vibrations libres , & de l'application que j'en ai faite
à trois de mes Horloges.

968. Les conditions les plus effentielles que la théorie demande de l'échappement le plus parfait, font, 1° , que la
force du moteur foit tranfmife au régulateur, au moyen de

R r ij

l'échappement, fans perte, c'eſt-à-dire, que la roue d'échappement communique au régulateur la force qu'elle reçoit du moteur, avec le moins de frottement poſſible ; 2°, qu'après que la roue a communiqué l'impulſion au régulateur, celui-ci acheve librement ſa vibration ; 3°, que l'action de l'échappement ne puiſſe, en aucune maniere, changer la nature des oſcillations du régulateur, c'eſt-à-dire, que ſi les oſcillations libres du régulateur ſont iſochrones, ces oſcillations le ſoient également après l'application de l'échappement à l'Horloge ; 4°, que l'échappement n'exige point d'huile, enforte que les frottements qu'il éprouve ſoient les plus petits poſſibles, & que, par conſéquent, les variations qui peuvent ſurvenir dans ces frottements, ne ſoient jamais capables d'affecter la marche de l'Horloge, ou d'altérer l'iſochroniſme de ſes oſcillations. Telles ſont les propriétés que je déſirois obtenir d'un échappement, lorſque j'ai traité de la théorie des Horloges Marines (276) : ces propriétés ſe trouvent heureuſement réunies dans l'échappement à vibrations libres que je vais décrire, & dont la premiere application a été faite à l'Horloge N°. 9 & N°. 3. Je rapporterai, à la ſuite de ſa deſcription, les expériences que j'ai faites depuis cette application aux Horloges

De l'Echappement à Vibrations libres, tel que je le compoſai en 1754.

969. Dans les échappements à repos connus, tels qu'ils ſont mis en uſage, immédiatement après qu'une dent de la roue d'échappement a donné l'impulſion au régulateur, cette même dent va appuyer ſur une portion cylindrique portée par l'axe du régulateur ; enforte que cette dent preſſe ſur le cylindre, ou portion de cercle de cet axe, pendant que le régulateur acheve ſa vibration : or, comme cette portion de cylindre eſt concentrique à l'axe du régulateur, il s'enſuit néceſſairement que, pendant que le régulateur acheve ſa vibration, & que l'action de la roue d'échappement eſt ainſi ſuſpendue par le cylindre, ou portion de cercle portée par ſon axe, la

roue d'échappement reste parfaitement immobile , c'est-à-dire, qu'elle n'avance ni ne rétrograde : c'est par cette raison que cette espèce d'échappement a été appellé *Echapement à repos* (ª). Mais , comme nous l'avons montré ci-devant , cet échappement , malgré ses avantages apparents , entraîne nécessairement par sa nature, & des frottements & les variations qui en font la suite ; ensorte que, quelque parfaite qu'en soit l'exécution, il exige de l'huile , & entraîne par-là des résistances très-nuisibles (741). Ce sont les difficultés que je viens de faire remarquer dans l'échappement à repos ordinaire , qui m'ont fait rechercher depuis long-temps à éviter les défauts auxquels il est sujet. J'ai combiné, pour cet effet, l'échappement de maniere que , dès que la roue a donné son impulsion, le régulateur puisse achever librement sa vibration, & que , pendant ce temps , l'effort de la roue ne soit pas suspendu, comme dans l'échappement à repos , par le régulateur même , mais par une détente que le balancier ou régulateur dégage en un temps indivisible , ensorte que le régulateur n'éprouve par-là aucune autre espece de résistance ou de frottement, que celle de dégager la détente qui suspendoit l'effort de la roue, pendant que le balancier oscilloit librement : telle est la premiere idée qui m'est venue de l'*échappement à vibrations libres.*

970. Dans cet échappement le balancier fait deux vibrations pendant qu'il n'échappe qu'une dent de la roue en un seul temps, c'est-à-dire , que le balancier va & revient sur lui-même , & qu'à son retour , à la seconde vibration, la roue en échappant, restitue, en une vibration, au régulateur la force qu'il a perdue en deux ; ainsi , pendant toute une vibration & la plus grande partie de la seconde (ᵇ) , la force de la roue demeure suspendue par une détente , ensorte que le balancier, pendant ce temps , oscille librement. J'ai donné (N°. 281) une notion de cet échappement d'après le modele que j'en avois fait en 1754 : l'explication de la Figure 4 , Planche XIX , servira encore mieux à le faire concevoir.

(ª) *Voyez* , dans l'*Essai sur l'Horlogerie* , tout ce qui concerne les échappements à repos N°. 1638 *& suiv.*

(ᵇ) La roue n'agit sur le régulateur que pendant le temps de la levée, qui n'est que d'environ 40 degrés.

PLANCHE XIX. *Fig.* 4.

971. *A B* est une portion du *cercle d'échappement*. Ce cercle doit s'attacher sur l'axe d'un balancier, qui fait, je suppose, chaque vibration en une seconde, & il doit être placé en dehors des rouleaux : c'est au centre de ce cercle que doit être attaché la mâchoire du ressort de suspension (comme on le voit *Fig.* 7) : *a* est un rouleau placé sur le cercle d'échappement : ce rouleau a un de ses pivots qui tourne dans le cercle même, & l'autre dans le pont *b* : c'est sur ce rouleau que le *levier d'impulsion c d*, mobile en *d* sur deux pivots, doit agir : la palette ou petit bras *d e* de ce levier répond à la roue d'échappement *C* : cette roue doit être fixée sur l'axe qui porte l'aiguille des secondes ; & comme elle porte 15 dents, elle fait un tour en une minute, puisque, comme nous l'avons dit, le balancier fait deux vibrations pendant qu'il ne s'échappe qu'une dent de la roue.

972. Lorsque la dent *f* de la roue est parvenue à l'extrémité de la palette, & qu'elle a communiqué l'impulsion au cercle d'échappement, la dent suivante *g* vient appuyer sur le bras *h* de l'ancre *h i* mobile en *k*, ensorte que la force de la roue demeure suspendue pendant que le cercle *A B* tourne de *a* en *B*, & qu'il revient de *B* en *a* ; mais, à son retour, lorsque le point *l* est parvenu devers la fourchette *m*, la cheville *l* placée en ce point *l* du cercle, écarte le bras *m* de la fourchette, & fait échapper la roue de la quantité seulement nécessaire pour dégager la dent *g* de la roue de dessus le bras *h* de l'ancre. La dent *n* vient alors poser sur le bras *i* de l'ancre, & arrête de nouveau la roue qui reste de nouveau immobile, ainsi que l'ancre, pendant que le cercle continue à tourner de *a* vers *A*. Enfin, lorsque le cercle revient de *A* vers *a*, la cheville *l* qu'il porte rencontre le second bras *o* dans la position ponctuée *p*, & l'écarte en le ramenant vers *o*, ensorte que la dent de la roue qui étoit appuyée sur le bras *i* de l'ancre, s'échappe ; & c'est en ce moment qu'une dent de la roue agit sur la palette *e*, & que le bras *c* donne l'impulsion au rouleau, & , par

conféquent, au cercle d'échappement qui le porte. Quand la dent de la roue eft parvenue à l'extrémité de la palette, il eft néceffaire que cette palette vienne fe remettre en prife , & c'eft à cet ufage qu'eft deftiné le reffort *q* qui agit fur le talon *r* porté par l'axe du levier d'impulfion : ce levier reprend alors la pofition repréfentée par la ligne ponctuée *d z* : en cet endroit il eft retenu par une cheville qui regle fa courfe.

973. La preffion de la roue fur les bras de l'ancre pourroit être capable de retenir l'ancre pendant que le balancier ofcille librement ; mais, pour donner plus de certitude à fes effets, qui font de fort grande conféquence , j'ai ajouté un troifieme bras *t k* à cet ancre : ce bras eft angulaire comme une dent d'étoile de répétition, & il en fait les fonctions ; car, au moyen du reffort à fautoir *u x*, l'angle *u* de ce fautoir agit alternativement fur les côtés de la dent à étoile *t* , & retient fûrement l'ancre, pour qu'aucune agitation ne puiffe le fouftraire à la roue qu'il retient. Ainfi cet ancre ne peut fe mouvoir, à moins que la cheville du cercle d'échappement n'agiffe fur l'un ou l'autre bras de la fourchette, de la maniere que nous l'avons expliqué ci-deffus. Les chevilles 1 , 2 fervent à borner le chemin que le fautoir peut faire parcourir à l'ancre : ce chemin ne doit être que de la quantité fuffifante, pour que les bras de l'ancre fe mettent affez en prife dans les dents de la roue d'échappement. Le pont *D* fert à contenir l'axe du levier & la palette d'impulfion ; & le pont *E* contient également l'axe de l'ancre.

974. Voilà en gros la defcription de l'échappement *libre*, tel que je le compofai d'abord ; il y a cependant ici une différence d'avec le modele que j'en fis. C'eft qu'au lieu du pied de biche dont j'ai parlé (281), j'ai employé la fourchette *m o*, dont l'effet m'a paru plus fimple ; d'ailleurs le pied de biche , placé à l'extrémité de ce levier *m*, le rendoit trop pefant, &c.

975. Mais j'ai déja dit que le défaut que je trouvai à cet échappement, étoit de ne pas préfenter cette certitude fi effentielle dans fes effets ; car , malgré le fautoir qui retient l'ancre, il pourroit encore arriver (quoiqu'à la vérité fort dif-

ficilement) que l'ancre, par un contre-coup violent, laisse-
roit échapper la roue : d'ailleurs, je trouvai que le ressort nécessaire pour toujours ramener le levier d'impulsion, devoit
charger le rouage, cela n'étoit cependant pas de grande conséquence ; mais ce qui me choquoit encore plus dans cet échappement, c'est la résistance qu'oppose la fourchette au balancier même, résistance d'autant plus grande que cette fourchette est
longue & pesante, ainsi que les deux bras de l'ancre. Le ressort
ou sautoir en doit être d'autant plus fort, &, par conséquent
la résistance plus grande dans le régulateur, enfin cet échappement me paroissoit encore trop composé. Voilà pourquoi je
n'en fis pas l'application dans mes premieres Horloges Marines,
& je ne me suis occupé à sa perfection que lorsque j'ai eu reconnu, d'après des expériences certaines, combien l'échappement à repos ordinaire peut causer de variations, puisque,
comme nous l'avons vu, c'est particuliérement par les changements dans les huiles des échappements, que les Horloges N°.
6 & N°. 8 ont eu des variations plus sensibles, & ce sont les
difficultés que j'ai éprouvées dans cette partie de mes Horloges Marines, qui m'ont obligé à chercher les moyens de perfectionner cet échappement : j'y suis parvenu assez heureusement de la maniere que je vais l'expliquer.

976. J'ai supprimé tout-à-fait le levier d'impulsion (ᵃ), &
j'ai fait agir la roue d'échappement immédiatement sur le cercle d'échappement, mais avec une telle disposition, & si simplement, que les effets en sont plus sûrs, c'est-à-dire, que la
roue ne peut tourner séparément du cercle d'échappement ; &
cette disposition est en même temps plus parfaite. C'est ce que
j'ai obtenu en plaçant la roue & le cercle dans un même plan,
de sorte que la courbure du cercle remplisse le vuide d'une
dent, ce qui empêche la roue de tourner, & elle ne peut le
faire que lorsqu'une fente de ce cercle se présente : c'est au
moment où l'impulsion de la roue doit se faire. J'ai aussi sim-

---

(ᵃ) Il est vrai qu'en supprimant ce levier, j'ai augmenté le rouage d'une roue &
d'un pignon. Ainsi, en ne considérant que
la simplicité, on n'a peut-être rien gagné ;
mais, par la nouvelle disposition, les effets
sont plus sûrs, & c'est beaucoup gagner.

plifié

plifié cet échappement en supprimant tout-à-fait l'ancre, &
employant seulement un cliquet ou espece de détente, qu'une
cheville du cercle éleve pour dégager la roue à chaque seconde vibration du balancier ; & cet effet est tel que ce méchanisme n'est plus proprement un échappement dans le sens
qu'on y attache ; car la roue n'agit plus qu'en un seul temps
pour deux vibrations. C'est à l'instant qu'elle donne l'impulsion au régulateur, ensuite elle reste immobile jusqu'à une
nouvelle impulsion, &c.

Description de l'Echappement à vibrations libres, appliqué à l'Horloge Marine N°. 4.

977. La Figure 5, Planche XIX, représente l'échappement à vibrations libres, tel qu'il est appliqué à l'Horloge
Marine N°. 4, & exactement avec les mêmes dimensions. J'ai
rendu le balancier de cette Horloge plus grand & plus pesant
qu'il n'étoit d'abord, afin de lui faire battre des vibrations de
demi-seconde, au lieu que les vibrations de ce balancier devoient être de 4 par seconde : la roue d'échappement a 10
dents ; or, comme les vibrations sont de demi-seconde, & qu'il
s'en fait deux pendant que la roue avance d'une dent, il s'ensuit
que cette roue doit faire six tours par minute. Le cercle d'échappement a le même diametre que la roue d'échappement ; or, cette
roue ayant 10 dents, on voit que la levée d'échappement doit être
de la dixieme partie de la circonférence du cercle, c'est-à-dire, de 36 degrés égale à la distance d'une dent.

978. La roue d'échappement *A* est arrêtée par le cliquet *B*, pendant tout le temps que le balancier va & revient
sur lui-même, c'est-à-dire, qu'il fait deux vibrations : ce cliquet est pressé par le ressort *a*, & se meut sur deux pivots entre
la platine & le pont *b*.

979. *C* est un cercle ou roue qui est attachée par deux vis
sur une assiette chassée à force sur le bout de l'axe de balancier saillant au-dehors des rouleaux : ce cercle porte la cheville *c*, qui doit agir sur le bras *f* du cliquet, de sorte que,

lorfque le cercle tourne de *c* en *e* (c'eft-à-dire , du côté où tourne la roue d'échappement) cette cheville éleve le bras *f* du cliquet, & dégage la roue ; &, en ce moment, fe préfente la palette *g* placée dans l'épaiffeur du cercle *C* , & à la hauteur même de la roue : ainfi la dent *i* de la roue entre dans la fente faite à côté de cette palette, agit fur la palette, & produit l'impulfion. Pendant ce temps , la cheville *c* quitte le bras *f* de la détente ; & ce cliquet, preffé par fon reffort, fe remet en prife pour arrêter de nouveau la roue , après qu'elle a donné l'impulfion au cercle d'échappement. La dent *i* , ayant quitté la palette , fe trouve dégagée de la fente ; mais alors le cercle d'échappement fe trouve engagé entre deux dents de la roue , comme on le voit en *e* , *i* : or la roue ne peut avoir la liberté de tourner que lorfque le cliquet eft de nouveau dégagé , & qu'une autre dent de la roue entre dans la fente du cercle d'é-chappement , pour donner une nouvelle impulfion. Par cette difpofition , les effets de l'échappement font rendus parfaite-ment certains.

980. Lorfque le balancier revient fur lui-même , en tour-nant de *e* en *C* , la cheville qu'il porte vient frapper le derriere du bras *f* du cliquet ; or le bout de ce bras eft limé en plan incliné de ce côté , & il eft rendu fort flexible , afin que la cheville , au lieu d'arcbouter contre lui , le faffe fléchir en l'é-levant ; la cheville gliffe donc fur ce plan incliné , fans appor-ter d'autre obftacle au mouvement du balancier , qu'une très-petite & très-courte réfiftance , ce bras devant être très-foible.

981. La roue d'échappement fe trouve, comme je viens de le dire, placée à la même hauteur que le cercle de balan-cier ; enforte que le cercle , par fa courbure, retient fûre-ment la roue , & fans toucher à fes dents pendant que le ba-lancier acheve librement fes vibrations. Mais s'il arrivoit qu'un accident ou choc quelconque pût être capable de dégager le cliquet , & de laiffer tourner la roue avant l'inftant où la che-ville doit la dégager ; un tel effet (qui, je crois , ne peut avoir lieu) ne cauferoit même aucun obftacle : car la roue d'échap-pement ne pourroit échapper, ni marquer plus de temps que le

régulateur n'en auroit mesuré : tout ce qui en résulteroit, seroit que, pendant une vibration seulement, une dent de la roue, au lieu d'appuyer & d'être retenue par la détente, poseroit sur le cercle d'échappement. Mais, encore un coup, cet accident supposé, ne peut avoir lieu : en tout cas, s'il arrivoit une fois ; cela ne causeroit aucun dérangement dans la marche de l'Horloge.

Remarques sur cet Echappement.

982. POUR donner toute la perfection desirable à cet échappement, il faut, au lieu d'une palette, employer un rouleau, cela ôtera beaucoup de frottements ; & au lieu de rendre le bras f de la détente flexible, & d'employer une cheville pour élever cette détente, il faut placer une palette mobile sur deux pivots : cette palette fera l'office d'un pied de biche : elle cédera au mouvement rétrograde du cercle d'échappement, pour se remettre en prise avec le bras f de la détente. Ainsi la résistance sera bien plus petite au retour du balancier, qu'elle ne le seroit si la cheville c étoit obligée de soulever le bras f, si foible qu'on le suppose.

983. Il est essentiel que l'axe de balancier soit très-juste entre ses rouleaux, afin que l'engrenement de la palette avec la roue d'échappement soit constamment de la même quantité.

984. Le rayon de la palette doit être parfaitement le même que celui du cercle ; ou plutôt un peu plus saillant, afin que le cercle soit moins exposé à approcher plus qu'il ne doit des dents du rochet.

985. En employant un rouleau, en place de palette, on évite le frottement ou traînée de la roue sur cette palette, frottement, qui, avec un rouleau, s'exerce sur ses pivots. Mais cela entraîne une chûte dans l'échappement : il est vrai qu'elle n'est pas nuisible ; car ces dents, tombant ainsi sur le rouleau, ne se marqueront pas. Il faut, pour rendre cette chûte moins sensible, tenir la roue plus grande, c'est-à-dire, ses dents plus distantes en-

tr'elles : la différence entre le chemin parcouru par une dent, & le chemin ou chûte de cette même dent fera plus grande dans ce dernier cas.

986. Il faut avoir égard, en déterminant la grandeur du cercle d'échappement, à la vîteffe relative de la roue & du balancier ; car fi les vibrations étoient promptes, on donneroit un trop grand rayon à ce cercle : alors fa vîteffe feroit trop grande, & fe fouftrairoit à celle de la roue : celle-ci doit auffi être légere, puifqu'elle ne peut imprimer fa force au balancier, qu'à raifon de l'excès de fa vîteffe fur celle du cercle d'échappement (303).

987. Il y a plufieurs moyens de juger du degré de bonté d'un échappement : le premier, c'eft par des expériences pareilles à celles que nous avons rapportées pour les Horloges N°. 6 & N°. 8 : le fecond, c'eft par le calcul en comparant la force de mouvement de deux Horloges faites fur les mêmes principes & dimenfions, mais ayant des échappements différents. 3°, Enfin, pour en juger plus à coup fûr, c'eft en adaptant à une même machine deux échappements de conftruction différente ; car celui qui, avec la même force motrice, fera décrire de plus grands arcs, fera le meilleur, en fuppofant cependant que, par fa nature, il ne tend pas à troubler les ofcillations, ni à changer leur ifochronifme ; & fuppofant, de plus, que les effets font également fûrs. Pour décider donc fûrement des avantages ou des défauts des échappements à repos, employés dans mes Horloges, ou de celui à vibrations libres, que j'ai compofé ci devant, j'ai adapté cet échappement à vibrations libres à l'Horloge Marine N°. 9, où celui à repos étoit employé ; mais j'ai tellement difpofé l'échappement à vibrations libres, que, lorfque je le voudrai, je remettrai celui à repos, fans rien refaire, & fans même démonter la piece.

De l'Echappement à vibrations libres, tel que je l'ai appliqué à l'Horloge Marine N°. 9.

988. LA Figure 6, Planche XIX, fait voir cet échappement en plan, & la Figure 7 le repréfente en perfpective :

A (*Fig.* 6) eft le cercle d'échappement, lequel doit s'attacher par deux vis 1 , 2 fur une affiette chaffée à force fur le bout de l'axe de balancier faillant hors des rouleaux : *B* eft la mâchoire du reffort de fufpenfion du balancier vue en perfpective (*Fig.* 7) , avec fon pont.

989. La roue d'échappement *C* porte fix dents , qui doivent être figurées comme elles le font dans la Figure 6 : cette roue eft maintenue par un pont *G* : le balancier de cette Horloge Marine fait une vibration par feconde , & comme il en fait deux , pendant qu'il n'échappe qu'une dent de la roue , on voit que l'aiguille des fecondes ne doit avancer que de deux en deux fecondes ; ainfi la roue *C* refte 12″ à faire un tour , & par conféquent elle en fait 5 par minutes.

990. Le bras *a* de la détente *D* fufpend la force de la roue d'échappement , pendant que le régulateur ofcille librement. Le reffort *d* fert à preffer cette détente , & à affurer fes effets par fon action, contre le bras *e* de cette détente, laquelle eft mobile fur deux pivots, & maintenue par un pont *H* ; & fa courfe eft bornée par une cheville *e* , contre laquelle le bras *e* va appuyer : le troifieme bras *b* de cette détente , fert à dégager la roue d'échappement, pour qu'elle produife l'impulfion : c'eft l'office de la palette *c* mobile fur deux pivots , entre le cercle *A* & le pont *f* : cette palette eft retenue, par derriere , par la cheville *g* attachée au cercle d'échappement *A*. Ainfi lorfque ce cercle tourne de *A* en *b* , la palette, ainfi retenue par la cheville, éleve le bras *b* de la détente , & dégage la roue, dont une dent vient agir fur le rouleau, & donne l'impulfion au cercle *A* ; & auffi-tôt que la palette *c* a dégagé la roue , elle quitte le bras *b* de la détente : celle-ci , preffée par fon reffort , retombe avant que la roue ait produit fon impulfion , & elle fe préfente pour fufpendre de nouveau l'effort de la roue , pendant que le balancier ofcille librement, & que fa palette , continuant d'aller en avant , va devers *E*. Mais quand le balancier retourne de *E* devers *F* , le derriere de la palette *c* vient rencontrer le bras *b* de la détente *D* ; & comme cette palette peut tourner de *c* vers *i* , elle cede à la réfiftance que lui oppofe le levier *b* ;

enforte que le cercle & la palette qu'il porte , &c, continuant à tourner de *b* devers *A*, auffi-tôt que la palette a éprouvé ce petit mouvement , elle a repris fa premiere pofition contre la cheville *g* preffée par le reffort *l m*. Ainfi quand le cercle d'échappement & la palette reviennent de *A* vers *b*, cette palette rencontre de nouveau le bras *b* de la détente , l'éleve , & redégage la roue qui donne une nouvelle impulfion , & ainfi de fuite.

991. On voit que , par cette combinaifon de l'échappement , il doit avoir une très-grande puiffance , & des frottemens infiniments petits. Car 1°, l'impulfion de la roue fur le régulateur fe fait avec une perte infiniment petite , au moyen du rouleau fur lequel fes dents agiffent : car les frottements font tranfportés aux pivots de ces rouleaux qui font très-fins , & ces frottements font encore réduits par l'huile mife à ces pivots , & l'huile s'y conferve auffi long-temps qu'aux autres pivots de l'Horloge ; ce qui n'a pas lieu lorfque l'huile eft mife à l'échappement même (922).

992. 2°, Après que la roue a donné fon impulfion , le balancier ofcille parfaitement librement , fans autre réfiftance que celle de faire céder la palette par un mouvement fort petit & très-court , & d'élever la détente pour dégager la roue ; effet qui eft produit dans un temps très-court , & qui ne donne qu'une réfiftance très-petite , fur-tout fi l'on a foin de ne donner aux refforts que la force convenable , & de faire la palette & la détente très-légeres.

993. 3°, Les effets de cet échappement font très-affurés , non-feulement par la difpofition de la détente *D b*, mais auffi par la difpofition de la roue avec le cercle d'échappement : cette roue ne pouvant jamais échapper qu'au moment que la fente faite à côté du rouleau fe préfente. (976).

994. 4°, Enfin l'exécution (ᵃ) de cet échappement eft des plus faciles , & à la portée de tout Ouvrier un peu adroit & intelligent ; & s'il y a plus de pieces à exécuter que dans un échappement ordinaire , il y a , en revanche , beaucoup moins de

(ᵃ) Nous donnerons , à la fuite de la IIIᵉ. Partie, ou Traité de main-d'œuvre, la maniere de l'exécuter.

difficulté à les exécuter, & plus de certitude à les faire opé‑
rer; & lorfque toutes les pieces font préparées, les effets fe
font en très-peu de temps.

995. La Figure 7 repréfente cet échappement en per‑
fpeétive : *A B* eft le cercle d'échappement attaché, comme je
l'ai dit, fur le bout de l'axe de balancier : *C* eft la mâchoire in‑
férieure du reffort *D* de fufpenfion, l'autre bout de ce reffort
eft ferré par la mâchoire *E* portée par le pont *F* de fufpenfion
du balancier : *G* eft le pont de la palette : *a*, la palette : *b c*, le
reffort qui la ramene : *d*, le rouleau : *e*, le pont de ce rouleau.
H eft la roue d'échappement : *f*, le bras de la détente qui fuf‑
pend l'effort de la roue : *g*, le bras de la même détente, fur
lequel la palette agit pour dégager la roue : *h i*, le reffort qui
ramene cette détente : *N*, le pont fur lequel fon axe eft mo‑
bile : *K L* repréfente une portion d'une platine fur laquelle
font placés la roue d'échappement *H*, fon pont *M* : la détente
f g, fon pont *N* & fon reffort *h i*, & le pont *F* du reffort de
fufpenfion du balancier; le refté eft porté par l'axe de balancier,
&, par conféquent, eft dehors, & ne tient point à la platine.

Expérience faite avec cet Echappement.

996. Ayant terminé en entier l'échappement libre que
j'ai adapté à l'Horloge Marine N°. 9 ; & toutes les parties
étant faites avec tous les foins poffibles ; j'ai fait polir les
pieces refaites : j'ai enfuite nettoyé l'Horloge remontée, &c;
mais depuis elle retarde affez fenfiblement, ce qui eft caufé
uniquement par le poids du cercle d'échappement, ponts, pa‑
lettes, reffort, &c, qu'il porte.

997. J'ai fait marcher l'Horloge avec le même poids mo‑
teur qui fervoit à l'ancien échappement (celui de rubis à
repos); mais les arcs font devenus auffi-tôt trop grands, & la
cheville de renverfement du balancier battoit.

998. J'ai diminué petit à petit du poids, afin de ne laiffer
pour moteur que la quantité néceffaire pour que les arcs de vi‑
brations foient les mêmes qu'ils étoient avec l'ancien échappe‑

ment, & après avoir ôté quatre des morceaux de plomb qui forment le moteur, les arcs de vibrations font de 204 degrés, c'eſt-à-dire, les mêmes qu'ils étoient avant de refaire le nouvel échappement. Mais le poids peſe 3 liv. $\frac{1}{4}$ de moins avec l'échappement à vibrations libres, qu'avec celui à rubis, tandis que pour faire décrire les mêmes arcs au même régulateur avec l'ancien échappement, le poids moteur peſoit 10 livres, d'où l'on voit combien l'échappement libre eſt préférable à celui à repos ordinaire.

REMARQUE.

999. Les dimenſions que j'ai données à cet échappement font telles que ſes effets ſe font avec beaucoup de préciſion & de ſûreté. Mais ſi le cercle d'échappement étoit plus grand, ſa vîteſſe feroit trop grande, enforte qu'il fuiroit, pour ainſi dire, devant la roue ſans en recevoir d'impulſion, ainſi que je l'ai établi Théorie (301); ou ſi le balancier décrivoit de plus grands arcs, dans ce cas encore la vîteſſe du cercle d'échappement feroit trop grande, ce qui produiroit le même défaut.

1000. Il faut auſſi remarquer qu'il faut que la roue déchappement ſoit la plus légere poſſible, de même que la détente, & que les pivots de l'une & l'autre ſoient aſſez petits.

Dimenſions de cet Echappement.

1001. LE cercle d'échappement a 26 lignes de diametre.

La roue d'échappement a 6 dents, & 16 lignes $\frac{1}{2}$ de diametre.

Les pivots de cette roue ont $\frac{8}{48}$ lignes de diametre.

Les pivots de la détente, $\frac{6}{48}$.

Les pivots de la palette, $\frac{6}{48}$.

Les pivots du rouleau, $\frac{3}{48}$.

Deſcription

*Description de l'Echappement à vibrations libres ,
appliqué à la Montre Marine ou N°. 3.*

1002. L'ÉCHAPPEMENT à vibrations libres m'ayant parfaitement réuffi dans l'Horloge Marine N°. 9 , avec un balancier
dont les vibrations font d'une feconde, ainfi qu'on vient de le
voir, je jugeai qu'il étoit également poffible de l'appliquer
dans une Horloge qui auroit un balancier à vibrations promptes
comme , par exemple, celui qui feroit quatre vibrations par
fecondes : en diminuant pour cet effet le diametre du cercle
d'échappement , proportionnellement à l'augmentation du
nombre des vibrations , enforte que dans l'un & l'autre cas la
vîteffe à la circonférence du cercle d'échappement à vibrations promptes , fût la même que dans le cercle qui fait des
vibrations lentes ; & pour juftifier ce principe , & juger com-
plétement de tout l'ufage que l'on peut faire de cet échappement, je choifis préférablement la Montre Marine N°. 3 , parce
que fon balancier fait quatre vibrations par feconde , & que
l'échappement à cheville étoit d'ailleurs affez défectueux , ainfi
que je l'ai encore mieux reconnu au retour de la campagne
que cette machine a faite dans la Méditerranée (601). Cette
Montre étoit de plus favorablement difpofée pour recevoir le
nouvel échappement, & fans beaucoup de travail.

1003. Les Figures 6 & 7, Planche VIII , repréfentent cet
échappement dans la même grandeur & difpofition que celle où
je l'ai employé dans la Montre Marine.

1004. *A* (*Fig.* 6) eft la roue d'échappement : elle a 10
dents ; &, comme le balancier fait 4 vibrations par feconde,
& qu'il en fait deux pour le paffage d'une dent de cette roue ,
il fuit que celle-ci refte 5″ à faire un tour , & qu'elle en fait ,
par conféquent, 12 par minute : *B* eft le cercle d'échappement : ce cercle eft d'acier trempé & rivé (comme on le voit
en *B* (*Fig.* 7) fur une affiette portée par l'axe de balancier : le
bras *a* de la détente arrête la roue, & fufpend fon effort , & *b*
eft le bras qui fert à la dégager : *c d* eft le reffort qui preffe cette

T t *

détente ; *e*, fon pont, & *b*, la cheville qui retient le bras *b* :
f eſt la palette qui éleve la détente pour dégager la roue ; *g*,
fon pont ; *h i*, le reſſort qui ramene cette palette ; *l*, la cheville qui l'arrête. Le cercle *B* eſt, comme je l'ai dit, d'acier
trempé, parce que l'impulſion ſe fait immédiatement ſur l'ouverture faite à ce cercle pour le paſſage de la roue ; & cette
ouverture eſt figurée convenablement pour recevoir l'impulſion de la roue, de façon qu'il y ait le moindre frottement :
c'eſt pour cette raiſon que ce cercle doit être trempé de
toute ſa force.

1005. La Figure 7 repréſente le balancier monté ſur ſon
axe avec ſon ſpiral, le cercle d'échappement, la palette,
&c. *A A* eſt le balancier ; *a b*, ſon axe ; *B*, le cercle d'échappement ; *c*, la palette ; *d*, ſon pont ; *e*, ſon reſſort ; *f*, le bout
de l'axe de balancier, terminée en pointe pour rouler ſur les
rubis : l'autre bout *g* de cet axe eſt également terminé en pointe, & porte de même ſur un rubis pour en réduire le frottement.

Expériences faites avec cet Echappement.

1006. APRÈS avoir exécuté cet échappement avec beaucoup
de ſoins, je nettoyai & remontai proprement la Montre, &
fis marcher librement le balancier : ſon mouvement dura $3'\frac{1}{4}$.
Je mis enſuite l'échappement, dont les effets s'exécutent avec
beaucoup de préciſion & de ſûreté. Je ne trouvai cependant
pas que les arcs de vibrations du balancier fuſſent de plus
grande étendue avec l'échappement à vibrations libres, qu'a-
vec celui à cheville, la force motrice étant reſtée la même :
avantage que nous avons trouvé très-grand dans l'application
de cet échappement à l'Horloge N°. 9 (998). Mais ſi, dans
la Montre Marine, l'étendue des arcs de vibrations avec l'échappement libre ne ſurpaſſe pas de beaucoup les arcs décrits
par le balancier avec l'échappement à cheville, c'eſt ſans
doute que le reſſort de la détente & celui de la palette ſont
encore trop forts. Je n'ai pas eu le temps de chercher à lui

donner plus de perfection, content de favoir que cet échappement peut être employé avantageufement, même avec des vibrations promptes.

CHAPITRE XIII.

Conftruction d'une Horloge Marine ([a]*), pour être la plus fimple & la plus parfaite d'après la théorie & les expériences faites fur les Horloges N°. 6, 7, 8, &c.*

1007. LES recherches qui m'ont occupé jufqu'ici, pour parvenir à perfectionner les Horloges Marines, ont dû fervir à me procurer des connoiffances utiles pour donner aux Horloges Marines une plus grande exactitude : c'eft pour concourir à ce but que j'ai raffemblé dans cet ouvrage l'extrait de mon travail. Maintenant, pour achever de remplir cet objet effentiel, il eft néceffaire de donner la conftruction d'une nouvelle Horloge Marine, dans laquelle on réuniffe tous les moyens de perfections qui manquent encore aux Horloges N°. 6, 8 & 9, & que j'ai annoncés ci-devant à la fuite de la defcription de ces machines. Nous fommes actuellement d'autant plus en état de remplir cet objet que l'échappement libre, appliqué à N°. 9, a parfaitement réuffi, & que c'étoit la plus grande perfection qu'il reftât à defirer dans une Horloge. J'ai déja fait graver cet échappement, mais féparément, enforte qu'il refte néceffairement à le préfenter tel qu'il doit être placé dans une machine difpofée exprès ; car, dans l'application que j'ai faite de cet échappement à N°. 9, j'ai trouvé beaucoup de difficulté à l'y placer, la

---

(a) Je défigne cette nouvelle Horloge fous le nom de N°. 10. Cette machine n'exifte pas feulement en projet : fon exécu-tion eft prefque terminée : elle eft commencée depuis fort long-temps.

conftruction de cette machine n'ayant pas été difpofée à ce deffein. Pour mettre donc la derniere main à mon traité des Horloges Marines, de façon qu'il refte moins à defirer fur mon travail, je vais rechercher la conftruction la plus fimple d'une Horloge Marine, en confervant tout ce qui eft abfolument utile, & qui a été reconnu bon par des expériences fûres, & en retranchant toutes les chofes qui ne font pas de la même conféquence ; enforte que la nouvelle Horloge Marine foit enfin le réfumé du travail immenfe que j'ai fait pour parvenir à trouver l'Horloge Marine la plus parfaite.

1008. Ainfi je dois adopter premierement le régulateur, tel qu'il eft employé dans N°. 8, parce que fes dimenfions font les plus parfaites, tant par le diametre, le poids du balancier & la nature de fes vibrations, que par les rouleaux mêmes. Je puis cependant encore perfectionner les rouleaux de la maniere que je l'expliquerai ci-après.

1009. 2°, Le méchanifme de compenfation ayant très-bien réuffi, je dois m'y tenir.

1010. 3°, Le poids moteur eft encore une partie de la machine, dont je ne dois pas m'écarter ; mais je ferai mon poffible pour en fimplifier la conftruction ou l'application.

1011. 4°, L'échappement libre, tel que je l'ai adapté à N°. 9, a fi parfaitement réuffi que je regarde encore cette partie comme abfolument décidée.

1012. 5°, Le rouage doit être difpofé de façon qu'il foit placé dans une cage particuliere, & que le régulateur ait auffi fa cage féparée, enforte qu'on puiffe travailler à l'échappement & au régulateur, fans démonter le rouage, & au rouage, fans démonter le régulateur : ce qui a lieu au moyen des piliers à double bafe qui fervent à former deux cages avec trois platines feulement, dont une eft commune à deux cages.

1013. 6°, Une perfection, peut-être auffi effentielle que l'échappement, & qui manque aux Horloges N°. 6, 8 & 9, c'eft que le reffort fpiral foit trempé tout plié ; mais comme cette perfection appartient uniquement à l'exécution, je renvoye au Chapitre II, troifieme Partie : j'y donnerai toutes les opérations requifes pour l'exécution du reffort fpiral.

1014. Toute cette combinaifon de l'Horloge, à l'échappement près, a lieu dans plufieurs de mes Horloges Marines commencées ; mais dans mon Traité des Horloges Marines, je n'ai aucunes Planches qui puiffent la repréfenter, enforte qu'il faudroit y fuppléer par le difcours, & que cet ouvrage ne préfenteroit pas mes Horloges Marines dans toute l'étendue de leur perfeétion : c'eft par cette raifon que, pour rendre ce Traité véritablement utile, il ne fuffit pas de préfenter mes premieres machines, ni celles mêmes qui ont été éprouvées, en difant ce qui manque à ces dernieres. Pour rendre l'ouvrage entiérement complet, il eft abfolument néceffaire de préfenter une Horloge Marine, ayant toute la perfeétion à laquelle je fuis parvenu, conduit de proche en proche par mes recherches & mes expériences : c'eft par ces raifons que j'ai tracé avec beaucoup de foins un nouveau plan d'Horloge Marine, à laquelle j'ai donné tous les avantages que j'ai pu réunir.

Du Régulateur.

1015. LEs dimenfions de l'Horloge N°. 8, étant comme nous venons de le dire, celles qui ont le mieux réuffi, & cette machine étant auffi la plus parfaite de celles que j'ai faites, en joignant cependant l'avantage d'être d'une facile exécution ; je dois ne pas m'écarter des dimenfions du régulateur, &c. Je ferai feulement à fa combinaifon les changements que le nouvel échappement exige par fa nature & par fa conftruétion. Le balancier fera donc exaétement des mêmes dimenfions que celui de N°. 8. Il pefera donc environ 3 onces 2 gros, aura 56 lignes de diametre, & fera une vibration par feconde. Les rouleaux feront d'un plus grand diametre, leurs pivots reftant de même groffeur ; l'axe de balancier fera de même diametre que celui de N°. 9, pour réduire encore les frottements.

Les Rouleaux.

1016. Les rouleaux feront placés au milieu de leurs axes, comme à l'Horloge N°. 2 ; mais ils n'auront pas befoin de pont, comme ceux de N°. 9 : c'eft un travail de plus qui eft inutile. Il faudra feulement, comme à N°. 2, des barrettes pour ôter ou donner du jeu à l'axe de balancier, & pour démonter les deux rouleaux, afin de pouvoir démonter les balanciers fans démonter toute la cage du régulateur ; ainfi les platines feront fendues, comme à N°. 2 & 3. Il faut donner plus de hauteur aux cages des rouleaux, afin d'empêcher que les rouleaux ne puiffent vaciller, & plus d'intervalle entre ces deux cages pour le balancier, afin que l'axe de balancier ait fes points d'appuis fur les rouleaux plus éloignés.

Difpofition des Cages.

1017. Les cages du mouvement feront difpofées de façon que l'on puiffe démonter le rouage fans déranger le régulateur ; ou le régulateur fans démonter le rouage : cette difpofition étant des plus favorables : ainfi tout ce qui appartient au régulateur, de même qu'à l'échappement, fera placé dans une même cage, & tout ce qui appartient au rouage le fera dans la cage fupérieure.

De l'Echappement.

1018. Le cercle d'échappement fera attaché fur l'axe de balancier, comme je l'ai difpofé dans celui de N°. 4 ; & ce cercle fera placé tout contre les rouleaux fupérieurs portant la mâchoire du reffort de fufpenfion : la roue d'échappement & fa détente feront portées, comme dans N°. 4 & 9, par un pont qui va tout contre le rouleau le plus bas, afin que cette roue foit à la même hauteur que le cercle de balancier.

1019. L'échappement sera exactement de la même construction, & des mêmes dimensions que je lui ai donné dans l'Horloge N°. 9, où il a parfaitement réussi.

1020. La roue d'échappement doit être la plus légere possible, afin que sa vîtesse ne soit pas retardée par son poids, lorsqu'elle donne l'impulsion au balancier : elle doit être d'autant plus légere que le cercle d'échappement tourne avec plus de vîtesse.

1021. La détente doit être, comme je l'ai faite, courte & fort légere, enforte qu'elle n'ait pas de masse, & que la vîtesse de la palette qui la leve ne puisse que l'écarter, sans l'écarter au-delà de sa levée, ce qui arriveroit si cette détente étoit pesante : d'ailleurs, plus elle sera légere, plus le ressort qui la presse sera foible, &, par conséquent, l'effort du balancier sera plus petit. La palette de levée de la détente doit, par les mêmes raisons, être très-légere : je donnerai les dimensions de toute cette partie.

1022. La roue d'échappement doit être du même diametre que celle de N°. 9, parce que, ses dents étant fort écartées, la chûte qu'entraîne le rouleau du cercle d'échappement cause un effet moins nuisible ; & il y a une moindre force perdue par cette chûte, puisqu'elle ne forme qu'une très-petite partie du chemin parcouru par chaque dent : d'ailleurs la roue étant grande, & ayant beaucoup de vîtesse, elle cause une moindre pression sur la détente ; elle en est plus légere, & la résistance que cette détente cause au régulateur en devient plus petite.

1023. Il faut tenir les pivots de la roue d'échappement, ceux de la détente, de la palette & du rouleau d'impulsion les plus petits possibles.

Du Rouage.

1024. Le rouage sera disposé différemment que celui de N°. 8. Les secondes doivent être excentriques, afin que l'aiguille ne passe pas sur le quarré de remontoir, & que l'aiguille, étant courte, ne puisse empêcher la roue de tourner avec la plus grande vîteffe : c'eft par cette raifon que la roue de feconde doit être légere, & fes pivots très - petits. Les minutes doivent être auffi excentriques, ainfi que les heures, comme à N°. 8.

1025. Pour faciliter l'exécution du rouage, il faut tenir les premieres roues d'un grand diametre, afin que les pignons, quoique nombrés & de 20, foient de bonne groffeur, & faciles à exécuter. Je donnerai à ces pignons 3 lig. $\frac{1}{4}$ de diametre ; ainfi la premiere roue, reftant 12 heures à faire un tour, aura 39 lig. de diametre, & aura 240 dents. La roue de minute aura 160 dents, & 26 lig. : la roue de champ 150 dents, & 24 lig. $\frac{6}{16}$: la roue de fecondes 100 dents, & 16 lig. $\frac{1}{4}$ de diametre : la roue d'échappement de fix dents de 16 lig. $\frac{1}{2}$ de diametre : le diametre du cercle de balancier de 26 lignes.

Du Moteur.

1026. Le moteur doit néceffairement être un poids, puifque, comme nous l'avons prouvé, le poids eft non-feulement préférable au reffort par l'égalité conftante de fon action ; mais parce qu'il n'eft fujet à aucun accident (313), & que, d'ailleurs, la difpofition du poids eft encore favorable pour la perfection de la fufpenfion, en confervant plus exactement l'Horloge dans une même pofition horizontale. La fufpenfion de cette nouvelle Horloge Marine fera de la même conftruction que celle que j'ai donnée au N°. 8, après le retour du voyage fait par M, *de Fleurieu.*

Defcription de l'Horloge Marine N°. 10, *avec l'échappement à vibrations libres.*

PLANCHE XX.

1027. La figure 1 fait voir en profil le mouvement de l'Horloge, entiérement raffemblé, prêt à être placée dans fon tambour. 1028.

1028. Ce mouvement eſt compoſé de trois grandes cages qui peuvent ſe ſéparer l'une de l'autre, ſans rien démonter. La premiere, qui eſt la ſupérieure, eſt la cage du rouage qui comprend uniquement le rouage. La ſeconde, qui
eſt celle du milieu, eſt la cage du régulateur : celle-ci comprend en dedans, tout ce qui appartient au régulateur, au
balancier, aux rouleaux : la ſuſpenſion du balancier eſt portée par
le deſſus de cette cage, ainſi que l'échappement, & le deſſous
porte le méchaniſme de compenſation : la troiſieme, qui
eſt celle d'en bas, eſt la cage du poids moteur. Ces trois
cages ſont compoſées de 5 grandes platines : il n'y en a que
4 repréſentées dans la figure ; parce que la platine des piliers du poids moteur eſt cenſée deſcendre beaucoup plus
bas que le bas de la Planche. Outre ces trois grandes cages,
il y en a deux autres plus petites, qui ſont compriſes dans
la cage du régulateur : ce ſont les cages des rouleaux.

1029. La premiere platine A, A, eſt la platine-cadran
ou platine des piliers de la cage du rouage, & porte les
4 piliers 1, 2, 3, 4 ; elle eſt un peu plus grande que les
4 autres, à cauſe de ſon ajuſtement ſur la batte qui exige
un rebord pour l'attacher avec 4 vis. La ſeconde platine B,
B, forme avec la premiere A la cage du rouage. C eſt la grande
roue des heures ou de cylindre, elle fait un tour en 12 heures, & porte le cadran des heures D, dont le canon entre
à frottement ſur le canon de la roue C. E eſt le cylindre ; F
ſont les rochets auxiliaire & de remontoir : tout le méchaniſme
de cette roue eſt le même que celui de l'Horloge N°. 7,
dont on peut voir l'explication, (811) : la roue des heures
C engrene dans le pignon a de la roue de minute : le pivot
prolongé de ce pignon porte l'aiguille des minutes b qui marque les minutes ſur un cadran excentrique c, attaché par
une vis & deux pieds à la grande platine A : G eſt la roue
de minute qui engrene dans le pignon d de la roue moyenne
H : celle-ci engrene dans le pignon e de ſecondes : le pivot
prolongé de ce pignon porte l'aiguille f de ſecondes qui

V v *

marque les fecondes de deux en deux (ᵃ), fur le cadran excentrique *g*, attaché par une vis, & deux pieds fur la platine *A*. La roue *I* eft celle de fecondes qui engrene dans
le pignon *h* d'échappement ; le pivot fupérieur de ce pignon
roule dans le pont *L*, attaché à la troifieme platine *M*, *M* :
cette platine *M* forme avec la quatrieme *N*, *N*, la cage du régulateur. La quatrieme platine *N*, *N*, eft celle fur laquelle font
rivés les trois piliers 5, 6, 7. Ces piliers portent par en
haut, chacun une double *bafé*, *affiette*, ou *portée*, comme on
le voit dans le pilier 7 : chaque bafe, comme 8, fait la portée ou affiette qui reçoit la platine *M*, *M* ; & chaque partie,
comme 9, forme la portée qui fert à recevoir la feconde platine *B*, & à lier par le moyen des pivots 10, des piliers 5,
6, 7, la cage du rouage avec celle du régulateur ; de façon
à pouvoir féparer ces cages l'une de l'autre, fans rien démonter, mais en décrochant fimplement la corde du poids moteur.

1030. Le pont *L* étant attaché, ainfi que j'ai dit, & que
la figure le montre, deffus la troifieme platine *M*, *M* ; on
voit que la feconde platine *B*, *B* doit être percée d'un trou
affez grand, pour que ce pont *L*, & le pignon d'échappement y paffent librement, pour pouvoir ôter la cage du rouage
de deffus celle du régulateur.

1031. Le pivot inférieur du pignon *h* d'échappement
roule en *i*, dans le bras du pont *O*, attaché comme le pont
L deffus la troifieme platine. Ces deux ponts *L* & *O* du
pignon d'échappement font attachés par la même vis 11, deffus la troifieme platine, & ils ne forment ainfi qu'un même
pont à double coude.

1032. *P*, *P* eft le pont de fufpenfion attaché par une
forte vis & deux pieds fur le deffus de la troifieme platine *M*, *M* : ce pont porte la mâchoire fupérieure *k* du reffort de fufpenfion *l*, *l*. La platine *B*, *B* doit être percée

(ᵃ) Parce que les vibrations du balancier | par fa nature, n'échappe qu'à chaque deu-
font d'une feconde, & que l'échappement, | xieme vibration (970).

d'un trou affez grand, pour que le pont y paffe librement ; afin d'ôter la cage du rouage à volonté, fans déranger ni ce pont, ni le reffort de fufpenfion qu'il porte. La mâchoire inférieure *m* eft attachée fur le cercle d'échappement Q, Q : ce cercle d'échappement Q, Q eft attaché par deux vis fur une affiette formée au bout fupérieur de l'axe de balancier R, R : le balancier S, S eft attaché par deux vis, fur une affiette *chaffée à force*, au milieu de l'axe R, R. Chaque pivot *n*, *n* de l'axe de balancier paffe jufte & librement entre trois rouleaux : le pivot fupérieur *n* paffe entre les rouleaux 12, 13, 14. Ces pivots des trois rouleaux fupérieurs roulent dans la cage formée par la platine M, M, & la petite platine T, T ; fur cette platine T font rivés trois piliers, comme 15, 15, dont les pivots qui entrent dans celle M, M, font retenus à l'ordinaire par des goupilles.

1033. Le pivot inférieur *n* de l'axe de balancier paffe, comme celui d'en haut, entre trois rouleaux qui font les inférieurs 16, 17, 18. Ces rouleaux font *mis en cage*, entre la platine N, N, & la petite platine V, V : fur cette petite platine, font rivés trois piliers, comme 19, 19 ; les pivots de ces piliers entrent dans la platine N, N ; & y font goupillés.

1034. Le pivot fupérieur du rouleau 13 tourne dans un trou de la barrette 27 : cette barrette eft attachée par deux vis fur la platine M, M ; & le pivot inférieur du rouleau correfpondant 18 d'en bas roule dans une barrette 28 attachée fous la platine N N par deux vis : par cette difpofition des deux rouleaux, en démontant ces barrettes, on retire les rouleaux 13 & 18 ; enforte que fans démonter ni les cages du régulateur, ni celles des rouleaux, on peut retirer le balancier : toutes les platines M, M : N, N : T, T : V, V étant fendues en conféquence.

1035. Le cercle d'échappement Q, Q porte le pont *o* ; entre ce pont & le cercle eft mobile la palette *p* qui fert à élever le bras *q* de la détente *q*, *r* : cette détente eft mobile entre un double pont *s*, *s* attaché à la troifieme platine *M* ; le bras *r* de cette détente eſt celui qui ſuſpend l'effort de la roue d'échappement *X*, *X*, pendant que le cercle d'échappement ou le balancier qui le porte oſcille librement : & lorſque la palette *p* a élevé le bras *q* de cette détente *q*, *r* ; une dent de la roue va agir ſur le rouleau *t*, pour donner l'impulſion au balancier : ce rouleau *t* porte deux pivots qui roulent dans deux petits ponts ou barrettes portés par le cercle d'échappement.

1036. La figure 2 repréſente le cercle d'échappement vu en perſpective avec les pieces qu'il porte : *Q*, *Q* eſt ce cercle d'échappement ; *m*, la mâchoire inférieure du reſſort de ſuſpenſion ; *o*, le pont de la palette ; *p*, cette palette ; *a*, la cheville qui retient cette palette ; & *b*, le reſſort qui la ramene après qu'elle a cédé au mouvement rétrograde du balancier, pour ſe remettre en priſe avec la détente ; *t* eſt le rouleau ; *c*, *d*, les ponts entre leſquels il ſe meut ; *e* l'entaille, ou ouverture faite au cercle d'échappement pour le paſſage de la dent de la roue d'échappement, lorſqu'elle agit ſur le rouleau pour donner l'impulſion.

1037. La figure 3 fait voir en perſpective la détente d'échappement ; *q* eſt le bras ſur lequel agit la palette *p* (*Fig.* 1, & *Fig.* 3) ; *r* le bras qui arrête & ſuſpend l'effort de la roue (*Fig.* 1), & *a b* ſont les pivots de l'axe de la détente.

1038. La figure 4 repréſente l'axe de balancier, tel qu'il doit être, lorſqu'on a ôté le balancier, le cercle d'échappement & le ſpiral. L'aſſiette *a* ſert à recevoir le centre du cercle d'échappement (*Fig.* 2), lequel s'attache ſur cette aſſiette par deux vis 1, 2 : *b* eſt l'aſſiette ſur laquelle s'attache le balancier *S*, *S* (*Fig.* 1) par deux vis : *n*, *n* ſont les pivots de cette axe : *c*, la partie ſur laquelle doit être ajuſtée la virole de ſpiral : cette virole eſt vue de profil en *A* (*Fig.* 5), & en plan, en *B* : *a* eſt une plaque d'acier qui s'attache par deux vis à la virole ; le bout intérieur du ſpiral eſt ſerré, & fixé par cette plaque *a*, au moyen de deux vis 1, 2. Le bout extérieur du ſpiral eſt fixé au piton *A* (*Fig.* 7) vu en perſpective (*Fig.* 6) : le reſſort ſpiral doit paſſer dans la mortoiſe ou ouverture *a*, pour être fixé par la vis de preffion *b*, dont le bout agit fur un lardon *c* (*Fig.* 7); cette figure repréfente le piton vu en plan, & la figure 8 le fait voir en profil.

1039. Le piton 20, 20 (*Fig.* 1) eft attaché par une vis au-deffous de la platine *N*, *N* : *u* eft le fpiral : *x*, le pince-fpiral, & 21 la boîte de ce pince-fpiral qui s'arrête fur le bras *y* formé fur l'axe *z*, *z* du pince-fpiral ; cet axe porte deux pivots concentriques à l'axe du balancier : ces pivots roulent dans les trous faits au double pont *Y*, *Y* attaché au-deffous de la platine *N*.

1040. L'axe *z*, *z* du pince-fpiral porte un fecond bras 22, fur lequel eft ajuftée la boîte 23 de compenfation : c'eft fur une vis portée par cette boîte, qu'agit le grand levier 24 de compenfation, l'autre bras 25, du grand levier appuie fur le bout des verges de cuivre du milieu du chaffis de compenfation *A A*, *B B* : ce chaffis eft attaché par deux vis 26, 26 fur le pont *C C*, *D D*. L'axe *a a*, *b b* du grand levier porte deux pivots, dont le fupérieur *b b* roule dans un trou de la platine *N*, *N*, & l'autre *a a* dans le pont *C C*.

1041. L'index *c c* eft attaché à l'axe du pince-fpiral à l'endroit 20 *z* ; cet index marque le chemin parcouru pour la compenfation fur le limbe *E E* ; ce limbe eft attaché par une vis fous la platine *N N*. La barrette *d d* attachée fur le pont *V* du levier de compenfation, porte un reffort droit *e*, *e* qui agit, vers 20, fur le bras de l'index *c c*. Cette preffion du reffort fait appuyer continuellement la boîte 23 fur le bras 24 du grand levier de compenfation, & le petit bras 25 du même levier preffe par conféquent toujours fur le chaffis de compenfation ; ainfi le pince-fpiral fuit conftamment le mouvement que ce chaffis éprouve par les divers changements de la température.

1042. La cage du poids moteur eft formée par la platine *N*, *N*, & par trois longs piliers *F F*, *G G*, *H H*, dont on ne voit ici que les bouts fupérieurs ; les bouts inférieurs font rivés fur une platine qui n'eft pas vue ici, & qui eft de même grandeur que *N*, *N* (*Voyez* dans la Planche X le refte de cette cage).

1043. La platine *I I*, *K K* du poids porte trois ponts *L L*, *f f* attachés chacun par deux vis & deux pieds ; les bouts *f f* de ces ponts font entaillés pour embraffer la demi-circonférence des piliers *F F*, *G G*, *H H* ; & la plaque *I I*, *K K* eft pareillement entaillée ; enforte que cette plaque, & fes trois ponts forment une efpece de *chariot*, qui porte le poids ; & ce chariot peut monter & defcendre librement le long des piliers, fans que les agitations du Vaiffeau puiffent le déranger. Le poids eft divifé en deux parties de même pefanteur, lefquelles font attachées diamétralement oppofées fur la plaque *I I*, *K K*. *M M* eft une de ces parties du poids : ce font des maffes de plomb rondes percées à leur centre pour entrer fur une broche rivée fur la plaque : cette broche porte en haut l'écrou *g g* qui arrête les maffes *M M* fur la plaque ; & on peut ainfi démonter les maffes, les augmenter ou diminuer à volonté, fans rien deranger, ni fans arrêter l'Horloge.

1044. La plaque *I I*, *K K* porte deux poulies, fur lefquelles paffe la corde du poids accrochée au crochet *M I* de la platine *M*, *M* ; cette corde defcend du crochet *M I* fur une poulie placée de vers *H H* derriere le poids *M M* fur la plaque du poids, & elle vient enfuite paffer fur la poulie *N N* ; delà, elle monte pour paffer fur la poulie *O O* : & enfin elle paffe delà envelopper le cylindre *E* de la grande roue des heures.

1045. La Figure 9 repréfente le plan de l'Horloge, tel qu'il doit être tracé fur une plaque de cuivre de la grandeur des grandes platines : toutes les pieces quelconques qui compofent la machine font tracées fur ce plan.

1046. *A B* eft cette plaque de cuivre fur laquelle eft tracée la vraie pofition de toutes les parties de l'Horloge N°. 10 : *C* (ª) eft la grande roue de cylindre ou des heures, cette roue a 240 dents : *D* eft le cadran des heures : *E*, le rochet

---

(ª) Toutes les pieces tracées dans le plan font marquées par les mêmes lettres qui ont été employées dans la defcription de l'Horloge, pour défigner les mêmes pieces.

d'encliquetage qui a 100 dents : *F*, le rochet du reffort auxiliaire, de 150 dents : *K*, le cliquet qui agit fur ce rochet : *a*, le pignon de minute (il a 20 dents) : *b*, l'aiguille des minutes : *c*, une
portion du cadran de minute : *G*, la roue de minute, de 160 dents :
d, le pignon de roue moyenne, de 20 dents : *H*, la roue moyenne, de 150 dents : *e*, le pignon, de 20, de la roue de feconde :
f, l'aiguille de feconde : *g*, une portion du cadran de feconde : *I*,
la roue de feconde de 100 dents : *h*, le pignon de la roue d'é-
chappement : *L n*, le pont de cette roue : *X*, *X*, la roue d'échappement : *r q*, la détente d'échappement : *i i*, le reffort qui agit
fur cette détente : *s*, le pont de cette détente : *p*, la palette :
l l, le reffort qui agit fur cette palette : *m*, le pont de la palette : *t*, le rouleau, & *n* fon pont : *P P*, le pont de fufpenfion du balancier : *Y*, *Y*, le double pont du pince-fpiral : *R*, *R*,
le piton du fpiral : *u*, le fpiral : *x*, le pince-fpiral : *y*, le bras
fur lequel la boîte du pince-fpiral eft ajuftée : *c c*, l'index du
pince-fpiral : *E E*, le limbe gradué fur lequel cet index marque
le chemin qu'il fait pour la compenfation : 23, la boîte qui
porte la vis pour appuyer fur le grand levier 24 de compenfation : 25, le petit bras du grand levier de compenfation : 26,
l'axe de ce levier : *A A*, *B B*, la direction du chaffis de compenfation : *D D*, *C C*, le pont fur lequel ce chaffis doit être
attaché.

1047. 1, 2, 3, 4 font les quatre piliers de la cage du
rouage : 5, 6, 7, les trois piliers à *double portée* de la cage du
régulateur : *F F*, *G G*, *H H*, les trois piliers de la cage du poids
moteur.

1048. 12, 13, 14 repréfentent également les trois rouleaux fupérieurs & les trois rouleaux inférieurs, parce qu'ils
font projettés les uns au-deffus des autres : 27 eft la barrette du
rouleau 13 : 15, 15, 15 font les trois piliers des cages des rouleaux : *S*, *S* eft le balancier, & il repréfente également la grandeur des petites platines des rouleaux.

1049. *O O* repréfente la pofition de la poulie de renvoi
de la corde du poids placée dans la cage du rouage : *N N* repréfente la poulie attachée fur la plaque du poids : *T T* eft l'au-

tre poulie attachée à la même plaque. La corde du poids paſſe de deſſus le cylindre *E* ſur la poulie *O O*; redeſcend enſuite ſur celle *N N*; paſſe ſur la poulie *T T*, & remonte s'accrocher au point *M I* : *V V* repréſente la chape de la poulie *T T*, qui s'attache ſur la plaque du poids : la poulie *N N* eſt montée ſur une pareille chape.

1050. Les trois pieces *L L*, *ff* repréſentent les ponts attachés à la plaque du poids, pour former le chariot du poids moteur.

1051. z, z repréſente l'entaille faite aux platines pour le paſſage de l'axe de balancier, lorſqu'on veut démonter le balancier; & 8, 8 l'ouverture faite à la troiſieme platine, pour le paſſage du cercle d'échappement.

CHAPITRE XIV.

De la Conſtruction d'une Horloge Marine qui ſoit, en même temps, & ſimple & aſſez exacte pour ſervir aux uſages les plus ordinaires de la Navigation, &c.

1052. LES Horloges Marines ſont utiles pour deux objets eſſentiels de la Navigation : le premier, c'eſt que, par le moyen d'une machine qui meſure le temps avec la plus grande juſteſſe, on peut déterminer la poſition exacte des Iſles, Bancs, Ports, &c; en un mot, de tous les lieux de la mer qu'il eſt beſoin de connoître, afin de pouvoir placer ces différents lieux ſur les Cartes de la maniere qu'ils le ſont effectivement ſur le globe : car il eſt aiſé de concevoir qu'il ſeroit fort inutile de pouvoir déterminer la longitude en mer, même avec toute la préciſion que l'on peut deſirer, ſi les écueils que l'on doit éviter, & les ports où on doit aborder étoient mal placés ſur les Cartes, puiſqu'on les chercheroit où ils ne ſont pas réellement. Ainſi il faut, avant toutes choſes, fixer ſur les

Cartes

Cartes la véritable pofition de tous les lieux du globe que l'on a befoin de connoître pour y pouvoir naviguer. Le fecond objet auquel doit fervir une Horloge Marine, c'eft à conduire le Vaiffeau en déterminant fa longitude ; enforte que, par cette connoiffance, on évite les écueils connus, que l'on continue à placer fur les Cartes ceux que l'on pourroit rencontrer, & que l'on arrive enfin fûrement aux différents endroits où l'on doit aborder, en fe dirigeant fur le plus court chemin par lequel on peut y arriver.

1053. Ces deux ufages des Horloges Marines exigent que ces machines puiffent conferver conftamment la même précifion ; en un mot, que leur marche foit parfaitement uniforme dans tous les temps ; & la jufteffe qu'on demande d'une Horloge Marine doit fur-tout être la plus grande poffible, lorfque l'on veut que cette machine ferve au premier objet propofé, c'eft-à-dire, à fixer la pofition des lieux pour dreffer des cartes exactes ; fans quoi les erreurs de pofitions pourroient, dans certains cas, augmenter l'erreur de l'Horloge à l'attérage ; d'autres fois auffi la diminuer ou même la compenfer. Mais il paroît que l'on pourroit fe relâcher de cette extrême jufteffe des Horloges Marines lorfqu'elles ne fervent qu'à la conduite du Vaiffeau, en fuppofant les lieux déterminés ; car l'erreur que ces machines donneroient dans la détermination de la longitude, étant fimple & abfolue, on auroit moins d'incertitude, lors fur-tout qu'on ne doit pas faire des campagnes de fi longs cours. Mais fi l'on peut fe permettre de ne pas exiger la même exactitude pour toutes les Horloges Marines ; ce ne peut être que dans le cas où l'on voudra chercher à diminuer de leur prix, afin de pouvoir rendre leur ufage général dans la Marine, & en faciliter l'acquifition à tous les Vaiffeaux Marchands. Il faut cependant prendre bien garde qu'en fuppofant, comme nous le faifons, qu'on pût adopter deux fortes d'Horloges Marines dans l'ufage de la Navigation ; on ne pourroit alors employer que des machines fort exactes & fûres. J'ai traité ci-devant de la conftruction d'Horloges Marines, dans lefquelles j'ai effayé de raffembler tout ce qui pourroit

X x

leur donner la plus grande exactitude, & les rendre propres aux usages de la Navigation, qui exigent la plus grande précision. Je vais maintenant présenter la construction d'une Horloge Marine qui, étant d'une exécution plus facile, devienne par-là d'un moindre prix & d'un moindre volume ; afin que de telles machines puissent remplir la seconde destination proposée, & par-là devenir d'un usage plus général.

1054. Pour parvenir à diminuer la dépense des Horloges Marines, il faut nécessairement réduire leur volume à une grandeur moyenne ; car il est bon d'observer que la main-d'œuvre devient beaucoup plus coûteuse lorsque les machines qu'on exécute sont ou fort grandes ou fort petites. Les mouvements des Horloges N°. 6 & N°. 7 ont cette grandeur moyenne, qui, en facilitant l'exécution, rend cependant ces machines assez exactes pour pouvoir parvenir au but desiré : mais comme les Horloges N°. 6 & 7 sont à poids, ce qui augmente considérablement leur volume, celui du tambour de la suspension & de la caisse ; nous croyons pouvoir substituer le ressort en place du poids : mais avec une disposition telle qu'on n'ait pas à craindre les accidents ordinaires des ressorts moteurs, ainsi qu'on le verra ci-après, lorsque nous rapporterons les principes d'après lesquels on doit partir, pour se procurer de bons ressorts.

1055. Les Horloges Marines N°. 6, 7, 8, 9 & 10 ont toutes été exécutées avec la plus grande précision, au moyen des instruments & outils que j'ai disposés à ce dessein ; mais il faut convenir que si tous les Artistes qui voudront faire des Horloges Marines, étoient obligés de faire les mêmes dépenses pour exécuter ces machines, on trouveroit trop peu de gens qui voulussent la faire : ensorte que l'usage des Horloges ne pouroit jamais s'établir dans la Marine Marchande, où l'on n'a cependant pas moins besoin d'Horloge Marine, que dans celle du Roi. Il faut donc tenter de faire exécuter des Horloges, sans le secours de tant d'instruments : & cela peut sur-tout se faire si les dimensions de ces machines sont bien établies ; si les principes de leur construction sont bons, & en quelque forte indépendants de l'extrême précision que l'on pourroit donner à certaines parties de la machine : cette extrême précision de la main-d'œuvre ne pouvant, en quelque forte & en certains cas, affecter leur justesse.

1056. Dans les Horloges Marines que nous avons décrites ci-devant, le méchanisme de compensation a fort bien réussi ; mais il devient coûteux, parce qu'il est composé. Nous emploierons donc, pour parvenir à notre but, un méchanisme plus simple.

Voilà les principales considérations qui m'ont déterminé à travailler à la construction de nouvelles Horloges Marines : c'est d'après cet examen que j'ai construit l'Horloge N°. 11. Je suis maintenant occupé à terminer cette Horloge (ª), dont je donnerai la description ci-après.

De la Construction de l'Horloge Marine N°. 11.

1°. Du Régulateur.

1057. LE régulateur de l'Horloge N°. 11 est disposé de la même maniere que celui des Horloges N°. 6 & 7. Le balancier est horizontal & suspendu par un ressort ; il fait 4 vibrations par seconde ; il roule entre 6 rouleaux : ce balancier est de même pesanteur que ceux N°. 6 & 7. Mais ce régulateur est beaucoup plus parfait & a moins de frottement ; car, d'après les remarques que nous avons faites (749), les pivots des rouleaux font rendus plus petits & font également chargés, chaque rouleau étant à égale distance de ses deux pivots. Les pivots de l'axe de balancier font beaucoup plus petits : le balancier est cependant un peu plus grand, & il décrit de plus grands arcs de vibrations ; ainsi le régulateur aura une plus grande force de mouvement que ceux de N°. 6 & 7, & aura beaucoup moins de frottement que ceux-ci. La cage du régulateur peut

---

(ª) J'ai construit cette Horloge N°. 11, il y a déja du temps, dans la vue de rendre de telles machines utiles, & d'un usage plus général. Je fis même exécuter, par un Ouvrier ordinaire, trois mouvements & leurs suspensions : c'est de ces machines que j'ai parlé (N°. 634).

X x ij

être beaucoup plus petite que celle du rouage ; il suffit qu'elle ait la grandeur convenable pour placer le balancier, les rouleaux & les piliers ; elle sera d'un travail plus facile & plus commode pour l'exécution des rouleaux, pour démonter le balancier, changer de spiral, &c. C'est par cette raison que, dans le N°. 6, le régulateur étoit dans une cage particuliere ; mais, dans N°. 11, nous aurons une grande platine de moins ; parce qu'une partie du méchanisme de compensation peut être portée par la cage du régulateur, & l'autre par la deuxieme platine du rouage. Au reste l'une ou l'autre disposition peut être employée ; mais je préfere celle que je propose pour la facilité de l'exécution, & sur-tout pour mettre les rouleaux en cage.

2°. *De l'Echappement.*

1058. Un défaut essentiel, que nous avons reproché aux Horloges N° 6 & 7, étoit d'avoir un échappement sujet à beaucoup de frottements, & qui exigeoit de l'huile (744). Ce défaut a causé de très grandes variations à l'Horloge N°. 6 (741) ; mais depuis la construction (a) de l'échappement à vibrations libres, je n'ai plus les mêmes craintes à avoir : surtout depuis l'application que j'ai faite de cet échappement à la montre Marine N°. 3, dont le balancier fait aussi 4 vibrations par seconde.

3°. *De l'isochronisme des Vibrations par le Spiral.*

1059. Les plus grands écarts arrivés à l'Horloge N° 6, pendant les épreuves en mer, ont été causés, ainsi que nous l'avons vu (744 *& suiv.*) : 1°, par le trop de frottement du régulateur ; & nous venons d'établir le moyen de les réduire (1057) : 2°, par les frottements de l'échappement & les changements arrivés dans les huiles, (l'échappement libre devant corriger ce défaut, comme nous l'avons expliqué ci-dessus). Enfin la troisieme cause de variations a été produite par le

(a) *Voyez* la description de cet échappement *Chapitre XII.*

non-ifochronifme du fpiral (7 3 7) , & par les changements arrivés dans fa figure ; mais on peut corriger ces défauts du fpiral , ainfi que nous l'avons expliqué : favoir , le manque d'i-fochronifme par fa figure même (1 5 7) ; & le changement de figure par la trempe du reffort après qu'il eft plié. Nous trai-terons encore mieux de cet objet à la fuite de la main-d'œuvre, & à la fuite de la quatrieme Partie qui traitera des épreuves & opérations propres à donner aux Horloges Marines toute la jufteffe dont elles font fufceptibles par leur conftruction.

4°. *Du Rouage.*

1060. La grande précifion avec laquelle les rouages des Horloges N°. *6* , 7 , 8 , &c „font exécutés, eft des plus fatis-faifantes ; mais cette extrême exactitude ne devient pas d'une néceffité abfolue, depuis que je fuis parvenu à rendre ifochro-nes les grands & petits arcs de vibrations du régulateur, d'après les principes établis *premiere Partie* (141 *& fuiv.*) ; fur-tout fi le régulateur eft puiffant, & fi fes frottements font réduits à la plus petite quantité. D'ailleurs il eft poffible d'exécuter facilement, *à la main*, des pignons affez parfaits, pour ne laiffer que des inégalités fort petites , & qui ne feront jamais capa-bles d'affecter fenfiblement la jufteffe d'une Horloge Marine bien conftruite. Pour cet effet , il faut faire les roues auffi gran-des que le volume de la machine peut le permettre : par ce moyen, on peut beaucoup nombrer ces roues & leurs pignons ; enforte que les inégalités feront de peu d'effet pour changer l'engrenage (289).

5°. Du Reffort moteur : comment il doit être difpofé pour n'être pas fujet à caffer, ni à perdre de fa force élaftique.

1061. La quantité de force motrice étant donnée , on peut l'obtenir de deux façons par le moyen du reffort : 1°, par un reffort qui n'ait que la force requife demandée , & dont tous les tours font employés. C'eft la méthode reçue dans l'Horlogerie ordinaire des pendules & des Montres : dans ces dernieres, on laisse seulement un demi-tour en haut qui ne sert point, & où on en laisse autant en bas ; & dans les pendules ordinaires, toute la force du ressort est employée. 2°, Par un ressort dont la lame soit beaucoup plus forte (qu'il ne seroit besoin si l'on employoit tous les tours) , mais dont on n'emploiera qu'un petit nombre des tours ; c'est-à-dire , que si ce ressort peut faire 6 ou 7 tours, il faut qu'un seul de ces tours soit suffisant pour produire la force donnée ; or, cela peut s'exécuter avec un grand ressort & une petite fusée.

1062. Dans la premiere maniere d'employer le ressort ; 1°, les lames se frottent beaucoup plus ; 2°, toute la force du ressort étant employée , il se trouve dans un état *forcé* ; d'où il suit qu'il est beaucoup plus sujet à se tendre (173) , ou à casser.

1063. Par la seconde méthode , qui est celle que je propose , & que j'ai déja mise en usage avec la Montre Marine , le ressort n'est pas sujet aux mêmes défauts ; car , en ne faisant usage que des premiers tours de bande d'un ressort : 1°, les lames sont moins sujettes à se toucher ; par conséquent, elles ont moins de frottement ; 2°, un tel ressort n'étant jamais dans un état forcé ; sa force restera constamment de la même quantité ; 3°, il ne sera pas exposé à casser. Il me paroît donc que cette méthode est infiniment préférable à celle qui est usitée. Il est vrai qu'un tel ressort occupera une plus grande place ; mais dans une Horloge Marine , cette considération n'entre pour rien ; car le volume n'est pas si limité : il suffit de faire de bonnes machines.

6°. *Du Méchanisme de compensation.*

1064. Le méchanisme de compensation que j'ai employé dans mes Horloges Marines, m'a très-bien réussi ; ensorte que , si je propose ici des changements , ce n'est que pour diminuer la dépense , parce que le chassis de compensation devient coûteux ; mais je pense que , pour l'usage auquel je destine ces

Horloges à reſſort, on peut ſuppléer au chaſſis par la lame compoſée dont j'ai parlé (598). Ce moyen eſt beaucoup plus ſimple que celui du chaſſis ; mais j'ignore encore ſi deux lames, l'une d'acier & l'autre de cuivre ainſi rivées l'une ſur l'autre (ª), ſe trouvant par-là dans un état forcé, par leurs différentes dila‑ tations, conſerveront conſtamment leur état : je me propoſe d'en faire des expériences ſuivies.

7°. *De la Suſpenſion.*

I O 6 5. Les ſuſpenſions de mes Horloges Marines avoient été conſtruites avec différentes précautions, que l'uſage en mer a fait reconnoître fort inutiles (925) ; &, d'après ces expé‑ riences, j'ai même déja corrigé les ſuſpenſions des N°. 6 & N°. 8. Mais en faiſant des Horloges à reſſort, les ſuſpenſions de ces machines deviennent bien moins coûteuſes par la dimi‑ nution du volume ; d'ailleurs on peut encore rendre leur exé‑ cution plus facile, en ſupprimant les couſſinets d'acier, ſur leſ‑ quels les pivots roulent dans les ſuſpenſions des N°. 6, 7, 8, 9, &c. Car on peut, en réglant le diametre des pivots convenable‑ ment au poids qu'ils ſupportent, faire rouler tout ſimplement ces pivots dans des trous de cuivre faits aux pieces mêmes de la ſuſpenſion.

Enfin, pour achever de donner une idée du but que je me ſuis propoſé dans la conſtruction de mes Horloges Marines à reſſort, on voit que la diminution du volume de ces machi‑ nes a produit un objet d'économie dans le mouvement & la ſuſpenſion, & que la caiſſe même étant beaucoup plus petite, de‑ vient bien moins coûteuſe ; & ces Horloges étant ainſi diſpoſées, on pourra les tranſporter de Paris dans les Ports avec beau‑ coup de facilité ; ſur-tout en ajoutant, comme je fais, des

---

(ª) M. *Bouguer*, dans les Mémoires de l'Académie, *page* 235, rend compte d'un moyen qu'il avoit imaginé & mis en uſage au Pérou, pour meſurer les dilatations de différents métaux : la lame compoſée dont je parle, eſt faite ſur le même principe ; on en doit l'application aux Horloges à M. *Harriſſon* ; mais la maniere dont j'appli‑ que cette lame eſt tout-à fait différente de celle de M. *Harriſſon. Voyez* la note du N°. 598.

détentes propres à garantir le balancier de tout accident, & à arrêter également le tambour (qui contient l'Horloge) fur la fufpenfion ; de forte que, fans rien démonter, toute la machine foit préfervée de tout accident quelconque. Paffons maintenant à la defcription de cette machine. Nous renvoyons, quant aux épreuves faites avec cette machine, à la quatrieme Partie de cet Ouvrage, où l'on pourra juger du fuccès de cette Horloge N°. 11.

Defcription de l'Horloge Marine N°. 11.

PLANCHE XXI.

1066. La Figure 1 de la Planche XXI fait voir de profil le mouvement de l'Horloge Marine N°. 11. Le rouage de ce mouvement eft placé dans une cage particuliere compofée de deux grandes platines & de quatre piliers. Les minutes & les fecondes font marquées chacune fur un cadran particulier & excentrique, comme dans N°. 10, afin d'éviter de faire paffer l'aiguille des fecondes au-deffus du quarré de fufée comme dans N°. 8. Le régulateur eft contenu dans une cage féparée que l'on peut ôter fans rien déranger du rouage : le méchanifme de compenfation eft placé au-deffous de cette cage.

1067. *A*, *A*, *B*, *B* font les deux grandes platines qui forment la cage du rouage : *C*, *C* eft la roue de fufée qui fait un tour en 12 heures ; elle porte le cadran *D* des heures, dont le canon tourne à frottement fur l'affiette de la roue de fufée *C*, *C* : cette roue porte le reffort auxiliaire *a*, qui fert à faire marcher l'Horloge pendant qu'on la remonte : *b* eft le rochet de ce reffort auxiliaire, & *E* le cliquet preffé par le reffort droit *c* : *F*, la fufée : *d*, *d*, le garde-chaîne dont *G* eft le *plot* : *e*, le rochet d'encliquetage de la fufée. La difpofition de la roue de fufée du reffort auxiliaire, cadran, rochet, &c, eft abfolument la même que celle de nos Horloges N°. 6, 7, &c, décrites ci-devant, ainfi nous y renvoyons. La fufée s'ajufte fur l'arbre de fufée au moyen de deux vis, de la même maniere

que

que le cylindre des Horloges Marines à poids. Le barrillet qui contient le reffort moteur n'a pas pu être repréfenté dans ce profil, parce qu'il auroit caché des pieces plus effentielles : les lignes ponctuées *a a*, *b b*, *c c* repréfentent le barillet, & celles *d d*, le rochet d'en cliquetage : la pofition du barillet eft tracée dans le plan (*Fig.* 2) ; & on voit (*Fig.* 3) l'encliquetage placé fur le deffous de la deuxieme platine du rouage.

1068. La roue de fufée ou des heures *C*, *C* (*Fig.* 1) engrenne dans le pignon *f* de minute, dont le pivot prolongé porte l'aiguille *g* marquant les minutes fur un petit cadran excentrique (*A Fig.* 2) : le pignon *f* porte la roue de minute *H*; celle-ci engrenne dans le pignon *h* de la petite roue moyenne *I*; & celle-ci engrenne dans le pignon *i*, dont le pivot prolongé porte l'aiguille *l* de feconde, qui marque les fecondes fur le petit cadran excentrique (*B Fig.* 2).

1069. L'axe du pignon de fecondes porte la roue *L*, laquelle engrenne dans le pignon *k* de la roue d'échappement *M* : cette roue d'échappement eft mife en cage entre deux ponts, qui font portés par la cage du régulateur : *m k* eft un de ces ponts ; l'autre, qui eft celui qui porte le pivot inférieur de la roue d'échappement, n'a pu être repréfenté dans le profil.

1070. L'échappement de cette Horloge eft celui à vibrations libres, difpofé de la même maniere que dans N°. 10 : *n* (*Fig.* 1) eft le cercle d'échappement, & *o* la palette qui agit fur la détente : cette détente n'eft pas repréfentée dans le profil ; mais toute la difpofition de l'échappement ([a]) eft tracée fur le plan (*Fig.* 2).

1071. La cage du régulateur eft compofée de deux platines *N*, *N*, *O*, *O*, & de trois piliers comme les deux *P*, *P* : ces piliers portent doubles bafes afin que cette cage du régulateur puiffe fe démonter à volonté de deffus celles du rouage,

---

([a]) *Voyez*, pour ce qui concerne les détails de cet échappement, le Chapitre XII, N°. 988 *& fuiv.*), & le Chapitre XIII, N°. 1035 *& fuiv.*).

Y y *

fans rien démonter des pieces qui font portées par l'une ou par l'autre cage.

1072. Le pont de fufpenfion du balancier eft porté par la platine *N, N* du régulateur : ce pont n'a pu être repréfenté ici pour ne pas cacher des pieces plus effentielles : *p* eft la mâchoire fupérieure du reffort de fufpenfion, qui eft fuppofée attachée au haut du pont de fufpenfion : *q* eft la mâchoire inférieure, & *p q k* eft le reffort de fufpenfion : la pofition du pont de fufpenfion du balancier eft tracée dans le plan (*Fig.* 2) : & les détails concernant le reffort de fufpenfion, fon pont, les mâchoires, &c, font les mêmes que nous avons donnés (799) : nous y renvoyons.

1073. *P, P* eft le balancier attaché par trois vis fur l'affiette de l'axe : le pivot fupérieur de cet axe paffe entre les rouleaux fupérieurs 1, 2, 3, & le pivot d'en-bas roule entre les rouleaux inférieurs 1, 2, 3 : ces fix rouleaux font mis en cage entre les platines *N, N* & *Q, Q*, & celles *O, O* & *R, R* : les pointes inférieures des pivots des rouleaux pofent fur des coquerets d'acier.

1074. Le bout fupérieur de l'axe de balancier porte le cercle d'échappement & la mâchoire du reffort de fufpenfion, l'un & l'autre difpofés comme dans l'Horloge N°. 10; & le bout inférieur de cet axe porte la virole de fpiral, qui eft ici difpofée comme dans la Montre Marine ou N°. 3 : *r* eft le fpiral ; *s*, le piton, & *t*, le bout du pince-fpiral porté par le bras *u* de l'axe du pince-fpiral : l'autre bras *x* du pince-fpiral porte la boîte *y* : cette boîte porte deux vis 4, 5 : celle 4 fert à appuyer fur la lame compofée *S, T* ; enforte que, felon que cette lame vient à fe courber par les différentes températures (ᵃ), le pince-fpiral fe meut autour du fpiral, & augmente ou diminue

(ᵃ) On fait que l'acier & le cuivre fe dilatent différemment, & dans le rapport de 74 à 121 (*Voyez Effai fur l'Horlogerie* 1696). Or deux lames, l'une d'acier & l'autre de cuivre, étant liées par des *rivets* 6, 7, 8, &c, comme on le voit fur la lame *S T* (*Fig.* 1), il s'enfuit néceffairement qu'auffitôt que cette lame éprouvera des différentes températures, le côté du cuivre qui fe dilate plus que celui de l'acier, deviendra convexe par le chaud, & concave par le froid. C'eft par cette raifon que les quarts de cercle, qu'on faifoit autrefois avec des regles de champ de fer rivées fur des limbes de cuivre, étoient fi fujets à fe courber & à *travailler* par les différentes températures.

la force du fpiral ; & , par conféquent, on parvient à compenfer
l'action du chaud & du froid fur l'Horloge : l'autre vis 5 fert à
arrêter la boîte plus près ou plus loin de l'axe du pince-fpiral,
pour augmenter ou diminuer fon chemin felon qu'il en eft befoin
pour la compenfation. Le bout *T* de la lame compofée *S*, *T* eft
fixé au pont *V*, *X* : ce pont eft attaché par deux vis & deux
pieds en deffous de la feconde platine du rouage : le bout *X*
du pont eft fendu , & le bout *T y* entre fort jufte , & eft
rivé fur le pont par trois rivets ; enforte que ce bout de la lame demeure parfaitement inébranlable & fixe, tandis que celui *S* parcourt d'autant plus de chemin que la lame éprouve de
plus grandes différences dans la température.

1075. Le pince-fpiral eft mis en cage dans le double pont
Y attaché par une vis & deux pieds en deffous de la platine *O* ,
O de la cage du régulateur : le reffort 9, porté par ce pont,
fert à faire appuyer continuellement la vis 4 de la boîte de
compenfation fur la lame compofée *S*, *T* , afin qu'elle en fuive
tous les mouvements.

1076. L'axe *Z* (*Fig.* 1) eft celui d'une détente qui fert à
deux ufages : le premier, eft de foulever le balancier, & de le
foutenir pendant qu'on tranfporte l'Horloge ; le fecond , eft de
donner le mouvement à l'Horloge. Cet axe eft mis en cage dans
la cage du rouage : le bout fupérieur porte une affiette fur laquelle font rivés un bras & une cheville qui paffe à travers la
platine-cadran *A*, *A* : cette cheville fert à faire agir la détente
fur le balancier. Pour cet effet, le bout prolongé de la tige
paffe à côté de la cage du régulateur, & porte le bras 10, 11
qui eft celui qui agit fur une cheville du balancier, pour lui
donner le mouvement : plus bas,cette tige porte le bras 12, 13,
dont le bout 13 eft limé en plan incliné pour foulever le balancier lorfqu'on veut tranfporter l'Horloge.

1077. La Figure 2 repréfente le pince-fpiral en perfpective, mis en cage dans le double pont. La partie *A* , *A* du premier pont eft celle qui s'attache à la platine, c'eft le deffous. *B* eft
le fecond pont attaché fur celui *A* par une vis & deux pieds :
a eft le pince-fpiral ; *b*, la vis qui arrête la boîte fur le bras *c* ;

le bras oppofé *d* porte la boîte de compenfation . dont le bout
de la vis *f* appuie fur la lame compofée : *g* eft l'index qui marque fur la platine *O , O* (*Fig.* 1) le chemin parcouru par le pince-
fpiral, lorfque l'Horloge change de température.

1078. La Figure 3 repréfente le côté du mouvement de
l'Horloge fur lequel eft placé le méchanifme de compenfation :
A , A eft le deffous de la feconde platine du rouage (qui eft *B B*
(*Fig.* 1) : *B B* eft le deffous de la platine d'en bas du régulateur.
(cette platine eft marquée *O , O* dans la Figure 1) : *C , D* eft
l'encliquetage du barillet : *a , b , c*, les bouts des piliers de la
cage du rouage : *d* , le bout du pivot de la roue de fufée : *e* , le
trou conique fait au bout du pivot de la roue de minute , & *f*,
celui de la petite moyenne : *E*, un trou fait à la platine *A , A*,
pour ôter & mettre la goupille *g* qui eft celle d'un des trois
piliers de la cage du régulateur.

1079. *F , G* eft la lame compofée : la partie de la lame du
côté de *F* eft d'acier , & l'autre côté eft de cuivre , ainfi qu'on
le voit écrit à chaque côté de la lame : le bout *F* de la lame eft
fixé au pont *H , H* : ce pont eft fixé par deux vis fur la platine
A , A : le bout *h* de la lame compofée agit fur le bout de la vis
portée par la boîte *i* : cette boîte eft portée par un bras du
pince-fpiral : ce même bras porte l'index *l* qui marque le chemin
parcouru par le pince-fpiral , au moyen des divifions *o* , 10 , 20
faites fur la platine *B , B*. La boîte *k* , portée par l'autre bras du
pince-fpiral , eft celle du pince-fpiral même : *K* eft le double
pont du pince-fpiral (vu en perfpective *Fig.* 2) : *L* eft le piton
du fpiral.

1080. Les rouleaux ponctuées 1 , 2 , 3 , font ceux qui contiennent le pivot inférieur de l'axe de balancier : le bout faillant
lant de cet axe porte le fpiral *i , k*. Le rouleau 1 eft celui qui fe
démonte lorfqu'on veut retirer le balancier. Pour cet effet on
rémonte la barrette *M* attachée à la platine par deux vis ; alors
on retire le rouleau 1 ; on fait la même opération du côté fupérieur de l'axe de balancier dont on retire le rouleau correfpondant , lequel eft difpofé comme celui d'en-bas : les deux rouleaux correfpondants (marqués 1 (*Fig.* 1) étant ôtés , on retire

le balancier fans démonter la cage du régulateur : cette barrette *M* (& fa correfpondante de l'autre grande platine du régulateur) a un autre ufage ; c'eft de pouvoir, par fon moyen, ôter ou donner du jeu, felon qu'il en eft befoin, à l'axe de balancier. Cette barrette *M* porte un coqueret d'acier *m* qui reçoit la pointe du pivot du rouleau, afin qu'il ne porte pas fur fa portée : *n* & *o* font de pareils coquerets d'acier fervant au même ufage pour les rouleaux 2, 3 ; la même précaution eft employée pour les pointes des pivots de la cage fupérieure des rouleaux.

1081. *N, O, P* eft la détente qui fert à foulever le balancier pendant le tranfport par terre, & à faire enfuite donner le mouvement au balancier : *N, O* eft le bras qui porte le plan incliné pour foulever le balancier *Q, R* qui eft ici ponctué, & *N, P* eft le bras dont le bout *P* agit fur une cheville du balancier pour lui donner le mouvement : *p, p, p* font les bouts des pivots de la cage inférieure des rouleaux.

1082. La Figure 4 repréfente le plan ou calibre fur lequel font tracés & marqués les véritables pofitions de toutes les parties de l'Horloge Marine N°. 11. Les autres figures ont fervi à repréfenter & à faire entendre la difpofition & le méchanifme de cette Horloge ; mais le plan eft plus effentiel encore, puifque, par fon moyen, un Artifte intelligent peut imiter une pareille machine, & c'eft le principal ufage auquel cet ouvrage eft deftiné : *C, C* eft une plaque de cuivre mince, qui eft de la grandeur jufte des grandes platines ; c'eft fur cette plaque que le plan eft tracé : *D* eft la roue de fufée ou des heures qui a 180 dents : *E*, le rochet auxiliaire, qui a 100 dents : *F*, le rochet d'encliquetage de la fufée, qui a 80 dents. Le cercle *G* marque le grand diametre de la fufée, & celui *H*, le petit diametre de la fufée, ainfi que la grandeur du crochet de fufée : *a, b, c* repréfente le garde-chaîne ; *a* eft le plot : la partie *b* du garde-chaîne porte en deffous un talon, contre lequel le crochet va s'arrêter lorfque la fufée eft remontée ; alors la chaîne appuie fur le bout *C* du garde-chaîne, & le talon fe préfente au crochet : *I* eft le barrillet, & *K*, le rochet d'encliquetage du barrillet : *L* eft le cliquet qui retient le rochet du reffort auxiliaire lorfqu'on remonte l'Horloge, ce qui oblige le reffort de réagir fur le rouage, & de fuppléer à la force motrice fufpendue par l'action de la main qui la remonte. *M* eft l'ouverture faite à la platine-cadran, pour voir les heures gravées fur le cadran des heures portées par le canon de la roue de fufée : *d* eft l'index réfervé à cette platine pour indiquer l'heure.

1083. La roue de fufée *D* engrenne dans le pignon *e* de la roue de minute, ce pignon eft de 15 : le pivot prolongé de ce pignon porte l'aiguille qui marque les minutes fur le cadran *A*, dont on n'a repréfenté qu'une portion fuffifante pour le défigner. La roue de minute *N*, rivée fur une affiette du pignon de minute *e*, engrenne dans le pignon *f* de 16 : ce pignon porte la petite roue moyenne *O*, qui a 120 dents : celle-ci engrenne dans le pignon *g* de 16, qui eft celui dont le pivot prolongé porte l'aiguille qui marque les fecondes fur le cadran *B* : les cadrans des minutes & des fecondes font attachés fur la platine-cadran chacun par une vis & deux pieds. On voit l'épaiffeur de ces cadrans dans la *Fig.* 1.

1084. La roue de feconde *P*, portée par le pignon de feconde *g*, a 96 dents : elle engrene dans le pignon *h*, qui eft celui qui porte la roue d'échappement *Q* : cette roue figurée, comme on le voit, porte 10 dents, dont l'action fe fait, de la maniere expliquée (979), fur le cercle d'échappement *R* qui eft d'acier, & porte une entaille qui fe préfente à chaque deuxieme vibration, pour que la roue donne l'impulfion au balancier. Or, chaque vibration du balancier étant d'un quart de feconde, il fuit que l'aiguille des fecondes battra les demi-fecondes : *i*, *l*, *k* eft la détente qui fufpend l'action de la roue d'échappement pendant que le balancier ofcille librement ; *i* eft le bras qui arrête la roue, *l* eft fon centre de mouvement, & *k*, le bras fur lequel agit la palette *m* pour dégager la roue d'échappement, afin qu'elle reftitue au balancier le mouvement qu'il a perdu : *n* eft l'entaille faite au cercle de balancier, pour qu'en y entrant elle donne fon impulfion fur le talon réfervé à la circonférence de ce cercle.

1085. Le cercle d'échappement eſt placé en dehors des rouleaux, comme on le voit *Fig.* 1 ; mais tout contre les rouleaux, afin que le jeu de l'axe en ſoit moins capable de changer les effets de l'échappement , ainſi que cela arriveroit ſi ce cercle étoit éloigné des rouleaux ; & comme la roue d'échappement doit être placée à la même hauteur que ce cercle , afin d'aſſurer les effets de l'échappement (976) ; il s'enſuit que cette roue doit deſcendre dans la cage du régulateur, pendant que ſon pignon doit au contraire remonter dans la cage du rouage, pour aller engrener dans la roue de ſeconde, ainſi la roue d'échappement doit être miſe en cage entre deux ponts , dont l'un *o, h* deſcend dans la cage du régulateur, & l'autre *h, p* monte dans la cage du rouage : ces deux ponts ſont attachés ſur le deſſus de la platine ſupérieure *N, N* (*Fig.* 1) du régulateur. Le pont *o, h* ſert en même-temps à porter le pivot inférieur de la détente , & le pivot ſupérieur de cette détente eſt maintenu par un petit pont *o, l* attaché ſur le premier *o, h* par la même vis. *g, i* eſt le reſſort qui agit ſur la détente : ce reſſort eſt attaché ſur le deſſus de la platine ſupérieure du régulateur : *q* eſt le pont attaché ſur le cercle de balancier, pour recevoir le pivot ſupérieur de la palette *m* ; l'autre pivot de la même palette roule dans un trou de cuivre rapporté ſur le cercle (d'acier) *R* d'échappement : *r m* eſt le reſſort qui agit ſur la palette , pour la ramener contre la cheville qui doit régler ſa courſe (990) : *s* eſt la mâchoire qui fixe le bout inférieur du reſſort de ſuſpenſion du balancier : cette mâchoire *s* eſt attachée par une vis & un pied ſur le cercle d'échappement *R* : *S* eſt le pont de ſuſpenſion du balancier ; il eſt attaché ſur le deſſus de la platine ſupérieure du régulateur, & il monte à travers une ouverture faite à la ſeconde platine du rouage , juſqu'à la platine-cadran : là , il porte la mâchoire qui fixe le bout ſupérieur du reſſort de ſuſpenſion.

1086. *T, T* repréſente la grandeur des deux platines de la cage du régulateur, & *V, V,* la grandeur des deux platines des cages des rouleaux ; *V, V* déſigne auſſi le balancier, lequel eſt de même grandeur que les platines des cages des rouleaux. 1, 2, 3 font les rouleaux, & X, la barrette du rouleau 1. Ce rouleau eſt placé le plus près de la platine ſupérieure du régulateur : la barrette X eſt attachée ſur cette platine ; elle ſert en même-temps, comme nous l'avons vu, à ôter ou donner du jeu à l'axe de balancier, & à démonter le rouleau pour pouvoir démonter le balancier : t, t, t font les piliers des cages des rouleaux, & Y, Y, Y, les piliers de la cage du régulateur : 4, 5, 6, 7 font les piliers de la cage du rouage : 7, 7, 7 font les trous des pieds ou tenons qui ſervent à appliquer & contenir le calibre ſur les grandes platines, pour marquer & percer les pieces dans leurs véritables poſitions : 8, 8, 8 font les trous des pieds qui ſervent à percer & marquer les pieces des petites platines & de la cage du régulateur.

1087. Z, v, x, y repréſente la détente qui ſert à donner le mouvement au balancier, ou à l'arrêter lors du tranſport de l'Horloge : cette détente eſt mobile en Z : le bras y eſt porté par l'extrémité ſupérieure de l'axe de la détente : ce bras porte une cheville qui paſſe à travers l'ouverture 9, 10 faite à la platine-cadran : ce bras y frotte contre la platine, afin que la détente demeure ſûrement au point où on la conduit pour lui faire produire ſes effets : c'eſt la cheville du bras y qui ſert à conduire la détente ; mais, pour arrêter plus ſûrement cette détente, il faut faire, ainſi que je l'ai mis en uſage dans N°. 8 (942), un trou z au bras y, & percer des trous à la platine aux endroits convenables, pour qu'en y paſſant une cheville, cette détente ne puiſſe pas tourner, malgré les ſecouſſes de la voiture qui tranſportera l'Horloge par terre. Le bras v eſt celui qui donne le mouvement au balancier lorſqu'on pouſſe le bras y de o vers 9 ; mais on doit obſerver qu'en donnant ce mouvement à la détente, il faut la ramener tout de ſuite à o, ſans quoi la cheville du balancier, en revenant, viendroit frapper le bras v, ce qui l'arrêteroit de nouveau. J'obſerverai même, par rapport à ce premier effet que je propoſe ici, qu'il doit être fait avec aſſez de préciſion, pour qu'on doive le ſupprimer en ôtant le bras v, & ne faire uſage que du bras x, qui doit ſervir à garantir le reſſort de ſuſpenſion du balancier, pen-

dant

dant le tranſport de l'Horloge dans une voiture : pour cet effet,
le bout *x* de ce bras eſt limé en plan incliné, enforte qu'en
pouſſant le bras *y* de o vers 10, le bras *x* ſouleve le balancier ;
en cet endroit, il faut, comme dans le point *o*, percer un trou
à la platine, pour y faire entrer une cheville qui arrête ſûrement la détente ; mais, en ſuppoſant maintenant qu'on a ſupprimé le bras *v*, il pourroit arriver qu'en ramenant le bras *y* de
10 vers o, le balancier ne reprît pas ſon mouvement tout ſeul,
ce qui dépend de la ſituation qu'avoit le balancier lorſqu'on
l'a arrêté ; dans ce cas, l'on n'auroit, pour faire marcher l'Horloge, qu'à la faire tourner légérement ſur elle-même, le balancier reprendroit ſon mouvement ; en tout cas, pour éviter tout
embarras, on pourroit aiſément ajouter une ſeconde détente
qui ne ſerviroit qu'à faire marcher l'Horloge lorſqu'elle eſt
arrêtée. Enfin, pour achever ce qui concerne cette détente, on
levera toute difficulté en s'en ſervant telle qu'elle eſt tracée,
de façon à donner ſans crainte le mouvement au balancier, en
faiſant parcourir au bras *v* tout l'arc *v* 11, &, par conſéquent,
au bras *y* l'arc o, 9 : on l'arrêtera en ce point par une cheville
paſſant à travers le trou *z* du bras *y* & un trou fait à la platine ;
& lorſqu'on voudra porter l'Horloge dans une voiture, on ra-
menera le bras *y* de 9 vers 10, pour ſoulever le balancier.

1088. Les lignes ponctuées 12, 13 repréſentent la lame
compoſée, & 14, 14, le pont ſur lequel cette lame eſt fixée :
les lignes ponctuées 15, 16 repréſentent le pont du pince-ſpiral : la ligne ponctuée 17, eſt la direction du piton de ſpiral, &
la ligne ponctuée 18 eſt la direction du pince-ſpiral.

1089. La Figure 2, Planche XXVI, repréſente la ſuſpenſion de l'Horloge Marine Nº. 11 ; ici le tambour eſt ſeulement
de la longueur ſuffiſante pour une Horloge à reſſort ; mais on
peut ſe ſervir de la même ſuſpenſion, quoique les Horloges
ſoient à poids, & que le tambour ſoit beaucoup plus long.
Pour cet effet, au lieu de faire paſſer la potence ou piece *A B C*
ſous le tambour comme dans la Figure 2, & d'attacher la
partie *C* au fond de la caiſſe, cette partie *C* eſt attachée à un
côté de la caiſſe, & le tambour deſcend autant qu'il eſt be-

Z z *

foin, fans jamais pouvoir toucher à cette partie extérieure de la fufpenfion ; mais, comme les bras *A* & *B* ne feroient pas affez folides pour foutenir dans cette pofition horizontale la pefanteur de l'Horloge, je fais attacher aux côtés de la caiffe des pieces ou talons qui foutiennent tout l'effort qui fe fait fur *A* & *B* ; par ce moyen la fufpenfion devient la plus fimple & la plus folide poffible.

1090. La traverfe *C, Q, R* de la potence de fufpenfion, qui lie les fupports de *A, B*, devient également néceffaire lorfqu'on l'emploie avec un long tambour ; car, dans ce cas, elle fert à conferver conftamment le même jeu & liberté au cercle *L, M*, avec les pivots des vis *I, K* : car fi l'on attachoit fimplement, comme cela fe pourroit, les fupports *A, B* aux parois de la boîte, pour porter les vis *I, K*, le cercle de fufpenfion *L, M* pourroit avoir trop ou trop peu de jeu dans fa longueur, felon que le bois de la caiffe travailleroit, c'eft-à-dire, qu'il feroit fec ou humide. La potence *A, B, C* évite donc ce défaut effentiel ; &, pour cet effet, il faut encore que les couffinets ou taffeaux portés par les côtés de la boîte, pour foutenir les points d'appui *A* & *B*, ne foient pas liés avec les bras *A* & *B* ; mais qu'ils ne faffent fimplement que les foutenir, fans que le mouvement du bas de la caiffe puiffe les faire fléchir, & gêner la fufpenfion.

1091. Cette fufpenfion eft difpofée de forte qu'on peut mettre le cadran de l'Horloge parfaitement de niveau en tout fens, fans changer la maffe de plomb *D, D*, dont le fond du tambour eft chargé. Pour cet effet, les plaques, comme *E, E*, qui portent les trous dans lefquels entrent les pivots des vis *F*, fe meuvent en couliffe fur la plaque *G* attachée au tambour ; ainfi, en pouffant les plaques mobiles comme *E*, d'un ou d'autre côté, cela change le point par lequel le tambour eft fupporté, & on l'amene dans ce fens au point d'être de niveau ; & pour l'autre fens, on change encore le niveau, felon que l'on enfonce plus ou moins la vis *F* & fon oppofée ; lorfqu'on a trouvé le point convenable, on ferre les contre-écrous *H*. *I, K* font les vis dont les bouts portent les pivots qui entrent dans les trous

faits aux cercles *L M*, pour former le fecond mouvement de
la fufpenfion : ces vis font également arrêtées par des contre-
écrous.

1092. Le bout de la vis *N* porte une pointe conique *a*,
& une bafe *b* qui fert à arrêter le mouvement du tambour dans
le tranfport de l'Horloge par terre ; pour cet effet la pointe
conique *a* entre dans un trou fait au plomb, & la bafe *b* foutient le tambour, enforte qu'il ne peut plus tourner : quand la
vis *N* eft tournée au point convenable, on tourne la vis *e* qui
vient appuyer fur le deffous de la traverfe *C* de la potence de
fufpenfion, & tellement que, dans le cahotage, la vis *N* ne
peut pas fe déviffer, ni par conféquent le tambour acquérir du
jeu.

CHAPITRE XV.

*De la Montre Marine pour porter l'heure au Vaiffeau,
fervir à comparer l'heure de l'Horloge Marine
à l'heure obfervée, pour en conclure la longitude du
Vaiffeau.*

1093. Les Horloges Marines ne devant pas marcher pendant qu'on les tranfporte d'un Port au Vaiffeau, ou lorfqu'on
les redefcend à terre (108), il eft néceffaire, pour faciliter
l'ufage de ces machines, de fuppléer à cette difficulté par
le moyen d'une Montre qui foit affez exacte pour porter l'heure de la terre au Vaiffeau, & affez fimple pour ne pas faire
une augmentation de dépenfe trop confidérable. Parmi les
diverfes conftructions, que l'on peut propofer pour remplir l'objet en queftion, je vais en décrire une affez fimple.

1094. Cette Montre doit toujours être fenfiblement horizontale : elle eft à fecondes, doit battre 4 vibrations par feconde, les pivots de balancier tournant à l'ordinaire dans des

trous : l'échappement eft à ancre à repos, & la roue à cheville.
Le moteur, un reffort placé dans un barrillet tournant, comme dans les Pendules ordinaires à reffort & fans fufée. Nous propofons ici un moyen de compenfation fort fimple, qui peut être fuffifant dans une telle Montre, où les pivots de balancier éprouvent une affez grande quantité de frottement, & des réfiftances des huiles, pour que ces réfiftances forment une partie de la compenfation (*Effai* 1881) ; ce moyen eft celui d'une lame de cuivre formant un arc, les bouts de cette lame retenu par des encoches faites à une regle d'acier. Il arrive que cet arc devient plus ou moins courbe (a), felon qu'il fait chaud ou froid. Si donc on place tellement cet arc que le fpiral, à mefure qu'il vibre, vienne battre au fommet de cet arc, on pourra par ce moyen parvenir à la compenfation.

Defcription de cette Montre.

P L A N C H E XVI.

1095. La Figure 1 repréfente le tambour ou boîte qui doit renfermer cette Montre, avec une fufpenfion fervant à la tranfporter ; *A, B* eft le tambour, dont le fond doit être chargé d'une piece de plomb pour que ce tambour refte bien horizontal : *C, D, E,* font les cadrans de la Montre ; *C,* celui des minutes ; *D,* celui des heures : les heures paroiffent à travers une ouverture de la *platine-cadran* de la même maniere que je l'ai pratiqué dans les Horloges Marines, N°. 7, 8, &c. *E* eft le cadran des fecondes concentriques à la fauffe plaque : cette platine *D, E, C* s'attache par 4 vis à une *batte F, G* portée par le tambour ; la batte eft faite comme celle de nos Horloges Marines ; elle porte une lunette & une glace qui ne font pas ici repréfentées : cette glace eft percée d'un trou à l'endroit *H* du quarré de remontoir, afin de pouvoir remonter la Montre, fans ouvrir la lunette.

(a) M. *Bouguer* a employé cette difpofition pour faire des expériences fur les dilatations & contractions de plufieurs métaux. *Voyez* Mém. de l'Académ. 1745, pag. 230.

1096. La piece *I*, *K* de suspension du tambour porte deux vis, comme *I*, dont les bouts terminées en pivot entrent dans deux trous faits au tambour ; ils sont diamétralement opposés l'un à l'autre, ce qui permet au tambour de prendre son à-plomb dans le sens de ce mouvement. La piece ou anneau *L* porte également deux vis, comme *M*, terminées en pivots qui entrent dans des trous faits au sommet de l'arc *M* de la piece de suspension *I*, *K* : les trous de ces pivots sont à angles droits avec ceux de cette piece *I*, *K* ; de sorte que cela forme une véritable suspension, au moyen de laquelle le tambour doit toujours rester horizontal. L'anneau *L* sert de *main* pour porter la Montre.

1097. La Figure 2 représente le plan ou calibre de cette Montre ; *A*, *B* est la platine-cadran, sur le dehors de laquelle le plan est tracé ; *C* est la roue de barrillet ; *D*, le cadran des heures. La roue de barrillet *C* engrene dans le pignon *a* de la roue de minute. Le pivot de ce pignon prolongé en dehors, de la platine-cadran, porte l'aiguille des minutes ; *E* est une portion du cadran des minutes, sur lequel cette aiguille marque les minutes ; *F* est la roue de minute qui engrene dans le pignon *b* de la petite roue moyenne *G* ; celle-ci engrene dans le pignon *c* de la roue de secondes placée au centre de la platine ; le pivot prolongé de ce pignon porte l'aiguille des secondes qui les marque sur le cadran concentrique *H*, dont on n'en voit qu'une portion. La roue de secondes *I* engrene dans le pignon *d* de la roue d'échappement; cette roue *K* d'échappement porte 20 chevilles placés d'un même côté de la roue, ces chevilles font l'échappement avec l'ancre *L* formé par des portions de cylindre, & dont les extrémités terminées en plan incliné *e* & *f*, font la levée de l'échappement (la disposition de cette ancre est vue *Fig.* 4 : *L* est l'ancre : *e*, *f*, les plans inclinés) : *M* est le balancier qui fait 4 vibrations par secondes : 1, 2, 3, 4 sont les piliers : les nombres qu'on peut mettre sur les roues & pignons de cette Montre, sont placés sur le calibre : j'ai mis des pignons de 12 pour plus de perfection.

1098. La Figure 3 fait voir le mouvement de cette Montre en profil; *A*, *B* eſt la platine-cadran; *B*, *C*, la *petite platine*; 1, 2 les piliers; *D*, la roue de barrillet; *E*, le barrillet; *F* le cadran des heures; *a*, le pignon de minute; *b*, ſon pivot qui doit porter l'aiguille des minutes; *G*, la roue de minute; *b*, le pignon de petite moyenne, dans lequel engrene la roue de minute; *H* la petite roue moyenne qui engrene dans le pignon *c* de la roue de ſecondes: *d* eſt le pivot prolongé du pignon *c*; c'eſt ce pivot qui porte l'aiguille des ſecondes. La roue de ſecondes *I* engrene dans le pignon *e* de la roue d'échappement; *K* eſt la roue d'échappement ou de cheville: *L* eſt l'ancre porté par la manivelle *f*, *g*, dont l'axe porte le balancier: *N* eſt le ſpiral: *O*, le piton: *P*, *Q*, la lame de cuivre pliée en arc, & tendue par une regle d'acier attachée à la platine *B*, *C*: *R* eſt le pont du balancier, & *h*, le coqueret d'acier, ſur lequel roule le bout du pivot de balancier.

Conſtruction de l'échappement de la Montre Marine.

1099. Le centre de l'ancre d'échappement doit paſſer par le milieu de l'épaiſſeur des chevilles de la roue d'échappement, afin que l'action de la levée ſoit moins décompoſée; ainſi il faut que cette ancre ſoit formé de deux pieces, & porte par conſéquent une manivelle (ª) pour donner le paſ-ſage à la roue d'échappement: *A*, *B* (*Fig.* 5) eſt la piece qui doit former le cylindre *L*, tel qu'on le voit (*Fig.* 4): & *f*, *g* (*Fig.* 4) eſt la manivelle, dont la partie *f* s'attache au-deſſous de l'ancre *L*; la partie *g* de la manivelle forme le bout ſupérieur de l'axe de balancier, & au bout eſt le pivot qui doit rouler dans la platine-cadran, comme on le voit (*Fig.* 3).

1100. La roue d'échappement porte 20 chevilles qui ſont percées droites au moyen de l'outil, dont on verra la deſcription, troiſieme Partie, & vu Planche XXV, Fig. 8: au moyen

---

(ª) J'ai préféré la diſpoſition que je donne ici à celle d'un cylindre emmanché, comme on le fait dans les Montres, parce que ces cylindres ſont plus difficiles à exécuter, & les roues auſſi fort difficiles & coûteuſes.

de quoi l'exécution de cette roue est des plus faciles.

1101. La roue d'échappement étant faite, on exécute l'ancre d'échappement fort facilement, on prend pour cet effet un morceau d'acier de telle grosseur qu'étant tourné, le diametre extérieur *A*, *B* (*Fig.* 5) entre juste entre 4 chevilles de la roue; on creuse ensuite ce cylindre, de sorte que dans le rebord intérieur *a*, *b* entrent juste 3 chevilles de la roue d'échappement; alors on ajuste sur ce cylindre préparé la manivelle qui doit être attachée par une vis & deux pieds; ensuite on découpe ce cylindre de façon qu'il ne reste que la *barrette c, d* (*Fig.* 4), & l'ancre *L, e, f* : on forme les plans inclinés aux bouts de l'ancre, & on les recule jusqu'à ce que l'échappement se fasse avec la levée requise, c'est-à-dire, de 20 ou 30 degrés; ce que l'on voit en mettant la roue & le cylindre sur un outil d'engrenage.

1102. Je dois observer que j'ai proposé ici cet échappement, comme le plus facile à exécuter; mais il ne vaut pas pour la bonté l'échappement à cylindre ou celui à cheville, qu'on employe dans les Montres : ceux-ci deviennent trop coûteux pour une machine, qui, comme celle-ci, ne doit servir 1°, que pour porter l'heure au Vaisseau ; 2°, pour comparer l'heure des observations faites dans le Vaisseau avec l'heure de l'Horloge, afin d'en conclure la longitude. Je dois ajouter ici, par rapport à cet échappement, que si j'avois à exécuter de telle Montres, je me servirois préférablement de celui à vibrations libres, tel que je l'ai employé dans la Montre Marine N°. 3, parce que dans celui-ci les effets s'exécutent facilement, & que la Montre en acquiert plus de justesse.

Compensation de la Montre Marine.

1103. *A B* (*Fig.* 6) est le dehors de la petite platine : *C* est le rochet d'encliquetage du barrillet : *D* est le cliquet, & *E* le ressort ; *F* est le balancier ou régulateur de la Montre ; *G* le pont du balancier ; *a*, le coqueret d'acier ; *I*, le spiral, & *H*, le piton de spiral ajusté à frottement, comme dans les

Montres ordinaires, dans un trou de la platine; l'index ou *rateau b , c , e* tourne à frottement fur la platine : ce rateau porte en *d* une feule cheville, contre laquelle le point *d* du fpiral bat, lorfque le balancier tourne de *K* vers *F* ; & lorfque le balancier retourne de *F* vers *K* , le point extérieur *d* du fpiral va battre contre le talon *e* fait au fommet de l'arc ou lame de cuivre *L , e , M.* Les extrémités *L , M* de cette lame font retenue dans les encoches *f , g* faites à la regle d'acier *N , O* : cette regle eft attachée en *h* par une vis fur un pont porté par la platine; ainfi les bouts *f , g* de cette regle peuvent fe dilater & contracter librement ; mais comme la lame de cuivre éprouve une plus grande dilatation que la regle d'acier , il s'enfuit que le fommet de l'arc ou *fleche , e* , doit s'approcher ou s'écarter de la cheville *d* , felon qu'il fait chaud ou qu'il fait froid ; enforte que le fpiral aura plus ou moins de jeu entre le talon *e* & la cheville *d.* Or cet effet produira néceffairement la compenfation ; c'eft comme fi l'on rendoit le fpiral plus long ou plus court, ainfi qu'il eft aifé de le concevoir ; car fi le talon *e* & la cheville *d* étoient fort proche l'un de l'autre , & que le fpiral n'eût point de jeu, fa longueur pourroit être comptée des points *d , e* ; fi au contraire on écarte beaucoup ces chevilles, la longueur du fpiral devra être prife du piton , & fi je fuppofe les chevilles *e , d* tellement écartées que la moitié de la vibration fe faffe fans que le fpiral touche ces chevilles , & l'autre moitié en y touchant , alors la premiere moitié de la vibration fera plus lente , puifque la longueur du fpiral fera prife du piton , & la feconde moitié de la même vibration fera plus courte , la longueur du fpiral étant prife depuis les chevilles.

I I O 4. C'eft par un femblable raifonnement qu'on expliquera l'effet que nous avons obfervé (272) : nous avons vu que pour peu qu'on approche ou écarte les chevilles d'un pince-fpiral ou d'un rateau , cela fait avancer & retarder fenfiblement la Montre : ainfi quoique cet arc *L M* qui eft affez court dans cette Montre , ne puiffe changer que d'une très-petite quantité , cependant ce petit mouvement fera fuffifant pour achever la compenfation ,

tion , déjà en partie faite par les réſiſtances des huiles des pivots : en tout cas, il ſeroit facile de multiplier ce chemin du ſommet de l'arc par un levier. Au reſte, comme cette Montre ne doit ſervir que pour des intervalles très-courts ; il n'eſt pas néceſſaire de rechercher une trop grande exactitude ; car on retomberoit alors dans la conſtruction de notre Montre Marine N°. 3 , & ce n'eſt pas ce dont il eſt queſtion ici.

1105. Pour régler fort ſenſiblement la Montre, il faut alonger ou accourcir le ſpiral par le piton ; mais pour la régler au plus près, on pourra ſe ſervir de l'index b en le faiſant avancer ou reculer tant ſoit peu, afin que la cheville d ſe préſente à peu près vis-à-vis le talon e ; cet index marquera le chemin qu'on lui aura fait faire ſur le petit arc $P\,B$ gradué ſur la platine.

TROISIEME PARTIE.

De la Main-d'œuvre des Horloges Marines.

CHAPITRE PREMIER.

Des Inftruments & Outils néceffaires pour rendre l'exécution des Horloges Marines plus parfaite.

1106. L'ART de l'Horlogerie fi riche en inventions ingénieufes pour marquer en divers moyens , & avec une précifion admirable, la mefure du temps , les révolutions des Aftres, &c , l'eft encore plus en inftruments & en outils qui ont été inventés en différents temps par les Artiftes, tant pour donner à leurs productions la plus grande exactitude , que pour abréger les opérations de la main-d'œuvre. Ce feroit un Ouvrage bien digne d'un fiecle auffi éclairé que le nôtre , que celui qui renfermeroit toutes les machines & inventions qui appartiennent à l'Art de l'Horlogerie , pour marquer la mefure du temps , &c, &c, & qui réuniroit à la fois à ces belles inventions les inftruments & les outils quelconques, imaginés & employés par les divers Artiftes qui ont enrichis cet Art , & les noms de leurs Auteurs. Mais je crains bien qu'il ne foit difficile de jamais exécuter une entreprife qui eft au-deffus des forces d'un feul homme. Il faut d'ailleurs convenir que nous poffédons beaucoup de très-belles inventions , dont les Auteurs font ignorés ; mais ce n'eft pas ici le lieu de traiter cet objet bien au-deffus de nos forces.

1107. Les inftruments & outils que les Artiftes Horlogers ont imaginés, ont deux ufages effentiels ; le premier , c'eft que, par le moyen des outils & inftruments, on donne aux pieces qu'on exécute une perfection fort au-deffus des fimples opérations de la main; le fecond, c'eft que ces opérations font en même-temps beaucoup plus promptes. Sans ce fecours des outils, le plus grand nombre des Ouvriers qui travaillent à l'Horlogerie n'auroient pas affez d'adreffe, enforte qu'ils ne feroient que des ouvrages groffiers & imparfaits, au lieu qu'à l'aide de ce fecours, leurs ouvrages font paffables. Mais fi ces inftruments & outils font néceffaires aux médiocres Ouvriers, ils font utiles à cette claffe fi rare des bons Ouvriers. Ceux-ci tirent un bien meilleur parti des outils, qui leur épargnent un temps précieux. Entre leurs mains, les inftruments tiennent lieu d'un nouvel organe plus actif & plus délicat que celui qu'ils tiennent de la nature. Mais fi l'Horlogerie même ordinaire a befoin d'inftruments pour perfectionner la main-d'œuvre; ces inftruments deviennent d'une abfolue néceffité pour l'exécution des Horloges Marines; puifque ces machines exigent (pour remplir leur objet) & du côté de la théorie, & de celui de la main-d'œuvre, tout ce que la méchanique a de plus fublime. Telle eft l'idée que je me fuis formée de ces machines; fur-tout lorfque je les ai mieux connues, & que j'ai envifagé la précifion qu'elles exigent pour pouvoir déterminer les longitudes en mer. Les inftruments & outils que je préfente ici, ont été conftruits d'après ces points de vue réunis, perfection & facilité de main-d'œuvre.

1°. *De la Machine à fendre.*

1108. L'inftrument le plus néceffaire à un Artifte qui veut travailler en grand en Horlogerie, eft celui à fendre les roues: on peut en quelque forte, par fon moyen, fuppléer à plufieurs autres, parce que cet inftrument eft fufceptible d'un grand nombre d'additions qui peuvent fervir à différents ufages: tel eft l'outil à fendre dont je me fers. La trop grande étendue de cet inftrument m'a empêché de le faire graver; & comme la partie principale de cet outil eft déja connue des Horlogers (& que j'en ai donné la defcription dans l'Encyclopédie) & dans mon Essai sur l'Horlogerie (428 *& suiv.*), nous y renvoyons , en nous contentant de donner ici les principaux usages de cet outil & les additions que nous y avons faites , pour faciliter & perfectionner la main-d'œuvre.

I I O 9. Le principal usage de l'outil à fendre , est de fendre les roues ordinaires, ce qui se fait avant que ces roues soient enarbrées sur leurs pignons : dans l'usage ordinaire, on fend seulement les rochets d'échappement enarbrés (*Essai* N°. 435). Mais, pour donner aux rouages de mes Horloges Marines la plus grande perfection possible, j'ai calculé , avant de faire les roues , la véritable grosseur des pignons , & j'ai d'abord exécuté les pignons (de la maniere que nous le dirons tout à l'heure) & ensuite j'ai enarbré les roues sur ces pignons , après quoi j'ai fendu les roues tout enarbrées , en les ajustant & centrant sur l'outil de la même maniere qu'on le fait pour les rochets d'échappement. On sent que cette méthode donne une plus grande précision aux dents des roues ; au lieu qu'en fendant d'abord la roue souvent tournée sur un arbre mal rond & fendu sur un tasseau encore plus mal rond & mal enarbré, la roue ne se trouve plus ronde, ni les dents égales. Pour suivre le même plan de perfection, j'ai fait exécuter mes pignons par une méthode tout-à-fait différente de l'usage ordinaire, qui est de fendre les pignons à la main : mes pignons sont aussi fendus sur l'outil à fendre que j'ai disposé à cet usage.

I I I O. Pour fendre sûrement & facilement les pignons sur l'outil , je les fait de deux parties : l'axe ou tige , & le pignon : celui - ci devient une espece de petite roue , c'est-à-dire , que les pignons sont rapportés après qu'ils sont faits sur leurs tiges. Cette méthode procure plusieurs avantages ; 1°, celui d'exécuter facilement le pignon , & avec beaucoup de perfection ; 2°, le pignon n'étant pas fait de la même piece que la tige , on peut employer de meilleur acier pour l'un & l'autre , qui n'est point corrompu par la forge : l'acier que j'emploie pour le pignon est d'excellent acier fondu , forgé en barreaux plats : il est très-fin & n'a jamais de paille , ou s'il en avoit, on le verroit avant de l'employer. L'acier dont je fais les tiges de mes pignons, eſt également d'excellent acier fondu, forgé & quarré, de la groſſeur requiſe. Ainſi les pivots faits avec de tel acier, ſe tournent parfaitement ronds ; 3°, par cette méthode ſi l'on caſſe un pivot d'une tige, le pignon n'eſt pas perdu, de même que ſi l'on trouvoit une paille dans l'acier de la tige, en faiſant le pivot, on en ſeroit quitte pour chaſſer la tige, & en remettre une autre.

I I I I. Maintenant, pour revenir à la maniere de fendre le pignon ſur l'outil à fendre, ce pignon doit être tourné ſur un arbre liſſe, de la groſſeur que le pignon peut ſupporter. J'ai fait à mon outil de petits taſſeaux d'acier, dont la tige eſt juſte de la groſſeur du trou des pignons, & la baſe du taſſeau, du diametre que peut permettre l'enfoncement des dents du pignon. Pour connoître cet enfoncement, il faut d'abord faire un *faux pignon* de cuivre qu'on fend de profondeur : cela donne celle de la baſe du taſſeau.

I I I 2. Le pignon ainſi diſpoſé ſur ſon taſſeau, il faut qu'il ſoit recouvert, en place d'écrou, par un chapeau conique, fait comme ceux dont on ſe ſert pour les roues de Montres (*Eſſai* 434), la baſe du chapeau égale à celle du taſſeau. Pour fixer le pignon avec le taſſeau, de façon qu'en fendant il ne puiſſe tourner, l'on ſe ſervira du levier & de la vis de preſſion de l'outil à fendre, diſpoſés pour les roues de Montres. Ainſi l'on doit fendre les pignons de la même maniere qu'on fait les roues de Montres ; mais il eſt bon de prévenir que pour cela il faut que l'outil à fendre ſoit fort & ſolide, ſans quoi la preſſion du levier ne ſeroit pas capable d'empêcher le pignon de tourner, à cauſe de l'effort de la fraiſe : voilà deux principaux uſages de l'outil à fendre, employé pour l'exécution des Horloges Marines.

I I I 3. Un troiſieme uſage que j'ai donné à cet inſtrument, c'eſt celui de diviſer & graduer en même temps des cadrans quelconques, limbes, &c, des Horloges Marines, en donnant à ces diviſions une grande juſteſſe, beaucoup de propreté, & promptitude dans l'exécution.

I I I 4. Pour donner d'une façon ſimple cette propriété à

l'outil à fendre, j'ai fait un burin figuré convenablement pour former les graduations des cadrans; ce burin fe met fur l'arbre des fraifes, & il eft fixé de maniere à ne pouvoir tourner. L'*H*, ou *porte-fraife*, ou ici *porte-burin*, au lieu d'être mobile fur le coulant de la plate-forme, eft mobile fur une feconde *H* mife en place du porte-fraife; le mouvement compofé de ces deux *H*, permet donc au burin de fe mouvoir en ligne droite du centre de la plate-forme vers le coulant, & de pouvoir former des rayons ou graduations de la piece que l'on veut divifer. Ce mouvement des deux *H* eft tout-à-fait le même qu'on employoit autrefois pour fendre des pignons; maintenant pour borner le mouvement du burin ou *traceret*, felon la longueur des divifions ou degrés que l'on veut faire, j'ai placé, fur le dehors de la vis du porte-fraife, une piece d'acier qui porte deux coulants & mâchoires qui vont répondre à la vis de la feconde *H*, mobile autour du coulant: ces deux coulants ou mâchoires, entre lefquelles paffe la vis de la feconde *H*, font mobiles à volonté, & on les fixe par des vis de preffion fur leurs barres communes, felon que les divifions font plus ou moins longues; par ce moyen, on divife & on grave en même temps les divifions des cadrans, limbes, &c, fans rifque de paffer hors des traits qui les limitent.

1115. Les cadrans ou limbes que l'on veut graduer s'attachent & fe fixent fur des taffeaux de la plate-forme qui par-là fert de divifeur, au moyen des nombres qu'elle porte, & de l'alidade ou compteur.

1116. On pourroit ajouter un autre ufage effentiel à la machine à fendre, c'eft d'arrondir, les dents des roues & pignons, on l'a même fait; mais il faut avouer que ce n'eft pas toujours un avantage de vouloir tout réunir dans le même inftrument, parce que, pour ces ufages différents, on eft obligé de démonter à chaque inftant des parties de la machine, ce qui fait perdre du temps. Il vaut donc mieux les féparer; fi cela augmente la depenfe des outils, on le regagne par le temps toujours précieux à l'Artifte. Nous allons donner la defcription de l'outil à arrondir, que l'on a imaginé pour figurer & achever les dents des roues, & auquel j'ai adapté le moyen de s'en fervir pour arrondir & égalifer en même temps les pignons.

2°. De l'Outil à arrondir les dents des roues & pignons, & à égalifer les pignons.

1117. Le pignon étant fendu fur la machine à fendre, de la maniere que nous l'avons expliqué ci-devant, ne peut être réputé qu'ébauché. Le fond des dents eft refté creux par le mouvement de l'*H*, & la courbure de la fraife ; & les dents font encore quarrées, & il peut arriver, que malgré toutes les précautions employées en le fendant, il foit cependant inégal ; c'eft donc pour terminer tout-à-fait les pignons après qu'ils font fendus, que j'ai difpofé l'outil à arrondir vu de profil, Planche XXII, *Fig.* 1. Pour cet effet, j'ai fait entrer à force fur l'axe du divifeur *A* le pignon *a* que l'on veut arrondir ; ce divifeur (vu en plan *Fig.* 2) eft une roue plate fendue avec foin avec une fraife quarrée, fur le même nombres que le pignon : le divifeur eft attaché par deux vis à l'affiette *b* chaffée à force fur l'axe ou tige *a* : on peut changer facilement de divifeur, felon qu'on en a befoin pour les pignons plus ou moins nombrés. *B* eft une vis de rappel, qui fait mouvoir une alidade portant un talon pour entrer dans les fentes du divifeur, ce qui le fixe très-folidement, & l'empêche de tourner ainfi que le pignon, malgré l'action de la lime : ce mouvement de rappel fert à préfenter bien jufte à la lime, foit à arrondir ou à égalifer, les fentes du pignon : *C* eft une vis de preffion qui arrête l'alidade, lorfqu'on a conduit le divifeur au point convenable pour la lime.

1118. La Figure 2 fait voir en plan le divifeur *A* ; *B* eft la vis de rappel ; *D* eft l'alidade ; *C*, fa vis de preffion ; *E*, la piece fur laquelle l'alidade eft ajuftée, & qui s'arrête par une vis & deux pieds en *E*, fur la boîte de la poupée *EF* (*Fig.* 1). Les pointes de l'axe du divifeur font arrêtées, comme fur un tour, par les broches *c*, *d* (*Fig.* 1) ferrées fortement par les vis des poupées, de façon à pouvoir tourner & fans jeu, afin que l'action de la lime ne puiffe donner aucun jeu à l'axe entre fes pointes.

1119. La poupée *G* eft formée fur la piece *G H I*, dont la branche *H I* fert à recevoir la boîte de la poupée *E F*, & la boîte *I* du fupport *L*, dont la plaque *e* paffe auprès du pignon *a* pour foutenir l'axe de l'alidade, afin que l'effort de la lime ne puiffe le faire fléchir : *M N* eft le *doffier* ou manche de la lime ; le bout *M* du doffier forme une mâchoire dans laquelle eft fixée par deux vis la lime *f g*.

1120. Le mouvement du doffier fe fait jufte & librement entre 8 rouleaux, dont 4, comme 1, 2, foutiennent le deffous du plan du doffier ; & 4, comme ceux portés par les chappes 3, 4, contiennent les côtés : les quatre rouleaux qui contiennent les côtés du doffier fe meuvent en couliffe par les vis de rappel, dont on voit les têtes 5, 6, cela fert à ôter ou à donner du jeu au doffier.

1121. Pour régler la longueur du mouvement du doffier, felon celle des limes, il porte en deffous deux talons, comme *h*, qui viennent frapper fur le mentonnet *i*, pour empêcher la lime de fortir du pignon : ce mentonnet eft rendu mobile le long du chaffis *O P*, au moyen de la vis de rappel 7, & il eft rendu fixe avec la vis 8, lorfqu'on a conduit le mentonnet au point que par, le mouvement du doffier, la lime ne forte ni d'un bout ni de l'autre du pignon.

1122. Les quatre rouleaux, comme 1, 2, qui foutiennent le deffous de la lime, font attachés par de petites chappes fur le chaffis *O, P* ; ainfi le doffier ne peut monter ni defcendre, ni par conféquent s'enfoncer plus ou moins dans les dents du pignon : il a donc fallu faire monter & defcendre le chariot, ou piece *G H I* qui porte le pignon ; afin que le pignon s'approche de la lime, & que celle-ci puiffe le figurer en le limant. Pour cet effet, le bout *G Q* du chariot porte un talon ou languette qui paffe jufte dans une rainure formée par les languettes 9, 10, arrêtés par 3 vis fur le bout *O R* du chaffis *O P*. Le chariot peut donc monter & defcendre dans

cette

cette couliſſe (qui n'eſt pas ici repréſentée) ; & pour le faire mouvoir on ſe ſert de la vis de rappel *S*.

1123. Le chaſſis *O P R* eſt fixé par deux vis *l m*, ſur la piece *T* du grand chaſſis d'aſſemblage *T V X Y*. Le bras *V* fixe & rend ſolide le bout *P* du chaſſis du doſſier ; & celui *X* ſert à fixer le bout de la branche *H* du chariot, afin que l'effort de la lime ne puiſſe le faire fléchir. Pour cet effet, le bout *X* du grand chaſſis eſt fendu, afin que la branche qui porte la vis *Z* puiſſe monter & deſcendre convenablement & librement pour préſenter le pignon à la lime ; quand ce chariot eſt à ce point, on ſerre la vis *Z* : cette vis *Z* paſſe dans la fente faite à la branche *X*.

1124. *e* (*Fig.* 3) eſt la plaque qui s'attache au ſupport *L* (*Fig.* 1) pour ſoutenir le pignon ou bout de l'axe : ce ſupport porte deux broches *L* paralleles qui entrent dans des trous faits à la boîte *K*, & fixée chacune par une vis *R* : on ne voit ici qu'une des branches *L* : les vis *n, o* ſervent à fixer : l'une *n* la boîte *E* de la poupée *E F* : & l'autre *o* la boîte du ſupport ; *A* (*Fig.* 3) eſt le bout d'un manche d'un doſſier de limes qui ſert lorſqu'on doit arrondir des roues plus grandes que ne permet la courſe du chariot.

Planche XXIII.

1125. La Figure 1 de la Planche XXIII fait voir en plan l'outil à arrondir, au même état qu'il eſt vu en profil, dans la Planche XXII ; mais le doſſier en eſt ôté. *A* eſt le diviſeur ; *a*, le pignon ; *b*, le petit bout de l'alidade ; *B, C*, les poupées portant les broches qui ſoutiennent les bouts de l'axe du diviſeur ; *D D*, le deſſus du ſupport, dont *E* eſt la boîte ; *c*, la vis de rappel de l'alidade ; *d*, la vis de preſſion ; *F*, la piece qui porte l'alidade & ſes vis ; *e*, la vis qui attache cette piece à la boîte *G* de la poupée *B G* ; *f, f* ſont les vis de preſſion des broches du ſupport ; *g, h* ſont les vis de preſſion des broches 1, 2 portées par les poupées *B, C*, pour maintenir l'axe du diviſeur ; 3, 4, 5, 6 ſont les rouleaux qui ſoutiennent la baſe du doſſier, & *i, l, m, n* leurs chappes ; 7, 8, 9, 10 ſont les quatre rouleaux

qui maintiennent les côtés du doffier ; *H, H, H, H,* leurs
chappes arrêtés par des vis, *o, o, o, o* fur le deffus du chaffis
IK ; *p* eft la vis de rappel qui fait mouvoir le mentonnet ou
arrêt *L* qui borne la courfe du doffier ; *M* eft un fort bras du
chaffis *IK,* qui fert à attacher l'outil à l'étau ; *N O* eft le bout
du grand fupport ou chaffis, dont le bout *O* foutient le bout
P de la branche du chariot : & *Q* eft la vis qui arrête enfemble ces deux pieces.

1126. La Figure 2 eft le doffier ou manche de limes vu en
plan ; *A B* eft la partie qui fe meut entre les rouleaux, comme
dans une couliffe ; *C, D,* la mâchoire ou partie où s'attache la
lime, au moyen des vis de preffion 1, 2 : la vis 3 fert à maintenir la mâchoire parallele, pour que la lime foit arrêtée par
tous fes points. La mâchoire *C D* s'attache par la vis *a,* dans
une fente faite à la piece *E E,* faite en queue d'aronde pour entrer
dans la couliffe *F, G* qui eft auffi faite en queue d'aronde. On
peut donc, par ce mouvement, faire mouvoir la mâchoire
& la lime parallélement à elle-même, au moyen de la vis de
rappel *b, c* ; ce mouvement fert à tellement placer la lime
que les dents qu'elle arrondit ou égalit foient parfaitement
droites, & non inclinées ni plus arrondies d'un côté que de
l'autre.

La Figure 3 repréfente le fupport tel qu'il doit être difpofé
pour fervir aux pignons.

1127. L'outil à arrondir que nous venons de décrire fert
également à arrondir les pignons & les roues, à cela près
feulement que le fupport eft différent pour arrondir les roues ;
il a de moins l'équipage du divifeur, & celui de l'alidade qui
devient inutile pour les roues : on fe contente de les arrondir
fans chercher à les rendre plus juftes que ne les a fendue la
machine à fendre, parce qu'en effet, les roues fe fendent beaucoup plus jufte que les pignons ; la lime même qui entre jufte
dans les fentes des dents de la roue, la contient & lime également des deux côtés.

1128. Pour arrondir les roues, il faut foutenir leurs axes,
afin que les pivots ne foient pas fatigués ; c'eft l'office du fup-

port que nous allons décrire, & il faut de plus que ce fupport empêche la roue de fléchir par le mouvement de la lime; il a donc fallu faire mouvoir la roue entre une efpece de mâchoire affez juftement prife pour ne pas laiffer fléchir la roue, & pas affez pour l'empêcher de tourner & de prendre la direction à laquelle la lime tend de la porter; tel eft le fupport vu en plan (*Fig.* 4), & en profil (*Fig.* 5); *A* eft le fupport qui foutient la tige; & *B*, *C*, la mâchoire, entre laquelle on fait paffer librement la roue : la piece *B* eft une plaque de cuivre que l'on fait approcher au moyen de la boîte du fupport, jufqu'à ce qu'elle ne faffe que toucher la roue : & la plaque d'acier *C* porte deux broches, comme *a*, *b* que l'on fait mouvoir de *C* en *B*, jufqu'à ce que la plaque *C* touche la roue légérement; alors on ferre les vis de preffion *c*; la plaque *B* (*Fig.* 4) eft fendue pour le paffage de la tige de la roue; 1, 2 font les broches du fupport qui entrent dans la boîte *L* (*Fig.* 1).

Le fupport qui fert aux roues peut s'élever par les broches & par les plaques mêmes *d*, *e* attachées l'une fur l'autre par deux vis : les deux plaques montent ou defcendent plus ou moins l'une fur l'autre. Nous n'entrerons pas dans un plus grand détail fur l'outil à arrondir les roues, cet inftrument eft fort en ufage actuellement parmi les Ouvriers en Montres; & ce que nous en avons dit eft fuffifant pour le faire entreprendre à ceux qui ne le connoiffent pas encore.

3°. *De l'Outil à figurer & à tailler les limes, à arrondir les roues & les pignons.*

1129. Les limes à égalir, dont on fe fert avec l'outil à arrondir, pour finir le fond & le côté des dents des roues, font faites de la même maniere que les limes à égalir ordinaires *emmanchées*; mais, il n'en eft pas de même des limes à arrondir, celles-ci doivent être figurées de maniere à donner aux dents des roues la figure convenable pour l'engrenage, parce que le manche ou doffier eft fixe dans fa pofi-

tion, & ne tourne pas comme on le fait avec la main, lorfqu'on arrondit les dents d'une roue; les limes dont on fe fert
pour arrondir les dents de roues'à l'outil font tellement faites,
que l'on arrondit en même temps deux côtés de deux dents, &
fans que la roue puiffe tourner; pour cet effet, la lime porte
dans le milieu de fon épaiffeur une partie non taillée qui fert
de *guide*, & qui entre jufte dans les fentes de la roue: au-deffus du guide, & de chaque côté commence la courbure ou
creux qui doit être taillé, & qui fait l'arrondi des dents, ce
font les creux ou courbures des limes, qu'il a fallu d'abord
figurer avec une efpece de rabot, & enfuite tailler; mais au
moyen de l'outil repréfenté, Fig. 1, Planche XXIV, on êft parvenu, en employant une efpece de fraife arrondie, à figurer les
côtés de la lime avec beaucoup de facilité & de promptitude: la
même fraife fert auffi à tailler la lime de la maniere que nous
allons l'expliquer. *A B* (*Fig. 6*) repréfente une lime à arrondir.

1130. Les limes à arrondir font faites d'excellent acier
fondu, forgé plat, de la largeur de 4 lignes; on coupe cet
acier par morceau de 12 pouces, pour faire trois limes: on
le lime & calibre avec foin de même épaiffeur & de même
largeur; on coupe cet acier, ainfi calibré, en morceau de la
longueur que doit avoir la lime; en cet état, on prend l'acier
qui doit former une lime, & on l'attache en *A* (*Fig.* 1) dans
une mâchoire ferrée par deux fortes vis, fur une efpece de
doffier ou manche *BC*, dont les côtés font maintenus par quatre rouleaux, comme *a b*, de la même maniere que le doffier ou manche de l'outil à arrondir. Le deffous du doffier *BC*
porte deux chevilles 1, 2 (*Fig.* 2) qui vont battre contre le
plot *D*, & fixent la courfe du doffier: ce plot *D* qui eft d'acier
fert auffi à foutenir l'effort que reçoit le doffier, lorfqu'on figure ou taille la lime; il y a encore quatre autres chevilles qui
tiennent lieu des rouleaux employés dans l'outil à fendre, pour
maintenir ou recevoir la bafe du doffier; mais ici ces rouleaux
auroient été trop fatigués par le grand effort que reçoit le doffier pour figurer & tailler les limes.

1131. Les fraifes, dont on fe fert pour figurer & tailler

les limes, font arrondies & taillées à peu près comme le font les têtes des vis gauderonées; *D* (*Fig.* 1) eft une de ces fraifes; elle eft attachée fur un arbre à vis, & à écrou pareil à ceux de machines à fendre; cet arbre *E F* porte, au lieu de pointes, deux grands trous coniques, propres à recevoir plus d'effort. Ces bouts creufés de l'arbre font maintenus par les pointes des vis *G, G* : ces vis arrêtées par les contre-écrous *H, H* : fur l'arbre *E* eft mis à force le pignon *F*, dans lequel engrene la roue *I*, dont l'axe porte la manivelle *L* mobile fur les ponts *d, d*.

1132. La roue *I*, & fes deux ponts, le pignon & fon arbre, & les vis *G H*, &c. font portés par une forte piece ou efpece d'*H*, *M M*, *N N* (vue en profil, en *O, M, N, Fig.* 2); cette piece porte deux fortes vis *P P* (avec les contre-écrous *Q, Q*) dont les pointes entrent dans des trous coniques faits à la bafe, fur laquelle font attachés les rouleaux & les maffes, & dont on ne voit que le bout *R R* (*Fig.* 1): cette bafe eft vue dans la Figure 2 qui repréfente cet outil en profil: *R R* eft cette bafe, dont le talon *S* fert à attacher l'outil à l'étau.

1133. La piece *M N* ou porte-fraife eft donc mobile fur le centre *P*, enforte qu'on peut éloigner ou approcher plus ou moins la fraife de la lime que l'on veut figurer, laquelle lime eft portée par le doffier *B C*. Pour régler la quantité dont on veut approcher la fraife de la lime, on fe fert de deux vis *T T*, dont les bouts pofent fur la bafe *R R*. *e, e* font deux forts crochets attachés au porte-fraife: on attache à chaque crochet le bout d'une corde à boyau qui porte un fort poids (comme de 20 liv.); celui-ci fert à faire preffer le porte-fraife, & à le maintenir de forte que, pendant que les vis *T T* appuient fur la bafe, on puiffe d'une main tenir le manche *V* du doffier, & de l'autre faire tourner la manivelle, afin que la fraife *D* (*Fig.* 1) figure un côté de la lime; ce côté étant figuré, on retourne la lime en defferrant la vis *c* de la mâchoire *A*, porté par le doffier *BC*. On a foin, en figurant ainfi les côtés de la lime, d'y réferver au milieu, la partie qui doit fervir de guide à la lime.

1134. Lorfque la lime eft figurée convenablement à l'ufage qu'on en veut faire, il refte à la tailler; pour cet effet, on ôte les ponts *d*, *d* de la manivelle, & on retire la roue, afin que l'arbre *E F* refte feul; en cet état on lache un peu les vis *T*, pour que la fraife fe mette de nouveau en prife avec la lime; alors en appuyant fortement d'une main fur les vis du porte-fraife, tandis qu'on promene le doffier fous la fraife, les dents que celle-ci porte s'impriment dans la lime, & y forment, à force de répéter ce mouvement, une taille pareille à celle de la fraife; on a foin d'éloigner tant foit peu la fraife du guide de la lime, afin qu'il ne foit pas taillé, mais qu'il refte uni : on a des fraifes de différentes courbures (*C* & *D* (*Fig.* 6) repréfentent ces fortes de fraifes) & d'une taille plus fine ou plus groffe felon les efpeces de limes que l'on veut tailler, ainfi que l'ufage en montrera la néceffité; quand la lime eft ainfi taillée, on peut la tremper en pacquet ou tout fimplement au chalumeau.

4°, *De l'Outil à tailler les fraifes qui fervent à former les limes à arrondir.*

1135. Pour figurer & tailler les limes avec l'outil que nous venons de décrire, on fuppofe que l'on a des fraifes propres à cela, & c'eft encore un travail qui ne peut fe faire fans le fe-cours d'un outil; c'eft à cet ufage qu'eft deftiné celui repré-fenté, Planche XXIV, il eft vu en plan (*Fig.* 3), & en profil (*Fig.* 4).

1136. La fraife *A* que l'on veut tailler étant tournée, & fon bord arrondi convenablement à la courbure des limes auxquelles on la deftine, on la fixe fur le bout *B* de l'arbre prolongé *C* : cet arbre *B C* fe meut dans les ponts *D E* : il eft eft percé dans fa longueur, & porte une broche portant une affiette *a*, dont la portée entre dans le trou de la fraife pour la centrer : le bout de cette broche eft terminé en vis, fur laquelle entre l'écrou *b* : ainfi en ferrant cet écrou on fixe la fraife avec l'arbre *B C.* Cet arbre porte trois rochets fendus, en des nombres différents, pour fervir à faire des tailles plus ou moins fines aux fraifes; on fait agir fur l'un des rochets, dont le nombre convient, l'alidade ou reſſort *F* (*Fig.* 2) attaché à la boîte ou pont *R* : cette alidade regle donc la courſe de la fraiſe à tailler.

1137. Pour tailler la fraiſe, on ſe ſert d'une petite fraiſe angulaire *G* (*Fig.*1), qui elle-même peut être taillée à la main ou ſur l'outil même, avec une fraiſe taillée à la main : cette fraiſe *G* eſt ſerrée avec un écrou ſur le bout de l'arbre *H*, portant le cuivrot *c* : cet arbre eſt mobile ſur le porte-fraiſe *I* : ce porte-fraiſe ſe meut ſur la pointe des vis, ſur une eſpece de *baſcule* ou d'*H*, *K*, mobile en *L* (*Fig.* 4), ſur deux vis, comme *L* : cette ſeconde *H* procure un double mouvement au moyen duquel la fraiſe *G* peut s'enfoncer plus ou moins ſur la fraiſe *A* que l'on veut tailler, & en même temps avancer & reculer de *G* en *D*, & de *D* en *G*, pour ſuivre la courbure de la fraiſe *A* : la courbure *M* portée par la piece *O M*, eſt faite ſelon la courbe de la fraiſe *A*. La pointe de la vis *N* poſant ſur la courbure *M*, regle l'enfoncement des dents ou tailles. *A*, *B*, *C*, *D* (*Fig.* 8) ſont différentes fraiſes.

1138. Les vis *P P*(*Fig.*4), & leurs contre-écrous ſervent à régler le chemin de la fraiſe, dans le ſens de *G* en *D* ; les pointes de ces vis allant battre contre le plan *e*, *e* du corps de l'outil. Les ponts *D E* qui portent l'arbre ſont attachés ſur une boîte *R*, mobile ſur la branche *S S*, & dont la vis *T* ſert à les fixer.

Q eſt une vis de rappel qui fait mouvoir la boîte *R*, pour approcher ou éloigner la fraiſe *A* de celle *G*.

V eſt le talon qui ſert à attacher l'outil à l'étau.

5°, *De l'Outil d'engrenage.*

1139. La Figure 1 de la Planche XXV repréſente un inſtrument fort utile & commode ; c'eſt l'outil d'engrenage : on peut par ſon moyen, lorſqu'on a fait les dentures, former l'engrenage, & les tranſporter à coup ſûr ſur la cage ; pour cet effet, on place ſur ſes quatre broches, la roue & le pignon, dont on veut faire l'engrenage, & on approche ou éloigne la roue du pignon, juſqu'à ce que l'engrenage ſoit à ſon point le plus favorable ; en cet état, on trace ſur la platine avec les pointes de ces même broches le point d'engrenage , on perce les trous aux platines , & si l'on a bien opéré , l'engrenage doit se retrouver le même en cage qu'il étoit sur l'outil : je me sers également de cet outil pour former dessus les échappements , celui de N°. 8 est représenté sur l'outil.

1140. Les deux poupées *A* , *B* qui portent les broches *a* , *b* , sont formées sur une même piece *A B E* ; & les deux autres poupées *C* , *D* portant les broches *c* , *d* , sont aussi formées sur une autre seule piece *C D F* : chaque corps de poupée sont réunis dans toute leur longueur *E F* par une espece de charniere , sur laquelle se meuvent parallélement par un mouvement angulaire , les poupées *A B* & *C D* , c'est ce mouvement des corps des poupées qui sert à former les engrenages ou les échappements , &c. La vis *G* sert à approcher les corps des poupées l'un de l'autre , ou à les écarter par un mouvement insensible ; le bout de cette vis est taraudée dans le corps *E* des poupées *A B* ; & l'autre bout de cette vis appuie sur le corps *F* des poupées *C D* : *H* est un ressort qui presse continuellement le corps *F* contre celui *E* , afin qu'il suive l'impression de la vis : ce ressort est attaché à une tige qui traverse librement le corps *F* par une mortoise , & dont le bout est lié au corps *E*. *I* est la roue d'échappement, dont on trouve le point d'engrenement , & *K* le cylindre : le bout de la tige du cylindre porte à frottement une index qui marque sur un demi-cercle gradué *L* , les degrés de levée de l'échappement ; on voit par-là si les plans inclinés de la roue sont inclinés convenablement à la levée que l'échappement doit opérer ; l'engrenage de l'échappement étant à son véritable point, on pose la pointe *b* dans le trou du pivot de la roue d'échappement fait à la platine , & on fait poser la base ou plan *M* sur la platine ; par ce moyen l'outil devient placé perpendiculairement au plan de la platine : on abaisse la pointe *c* , jusqu'à ce qu'elle puisse marquer un trait. On perce à l'endroit, où doit être placé le cylindre, un trou qui passe juste par ce trait marqué avec la pointe *c* ; ainsi le cylindre & la roue étant mis en cage , on doit retrouver l'échappement également d'engrenage, comme il étoit sur l'outil : les
vis

vis 1, 2, 3, 4 servent à arrêter les broches *a b*, *c d* sur leurs poupées.

6°. De l'Outil à dresser les plans inclinés des Roues d'échappemments à cylindre.

1141. La Figure 2 Planche XXV, est un outil qui sert à dresser les plans inclinés des roues d'échappement; on change aussi, par le moyen de cet outil, l'inclinaison des plans inclinés des dents, selon qu'il est néceffaire pour augmenter ou diminuer la levée. Le trou de la roue de cylindre ou d'échappement *A*, entre jufte fur une broche *a* qui traverfe la platine *B C*, & eft attachée de l'autre côté à une lame entrant à queue d'aronde dans une couliffe : la vis de rappel *D* fait mouvoir de *a* en *D*, ou de *D* en *a*, la lame qui porte la broche, & fait par conféquent approcher les dents *b* de la roue de cylindre *A*, contre le plan d'acier trempé *E F* dans l'ouverture duquel la roue paffe. Le profil de l'outil eft vu (*Fig.* 3); *E F* eft le plan, & *b* l'ouverture pratiquée pour le paffage d'un des plans de la roue qui doit venir *affleurer* le dehors du plan *E F*, de façon à donner prife à la lime à adoucir, qui doit les dreffer : le derriere de la dent doit appuyer contre le bout *c*, d'une piece ou reffort *c d* qui fe meut felon la longueur *b c* de l'ouverture faite au plan *E F*. On voit qu'en faifant appuyer fucceffivement tous les talons des dents contre le bout du reffort *c d*, & ufant tous les plans des dents, jufqu'à ce qu'ils effleurent le plan *E F*, que les plans des dents ont tous la même inclinaifon; & l'on voit de plus que fi l'on fait approcher le bout *c* du point *d* de l'ouverture, la dent de la roue qui paffe à travers l'ouverture n'affleure plus avec le plan, & que fi l'on ufoit ce plan, fon inclinaifon feroit plus petite; & au contraire, fi on écarte le bout *c* qui reçoit les talons des dents, la dent faillante à travers l'ouverture étant ufée felon le plan, aura un plan plus incliné; c'eft par ce moyen que l'on change à volonté l'inclinaifon des plans inclinés des dents de la roue de cylindre *A*, felon la levée que l'on veut donner à l'échap-

Ccc *

pement. Pour donner à ce reſſort ou alidade *c d* un mouvement inſenſible, on le fait mouvoir par la vis de rappel : cette alidade ou reſſort *c d* (*Fig.* 2) eſt attachée au bout *H* du levier *HI*,
avec la vis *e* : ce levier eſt mobile en *I*, & attaché ſur la platine
B C par la vis *I* : on fixe & arrête le mouvement de la vis
de rappel *G* qui fait mouvoir le bout *H*, & l'alidade *c d* au
moyen de la vis de preſſion *K*, lorſqu'on a donné à la dent de
la roue la poſition qu'on eſtime convenable pour l'inclinaiſon
du plan.

7°. *De l'Outil à tremper les Roues d'échappements, & les Reſſorts
ſpiraux.*

1142. La Figure 4 repréſente un outil que j'ai conſtruit
pour tremper les roues d'échappement & les reſſorts ſpiraux ; on
place dans le creux *A*, la piece que l'on veut tremper, & la
plaque *B* qui entre très-juſte dans ce creux *A* recouvre la piece.
On fait chauffer le tout juſqu'à ce que la maſſe *A B* ſoit d'un
rouge de ceriſe, alors en appuyant ſur le bout du levier *C*, on
ouvre l'outil, & jette promptement la piece dans l'eau ; on peut
par ce moyen faire chauffer, ſans crainte de les brûler, de très-
petites pieces ; je m'en ſers auſſi pour recuire de petites pieces.

8°. *De l'Outil à faire revenir les Roues d'échappements.*

1143. La Figure 5 Planche XXV repréſente un outil diſpoſé pour faire *revenir* les roues d'échappements d'acier, ſans
changer la dureté des plans inclinés. Pour cet effet, les plus inclinés ſont pris dans une rainure formée à une piece de cuivre
A B, laquelle eſt recouverte par le cercle *C D*. La maſſe que
forme ces deux pieces permet que l'on faſſe *revenir* toute la
roue *E* en la chauffant avec un chalumeau, ſans faire changer
de couleur aux plans inclinés.

9°. *De la Balance élaſtique.*

1144. Cet inſtrument, le plus utile dont je me ſois ſer-

vi pour mes Horlôges Marines , eſt conſtruit d'après celui
que j'ai donné, *Eſſai ſur l'Horlogerie, Planche XVIII, Fig.* 13, 14
(Voyez *ſes Uſages*, Eſſai, N°. 512); c'eſt à l'aide de cette balance que j'ai vérifié par l'expérience , les progreſſions requiſes pour
donner aux reſſorts ſpiraux la propriété de l'iſochroniſme, dont
j'ai établi la Théorie, premiere Partie (141 *& ſuiv*).

Cet inſtrument ſert donc à trouver un ſpiral , dont la progreſſion de la force ſoit exactement dans la progreſſion arithmétique requiſe pour l'iſochroniſme, & en même temps à trouver un reſſort de la force convenable pour un balancier donné (193 & 214).

1145. Le reſſort ſpiral *A*, Planche XXV, Fig. 6, que l'on
veut éprouver, ſe place avec ſa virole ſur l'axe de l'index *B*
mobile au centre du cadran *C D* , gradué en degrés du cercle :
le pivot ſupérieur de l'axe qui porte le ſpiral *A* , & l'index
B ſe meut dans un trou du pont *E* : le bout extérieur du ſpiral
eſt attaché au piton *F*, attaché ſur le cadran par une vis : *G* eſt
le contre-poids de l'index *B*. Ces deux parties ſont parfaitement
d'équilibre ; afin que, connoiſſant le poids du plateau *H* de la balance avec ſes fils, & les poids placés ſur la balance, on con-
noiſſe exactement le poids requis pour faire équilibre avec le
reſſort ſpiral, lorſqu'il a parcouru un nombre de degrés indiqués
par le cadran.

1146. Lorſque l'on a placé le ſpiral ſur l'axe de la balance,
on a grand ſoin que le piton reprenne librement ſa place ; on
ôte pour cela le plateau & le poids , afin que le ſpiral ſoit dans
un état parfaitement libre : alors on fait tourner la virole juſqu'à ce que l'index *B* ſoit arrêté juſte à o degré : en cet état, je
conduis le degré 5 du cadran , de ſorte qu'il réponde à
l'un des index *b*, *c* qui marquent la ligne horizontale, que doit
toujours garder l'index de la balance pour avoir toujours la véritable quantité du poids requis pour faire équilibre à la force
du reſſort dans un point donné : la balance doit donc garder toujours la même poſition horizontale, tandis que, pour donner
plus ou moins de tenſion au reſſort , il faut que le cadran qui
porte le piton du reſſort tourne. Pour cet effet, le pied *I K* de

l'inftrument porte trois efpeces de cuivroï ou cheville d, e, f qui embraffent la circonférence du cadran ; enforte que celui-ci peut tourner à volonté fur le pied, tandis que les index b, c qui marquent la ligne horizontale, & l'index B demeurent dans cette même ligne. A mefure qu'on fait parcourir au cadran 5 ou 10 degrés, on a foin de mettre ou ôter des poids à la balance pour faire équilibre à la force du reffort : c'eft par des opérations femblables que j'ai fait les expériences rapportées dans la premiere Partie (202 *& fuiv*).

10°. *De l'Outil à plier les Refforts fpiraux.*

1147. La Figure 7, Planche XXIV, repréfente l'outil à plier les refforts fpiraux de mes Horloges Marines , felon la méthode indiquée (173 *& f*). Le reffort A, que l'on veut plier en fpiral, a fon bout extérieur accroché en B au levier $B H$: ce levier eft maintenu par les montants G, H de l'outil : les montants font fendus , afin que ce levier ne puiffe que s'approcher de l'arbre a, E, à mefure que le reffort devient plus refferré fur l'arbre a. Le bout intérieur du refforts'accroche fur l'arbre a : C eft une manivelle fixée fur l'arbre a, E, K : cette manivelle fert à plier le reffort : l'arbre $E K$ porte en D une roue, dont les dents font quarrées, comme on le voit dans la Figure : cette roue eft arrêtée fur l'arbre par la vis d que porte fon affiette. Cette roue fert avec le cliquet F *d'encliquetage* & d'arrêt au reffort, dans quel fens qu'on le préfente fur l'arbre , parce que le bout du cliquet eft quarré , & entre dans les dents; enforte qu'il arrête l'arbre, foit que le reffort foit remonté à droite ou à gauche. Le bout F du cliquet $f F$ fert à dégager le reffort fpiral, lorfqu'on veut le détendre : le cliquet eft preffé par le reffort g. Ce reffort agit tellement fur le cliquet, qu'après avoir baiffé le bras F, le cliquet refte foulevé par un arrêt que fait le bout du reffort : &, en remontant le bras E, l'autre bras qui fait l'arrêt entre dans les dents de la roue D, & retient tendu le reffort A que l'on veut plier. C'eft en cet état que l'on fait chauffer le reffort pour le plier, ainfi que nous l'expliquerons ci-après, en traitant de la main-d'œuvre.

1148. La Figure 7 Planche XXV, eft un petit pyrometre

formé par une lame *a b*, compofée de deux lames, l'une d'acier,& l'autre de cuivre : elles font rivées enfemble.Cet inftrument fert à eftimer (par l'action du bout mobile *a* fur le centre de l'index *c d*), l'effet du chaud & du froid pour courber la lame : le bout *b* de la lame eft attaché par une vis fur le limbe *b e* gradué en degrés du cercle.

I I 4 9. La Figure 8 eft un outil conftruit pour percer parfaitement droit les trous des chevilles d'une roue *A* d'échappement, au moyen de la plaque *B* percée d'un même nombre de trous fur un cercle de même diametre que celui des chevilles à placer ; le foret *D C* eft donc maintenu par les trous du conducteur *B*.

I I 5 O. La Figure 9 Planche XXV, repréfente une pince propre à figurer convenablement les refforts fpiraux des Horloges Marines, lorfqu'ayant été pliés avec l'outil décrit ci-devant, il refte quelques inégalités dans les tours ou fpires : le bout *a* eft creux, & l'autre *b* eft rond ; ainfi, en pinçant le fpiral avec cette pince, on change fa figure.

CHAPITRE II.

De la Main-d'œuvre pour l'exécution des Horloges Marines.

I I 5 I. QUOIQUE l'Art de l'Horlogerie foit porté à un très-haut degré de perfection, du côté de la main-d'œuvre, je crois cependant que les Ouvriers mêmes qui font les plus adroits & intelligents, me fauront gré de leur préfenter en gros les moyens que j'ai mis en pratique pour l'exécution de mes Horloges Marines ; & je penfe mon travail d'autant plus utile que je vais décrire tous les procédés, immédiatement après que j'exécuterai chaque partie de mon Horloge N°. 9. Je choifis celle-ci par préférence, parce que j'efpere que ce fera la plus parfaite des miennes, & la derniere que je me donnerai la peine d'exécuter d'un bout à l'autre ; d'ailleurs , comme je fais cette Horloge pour ma satisfaction particuliere, & que j'y donne tous le temps néceffaire, il me refte , entre les opérations de l'exécution, des moments que je facrifie volontiers, comme je l'ai fait du refte à une découverte auffi utile.

1152. Deux objets principaux doivent diriger l'Ouvrier dans l'exécution d'une machine , *la bonté ou perfection de la main-d'œuvre : & la diligence dans fes opérations.* La perfection dans la main-d'œuvre fuppofe l'adreffe de l'Ouvrier ; mais la maniere de s'y prendre aide beaucoup à donner au travail cette perfection. C'eft donc à l'Artifte qui raifonne fon ouvrage à diriger l'Ouvrier, & à lui prefcrire les regles que lui-même met en pratique : la diligence pour opérer eft moins l'affaire de l'Ouvrier que de l'Artifte ; c'eft également à celui-ci à diriger l'Ouvrier , & à lui donner des méthodes fûres pour abréger & aller au but par la voie la plus courte. Voilà la tâche que j'entreprends de parcourir : ce n'eft pas affez d'avoir compofé des Horloges Marines propres à la détermination des longitudes en mer , d'avoir décrit ces machines , leurs principes , leurs dimenfions , &c, fi je ne joignois à cela les principaux procédés de l'exécution , & particuliérement ceux qui font propres aux Horloges Marines, & que l'on ne connoît pas encore en Horlogerie, où ces machines font nouvelles: on mettra, par ce moyen, les bons Artiftes en état d'exécuter de pareilles machines. Sans cette derniere partie, qui eft fort effentielle , j'aurois peut-être fait quelque chofe pour les Sciences ; mais je n'aurois rien fait pour la Marine qui a été l'objet de mon travail.

1153. On peut avoir quelque confiance aux procédés que j'indique ; puifque, comme je l'ai dit, ils font donnés d'après ma propre exécution, & que j'ai tâché, en exécutant, de choifir les moyens les plus fûrs pour la perfection , & les plus courts pour y arriver. Une longue expérience & beaucoup de raifonnement m'ont fervi de guides (ᵃ) : je puis affurer qu'il y a peu

(ᵃ) Je dois faire obferver ici qu'il ne peut appartenir qu'à l'Artifte qui compofe une machine, de fixer fes dimenfions & les moyens d'exécution. On ne peut même parvenir aux véritables dimenfions convenables à telle machine , que lorfqu'on en a exécuté plufieurs foi-même. Il y a un point unique difficile à faifir , & qui ne peut l'être

d'Ouvriers qui aient autant exécuté de leurs mains que moi ; car non-feulement, j'ai fait prefque entierément moi-même neuf Horloges Marines, toutes différentes; mais j'ai fait des travaux très-confidérables, d'abord en Pendules, & enfuite en Montres. Je dois même dire ici que c'eft à cette extrême facilité d'opérer que je dois les recherches que j'ai faites : fans ce feul fecours, que j'ai tiré d'un talent naturel, il auroit fallu une fortune confidérable pour fubvenir aux dépenfes que ces recherches ont occafionnées, & j'étois né avec une fortune affez médiocre : c'eft donc la facilité & la promptitude dans l'exécution qui m'ont procuré les reffources néceffaires pour mes recherches. Je crois rendre encore ce talent que je recus de la nature, utile au Public, en traçant aux Ouvriers les principales regles que j'ai fuivies moi-même. Il eft fur-tout effentiel que les Ouvriers qui feront des Horloges Marines, foient inftruits & guidés par ces regles, ou d'autres approchantes que l'on peut faire & ajouter. C'eft le feul moyen de multiplier ces machines à l'ufage des Marins, & d'une maniere à affurer la perfection requife dans ces machines.

1154. Avant de commencer à traiter cet article des procédés de l'exécution pour les Horloges Marines, je dois prévenir que l'on ne doit pas s'attendre à trouver ici les procédés ordinaires, communes aux autres parties de l'Horlogerie, ce feroit trop exiger. J'écris pour des Artiftes & des Ouvriers accoutumés à travailler, & non pour ceux qui ne fe font pas encore occupés d'Horlogerie ; quant à ces derniers, je les renvoie au Chapitre XXXVI *de mon Effai fur l'Horlogerie, premiere Partie.* Je fuis entré dans ce Chapitre, dans tous les détails qui peuvent fervir à guider un Amateur de l'art qui veut travailler lui-même, & apprendre à opérer ; d'ailleurs, je ne confeille à perfonne de commencer fon apprentiffage par faire des

---

par l'Ouvrier qui travaille fous la dictée. Il faut voir foi-même jufqu'à quel point la matiere fe prête à ce que demande la théorie. C'eft par une fuite de cela que l'Artifte qui compofe, exécute avec une extrême vîteffe : il voit dans fa tête toutes les regles de la Géométrie & de la Méchanique tracer la piece qu'il exécute & la lime, en découper les contours. C'eft ainfi que *Sully* & *Enderlin*, deux Horlogers célebres, ont réuni au génie qui crée, une adreffe peu commune.

Horloges Marines : il peut bien plus raifonnablement finir par-là.

1°. *Du Plan ou Calibre de l'Horloge Marine.*

1155. Nous fuppoferons ici que le plan ou calibre de l'Horloge Marine eft tracé fur le papier, tel qu'on le voit *Planche XVIII, Fig.* 2 (ᵃ), fans qu'il foit befoin de prefcrire les regles par lefquelles on eft parvenu à lui donner cette difpofition ; parce que tracer le plan d'une machine qui n'a pas été faite, n'eft autre chofe que la compofition de la machine même : or vouloir faire entendre aux autres les principes qui m'ont fervis de regle pour la conftruction entiere de l'Horloge Marine, ce feroit répéter ce que nous avons dit, en établiffant la théorie qui fert de bafe à la conftruction de ces machines : nous renvoyons donc à la premiere Partie de cet Ouvrage, où j'ai traité fort en détail des principes de conftruction des Horloges Marines. Le plan d'une Horloge Marine n'eft que l'application de la théorie ; car il eft bon de fe bien perfuader que l'on ne peut, fans ce fecours, tracer le plan d'une nouvelle machine : fans quoi, elle feroit informe, & fon fuccès fort incertain.

1156. Lorfque j'ai tracé le plan d'une Horloge Marine fur le papier (ᵇ), je fais un cablibre en cuivre mince, fur lequel je trace, avec tous les foins poffibles, toutes les parties de la machine, en donnant aux roues & à leurs pignons leur véritable grandeur, & en les plaçant tellement l'une & l'autre, que les engrenages foient à leurs points.

1157. Je trace & marque fur le calibre toutes les parties quelconques de l'Horloge, les ponts, leurs vis, leurs pieds,

---

(ᵃ) Nous traitons ici de l'exécution de l'Horloge N°. 9, & nous renvoyons aux Planches XVIII & XIX, qui repréfentent l'Horloge N°. 8. Mais on a vu que la conftruction de ces deux machines eft la même, & qu'elles ne different que par leurs dimenfions (948). Ainfi on peut fe fervir, comme nous le faifons ici, des figures de l'Horloge N°. 8, pour fervir à indiquer les opérations de la main-d'œuvre.

(ᵇ) Dans le premier plan que je fais fur le papier, je marque toutes les pieces quelconques de l'Horloge fur un même côté du plan, afin de voir ces pieces *projettées* les unes fur les autres, & prévoir par-là tous les obftacles qu'il y a à éviter.

&c.

&c. Ces pofitions étant une fois bien déterminées, on n'a plus rien à chercher : on les tranfpofe ainfi dans leurs véritables places, en appliquant alternativement le calibre fur toutes les platines, à mefure qu'on a une piece à placer fur l'une d'elles : cette méthode abrege bien le travail, & met une grande précifion dans la difpofition d'une machine compofée ; au lieu que fi l'on abandonnoit la pofition des pieces mêmes qui paroît indifférente, à la fantaifie des Ouvriers, elles ne feroient jamais à leurs véritables places.

1158. Pour tranfporter aifément & exactement les pofitions de toutes les pieces qui font marquées fur le calibre, je perce fur ce calibre de cuivre les trous de toutes les pieces, & premiérement les trous des pieds ou tenons qui doivent fervir à arrêter le plan fur les platines, pour percer à chacune d'elles les trous des pieces qu'elles doivent porter ; & je perce ces trous de pieds à toutes les platines, afin de pouvoir appliquer indifféremment le calibre fur chacune d'elles, pour y marquer ou percer les trous de leurs pieces.

2°. De l'ébauchage des principales Pieces de cuivre de l'Horloge Marine.

1159. Pour parvenir à remplir les deux objets effentiels de la main-d'œuvre, je veux dire la perfection & la promptitude dans les opérations, il faut fuivre une méthode que j'ai toujours adoptée, c'eft de claffer les différentes parties d'une machine, chacune felon qu'elles requierent plus ou moins de délicateffe ; & d'exécuter de fuite, & fans interruption, toutes les parties de même efpece. Ainfi je confeille toujours d'exécuter de fuite toutes les grandes parties de l'Horloge, & de ne pas placer, entre des travaux rudes, des opérations délicates : la main ne fe prête pas à ces alternatives ; on exécute moins bien les pieces délicates, en les mêlant à des travaux plus groffiers, & l'on avance moins ; mais appliquons cette méthode en fuivant l'ordre naturel de l'exécution.

1160. Le plan de l'Horloge étant tracé avec précifion,

D d d *

de la maniere que nous l'avons expliqué, enforte que les pieces y foient tracées avec leurs véritables dimenfions, cela applanit beaucoup de difficultés, & abrege les opérations, puifque, fans raffembler aucunes parties de l'Horloge, on peut les exécuter toutes féparément.

1161. Je commence par faire couper le cuivre de toutes les platines grandes & petites : de la plaque du poids, cadrans, roues, rochets, balanciers, poulies, cylindres, rouleaux, &c ; en un mot, toutes les pieces plates qui doivent être tournées & limées : on les plane ou forge toutes de fuite.

1162. Lorfque les platines, roues, rouleaux, &c, font forgés à leur épaiffeur, on les lime ou coupe de grandeur : on les ajufte tous fur les arbres à vis qui leur conviennent, enfuite je les fais ainfi tourner de grandeur & d'épaiffeur : lorfqu'elles font toutes tournées, on lime avec foin la partie qui n'a pas été tournée ; & ainfi toutes les pieces, les unes après les autres, éprouvent fucceffivement la même opération.

1163. Les platines, roues, rouleaux, balanciers, &c, étant faits, je fais couper tous les piliers grands & petits de l'Horloge ; enfuite je les fais forger les uns après les autres, & on les tourne tous de forte qu'ils aient la longueur & groffeur requife, & enfin on les polit tous fucceffivement.

1164. Les piliers ainfi finis, je fais couper tous les ponts, dont les hauteurs font données : favoir le grand pont du chaffis de compenfation, les deux ponts du pince-fpiral, le pont de fufpenfion du balancier, les ponts ou chapes des poulies du poids, & de celle de renvoi ; on peut également faire les ponts des rouleaux, dont les hauteurs doivent être inégales pour placer les rouleaux au milieu des axes (846) : on peut laiffer aux ponts des rouleaux un peu plus d'étoffe, parce que leurs hauteurs ne font pas fi aifées à fixer au plus jufte, avant que les rouleaux foient enarbrés. Tous les ponts étant ainfi coupés & figurés, felon qu'ils font tracés dans le calibre, & indiqués par la conftruction ou élévation de l'Horloge, Planche XVIII & XIX, on les forgera, & enfin on les limera & dreffera prêts à être placés.

1165. Pour achever l'ébauchage des principales pieces de cuivre , on croisera toutes les roues, rouleaux, balanciers, &c ; on finira & adoucira les croisées des rouleaux , & les rouleaux mêmes feront adoucis à plat , & prêts à être enarbrés.

3°. *Ebauchage des Pieces d'acier.*

1166. On fera toutes les vis des ponts, les petites vis des coquerets d'acier , tant pour les pivots des rouleaux , que pour le coqueret du pivot de roue d'échappement. Pour faire les vis , je fais faire des branches d'acier fur lefquelles on place le cuivrot au milieu , & l'on fait une vis à chaque bout de la branche : on fait ainfi autant de branches qu'il eft néceffaire , afin de ne pas couper les vis avant qu'elles foient placées, pour les pouvoir tourner de longueur : on fera les plaques d'acier ou coquerets.

1167. On coupera l'acier pour faire les pignons (on fait que ces pignons font rapportés fur des tiges) (1110) : on prend , pour faire ces pignons, de l'acier fondu en barreau plat : on les percera les uns après les autres de la groffeur convenable , & on les tournera.

1168. J'ai déja dit que les roues font fendues toutes enarbrées (1109), par conféquent , il faut trouver la groffeur des pignons par une méthode différente que celle qui eft en ufage. Or cette méthode eft fort fimple , puifque la groffeur d'un pignon bien fait & nombré , doit être en même proportion avec le diametre de la roue , que l'eft le nombre de dents du pignon, avec le nombre de dents de fa roue : fi donc on a une roue de 240 , comme l'eft la premiere roue de l'Horloge , & qu'elle ait 51 lignes de diametre , le pignon dans lequel elle engrene étant de 20, il fera contenu 12 fois dans 240. Ce pignon aura donc pour diametre la douzieme partie de 51 lig. $=$ 4 lig. $\frac{3}{12}$: on trouvera par la même méthode les grandeurs des autres pignons ; mais on les tiendra un peu plus grands que ne donne le calcul , parce qu'en les arrondiffant & finiffant , ils diminueront tant foit peu ; & étant finis , ils devront être jufte de la grandeur trouvée.   D d d ij

1169. Les pignons ainſi ébauchés, on fera leurs tiges; on ébauchera, en même temps que les tiges des pignons, celles des rouleaux, l'axe du pince-ſpiral & l'axe du grand levier de compenſation : en un mot, on ébauchera & tournera en même-temps toutes les tiges quelconques de l'Horloge, après quoi on les trempera & les tournera à peu-près de groſſeur; & comme les tringles d'acier du chaſſis de compenſation doivent être auſſi trempées, on les trempera en même temps que les tiges des pignons, rouleaux, &c. Ces tringles doivent être au nombre de 8 ; on prendra du fil d'acier de la groſſeur & de la longueur donnée ; on y fera des pointes comme ſi l'on devoit les tourner : ces tringles ainſi préparées, on les trempera avec ſoin.

4°. *Du Chaſſis de compenſation.*

1170. Les principales pieces de cuivre & d'acier de l'Horloge étant ainſi préparées, on pourra, avant de faire les pignons, & de penſer à raſſembler les parties de la machine, exécuter le chaſſis de compenſation, afin d'achever auparavant tout le grand travail. Les tringles d'acier étant trempées, on ſe ſervira des pointes pour les dreſſer : on peut le faire à l'aide du feu, en les faiſant *revenir*, & au beſoin avec le marteau tranchant, après quoi on les fera revenir d'un bleu gris, & les bouts, qui doivent être goupillés, doivent être encore plus revenus.

1171. Les tringles d'acier ainſi préparées, on fera de la même groſſeur & longueur celles de cuivre, qui doivent être auſſi dures qu'il ſe pourra : on emploiera pour cela du cuivre ou laiton tiré à la filiere : on fera, comme aux tringles d'acier, des pointes qui ſerviront à les dreſſer.

1172. Toutes les tringles ainſi faites, il faut travailler aux traverſes qui doivent les raſſembler : on forgera en conſéquence, & on dreſſera du cuivre de la force & épaiſſeur convenable, & prêts à y percer les trous des tringles.

1173. Pour percer ſûrement & facilement les trous des traverſes, il faut faire un *calibre* d'acier de la longueur des

plus grandes traverfes & de même largeur ; & comme le chaffis doit être compofé de 8 tringles d'acier & de 8 de cuivre ,
on divifera le calibre en 16 parties égales : on percera, par
chaque divifion, des trous un peu plus petits que ne font les
tringles. Le calibre ainfi percé de 16 trous de même grandeur,
& également diftants entr'eux , il faudra le tremper & le faire
revenir bleu ; or on fera un forêt en cuivre, qui entrera jufte
dans les trous du calibre.

1174. Le chaffis eft compofé , comme on le fait, de 16
tringles, 8 d'acier & 8 de cuivre ; & de 8 traverfes, 4 à chaque bout : quoique ces traverfes ne foient pas toutes de même
longueur, on peut, pour plus de facilité, les tenir d'abord
toutes de même longueur : on peut les numéroter comme elles
le font *Planche XVI , Figure* 11.

1175. On appliquera le calibre fur la traverfe numérotée ou
n°. 1 (qui eft celle qui fixe le chaffis au pont par les deux vis *a b*) : on
percera 4 trous feulement à cette traverfe, deux des bouts du
calibre , & les deux du milieu, comme on le voit dans la
Figure. On obfervera ici qu'il eft bien de conféquence que
les trous foient percés parfaitement droits & parallélement entr'eux, afin que les tringles, qui doivent y entrer à force , ne
brident pas, & fe montent parallélement.

1176. Les quatre trous de la premiere traverfe étant percés , on appliquera la traverfe n°. 2 fur le calibre. On obfervera ici que toutes les traverfes , excepté n°. 1 & n°. 5 ,
c'eft-à-dire, les deux du bout du chaffis doivent être percées
chacun de deux trous de plus qu'elles ne portent de tringles ;
ainfi n°. 2 porte 4 tringles , & cependant elle doit être
percée de 6 trous , parce que les deux trous extérieurs fervent à entrer librement fur les deux tringles extérieures, pour
que la traverfe n°. 2 foit , par ce moyen, contenue fans pouvoir
vaciller, & feulement couler le long des tringles extérieures ;
mais lorfque les traverfes du milieu font ainfi percées, & que
l'on a fait entrer librement dans les trous qui fervent de conducteur aux traverfes, on coupe le trou par le milieu , enforte
qu'il n'en refte que la moitié qui devient fuffifante pour main-

tenir la traverse : on percera donc à la traverse n°. 2 trois trous à chaque bout, & les deux du milieu qui doivent servir de passage aux deux tringles de cuivre du milieu.

1177. La traverse n°. 3 étant appliquée sur le calibre, devra être percée de trois trous à chaque bout, & de deux au milieu, on observera que les trous du bout doivent commencer au troisieme trou du calibre, en comptant par chaque bout du dehors au centre, comme la figure l'indique ; & la traverse n°. 4 doit être percée de 8 trous placés au milieu du calibre.

1178. La traverse n°. 5 appliquée sur le calibre, sera percée de 4 trous ; savoir, 2 à chaque bout du calibre : celle n°. 6 sera percée de 6 trous, 3 à chaque bout ; mais un trou plus en dedans que n°. 5. La traverse n°. 7 sera percée de 6 trous ; savoir, 3 trous à chaque bout, & 2 plus en dedans que n°. 6 : enfin la traverse n°. 8 sera percée de 6 trous, qui sont ceux du milieu du calibre.

1179. Tous les trous des traverses ainsi percées, on prendra les deux plus grandes tringles d'acier, & deux de cuivre: on les limera tant soit peu en pointe par le bout, pour leur donner la forme d'un bon écarissoir, afin de faciliter l'ajustement avec les trous des traverses : on prendra la traverse n°. 5 : on agrandira avec beaucoup de précaution, c'est-à-dire parfaitement droit, ses 4 trous avec un bon écarissoir : on y fera entrer fort juste les 4 tringles ; savoir, une d'acier à chaque bout, & en dedans une de cuivre aussi à côté de celles d'acier : on percera les trous de goupille qui doivent fixer les 4 tringles à la traverse 5 : on prendra ensuite quatre autres tringles, deux d'acier, & deux de cuivre, qu'on limera de même que les premieres par les bouts, pour leur donner de l'entrée : on agrandira avec les mêmes précautions les quatre trous de ces tringles pour les y faire entrer bien juste : il restera les trous qui doivent servir de conducteur à la traverse : on les agrandira de sorte que les tringles de cuivre de la traverse n°. 5 y entrent librement ; alors on coupera le trou par le milieu : on percera & goupillera les quatre tringles de n°. 6 ; on fera les mêmes opérations pour n°. 7 & 8.

1180. On prendra la traverse n°. 1, & on la présentera
sur le bout des tringles d'acier de la cinquieme traverse, afin
de régler & marquer la longueur totale du chassis : on démontera ces deux tringles d'acier de n°. 5, & on coupera les bouts
marqués au dehors de la traverse n°. 1 : on limera les bouts
non ajustés de ces tringles un peu, en dépouille, comme on a
fait aux autres bouts : on agrandira avec précaution les trous
de la traverse n°. 1, pour y faire entrer juste les bouts des
tringles d'acier, jusqu'à ce qu'ils affleurent au dehors de la
traverse ; cela fait, on les percera & goupillera. On démontera
cette traverse n°. 1, & l'on fera entrer à sa place la traverse
n°. 6, après avoir coupé les bouts saillants des tringles ajustées & goupillées pas tout-à-fait à fleur du dehors de la traverse,
mais de sorte seulement à laisser un intervalle entre le dehors
de la traverse n°. 6, & le dedans de n°. 5, tel à peu-près
qu'on le voit dans la Figure. Cette traverse n°. 6, ainsi mise
en place, on fera entrer la traverse n°. 1 sur ses tringles, on
y mettra les goupilles ; alors on marquera bien juste l'endroit
par où il faut couper les quatre tringles de n°. 6, pour laisser
un jour, comme dans la Figure, avec n°. 1, on démontera
cette traverse, & coupera les tringles de n°. 6, les tenant
plutôt plus longues, afin qu'en les représentant de nouveau,
on en lime s'il est besoin.

1181. On démontera ces quatre tringles qu'on peut *repérer*
avec leur traverse n°. 6 : on limera un peu, & on dépouillera
les bouts non ajustés : on les fera entrer juste sur la traverse
n°. 2, en agrandissant leurs trous : on agrandira les trous de
conduite de cette traverse n°. 2, pour que les tringles d'acier
n°. 5 y entrent librement: on percera & goupillera les tringles
ajustées dans la traverse n°. 2. Et pour achever l'exécution du
chassis par l'ajustement des traverses 3 & 4, on suivra les mêmes
procédés indiqués pour la traverse n°. 2 : on agrandira aux
traverses n°. 1, 2, 3 & 4 les trous du milieu, afin que les
tringles de cuivre du milieu y passent librement : on ajustera sur
les tringles de cuivre du milieu du chassis, dont les bouts
saillent en dehors de la traverse n°. 1, la petite traverse n°.

9, mais toute unie, fans mouvement de la charniere *A*, parce que l'ajuſtement de cette partie dans les Horloges N°. 8 & N°. 9, eſt fort différent de l'ajuſtement du chaſſis de l'Horloge N°. 7 , à qui la Figure 11 de la Planche XVI appartient. J'ai expliqué (872) comment cette partie eſt difpofée dans l'Horloge N°. 8, qui revient à l'ajuſtement vu en *m* , *Pl. VII.* La traverſe n°. 9 doit donc être toute plate & unie , pour recevoir une plaque d'acier trempée attachée à la traverſe par deux vis noyées. C'eſt fur cette plaque d'acier que doit agir la petite cheville terminée en portion & calotte portée par le petit bras du levier de compenfation : on ajuſtera tout de fuite cette plaque d'acier ; enfuite , pour finir tout-à-fait le chaſſis, on pourra en polir les traverſes & les tringles ; & , en le remontant à demeure, le mettre parfaitement libre , enforte qu'il foit tout prêt à être employé & placé,

5°. *De l'exécution des Pignons.*

1182. J'ai déja indiqué (1110) la difpofition que je donne aux pignons de mes Horloges Marines, & comment je les fends fur la machine à fendre : on fendra donc, par cette méthode, tous les pignons de l'Horloge, employant des fraifes qui laiſſent plus de plein que de vuide , afin que s'ils ne font pas fendus bien juſtes, il reſte de la matiere pour les égalifer fur l'outil à arrondir. Tous les pignons étant ainſi fendus, il faudra, pour les achever, les égalifer & les arrondir. Pour cet effet , on ajuſtera le pignon que l'on devra terminer fur l'axe du divifeur de l'outil à arrondir (1117). Avant de fixer tout-à-fait le pignon fur cet axe, il faut le préfenter pour voir ſi l'alidade étant dans une des fentes du divifeur , la fente de la dent ſe préfente à la lime à égalir; lorfque cela fera ainſi, on chaſſera le pignon à force pour qu'il ne puiſſe plus tourner: on choifira une lime à égalir d'épaiſſeur convenable au pignon: on fera faire le tour au divifeur, afin de voir ſi le pignon eſt égal, & ſi, par conféquent, toutes les fentes des dents ſe préfentent de la même maniere à la lime à égalir ; & s'il y a quelques

ques

ques différences, on se servira de la vis de rappel du diviseur pour partager l'erreur, ensorte que la lime morde un peu d'un & d'autre côté des dents ; cela fait, on égalisera le pignon en y allant doucement, & en enfonçant la lime au point requis, pour emporter les creux de la fraise, & donner aux dents une bonne longueur, c'est-à-dire, celle requise pour l'enfoncement de l'engrenage ou un peu plus, afin de conserver la solidité aux dents : voilà la véritable élégance dans la forme d'un pignon, la bonté & la sûreté des effets. Je dois observer ici, qu'avant d'enfoncer tout-à-fait la lime en faisant monter le chariot (1122), il faut voir si les dents ne se font pas à rochet, & par conséquent si la lime est bien *repérée* avec son manche ; si cela n'est pas, on la fera changer de place par le moyen de la vis de rappel du dossier, & petit à petit jusqu'à ce qu'on ait trouvé que les dents se font droites.

1183. Le pignon ainsi égalisé, on prendra (ª) le dossier servant aux limes à arrondir : on choisira une lime de figure & grandeur convenable : on fera mordre fort peu la lime, afin de voir si elle est à son repere avec son manche, c'est-à-dire, si elle n'arrondit pas plus d'un côté que de l'autre, on fera mouvoir la vis de rappel du dossier, jusqu'à ce qu'elle arrondisse également des deux côtés : alors on fera monter le chariot par sa vis de rappel, & petit à petit jusqu'à ce que les dents s'arrondissent tout-à-fait, & que la lime arrive aux sommets des dents : on arrondira ainsi tout le tour du pignon, & on recommencera, comme cela est nécessaire, un second tour pour faire user également toutes les dents ; & pour achever le pignon, on montera encore un peu le chariot, pour mieux s'assurer d'une parfaite égalité. On égalisera & arrondira de la même maniere tous les pignons de l'Horloge ; cela étant fait, on les trempera & on les fera revenir d'un bleu jaune plutôt que passé.

1184. Les pignons ainsi trempés, il faudra les enarbrer, ce que l'on peut faire, quoique les cages ne soient pas mon-

---

(ª) Un outil à arrondir doit être garni au moins de quatre dossiers pour les pignons, & deux pour les roues.

tées, en se réglant sur la hauteur des piliers & sur le profil, *Planche XVIII*, *Figure* 1, qui indique les élévations des roues & des pignons. Je suis dans l'usage de tracer sur un papier le profil du rouage, au lieu de présenter les pignons & leurs assiettes contre les cages, comme les Ouvriers le pratiquent : cette méthode est bien plus sûre. Le profil que l'on tracera indiquera donc sûrement toutes les positions des pignons, & de leurs roues dans la hauteur de la cage. On tournera donc en conséquence les tiges, en levant une petite portée qui doit servir de borne au pignon, pour être chassée sur sa tige : on observera qu'il faut tourner avec soin la partie de la tige sur laquelle le pignon doit être chassé à force ; afin que toute la longueur du trou porte, & que le pignon étant chassé contre la portée de la tige, entre assez à force pour bien tenir, & pas assez pour faire fendre le pignon en le chassant.

1185. Les pignons ainsi enarbrés, il faudra les mettre ronds par les pointes de leurs tiges s'ils ne le sont pas ; on tournera ces tiges & polira les pignons ; on fera les faces des pignons, & enfin on en polira les tiges.

1186. Les pignons étant finis, on fera les assiettes des roues, & on les fera entrer en leurs places selon le profil donné : ces assiettes sont chassées à force, comme les pignons. Nous finirons cet article de l'exécution des pignons, par observer que, quoique les pignons nombrés fendus à l'outil, égalisés & arrondis sur un outil à fendre, de la maniere que nous l'avons expliqués, soient plus parfaits & donnent de meilleurs engrenages, & moins de frottements que des pignons faits à la main ; cependant cette extrême perfection que nous avons recherchée par cette méthode, n'est pas absolue & rigoureuse avec des Horloges, qui, comme les nôtres, sont maîtrisées par un puissant régulateur ; & qu'il seroit possible, dans l'usage ordinaire des Horloges Marines pour la Navigation, d'employer des pignons simplement faits à la main ; mais dans ce cas, je conseillerai toujours de faire des pignons nombrés, au moins de 16 ou 18 ; & je pense encore que ces pignons seroient plus parfaits, si on les faisoit, comme je le fais, de deux pieces (le pignon & la tige) ; par ce moyen on a, comme je l'ai dit, l'avantage d'employer à coup sûr du bon acier, tant pour la tige que pour le pignon : le pignon est moins sujet à fendre & à se déjetter à la trempe, & la tige est de meilleur acier, ce qui donne des pivots qui se tournent parfaitement rond ; propriété qu'on n'a presque jamais avec de l'acier forgé en pignon ; enfin, si l'on casse un pivot, le pignon n'est pas perdu, puisqu'on n'a que la tige à refaire.

1187. Toutes les principales parties de la machine étant ainsi disposées & exécutées, on pourra travailler à monter les cages, à mettre le rouage en cage, &c.

6°. *Monter les Cages.*

1188. Cette Horloge N°. 9, est composée comme N°. 8, de quatre grandes platines, & de deux petites. *Voyez Planche XVIII, Fig.* 1. Les quatre grandes platines forment trois cages ; 1°, la cage du rouage ; 2°, celle du régulateur ; 3°, celle du poids. Les deux petites platines forment chacune une petite cage avec deux des grandes. La description de cette Horloge a dû déja mettre au fait de la construction : quand à présent, nous n'allons nous occuper que de l'exécution.

1189. Le plan étant fait, tracé & percé, comme nous l'avons dit (1158), sur un calibre de cuivre, & toutes les platines étant faites ; la premiere opération à faire sera d'agrandir le trou du centre du calibre, pour le mettre à la grandeur de ceux des platines, lequel a servi à les placer sur les arbres pour les tourner ; on aura marqué au bord du calibre vers l'endroit qui doit faire le 60e du cadran des minutes, un trait de repere : on prendra les quatre grandes platines que l'on centrera ensemble avec un même arbre ; on marquera sur le bord de chacune, un trait droit, qui sera celui qui devra toujours coïncider avec celui fait au bord du calibre, & on fera un autre trait oblique, ce sera la marque qui indiquera le rang des platines, & le sens qu'elles doivent avoir étant mises en place, lorsqu'elles sont montées avec leurs piliers.

E e e ij

1190. Cela ainfi préparé, on prendra la platine fupérieure, qui doit être celle des piliers de la premiere cage , & en même temps celle du cadran : on appliquera fur le deffus le calibre que l'on tournera pour que la partie tracée foit en dehors pour être vue; on centrera par un arbre liffe le calibre & la platine ; on tournera les traits de repere pour qu'ils fe répondent exactement ; on ferrera le calibre & la platine avec des tenailles ; en cet état, on percera à la platine les trois trous de tenons avec le foret qui a fervi à les percer au calibre ; on prendra la feconde platine, on pofera fur fon côté de deffus le calibre tourné, comme il vient d'être dit pour la premiere : on centrera avec le même arbre liffe , la platine & le calibre, on fera convenir le trait de repere, on ferrera avec des tenailles , & on percera les trois trous de tenons : on fera la même opération aux deux autres platines.

1191. Les tenons percés ainfi exactement de la même maniere , à toutes les quatre grandes platines , on fera trois chevilles ou longues goupilles prefque cylindriques, pour entrer dans les trous des tenons : ces goupilles ferviront toutes les fois qu'on aura befoin d'appliquer le calibre fur une des platines, ou deux platines l'une fur l'autre.

1192. On prendra la premiere platine , on appliquera le calibre deffus, de la même maniere qu'on l'a fait pour percer les trous des tenons : on fera entrer ces trois tenons ou goupilles dans leurs trous , & on les chaffera à force; alors on percera les trous des quatre piliers.

1193. On démontera le calibre, & on appliquera la feconde platine en place fur le deffus de celle des piliers : on les affemblera par l'arbre pour les centrer , & par les trois tenons on percera & agrandira l'une fur l'autre à l'ordinaire pour les quatre piliers , & cette cage fera prête à monter.

1194. On prendra la quatrieme platine ; on appliquera fur fon côté de deffus le calibre ; on les arrêtera enfemble par les tenons , & on percera à cette platine 1°, les trois trous des piliers : 2°, les trois trous des tenons des petites platines, & 3°, les trois trous des piliers des petites platines ; on percera le

trou qui repréfente le centre du balancier & des petites platines : on retirera le calibre , & on marquera le deffus de la troifieme platine par ces mots *dedans de la platine du régulateur ,*
afin de ne pas fe tromper : on prendra la deuxieme platine ;
on la pofera fur le deffous de la troifieme au repere marqué (qui
fe croifera) on liera ces deux platines par l'arbre liffe pour les
centrer & par les tenons : on percera à cette platine tous les trous
faits à la troifieme.

1 1 9 5. On démontera ces deux platines , & l'on prendra
les petites platines : on agrandira les trous faits aux grandes
pour le centre du balancier , de forte qu'il devienne de la groffeur du trou de ces petites platines , afin qu'avec un arbre liffe
on puiffe centrer ces petites platines dans leurs places avec les
grandes.

1 1 9 6. On prendra une des petites platines ; on l'appliquera fur le dedans de la troifieme ; on la centrera avec l'arbre liffe ; on ferrera ces deux platines avec une tenaille , & on
percera à la petite platine les trous de tenons faits à la grande
pour cette petite platine ; on fera à cette petite platine un
repere d'un point vis-à-vis d'un autre point que l'on marquera de
même à la grande platine ; on fera entrer les tenons dans les
trois trous des deux platines , & l'on percera l'une fur l'autre
les trous des petits piliers de ces petites cages ; on les agrandira convenablement , & on les démontera ; & , par ce moyen ,
on pourra achever de monter cette petite cage , & river fur
cette petite platine les trois piliers qu'elle doit porter , après
avoir polis leurs places.

1 1 9 7. On fera la même chofe pour la deuxieme platine ,
dont le deffous doit porter l'autre petite cage des rouleaux ; on
aura attention à ne pas fe tromper de côté pour cette platine ;
le côté ou deffous eft indiqué par la plus grande ouverture du
repere qui marque toujours le deffous de la platine , & ici le
dedans de la grande cage du régulateur. Cela étant ainfi préparé , on montera premiérement les deux petites cages des
rouleaux , afin que l'on ne foit pas gêné par les piliers des
grandes platines.

1198. Les deux petites cages des rouleaux étant montées, on prendra la troisieme grande platine sur laquelle on posera le calibre pour y marquer 1°, les trous des piliers de la cage du poids ; 2°, les trous par où doit passer la corde : on assemblera les troisieme & quatrieme platines par leurs tenons ou goupilles ; on percera & agrandira l'un sur l'autre les trois trous des piliers de la cage du poids ; on appliquera la platine du poids sur la troisieme platine , afin d'y percer les trous des piliers qui doivent servir de guide ou conducteur à cette plaque ; on y percera également les trous de la corde, parce qu'ils serviront à placer les poulies : tout cela ainsi fait , on montera la cage du poids ; on donnera la liberté à la platine du poids , & on placera les poulies & leurs chapes ; on posera les trois ponts, enforte que toute cette partie sera terminée & prête à faire marcher l'Horloge.

1199. La cage du poids moteur ainsi terminée , on pourra monter la cage du régulateur ; on en fera autant de celle du rouage.

7°. *Mettre les Roues en cage , & terminer le Rouage.*

1200. Les cages étant montées & les piliers goupillés, j'ai percé aux platines les trous de toutes les pieces qui restent fixes , comme des rouleaux de la corde , poulies & détentes. J'ai aussi percé les trous de la grande roue de cylindre , placée aussi près d'engrenage que j'ai pu le faire avant que la roue soit fendue , ainsi elle restera à cette position ; & si l'engrenage n'est pas à son point , je reposerai la roue de minute : cela est plus simple & plus facile. J'ai fait l'arbre de la grande roue , chassé son assiette avant de lever les pivots : j'ai mis cet arbre en cage avant de river le rochet d'encliquetage , pour plus de facilité à tourner ronds ses pivots ; j'ai fait ensuite l'ajustement de la grande roue , que j'ai rivée sur son canon.

1201. La grande roue ainsi placée en cage , j'ai fait les pivots des autres roues ; enarbré les roues ; fait finir les croisées ; ensuite j'ai fendu toutes les roues & rochets de l'Horloge ; rivé le rochet d'encliquetage fur l'arbre de la grande roue ; fait l'encliquetage & celui du rochet du reffort auxi-liaire ; ajufté ce reffort ; placé le cylindre fur fon arbre ; en un mot, ajufté le cadran des heures fur le canon de la grande roue ; terminé tout ce qui concerne cette premiere roue ; placé la poulie de renvoi, &c. J'ai arrondi toutes les roues ; fait fucceffivement les engrenages fur l'outil pour les marquer aux platines, & mis ainfi de fuite toutes les roues en cage ; fait pofer le cadran de minute bien concentrique au pivot qui porte l'aiguille ; fait les ajuftements des aiguilles, & gradué les cadrans.

8°. *Des Rouleaux.*

1202. La difpofition que j'ai donnée aux rouleaux de l'Horloge N°. 9, eft des plus avantageufes dans une machine d'un auffi grand volume que N°. 9 ; car, au moyen des ponts qui font placés en dehors de chaque grande platine, pour con-tenir les rouleaux : 1°, tous les rouleaux font exactement au milieu de la longueur de leurs axes : 2°, ces axes deviennent près du double plus longs qu'ils ne feroient fans ces ponts, & les cages reftant de même hauteur : 3°, les trous qui font faits aux grandes platines, pour le paffage des tiges des rouleaux, n'étant que de la grandeur néceffaire pour que les tiges n'y touchent pas, (le rouleau étant en cage) fervent à contenir les rouleaux lorfqu'on les remonte, enforte qu'ils ne puiffent pencher ni d'un côté ni de l'autre, ce qui les expoferoit à caffer ou à courber des pivots : 4°, les ponts des rouleaux pro-curent encore un autre avantage effentiel, c'eft de pouvoir, par leurs moyens, mettre les rouleaux en un moment parfaite-ment droits en cage, ce qui fe fait en gliffant ces ponts de côté & d'autre, convenablement pour dreffer le rouleau dans fa cage : cela fait, on perce les trous des pieds de ces ponts ; on les agrandit de fuite & on chaffe ces pieds, & les rouleaux reftent droits en cage ; au lieu qu'en mettant les rouleaux fimplement en cage fans pont, il faut, pour les mettre droit en cage, reboucher fouvent, à plufieurs fois, les trous des pivots, *étirer* les trous, &c ; & cette opération devient très-longue & difficile, fur-tout avec des rouleaux d'un grand diametre dont les axes font courts : le plus petit changement dans le trou fait incliner l'axe dans fa cage : 5°, les axes des rouleaux devenant plus longs au moyen de ces ponts, les rouleaux qui font ici d'un grand diametre, font moins fujets à vaciller par le petit jeu néceffaire à la liberté des pivots. C'eft un défaut que les rouleaux de mes autres Horloges avoient, malgré toute la perfection avec laquelle ils étoient exécutés & mis jufte en cage. Enfin les ponts des rouleaux font encore favorables pour mettre ces rouleaux de hauteur dans leur cage & jufte & libre : on peut limer du pied de ces ponts pour faire baiffer le rouleau dans fa cage, ou du bout qui porte le pivot pour faire monter le rouleau, & on lui donne auffi par ce même moyen la liberté convenable.

1203. La petite platine de la cage fupérieure des rouleaux porte en deffous trois coquerets d'acier fixés tout à plat fur cette platine par trois vis noyées : ces coquerets fervent à retenir les bouts des pivots des rouleaux qui, par ce moyen, roulent fur leurs pointes ; au lieu que s'ils rouloient fur leurs portées, ils auroient trop de frottement : il faut donc que les trous des pivots des rouleaux faits à cette petite platine foient contre-percés par une noyure faite avec un forêt, afin que les portées des rouleaux entrent dans l'épaiffeur de la platine, & qu'elles ne touchent pas au fond des noyures, mais que la pointe du pivot porte fur le coqueret d'acier : fans cette difpofition il auroit fallu donner pour longueur des pivots des rouleaux toute l'épaiffeur de cette petite platine, mais ils auroient été trop longs & trop fujets à caffer. Je dois obferver ici fur les creufures de la petite platine, qu'il faut les faire avec beaucoup de précaution, afin que le trou du pivot foit prefque de toute l'épaiffeur convenable à la longueur du pivot, & feulement que la portée ne touche pas au fond, lorfque la pointe du pivot porte fur le coqueret. Pour s'affurer que cela eft ainfi, il faut, avant de mettre le coqueret d'acier, & en faifant cette creufure, préfenter le pivot dans fon trou, & enfoncer la

noyure

noyure avec un foret, jufqu'à ce que le bout arrondi du pivot ne faſſe que faillir un peu le dehors de la platine : alors on eſt aſſuré que le coqueret étant mis en place , & poſant à plat, comme je l'ai dit, fur la platine, il fera remonter aſſez le pivot pour écarter la portée du fond de la noyure.

1204. Pour retenir fûrement l'huile à ces pivots , au moyen des coquerets, j'ai figuré les coquerets de forte que la partie qui reçoit le bout du pivot eſt le fommet d'une *goutte de fuif* qui eſt terminée par un petit plat : le coqueret eſt bien dégagé entre la goutte de fuif & la vis, afin que l'huile reſte iſolée au fommet : cette goutte de fuif répond exacte-ment au trou , & elle poſe juſte contre la platine , & fans y laiſſer de jour. C'eſt le feul moyen de m'aſſurer que l'huile y reſte ; car, pour peu qu'il y eût de jour entre la platine & le coqueret, l'huile s'en iroit. Maintenant, pour conduire fûre-ment l'huile, de cette eſpece de réſervoir dans le trou du pi-vot, je fais, avec un burin fin, ou un compas qui coupe , un trait qui traverſe le trou du pivot, & ouvre un paſſage libre à l'huile pour y aller depuis le réſervoir. Cela m'a toujours parfaitement réuſſi , au lieu que fans cela je n'étois jamais fûr que l'huile ou reſtât au trou, ou qu'elle y fût depuis le réſer-voir ; parce que la plaque ou coqueret, fi elle avoit trop de jeu, pourroit ne pas retenir l'huile ; & fi elle appuyoit trop fort , elle pourroit empêcher l'huile d'entrer dans le trou du pivot.

1205. Ces creuſures faites en dedans de la petite platine des rouleaux, pour laiſſer entrer dans fon épaiſſeur les portées des pivots, ont encore un avantage très-eſſentiel : c'eſt de fer-vir à remonter ces rouleaux fans accident , & très-facilement : on place d'abord le rouleau numéroté 1 fur la grande platine, le pivot entrant dans le pont ; enfuite le deuxieme & le troiſieme rouleau, ces rouleaux étant, comme j'ai dit, maintenus, par les trous de la grande platine qui retiennent les tiges , & les empêche de fort peu bercer , on poſe la petite platine ; alors les creuſures évaſées, dont j'ai parlé , fe préſentent aux pivots, & les obligent d'y entrer ; & cela fe fait fans qu'il foit

F ff *

beſoin d'y toucher pour les y amener : les pivots entrent donc tout naturellement dans leur trou , & ſans que l'Ouvrier le plus mal adroit puiſſe les fatiguer ou caſſer. Cet avantage m'a paru ſi grand dans cette cage ſupérieure , que j'ai cherché à le procurer également à la cage inférieure des rouleaux , & j'y ai réuſſi auſſi ſimplement. Pour cet effet, au lieu de faire aller les portées ſupérieures des rouleaux à fleur de la petite pla- tine , j'ai fait ces portées plus hautes qu'il ne falloit pour cela d'environ un tiers de l'épaiſſeur de la petite platine , & j'ai auſſi fait avec le foret, en dedans de cette platine, des creuſures aux trous des pivots : ces creuſures ſervent à faciliter & remonter les rouleaux ſans accident de la même maniere que pour la cage ſupérieure : le fond de ces noyures eſt un peu ap- plati , afin que les angles des portées des pivots (ces portées ſont d'ailleurs fort petites) ne puiſſent y toucher, & ne faſſent perdre de l'épaiſſeur du trou : la diſpoſition horizontale de mon Horloge m'a permis de faire ces noyures , parce que les rouleaux étant portés ſur les pointes des pivots inférieurs qui roulent ſur les coquerets d'acier attachés aux ponts de la troi- ſieme grande platine , les portées ſupérieures de ces pivots ne frottent jamais contre le fond de ces trous ; ainſi ce trou coni- que ne cauſe aucuns changements , & la portée du pivot n'eſt néceſſaire que pour fixer le rouleau en cage , & l'empêcher de remonter : cette creuſure faite en dedans de la petite platine de la cage inférieure des rouleaux ne ſert donc qu'à faciliter le remontage des rouleaux : elle eſt auſſi utile pour mettre les rouleaux facilement à la hauteur néceſſaire en cage , en creu- ſant plus ou moins, & en limant des ponts en conſéquence , pour élever ou abaiſſer les rouleaux convenablement en cage , afin qu'ils aient le jeu néceſſaire entr'eux.

1206. Les creuſures ou noyures faites en dedans de cette platine , n'empêchent pas qu'il ne faille faire , en dehors de cette platine , des creuſures aux trous des pivots, pour ſervir de réſervoir à l'huile.

1207. Les ponts de la cage inférieure des rouleaux por- tent, comme j'ai dit, des coquerets d'acier pour recevoir les bouts des pivots : ces coquerets font fimplement plats & non figurés, comme ceux de la petite platine fupérieure, parce que les ponts font figurés comme les coquerets de balancier de Montre ; ainfi le réfervoir pour l'huile de ces pivots fe fait comme pour les pivots de balancier de nos Montres : la portée du pivot entre auffi dans l'épaiffeur de ces ponts, qui ont en conféquence en dedans des creufures, pour que la portée ne touche pas au fond du trou.

1208. Les creufures faites au-dedans des petites platines pour faciliter le remontage des rouleaux & loger les portées, exigent d'avoir une certaine largeur pour que les pivots y entrent fûrement & ne paffent pas à côté. Je leur ai donné deux lignes de largeur, & j'ai fait, en conféquence, les bouchons encore plus grands ; afin que ces noyures n'emportent pas la rivure de ces bouchons : ils ont 2 lig. $\frac{1}{2}$ de diametre. J'ai fait les bouchons des ponts de même groffeur par les mêmes raifons ; je veux dire afin que les creufures ne puiffent déranger les rivures de ces bouchons.

1209. Lorfque l'on rebouche les trous des pivots, il faut avoir grand foin, en agrandiffant les trous des bouchons, de faire les trous parfaitement droits, afin que le trou du pivot le foit lui-même : il faut donc tenir fon écarriffoir bien droit.

1210. Les trous de pivots de rouleaux rebouchés bien droits, doivent être agrandis avec beaucoup de précaution, enforte que ce trou du pivot foit parfaitement droit : il faut l'agrandir petit-à-petit, & ne faire d'abord entrer que le bout du pivot ; alors on voit fi le rouleau n'incline point d'un ou d'autre côté : on redreffera petit-à-petit le trou s'il en eft befoin ; jufqu'à ce que le pivot entre tout-à-fait dans le trou & jufte, & que le rouleau foit parfaitement droit.

1211. Pour agrandir les trous des pivots des ponts, il faut que ces ponts foient attachés à la platine : la platine fervira à les agrandir bien droits, comme je viens de le dire : les trous de pivots de rouleaux exigent beaucoup de précaution, parce qu'il faut que les pivots aient très-peu de jeu dans leurs trous ; & étant parfaitement droits, le frottement en fera plus conftant, par conféquent les trous ne s'agrandiront pas.

Je me fuis beaucoup étendu fur les précautions à employer pour donner aux rouleaux la plus grande liberté & le moins de frottement poffible, parce que c'eft delà que dépend la puiffance conftante du régulateur, &, par conféquent, le fondement de la jufteffe d'une Horloge Marine.

9°. *De l'exécution des Pivots de Rouleau pour l'Horloge* N°. 9.

1212. Les tiges des rouleaux font d'acier fondu le plus fin que j'ai pu me procurer : j'ai trempé ces tiges avec toute la précaution requife, pour ne pas corrompre l'acier : le degré de chaleur doit être couleur de cerife, elles font revenues d'un bleu très-vif.

1213. Pour pouvoir tourner parfaitement rond les tiges & les pivots, il faut faire les pointes avec grand foin. Pour cet effet, après avoir fait ces pointes à la lime pour dreffer la tige après la trempe, il faut tourner un petit bout de la tige & la pointe conique parfaitement ronde, & couper la premiere pointe au burin, enforte que cette pointe faite à la lime, foit emportée ; enfuite rouler cette feconde pointe faite au burin : celle-ci fera déja fort approchante d'être ronde ; mais comme il pourroit encore refter quelques côtes & que cette feconde pointe pourroit être ovale, il faut la couper une feconde fois, caffer la petite pointe & la rouler : on tournera le bout conique & fi l'on fent qu'il fe tourne parfaitement rond & fans côte : la pointe eft réputée bien faite, fans quoi il faudroit encore couper une fois la pointe au burin. J'infifte fur ces précautions ; car il n'eft pas poffible de tourner parfaitement rond ni la tige, ni les pivots, à moins que les pointes ne foient tournées parfaitement rondes elles-mêmes : fi elles font à côtes, la tige & les pivots le font auffi ; & fi la pointe eft ovale, la tige & les pivots fe tournent ovales.

1214. Les points ainfi faits, on tournera la tige (a), en-

(a) La groffeur de la tige des rouleaux toute finie, 1 lig. $\frac{5}{13}$.

forte qu'elle aille en diminuant depuis les deux tiers de fa longueur, pour que la figure foit convenable à celle de l'écarriffoir, qui doit fervir à agrandir le trou de l'affiette qui doit être chaffée fur la tige : ainfi lorfque la tige eft à peuprès tournée ronde, & de la figure propre au trou de l'affiette, on fera les fix affiettes avec du cuivre en planche bien durci : ces affiettes doivent avoir, étant tournées, 6 lignes de diametre ; leur longueur eft de 5 lignes ; la groffeur du trou de rouleau, 3 lignes $\frac{1}{12}$, celle du canon 2 lignes : les affiettes doivent être tournées avant de les chaffer fur leurs tiges ; il faut les tenir un peu plus groffes que les mefures ci-deffus, afin d'avoir de quoi les tourner fur leurs tiges.

1215. Les affiettes étant ébauchées, on tournera les tiges felon la figure des trous, afin que cela tienne dans toute la longueur du trou, & de forte que la tige étant chaffée à l'endroit de l'affiette, fur lequel le rouleau doit être rivé, elle fe trouve au milieu de la longueur de la tige : on polira les tiges ; enfuite on chaffera les affiettes : les affiettes étant chaffées, on achevera de tourner le bout de la tige, fur laquelle étoit le cuivrot, (c'eft le gros bout), afin qu'elle aille en diminuant depuis l'affiette : ce bout de l'affiette doit être de même groffeur que l'autre bout, afin que le même cuivrot ferve pour les deux bouts : il faut que ce cuivrot foit tourné bien rond, cela eft néceffaire pour pouvoir tourner parfaitement rond les pivots.

1216. Les rouleaux doivent être faits avant les tiges : ainfi lorfque les affiettes & les tiges feront difpofés comme nous venons de le dire, il faudra achever les affiettes : on mettra la partie qui entre dans le trou du rouleau pour la rivure, à la groffeur des trous des rouleaux, fans agrandir ces trous, afin qu'on puiffe, en cas de befoin, remettre les rouleaux fur l'arbre à vis qui a fervi à les tourner : il eft néceffaire que le rouleau entre à frottement fur fon affiette pour le préfenter en cage, & le mettre à la hauteur requife avant de le river : on mettra la bafe de l'affiette d'épaiffeur ; on la terminera & polira ainfi que le canon du côté de l'affiette : ce canon doit être mis de groffeur pour entrer fur un cuivrot fait exprès : ce cuivrot, qui doit fervir à tourner le rouleau lorfqu'il eft rivé fur fon affiette, doit avoir de diametre 15 lignes, & d'épaiffeur 1 lig. $\frac{7}{12}$.

1217. Il refte maintenant à tourner les pivots, de façon qu'ils foient parfaitement ronds, & que les rouleaux foient de la hauteur propre à paffer au-deffus l'un de l'autre avec les *jours* convenables. Pour cet effet, je leve le pivot du rouleau qui doit être le plus proche de la deuxieme grande platine : je numérote 1 cette tige & fon rouleau : l'affiette doit être en-dedans de la petite cage du rouleau, & je préfente cette tige avant de lever le pivot fur le bord de la cage, de forte que la place du rouleau affleure la grande deuxieme platine : je marque l'endroit où je dois lever la portée de ce pivot : ce pivot, qui eft ma regle, doit rouler dans la petite platine des rouleaux, & le bout doit affleurer au-deffous de cette platine, afin de rouler fur les coquerets d'acier qu'elle porte; ainfi la portée doit entrer d'environ $\frac{1}{3}$ de l'épaiffeur de cette petite platine.

1218. Les pivots des rouleaux font de $\frac{10}{48}$: je mets donc ce pivot à peu-prés de groffeur, & je forme fur le bout de la tige un petit cône alongé, lequel doit fervir à tourner les rouleaux fur fon axe, afin d'éviter de caffer les pivots; ce qui ne manqueroit pas d'arriver fi l'on tournoit les rouleaux en faifant rouler les pivots fur eux-mêmes ou dans des trous. On conçoit que ces bouts coniques, qui font après chaque pivot, doivent être tournés parfaitement ronds, & qu'il faut les tourner en même temps que les pivots, en s'affurant que l'un & l'autre font également ronds; car, dans ce cas là feulement, on fera fûr que le rouleau tournera rond, foit qu'il roule fur fes pivots, ou fur les deux bouts coniques de la tige.

2119. Il faut tourner le pivot parfaitement de la groffeur donnée, & de forte qu'il ne refte pas de trait du burin, ou tout au moins qu'il ne refte que ceux que la lime à pivot peut emporter tout de fuite : pour paffer la lime à pivot, il faut donc que le pivot foit achevé au burin; qu'il foit de la figure

& de la groſſeur convenable, afin que la lime à pivot, même très-douce, emporte en deux coups les traits du burin, & que l'on ſoit aſſuré que la lime n'a pas pu ôter la perfection de la rondeur du pivot donnée par le burin.

1220. Pour paſſer la lime à pivot, je fais comme pour tourner le pivot; je fais, dis-je, rouler le pivot ſur ſa pointe dans un point fait au bord de la broche du tour, de ſorte que le pivot affleure cette broche : la broche ſert de guide à la lime, qui par ce moyen ne peut changer la figure du pivot.

1221. Les traits du burin ainſi emportés par la lime, il reſte à polir le pivot, ce que je fais au moyen d'une lime d'acier détrempée limée bien plate (c'eſt une lime à entrée étroite le plus large comme une à pivot); j'emploie avec cette *lime d'acier*, de la potée d'étain, & je fais toujours rouler le pivot ſur la pointe; lorſqu'il eſt ainſi poli à la potée, je paſſe le bruniſſoir, je coupe de longueur le pivot; & pour terminer ſa pointe je fais rouler le bout conique dans un trou de la broche du tour.

1222. Pour faire l'autre pivot de cette tige numérotée 1, je prends un compas, & je meſure la diſtance qu'il y a depuis le milieu de l'aſſiette ou portée ſur laquelle doit être le rouleau, juſqu'à la portée du pivot déja fait, cela détermine la diſtance dont l'autre portée doit être de ce milieu qui repréſente le milieu d'épaiſſeur du rouleau; je leve le pivot, & fais la portée à cette diſtance donnée pour que le rouleau ſoit à égale diſtance de ſes pivots : le pivot à peu près de groſſeur, on formera comme ci-deſſus le bout conique, qui doit ſervir, comme le premier fait, à faire tourner le rouleau ſur les deux bouts coniques; enſuite on terminera le ſecond pivot de la même maniere qu'on a fait le premier.

1223. Les deux pivots de la premiere tige ainſi faits, on procédera de la même maniere pour la ſeconde tige, en obſervant que le rouleau doit paſſer au-deſſous du premier avec un jour convenable pour ne pouvoir y toucher : on réglera donc en conſéquence la portée du pivot du côté de l'aſſiette, comme pour le premier : ce pivot étant fait, sa portée déterminera la distance de la portée de l'autre pivot, & l'on voit que cette seconde tige est nécessairement plus courte que la premiere; mais on a vu, par la description & par les figures, que les pivots roulent dans des ponts inégaux en hauteur, & faits selon celle des tiges. Il n'y avoit que ce seul moyen pour faire que tous les pivots des rouleaux fussent également chargés, condition essentielle, ainsi que nous l'avons fait voir dans nos principes de construction.

On suivra la même méthode pour faire les pivots des autres axes des rouleaux.

1224. Les pivots des rouleaux étant faits de la maniere que je l'ai expliquée ci-devant, il faudra enarbrer les rouleaux, c'est-à-dire, les river ([a]) sur leurs assiettes avec beaucoup de précaution pour ne pas les courber; on achevera de tourner proprement la rivure, on la polira ainsi que le petit canon, avec du bois blanc & du rouge; on dressera les rouleaux de sorte qu'ils tournent bien droits, & qu'ils soient bien plans; s'ils étoient creux d'un côté, on les redresseroit avec les doigts simplement. Pour tourner la rivure, des rouleaux sur le tour, il faut les faire rouler dans des broches à lunettes sur les bouts coniques qui terminent les axes, lesquels ont été faites à ce dessein. On peut également dresser les rouleaux sur le tour en pliant doucement les croisées; cependant s'il y avoit beaucoup à faire, il faudroit, crainte de casser les bouts coniques, les ôter de dessus le tour, & faire cela à la main. On tournera les rouleaux bien ronds & tous de même grandeur.

1225. Les rouleaux ainsi enarbrés, on prendra celui numéroté 1 ([b]), que l'on mettra en cage. Pour cet effet, on agrandira le

([a]) Avant de river les rouleaux, il faut s'assurer s'ils ne sont pas trop grands. Pour cet effet, il faudra les présenter sur la platine où les trous des axes & du balancier sont percés, mettre au trou qui représente le centre du balancier un bouchon dont le trou ait la grosseur que l'axe ou pivot de balancier doit avoir : ici c'est $\frac{9}{12}$ de lignes. Si le rouleau étant placé au centre de son trou déborde trop en-dedans du trou qui représente l'axe de balancier, on le tournera sur l'arbre à vis qui a servi à le tourner; mais il faut cependant laisser le rouleau un peu plus grand, afin de le tourner rond lorsqu'il sera enarbré, & d'avoir de quoi le diminuer selon le jeu convenable à l'axe.

([b]) A mesure qu'on aura levé les pivots des rouleaux, on aura numéroté les

trou

trou percé pour ce rouleau à la feconde platine, & on fera entrer la tige & le bout du canon librement dans ce trou ; enforte que le rouleau approche tout contre cette platine. On agrandira de même le trou du pivot percé à la petite platine des rouleaux ; pour ce pivot, on fera une creufure avec un gros foret pour que le bout du pivot vienne affleurer au - deffous de cette platine, pour aller pofer fur le coqueret d'acier (ª).

On mettra de la même maniere en cage, les deux autres rouleaux de cette cage fupérieure de rouleaux, avant de faire les ponts qui doivent fervir à contenir les pivots fupérieurs de ces rouleaux.

1226. On fera la même chofe pour les trois rouleaux, n°. 4, 5 & 6, de la cage inférieure : enfuite on pourra faire les ponts des fix rouleaux, on commencera par ceux des rouleaux fupérieurs, lefquels font différents, à tous égards, de ceux des rouleaux inférieurs ; parce que les ponts de ceux-ci doivent porter des coquerets d'acier pour recevoir les bouts des pivots, au lieu que ceux d'en haut n'en ont point; & d'ailleurs tous ces ponts font de différentes hauteurs : à mefure qu'on placera les ponts & rouleaux en cage, il faut avoir attention, pour faciliter les opérations, de repérer les ponts, les vis & les trous des platines, grandes & petites qui répondent à ces rouleaux. On fera également des reperes à tous les coquerets d'acier, à leurs vis & aux platines, & coqs fur lefquels ils font placés.

1227. Il eft bon d'obferver que, quoique les trous que

---

axes, lefquels doivent être tous différents les uns des autres. Le premier n°. 1, eft le plus proche de la deuxieme platine qui fait la cage fupérieure. Le n°. 2 eft celui qui le fuit, & qui fe trouve au milieu : le 3ᵉ eft celui qui fe trouve le plus en dedans de cette cage.

Le rouleau n°. 4 fera le plus proche de la troifieme grande platine, qui fait avec la petite platine la cage inférieure des rouleaux : le rouleau n°. 5 fera en dedans de celui n°. 4, & au milieu des deux rouleaux : le rouleau n°. 6 fera le plus en dedans de la deuxieme cage.

(ª) En faifant les pivots, on aura eu l'attention de fe régler fur l'épaiffeur de cette petite platine, dans laquelle le bout conique ou la portée doit entrer jufqu'au milieu de l'épaiffeur ; car les pivots feroient trop longs & trop fujets à caffer, fi on les eût fait de toute la longueur que donneroit l'épaiffeur de la platine, ils n'en ont qu'environ la moitié, la tige ou tigeron conique entre donc dans l'épaiffeur de la platine : les bouts des trois pivots inférieurs des rouleaux 1, 2 & 3 doivent donc affleurer au-deffous de la premiere petite platine, pour pofer fur les coquerets d'acier.

l'on a faits aux petites platines, pour les pivots & aux six ponts, foient faits juftes; que cependant aucun d'eux ne doivent fervir, parce qu'il faut les reboucher tous avec d'excellent cuivre de chaudiere, ce qui fe fera de la maniere que nous l'indiquerons ci-après.

1228. Le balancier a dû être fait en même temps que toute les groffes parties de l'Horloge, parce qu'elles peuvent toutes être exécutées par un Ouvrier ordinaire, ainfi que je l'ai fait faire; c'eft par cette raifon que je ne fuis pas entré dans tous les détails de main-d'œuvre, de ces groffes parties; mais je penfe qu'il eft à propos de dire ici quelque chofe de l'exécution du balancier; parce que c'eft une partie effentielle qui demande plus de foin que les autres grandes pieces.

1229. Le balancier eft fait avec du cuivre en planche, dont l'épaiffeur étoit un tiers plus forte que celle que doit avoir le balancier, afin d'avoir de quoi le forger & durcir comme il faut; je l'ai fait écrouir avec la tête du marteau, quand il a été à peu près d'épaiffeur, on l'a coupé rond, & on a achevé de le dreffer & forger; je l'ai fait tourner fur un tour en l'air, fait percer un trou au centre de $2\frac{1}{4}$ lignes de diametre, c'eft-à-dire, un peu plus petit que l'arbre à vis, dont je me fers pour les rouleaux, & j'ai fait creufer la place des barrettes en réfervant l'anneau ou champ du balancier, felon les dimenfions que j'ai indiquées (956) : quand le balancier a été ainfi tourné des deux côtés & fur le bord, je l'ai fait croifer en trois barrettes limées angulairement pour éprouver moins de réfiftance de l'air. Les croifées prefque finies, j'ai mis ce balancier fur l'arbre à vis, fur lequel je l'ai fait entrer très-jufte; en cet état, je l'ai tourné à l'archet parfaitement d'épaiffeur & rond en dehors, & de même en dedans du champ jufqu'aux croifées; je l'ai adouci à la lime, & j'ai fait achever les croifées & limer le dedans du champ felon ce qui a été tourné; ainfi l'anneau fe trouve parfaitement rond en tous fens.

1230. Lorfque le balancier a été terminé, j'ai exécuté fon axe; pour cet effet, j'ai pris de l'acier fondu le plus parfait que j'ai pu me procurer; je l'ai coupé de la longueur requife pour ajuſter au dehors des rouleaux, ſavoir à un bout le pignon & la mâchoire du reſſort de ſuſpenſion, & à l'autre la virole de ſpiral.

1231. J'ai tourné & poli cet axe avec ſoin, en le tenant de la figure requiſe pour y faire entrer l'aſſiette du balancier, qui a été percée & tournée convenablement ; j'ai donc tourné l'axe ſelon le trou de cette aſſiette, & j'ai poli cet axe avant de chaſſer l'aſſiette : l'aſſiette étant chaſſée à force (ᵃ), j'ai achevé de tourner le gros bout de l'axe que j'ai fait aller en diminuant ; j'ai poli les deux bouts, &c. J'ai tourné l'aſſiette & l'ai fait entrer ſur le trou du balancier, ſans agrandir ce trou, afin de me réſerver toujours de le remettre ſur ſon arbre à vis, s'il en étoit beſoin. Il faut que cette aſſiette entre bien juſte, & même un peu à frottement ſur le balancier, afin qu'il ſe trouve auſſi parfaitement rond ſur ſon axe qu'il l'étoit ſur l'arbre à vis, ce qui ne peut manquer d'arriver ſi l'arbre eſt rond, & que le balancier entre auſſi juſte ſur lui. On attachera le balancier ſur ſon aſſiette, au moyen de trois vis à tête noyée dans le centre du balancier, & taraudée ſur l'aſſiette.

1232. Il reſte maintenant à achever de tourner les pivots de balancier ; mais auparavant, il faut ajuſter au bout ſupérieur le pignon de balancier en levant la portée un peu au-deſſus du rouleau, nº. 1 ; c'eſt-à-dire, à fleur du dedans de la ſeconde platine (lorſque le balancier eſt au milieu des deux petites platines) ; il faut que ce pignon entre bien juſte, & même un peu à frottement ſur ſon axe.

1233. Le pignon étant ainſi bien ajuſté ſur ſon axe ; on achevera le pivot de l'axe. Pour cet effet, on le diminuera autant qu'il ſera poſſible, c'eſt-à-dire, qu'il reſte ſeulement un peu plus gros que la partie qui entre dans le pignon, afin qu'il reſte une petite portée pour arrêter le pignon, & l'empêcher de deſcendre plus loin : ce pivot a trois lignes de long,

(ᵃ) On aura dû prendre les précautions convenables pour que l'aſſiette ſe trouve chaſſée convenablement ſur ſa tige, & de ſorte que le balancier étant au milieu de ſes deux cages, les bouts de l'axe ſaillent convenablement des platines pour recevoir la virole de ſpiral d'un bout, & le pignon de balancier de l'autre.

& en cet état $\frac{2}{11}$ de diametre : il doit être parfaitement cylindri-que & tourné rond, & avec foin fans trait ; enfuite on l'adoucira à la lime à pivot, & on le polira après avec une lime d'acier recuit un peu large fe fervant de potée, jufqu'à ce qu'il foit bien poli fans trait, &c.; on paffera le bruniffoir, & le pivot fera fini. Il eft effentiel de finir le pivot auffi-tôt que le pignon eft ajufté, afin qu'ils foient parfaitement ronds l'un & l'autre & con-centriques, ce qui ne feroit pas fi la pointe fe déjettoit : c'eft pour cette raifon qu'il ne faut goupiller les bouts de l'axe que lorf-que le pignon & le canon font ajuftés, & les pivots faits ; quand même en goupillant on tourmenteroit le bout de l'axe, & qu'il ne tourneroit plus parfaitement rond, cela n'ôteroit rien de la perfection des pivots qui tourneroient ronds, ainfi que le pignon & le balancier.

1234. Le pignon de balancier ainfi fixé fur fon axe, on ajuftera de même le canon de la virole de fpiral fur l'autre bout de l'axe ; on levera, pour cet effet, la portée à fleur du deffus de la troifieme platine ; c'eft-à-dire, un peu plus bas que le quatrieme rouleau, pour que ce canon ne puiffe toucher au rou-leau ; on fera de même entrer à frottement le canon d'acier de la virole fur l'axe de balancier.

1235. Le pignon de balancier & le canon de la virole de fpiral, étant ajuftés, comme je viens de le dire, on achevera de tourner les pivots de balancier ; on les diminuera autant qu'il fera poffible ; c'eft-à-dire, jufqu'à ce que la portée qui avoit été for-mée pour retenir le pignon & le canon foit prefque entiérement emportée ; cette portée qui étoit néceffaire pour faire ces ajuf-tements devient actuellement inutile, on en laiffera feulement une infiniment petite partie fuffifante pour empêcher que le pi-gnon n'enfonce trop avant ainfi que le canon, ce qui donneroit la peine de chercher le trou de la goupille. A cette difficulté près, on pourroit faire le pivot auffi petit que le bout de l'axe qui reçoit le pignon, & cela en feroit mieux, puifque cela réduit d'autant le frottement.

1236. Le pignon & le canon de la virole du fpiral étant ainfi bien ajuftés, & les pivots finis, il reftera à les goupiller l'un & l'autre fur le bout de l'axe où ils font ajuftés, afin de les fixer avec l'axe. Pour cet effet, on fera revenir les deux extré-mités de l'axe dans lefquels on doit percer le trou pour la goupille, on mettra le pignon & le canon fur l'axe, & on percera les trous de la même groffeur qu'ils le font fur le canon du pignon, & au bout du canon de la virole de fpiral; ces trous ont été ainfi per-cés avant que les pieces fuffent trempées, & on a dû régler la groffeur des trous de la goupille, fur celle des trous mêmes faits à ces pieces pour recevoir les bouts de l'axe; on fera donc entrer le pignon & le canon de la virole bien à leur place ap-puyant contre leurs portées, & on percera ces axes avec des forets de la groffeur des trous faits au pignon & au canon; en-fuite, fans les déranger, on les agrandira l'un fur l'autre avec un bon écariffoir; & de forte que ces trous foient de bonne figure, & qu'une goupille bien faite fixe parfaitement le canon fur l'axe fans jeu quelconque, ce qui feroit très-nuifible: on pourroit même, pour éviter cet effet dans le canon de la virole de fpiral, où il eft le plus à craindre, former au bout une petite mâchoire ferrée par deux vis, comme font les cuivrots à vis.

1237. Avant de démonter le canon & le pignon, il faut faire avec foin des reperes à ces pieces avec l'axe, du côté où doit entrer la goupille; afin que toutes les fois qu'on les raffem-blera, on les remette dans la même pofition & facilement. On coupera fur le tour l'excédent des bouts de l'axe fur le canon & fur la mâchoire du pignon; ainfi l'axe de balancier fera totalement fini; &, pour achever cette partie, on fera & placera tout de fuite le piton du fpiral.

1238. Les pivots de balancier ainfi finis, il faudra ache-ver de mettre les rouleaux en cage, reboucher les trous des pi-vots, & tourner les rouleaux de grandeur pour que l'axe y en-tre librement. Voici comment il faudra procéder pour ces opé-rations qui exigent des foins & des précautions que je vais indiquer par ordre.

1239. On remontera dans chaque cage de rouleau, les deux rouleaux nº. 2, 3 & 5, 6 qui font ceux qui doivent ref-ter fixes, ou dont les barrettes ne font pas mobiles; on les met-

tra droit en cage au moyen de leurs ponts qui n'ont pas encore
de pied, & auxquels il n'en faut pas encore mettre ; on mettra
le balancier sur son axe attaché par ses vis, & on le mettra en
cage, en observant si les trous des platines sont assez grands ; afin
que l'axe n'y touche pas, & qu'en entrant il ne fasse pas casser des
pivots de rouleau : on fera poser les pivots du balancier sur les
quatre rouleaux, justes dans l'intersection qu'ils forment. Cette
opération est nécessaire pour voir si les trous des platines des
rouleaux, & les trous des pivots des rouleaux sont bien percés
droits, & les cages bien montées ; si tout cela a été bien fait, le
balancier doit se trouver parfaitement droit en cage ; sinon il pen-
chera dans la cage ; & dans ce cas, il faudra, en rebouchant les
trous des pivots des rouleaux, y avoir égard, & les retirer d'un
côté par en haut, & de l'autre par en bas, pour redresser le balancier, & cela sans changer les grandeurs des rouleaux qui
doivent être tous de même diametre ; le balancier ainsi dressé,
on rebouchera tous les trous des pivots de rouleau avec d'excellent cuivre de chaudiere bien durcis, & il faut que tous ces
trous soient bouchés au centre, c'est-à-dire, percés au tour &
tournés ; ensorte que si on avoit besoin de reboucher un de ces
trous, supposé qu'on l'eût fait trop grand, on n'eût qu'à percer
& tourner un autre bouchon, sans changer la position du rouleau.

1240. Nous observerons ici sur cette opération une chose
qui est essentielle dans l'exécution, & qui la rend plus prompte ;
c'est qu'il faut, autant qu'il est possible, faire de suite & sans
interruption toutes les opérations de même genre, & ne pas
aller de l'une à l'autre ; par exemple, pour reboucher ces trous,
j'ai commencé à percer les six trous pour les bouchons des pivots aux petites platines avec un foret, de la grosseur que
les bouchons doivent avoir ; j'ai ensuite percé de même
les six trous pour les bouchons des ponts. J'ai agrandi tous
les trous tout de suite à la même grosseur, tant ceux des deux
petites platines que des ponts ; j'ai fait ces trous en chanfrein
pour la rivure ; j'ai préparé une broche de cuivre bien durci,
& montée avec un cuivrot pour faire tous ces bouchons ; j'ai

percé le bout de cette broche fur le tour avec un foret un peu plus petit que les pivots ; j'ai fait ce trou affez long pour l'épaiffeur de la platine, je l'ai tourné fur une pointe & mis à la groffeur des trous, enforte qu'il y entre à force ; j'ai pris cette groffeur avec un calibre à pignon, enfuite coupé ce bouchon & mis dans le trou, n°. 1, de la platine ; j'ai percé de même le bouchon d'un trou de pivot, tourné le bouchon comme le précédent, & fait entrer à la même platine, au n°. 2 ; & ainfi de fuite aux fix trous des deux petites platines, enfuite j'ai fait la même chofe, & par ordre, aux fix ponts des rouleaux ; les douze bouchons ainfi faits, je les ai rivés de fuite les uns après les autres.

1241. Les trous des pivots de rouleau étant ainfi tous rébouchés, tant ceux des platines que des ponts, & agrandis bien juftes & droits, on mettra les pieds des ponts avec foin, de forte que chaque rouleau foit parfaitement droit en cage.

1242. On achevera de tourner les rouleaux en les diminuant également petit-à-petit, jufqu'à ce que les pivots de balancier puiffent entrer : pour en juger on remontera les fix rouleaux, chacun dans leurs cages (tous les trous ont dû être rebouchés auparavant, comme je l'ai dit, les pieds mis aux ponts ; en un mot, les rouleaux doivent être entiérement finis de mettre en cage) ; en cet état, on préfentera le bout de l'axe ou pivot dans l'interfection de trois rouleaux ; mais feul & fans le balancier, car la pefanteur du balancier feroit capable de forcer & faire caffer les pivots : fi ce pivot ne peut y entrer fans que l'axe foit fort oblique, les rouleaux font trop grand, ainfi on les diminuera tous trois, jufqu'à ce que l'axe reftant droit ou perpendiculaire à la platine, il entre dans l'interfection des rouleaux, mais fans jeu : on fera la même chofe pour les autres rouleaux, & on pourra préfenter l'axe en cage ; mais il faudra avoir attention qu'il ne force pas en entrant ; pour cet effet, comme les ponts des rouleaux, n°. 1 & 4, doivent être mobiles, afin d'ôter ou donner du jeu convenablement à l'axe de balancier ; on agrandira un trou du pied le plus éloigné du pivot : ce pied ne fert actuellement qu'à empêcher de trop écarter ou approcher le rouleau de l'axe, on écartera donc ces deux rouleaux, n°. 1 & 4 , & on fera entrer l'axe ; si l'axe reste encore forcé, on diminuera les rouleaux, jusqu'à ce que les pivots soient libres , & que les rouleaux, n°. 1 & 4 , soient parfaitement droits en cage.

1243. L'axe de balancier ainsi mis en cage, on ajustera sur ce bout supérieur une broche de cuivre percée d'un trou qui entrera à frottement sur l'axe ; l'autre bout de cette broche sera mis de longueur pour aller jusqu'au pont de suspension du balancier ; on percera un trou sur ce bout de la broche, & on chassera dans ce trou un bout d'acier que l'on formera en foret, il servira à marquer parfaitement sur le pont de suspension l'endroit où le trou qui doit recevoir la mâchoire doit être percé pour correspondre , & être juste dans l'axe de balancier ; par ce moyen on sera sûr que le ressort de suspension ne porte le balancier ni d'un côté ni de l'autre.

10°, *De l'exécution du Méchanisme de compensation.*

1244. Avant de démonter l'axe de balancier, on marquera sur le pont du pince-spiral le centre ou trou de pivot. Pour cet effet, on démontera le pont qui a dû être placé auparavant (ᵃ), & ses pieds mis : on mettra le bout de ce pont de hauteur avec l'axe de balancier, ensorte que de la pointe de l'axe il reste un intervalle de $\frac{1}{12}$ de lignes entre elle & le pont, le balancier étant dans sa position, c'est-à-dire, au milieu de la cage ; en cet état, on marquera avec la pointe de l'axe qu'on laissera retomber sur le pont, l'endroit où doit être percé le trou du pivot inférieur du pince-spiral.

1245. On présentera contre le pont l'axe du pince-spiral ;

(ᵃ) Il y a plusieurs grands trous que l'on a dû faire aux platines avec le compas, & qu'on aura fait tout de suite le premier à la platine-cadran , pour le passage du pont de suspension : le deuxieme à la seconde platine , pour y loger la roue de rateau ; mais avant de faire celui-ci, il a fallu placer la barrette qui doit recevoir le pivot inférieur de cette roue ou d'axe d'échappement : cette barrette porte un coqueret d'acier logé dans son épaisseur : ce coqueret est figuré comme ceux des pivots de rouleau de la cage supérieure : le troisieme grand trou est fait à la troisieme platine , pour y loger le spiral, afin qu'il soit tout contre les rouleaux.

ainsi

ainſi que le pince-ſpiral, on placera celui-ci contre le piton de
ſpiral qu'on mettra auſſi à ſa place ; de ſorte que la partie du
pince-ſpiral, qui eſt arrondie pour le paſſage du ſpiral, ſoit juſte
au milieu de la mortoiſe du piton, c'eſt-à-dire, au milieu de
l'endroit où doit être le ſpiral. On marquera l'endroit de la
tige qui correſpond au pont, & on levera à cet endroit la
portée du pivot inférieur du pince-ſpiral : ce pivot doit être
tourné parfaitement rond, & de la figure d'un bon écarriſſoir. Il
faut tenir ce pivot un peu long, parce que c'eſt lui qui reçoit
le plus grand effort par les coups réitérés du ſpiral contre le
pince-ſpiral : je l'ai fait auſſi un peu gros, afin qu'il ne puiſſe ni
s'agrandir, ni changer par cette action continuelle du pince-
ſpiral : on préſentera de nouveau l'axe du pince-ſpiral contre
le pont avant de finir le pivot, pour voir ſi la portée eſt de
bonne hauteur ; on marquera l'endroit où doit être levée la
portée du pivot ſupérieur, ce qui ſera indiqué par le ſecond
pont que le premier porte, & qu'on aura mis en place : on finira le premier pivot, & on le polira de la même maniere que je
l'ai indiquée pour les pivots des rouleaux : on fera avec les
mêmes ſoins les pivots ſupérieurs, alors on pourra mettre cet
axe en *cage* ; c'eſt-à-dire, le placer ſur ſon pont. Pour cet effet,
on marquera avec une équerre au pont ſupérieur l'endroit où
doit être placé le trou du pivot ſupérieur pour répondre perpendiculairement au-deſſus du trou percé au premier pont; pour
le pivot inférieur, on percera ce trou au pont, on l'agrandira
pour y faire entrer juſte le pivot ; on en fera autant pour le pivot
inférieur, on mettra ainſi à peu près le pince-ſpiral en cage ;
mais avant de le finir, on verra ſi cet axe eſt bien droit. Pour
cet effet, on attachera ſur la tige l'index qui doit ſervir à marquer le chemin de la compenſation ; & faiſant tourner le pince-ſpiral, on verra s'il décrit un plan parallele à la platine ; on
le dreſſera, ſi cela n'eſt pas, en limant convenablement le pied
du pont ; alors on percera les trous des pieds du ſecond pont,
afin de le fixer avec le premier ; on chaſſera ces pieds après
les avoir agrandis enſemble ſur les deux ponts.

1246. Le pince-ſpiral ainſi mis en cage, on rebouchera

les trous de ſes pivots avec du cuivre de chaudiere, afin que ces trous reſtent plus conſtamment les mêmes : pour cet effet, il faudra agrandir les trous des pivots avec un écarriſſoir qui paſſe dans les deux trous, afin de les agrandir parfaitement droits ; on percera les trous aux bouchons ſur le tour : on tournera ces bouchons, & on les rivera avec précaution : il reſtera à agrandir les trous des pivots ce qui doit être fait avec le plus grand ſoin ; enſorte que le trou ſoit parfaitement conſervé droit, & que le pivot entre juſte & ſans jeu ; & que cependant l'axe du pince-ſpiral étant en cage dans ſon pont, il ſoit parfaitement libre. Pour agrandir ces trous de pivot, il faut avoir un excellent écarriſſoir de la figure du pivot, qu'il ſoit adouci & poli, enſorte qu'il poliſſe le trou ; on pourroit ſe ſervir, pour terminer le trou, d'un aliſoir, ſi on en a un de bonne figure.

I 2 4 7. On mettra tout de ſuite en cage le levier de compenſation ; on en levera les pivots après les avoir marqués, au moyen de ſon pont que l'on attachera à cet effet : on percera à la platine le trou qui a dû être marqué en traçant le calibre : on tracera, au moyen d'une équerre, l'endroit du pont où le trou du pivot ſupérieur doit être percé pour être perpendiculaire, en tous ſens, à celui percé à la platine pour le trou inférieur ; on agrandira ces trous avec ſoin, enſorte que les pivots y entrent très-juſte : on mettra ce levier en cage pour voir s'il eſt bien droit en tous ſens. Il reſtera à reboucher les trous de la même maniere qu'on le fait au pince-ſpiral. Si l'axe n'eſt pas bien droit, on *étirera* le trou du pont convenablement pour redreſſer l'axe. Les trous étant ainſi rebouchés avec de bon cuivre de chaudiere bien durci, & ces bouchons tournés, rivés, &c, on agrandira les trous des pivots parfaitement droits, afin que les pivots y entrent juſte, & que l'axe tourne librement.

I 2 4 8. Le levier de compenſation étant mis en cage, on attachera le chaſſis de compenſation ſur ſon pont, après s'être bien aſſuré qu'il n'y a aucune des tringles qui brident ou gênent, & qui puiſſent empêcher, en aucune maniere, que l'action du chaud & du froid ne le faſſe agir. On mettra le grand levier en cage, & on verra ſi le bout des verges de cuivre

qui doivent agir fur la palette de cet axe, font de bonne longueur; c'eft-à-dire, fi le point de contact fe trouve dans la tan-
gente que le chaffis forme avec le centre du levier; en un
mot, fi la palette prife de fon centre de mouvement eft d'é-
querre avec le chaffis. Si cela n'eft pas, on limera du bout des
verges de cuivre du milieu, enfuite on les raccourcira encore
d'environ ½ ligne, qui fera l'épaiffeur que doit avoir la plaque
d'acier ajoutée aux bouts de ces verges; j'y place une plaque
d'acier très-dure pour empêcher toute tendance à l'ufure, ainfi
que cela pourroit peut-être arriver, fi on faifoit agir la palette immédiatement fur les verges de cuivre.

1249. La palette du grand levier eft percée d'un trou, dans
lequel je chaffe une tête d'acier trempé, tournée en calotte,
afin que ce levier ne touche aux verges de compenfation que par
un point; & que fi ces verges fe portent un peu plus près
ou plus loin du centre du levier, cela n'en puiffe changer le
mouvement, le rayon reftant le même.

1250. On mettra en place le pince-fpiral, & la boîte fur
la vis de laquelle doit agir le grand levier de compenfation:
on attachera fur ce grand levier le bras de rapport (a) attaché avec deux vis; on courbera s'il en eft befoin ce bras qui
n'eft pas encore trempé, enforte qu'il aille correfpondre avec
la vis portée par la couliffe du bras du pince-fpiral; & il faut
qu'en même temps la palette du grand levier appuyant fur le
chaffis, le grand bras du levier fe trouve agir fur le pince-
fpiral, dans la ligne qui paffe par les centres des deux axes;
on achevera de limer ce bras de rapport, & on le trempera,
on le fera revenir bleu par le bout où les vis font attachées, &
on laiffera l'autre bout de toute fa dureté, ainfi que l'eft le bout
de la vis de la boîte ou couliffe; par ce moyen, ces pieces étant
fort dures ne pourront fe pénétrer.

1251. On fera enfuite le reffort qui fert à faire appuyer le

(a) Dans l'Horloge N°. 9, le grand levier n'eft pas mis à frottement fur fa tige, com-me dans l'Horloge N°. 8; mais ce grand le-vier eft attaché par le moyen de deux vis fur un talon formé fur l'axe: par cette dif-pofition le levier demeure conftamment le même, & eft inébranlable au lieu que dans l'Horloge N°. 8, il avoit tourné (897).

pince-fpiral contre le grand levier , & à lui faire fuivre le mou‑
vement du chaffis : ce reffort eft fait de deux parties ; l'une eft la
patte faite en cuivre, qui s'attache avec une vis & un pied, fur
le fecond pont du pince-fpiral : l'autre partie eft le reffort ;
celui-ci eft rond & fait avec du reffort de pendule , limé rond
allant un peu en diminuant, & chaffé ainfi dans un trou fait
à la patte : ce reffort appuie contre le talon de l'index porté par
l'axe du pince-fpiral.

1252. L'index du pince-fpiral eft fait avec de l'acier de ref‑
fort de pendule , il fe rive fur un talon de cuivre attaché par
une vis à l'axe du pince-fpiral. Le bout de l'index va à l'ex‑
trémité de la troifieme grande platine pour y marquer, fur les
divifions faites au bord de cette platine , le chemin que le
chaffis de compenfation fait parcourir au pince-fpiral : on voit
auffi le chemin que l'on fait faire au pince-fpiral, quand on
veut régler l'Horloge au plus près, au moyen de la vis que
porte la boîte de compenfation placée fur le bras du pince‑
fpiral.

11°. *De la maniere de graduer les Cadrans, Limbes , &c , au*
moyen de l'Outil à fendre.

1253. Pour graduer le bord de la platine, de façon que
l'on voie facilement les divifions, j'ai limé le bord de cette
platine par une portion de cercle concentrique au pince-fpiral ;
j'ai tracé en dedans un fecond trait pour limer en talus ce
bord de la portion de cercle fait à la platine : c'eft fur ce
talus qui fe préfente mieux à la vue que le deffous de la platine ,
que font tracés les divifions : ces divifions font faites fur l'ou‑
til à fendre, avec l'inftrument que j'ai conftruit pour graduer
les cadrans ; j'attache donc la platine fur un taffeau, & j'ai
gradué le bord fur le nombre 720, ce qui fait des demi-de‑
grés ; j'ai fait graver les chiffres fur ce talus qui indique le
nombre des divifions, & à l'extrémité une lettre *C*, pour mar‑
quer que l'index va de ce côté lorfqu'il fait chaud, & de
l'autre la lettre *F*, pour marquer le froid : les graduations font

faites à la platine avant de couper avec le compas le centre qui
fert à loger le reffort fpiral.

1254. Pour connoître avec précifion l'étendue des vibrations du balancier, j'ai gradué la petite platine inférieure des
rouleaux en degrés tout autour. Pour cet effet, j'ai tourné
en talus le bord de cette platine fur le tour en l'air; afin que
les divifions foient bien vues; car j'ai remarqué au N°. 8,
que le balancier cachoit ces divifions, ici elles feront très-
vifibles, au moyen de ce talus; j'ai fait fur le tour, dans le
milieu de ce talus, un trait pour féparer les degrés des chiffres
des divifions; enfuite j'ai placé la platine fur mon outil, déja
tout préparé pour graduer le bord de la grande platine, ainfi
que nous venons de le dire. Je dois à ce fujet répéter combien il eft effentiel, pour abréger & gagner du temps, de raffembler, autant qu'il eft poffible, toutes les opérations de même
genre, pour être faites en même temps, on gagne, parce qu'on
fe fert des mêmes outils tout préparés, & quand on fait de
fuite plufieurs opérations de même efpece, on les fait mieux
& plus promptement.

1255. J'ai gradué cette platine en degrés tout autour,
quoique dans l'ufage j'euffe pu m'en difpenfer; cependant cela
eft commode pour mettre l'échappement à fon véritable point,
comme je le dirai ci-après; on voit auffi avec plus de précifion
les différences qu'il peut y avoir dans l'étendue des arcs de
vibration du balancier.

1256. Pour graduer une piece quelconque fur mon outil,
je commence toujours par les plus grandes divifions, ainfi dans
le cas actuel, j'ai gradué les dixaines les premieres, & je ne
fais qu'un feul trait de celui de la dixaine & du degré qui la
défigne; ainfi je fais paffer le burin à travers les deux cercles, le trait en eft plus net, & l'opération plus courte que
fi l'on faifoit d'abord les degrés, & enfuite qu'on fît les dixaines, & les *cinquaines*; de même, lorfque je gradue le cadran, je gradue premiérement, le trait des cinquaines de minutes, & il comprend en même temps la minute correfpondante, & paffe à travers les deux cercles qui forment les ef-

paces pour les chiffres des minutes, & pour les 60 divisions
de ces minutes.

1257. Lorfque j'ai gradué toute la platine de 10 en 10
degrés tout autour, je raccourcis fur le coulant le chemin que
doit faire le burin pour former les cinquaines de degrés, lefquelles, pour être mieux défignées, je ne laiffe paffer qu'à moitié
le cercle des chiffres ou dixaines, & il comprend auffi le
degré correfpondant à la cinquaine; quand on a fait ainfi le
tour, il ne refte plus à graduer que les degrés compris entre les cinquaines & les dixaines, on change donc le coulant pour que le burin ne parcoure que le cercle de degrés.
Enfin ces graduations ainfi faites, il ne refte, pour achever ce
qui concerne l'exécution de l'Horloge, qu'à faire l'échappement, & traiter de l'exécution du fpiral, ce qui formera les
deux derniers articles.

12°. De l'exécution de l'Echappement de l'Horloge Marine N°. 9.

1258. L'échappement, cette partie effentielle des machines
qui mefurent le temps, exige dans celle-ci une plus grande perfection encore que pour les Horloges Aftronomiques, parce
que la confiance que les Marins peuvent donner à ces machines, pour conduire leurs Vaiffeaux, a des conféquences très-
dangereufes, fi ces Horloges venoient à avoir des écarts fubits : ainfi quoique l'échappement ne foit pas la bafe de la jufteffe, fur laquelle mes Horloges Marines font fondées, cependant un échappement défectueux pourroit produire des erreurs, & changer & détruire les propriétés fondamentales qui
produifent la juftelle; c'eft par ces raifons que dans la conftruction de mon échappement, j'ai cherché à le compofer de forte
qu'il ne puiffe, dans aucuns cas, caufer de dérangement auffi dangereux : tel eft celui que j'ai décrit ci-devant, & duquel je
vais donner quelques détails d'exécution.

1259. La roue d'échappement eft d'acier fondu; pour
faciliter fon exécution, il faut, après l'avoir coupée ronde, la limer à peu près plate, & enfuite le recuire; pour cet effet, *on*

fe fervira de l'outil à tremper (1142), on fera chauffer cet outil jufqu'à ce qu'il foit d'un rouge cerife, on retirera l'outil du feu, & on le pofera fur la cendre en le laiffant ainfi refroidir, la roue reftant dedans : cela fait, on tournera & limera la roue bien ronde & plate , & de la grandeur requife, après quoi on la croifera.

1260. La roue ainfi préparée , on la fendra ; pour cet effet, on prendra une fraife plus mince que ne font les palettes de rubis (dont l'épaiffeur eft de $\frac{1}{24}$ de lignes) afin que la roue étant égalifée l'échappement n'ait pas trop de chûte : cette roue doit avoir 30 dents , ainfi il faut la fendre fur 60. La roue étant fendue, on emportera à la lime les 30 parties qui doivent former l'intervalle entre les dents , & on commencera à figurer les dents , enfuite on formera les plans inclinés. Pour cet effet, on placera la roue fur l'outil à dreffer les plans inclinés décrit (1141), où fon ufage eft expliqué. Pour fixer l'inclinaifon des dents de la roue à coup sûr de la quantité requife pour opérer la levée demandée à l'échappement qui eft ici de 16 degrés, il faudroit fe fervir du moyen indiqué. (*Effai*, 2329) en obfervant cependant qu'ici, pour que le plan incliné de la roue opere 16 degrés, il doit être beaucoup plus incliné que pour les Montres, où il n'y a qu'une dent dans le cylindre, au lieu que dans l'échappement de l'Horloge Marine, il y en a deux & un intervalle, ce qui rend la levée environ trois fois plus petite ; mais pour éviter de recourir encore à un nouvel outil, que je fuppofe qu'on n'a pas, le mieux fera de faire d'abord un cylindre de cuivre d'effai, & une roue de cuivre auffi d'effai, de la grandeur que doit avoir celle d'acier ; on changera l'inclinaifon des dents de cette roue, jufqu'à ce qu'elle opere la levée demandée, ce qu'il eft aifé de mefurer en adaptant cet échappement fur l'outil d'engrenage ; on déterminera auffi par cet effai la vraie ouverture du cylindre, lequel devra être entaillé, de forte qu'en même temps que la levée demandée s'opere lorfque les deux dents font dans le cylindre, il faut qu'elles le coupent par fon diametre. Cela trouvé, on fera une marque à l'outil à dreffer les plans inclinés à l'endroit où l'alidade eſt arrêtée ; par ce moyen qui eſt prompt, on fera à coup ſûr les dents de la roue d'acier de l'inclinaiſon demandée ; cela fait, on figurera & finira les dents en les dégageant autant que leur ſolidité le permettra, pour que le cylindre parcoure un grand arc ſans y toucher. La roue étant ainſi finie & adoucie, on pourra la tremper, on ſe ſervira pour cet effet de l'outil décrit (1142) : on placera la roue dedans ; & après l'avoir fermé exactement, on le fera chauffer juſqu'à ce qu'il ſoit d'un rouge couleur de ceriſe ; en cet état, on ouvrira promptement le couvercle, & on jettera la roue dans l'eau, on la blanchira avec de la pierre-ponce, & on la fera *revenir* au moyen de l'outil décrit (1143).

1261. La roue ainſi trempée & revenue, on l'adoucira de plat des deux côtés avec une lime d'acier & de la pierre à huile ; on adoucira également les croiſées & les fonds, & contours des dents, enſuite on l'égaliſera. Pour cet effet, il faudra la mettre ſur l'outil à fendre ; avoir une fraiſe non trempée un peu angulaire, on la préſentera au devant d'une des dents ; enſorte qu'elle ne faſſe que toucher, on fera de la ſorte le tour de la roue pour voir la dent qui approche le moins de la fraiſe : on fait approcher la fraiſe de cette dent, juſqu'à ce qu'elle ne puiſſe faire que la blanchir en mettant un peu de pierre à huile ; on uſera toutes les pointes des autres dents qui ſont trop longues ; on fera la même opération aux talons des dents : cela fait, on mettra la roue ainſi égaliſée ſur l'outil à dreſſer les plans inclinés, on dreſſera & adoucira tous les plans, juſqu'à ce qu'ils affleurent également le plan de l'outil ; on polira ces plans, ainſi que les pointes des plans inclinés ; on enarbrera la roue.

1262. La roue ainſi enarbrée & finie, il reſte, pour achever l'échappement, à faire la tige du cylindre ; on fait qu'elle eſt formée par une eſpece de manivelle (803), on la fera donc en conſéquence, & que le dedans de la manivelle ſoit de la hauteur convenable pour le paſſage de la roue, & le dehors pour y placer les palettes de rubis ; on percera & taraudera les trous qui doivent ſervir pour les vis qui fixent les plaques ſervant

à

à contenir les palettes ; on trempera cette tige , fera revenir, adoucir & polir la tige ; on ajuftera les plaques , & l'on tournera du diametre donné par le cylindre d'effai des rainures pour recevoir les palettes ; on fera les vis de ces plaques , ainfi on pourra placer les palettes entre ces plaques : on mettra la roue & le cylindre fur l'outil d'engrenage, afin de former l'échappement en avançant ou reculant les palettes à leur véritable pofition, & pour que la roue paffant par le centre, la levée foit de la quantité demandée.

1263. L'échappement étant ainfi fait fur l'outil, les levées s'opérant fans gratter fur le bord des palettes, & la roue fans accrochements, &c; il reftera à placer le cylindre en cage ; on en tracera , pour cet effet, la pofition avec l'outil d'engrenage : on levera les pivots du cylindre, on fera entrer à frottement le canon de la roue de balancier qui doit être finie & arrondie ; on en fera l'engrenage fur l'outil avec le pignon de balancier , on en marquera la pofition fur la platine ; on percera, dans l'interfection de ces deux portions de cercle, les trous qui feront ceux des pivots du cylindre.

1264. Le cylindre ainfi mis en cage avec la roue de balancier, on examinera de nouveau fi l'échappement fait bien fes effets , & fi l'engrenage de balancier eft à fon véritable point ; on corrigera l'un & l'autre s'il en eft befoin.

1265. On fera le repere de la roue de rateau avec le pignon de balancier ; on marquera la place de la cheville de balancier , de forte que le balancier étant arrêté à fon repos , cette cheville s'arrête fur le zéro ou o gravé à la petite platine ; on marquera l'endroit où il faut placer les chevilles de renverfement, & ces chevilles ainfi placées, l'échappement fera fait, & l'Horloge prête à marcher.

1266. Nous finirons cet article de l'échappement en obfervant que, quoique nous ayons traité avec peu de détail l'exécution de l'échappement, cependant on a pu remarquer combien il eft difficile à exécuter, devient long & coûteux, enforte que, quand même il n'auroit pas les défauts que nous lui avons fait remarquer (744), il feroit affez difficile de l'adopter &

fuivre dans l'ufage ordinaire des Horloges Marines, parce que fon exécution n'eft nullement à la portée des Ouvriers ordinaires ; c'eft par ces raifons que je me fuis occupé à la recherche d'un échappement exempt des défauts de celui-ci, dont cependant, je conviens que le plus grand eft la difficulté d'exécution ; car par rapport à l'huile qu'il exige , on pourroit y fuppléer par le moyen indiqué (922).

13°. De l'exécution de l'Echappement à vibrations libres , appliqué à l'Horloge Marine N°. 9.

PLANCHE XX. *Fig.* 2.

1267. Avant de travailler à l'exécution de l'échappement à vibrations libres, il faut premiérement le tracer avec beaucoup de précifion , & par des traits très-fins, fur une plaque de cuivre adoucie de la même maniere qu'on le voit tracé fur le plan de l'Horloge N°. 10, Planche XX, *Fig.* 9. Voici les principales règles qui doivent fervir de guide ; la premiere , c'eft que le cercle d'échappement QQ, foit d'un diametre qui foit tel que fa vîteffe ne foit pas trop grande, afin qu'il ne puiffe fe fouftraire à l'action de la roue d'échappement (303). Ainfi ce diametre doit varier felon que les vibrations font plus lentes, ou plus vîtes ; 2°, que la levée de l'échappement foit de 36 à 40 degrés, ou même plus petite ; car, plus la levée fera petite, & les arcs de vibration étendus , moins l'Horloge fera fujette à arrêter par des agitations violentes du Vaiffeau ; 3°, de tenir la détente ou cliquet d'échappement q, r la plus courte poffible, afin qu'elle foit fort légere , & de difpofer , comme je l'ai fait , les deux bras oppofés à peu près dans la même ligne , & de même longueur pour qu'ils foient à-peu-près d'équilibre ; 4°, que la palette d'échappement p , dans l'inftant de fon action fur le bras q, pour dégager la roue, faffe, avec ce bras, un angle d'environ 100 degrés, afin que la réfiftance du bras q ne puiffe tendre à faire mouvoir la palette de t vers m, ainfi que cela pourroit arriver, fi cet angle étoit fort aigu ;

& que le reffort *l* de la palette fût, ainfi qu'il doit être, infiniment foible ; fi, au contraire, on rendoit cet angle formé
par la palette *p*, & le bras *q* de la détente fort obtus, il arriveroit que lorfque le balancier revient de *n* vers *t*, cette palette feroit obligée de décrire un grand angle pour fe remettre en
prife avec le bras *q* ; 5°, l'échappement doit être tracé & vu
au moment où la palette *p* éleve le bras *q*, pour que fon oppofé *r* dégage la roue ; ainfi le rouleau *t* doit être tracé dans
la pofition qui lui convient pour recevoir l'action de la dent
de la roue, & fans que cette dent puiffe avoir de chûte, ni
qu'elle puiffe arcbouter contre le rouleau : la pofition du rouleau, tel qu'il eft vu (*Fig* 9), fatisfait également à ces deux
conditions ; 6°, en traçant l'échappement, il faut que la grandeur du cercle d'échappement *Q Q*, foit telle que fa courbure
ne rempliffe pas tout-à-fait le vuide des deux dents de la roue ; il
faut réferver un petit jeu, par lequel on s'affure que la roue
étant retenue dans cette pofition par le bras *r* de la détente, le
cercle d'échappement, pendant que le balancier fe meut librement, ne pourra jamais toucher ni à l'une ni à l'autre dent,
entre lefquelles fa courbure fe trouve logée ; 7°, le centre de
la détente *q r*, doit être à égale diftance des dents *r* & *t* de
la roue d'échappement, & la tige de cette détente auffi près
du cercle des dents qu'il fe pourra, fans que cependant les
points des dents puiffent, en paffant, toucher à cette tige.
Enfin une autre confidération, qui eft une fuite du feconde article, c'eft qu'il ne faut pas que la roue d'échappement
embraffe un arc trop grand du cercle *Q Q*, ainfi que cela arriveroit, fi, cette roue reftant la même, on faifoit le cercle plus
petit ; car cet angle compris entre les deux dents étant trop
grand, la force de la roue, durant fon action fur le rouleau,
fe trouveroit plus *décompofée*, & on auroit auffi des arcs
de levée trop grands.

1268. L'échappement tracé dans le plan (*Fig.* 9), fatisfait, auffi bien qu'il m'a été poffible, aux conditions que nous
venons d'établir ; & peut fervir à un balancier dont les vibrations font lentes, c'eft-à-dire, d'une feconde ; mais fi l'on

vouloit appliquer cet échappement à un balancier qui fit des vibrations d'une demi-feconde, comme nous l'avons fait dans l'Horloge N°. 4; alors le cercle d'échappement ne devroit être que de la moitié du diametre de celui QQ, & le refte de l'échappement conftruit en conféquence d'après les regles données : Voyez *Planche XIX, Fig.* 5, les proportions de cet échappement pour un balancier à demi-feconde. Nous obferve-rons feulement qu'on peut & doit également, dans un tel échappement, employer une palette pour élever la détente, au lieu que dans cette Figure 5, il n'y a qu'une cheville (980). Enfin fi l'on veut adapter cet échappement à vibrations libres à un balancier qui fait quatre vibrations par feconde, comme celui de la Montre Marine, alors le cercle d'échappement n'aura que le quart du diametre de celui QQ, *Planche XX, Fig.* 9 : *Voyez* cet échappement de la Montre Marine N°. 3, *Planche VIII, Fig.* 6 & 7 : on voit le même échappement libre tracé dans la *Planche XXI, Fig.* 4, tel que je l'ai employé dans l'Horloge N°. 11, dont le balancier fait auffi quatre vibrations par feconde.

1269. Les regles que nous venons d'établir ci-deffus fur l'échappement à vibrations libres étant bien conçues, il ne fera pas difficile d'en faire l'application, ni d'exécuter cet échappe-ment de l'Horloge N°. 9, tel qu'on le voit tracé *Planche XX, Fig.* 9. Pour cet effet, il faut commencer par faire l'axe de ba-lancier, tel qu'il eft vu de profil (*Fig.* 4), dont *a* repréfente l'affiette qui doit recevoir le cercle d'échappement QQ (*Fig.* 9); ce cercle eft vu en perfpective (*Fig.* 2) : cette affiette *a* (*Fig.* 4) eft de cuivre de chaudiere; elle eft chaffée à force fur fon axe; elle doit être à fleur du rouleau le plus élevé de la cage fupérieure des rouleaux, comme on le voit dans le profil (*Fig.* 1) : le cercle d'échappement QQ s'attache fur cette affiet-te, au moyen de deux vis à tête noyée.

1270. Le cercle d'échappement étant attaché fur fon axe, on fera la mâchoire *m* (*Fig.* 2) du bout inférieur du reffort de fufpenfion; on l'attachera par une vis noyée & un pied, fur le cercle QQ, de forte que le centre de cette mâchoire corref-ponde au centre du cercle Q; on fera de même l'autre mâchoire fupérieure du reffort que l'on placera fur fon pont (1243); on mettra le reſſort de ſuſpenſion dans les mâchoires, & de la longueur convenable.

1271. L'axe de balancier étant ainſi exécuté & mis en cage entre ſes rouleaux, de la maniere que nous l'avons expliqué (1230 & ſ.), il faudra mettre le pignon d'échappement en cage. Pour cet effet, on fera le double pont *O* & *L* (*Fig.* 1) qui doit porter ce pignon : le pont *O* doit deſcendre auſſi près qu'il ſe pourra du rouleau 12, qui eſt le plus bas en cage ; l'autre pont *L* doit monter dans la cage du rouage au-deſſus de la roue de ſeconde *I*, de maniere à laiſſer un bon tigeron au pignon d'échappement *h* ; on fera les pivots de ce pignon ; & la denture de la roue de ſeconde étant faite, on fera ſur l'outil l'engrenage de cette roue avec le pignon d'échappement ; & avec les pointes de cet outil d'engrenage, on tracera ſa poſition dans la cage, dans la place marquée ſur le plan (*Fig.* 9) ; mais en plaçant le pignon par ſes ponts, il faudra avoir attention qu'il ſoit bien droit en cage. Pour cet effet, il faudra river la roue d'échappement ſur ſon aſſiette, & de la hauteur convenable, pour que cette roue paſſe juſte dans le milieu de l'épaiſſeur du cercle d'échappement, comme on le voit en *X t* (*Fig.* 1) qui repréſente la roue, & *Q Q* le cercle ; & pour mieux régler cette hauteur, il faut fendre la roue enarbrée de la figure tracée par le plan (*Fig.* 9) ; alors on peut mettre en même temps le cercle *Q Q* à ſa place, ainſi que la roue ; on mettra ſous le pont *O* un coqueret d'acier pour recevoir le bout du pivot *i* de la roue d'échappement ; on mettra les pieds au double pont *O*, *L*.

1272. L'engrenage de la roue de ſeconde avec ſon pignon étant fait, la roue d'échappement enarbrée & finie, on remontera l'axe de balancier en cage entre ſes rouleaux, ayant ſon cercle d'échappement attaché ; on remontera également la roue d'échappement, afin de voir ſi le cercle d'échappement a exactement la véritable grandeur qui lui convient pour paſſer entre le vuide de deux dents de la roue d'échappement, avec le petit jeu néceſſaire pour ne pouvoir toucher ni à l'une ni à l'autre dent, lorſque la roue ſera arrêtée par la détente, & que le balancier oſcillera librement ; ſi cela n'eſt pas, on diminuera fur le tour le cercle qu'on aura dû tenir plutôt plus grand que plus petit.

1273. Le cercle d'échappement étant mis à fa véritable grandeur, il faudra faire & attacher le rouleau *t*. Pour cet effet, on tracera fur le bord du cercle un petit trait qui repréfentera le rouleau, de la grandeur même qu'il doit avoir ; de forte que le bord du rouleau affleure la circonférence du cercle *Q* ; on percera un petit trou par le centre marqué au cercle *Q* pour le rouleau ; on fera le double pont *d*, *c* de ce rouleau (*Fig.* 2), celui d'en bas devant être de la hauteur propre à ne pouvoir toucher au rouleau ; ce double pont eft attaché par une même vis, & un pied qui traverfe les deux ponts & le cercle ; on levera les pivots du rouleau, dont le diametre eft de demi-ligne, & le diametre des pivots eft de $\frac{1}{48}$ de ligne : on mettra ce rouleau bien droit en cage, & on rebouchera ces trous avec du bon cuivre de chaudiere ; on fera l'entaille au cercle pour le paffage du rouleau & de la dent de la roue, telle qu'on la voit (*Fig.* 2) ; mais il faut que du côté du pont, devers *n*, le rouleau approche tout contre l'entaille faite au cercle ; afin que, dans aucun cas, les points des dents de la roue d'échappement ne puffent s'y engager, ainfi que cela pourroit arriver, s'il y avoit, en cet endroit, du jeu entre le rouleau & le cercle, & qu'on eût laiffé aller l'Horloge au bas ; que par conféquent les dents n'appuyant pas fur la détente, il pourroit dans ce cas fe faire que la pointe de la dent allât arcbouter entre le rouleau & le cercle, en y fuppofant du jeu vers *n* (*Fig.* 2) ; & c'eft le feul cas où l'on puiffe prévoir un accident ; mais il eft facile de le prévenir, avant de mettre les pieds au double pont *c d* du rouleau : on aura foin que ce rouleau affleure jufte le dehors du cercle *Q Q*.

1274. On marquera fur le cercle d'échappement *Q Q* la place de la palette *p*, exactement dans la même pofition, relativement au rouleau où on la voit tracée (*Fig.* 9) ; on fera cette palette de la même longueur tracée fur le plan : on fera fes pivots, & on la mettra en cage entre le cercle *Q Q* & le pont *m* : on placera en *p* une cheville pour empêcher la palette de rétrograder plus qu'elle ne doit, c'eſt-à-dire, que l'extrémité de la palette doit rentrer un peu en dedans du cercle QQ vers t, afin qu'elle faſſe, avec le bras q de la détente, l'angle demandé (1267); on fera le reſſort ll qui doit être très-foible, & agir près de la tige de la palette : & cette palette doit être la plus légere qu'il fera poſſible.

1275. Tout ce qui appartient au cercle d'échappement étant fini, il reſtera, pour terminer l'échappement, à faire le cliquet ou détente q, r. Pour cet effet, on fera la tige de cette détente & ſon double pont s : ce pont doit deſcendre tout contre le rouleau le plus bas en cage, c'eſt-à-dire, à la même hauteur que le pont O (*Fig.* 1); on placera ce double pont ss, dans la poſition qui convient à la détente (1267), on *levera* les pivots de la tige, & enſuite on la mettra en cage entre ſes deux ponts : on mettra les pieds à ces ponts.

1276. La tige étant faite & miſe en cage, on fera la détente, laquelle doit être percée d'un trou, dans lequel la tige doit entrer à frottement ; on figurera cette détente, comme on la voit en q, r (*Fig.* 9) : le bout r doit être terminé par une portion de cercle : ce bras r doit être de telle longueur qu'une dent r y appuyant, l'autre dent dirigée vers t ne puiſſe toucher au cercle ; mais qu'elle ait un jeu égal à celui de la dent tt, avec le même cercle : on limera donc en conſéquence le bout r du bras qu'on laiſſera cependant un peu plus long, afin qu'étant trempé, adouci & poli, les dents t & tt aient le jeu requis avec le cercle : on placera devers q une cheville pour retenir le bras q, & empêcher celui r d'enfoncer plus qu'il ne doit dans les dents de la roue ; cet enfoncement du bras r ne doit être que de la quantité ſuffiſante pour qu'il arrête ſûrement la roue & ſuſpende ſon effort, pendant que le balancier oſcille librement ; car, plus cet enfoncement du bras r ſera grand, plus la palette p aura de chemin à faire parcourir au bras q, pour dégager la roue d'échappement : cette cheville q ainſi placée ſur la platine, on fera le reſſort ii attaché à la platine par une vis à tête noyée & un pied ; le reſſort doit être très-foible, & agir près du centre de la détente qr.

1277. La détente & son reffort étant ainfi fait, l'échappement peut être regardé comme fini, puifqu'il ne refte qu'à limer convenablement le bras *q*, pour qu'à l'inftant que le rouleau *t* eft parvenu dans la pofition qu'il a dans le plan (*Fig.* 9), la palette ait affez élevé le bras *q*, pour que le bras *r* dégage la roue d'échappement; & il faut que ce bras *q* foit feulement un peu plus long, afin que la palette *p* éleve encore un peu la détente pour en rendre les effets plus affurés ; cela étant ainfi fait, on retirera la détente de deffus la tige, on la trempera, & on la fera revenir en laiffant feulement de toute leur *force*, les extrémités *q* & *r* de fes bras ; on polira cette détente avec foin, fur-tout le bout *r*, & la partie *q* du bras *q*, fur lequel la palette agit : on chaffera cette détente fur fon axe ou tige, & on vérifiera de nouveau, & avec beaucoup de foin les effets de l'échappement ; car l'on peut achever fes effets en changeant un peu, s'il eft befoin, la cheville *p* qui retient la palette, ou en limant l'angle du bras *r*, ou enfin en courbant un peu avec un marteau tranchant le bras *q*, fi l'on ne veut pas le limer ; mais de quel moyen qu'on fe ferve, on fera les effets de l'échappement avec une grande facilité, fur-tout fi l'on a mis en pratique les regles que nous avons prefcrites, foit pour le tracer ou pour l'exécuter. En tout cas, fi nous avons omis quelques circonftances, un Artifte intelligent, guidé par ce que nous avons dit, y fuppléera facilement ; & des machines, comme celles dont nous traitons, ne feront jamais à la portée que des Artiftes éclairés.

14°. *De l'exécution du Reffort fpiral.*

1278. Le reffort fpiral eft une partie fi effentielle à la jufteffe d'une Horloge Marine, & fon exécution préfente tant de difficultés que nous ne pouvons trop infifter fur les moyens de lui donner la perfection requife ; ainfi, quoique nous ayons déja traité (ᵃ) fort au long des principes qui doivent fervir à diriger fon exécution, & rapporté grands nombres d'expérien-

(ᵃ) Premiere Partie, Chapitre IV, Art. II.

ces

ces pour prouver ces principes ; nous allons traiter encore des moyens d'exécuter un reſſort ſpiral.

1279. Nous obſerverons ici que dans l'exécution de toutes les parties quelconques de l'Horloge, à l'exception du ſpiral, on peut parvenir tout de ſuite, & à coup ſûr, à faire ces pieces ſans qu'il ſoit beſoin, ni de les retravailler, ni de les recommencer, au lieu que pour avoir un ſpiral qui rempliſſe les quatre conditions (ª) principales requiſes, quelques ſoins qu'on y apporte ; on n'eſt pas ſûr d'arriver au but ſans beaucoup de tâtonnement, c'eſt par cette raiſon qu'il faut exécuter pluſieurs reſſorts à la fois, afin d'avoir à choiſir.

1280. Parmi les moyens que nous avons établis pour parvenir à rendre le ſpiral iſochrone, celui dont l'application eſt la plus facile & la plus ſûre ; c'eſt de faire la lame en fouet, le plus fort au centre, & de la plier en ſpirale très-ſerrée par un grand nombre de tours ; mais il faut obſerver qu'il n'eſt pas très-facile de faire la lame ainſi en fouet, & il faut que ſa force ſoit tellement ménagée que toutes les parties du reſſort fléchiſſent ſucceſſivement ; car ſi la lame eſt trop foible du dehors, le milieu ne fléchira pas, enſorte que, quoique le reſſort ſoit en total fort long, il deviendra plus court par ſon action, & par-là moins propre à l'iſochroniſme. Il eſt donc abſolument néceſſaire que ſa force ſoit tellement diſtribuée, que les premieres inflexions ſe faſſent au dehors, & qu'elles aillent de proche en proche vers le centre.

1281. Pour réuſſir plus à coup ſûr dans l'exécution des lames des reſſorts ſpiraux, il ſeroit à propos d'avoir des inſtruments propres à meſurer leurs forces, afin de voir ſi elles vont en diminuant uniformément du centre au dehors ; je me ſuis ſervis pour cela d'un inſtrument à peu près pareil à celui que j'ai fait pour la meſure des pivots (*Eſſai*, 2273) ; mais dont l'ai-

(ª) La premiere condition du ſpiral, c'eſt qu'il ſoit de la force convenable à la peſanteur du balancier, à ſon diametre & au nombre de ſes vibrations ; la ſeconde, que le reſſort ſpiral ſoit iſochrone ; la troiſie-me, qu'il ſoit de la plus forte trempe, enſorte qu'il ait la plus grande force élaſtique ; & enfin que ſa figure & ſa force élaſtique ſoient abſolument inaltérables.

Kkk *

guille parcourt beaucoup plus de chemin, afin de connoître la plus petite différence.

I 2 8 2. J'avois tenté un autre moyen pour parvenir sûrement à donner au spiral cette diminution de force, c'étoit en calibrant exactement la lame dans son épaisseur qui devenoit parfaitement la même dans toute sa longueur, & en rendant la largeur moindre par un bout; c'est-à-dire, que la lame étoit large par un bout, & alloit en diminuant insensiblement & également; mais cela ne m'a pas réussi (ᵃ) aussi bien que je l'aurois désiré; parce que cet effet n'agit pas aussi sensiblement pour changer la force du ressort sur la largeur que par l'épaisseur; la raison en est simple, le changement de force du spiral en le rendant plus étroit ou plus large, n'opere qu'en raison de la largeur, mais il n'en est pas de même de l'épaisseur; car les forces des ressorts croissent dans un plus grand rapport que leurs épaisseurs, & même que les quarrés, ainsi la plus petite différence dans l'épaisseur de la lame change sa force.

J'ai donc été obligé d'après ce que nous venons de rapporter, de revenir à la méthode plus sûre, de faire en fouet, par

---

(ᵃ) Mais quoique cette méthode n'ait pas réussi pour l'objet actuel; les moyens que j'ai employés peuvent servir à d'autres usages, comme pour les ressorts de suspension des Horloges à pendule, &c; & je dois ici les rapporter en deux mots. Pour rendre la lame parfaitement de même épaisseur dans toute sa longueur, après qu'elle a été préparée aussi bien que le Faiseur de ressort a pu le faire, j'ai ajusté à l'outil à tailler les limes à arrondir, *Planche XXIV, Fig.* 1 & 2, deux plaques de cuivre rouge, une à la base, & l'autre à l'H mobile *M N* : ces deux plaques limées bien plates de façon qu'elles s'appliquent bien droites l'une sur l'autre en baissant l'*H* ; j'ai pris de l'émeri broyé avec de l'huile, & étendu entre les plaques de cuivre rouge; j'ai attaché le bout de la lame à calibrer à un étau à main, & l'ai fait passer entre la mâchoire formée par ces deux plaques attachées à l'outil; en cet état, j'ai élevé ou baissé les vis, de sorte que la partie la plus foible du ressort passoit dans la mâchoire sans frotter, & que les parties seules les plus épaisses de la lame frottoient; & en appuyant fortement avec la main sur la mâchoire, pendant que je faisois ainsi passer la lame, comme à la filiere, je suis parvenu à la calibrer parfaitement d'épaisseur dans toute la longueur, & assez facilement. Maintenant pour rendre la lame d'inégale largeur, & allant en diminuant uniformément d'un bout à l'autre, j'ai fait exécuter un outil en acier, trempé fort dur, lequel à 12 pouces de long; c'est une espece de mâchoire d'étau bien dressée, portant au-dessous une languette qu'on peut incliner à volonté : cette languette ainsi inclinée, on fait poser un côté de la lame selon toute sa longueur : l'autre côté saillant en dehors de la mâchoire que l'on serre à l'étau, peut être limé très-exactement en arrivant juste dans toute la longueur au plan dur de la mâchoire; le ressort se trouve ainsi fait en pointe selon sa largeur, & de la quantité que l'on veut.

l'épaiſſeur, la lame qui doit ſervir à former un reſſort ſpiral.
Venons maintenant à la maniere d'exécuter un reſſort ſpiral.

1283. Je fais exécuter par un bon Faiſeur de reſſort, les
lames qui doivent ſervir à faire les reſſorts ſpiraux ; je ne m'ar-
rêterai donc pas à la maniere de les travailler, les Ouvriers occupés toute leur vie à exécuter des reſſorts réuſſiront mieux
à faire ces lames ; on peut d'ailleurs conſulter cette partie de la
main-d'œuvre (*Eſſai ſur l'Horlog. I. Partie*, Nᵒ. 1255 *& ſ.*), où
elle a été traitée ; mais elle ne doit pas entrer dans le plan actuel.

15º. Trouver la force du Reſſort ſpiral pour le Régulateur donné.

1284. Si l'on a un balancier dont le diametre, la vîteſſe &
la maſſe ſoïent donnés, enforte que la force de mouvement de
ce régulateur ſoit proportionnée à l'effort que les rouleaux peuvent ſoutenir ; mais que l'on ignore quelle doit être la force
abſolue du ſpiral pour faire battre au régulateur le nombre de
vibrations données : on pourra trouver cette force ; 1º, par le
calcul, ſelon la méthode indiquée, I. Partie (197). 2º, On
peut parvenir à trouver cette force, en faiſant marcher l'Horloge avec différents reſſorts ſpiraux ; mais il ne ſera pas néceſſaire pour cet eſſai de chercher un ſpiral qui ſoit iſochrone ;
le premier reſſort de Montre venu ſuffira ; on l'alongera, ou
accourcira juſqu'à ce qu'il ait la force requiſe, enforte que
l'Horloge ſoit réglée, c'eſt-à-dire, qu'elle batte le nombre de
vibrations donné ; enſuite on appliquera ce ſpiral d'eſſai ſur la
balance élaſtique (ᵃ), ayant ſoin qu'il ſoit arrêté par les mêmes points, par leſquels il étoit adapté à l'Horloge, lorſqu'elle battoit les vibrations données ; en cet état, on peſera ce reſſort ſur la balance élaſtique ; on tournera, pour cet effet, l'aiguille *a O* lorſque le ſpiral eſt libre : on appliquera ſur la balance un poids tel que l'aiguille s'arrête à 5 degrés ; on connoîtra par-là quelle doit être la force du ſpiral pour le régulateur
donné, ainſi la premiere condition ſera donnée, c'eſt ſa force
abſolue.

(ᵃ) *Voyez* la Deſcription & l'uſage de cet Inſtrument (1144).

1 2 8 5. La seconde qualité ou condition que doit remplir le ressort spiral, c'est que sa force augmente, comme l'espace parcouru (a) par l'aiguille de la balance; pendant que le spiral d'essai est sur la balance, on l'éprouvera donc, afin de connoître s'il a cette progression : on chargera la balance, de sorte que l'aiguille parcoure 5 degrés, c'est-à-dire qu'elle arrive à 10 degrés; on amenera pour cet effet le dixième degré vis-à-vis l'index, en tournant la platine graduée (1146); on chargera le plateau des poids ou grains, ensorte que l'aiguille s'arrête vis-à-vis de l'index horizontal ; on notera le poids dont la balance est chargée, en y comprenant le poids même du plateau qui doit être connu, parce que l'index ou aiguille est mise d'équilibre par un contre-poids ; il est donc nécessaire de peser le plateau de la balance avec son fil, & de l'employer en conséquence dans le *registre* : on aura attention que l'aiguille s'arrête exactement sur la division 5 deg. 10 degrés, &c. & qu'elle soit placée vis-à-vis l'index horizontal, afin de connoître exactement le poids qui, à tel degré, fait équilibre avec la force du ressort spiral ; & pour plus de précision, j'ai fait des petits poids de demi-grain, d'un quart de grain & d'un huitieme. On pesera donc le ressort de 5 degrés en 5 degrés, jusqu'à 120 degrés; je suppose que le plus grand arc doit être de 240 degrés d'amplitude, dont la moitié est 120.

1 2 8 6. La table dressée par ce moyen indiquera ce qu'il manque au spiral pour être isochrone : si sa force croît dans un plus grand rapport que la force requise, cela indiquera que ce ressort est trop court, ou trop fort du dehors. Pour s'en assurer, on affoiblira avec précaution le dernier tour, & on l'éprouvera de nouveau sur la balance.

1 2 8 7. Le ressort spiral d'essai ayant ainsi la force que doit avoir le spiral du balancier donné, & connoissant ce qu'il

(a) Ou soit en proportion Arithmétique, & j'avoue que cela n'est pas facile à obtenir ; car presque tous les ressorts que j'ai éprouvés (& ils sont en grand nombre), ont donné une progression plus grande que celle requise pour l'isochronisme, ensorte que les grands arcs de vibrations faits avec ces ressorts sont plus vîtes que les petits : ces expériences sont sûres & exactes, quoiqu'elles soient opposées à ce que d'autres ont prétendu ; mais lorsque la progression ascendante d'un ressort est plus petite, on est certain, en raccourcissant le ressort, de lui donner la progression requise.

lui manque pour l'ifochronifme ; on fera travailler en conféquence plufieurs lames de reffort, afin de pouvoir en choifir un
qui rempliffe les deux premieres conditions, la force & l'ifochronifme. Pour cet effet, on redreffera en entier le reffort fpiral d'effai, afin de pouvoir mefurer la force & la longueur
de cette lame, & on partira d'après ces dimenfions, & de celles
qui lui manquent pour faire exécuter d'autres lames, afin d'arriver de proche en proche au but.

1288. Il faut que ces lames foient faites avec d'excellent
acier, & qu'elles foient d'une bonne trempe ; on doit recom-
mander au Faifeur de reffort de ne pas les faire autant revenir
qu'il le pratique, pour les refforts de Montre : ces lames doivent être dreffées avec beaucoup de foins, & faites en fouet ;
il faut que l'Ouvrier les poliffe & les bleuiffe, & leur faffe des
yeux, comme s'il devoit les plier pour les placer dans des barrillets ; mais il ne faut pas qu'il les plie, parce que, à coup
sûr, il les cafferoit.

1289. Ces tentatives & ces effais font indifpenfables, lorfqu'on change les dimenfions d'un balancier, & que l'on ne connoît pas encore les dimenfions que doit avoir le fpiral, pour
être en même temps de force requife & ifochrone ; mais lorfqu'une fois le fpiral pour ce balancier eft connu, toutes les
fois que l'on fera un autre régulateur de même dimenfion, alors
auffi celles du fpiral feront données ; enforte qu'on n'aura que
peu d'effais à faire, feulement ceux qui font indifpenfables pour
conduire à l'ifochronifme ; mais les expériences réfléchies, &
l'ufage applaniront la route.

16°. Plier la lame d'un Reffort en fpiral, & fixer fa figure (a).

1290. Les lames de refforts ainfi faites, polies & bleuies,
feront prêtes à plier. Pour les plier en fpiral, il faut avoir un
outil à mettre les refforts (de Montres) *dans les barrillets* (b). Il

____

(a) Nous donnerons auffi la maniere dont on peut tremper les refforts fpiraux.
(b) *Voyez* cet Outil, *Planche XXIV*, *Fig.* 7, & fa Defcription N°. 1147.

faut ajuſter ſur cet outil des arbres de différentes groſſeurs : ces arbres portent des crochets., & c'eſt ſur eux que doit être entouré le reſſort pour le plier, on accroche à ce crochet de l'arbre le bout le plus épais de la lame, & qui doit faire l'intérieur du ſpiral : l'autre bout du ſpiral s'accroche au bout d'un levier ou barre de l'outil, portant un crochet, pour arrêter le bout extérieur du ſpiral. Cet outil porte un encliquetage pour arrêter le ſpiral lorſqu'il eſt tendu.

1291. On prendra le plus gros arbre de l'outil ; on accrochera deſſus le bout de la lame qui doit faire le centre du ſpiral ; on tiendra avec précaution cette lame en l'appuyant contre l'arbre, tandis qu'avec l'autre main on tournera la manivelle : on bandera de cette ſorte la lame, enforte qu'elle plie un peu, mais ſans que les tours ſe touchent ; en cet état, l'on accrochera au levier de l'outil le bout extérieur du reſſort, lequel demeurera ainſi bandé, & retenu par l'encliquetage.

1292. La lame ainſi arrêtée ſur l'outil, & prenant déja une figure ſpirale, on prendra l'outil, & on fera chauffer tout doucement le tout en faiſant approcher, petit-à-petit, le reſſort du feu (ᵃ) ; car ſi on l'expoſoit tout de ſuite à un feu trop vif, cela pourroit le faire caſſer : lorſque le reſſort eſt chaud de façon à ne pouvoir le toucher, on le plongera dans l'huile.

1293. On le fera chauffer de nouveau, & pendant qu'il eſt d'une chaleur plus forte que ne peut ſupporter la main, on attache l'outil à l'étau, & on bande, petit-à-petit, le reſſort, ſans que les ſpires du centre ſe touchent. En cet état, on fera chauffer le ſpiral & l'outil, avec les précautions indiquées ; on le plongera dans l'huile ; on le chauffera, & reſſerrera un peu plus le ſpiral, & ainſi alternativement de proche en proche ; on fera chauffer le reſſort, le plonger dans l'huile, le chauffer & le reſſerrer juſqu'à ce que toutes les ſpires ſoient ſerrées l'une contre l'autre.

1294. Le ſpiral étant ainſi plié ſur un gros arbre, les ſpi‑

___

(ᵃ) Je me ſers d'une poële de fer remplie de charbon, allumé & vif.

res ne feront pas affez proche les unes des autres, enforte que le fpiral feroit trop grand & moins propre à l'ifochronifme (208). On prendra donc un arbre plus petit, &, par fon moyen, on répétera les mêmes procédés indiqués ci-deffus, & avec les mêmes foins & précautions; & on changera d'arbre jufqu'à ce que les fpires foient ferrées fort près les unes des autres, & que le fpiral faffe au moins huit tours, pour 12 pouces de long, & à proportion pour des longueurs différentes. Il faut même que le fpiral foit plié un peu plus petit qu'il n'eft befoin, parce que pour fixer fa figure, en le chauffant & le laiffant libre, les fpires fe r'ouvrent, & le fpiral s'agrandit.

1295. Pour fixer la figure du fpiral, je place, fur le charbon de la poële, une plaque d'acier bien plate; quand elle eft chaude, je pofe le fpiral deffus la plaque en le retournant de temps à autre, & jufqu'à ce qu'il foit affez chaud pour ne pouvoir le toucher; en cet état, je le jette dans l'huile ou dans de l'eau : on peut le remettre encore une feconde fois, fi les fpires ne fe font pas affez r'ouvertes, & ainfi de fuite.

1296. J'ai éprouvé que le fpiral, chauffé affez fortement par cette méthode, conferve dans tous les temps la même figure; mais malgré cela, cette méthode ne préfente pas cette certitude fi effentielle à l'objet en queftion, puifque, comme on l'a vu (735) en traitant des épreuves de l'Horloge N°. 6 faites en mer, le fpiral s'eft ouvert. Nous allons donc encore rechercher des moyens propres à fixer la figure des refforts en les trempant tout pliés; c'eft l'unique moyen de fatisfaire complettement aux conditions demandées, & de tranquillifer l'efprit.

17°. *De la trempe du Reffort fpiral.*

1297. J'ai rendu compte, dans la premiere Partie de cet Ouvrage (240), des tentatives infructueufes que j'ai faites pour tremper des longs refforts pliés par un grand nombre de tours; & je viens d'expliquer par quels

moyens (ª), j'ai fupplée à cette maniere de tremper les refforts ;
mais cette derniere méthode n'étant pas auffi certaine que l'exige l'importance de la chofe, je dois infifter fur les moyens
qui peuvent conduire à tremper les refforts fpiraux tout pliés.
C'eft par-là feulement qu'il eft poffible de donner au reffort
l'élafticité la plus parfaite, & de fixer fa figure, de forte qu'elle
foit rigoureufement inaltérable.

I 2 9 8. Mais avant que de propofer les moyens que je penfe
propres à cela, il n'eft pas inutile d'examiner ici laquelle de ces
deux chofes eft la plus rigoureufement néceffaire ; 1°, d'avoir
un fpiral parfaitement ifochrone, & dont la figure n'eft pas
inaltérable par les changements ou effets de la chaleur; ou 2°,
d'avoir un fpiral qui ne foit pas abfolument ifochrone, mais
dont la trempe affure & fixe la figure. Pour décider plus fûrement cette queftion, appuyons-nous des expériences faites avec
l'Horloge Marine N°. 6. Nous avons vu que dans cette machine le reffort fpiral s'eft ouvert pendant l'épreuve, enforte
que la cheville d'arrêt du balancier avoit changé de trois degrés.
Or l'effet qui en eft réfulté, & les écarts qu'il a caufés à l'Horloge, ont été beaucoup plus confidérables que ceux qui ont
été produits par le manque d'ifochronifme du fpiral, quoique
cette qualité manquât affez fenfiblement à ce fpiral; ainfi je penfe qu'il eft abfolument néceffaire de préférer encore un fpiral qui ne foit pas parfaitement ifochrone, mais qui foit trempé
tout plié, & dont la figure foit par conféquent inaltérable plutôt que de choifir un fpiral ifochrone, dont la figure peut changer : nous devons d'ailleurs obferver que les effets ou écarts produits dans une Horloge Marine par le manque d'ifochronifme du
fpiral, font d'autant plus grands, qu'il arrive des changements dans
les huiles de l'échappement ; & l'échappement de N°. 6 eft précifément dans ce cas par la conftruction du régulateur qui eft plus
affecté que celui du N°. 8, & par les effets des huiles, &c ; mais
ces défauts reconnus dans les échappements des Horloges N°.

(ª) On peut auffi voir l'ufage de la même méthode, premiere Partie, N°. 231 *& fuiv.*

6₂

6, 7, 8, 9; & dans celui de la Montre Marine, &c, m'ont enfin conduit à la conſtruction d'un échappement qui ſera exempt de ces défauts, ainſi que nous l'avons fait voir en traitant de l'Horloge N°. 4, & N°. 10. (*Voyez auſſi II Partie, Ch. XII, & N°.* 1087 *& ſuiv*). Voilà donc un nouveau motif de préférence, & qui aſſure que, quand même le ſpiral ne ſeroit pas parfaitement iſochrone, mais trempé tout plié, que l'Horloge à laquelle il ſeroit adapté, feroit très-peu d'écart par cette ſeule cauſe. Paſſons maintenant aux moyens de tremper les reſſorts.

1299. Nous obſerverons d'abord que pour tremper un reſſort tout plié, qu'il faut également que ce reſſort ait été travaillé, trempé, plié & éprouvé de la maniere que nous l'avons expliqué (1278 *& ſ.*), & comme ſi l'on ne devoit pas le tremper, car cela eſt également néceſſaire ; 1°, pour plier le reſ-ſort ; car ſi la lame n'étoit pas trempée, on ne pourroit pas la plier en lui donnant une figure réguliere & ſpirale : la trempe de-vient donc abſolument néceſſaire pour plier la lame en ſpirale ; 2°, il eſt également néceſſaire que cette lame ſoit trempée pour la choiſir de force convenable au balancier, & pour lui donner la propriété de l'iſochroniſme ; le reſſort étant donc ainſi plié, éprouvé ſelon les méthodes preſcrites ci-devant, il reſte à le tremper de façon à ne pas changer ſa figure.

1300. Pour tremper les reſſorts de l'Horloge N°. 1, après qu'ils furent pliés ; je liai les ſpires des deux côtés de la lame, par des brides ; enſorte que les ſpires ne pouvoient ni s'ouvrir ni ſe fermer (*Voyez Eſſai* N°.2166, & premiere Partie, N°.420) ; mais ce moyen qui étoit fort bon pour un grand reſſort qui fait peu de tours, & dont les ſpires ſont écartées les unes des autres, n'eſt pas facile à appliquer à un petit reſſort qui fait huit tours en huit lignes de diametre ; c'eſt par cette rai-ſon que je tentai un autre moyen pour tremper le reſſort ſpiral de l'Horloge Marine N°. 8 (240) ; j'avois conſtruit en con-ſéquence un outil propre à faire chauffer le plus petit reſſort, ſans crainte de le brûler, & de façon que le reſſort ſoit d'un rouge égal dans toutes ſes parties quand on le trempe : cet outil qui eſt décrit (1142), a parfaitement réuſſi, quant à cet

L l l *

objet: j'ai fait chauffer & tremper, par fon moyen, des reſſorts très-petits fans corrompre l'acier ; mais il ne garantit pas les pieces de fe courber en fe chauffant, & en les trempant. Le premier reſſort (ᵃ) que je trempai, par fon moyen, étant plié par un grand nombre de tours, étoit celui N°. 3, employé à l'Horloge N°. 8 ; je le plaçai, comme on l'a vu (224) dans l'outil, déja chaud & fans précaution, & je perdis cet excellent fpiral. Je voulus fuppléer dans ma feconde tentative à ce que j'avois omis : pour cet effet, je plaçai le fpiral tout plié, dans l'outil rempli de fable fort ferré, afin qu'en faifant chauffer l'outil & le reſſort, le fable contînt les fpires en les empêchant de s'écarter ; je le fis chauffer de la forte, jufqu'à le recuire, afin que s'il y avoit quelques changements dans fa figure, je pus la corriger au moyen des grands pinces à fpiral difpofées à cet ufage : cette précaution du fable me réuſſit fort bien, & rendit inutile les pincettes ; mais en faifant chauffer de nouveau le fpiral, il changeât de figure en le trempant, enforte que j'abandonnai pour lors la recherche des moyens propres à remplir ce but eſſentiel : aujourd'hui que je fuis convaincu par des expériences & des principes certains de la néceſſité abfolue de tremper les reſſorts : je dois rechercher de nouveaux moyens.

Voici ceux que j'imagine les plus propres à remplir le but.

I 3 0 I. 1°, Lorfque le reſſort fpiral eſt plié, & choifi felon les méthodes prefcrites, il faut le placer dans l'outil à tremper, rempli de fable ferré pour recuire le reſſort ; mais fans faire devenir l'outil du rouge de la trempe, on laiſſera ainfi refroidir l'outil & le reſſort, & fans ouvrir l'outil : & fi après avoir ôté le fpiral ainfi refroidi, il a changé de figure, on le redreſſera au moyen d'une pince à fpiral (ᵇ).

I 3 0 2. 2°, Pour tremper le reſſort à coup sûr, fans qu'il puiſſe changer de figure, il faut prendre une plaque de fer plus grande que le fpiral : on tracera fur cette plaque la courbure & con-

---

(ᵃ) J'avois trempé auparavant avec fuccès les reſſorts fpiraux d'abord employés à N°. 6 & 7, parce que ces premiers reſſorts étoient fort courts, & ne faifoient que deux tours & demi.

(ᵇ) Voyez *Planche XXV, fig. 9*, cette pince à fpiral. (1150)

tour de tout le fpiral ; on pourra percer de diftance en diftance felon la longueur des fpires, des trous de la groffeur
de l'intervalle qu'il y a entre les lames , & placer dans ces trous
des chevilles de fer qui contiendront le reffort de proche en
proche dans toute fa longueur, ou, fi l'on veut, on peut tenter
l'ufage des brides, telles que je les ai employées dans ma premiere Horloge; mais quelque foit le moyen que l'on emploie, il faut
contenir les fpires de forte à les empêcher de s'ouvrir, & il faut
faire chauffer tout l'équipage dans un outil, comme celui que
j'ai préparé à cet ufage, & jetter le tout, étant chauffé, dans
l'eau.

1303. 3°, Le reffort ainfi trempé, il faut, avant de le retirer de deffus la plaque, ou d'entre les brides, le faire un peu
revenir ; jaune, par exemple, pour ne pas le caffer.

1304. 4°, Il faut blanchir le reffort avec de l'émeri, &
un bois, ou bien le jetter dans du vinaigre chaud.

1305. 5°, Le reffort ainfi blanchi, il refte à le faire revenir. Pour cet effet, on placera fur le charbon, dans la poële, une plaque d'acier bien unie, fur laquelle on pofera le reffort que l'on retournera de temps en temps, afin qu'il revienne
également, & d'un bleu vif paffé le jaune.

1306. Le fpiral étant trempé & *revenu*, on l'ajuftera fur fa
virole, de forte qu'il foit parfaitement fixe, & qu'il tourne bien
droit ; en cet état, on le remettra fur la balance élaftique, afin
de voir fi la progreffion de la force du fpiral n'a pas changé à
la trempe : fi la progreffion eft trop forte à la fin, cela prouvera
que le fpiral s'eft ouvert; ainfi, pour le ramener à peu-près
à fa progreffion, il faudra ufer le dernier tour avec une pierre
à huile à main, ou, fi la différence étoit trop grande, on
feroit obligé de recommencer à refaire un fpiral; mais fi la progreffion étoit plus foible à la fin, alors en raccourciffant petit-
à-petit le reffort fpiral, & l'éprouvant fur la balance, on trouvera le point convenable pour l'ifochronifme : on fera une marque légere au bout du reffort à l'endroit où il eft arrêté par le
piton de la balance : cette marque indiquera le point où doit
agir le pince-fpiral pour ne pas changer l'ifochronifme du fpiral.

1307. Ce point ainfi trouvé, on eft afluré d'avoir un bon fpiral qui doit fervir ; il reftera à calculer par la méthode de l'article (196) quelle doit être la pefanteur du balancier pour la force actuelle du reffort fpiral, & on diminuera ou augmentera en conféquence la pefanteur du balancier par fes maffes.

1308. Le balancier ainfi mis de pefanteur, il faudra le mettre d'équilibre ; pour cet effet, on ôtera fes maffes, on remontera feulement quatre rouleaux ; on pofera l'axe deffus, & on verra l'endroit le plus pefant du balancier ; on en grattera avec *la quarre* d'un bruniffoir à pivot, & ainfi, de proche en proche, on le mettra parfaitement d'équilibre fans fes maffes, & on le fera dorer ; mais on ne fera pas dorer les maffes, parce qu'avant d'être affuré qu'elles peuvent fervir, il faut que l'Horloge foit finie & remontée à demeure , & qu'elle ait fubi diverfes épreuves.

18°. *Polir l'Horloge, la mettre libre & la remonter.*

1309. Toutes les parties de l'Horloge Marine étant ainfi faites & préparées, on pourroit la remonter & la régler, & l'éprouver avant de la faire polir ; mais ce feroit une opération de plus qui deviendroit inutile ; car après que toutes les parties feroient polies, remontées, &c, il faudroit recommencer toutes les épreuves qui doivent compofer l'article fuivant, parce qu'il eft abfolument néceffaire, pour faire ces épreuves à coup fûr, que toutes les parties de l'Horloge aient acquis cet état ftable, qui peut feul affurer que les effets obfervés feront conftants ; il faut donc terminer pour cela tout-à-fait l'Horloge, la polir & la mettre libre : on polira donc, ou on fera polir toutes les pieces quelconques de la machine, afin de pouvoir la remonter à demeure.

1310. Toutes les pieces, d'acier & de cuivre, de l'Horloge étant polies, les vis & pieces d'acier bleuies, &c, on fera d'abord des goupilles bien faites à tous les piliers, & on s'affurera qu'elles preffent toutes les platines, afin que le jeu des pieces foit & demeure conftant.

1311. On commencera par mettre libres toutes les roues
& pieces du rouage, ou de la premiere cage, en plaçant l'une
après l'autre chaque roue; & revoyant auſſi les engrenages,
on aura ſoin que les pivots ſoient libres dans leurs trous, ſans
plus de jeu qu'il n'en faut pour l'huile épaiſſie : on mettra les
pieces également libres ſelon la hauteur, parce que le poli a
pû les changer ; or, pour juger ces effets, il faut à chaque fois
mettre toutes les goupilles de la cage : on ôtera ou donnera du jeu,
par le moyen des platines que l'on peut redreſſer avec un
marteau, & des cartes pour ne pas gâter le poli ; mais on n'aura pas beſoin de cet expédient ſi les platines ont été bien faites,
dreſſées & adoucies en les faiſant, & ſi les roues ont été bien
miſes de hauteur en cage ; on reverra également l'échappement, &c.

1312. On mettra également libres, & avec les mêmes
ſoins, tous les rouleaux : on obſervera que leurs pivots doivent avoir moins de jeu dans leurs trous, car s'ils en avoient
trop l'axe de balancier acquerroit un jeu fort nuiſible, il faut
donc que les pivots de rouleau ſoient fort juſtes dans leurs
trous, & ſeulement ce qu'il faut pour l'huile, & pour ne pouvoir devenir gêné, &c : on mettra de même libres en hauteur
les rouleaux, & avec préciſion, en goupillant les cages à chaque fois.

1313. Lorſque tous les rouleaux ſeront ainſi mis libres
ſéparément, on les mettra tous enſemble dans leurs cages, afin
de voir ſi les rouleaux ont entr'eux le jeu convenable, & s'ils ne
ſont pas trop près ou trop éloignés : pour les corriger s'il en
étoit beſoin, il faudroit courber les croiſées ; mais ici on n'aura pas beſoin de cet expédient, ſi l'on a bien opéré dans la premiere exécution.

19°. *Examiner les effets du Méchaniſme de compenſation.*

1314. Nous obſerverons premiérement ſur la compenſation, que lorſqu'on conſtruit une Horloge Marine, on doit diſ-
poſer le chaſſis de compenſation pour qu'il ait la plus grande

longueur poſſible, & qu'il ſoit ſolide ; car il eſt eſſentiel que le pince-ſpiral puiſſe faire le plus grand chemin, & toujours au-deſſus de celui qu'on a beſoin, non-ſeulement afin d'être ſûr de parvenir à la compenſation, mais ſur-tout afin qu'en ne donnant pas au méchaniſme de compenſation toute l'extenſion dont il eſt ſuſceptible, les parties qui le compoſent ſoient plus affermies : pour cet effet il faut que le pince-ſpiral s'arrête toujours par les mêmes degrés de températures aux mêmes degrés du limbe, & qu'il n'y ait aucune incertitude là-deſſus, & que ſi on le preſſe d'un ou d'autre côté, il reprenne ſûrement ſa même poſition, & ſans héſiter, & ſans aucune différence (ᵃ) : cette obſervation eſt de la plus grande conſéquence, puiſque l'exactitude de la marche de l'Horloge eſt fondée là deſſus : & il faut cependant que l'action du reſſort qui preſſe le ſpiral ſoit aſſez grande pour que le pince-ſpiral ſoit ferme, & que les coups du ſpiral ne le faſſent pas fléchir.

1315. Pour revenir à notre objet, on reverra & mettra libres avec beaucoup de ſoin toutes les parties du méchaniſme de compenſation ; 1°, on verra ſi le chaſſis de compenſation eſt parfaitement libre, on le corrigera s'il en a beſoin, le nettoyera & l'attachera fortement ſur ſon pont par ſes vis ; 2°, on nettoyera les trous des pivots du grand levier, & mettra libre & ſans jeu ce levier avec ſon pont & la platine ; 3°, on nettoyera de même les trous des pivots du pince-ſpiral : on remontera le pince-ſpiral dans ſon pont, & lui donnera la liberté de tourner aiſément, mais ſans que les trous aient de jeu, il faut ici la plus grande préciſion : tout étant ainſi libre, il faut raſſembler toutes les parties du méchaniſme de compenſation : on éloignera la boîte de compenſation d'environ trois lignes du centre ; en cet état, il faut donner au reſſort du pince-ſpiral la force convenable pour remplir les conditions de l'article précédent, c'eſt-à-dire, l'affoiblir au point qu'en preſ-

----

(ᵃ) Il en eſt de même à cet égard pour l'Horloge Marine, que pour un Pendule compoſé : nous avons fait voir (*Eſſai* N°. 1741), qu'il faut qu'il ſoit tel qu'étant appliqué ſur le Pyrometre, l'aiguille du Pyrometre revienne conſtamment au même degré, ſoit que l'on preſſe ou ſouleve la lentille.

fant ou en foulevant l'index du pince-fpiral, il revienne toujours parfaitement au même point.

1316. Il refte à mettre libres la platine & les ponts du
poids dans la grande cage, & de forte que le chariot du poids
puiffe monter & defcendre fort librement le long des piliers
de cette grande cage, avec affez de jeu pour cela : on mettra
également libres les pivots des poulies dans leurs trous ; on
ajuftera en même temps la corde à boyau du poids, cette corde
s'attache par un bout au cylindre : le bout de la corde entre
dans un trou du cylindre, & paffe dans le creu ou tambour,
& y eft nouée; l'autre bout de la corde forme une boucle
qui doit entrer fur le crochet du reffort de précaution (794);
on peut couper tout de fuite cette corde de longueur, après
l'avoir fixée au cylindre, & mis celui-ci dans la cage raffem-
blant les trois grandes cages feulement : ou l'on peut attendre que toute l'Horloge foit remontée à demeure, ce qui peut
fe faire également fans rien deranger.

20°. Nettoyer & remonter l'Horloge à demeure, & ajufter le
Reffort de fufpenfion du balancier.

1317. Pour terminer enfin tout ce qui concerne la main-
d'œuvre de l'Horloge Marine, il refte, à nettoyer, avec beaucoup de foin & de propreté, toutes les parties & pieces quelconques de l'Horloge; cela étant fait, on remontera d'abord
tout ce qui appartient au poids & à fa cage, on mettra le poids
dans fa cage.

1318. On remontera la cage du régulateur, c'eft-à-dire,
les rouleaux, & l'on mettra de bonne huile d'*Aix* fraîche à leurs
pivots; on remontera le balancier fur fon axe, & on le mettra en cage, & donnera le jeu requis à fon axe entre les rouleaux, par le moyen des ponts mobiles deftinés à cet ufage : on
verra enfuite, fi le balancier eft encore d'équilibre, & fi la do-
rure ne l'a pas changé, on le démontera de fa cage pour y toucher s'il en eft befoin; cela fait, on arrêtera folidement les
goupilles de cette cage du régulateur, comme on a dû le faire
pour les petites cages des rouleaux.

1319. Le balancier étant ainfi remonté, il faudra ajufter fon reffort de fufpenfion (ᵃ). Pour cet effet, on pofera
la cage du régulateur fur celle du poids qui lui fervira de pieds ;
je fais les refforts de fufpenfion avec des fpiraux de groffes Montres de poche ou de petites Montres de carroffe, ils font affez fort
pour cela ; on redreffera donc avec précaution, tout fimplement
avec les doigts, un reffort fpiral que l'on rendra bien droit, on en
choifira un qui foit bien fain, & dont les bords foient fort unis :
on ferrera un bout de ce reffort ainfi dreffé à la mâchoire
attachée au pignon de balancier, ayant attention que ce reffort foit bien droit & parfaitement au centre marqué à cette
mâchoire : alors on ferrera fortement les deux vis de cette mâchoire : on mettra le pignon de balancier & fon reffort en
place, en l'attachant avec la goupille qui lie enfemble l'axe
& le pignon ; on attachera fur la platine du régulateur le pont
de fufpenfion du balancier : on pofera & attachera, par fa vis,
le pont qui fert à retenir le balancier pour l'empêcher de remonter : on fera paffer le reffort par le trou de la mâchoire :
on mettra cette mâchoire fupérieure du reffort, & on la fera
entrer dans le trou du pont, le reffort entrant librement dans
la mâchoire : la mâchoire ainfi mife en place, il refte à la ferrer pour arrêter le bout fupérieur du reffort. Pour cet effet,
on prendra le bout faillant de ce reffort avec une pincette à
goupille : on élevera tout doucement le reffort & le balancier,
& jufqu'à ce qu'il foit à fa véritable hauteur, laquelle eft indiquée par le pont de précaution, qui empêche le bout de
l'axe de remonter ; il faut donc faire monter le reffort dans la
mâchoire fupérieure, jufqu'à ce que le bout de l'axe ait un petit
jeu avec le pont de précaution ; alors on ferrera un peu les vis
de la mâchoire, de forte que le reffort ne puiffe redefcendre :
on aura attention que ce reffort paffe par le centre marqué à la
mâchoire : on verra fi le balancier eft à la véritable hauteur, ce

---

(ᵃ) Nous fuppofons qu'on n'a pas encore fait marcher l'Horloge, & qu'on a
trouvé la force du fpiral par le calcul,
comme cela eft plus fimple ; en tout
cas, fi l'on a fait marcher l'Horloge
pour trouver la force du fpiral felon l'article (196) ; ce que nous difons ici fervira également de regle.

qui

qui étant, on fixera le reffort en ferrant fortement les vis de
la mâchoire, ou fi le balancier n'étoit pas de hauteur, on la
defferreroit pour le monter ou defcendre.

1 3 2 0. Le balancier ainfi attaché à fa fufpenfion, il faudra
tourner la mâchoire du pont, jufqu'à ce que la cheville du balancier s'arrête à fon repere ou zéro; en cet état, on ferrera la
vis du petit pont de preffion qui fert à empêcher la mâchoire
de tourner : ce petit pont de preffion eft attaché fur le pont
de fufpenfion du balancier.

1 3 2 1. On remontera le rouage de l'Horloge contenu dans
la cage fupérieure, & l'on mettra le balancier en place, ayant
foin que la roue de rateau foit à fon repere avec le pignon
de balancier : on mettra les goupilles qui lient cette cage avec
celle du régulateur, & on les ferrera fort : on mettra les aiguilles en place ; & pour garantir les pivots de ces aiguilles
de tout accident, il faudra attacher la batte & la lunette qui
portent le mouvement pour le lier au tambour, & cette batte &
fa lunette ferviront de pieds, pour mettre le cadran en en
bas, tandis qu'on travaillera à attacher le fpiral fur le deffous
de la platine du régulateur, & pour remonter le méchanifme
de compenfation.

1 3 2 2. La batte & la lunette ainfi attachées, il ne refte plus
qu'à mettre en place le fpiral, & à remonter le méchanifme
de compenfation. Pour cet effet, on mettra, comme j'ai dit, la
face du cadran en en bas, en pofant la batte fur l'établi : on
mettra le fpiral & la virole en place, & l'on mettra la goupille
qui lie le canon de la virole avec le bout de l'axe de balancier : on mettra le piton en place, & l'on y fera entrer le
bout extérieur du fpiral, de forte que le point trouvé pour
l'ifochronifme (1306) réponde à l'endroit où doit agir le pince-fpiral : on peut même, pour ne pas s'y tromper, avant d'arrêter le bout extérieur du fpiral au piton, mettre le pince-
fpiral en place, ainfi que le refte du méchanifme de compenfation.

1 3 2 3. Le fpiral ainfi placé à ce point donné, on ferrera
la vis du piton pour fixer le fpiral, enfuite on lâchera la vis du

piton pour que le reſſort lui faſſe prendre une poſition qui ne le force pas : on reſſerrera de nouveau cette vis après qu'on aura vu que le piton de ſpiral poſe bien à plat ſur la platine ; ſi cela n'eſt pas, on le calera par ſes vis : on deſſerrera la vis de preſſion du ſpiral, pour qu'en ce nouvel état, il reprenne encore, ſans changer de longueur, une poſition non forcée (ᵃ) ; enfin on fixera & ſerrera la vis de preſſion du ſpiral. Toute cette opération exige beaucoup de ſoin, afin que le ſpiral ſoit parfaitement fixe, & que, cependant, il ſoit exactement libre & non forcé en tous ſens ; on tournera la virole de ſpiral, de ſorte que la cheville du balancier s'arrête juſte à la ligne de zéro ; c'eſt-à-dire, à ſon repere.

1 3 2 4. Le ſpiral ainſi arrêté, on placera & arrêtera le pont du pince-ſpiral, avec le pince-ſpiral tout monté : on lâchera la vis de la boîte du pince-ſpiral, de ſorte que le ſpiral y paſſe librement & ſans être gêné ; en cet état, on fixera la boîte, & il faut, ſi le ſpiral eſt bien plié, que l'on puiſſe faire parcourir environ 15 ou 20 degrés au pince-ſpiral, tant en avant qu'en arriere du point milieu, où il doit être dans une température moyenne : le milieu du limbe indique ce point, & les degrés, placés à l'extrémité du limbe, le chemin que le pince-ſpiral peut parcourir au plus dans ſes plus grandes excurſions, ſans quil touche au ſpiral, & ſans qu'il puiſſe, par conſéquent, lui donner un état forcé ; on verra aiſément cela, puiſque ſi le pince-ſpiral en tournant ainſi touchoit au ſpiral, cela feroit tourner le balancier ; il faut donc que la fente du pince-ſpiral ſoit aſſez grande pour ne pas forcer le ſpiral ; mais il faut, avant tout, ſuppoſer que le ſpiral eſt bien plié par un bon contour, & alors la fente du pince-ſpiral peut être fort juſte, ainſi que cela eſt néceſſaire, & cependant ſans que le mouvement du pince-ſpiral pour la compenſation puiſſe changer l'état libre du reſſort.

(ᵃ) Il faut auſſi, pendant cette opération, ſoulever le balancier, enſorte que ſon reſſort de ſuſpenſion ſoit tendu ; car le petit jeu entre le bout de l'axe du côté du pont de ſuſpenſion & le petit pont de précaution, ce jeu, dis-je, ſeroit ſuffiſant pour gêner le ſpiral, ſi l'on n'y avoit pas égard.

1325. Enfin pour achever ce qui concerne le remontage de la machine, on mettra en place le grand levier & le chaſſis de compenſation, en les fixant fort ſolidement par la vis du pont : on placera & arrêtera la boîte de compenſation environ à 3 lignes du centre du pince-ſpiral ; & en tournant la vis que cette boîte porte, & dont le bout agit ſur le grand levier, on amenera l'index du pince-ſpiral au milieu du limbe pour répondre à une température moyenne, à laquelle je ſuppoſe que l'on eſt au moment actuel ; & d'ailleurs, c'eſt à ce point que je ſuppoſe que le pince-ſpiral étoit arrêté, lorſque l'on a fixé le bout extérieur du ſpiral (1322) : on placera le mouvement de l'Horloge, ainſi raſſemblé ſur la cage du poids ; on y mettra les goupilles : on coupera la corde du poids de longueur. En cet état l'Horloge ſera prête à ſubir les examens qui doivent former la derniere Partie de cet Ouvrage.

FIN DE LA TROISIEME PARTIE.

Mmm ij

QUATRIEME PARTIE.

Des Epreuves & Opérations, par le moyen defquelles on peut donner aux Horloges Marines toute la perfection dont elles peuvent être fufceptibles.

Des épreuves des Horloges Marines.

1326. Nous avons indiqué ci-devant les moyens d'exécution d'une Horloge Marine, & nous avons conduit cette Horloge au point d'être prête à marcher ; & les opérations dont nous avons traité font de nature à être faites par un bon Ouvrier ordinaire, lorfqu'il fera dirigé par un Artifte ; mais pour achever cette Horloge, felon nos vues, en donnant à toutes fes parties l'harmonie requife & la juftelle dont elle eft fufceptible ; c'eft à l'Artifte même éclairé à opérer. Il faut pour ce qu'il refte à faire plus de lumiere encore que d'adrelle. Il faut tirer du travail fait le plus grand avantage ; juger le fuccès des principes qui ont fervi de bafe à la conftruction de cette machine, & voir fi l'exécution y répond ; démêler les caufes des erreurs, afin de ne pas confondre les écarts produits par une caufe avec ceux d'une autre ; enfin faire fervir les expériences qui reftent à faire à la perfection des nouvelles Horloges, que l'on doit conftruire en calculant & comparant les avantages, ou les défauts de l'Horloge que l'on examine & qu'on acheve, avec d'autres Horloges femblables, dont on connoît les dimenfions ; c'eft, en fuivant une telle route, qu'on tirera tout le fruit d'un travail auffi pénible, & qu'on le rendra utile à la société, en le conduifant ainfi de proche en proche à la perfection de ces machines, pour donner enfin aux Horloges Marines, finon une exactitude au-deffus du befoin, du moins celle qui eft requife. Telle eft la carriere que je me propofe de tracer dans cette Partie, pour achever de guider ceux qui voudront s'appliquer à la même recherche qui m'occupe.

1327. Pour parvenir au but propofé, nous allons préfen-ter les articles ou expériences à faire felon l'ordre qu'on doit obferver dans les épreuves, afin de pouvoir demêler fûrement les écarts fans les confondre, & parvenir par-là à déterminer leurs caufes.

1328. 1°, Il faut s'affurer de la marche d'une bonne Horloge Aftronomique, au moyen de l'inftrument des paffages, afin de pouvoir comparer l'Horloge Marine à la Pendule. Cet article formera le premier Chapitre; 2°, il faut faire marcher l'Horloge avec différents poids moteurs, afin de s'affurer fi le fpiral éprouvé eft ifochrone; 3°, régler l'Horloge par les maffes du balancier; 4°, régler la quantité du moteur & ajufter le poids fur la plaque; 5°, faire marcher librement le balancier, afin de connoître la durée de fon mouvement & juger la puiffance du régulateur, & la réduction des frottements; 6°, éprouver l'Horloge du chaud au froid, en fufpendant l'effet du méchanifme de compenfation; 7°, régler la compenfation; 8°, faire marcher l'Horloge hors de fon tambour, fur une table folide, pour connoître fi l'étendue des arcs ne varie point en 24 heures; 9°, faire marcher l'Horloge, en rendant la cage du régulateur & du rouage inclinée : la cage du poids reftant droite; 10°, faire marcher l'Horloge alternative-ment fur fa fufpenfion & fur une table; 11°, éprouver l'Horlo-ge par diverfes températures, afin de dreffer la table des cor-rections; 12°, calculer la force de mouvement du régulateur pour en conclure les avantages ou défauts de l'Horloge, en la comparant à une autre machine de cette efpece, dont on con-noît les dimenfions. Les onze derniers articles formeront le fecond Chapitre.

CHAPITRE PREMIER.

De la maniere dont on doit vérifier la marche d'une Horloge Aftronomique, pour y comparer la juftefe d'une Horloge Marine.

1329. Pour eftimer fûrement la juftefe d'une Horloge Marine, il faut avoir une Horloge Aftronomique, à laquelle on puiffe comparer fa marche, mais cela ne fuffit pas encore ; car pour juger la juftefe de l'Horloge Aftronomique même, on ne peut le faire fans le fecours des obfervations du foleil ou des étoiles (ᵃ) : on fentira mieux cette néceffité, fi l'on fe rappelle qu'une Horloge Marine ne doit pas varier plus de $2''\frac{6}{7}$ par jour, pour pouvoir donner la longitude à la précifion d'un demi-degré après 42 jours (6). Or, fi la Pendule, dont on fe fervira pour comparer la marche de l'Horloge Marine, pouvoit elle-même faire des variations auffi grandes ($2''\frac{6}{7}$ par jour), on feroit expofé, ou à attribuer à l'Horloge Marine plus de juftefe qu'elle n'auroit en effet ; ou à lui attribuer le double d'écarts de ceux qu'elle auroit eu, cela dépendroit du fens, ou ces écarts fe feroient dans l'une ou l'autre machine. Pour démêler à coup fûr ces variations, & juger toute la juftefe d'une Horloge Marine, il eft donc néceffaire d'avoir, comme nous venons de le dire, pour terme de comparaifon, une bonne Pendule à feconde, & celle-ci doit être comparée par des obfervations du foleil ou des étoiles.

1330. Nous avons établis, *Effai fur l'Horlogerie*, les principes de conftruction que l'on doit employer dans une Horloge Aftronomique (ᵇ) ; ainfi nous nous difpenferons de les répéter.

(ᵃ) On pourroit bien comparer immédiatement la marche d'une Horloge Marine, au paffage du foleil ou d'une étoile par le méridien ; mais, dans ce cas, on ne pourroit eftimer les variations de l'Horloge que de 24 en 24 heures, en fuppofant encore qu'on pourroit faire ces obfervations tous les jours ; or il eft néceffaire fouvent de comparer l'Horloge Marine d'heure en heure ; d'ailleurs, il feroit pénible d'être obligé d'obferver fi fouvent le paffage du foleil ou d'une étoile au méridien.

(ᵇ) *Voyez Effai fur l'Horlogerie, feconde Partie, Chapitre IX, & fuiv.*

Nous nous contenterons de donner ici la defcription, & la maniere de faire ufage d'un inftrument fort fimple, qui peut fervir à vérifier la marche d'une Horloge Aftronomique, ou d'une Horloge Marine.

1 3 3 1. Parmi les différentes méthodes (ᵃ) que l'on peut employer pour vérifier la marche d'une Horloge Aftronomique, le paffage du foleil au méridien eft la plus commode; mais pour obtenir de cette méthode toute l'exactitude requife, il faut avoir une bonne lunette des paffages placée dans le plan du méridien; & pour vérifier la pofition de la lunette ou inftrument des paffages, il faut fe fervir des hauteurs correfpondantes du foleil, prifes le matin & le foir : & ces hauteurs exigent un fecond inftrument, qu'on appelle *quart-de-cercle*; mais comme nous propofons ici de réunir à la méthode la plus exacte, pour vérifier la marche de l'Horloge Aftronomique, le moyen le plus fimple, nous préfenterons un inftrument des paffages, qui pourra être exécuté à peu de frais, & dont la lunette pourra fervir alternativement à l'inftrument des paffages, & à l'inftrument qui doit tenir lieu du quart-de-cercle ordinaire; j'appelle ce dernier, *Inftrument des hauteurs correfpondantes.*

Defcription de l'Inftrument des paffages.

La Figure 3 Planche XXVII, repréfente l'inftrument des paffages, fixé fur l'appui d'une fenêtre.

(ᵃ) Voici les principales; 1°, on pourroit fe fervir d'une bonne méridienne, mais il faudroit qu'elle fut fort grande; c'eft-à-dire, avec un *gnomon* fort élevé, & on ne pourroit encore s'en fervir tous les jours; car on ne peut pas efpérer, avec une telle méthode, d'obtenir le midi à une feconde près; & cette précifion n'eft pas fuffifante pour juger la marche de l'Horloge d'un jour à l'autre. Il faudroit donc laiffer écouler plufieurs jours entre les obfervations, afin de répandre l'erreur fur un plus grand nombre de jours.

2°, Par les hauteurs correfpondantes avec un quart-de-cercle.

3°, Avec un inftrument des paffages, en obfervant le paffage du foleil au méridien.

4°, En obfervant, avec une lunette fixe, le paffage d'une étoile, foit dans le méridien ou aux environs du méridien.

5°, Les hauteurs abfolues, prifes avec un quart-de-cercle, calculer un triangle fphérique.

6°, Enfin une méridienne filaire.

1 3 3 2. La lunette *A B* eft un tuyau de cuivre : cette lunette eft compofée de deux verres convexes ; l'un qui eft l'*objectif*,
doit être fixé au bout du tuyau *A*, d'une maniere la plus inébranlable qu'il eft poffible ; l'autre qui eft l'oculaire, s'enchâffe
dans un canon qu'on infere dans l'autre bout du tuyau, de
forte qu'on puiffe le tirer ou le pouffer pour l'ajufter à la vue
de l'Obfervateur : au foyer de cette lunette, il doit y avoir
un fil d'argent trait, tendu dans le fens d'un diametre qui
foit vertical, & un fecond fil fera tendu dans le fens d'un autre
diametre perpendiculaire au fil vertical, ce qui compofe une
croifée qui peut être appliquée fur le bout d'un canon de cuivre
qui tiendra à frottement dans le tuyau de la lunette : la Figure
4 repréfente cette croifée (ᵃ) ajuftée fur fon canon : cette croifée doit être placée, de forte qu'ayant pofé la lunette fur fon
pied, après avoir placé l'image d'un objet (le plus éloigné qu'il
eft poffible) fur le fil d'argent : cet objet paroît fixe fur le
même endroit du fil, quelque mouvement que l'on donne à
l'œil qui regarde dans la lunette ; car fi l'objet paroiffoit avoir
du mouvement à l'égard du fil, il faudroit pouffer ou retirer le
canon de la croifée, jufqu'à ce que ce mouvement devienne
abfolument infenfible.

1 3 3 3. Quoique cette lunette faffe voir les objets renver-
fés, elle eft préférable à toutes les autres pour les ufages
Aftronomiques, & pour régler les Horloges.

1 3 3 4. Pour que cette lunette puiffe fervir dans tous les
temps à obferver les paffages du foleil au méridien, il faut
qu'elle puiffe fe mouvoir dans un plan du méridien, & s'élever
ou s'abaiffer, comme le fait le foleil, dans les différents temps
de l'année. Pour cet effet, on place ces fortes de lunettes fur un
axe horizontal, comme *C D* : cet axe porte deux pivots *b*, *c*
qui fe meuvent dans des rainures ou collets faits aux fupports
E, *F* de l'inftrument.

1 3 3 5. L'axe *C D* de la lunette eft de cuivre fondu, il

(ᵃ) Le fil vertical *A C* eft tendu au moyen de deux vis attachées fur le champ du tuyau, vers *A* & *C* ; & le fil horizontal *D B* eft de même tendu par deux vis placées fur le même champ, vers *D* & *B*.

porte

porte les bras *G H* qui ne forment qu'un même corps avec
l'axe ; c'eſt ſur ces bras que la lunette eſt ajuſtée au moyen de
la *femelle d e* : le bout *d* de la femelle porte la *bride f*, dans laquelle paſſe la lunette : celle-ci eſt rendue fixe avec la femelle par
une vis qui reſſerre la bride ; l'autre bout *e* de la femelle eſt fixé
avec la lunette par une vis taraudée dans la lunette même ; &
pour le mieux, il faut que ce bout *e* de la femelle porte une
bride *3* pareille à celle *f* : le deſſous de la femelle porte à plat
ſur le plan formé au deſſus des bras *G, H* de l'axe ; cette femelle eſt
arrêtée en *H,* par une vis qui la lie en deſſous du bras *H* : le bout *e*
de la femelle doit être rendu fixe avec le bras *G* ; mais il faut en
même temps que ce bout de la femelle puiſſe ſe mouvoir de
droite à gauche, ou de gauche à droite, afin de pouvoir s'aſſurer que l'axe de la lunette eſt parfaitement perpendiculaire
à la lunette, ainſi qu'il eſt néceſſaire. Pour cet effet, la vis qui
ſert à fixer la femelle avec le bras *G* , a une tête un peu large,
& ſon paſſage par le trou fait au bras eſt aſſez grand pour
permettre ce mouvement qui ſert à la vérification de l'inſtrument : les vis *g* , *h* ſervent à procurer à la lunette un mouvement inſenſible, ou de rappel, pour rendre la lunette perpendiculaire à ſon axe. Quand on l'a amené à ce point, on arrête
tout-à-fait la vis du deſſous du bras *G*.

1336. Les bouts *b* & *c* des pivots de l'axe, doivent être
contenus par des pieces de cuivre attachées en *b* & *c* des
ſupports *E, F,* afin que l'axe ne puiſſe pas ſe mouvoir ſelon ſa
longueur ; ces pieces ne ſont pas ici repréſentées.

1337. Les bouts des ſupports *E* , *F* portent les brides
i, k, miſes à charniere ſur les bouts des ſupports : ces brides
ſervent à contenir les pivots de l'axe, & à les preſſer légérement contre leur rainure, afin que l'axe ait un mouvement
moëlleux, & ſans pouvoir s'élever ou s'abaiſſer ; c'eſt-à-dire ,
ſans changer ſa poſition horizontale : ces brides ſe rabattent ſur
les pivots, & on les ſerre avec des vis de preſſion qui ne ſont
pas ici repréſentées.

1338. Pour rendre l'axe de la lunette parfaitement horizontal, ainſi que cela doit être , il faut ſe ſervir d'un niveau à

N n n *

bulle d'air *I K*, qui eft attaché fur le *porte-niveau L M*, dont les bras recourbés à crochet *l*, *m* s'adaptent fur les pivots de l'axe, entre le bout de l'axe & les fupports ; la vis *n* du niveau fert à vérifier fi ce niveau eft bien placé fur le porte-niveau *L M*. Nous parlerons ci-après des moyens de vérifier l'inftrument des paffages.

1 3 3 9. Les fupports *E*, *F*, & la bafe *N O*, à laquelle font fixés les fupports, font de cuivre fondu; & pour plus de folidité, cette piece *E*, *F*, *O N* doit être fondue d'une feule piece.

1 3 4 0. La bafe *N O* des fupports doit être parfaitement plane en deffous, pour s'ajufter exactement fur la piece *P Q*, fur laquelle elle doit être fixée folidement ; mais avec la faculté de tourner féparément de la plate-forme *P Q*. Pour cet effet, la vis *R* fixe le bout *N* de la bafe des fupports fur le plan *P*, tandis que le bout *O* peut tourner de droite à gauche, felon qu'il en eft befoin pour placer l'inftrument dans le plan du méridien ; les vis *S*, *T* fervent à procurer le mouvement infenfible & de rappel, pour placer la lunette dans le plan du méridien : ces vis font portées par les parties recourbées *V*, *V* de la femelle *P Q*.

1 3 4 1. Cette femelle ou piece d'appui *P Q*, porte trois vis *o*, *p*, *q*, dont les bouts pofent fur l'appui de la fenêtre; les vis fervent en même temps à caler l'inftrument, à le fixer & à mettre l'axe de niveau, ainfi qu'il eft aifé de le voir; car la traverfe de fer *X* entre dans les trous des pitons *Y* & *Z*, attachés dans la pierre *A A*, *B B* de l'appui de fenêtre ; enforte que, 1°, fi l'on fait entrer les vis *o*, *p*, *q*, elles éleveront tout l'inftrument, jufqu'à ce qu'il preffe contre la traverfe *X*, & que par-là cet inftrument devienne parfaitement fixe & folide ; 2°, fi l'on éleve ou abaiffe la vis *o*, plus que celle *p q*, on rendra l'axe horizontal ou incliné : ces vis ferviront donc à rendre l'axe parfaitement horizontal, & à fixer en même temps l'inftrument. Enfin cette preffion de la traverfe *X* fur la bafe *N O* des fupports, fixera auffi en même temps cette bafe contre la piece d'appui ou *femelle P Q*.

1 3 4 2. La piece *r s* porte le canon *s* qui entre jufte & à

frottement fur le bout *D* de l'axe de la lunette : cette piece fert
à fixer la lunette à la hauteur du foleil à midi : le piton *r* fixé
fur cette piece porte la vis de rappel 1 , au moyen de laquelle
on éleve ou abaiffe infenfiblement la lunette ; le bout de cette
vis eft terminé en collet, & entre dans la fente faite au piton *t*.

1343. Mais fi l'on veut procurer tout de fuite un plus
grand mouvement à la lunette, en l'élevant ou abaiffant tout
à coup ; on ne fera que defferrer la vis 2 , & l'axe tournera féparément de la piece de rappel *r s*.

1344. Nous ne parlons pas en ce moment du limbe *u x*
attaché par le canon *y* , fur le bout *c* de l'axe de la lunette :
parce que ce limbe ne fert que pour prendre les hauteurs correfpondantes , & cela appartient au fecond inftrument, dont la
lunette & fon axe font la partie la plus effentielle.

Defcription de l'Inftrument des hauteurs correfpondantes.

1345. L'INSTRUMENT des paffages doit néceffairement
refter parfaitement fixe , lorfque la lunette eft placée dans le
plan du méridien : la lunette ayant feulement la faculté de s'é-
lever & s'abaiffer dans ce même plan ; mais l'inftrument des
hauteurs correfpondantes doit avoir , de plus que celui des
paffages, la faculté de changer de plan ; c'eft-à-dire , qu'il faut
que la lunette puiffe être également dirigée vers le foleil, avant &
après midi ; mais pour obtenir l'inftrument des hauteurs à peu
de frais , je fais fervir l'axe & la lunette de l'inftrument des
paffages, en l'appliquant avec fon équipage *r s* , fur un pied
fort fimple & folide : le niveau dans ce fecond inftrument
devient inutile , ainfi je l'ai fupprimé dans la Figure 1 Planche
XXVII qui repréfente l'inftrument des hauteurs correfpondantes.

1346. La piece *E F I* (*fig.* 1) eft le fupport de l'axe de la lunette *A B*; les pivots *b, c* de l'axe *C D* pofent dans des rainures ou
gouttieres faites aux fupports *E , F* : les bouts des pivots doivent être retenus par des pieces de cuivre attachées en dehors

des supports, pour que l'axe n'ait pas de jeu selon sa longueur : & ces pivots de l'axe doivent être recouverts par des brides *i*, *k*, comme ils le font dans l'instrument des passages, afin que l'axe puisse tourner sans changer de place ; la piece *r s*, & sa vis de rappel 1, & la vis 2 servent à élever ou à abaisser la lunette par un mouvement prompt ou lent, de la même maniere que nous l'avons expliqué pour l'instrument des passages. Nous ne répétons point ici la description de l'axe & de la lunette, puisque c'est la même qui a été décrite pour l'instrument des passages.

1347. La partie *I* du support coudé *E F*, est percée d'un gros trou, ce qui forme un canon dans lequel entre fort juste & à frottement, un pivot formé au haut *K* de l'arbre *K L* : la vis de pression *M* entre sur le bout de ce pivot de l'arbre, ensorte qu'en serrant cette vis, on arrête le support sur l'arbre pour l'empêcher de tourner : c'est ce mouvement du support qui sert à diriger la lunette au soleil pour en suivre le mouvement, & pouvoir prendre de la maniere que nous l'expliquerons ci-après des hauteurs correspondantes, afin de pouvoir par le midi qu'elles donneront, placer l'instrument des passages dans le plan du méridien.

1348. Le bout *K* de l'arbre *K L* porte une base *N*, sur laquelle appuie pareille base qui doit être faite au-dessous de la partie *I* du support, afin de rendre par-là la position de ce support plus stable.

1349. Le bout *L* de l'arbre porte une partie quarrée, qui entre dans un trou quarré fait à la croix *O P* : cet arbre *K L* est fixé à la croix, au moyen d'un écrou qui entre sur une vis qui passe sous la croix.

1350. La croix *O P* porte quatre vis 3, 4, 5, 6 qui servent à caler l'instrument. Mais pour rendre cet instrument parfaitement solide, il faut ajuster sur le bas du canon une piece de pression *Q R* qui s'attache par deux vis 7, 8, sur l'appui d'une fenêtre ou sur une table solide, de la même maniere que la traverse *X*, & les pitons *Y Z* (*Fig. 3*) fixent l'instrument des passages (1341) ; par ce moyen, l'instrument étant parfaiment fixe, on prendra plus facilement & plus exactement les hauteurs du foleil; & on calera tout auffi aifément cet inftrument.

1351. Le limbe *u*, *x*, *z* porte le canon *y*, qui entre fort jufte & à frottement fur le bout *C* de l'axe de la lunette: ce limbe ou portion de cercle *x* a fon centre placé en *ζ*: les cercles o, 30 font concentriques au point z, & divifés & gradués en parties égales ou degrés; ce font ces divifions ou degrés qui fervent à fixer la lunette pour prendre les hauteurs correfpondantes du foleil, le matin & l'après-midi; le fil à-plomb attaché à la pointe z fert à marquer le degré du limbe qui correfpond à la hauteur de la lunette lorfqu'on obferve le contact du foleil.

1352. Il n'eft pas néceffaire, pour la précifion des obfervations des hauteurs correfpondantes, que les divifions du limbe foient des degrés, ni même que ces divifions foient parfaitement égales entr'elles. Il fuffit que le fil-à-plomb paffe exactement fur la même divifion, le matin & l'après-midi, lorfqu'on obferve le contact du bord du foleil avec le fil horizontal de la lunette; il faut cependant, que le limbe refte parfaitement fixe fur fon axe, du matin au foir, faute de quoi, les hauteurs qu'on prendroient le matin & l'après-midi ne feroient pas les mêmes, ni par conféquent des correfpondantes; c'eft à fixer parfaitement le limbe fur la lunette que la vis de preffion *9* eft deftinée.

1353. On conçoit que la portion de cercle *u x* du limbe ne comprenant qu'environ 30 degrés, le limbe ne peut pas conferver la même pofition, par rapport à l'axe, dans tous les temps de l'année, comme de l'hiver où le foleil eft plus bas fur l'horizon, à l'été où il eft plus élevé; mais cela ne caufe aucune difficulté, puifqu'on n'a qu'à tourner le limbe fur l'axe *C*, à proportion du plus ou moins de hauteur du foleil. Le jour qu'on doit prendre des hauteurs correfpondantes, il fuffit de defferrer pour cela la vis de preffion *9* du limbe, pour pouvoir tourner le limbe: on refferre cette vis, lorfque le limbe a la pofition convenable.

Description du Compteur, ou Valet astronomique.

P L A N C H E XXVII.

1354. L'usage du compteur rend beaucoup plus facile les observations des hauteurs correspondantes des passages du soleil ou d'une étoile au méridien, parce que l'on peut observer tout seul, sans le secours d'une seconde personne; car pendant qu'on a l'œil à l'instrument pour observer le passage de l'astre, on ne peut pas regarder en même temps à la Pendule, pour compter à quelle seconde se fait le contact; l'office du compteur supplée à cela, parce que le marteau frappe les secondes que le pendule mesure; enforte que si l'on met les coups du marteau d'accord avec les battements de l'échappement de l'Horloge Astronomique, on pourra observer l'instant du contact, & compter en même temps le moment où il arrive.

1355. La Figure 2 représente le compteur qui est ici le plus simple possible, & cependant fort commode; AB est une platine qui porte en C un trou propre à entrer sur un clou à crochet attaché à un mur : la roue à rochet D porte un pivot qui roule dans la platine, & l'autre pivot roule dans un bras E du pont EF ; les dents de cette roue font échappement avec l'ancre G: l'axe de cet ancre porte la fourchette H qui communique au pendule IK : ce pendule est suspendu par un ressort L au bras M du pont EFM ; & K est une lentille ordinaire qu'on monte ou descend, au moyen de l'écrou N : ce pendule doit battre les demi-secondes, & par conséquent, il doit avoir 9 pouces 3 lignes environ, du centre de suspension à celui de la lentille ; or, comme dans un échappement, chaque dent de la roue produit ou fait faire deux vibrations ([a]); il s'enfuit qu'une dent parcourue répond à une seconde de temps, & que la roue fait son tour en autant de secondes de temps qu'elle a de dents : c'est par cette disposition que j'ai fait servir le rochet

______

([a]) (Essai, N°. 26).

en même temps à faire échappement avec l'ancre, & à élever le marteau O, au moyen de la palette P qui engrene dans cette roue : ce marteau frappe donc fur le timbre Q des coups qui répondent à des fecondes de temps.

1356. Le poids R eft le moteur de cette machine : ce poids eft attaché à un cordon de foie qui paffe dans la poulie S; le fond de cette poulie eft hériffé de pointes à l'ordinaire : cette poulie porte un encliquetage qui agit fur la roue D : T eft le contre-poids, ainfi le poids entraîne la roue D, & celle-ci, par fon action, tend à entretenir le mouvement du pendule, & à faire frapper en même temps le marteau fur le timbre : V eft le pont du timbre ; X, le pont du marteau.

1357. Pour empêcher que le *compteur*, étant dans fon échappement, le mouvement du pendule ne puiffe le déranger, il faut arrêter le bas de la platine contre le mur, au moyen d'une vis placée vers V.

Des vérifications qu'il eft néceffaire de faire, pour donner à l'Inftrument des paffages la plus grande précifion qu'il comporte.

1358. Lorsqu'on aura placé l'inftrument des paffages fur une pierre folide ou fur l'appui d'une fenêtre, de la maniere que nous l'avons expliqué ci-devant ; il faudra, avant de le fixer tout-à-fait, s'affurer d'abord que la lunette eft dirigée le plus près que l'on pourra dans le plan du méridien, ce qui fera facile en prenant, avant midi, l'heure vraie marquée, ou par une bonne pendule, ou par un cadran folaire ; & lorfqu'il fera midi à la Montre, on dirigera la lunette au foleil, deforte que le fil vertical de la lunette partage le difque du foleil en deux parties égales : on tournera en conféquence à droite ou à gauche le pied de l'inftrument, en defferrant un peu les vis o, p, q : la lunette ainfi à peu-près dirigée dans le plan du méridien, on refferrera les vis o, p, q : enfuite on fera les vérifications fuivantes.

1359. 1°, On cherchera, avec la lunette, un objet placé le plus loin que l'on pourra trouver à l'horizon : il faut que cet objet passe par le fil vertical de la lunette, afin de servir de repere pour ramener la lunette toujours dans la même position au cas qu'elle vînt à se déranger ; mais il est bon d'observer que ce repere ne deviendra absolument nécessaire, que lorsqu'on aura déterminé, de la maniere que nous l'expliquerons ci-après, la véritable position de l'instrument par des hauteurs correspondantes.

1360. 2°, On placera le niveau, comme il l'est dans la Figure 3, sur l'axe de la lunette, afin de donner à cet axe une position qui soit exactement horizontale ; or, pour s'en assurer, il faut que la bulle d'air du niveau s'arrête constamment au milieu de l'ouverture pratiquée à ce niveau, soit qu'on retourne ce niveau en faisant porter le crochet *l* sur le pivot *c*, ou qu'on le replace sur le pivot *b*, & celui *m* sur le pivot *c*. En retournant ainsi le niveau & le changeant de bout, on peut corriger en même-temps le niveau, s'il n'est pas à son véritable point, ainsi que l'axe même de la lunette. Pour cet effet, on présentera le niveau dans les deux sens, en marquant à chaque fois l'endroit où la bulle d'air s'arrête : le milieu de ces deux points parcourus par la bulle, indiquera celui où elle doit s'arrêter pour que l'axe soit horizontal. On élévera donc ou abaissera convenablement l'axe au moyen des vis *o*, *p*, *q*, pour que la bulle s'arrête à ce point milieu. Maintenant, pour rectifier le niveau, on le retournera de l'autre côté bout pour bout : on marquera le point où la bulle s'arrêtera, & l'on partagera en deux également le chemin parcouru par la bulle dans ce retournement, & l'on aura le point où la bulle doit arriver, de quelque côté qu'on tourne le niveau (ᵃ).

1361. 3°, Pour s'assurer que le fil vertical de la lunette est réellement dans une position verticale, on remarquera un point dans l'horizon par lequel ce fil passe ; & en faisant hausser & baisser la lu-

---

(ᵃ) On trouvera dans *l'Astronomie* de M. *de la Lalande* des détails fort intéressants sur l'instrument des passages, ses vé- | rifications, usages, &c, ainsi nous y renvoyons.

nette, on verra ſi ce fil ne quitte pas le point remarqué ; & l'on redreſſera le chaſſis ou la croiſée juſqu'à ce que le fil ſoit vertical.

1362. 4°, On s'aſſurera ſi la lunette eſt parfaitement per-pendiculaire à ſon axe. Pour cet effet, on dirigera la lunette vers un objet placé dans l'horizon, & ſitué le plus loin qu'il ſe pourra : on remarquera l'objet qui paſſera par le fil vertical : on élévera la lunette tout doucement de deſſus ſon ſupport, & on la retournera de ſorte que le pivot *c*, qui portoit ſur le ſupport *F*, poſe ſur celui *E* ; & le pivot *b*, ſur le ſupport *F* : on regardera le même objet. S'il ne ſe trouve plus coupé de la même maniere par le fil vertical ; on tournera les vis de rap-pel *g*, *h*, deſorte que le fil revienne à moitié chemin de la diſ-tance où il ſe trouve de l'objet : on replacera la lunette dans ſa poſition, & l'on verra ſi l'objet remarqué après cette cor-rection ſe préſente de la même maniere par rapport au fil ver-tical : on touchera, en conſéquence, aux vis de rappel : ſi l'on n'avoit pas d'objet propre à cela dans l'horizon ; on pour-roit ſe ſervir d'une *mire*, qu'on placeroit convenablement, & loin de l'inſtrument.

Des Hauteurs correſpondantes pour ſervir à placer l'Inſtrument des paſſages exactement dans le plan du Méridien.

1363. L'INSTRUMENT des paſſages étant diſpoſé de la maniere que nous l'avons expliqué ci-devant, il ne reſte plus qu'à achever de le placer, deſorte que la lunette ſe meuve exactement dans le plan du méridien (a) : c'eſt à cet uſage qu'eſt deſtiné l'inſtrument des hauteurs que nous avons décrit ci-devant. On ôtera donc le niveau, on retirera doucement la lunette avec tout ſon équipage, & on la poſera ſur le pied de la Figure premiere : on recouvrira les pivots avec

(a) Si l'on avoit une Horloge Aſtronomi-que qui fût exactement à l'heure du ſoleil, on pourroit s'en ſervir pour placer l'inſtru-ment des paſſages, pourvu que cette Hor-loge ne fût pas aſſez éloigné de l'inſtrument des paſſages, pour qu'en tranſportant l'heu-re, avec une Montre à ſecondes, celle-ci ne ſouffrît pas trop de dérangement.

les brides, &c, & l'on aura l'inftrument des hauteurs tout difpofé.

1364. Les obfervations des hauteurs correfpondantes doivent être faites par un beau jour, & il faut prendre ces hauteurs le matin vers les 9 heures. On choifira donc un endroit qui foit tellement placé qu'on foit fûr de pouvoir y obferver non-feulement la hauteur du foleil le matin dès 9 heures, mais de plus les correfpondantes l'après-midi jufqu'à 3 heures au moins : il faut encore que cet inftrument foit à la portée de l'Horloge Aftronomique, & celle-ci de l'inftrument des paffages.

1365. On pofera à cet endroit une table folide, fur laquelle (au défaut d'un appui de fenêtre) : on placera bien folidement l'inftrument des hauteurs, au moyen de la piece de preffion QR, *Fig.* 1 : un peu avant 9 heures du matin, on dirigera la lunette vers le foleil (a), (& avec un verre noir) on regardera dans la lunette, afin de conduire le bord inférieur du foleil près du fil horizontal.

1366. Lorfqu'on veut obferver dès hauteurs correfpondantes, on commence par caler l'inftrument des hauteurs vers le foleil en tout fens, deforte qu'en le faifant tourner, le fil à-plomb ne faffe que rafer le limbe : on dirige enfuite la lunette au foleil, deforte que le foleil paroiffe à droite du fil vertical & en haut de la lunette, comme en E, *Fig.* 5 (b) (car le foleil qui monte réellement paroît defcendre dans la lunette) : en attendant que le bord du foleil foit defcendu fur le fil horizontal DB, l'on va au fil à plomb ; s'il ne répond pas exactement fur une des divifions, on fait mouvoir la lunette par la vis de rappel : on fait venir exactement le fil fur la divifion : alors on retourne à la lunette, & l'on attend que le premier bord du foleil vienne toucher le fil horizontal. On compte les fecondes au moyen du compteur, & l'on a l'heure, la minute, la feconde où le bord du foleil s'eft trouvé à la hauteur marquée par le fil à-plomb fur le limbe : on écrit à

(a) Il eft néceffaire d'avoir un verre noir ou enfumé pour regarder le foleil : les yeux ne pourroient en foutenir la clarté.

(b) Dans les Figures 5, 6 & 7, AC repréfente le fil vertical, & DB le fil horizontal placé dans le champ de la lunette.

côté du degré l'heure, la minute & la feconde.

1367. Après midi, on dirige encore la lunette au foleil dans le temps qu'il approche de la hauteur où il a été obfervé le matin : on met le foleil à la droite du centre de la lunette, & au-deffous du fil horizontal, c'eft-à-dire, en *F*; & comme le foleil paroît monter après midi de *F* devers *S* dans la lunette, on a le temps, avant que le dernier bord parvienne au fil horizontal, d'ajufter le fil à-plomb fur la même divifion où l'on a obfervé le matin : quand le fil eft bien placé, on retourne à la lunette : on compte la feconde que bat le compteur à l'inftant du contaƈt : on écrit à côté de l'obfervation du matin celle du foir, avec le degré ou divifion entre deux.

1368. Suppofons que le bord du foleil ait été obfervé le matin avec l'inftrument des hauteurs, & qu'on ait trouvé la hauteur de 5 divifions du limbe, & qu'à ce moment l'Horloge marquoit 9^h 10′ 5″, & fuppofons que l'après-midi le même bord du foleil obfervé lorfque l'inftrument étoit à la même divifion 5, que l'Horloge marquoit 3^h 0′ 10″ : pour avoir le midi on ajoutera enfemble ces deux quantités 9^h 10′ 5, & 3^h 0 10″; & prenant la moitié de cet intervalle, on aura le moment de midi fur l'Horloge dont on s'eft fervi, foit qu'elle fût bien à l'heure ou non.

Pour prendre le milieu entre ces deux inftants des hauteurs, on ajoutera enfemble les deux nombres, & on prendra la moitié de la fomme ; mais on obfervera qu'il faut compter, au lieu de 3 heures après midi, 15 heures, parce que l'Horloge doit être fuppofée avoir marqué de fuite les heures dans l'ordre naturel de 9^h à 15^h.

Heures du matin . . . . 9^h 10′ 5″
Heures du foir . . . . 15^h 0′ 10″
____
Heure marquée par l'Horloge . . . . . . 24^h 10′ 15″
 à l'inftant du midi vrai . . . . 12^h 5′, 7″5

1369. Ainfi, quand le foleil étoit dans le méridien à fa plus grande hauteur, & par conféquent à diftances égales des deux hauteurs obfervées, l'Horloge marquoit 12^h 5′ 7″, 5, c'eft-à-dire, qu'elle avançoit fur le midi du foleil de 5′ 7″, 5.

1370. Mais il faut obferver qu'il n'y a que deux jours de l'année (ceux des Solftices) où l'on puiffe trouver jufte le midi fans correction ; car, dans tous les autres jours, le foleil changeant de déclinaifon, le midi ne fera pas à égale diftance des hauteurs prifes le matin & le foir (ᵃ). Il y a donc une correction à faire pour obtenir le midi vrai. On trouve dans la Connoiffance des mouvements céleftes une Table de ces corrections pour différents intervalles entre les hauteurs, felon la longitude du foleil, & la latitude du lieu.

Obferver le midi du Soleil à l'Inftrument des paffages.

1371. L'OBSERVATION des hauteurs correfpondantes que nous venons de décrire ne fert qu'à trouver le midi vrai du foleil, afin de s'en fervir pour placer l'inftrument des paffages dans le plan du méridien ; ainfi le même jour où l'on prendra ces hauteurs correfpondantes, il faudra obferver, avec l'inftrument des paffages, les deux bords du foleil au fil vertical pour en conclure le paffage du centre du foleil. Si les deux midis fe rencontrent à la même feconde ou temps marqué par l'Horloge, c'eft une preuve que l'inftrument des paffages eft bien placé ; ou, fi ces midis different, on corrigera l'inftrument des paffages de la maniere que nous l'expliquerons ci-après.

1372. Pour obferver le midi du foleil à l'inftrument des paffages (lorfqu'on a pris les hauteurs du matin, & un peu avant midi), il faut retirer avec précaution la lunette *A B* pofée fur le pied de l'inftrument des hauteurs, *Fig.* 1, & la pofer avec foin fur le pied de l'inftrument des paffages *Fig.* 2 : ayant foin de ne pas déranger le limbe *C*, *z*, on mettra l'axe de niveau ainfi qu'il a été expliqué (1360) : on dirigera la lunette au foleil, & on attendra qu'il foit dans le champ de la lunette : alors on fera marcher le Compteur afin de pouvoir compter le moment du contact du premier bord : on comptera

(ᵃ) Voyez *Aftronomie de M. de Lalande*, N°. 624, premiere Edition.

donc les fecondes jufqu'à ce que le bord du foleil S, *Fig. 6*, rafe le fil vertical *A C*, comme on le voit dans la Figure : on écrira fur le Regiftre le nombre de fecondes qu'on a compté, & que marquoit l'Horloge au moment de ce premier contact ; on écrira de même la minute & l'heure marquée en ce moment par l'Horloge. On continuera de compter les fecondes lorfque le fecond bord du foleil approchera du fil vertical, & au moment où le fecond bord rafera le fil comme en S (*Fig. 7*), on écrira la feconde marquée en ce moment par l'Horloge ; & auffi-tôt après on écrira la minute, & l'heure qu'il étoit au même inftant à l'Horloge : on ajoutera enfemble ces quantités, & en prenant la moitié de la fomme, on aura l'heure que marquoit l'Horloge à l'inftant du paffage du centre du foleil par le fil vertical de l'inftrument des paffages. Mais pour mieux faire entendre toutes les opérations que nous venons d'indiquer, foit pour les hauteurs correfpondantes, ou pour prendre le midi à l'inftrument des paffages, nous allons préfenter un exemple qui les raffemblera toutes felon l'ordre de ces procédés.

1 3 7 3. Nous obferverons auparavant que pour rendre l'opération des hauteurs correfpondantes plus certaines, c'eft-à-dire, pour avoir à coup-fûr le vrai midi plus exactement, il faut prendre plufieurs hauteurs le matin, & autant de correfpondantes le foir : en prenant un milieu entre les différents midis conclus de ces hauteurs, on diminue l'erreur qu'on auroit à craindre, fi l'on n'employoit qu'une feule hauteur le matin, & fa correfpondante l'après-midi.

1374. *Hauteurs correspondantes prises à Paris le 23 Septembre 1766, pour vérifier la position de mon Instrument des passages.*

Hauteur du Soleil.		Heure marquée par l'Horloge aux hauteurs du matin.			Heure marquée par l'Horloge aux hauteurs du soir.		
Degrés.	Minutes.	Heures.	Min.	Sec.	Heures.	Min.	Sec.
54	30	9	58	12	1	44	58
54	20	10	0	2	1	43	10
54	0	10	3	35	1	39	36
53	20	10	11	3	1	32	6
53	0	10	14	58	1	28	11
51	30	10	34	33	1	8	37

Résultats des Hauteurs correspondantes.

En ajoutant chaque correspondante, on aura . . . . . .

	9^h 58′ 12	10^h 0′ 2″	10^h 3′ 35″	10^h 11′ 3″	10^h 14′ 58″	10^h 34′ 33″
	13 44 58	13 43 10	13 39 36	13 32 6	13 28 11	13 8 37
	23 43 10	23 43 12	23 43 11	23 43 9	23 43 9	23 43 10
(a)	11^h 51′ 35″	11^h 51′ 36	11^h51′ 35,5	11^h 51′ 34,5	11^h 51′ 34,5	11^h51′ 35″

Midi observé à l'instrument
des passages . . . . . 1er bord . . . . . 11^h 50′ 57″ 30‴
$\qquad\qquad\qquad$ 2e bord 11 53 6 15

Heure marquée par l'Horloge $\qquad$ 23 44 3
au moment du midi de l'instru-
ment des passages . . . . 11^h 52 1″ 52‴

En prenant un milieu (b) entre les six hauteurs correspondantes ci-dessus, on trouve que lorsqu'il étoit midi au soleil par l'in-

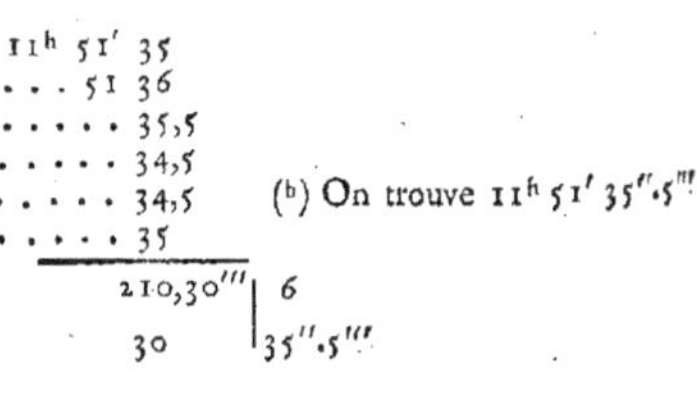

(a) Résultats pour en conclure un milieu entre les six
hauteurs correspondantes.

$\qquad$ 11^h 51′ 35
$\qquad$ . . . 51 36
$\qquad$ 35,5
$\qquad$ 34,5
$\qquad$ . . . . . 34,5 $\qquad$ (b) On trouve 11^h 51′ 35″.5‴
$\qquad$ 35
$\qquad$ ————————
$\qquad\qquad$ 210,30‴ | 6
$\qquad\qquad\quad$ 30 $\quad$ | 35″.5‴

ſtrument des hauteurs, l'Horloge marquoit..... 11ʰ 51′ 35″ 5‴
Ajoutez pour la correction des hauteurs,
ou le changement de déclinaiſon . . . . 18″

Heure marquée par l'Horl. à l'inſtant du midi vr. 11ʰ 51′ 53″ 5‴
Donc le midi de l'inſtrument des paſſages retarde ſur le midi vrai
trouvé par les hauteurs correſpondantes de 8″ 47‴, c'eſt-à-dire,
que la lunette des paſſages eſt trop au couchant.

Temps moyen au Midi vrai le 23 Septembre 1766 . . . . 11ʰ 52′ 13″, 36‴
dont il faut ſouſtraire l'heure marquée
par l'Horloge à l'inſtant du midi vrai ... 11 51 53″, 5‴
donc l'Horloge retarde ſur le temps
moyen de . . . . 20″ 31‴

Et l'Horloge retarde 11″ 44‴ ſur le temps donné par l'inſtrument des paſſages, ainſi qu'il eſt aiſé de le voir.
Temps moyen au Midi vrai   11ʰ 52′ 13″ 36‴
Heure de l'Horloge à
l'inſtrument des paſſages... 11ʰ 52′ 1″ 52‴

donc l'Horloge retarderoit . . . . . 11″ 44‴ ſur le temps
moyen, ſi l'inſtrument des paſſages étoit parfaitement dans le
plan du méridien.

R E M A R Q U E.

1375. Pour vérifier la poſition d'un inſtrument des paſſages, & connoître de combien il eſt éloigné du vrai midi, il
faut comparer l'heure marquée par l'Horloge Aſtronomique (ᵃ) à l'inſtant du midi du ſoleil, à l'inſtrument des paſſages, à l'heure que marquoit la même Horloge, à l'inſtant du
midi vrai trouvé par les hauteurs correſpondantes, la quantité
dont le midi de la lunette des paſſages différera en plus ou en
moins, indiquera ſa *déviation*. Si, par exemple, on a trouvé
que l'Horloge marquoit 11ʰ 52′ 53″ à l'inſtant du midi vrai des

(ᵃ) Il n'eſt pas néceſſaire de ſuppoſer l'Horloge Aſtronomique réglée, ni qu'elle ſoit à l'heure (c'eſt cette heure que l'on doit trouver) il ſuffit que le mouvement de l'Horloge ſoit uniforme.

hauteurs correſpondantes (corrigées du changement de déclinaiſon), & , qu'à l'inſtant du midi vrai de l'inſtrument des paſſages , l'Horloge marque 11ʰ 53′ 54″. Dans ce cas le midi de
l'inſtrument des paſſages ſera en retard ſur le vrai midi des
hauteurs correſpondantes de 1′ 1″, ainſi la déviation de l'inſtrument des paſſages eſt du côté du couchant : il faudra donc
ramener cet inſtrument.

1376. Pour ramener l'inſtrument des paſſages dans le
plan exaɛt du méridien , il faut calculer combien un tour de
la vis de rappel doit produire de ſecondes de temps ; on y
parviendra par la méthode ſuivante.

*Calcul pour eſtimer combien un tour de la vis de
rappel* (ᵃ) *fait changer la Lunette des paſſages.*

Je ſuppoſe que l'axe de la lunette ait 12 pouces 7 lignes de longueur = 151 lignes. Cet axe ayant ſon centre de mouvement
à un bout , & la vis de rappel placée à l'autre bout , le chemin parcouru par la lunette ſera moitié de celui parcouru par
la vis. On trouvera le chemin parcouru par le bout de l'axe ,
ou la circonférence par la proportion... 113^Diametre : 355^Circonférence
:: 151 lignes : x = 474,38. Je ſuppoſe que 20 pas de la vis
de rappel font 7 lignes $\frac{10}{12}$ = 7 lign. 83 : un pas de la vis ré-
pondra à 0 lig. $\frac{39}{300}$ qui eſt contenu 1216 fois dans 474,38 ,
c'eſt-à-dire , dans la circonférence décrite par l'axe de la lunette. Or, en diviſant 86400 nombre de ſecondes , dont
24 heures ſont compoſées par 1216 , on aura 71″
dont la moitié 35″,5 répond à la quantité, dont un tour
de la vis de rappel change le midi de l'inſtrument des paſſages.

1377. La quantité dont un tour de la vis de rappel change
la poſition de la lunette étant connue, il ſera facile de la ramener fort exaɛtement dans le plan du méridien ; mais, pour
plus d'exaɛtitude , il faudra prendre de nouveau des hauteurs

(ᵃ) *T & S*, *Planche XXVII* , *Fig.* 3.

correſpondantes

correspondantes du soleil , afin de vérifier la bonté des opérations.

1378. La lunette des passages étant ainsi placée dans le plan du méridien, on observera, dans l'horizon, sur un mur, un clocher ou autre objet , une marque distinctive qui passe par le fil vertical de la lunette (1359). Cet objet, placé dans le plan du méridien, servira de repere pour connoître si la lunette ne s'est point dérangée.

Régler l'Horloge au moyen de l'Instrument des passages.

1379. L'INSTRUMENT des passages étant à quelques secondes de temps près dans le plan du méridien, on s'en servira très-utilement pour régler l'Horloge Astronomique. Nous avons vu que le 23e Septembre elle retardoit de 11″ 44‴ sur le temps donné par l'instrument des passages (1374). En supposant qu'on laisse l'instrument des passages dans la position où il étoit le 23 , on pourra, sans erreur sensible, continuer à comparer l'heure de l'Horloge Astronomique au midi de cet instrument tout comme s'il étoit parfaitement dans le plan du méridien , comme on le voit par l'exemple suivant.

1380. *Observation du Midi à l'Instrument des passages le 25 Septembre 1766.*

1er bord , l'Horloge marque . . . . . . 11^h 49′ 56″
2e bord 11   52′   3″ 30‴
　　　　　　　　　somme . . . . . 23^h 41′ 59″ 30″
　　moitié de la somme . . . . 11^h 50′ 59″ 45‴
ou heure marquée par l'Horloge au moment du passage du centre du soleil au fil vertical.

Temps moyen au Midi vrai le 25. . . 11^h 51 33″
dont il faut souftraire l'heure
que marquoit l'Horloge à midi
de l'instrument des passages . . . . . 11^h 50′ 59″ 45‴
l'Horloge retarde le 25 Septembre 1766 de . . . . 33″ 15‴
elle retardoit le 23 . . . . 11″ 44‴
donc l'Horloge a retardé en 2 jours de . . . 21″ 31‴

On touchera en conféquence à l'écrou de l'Horloge pour la régler, & on continuera ainfi à obferver le midi à l'inftrument des paffages, pour vérifier la marche de l'Horloge Aftronomique; & celle-ci étant connue, on s'en fervira pour lui comparer la marche des Horloges Marines. Mais fi l'on a befoin d'avoir le temps abfolu, il faudra tenir compte de la déviation de l'inftrument qui eft ici 8″47‴ (1374).

R E M A R Q U E.

LES méthodes que nous venons d'indiquer, pour vérifier la marche des Horloges, eft très-bonne; mais comme elle pourroit paroître difficile à quelques perfonnes, nous allons en préfenter une plus fimple qui eft celle de comparer la marche des Horloges aux étoiles fixes. Nous devons d'ailleurs obferver que la lunette des paffages fervira également à obferver les paffages des étoiles fixes au méridien, & que ces paffages font fort utilés pour régler fûrement la marche des Horloges.

De la maniere de régler une Horloge Aftronomique par les Etoiles fixes.

1381. LA révolution de la terre, par rapport aux étoiles fixes, fe fait d'un mouvement uniforme; elle eft conftamment de 23 heures 56 minutes 4 fecondes de temps moyen, c'eft-à-dire, de 3 minutes 56 fecondes de moins que la révolution journaliere moyenne de la terre par rapport au foleil. Si donc on obferve, à un jour quelconque, le paffage d'une étoile fixe par le méridien, ou par un certain point quelconque dans le Ciel, en marquant l'heure, la minute & la feconde qu'il eft dans ce moment à l'Horloge que l'on veut régler; fi enfuite le lendemain, au retour de l'étoile par le méridien, ou par le même point du Ciel, on marque encore l'heure, la minute & la feconde qu'indique l'Horloge; on faura facilement fi elle eft réglée fur le temps moyen: car fi elle marque 3 minutes 56 fecondes de moins que la veille, c'eft-à-dire, fi ayant montré 10 heures juftes, elle montroit le lendemain 9 heures 56 minutes

4 secondes, ce seroit une preuve que l'Horloge est parfaitement réglée sur le temps moyen ; si, au contraire, elle différoit de cette quantité en plus ou en moins, il faudroit tourner l'écrou de la lentille, en conséquence de l'écart.

1382. Si on laisse écouler plusieurs jours sans revoir l'étoile : pour savoir l'heure que devra marquer l'Horloge à l'instant de la seconde observation, il faudra ajouter autant de fois 3 minutes 56 secondes qu'il s'est écoulé de jours, & l'on aura la quantité dont l'Horloge devra retarder sur l'étoile fixe. Je suppose, par exemple, que lors de la premiere observation, l'Horloge marquoit 10 heures, & qu'il s'est écoulé quatre jours jusqu'à la seconde : on multipliera 3 minutes 56 secondes par 4, & on aura 15 minutes 44 secondes, dont l'étoile a avancé sur le temps moyen : on ôtera donc de 10 heures que marquoit l'Horloge à la premiere observation, 15 minutes 44 secondes dont l'étoile a avancé, & l'on aura 9 heures 44 minutes 16 secondes, qui sera l'heure que devra marquer l'Horloge à l'instant du passage de l'étoile, le quatrieme jour après la premiere observation. Nous joignons ici une Table de l'accélération des étoiles fixes sur le temps moyen depuis un jour jusqu'à 45 ; par-là on sera dispensé de multiplier 3 minutes 56 secondes par le nombre de jours écoulés entre deux observation ; car si l'on est 10 jours sans voir l'étoile, la Table indique que l'étoile a avancé de 39 minutes 19 secondes sur le moyen mouvement. (*Voyez* la Table placée à la fin de ce Chapitre). Il faut observer que l'accélération des étoiles fixes n'est pas exactement de 3 minutes 56 secondes sur le moyen mouvement ; mais qu'elle est de 3 minutes 55 secondes 54 tierces, c'est-à-dire, que les étoiles accélerent 6 tierces de plus par jour que je ne l'ai supposé, (pour abréger) ; si donc on laissoit écouler plusieurs jours entre les deux observations, il faudroit tenir compte de ces 6 tierces : c'est par cette raison que l'on verra dans la Table, qu'au bout de 10 jours l'étoile avance d'une seconde de plus qu'elle n'auroit fait, si sa révolution étoit de 3 minutes 56 justes.

1383. Pour trouver le temps du retour de l'étoile à un

même point du Ciel quelconque , il faut faire conſtruire (au défaut d'un inſtrument des paſſages) une lunette de 20 ou 30 pouces , &c , ſelon que l'on voudra avoir plus de préciſion , & que les lieux le permettront. Le tuyau en doit être de cuivre , ou pour le moins de fer blanc ſoudé bien ſolidement ; elle doit avoir deux verres convexes : l'un , qui eſt l'objectif, doit être fixé au bout du tuyau d'une maniere la plus inébranlable qu'il eſt poſſible ; l'autre , qui eſt l'oculaire , s'enchâſſe dans un canon qu'on infere dans l'autre bout du tuyau , deſorte qu'on puiſſe le pouſſer ou le tirer pour l'ajuſter à la vue de l'Obſervateur. Pour placer l'objectif comme il faut , ſi le tuyau eſt de tôle ou de cuivre , ce qui eſt le mieux , ce verre doit être enfermé dans une virole goupillée au tuyau , & aſſujetti dans cette virole par trois vis qui les preſſent ſur ſes rebords. Au foyer de cette lunette il doit y avoir un fil d'argent-trait , tendu dans le ſens d'un diametre , & une petite lame mince d'argent ou de laiton , dreſſée & tendue dans le ſens d'un diametre perpendiculaire au fil d'argent , ce qui compoſe une croiſée , qui peut être appliquée ſur le bout d'un canon de cuivre , qui tiendra à frottement dans le tuyau de la lunette ([a]). Cette croiſée doit être placée , deſorte qu'ayant fixé la lunette , après avoir placé l'image d'un objet le plus éloigné qu'il eſt poſſible ſur le fil d'argent , cet objet paroiſſe fixe ſur le même endroit du fil , quelque mouvement que l'on donne à l'œil qui regarde dans la lunette ; car ſi l'objet paroiſſoit avoir du mouvement à l'égard de ce fil , il faudroit pouſſer ou retirer le canon de la croiſée juſqu'à ce que ce mouvement devienne abſolument inſenſible.

1384. Quoique cette lunette faſſe voir les objets renverſés , elle eſt préférable à toutes les autres pour les uſages Aſtronomiques , & pour régler les Pendules.

1385. Pour la placer comme il faut , relativement à ce dernier uſage , on choiſira une étoile à une portée commode de la vue , n'importe dans quelle partie du Ciel , qui ſoit viſible peu de temps après le coucher du ſoleil , & à laquelle la

([a]) Voyez *Planche XXVII* , *Fig.* 4.

lunette étant dirigée, on puiffe la fixer dans cette fituation par le moyen de quelques tenons de fer ou de cuivre fcellés dans un gros mur, & de quelques vis qui affujettiront la lunette dans des colets ou viroles fixés à ces tenons. Ayant difpofé le tout pour arrêter la lunette, deforte que l'on foit affuré que l'étoile traverfera la croifée ; & la lunette n'ayant plus d'autre mouvement que celui de pouvoir tourner dans les collets ou viroles, on attendra que l'étoile entre dans fon champ ; alors on tournera la lunette fur fon axe, deforte que la route de l'étoile qui la traverfe foit parallele au fil d'argent, & qu'ainfi l'étoile vienne rencontrer la lame perpendiculairement, ou du moins à peu-près. Lorfqu'on fe fera affuré que la pofition actuelle de la lunette eft telle que le fil d'argent eft fenfiblement parallele à la route de l'étoile, on la fixera par le moyen des vis, & l'on n'y touchera plus. Alors on aura un inftrument propre à vérifier en tout temps la marche de l'Horloge, non-feulement par le moyen de l'étoile choifie, mais auffi par telle autre qui paffera dans la même ouverture de lunette ; car on en pourra remarquer un affez grand nombre en regardant de temps en temps dans cette lunette.

. 1386. Si le plan du mur auquel on fixe la lunette, eft à peu-près tourné vers l'Orient ou le couchant, la lunette fera dans le méridien ou à peu-près ; le fil d'argent fe trouvera horizontal ou de niveau, & la lame verticale ou d'à-plomb : dans toute autre pofition le fil & la lame feront inclinés. La pofition dans le méridien a plufieurs avantages, mais elle n'eft pas abfolument néceffaire.

1387. En préparant cet équipage, il faut prendre garde de ne pas confondre une planete avec une étoile. La planete feroit propre à placer la croifée de la lunette comme il faut, mais non à régler l'Horloge, puifque les retours au même point du Ciel ne fe font pas en même temps égaux comme ceux des étoiles ; mais lorfqu'une lunette eft une fois placée, comme nous l'avons dit, on ne peut manquer d'y rencontrer des étoiles à une heure commode pour l'obfervation. Si la Pendule qu'on veut vérifier n'eft pas à la portée de la lunette fixe, pour avoir l'heure qui eft à cette Pendule à l'inftant du paffage de l'étoile par l'un ou l'autre bord de la lame qui eft dans la lunette, il faut fe fervir d'une Montre à fecondes, que l'on mettra bien jufte à l'heure de la Pendule ; on attendra enfuite l'inftant du paffage de l'étoile ; alors on arrêtera la Montre au moyen de la détente que l'on pratique à ces fortes de Montres ; on remarquera l'heure, la minute & la feconde où elle eft arrêtée ; ce qui donne le moment du paffage de l'étoile, & le lendemain on en fera autant : on jugera par ce moyen fi la Pendule eft réglée.

1388. L'étoile qu'on a obfervée, avançant tous les jours de 3 minutes 56 fecondes, ceffera en peu de temps d'être apperçue à caufe du jour, ou bien elle paffera à une heure trop incommode ; alors on en choifira quelqu'autre qui paffe par la même ouverture de la lunette : on ne manquera gueres d'en trouver ; quelque petite qu'elle foit, on pourra la voir fe cacher derriere la lame ou fortir de deffous, pourvu qu'avant de mettre fon œil dans la lunette, on l'ait tenu pendant quelques minutes dans l'obfcurité : alors on verra cette lame tant que l'œil ne fera pas ébloui par quelque lumiere étrangere.

1389. Quoique la maniere de fe fervir d'une lunette fixe pour régler les Horloges par le paffage des étoiles, à l'égard des bords d'une lame placée au foyer de cette lunette, foit la plus fûre & la plus exacte, on peut cependant éviter le travail de placer la croifée, & même fe paffer abfolument de cette croifée, en fixant au hazard une lunette à deux verres convexes à un plan inébranlable quelconque. Car alors on pourra déterminer le temps des révolutions diurnes des étoiles, ou celui de leur retour à un même point fixe, par l'inftant où celles qu'on aura remarquées dans le champ de la lunette en fortiront & difparoîtront fur le bord de fon champ.

1390. Pour faciliter les obfervations, j'avois ajouté autrefois à mes Horloges Aftronomiques, (*Voyez Effai fur l'Horlogerie*, 2ᵉ *Partie*) une fonnerie particuliere pour frapper les fecondes pendant qu'on obferve le paffage du foleil, ou d'un aftre quelconque par le méridien, ou par les fils placés au foyer d'une lunette, ou en général pendant qu'on obferve un phénomene quelconque. Mais j'ai fuppléé depuis à ce moyen par le compteur décrit ci-devant qui eft plus fimple & plus sûr.

1391. Pour faire ufage de ces fortes de fonneries, il faut premiérement remonter le petit poids qui la fait aller pendant quelques minutes. Pour cet effet, on fera defcendre un anneau qui eft fufpendu au cordon de ce poids, jufqu'à ce qu'on fente une réfiftance qui arrête la main ; & lorfqu'on fera prêt à faire l'obfervation, on tirera un cordon placé exprès de l'autre côté de l'Horloge, ce qui fera marcher la fonnerie ; enfuite remarquant la feconde indiquée par l'aiguille, on comptera les fuivantes à mefure que la fonnerie les frappera ; & ayant l'œil dans la lunette & l'oreille à la Pendule, il fera aifé de remarquer la feconde précife de fon obfervation, auffi-tôt on ira voir à la Pendule l'heure & la minute. Je fuppofe, par exemple, que l'on a un inftrument des paffages, & qu'on veut favoir l'heure de l'Horloge à l'inftant du paffage du foleil, on commencera par remonter le poids de la fonnerie, & dès que l'on verra que le bord du foleil (ou de l'étoile) approche du fil vertical, on tirera le fecond cordon pour faire fonner les fecondes. Suppofons que dans ce moment l'Horloge marque 11 heures 58 minutes 32 fecondes, alors on comptera 33, 34, 35, &c, à mefure que les fecondes fonneront ; quand on fera venu à 59, on dira 0, 1, 2, 3, &c, en continuant de compter jufqu'à l'inftant du paffage.

1392. On peut employer une autre méthode pour connoître les heures, minutes & fecondes, en obfervant le temps du paffage d'un aftre ; c'eft d'attendre, fans compter, l'inftant où ce phénomene arrive ; à cet inftant compter zéro, puis 1, 2, 3, 4, &c, felon les coups de la fonnerie, en allant voir à l'Horloge le temps qu'elle indique. Si elle marque, par exemple, 5 heures 23 minutes 17 fecondes, au moment qu'on compte 30 fecondes depuis l'arrivée du phénomene, on retranchera 30 fecondes de 5 heures 23 minutes 17 fecondes, & on aura 5 heures 22 minutes 47 fecondes pour l'inftant de l'obfervation.

CHAPITRE II.

Des diverses épreuves qu'il faut faire subir aux Horlo-
ges Marines, pour leur donner la plus grande justesse,
& estimer l'avantage respectif de ces machines.

1°. *Eprouver le Spiral pour l'Isochronisme des vibrations.*

1393. POUR estimer à coup sûr les erreurs produites lorsqu'on fait marcher l'Horloge avec différents poids, afin de
connoître si le spiral est isochrone, il faut que l'Horloge reste
dans une même position sur une table solide, & que la température ne change pas ; sans quoi, on pourroit confondre les
écarts de la température, ou du changement de position, avec le
manque d'isochronisme ; mais on peut, d'ailleurs, placer à peu
près à sa position la *boîte* de compensation, en se réglant sur les
dispositions d'une Horloge déja connue ; c'est par cette raison,
que j'ai dit, qu'il falloit placer cette boîte à environ 3 lignes
du centre ; & pour plus de sûreté, on fera bien de tenir le mouvement dans un endroit où la température change peu, & dans
une même position, pendant qu'on éprouvera l'Horloge pour
parvenir à l'isochronisme.

1394. On fera donc marcher l'Horloge, en chargeant de
plusieurs petits poids d'une livre, demi-livre, &c, la plaque du
poids ; ensorte que les arcs de vibration du balancier soient environ trois fois plus grands que ceux de levée : si la levée de l'é-
chappement est comme dans l'H. N°. 9, de 60° ; le plus grand
arc de vibration devra être environ de 180 degrés ; on aura soin
de placer ces différents petits poids sur la plaque du poids, de
sorte que cette plaque soit d'équilibre, & ne frotte pas le long

des

des piliers, ce qui eft fort facile à trouver en les plaçant à égale diftance du centre, & autant d'un côté que de l'autre : on mettra donc autant de petits poids qu'il en faut pour que le balancier décrive des arcs de 160 ou 180 degrés.

1395. Nous obferverons qu'il eft néceffaire de fixer avant
tout, pour faire ces épreuves, la quantité d'arcs que doit parcourir le balancier, c'eft-à-dire, les plus grands & les plus petits ;
& j'ai déja fait remarquer (147), qu'il feroit fort difficile , &
même inutile de chercher à rendre les plus grandes & les plus
petites vibrations parfaitement ifochrones ; je dois ajouter ici ,
qu'il faut particuliérement s'attacher à leur donner cette propriété dans une étendue d'arcs , approchant à celle qu'on peut
fuppofer pouvoir varier, tant par l'inégalité de force motrice ,
frottements, &c, que par les agitations du Vaiffeau ; car fi
l'on vouloit exiger rigoureufement que les plus grands & les plus
petits arcs du balancier fuffent ifochrones, on pourroit l'obtenir ; mais avec une difficulté qui feroit en pure perte , puifqu'il
n'eft jamais poffible que ces arcs différent beaucoup entr'eux ;
& en voulant trop généralifer, on négligeroit les arcs de vibration que le balancier peut & doit décrire ; enforte qu'il pourroit arriver que, dans deux points extrêmes d'étendue d'arc
que le balancier ne peut jamais parcourir naturellement, les
ofcillations feroient ifochrones ; & que dans les arcs intermédiaires qu'il doit décrire , elles ne le fuffent pas ; cela dépend
d'une correfpondance parfaite entre la progreffion afcendante
de la force du fpiral & des arcs décrits par le balancier : on
doit donc plutôt s'attacher à rendre parfaitement ifochrones
les ofcillations un peu au-deffus & au-deffous des arcs naturels
que le balancier peut décrire , foit par les changements de
force motrice, &c, que par les agitations du Vaiffeau.

1396. Pour fixer cette quantité, on peut s'appuyer également des principes & de l'expérience, en confultant les principes établis dans la premiere Partie , N°. 321 , & les expériences rapportés IIᵉ. Partie. On trouve par les expériences faites
avec l'Horloge N°. 8 que les changements arrivés dans les arcs
décrits par le balancier de cette Horloge, après un an paffé d'é-

Q q q *

preuve & de marche, ont diminués de 30 degrés; & j'ai prouvé qu'il étoit néceffaire que l'arc de vibration furpaffât celui de levée environ trois fois, afin que les agitations du Vaiffeau ne puiffent pas arrêter l'Horloge, d'après cela, on peut faire que le plus grand arc de vibration foit de 180 degrés, & le plus petit d'environ 140 degrés; voilà quelles doivent être nos guides pour régler l'ifochronifme des vibrations.

1397. Cela étant bien entendu, on chargera le poids jufqu'à ce que le balancier décrive 180 degrés, qui feront les plus grands arcs, alors on mettra les aiguilles de l'Horloge Marine à l'heure marquée par une bonne Horloge Aftronomique, dont la marche eft reconnue (ᵃ) conftante; on la laiffera marcher, dans cet état, pendant 24 heures, en notant de deux heures en deux heures, de combien l'Horloge Marine avance ou retarde fur la Pendule, on portera cela fur un regiftre.

1398. L'Horloge ayant ainfi marché 24 heures par les grands arcs, on ôtera petit-à-petit du poids, jufqu'à ce que les arcs foient de 140 degrés, on remettra les aiguilles à l'heure de la Pendule, & on laiffera de même marcher l'Horloge pendant 24 heures, en portant fur le regiftre la quantité dont elle avance ou retarde.

1399. Si la quantité dont l'Horloge avance ou retarde en 24 heures, par les petits arcs eft la même, & dans le même fens que la quantité dont elle a avancé ou retardé, dans le même temps, par les grands arcs, c'eft une preuve que le fpiral eft ifochrone.

1400. Mais fi le fpiral, maintenant adapté à l'Horloge, ayant été reconnu ifochrone fur la balance (ᵇ), les ofcillations de l'Horloge par les grands & petits arcs ne fuffent cepen-

---

(ᵃ) Nous avons donné ci-devant la defcription des inftruments néceffaires pour vérifier la marche de l'Horloge Aftronomique, & pouvoir à coup fûr eftimer la véritable marche de l'Horloge Marine ; ainfi que la maniere de fe fervir de ces inftruments.

(ᵇ) Cependant il eft bon d'obferver que la balance élaftique éprouve du frottement par fes pivots, lefquels roulent dans des trous à l'ordinaire, & que pour réduire leurs frottements de maniere à donner aux expériences faites avec cette balance, toute la précifion requife, il faudroit que les pivots de l'axe de la balance fuffent contenus par des rouleaux, ainfi que je l'avois pratiqué dans la balance ou inftrument deftiné au même ufage décrit, *Effai fur l'Horlogerie* Nᵃ. 512 ; mais on peut arriver au même but plus fimplement en employant au lieu de rouleau, un axe portant deux couteaux mobiles fur des couffinets d'acier, comme une fufpenfion de

dant pas ifochrones; cela prouveroit qu'il y a dans la conftruction ou dans l'exécution de l'Horloge, des vices qui dé-
truifent la propriété ifochronique du fpiral; & cela pourroit
avoir lieu, foit dans l'échappement, ou être caufés par des
frottements des pivots de rouleau, par le manque de liberté du
régulateur, &c; ainfi il faudroit avant tout en rechercher la
caufe, & y remédier.

1401. Mais en fuppofant que toutes les parties de l'Horloge font portées à leur plus grande perfection, tant du côté
de la conftruction que de l'exécution, on corrigera le fpiral, fi
les ofcillations ne font pas reconnues ifochrones, par les expériences qu'on a faites, en faifant marcher l'Horloge par
différents arcs : fi donc l'Horloge avance par les grands arcs,
& qu'elle retarde par les petits, ce fera une preuve, ou que le fpiral
eft trop court, ou que la force de la lame n'eft pas bien ménagée dans fa longueur; pour s'en affurer, il faudra premieré-
ment alonger le fpiral, & éprouver de nouveau l'Horloge,
en la faifant marcher avec différents poids, de la même maniere
que nous l'avons expliqué ci-devant; or fi les ofcillations,
pendant cette feconde épreuve, ne font pas plus ifochrones que
pendant la premiere; c'eft une preuve qu'on ne parviendra pas
à l'ifochronifme en alongeant le fpiral (a); fi au contraire, les
ofcillations font plus ifochrones, on pourra l'alonger petit-à-
petit en répétant à chaque fois qu'on l'alonge, les mêmes ex-

Pendule; cela fe peut d'autant mieux que l'aiguille de la balance doit toujours refter horizontale, & que c'eft le limbe ou cadran de la balance qui doit tour-ner; ainfi on peut faire tourner ce limbe concentriquement à l'axe, & aux couffinets qui doivent refter attaché au pied de l'inftrument; par ce moyen, on pourra donner une telle exactitude aux expériences, que la plus petite différence donnée par l'Horloge, lorfqu'un fpiral aura été reconnu parfaitement ifochrone fur la balance, appartiendra néceffairement à l'Horloge, & indiquera un vice dans une de fes parties; mais quoique la balance décrite dans cet Ouvrage (1144), n'ait pas cet extrême exactitude, cependant j'ai toujours reconnu qu'un fpiral trouvé ifo-chrone fur la balance, l'étoit exactement adapté à l'Horloge; il ne lui refte donc que des différences infenfibles; mais il faut auffi que les expériences foient faites, par le moyen de cet inftrument, avec beau-coup de foin & d'exactitude.

(a) On pourra donc, dans ce cas, effayer fi en accourciffant le fpiral, les ofcillations feront plus ifochrones; cela m'a fouvent réuffi, ainfi qu'on la vu; & quand cela a lieu, cela eft caufé par les inégalités de la lame, dont les tours font d'ailleurs, dans ce cas, plus ferrés.

périences ; mais fi après avoir alongé le fpiral, autant qu'il peut l'être, les ofcillations ne font cependant pas tout-à-fait ifochrones ; enforte qu'il refte une différence trop confidérable, comme par exemple, demi-feconde par heure, óu 12″ en 24 heures, des grands aux petits arcs, alors il faut tenter d'affoiblir le dernier tour du fpiral, en l'éprouvant de nouveau à chaque fois ; & fi cette tentative n'a pas réuffi, il faut recommencer un fpiral.

1402. Si au contraire l'Horloge retarde plus par les grands arcs que par les petits, cela prouvera que le reffort eft trop long ; mais dans ce cas, il fera facile de parvenir à coup sûr à l'ifochronifme, fans trop de tâtonnement. Pour cet effet, on accourcira tout de fuite le fpiral de demi-tour environ, afin de trouver un autre point du fpiral, par lequel les grands arcs foient plus prompts que les petits ; enforte qu'en partageant par une troifieme épreuve, la différence entre ces deux points du fpiral, on aura le point approchant où il doit être ifochrone ; mais fi après l'épreuve il ne l'eft pas encore, on l'alongera en raifon de la différence reftante & des quantités dont on avoit accourcit le fpiral ; les degrés marqués fur la petite platine des rouleaux eft fort utile pour cela. Nous obferverons qu'en changeant la longueur du fpiral, on augmente ou diminue les arcs de vibration ; ainfi il faut varier à proportion la force motrice pour que les arcs foient de l'étendue donnée (1396). Le point du fpiral convenable à l'ifochronifme étant ainfi trouvé , il faudra régler l'Horloge.

2°. Régler l'Horloge par les maffes du Balancier.

1043. Le point du fpiral par lequel les ofcillations du balancier font ifochrones par différents arcs étant trouvé, & par conféquent, le fpiral reconnu convenable & bon, il ne faudra pas changer fa longueur pour régler l'Horloge, puifque par-là on lui ôteroit la propriété de l'ifochronifme ; c'eft par cette raifon qu'il faudra noter, lorfqu'on a trouvé ce point, le degré du limbe auquel l'index du pince-fpiral étoit arrêté (lors des ex-

périences faites par lefquelle on a reconnu l'ifochronifme), &
il faut également marquer le degré que marquoit en ce même
moment le thermometre, afin de régler l'Horloge, en lui confervant la même température, & l'index reftant, par conféquent, arrêté au degré donné ; en un mot, pour que le fpiral
ne change pas de longueur, ni l'Horloge de température.

1404. Pour donc régler l'Horloge, on y parviendra aifément, au moyen des maffes placées fur le balancier, en rendant ces maffes plus pefantes fi l'Horloge avance, & plus lége-
res fi elle retarde : fi la quantité dont elle avance ou retarde eft
un peu confidérable, on pourra trouver, par le calcul de l'article (196), la maniere de déterminer quel doit être le poids
de ces maffes, ou du balancier pour que l'Horloge foit réglée ;
enforte qu'en leur donnant les poids trouvé par le calcul,
l'Horloge fera réglée ; on aura attention que ces maffes foient
exactement toutes trois de même poids, afin qu'elles ne changent pas l'équilibre du balancier.

1405. L'Horloge étant ainfi réglée au plus près par les
maffes, & fans changer la pofition du pince-fpiral, ni par conféquent la longueur du fpiral, il faudra faire dorer ces maffes,
après quoi les pefer & égalifer de nouveau, en en ufant un peu,
& réglant de nouveau l'Horloge.

3°. *Ajufter & fixer le Poids Moteur.*

1406. La quantité de force motrice a été réglée par les
précédentes expériences, il ne refte donc, pour terminer cette
partie, qu'à fixer fur la plaque du poids les maffes qui doivent
former le moteur : fi donc ces maffes doivent pefer enfemble 8
livres, par exemple, quantité dont elles étoient pour faire décrire 180 degrés à l'Horloge, il faudra faire ces maffes en deux
parties, pour être placées fur la plaque du poids ; mais pour fe
réferver, ainfi que je le pratique, la faculté de répéter à volonté les expériences, par les grands & petits arcs de vibration
du balancier, on fera deux maffes pefant chacune 2 livres ;
deux maffes pefant une livre chacune ; deux de demi-livre ; &

deux de 4 onces chaque : toutes ces maſſes ſont rondes & de même grandeur, & percées à leurs centres de chacune un trou de même groſſeur ; par ce moyen, on les enfile l'une ſur l'autre ſur des broches qu'on a dû river ſur la plaque du poids : ces bro-ches portent des écrous qui ſervent à fixer le poids.

1407. Les maſſes ainſi placées ſur la platine du poids, & arrêtées par leurs écrous, il faudra voir ſi le chariot ou cage du poids eſt d'équilibre, & ne frotte pas plus à un des piliers de la grande cage qu'à l'autre ; ſi cela étoit, il faudroit l'équilibrer.

4°. *De la durée du mouvement libre du Régulateur.*

1408. Nous avons établis pour principe (130) que plus un régulateur quelconque d'une machine qui meſure le temps, conſerve long-temps ſon mouvement libre ; & plus ce régula-teur eſt puiſſant, ſes frottements plus réduits, & par conſéquent, plus propre à meſurer exactement le temps ; pour donc juger juſqu'à quel point on a rempli ce but eſſentiel, il faut, à cha-que Horloge Marine (ᵃ) que l'on conſtruit, faire marcher li-brement le régulateur ; cette expériénce nous ſervira non-ſeule-ment à prouver la préférence du régulateur ſur un autre, le degré de perfection de l'exécution, &c ; mais nous employerons utilement cette expérience pour juger ſi dans l'une & l'autre Horloge, où les régulateurs comparés ſont appliqués, la force motrice, l'échappement, &c, agit plus efficacement dans l'un que dans l'autre ; c'eſt par cette méthode que je ſuis parvenu à reconnoître que dans la montre Marine N°. 3, quoique le mou-vement libre du balancier dure quatre fois moins que dans l'Hor-loge N°. 6, cependant il paroîtroit qu'en calculant les forces de mouvement des balanciers & des forces motrices, le balancier de N°. 3 auroit une plus grande force de mouvement relativement à la force motrice, que celui de N°. 6 relativement à la ſienne ; mais la cauſe de cet effet eſt dûe à l'échappement qui dans N°. 3

(ᵃ) Et dans les Horloges Aſtronomiques, j'ai ſuivis la même route : *Voyez Eſſai ſur l'Horlogerie* IIᵉ. Partie chapitre XII. •

agit immédiatement fur l'axe de balancier, & dans l'Horloge N°. 6 par l'action intermédiaire d'un rateau: *Voyez* 685.

1409. Pour faire marcher librement le régulateur, on décrochera la corde du poids en laiffant defcendre le chariot du poids, afin qu'il n'agiffe pas fur le rouage; on lâchera auffi le cliquet du rochet auxiliaire pour détendre le reffort; on ôtera les goupilles qui lient la cage du rouage à celle du régulateur, & l'on retirera la roue de rateau; enforte que le balancier reftera feul fufpendu à fon reffort réglé par le fpiral, & le méchanifme de compenfation, on ne derangera aucune de ces parties; enfin on fera tourner le balancier jufqu'à ce que fa cheville arrive aux 120 degrés de la petite platine; en cet état, on attendra que l'aiguille de l'Horloge Aftronomique foit à 60; en ce moment, on laiffera partir le balancier, on portera fur le regiftre à quelle heure & minute on a laiffé partir le balancier, qu'on laiffera ainfi vibrer tout feul, & jufqu'à ce qu'il ne conferve qu'un mouvement d'un ou deux degrés; alors on notera fur le regiftre l'heure & minute, ainfi on aura la durée libre du régulateur.

5°. Eprouver l'Horloge Marine du chaud au froid, en fufpendant l'effet du méchanifme de compenfation.

1410. Un autre principe que nous avons établi fur le régulateur d'une Horloge Marine, pour prouver fa puiffance & la réduction des frottements, c'eft que fi l'on fufpend l'effet de la compenfation, & qu'en cet état, on faffe marcher l'Horloge, d'abord par le froid, & enfuite expofée au chaud, plus elle avancera par le froid, & retardera par la chaleur; & plus auffi le régulateur doit être réputé puiffant, & fes frottements réduits à la plus petite expreffion (131); & que l'action du chaud & du froid a toute fon énergie, & n'eft point compenfée par les frottements; enforte que le méchanifme de compenfation étant adapté à un tel régulateur, & la compenfation étant exacte & conftante, l'Horloge ira avec la plus grande jufteffe: c'eft ainfi que dans ma premiere Horloge Marine, que pour 30 degrés de différence dans la température, l'Horloge a retardé de 6′ 32″ en 24 heures, supposée réglée au froid (*Essai* n°. 2208), donc toutes les fois qu'une autre Horloge Marine exposée aux mêmes différences, & le méchanisme de compensation étant suspendu, ne donnera pas les mêmes quantités 6′ 32″, on pourra assurer que cette machine est moins parfaite, & que la compensation se fera non-seulement par le méchanisme ; mais une partie sera produite par les frottements & par les résistances des huiles, ce qui la rendra très-défectueuse (268).

1411. Cette expérience pourra aussi aider à découvrir les vices de la machime, & à connoître s'ils sont causés par le défaut de construction ou d'exécution.

1412. Pour faire cette expérience, on remontera les parties de l'Horloge qui ont été démontées pour l'expérience du mouvement libre, ensorte qu'on puisse faire marcher l'Horloge ; mais avant de faire marcher l'Horloge, il faut suspendre l'effet du méchanisme de compensation, on démontera en conséquence le pont du grand levier portant le chassis, & on laissera en place le pince-spiral que l'on arrêtera & empêchera de tourner, en conduisant l'index sur le degré du limbe, où il étoit placé avant de démonter le chassis & le levier. Pour arrêter sûrement le pince-spiral, on peut placer sur le limbe à l'endroit où l'index doit s'arrêter, une vis qui presse une petite plaque, entre laquelle l'index restera à demeure pendant l'expérience à faire.

1413. Le pince-spiral étant ainsi arrêté, on placera l'Horloge au froid, on la fera marcher, & placera un thermometre à côté de l'Horloge ; on attendra une ou deux heures pour que la température actuelle pénetre toutes les parties de la machine ; au bout de ce temps, on mettra les aiguilles à l'heure de la Pendule ; on portera cela sur le regiftre, ainsi que le degré du thermometre ; au bout de 12 heures, on portera sur le regiftre la quantité dont l'Horloge Marine a avancé sur la Pendule.

1414. On placera ensuite l'Horloge dans un endroit plus chaud, je suppose dans une étuve, &c ; on attendra également qu'elle ait pris la température de ce lieu ; on mettra les
aiguilles

aiguilles à l'heure , & l'on écrira fur le regiftre l'heure à laquelle on a remis les aiguilles, & le degré du thermometre : au bout de 12 heures , on notera combien elle a retardé fur la Pendule ; on aura donc , par ce moyen, la quantité dont elle avance pour telle différence dans la température , en 12 heures.

Defcription de l'Etuve fervant à éprouver les Horloges Marines.

1415. LA Figure 1 de la Planche XXVI repréfente *l'étu-ve*, dans laquelle je place mes Horloges Marines pour leur faire éprouver les différentes températures ; cette étuve eft échauffée par une lampe *A*, placée dans la chambre inférieure *B C*; la chaleur de la lampe eft conduite dans le manteau *D E* qui communique à la chambre fupérieure *F G*, par deux tuyaux de fer blanc *H I*; les deux chambres font féparées par une planche, & font fermées chacune par une porte, dont la fupérieure *K* porte une glace pour voir les degrés du thermometre.

1416. L'Horloge eft placée dans fon tambour fur fa fufpenfion : on voit en grand (*Fig.* 2) cette fufpenfion.

1417. Le haut de l'étuve eft percé d'un trou, garni d'une glace, afin de pouvoir obferver la marche de l'Horloge, par les différentes températures.

1418. Le côté *M* de l'étuve eft ouvert par un trou quarré, fur lequel eft placée une couliffe, dans laquelle entre jufte la planche *N* que l'on fait monter ou defcendre, pour ôter ou donner de l'air à l'étuve, & changer la température, au moyen de ce *regitre*.

6°. Régler la Compenfation.

1419. Toutes les Horloges Marines que j'ai conftruites font tellement difpofées, qu'en defferrant une vis, & en écartant ou approchant une boîte qui fe meut le long d'un bras du pince-fpiral, on peut augmenter ou diminuer à volonté la compenfation , fans rien déranger au refte de l'Horloge qui ne ceffe pas même de marcher ; mais, pour rendre les opéra-

Rrr *

tions plus certaines & plus promptes, cette boîte mobile porte une graduation, & le levier un index qui marque le chemin que l'on fait faire à la boîte, & le degré où cette boîte étoit arrêtée par telle expérience; cela entendu, on voit qu'en faisant marcher l'Horloge par deux températures différentes, & notant dans chaque température la marche de l'Horloge, si cette marche differe en avance ou en retard, la compensation n'a pas lieu; & que par conséquent, il faut approcher ou éloigner la boîte de compensation du centre du pince-spiral; & il faut porter sur un Regiftre à chaque épreuve; 1°, le degré où la boîte est arrêtée; 2°, le degré du thermometre; & 3°, la marche de l'Horloge.

1420. Pour arriver plus promptement au but, si la compensation est trop forte, il faut porter tout de fuite la boîte de compensation tout contre l'axe du pince-spiral; & si la compensation est trop foible, on la portera à l'extrémité du levier, afin de s'affurer tout d'un coup que les deux extrêmes font fuffifants, & qu'entre deux, il y a un terme moyen où la compensation doit avoir lieu.

1421. Si l'on veut parvenir plus à coup sûr à la compensation d'une Horloge Marine, d'une nouvelle combinaifon, on peut le faire par le calcul; ainfi on trouvera, 1°, le chemin que le pince-spiral peut parcourir par tel degré de température; 2°, le chemin qu'il doit parcourir pour la compensation avec le fpiral donné; c'est la méthode que j'ai employé dans ma premiere Horloge Marine (*Effai* 2187), je l'ai auffi rapportée ci-devant, (457); mais on arrivera au même but affez promptement en plaçant, dès la premiere épreuve, la boîte de compensation le plus près du centre du pince-spiral, afin d'obtenir tout de fuite la plus grande compensation: si malgré cela, elle est encore trop foible, on pourra l'augmenter en faifant agir plus près de fon centre le petit bras du grand levier, & l'approchant plus près du chaffis; mais on n'aura pas befoin de faire ces effais, lorfque l'on voudra exécuter des Horloges Marines, d'après celles que nous avons décrites ci-devant. Les dimenfions que l'on a donné de ces machines doivent en difpenfer ; cependant, il eft bon d'obferver qu'il faut, malgré ces dimenfions, répéter, pour chaque Horloge qu'on fera, toutes les épreuves pour la compenfation , parce que dans des Horloges parfaitement de même dimenfion , le fpiral peut être plus long ou plus court pour l'ifochronifme, être plus fort ou plus foible du dehors ; & par conféquent , exiger plus ou moins de chemin du pince-fpiral : or toutes ces chofes changent néceffairement la compenfation ; d'ailleurs le chaffis même de compenfation, quoique parfaitement de même dimenfion , peut ne pas donner les mêmes extenfions par la feule différence de la matiere.

1422. Lorfqu'on s'eft affuré par cette premiere épreuve que la compenfation eft trop forte , alors on eft certain de l'obtenir en écartant, autant qu'il en fera befoin , la boîte de compenfation du centre du pince-fpiral.

1423. L'épreuve d'une Horloge Marine , par les différentes températures, eft facile à faire en hiver : on a naturellement dans cette faifon le froid pendant les nuits ; &, les jours, on fe procure aifément de la chaleur ; mais en été , il n'eft pas facile d'éprouver ces machines par le froid. C'eft cependant ce que j'ai prefque toujours été obligé de faire pour toutes mes Horloges , & malgré cela, j'ai eu rarement les degrés de chaleur dont j'avois befoin ; enforte que j'ai été forcé de me procurer une chaleur artificielle , de même que pour le froid. Nous allons rendre compte des moyens que nous avons employés pour faire ces épreuves.

1424. Nous obferverons d'abord que pour ne pas confondre les écarts de la température avec d'autres que la machine pourroit avoir, avant de faire les épreuves du chaud & du froid, pour parvenir à la compenfation, il faut s'être affuré de la marche conftante de l'Horloge , lorfque la température a été la même ; ainfi il eft à propos de faire marcher pendant quelques jours de fuite l'Horloge , étant placée dans fon tambour, pofée fur fa fufpenfion, & renfermée dans fa caiffe ; par ce moyen, elle jouira plus fûrement de la même température. La fufpenfion de l'Horloge eft difpofée de forte qu'on peut facilement rendre l'Horloge parfaitement horizontale (1091), en pofant un niveau à bulle d'air fur le cadran ; on fera donc mouvoir les vis & pivots de cette fufpenfion. En conféquence, on fera de cette maniere marcher l'Horloge fur fa fufpenfion pendant quelques jours, afin de voir fi fa marche eft uniforme : on placera à côté du tambour un thermometre qu'on obfervera fouvent, afin de voir fi la température change.

La marche de l'Horloge ayant été reconnue uniforme par la même température, & dans une même pofition, on pourra travailler aux épreuves du chaud & du froid.

1425. Pour donner à ces épreuves l'exactitude néceffaire, il faut que l'Horloge demeure toujours fur fa fufpenfion, & qu'elle foit renfermée dans fa caiffe, foit qu'on l'éprouve par le chaud & par le froid, afin qu'elle garde toujours la même pofition, & qu'étant attachée à fa fufpenfion, les ébranlements que caufent les vibrations du balancier affectent la marche de l'Horloge de la même maniere, dans tous les cas du chaud & du froid : ce qui n'auroit pas lieu, fi l'on faifoit marcher l'Horloge fur la fufpenfion par la chaleur, & que pour l'éprouver au froid, il fût néceffaire de l'ôter de fa caiffe & de deffus la fufpenfion ; & c'eft ce que j'ai été obligé de faire fouvent ; mais il vaut beaucoup mieux tâcher d'éviter cet obftacle, afin que dans les épreuves qu'elle doit fubir, elle fe trouve (au chaud & au froid près) dans des circonftances qui foient toutes les mêmes : cette obfervation deviendra encore plus néceffaire pour dreffer la Table des corrections ou équations de la température.

1426. L'Horloge demeurant donc ainfi enfermée dans la caiffe, il faudra la placer dans un endroit où la température foit de 10 degrés au plus (ᵃ) ; & après l'avoir laiffé marcher pendant quelques heures, on la mettra à l'heure de l'Horloge Aftronomique ; & au bout de 12 heures ou de 24, fi cela fe peut, on verra combien elle differe de la Pendule, & on por-

---

(ᵃ) On la portera dans une cave, fi la chaleur extérieure eft trop grande ; & lorfqu'en été, j'ai befoin d'avoir un plus grand froid que 10 degrés, je place de la glace dans des fioles (ouvertes), dans tout le vuide de la caiffe de fufpenfion, mais fans gêner la fufpenfion.

tera cette différence fur le regiftre , ainfi que le degré du thermometre qui eft dans la caiffe de l'Horloge.

1427. L'épreuve par un degré de froid étant faite ; pour
la chauffer , on placera dans la caiffe (ª) de l'Horloge une
lampe ; on fermera la caiffe , enforte cependant qu'il refte un
paffage à l'air , & que la fumée (ᵇ) de l'huile puiffe fortir ; fi le
thermometre placé dans la caiffe monte trop haut , comme, par
exemple, à 24 degrés, on élevera tant foit peu le couvercle de
la caiffe pour laiffer entrer une plus grande quantité d'air ,
enforte que le thermometre refte à 20 degrés, chaleur fuffifante
pour cette épreuve ; alors on remettra les aiguilles de l'Horloge Marine à l'heure de la Pendule, ce que l'on portera fur
un regiftre, & on la laiffera ainfi pendant 12 heures, au même
degré de chaleur ; au bout de ce temps, on notera de combien l'Horloge Marine avance ou retarde fur la Pendule ; &
en comparant cette différence avec celle qu'elle a donnée par
10 degrés, on faura fi la compenfation eft trop forte ou trop
foible, & on y remédiera en conféquence, en approchant ou
écartant, de la manière que je l'ai expliqué ci-devant, la boîte
du pince-fpiral.

1428. On répétera de la même maniere ces épreuves, jufqu'à
ce que l'on foit parvenu à la compenfation la plus exacte (ᶜ) ; &
ce point étant trouvé, on obfervera qu'il ne faut plus déranger
le pince-fpiral pour régler l'Horloge ; car par-là on changeroit la
longueur du fpiral , & dérangeroit la compenfation. Pour donc

(ª) On a vu ci-devant, la defcription
de l'étuve, dont je me fers pour faire fubir
les degrés de chaleur, que je veux donner
aux Horloges Marines : on pourra en faire
une pareille, & au défaut, on fe fervira
du moyen que je propofe ici. ·

(ᵇ) J'ai auffi employé une lampe, comme je le dis ici, pour échauffer l'Horloge ;
mais elle eft placée dans une efpece de che-
minée, de fer blanc, dont le tuyau conduit la fumée dehors de la caiffe.

(ᶜ) On jugera que cette compenfation
eft à fon point le plus approchant ; 1°,
lorfqu'en deplaçant la boîte un peu en avant,
l'Horloge avance par le chaud , & qu'en
la reculant d'une très-petite partie de divifion, elle retarde par le chaud , & que la
petite différence du chemin fait par la boîte
ne peut pas être partagée ; 2°, on en jugera
encore fi par les degrés moyens de chaud
& de froid, la compenfation a lieu, & que
dans les termes extrèmes les différences du
chaud au froid foient à peu près les mêmes, & dans le même fens, comme, par
exemple, fi au chaud de 25 degrés, l'Horloge retarde de 2 fecondes en 24 heures, &
qu'à la glace, elle retarde à peu près de la
même quantité.

éviter ce défaut, il faudra qu'à mesure que l'on travaille à la compensation, & que l'on déplace la boîte, on ramene l'index du pince-spiral au même degré, auquel il étoit d'abord ; ensorte que l'Horloge ne se déregle pas, & cela est également nécessaire pour ne pas déranger l'isochronisme des vibrations. Il faut d'ailleurs que, pour éviter ce défaut, on dispose, comme je le fais, le bout du grand levier, de sorte qu'en faisant mouvoir la boîte, le pince-spiral ne tourne point, ou de fort peu.

1429. Le point de compensation étant trouvé, il faut porter sur le registre le degré où la boîte est arrêtée, afin que si par mégarde on desserroit la vis, on sût à quel point il faudroit ramener la boîte, pour que la compensation ne fût pas dérangée ; mais outre cette précaution qui ne peut servir qu'à l'Artiste qui a fait l'Horloge, il faut tracer, au bout de la boîte, des traits de repere sur le bras du pince-spiral ; & pour plus de précaution encore, on peut, lorsqu'on est bien assuré de la plus parfaite compensation, percer la boîte & le bras, & y placer une cheville.

7°. Faire marcher l'Horloge sur une table solide, pour connoître si l'étendue des Arcs ne varie pas en 24 heures.

1430. L'expérience que nous proposons ici est nécessaire pour s'assurer que toutes les parties de l'Horloge, engrenages, échappements, pivots & le moteur ont toute leur liberté, & elle servira à démêler & trouver laquelle des parties de l'Horloge est gênée, ce que l'on connoîtra par la durée des inégalités, &c ; le mouvement de l'Horloge étant ainsi placé sur une table hors de son tambour, on remarquera l'étendue des vibrations, & si elles varient ; mais pour ne pas exposer le mouvement à la poussiere, j'ai fait faire des tambours de fer blanc, ayant vis-à-vis du balancier une fenêtre fermée par un morceau de verre : le haut du tambour est également ouvert de la grandeur du cadran, & fermé par un verre ; je me suis servi de ces sortes de tambours pour faire diverses expériences, comme celle de voir si par le chaud & par le froid les arcs de vibration du régulateur varient.

8°. Faire marcher l'Horloge en rendant les cages du rouage & du régulateur inclinée, la cage du poids restant droite.

1431. Cette expérience est essentielle pour démêler à coup sûr les écarts causés par les frottements des pivots, des rouleaux & de l'axe de balancier ; on fera donc marcher l'Horloge sur une table, en inclinant seulement tout ce qui appartient au régulateur & au rouage, la cage du poids restant droite; on notera combien, en cet état, l'Horloge avance ou retarde en 12 heures, par exemple, & quelle est l'étendue des arcs ; on la remettra horizontale,& la laissera marcher pendant 12 heures, & l'on notera l'étendue des arcs & sa marche ; on saura donc combien elle avance ou retarde de plus lorsqu'elle est inclinée qu'étant droite; cette quantité connue, on la laissera dans sa position horizontale, & on diminuera le poids moteur petit-à-petit, jusqu'à ce que l'étendue des arcs soit la même qu'elle étoit, le mouvement étant incliné ; & en cet état, on la mettra à l'heure de la Pendule,& on la laissera marcher pendant 12 heures : on notera de combien elle a avancé ou retardé. Si, dans cette expérience, la marche de l'Horloge est la même qu'on l'a trouvée étant inclinée, c'est une preuve que le balancier étant incliné & porté par les pivots des rouleaux, n'affecte pas la marche de l'Horloge ; mais s'il y a de la différence dans ces deux situations, elle appartiendra en entier au frottement que cause le balancier, lorsqu'il est incliné ; & cela indiquera que les rouleaux sont trop petits, leurs pivots trop gros, & le balancier trop pesant : on s'en servira donc à corriger les nouvelles Horloges qu'on voudra construire.

9°. Faire marcher alternativement l'Horloge sur sa suspension & sur une table.

1432. Il est nécessaire, ainsi que nous l'avons établi, premiere Partie (325), que la suspension d'une Horloge Marine soit forte & solide, le tambour fort long, & chargé d'une grande masse, afin que la force de mouvement du balancier ne puisse pas ébranler la suspension, effet qui seroit très-nuisible ; car si cette suspension n'est pas parfaitement solide, & n'a pas beaucoup d'inertie, le régulateur de l'Horloge consumera une partie de sa puissance à ébranler la suspension : or cette quantité de la force du régulateur ainsi employée est en pure perte ; c'est à l'aide des mêmes expériences que nous proposons ici que j'ai prouvé la vérité de ce principe, ainsi que je l'ai rapporté en traitant des Horloges Marines, N°. 6, & N°. 8 (916) ; d'où l'on voit combien il est essentiel que la suspension soit forte & solide, & toutes les parties même de l'Horloge solidement attachées les unes aux autres ; car l'action du balancier se communique de proche en proche à toutes les parties qui le lient. Il résulte donc de cet ébranlement que causent les vibrations du balancier, 1°, la diminution de sa puissance ; 2°, que si les oscillations du régulateur par les grands & petits arcs ne sont pas parfaitement isochrones, l'Horloge variera selon le plus ou moins de solidité de ces parties. Pour donc estimer si ces effets ont lieu, on fera marcher le mouvement placé sur la suspension, & ensuite sur une table.

10°. *Eprouver l'Horloge par divers degrés de chaud & de froid,*
   afin de dresser la table d'Equation pour la température.

1433. Le méchanisme que j'ai adopté pour compenser, dans mes Horloges Marines, les effets du chaud & du froid, remplit très-bien ses effets, & d'une façon sûre ; quoique la compensation n'ait pas également lieu par tous les degrés extrêmes & moyens de la température ; mais les mêmes différences se retrouvent toujours, toutes les fois que l'Horloge éprouve les mêmes degrés de chaud & de froid, par lesquels la compensation n'est pas exacte : si donc on connoît ces différences, & les degrés du thermometre où elles ont lieu, on obtiendra, par le moyen de cette table, la même exactitude pour la détermination des longitudes, que si cette compensation étoit parfaitement exacte par tous les degrés de température. Il ne faut pour cela que noter chaque jour sur le journal de Navigation, le degré que marque le thermometre placé dans la caisse

de

de l'Horloge ; & lorsqu'on veut trouver l'heure exacte de l'Horloge , on ajoute ou retranche de l'heure qu'elle marque les sommes des différences qu'elle a eues lorsqu'elle étoit exposée à tel degré de température, marqué dans le journal, en prenant, dans la table, les différences correspondantes aux degrés. Nous allons expliquer les moyens de former cette table.

1434. Je suppose que l'on a réglé la compensation, de sorte qu'elle est au point le plus approchant (1428) : dans ce cas, les différences restantes seront très-petites, & pourroient, dans certains cas , être négligées ; mais il vaut encore mieux les employer : on ne peut pas pécher par trop de précision.

1435. Pour parvenir à régler la compensation du chaud & du froid , il n'a été besoin que d'exposer alternativement l'Horloge, du chaud au froid, sans exiger que le degré de chaud ou de froid fût absolument connu ; mais il n'en est pas de même, lorsqu'on veut travailler à dresser la table d'équation de la température. Il est absolument nécessaire que le degré marqué par le thermometre indique la température actuelle de l'intérieur de l'Horloge, & pour cela, il faut user de beaucoup de précaution.

1436. 1°, Il faut que pendant les épreuves que l'on doit faire pour dresser la table d'équations pour la température , l'Horloge reste toujours sur sa suspension & dans sa caisse , de la même maniere que si elle étoit dans le Vaisseau.

1437. 2°, Il faut que le thermometre dont on se sert dans les épreuves pour dresser la table , soit placé tout auprès du tambour, à la hauteur du méchanisme de compensation ; & ce thermometre doit toujours accompagner l'Horloge en mer, & être placé dans la caisse de cette machine & attaché au tambour même ; par ce moyen il indiquera sûrement la température de l'Horloge.

1438. 3°, Pour faire ces épreuves & dresser une table exacte, il faut augmenter & diminuer, par degrés insensibles, le chaud & le froid , & ne pas faire passer subitement l'Horloge du grand chaud au grand froid ; car, par ce passage subit, on ne laisse pas le temps à la température de pénétrer également toutes les parties intérieures de la machine , & dans le même instant.

S s s *

1439. 4°, Quand on aura vu pendant 5 ou 6 heures le thermomètre demeurer au même degré, on sera certain que l'intérieur de l'Horloge est à la même température : alors seulement on pourra commencer l'expérience 1°, on mettra les aiguilles de l'Horloge Marine à l'heure de la Pendule Astronomique ; 2°, on portera sur le regiftre qui doit fervir à dreffer la table, le degré du thermomètre, & l'heure où commence l'obfervation ; 3°, on entretiendra la température, de forte que le thermomètre ne monte ni ne baiffe ; 4°, au bout de 12 ou 24 heures, on portera sur le regiftre l'accélération ou le retard de l'Horloge Marine fur la Pendule, on aura donc un des termes de la table.

1440. On procédera par une méthode femblable à trouver plufieurs termes de la table, & l'on conçoit que pour cela, il faut un certain temps ; mais fi l'on avoit une glaciere à fa difpofition, ces épreuves feroient beaucoup plus promptes & plus fûres : il faudroit de plus avoir une grande étuve, dans laquelle on placeroit la caiffe de l'Horloge ayant fa fufpenfion, & l'Horloge placée deffus, comme nous l'avons dit.

Dreffer la Table des Corrections de la température.

1441. Nous prenons ici, pour exemple, les épreuves faites avec l'Horloge N°. 6, avant fon depart pour les Indes.

1°, Le thermomètre étant à 29 degrés, l'Horloge a avancé de $27'' \frac{1}{7}$ en 24 heures.

2°, Le thermomètre étant à 11 degrés, l'Horloge a avancé de $20'' \frac{2}{5}$ en 24 heures.

3°, Le thermomètre étant à 18 degrés, l'Horloge a avancé de $22'' \frac{1}{2}$ en 24 heures.

4°, Le thermomètre étant à 24 degrés, l'Horloge a avancé de $24''$ en 24 heures.

Ainfi, lorfque l'Horloge paffe de la température 11 degrés à celle de 29, elle éprouve une variation dans fa marche qui eft de $7'' \frac{1}{35}$, différence de $27'' \frac{3}{7}$ à $20'' \frac{2}{5}$; donc en fuppofant l'Horloge réglée à 11 degrés, elle avanceroit de $7'' \frac{1}{35}$, étant à 29 degrés ; elle avanceroit de $2'' \frac{1}{10}$ en 24 heures, étant à 18 degrés ; elle avanceroit de $3'' \frac{6}{10}$ en 24 heures, à 24 degrés : voici donc la table d'équation pour la température ou des quantités dont il faut tenir compte pour avoir la véritable marche de l'Horloge.

A 11 degrés . . . . o Correction.
A 18 degrés, Horloge avance (a) $2'' \frac{1}{10}$ en 24 heures.
A 24 degrés . . . avance . $3'' \frac{6}{10}$
A 29 degrés . . . avance . $7'' \frac{1}{35}$.

REMARQUE.

1442. Il est évident que les quantités données par cette table, sont en même proportion que celles données par les expériences, puisque c'est la même quantité $20'' \frac{2}{5}$ que l'on a souftrait de chaque terme de la table ; car si l'on retranche cette quantité d'accélération de l'Horloge, par le onzieme degré, l'Horloge sera réglée, il y a donc o correction, à 11 degrés, &c ; cette méthode est fort simple & commode, & rend la table d'un usage plus facile, en ne préfentant que les véritables différences, & toutes dans le même fens.

Observation fur la maniere d'estimer exactement l'effet du chaud & du froid par les expériences.

1443. LORSQUE l'on fait des expériences pour parvenir à la compensation du chaud & du froid, en faifant paffer subitement l'Horloge, du grand chaud au grand froid, ou du froid au chaud ; il ne faut pas juger la marche de l'Horloge, par les premiers inftants qu'elle éprouve un changement dans fa température, parce que toutes les parties de la machine

---

(a) Ainfi lorfque l'Horloge fera à 18 degrés, il faudra, pour avoir le temps exact, fouftraire du temps qu'elle marquera $2'' \frac{1}{10}$ par jour, puifqu'à cette température, elle avance de cette quantité, & ainfi des autres termes.

ne font pas faifies également par ce paffage fubit : le fpiral qui préfente plus de furface à l'air, & moins de folidité eft plutôt pénétré que le méchanifme de compenfation : enforte que, fi une Horloge Marine paffe fubitement du chaud au froid ; dans le premier moment, elle devra néceffairement avancer, & elle retardera au contraire, fi elle paffe tout-à-coup du froid au chaud. Il eft donc néceffaire d'attendre plufieurs heures pour connoître le véritable état de la compenfation, lorfqu'on la fait paffer fucceffivement par diverfes températures ; mais nous devons ajouter ici, que cet effet n'a lieu que dans le cas d'un changement fubit de la température ; & par conféquent, lorfque l'Horloge paffe naturellement du chaud au froid, &c ; or dans le Vaiffeau il n'arrive rien de femblable.

1444. Une autre obfervation concernant les expériences pour la compenfation, c'eft qu'il faut que le mouvement de l'Horloge fe trouve conftamment & exactement dans la même fituation à chaque expérience, afin de ne pas attribuer à l'effet du chaud & du froid des erreurs appartenantes aux changemens dans la pofition. Pour cet effet, il eft néceffaire, lorfque l'on fait ces expériences, que le mouvement de l'Horloge demeure placé fur fa fufpenfion, parce qu'alors étant abfolument dans les mêmes circonftances, les différences que l'on remarquera dans la marche de l'Horloge appartiendront uniquement aux différences provenantes de la température.

11°. Calculer la force de mouvement du Régulateur, pour en conclure les avantages ou les défauts de l'Horloge, par comparaifon avec d'autres Horloges, dont les dimenfions & les effets font connus.

Calcul pour les Horloges N°, 3, & N°, 6.

1445. Le balancier de la Montre N°. 3, à 24 lignes de diametre, pefe 105 grains, décrit 180 degrés : le reffort tire 3 onces $\frac{1}{4}$ à 4 pouces du centre : la roue de fufée fait un tour en 4 heures & demie.

Le balancier N°. *6*, à 28 lignes de diametre, pefe 311 grains, décrit 130 degrés : le poids pefe 9 livres $\frac{1}{4}$ étant mouflé : = 4 liv. 14 onces non mouflé = 78 onces : la roue de cylindre fait un tour en 8 heures (ᵃ) : le cylindre a 13 lig. $\frac{1}{2}$ de diametre.

Balancier N°. *3.*		*Balancier* N°. *6.*	
Diametre	24	Diametre	28
qui eft à celui N°. *6* comme *6*		eft à	7
les Arcs font	180	&	130
qui font entr'eux comme	18	eft à	13
Les poids des Bal. . . .	105	&	311

Le reffort N°. *3*, tire 3 onces $\frac{1}{4}$; la roue faifant un tour en 4 heures $\frac{1}{2}$; on trouve par la proportion. 4 heures $\frac{1}{2}$: 3 onces $\frac{1}{4}$ :: 8 : x = 5 onces $\frac{7}{9}$, que fi la roue faifoit un tour en 8 heures, comme celle du N°. *6*, le reffort devroit tirer 5 onces $\frac{7}{9}$.

Voyons maintenant de combien devroit être le poids du N°. *6*, s'il étoit appliqué comme dans N°. *3*, à 4 pouces du centre (ᵇ) = 96 lig. de diametre ; on fera la proportion. 96 lignes : 13 $\frac{1}{2}$ :: 78 onces : x = 10 onces $\frac{93}{96}$.

Balancier N°. *3.*		*Balancier* N°. *6.*	
Diametre.	6	Diametre.	7
Arc.	18	Arc.	13
	108		91
Vibration.	4	Vibration.	4
Viteffe.	432	Viteffe.	364
	432		364
	864		1456
	1296		2184
	1728		1092
Quarré de la Viteffe. . . .	186624	Quarré de la Viteffe. . . .	132496
	105		311
	933120		132496
	186624		132496
			397488
Force de Mouvement N°. *3*. .	19,595520	Force de Mouvement N°. *6*. .	41,206256

(ᵃ) J'emploie ici des dimenfions qui ont été changées depuis le retour de l'épreuve de l'Horloge, ce qui les rend différentes de celles données (695), qui étoient celles que l'Horloge avoit pendant l'épreuve.

(ᵇ) Le reffort pefé avec un levier.

1446. La force de mouvement du balancier N°. 3, est à celle du balancier N°. 6, environ comme 19 est à 41, & la force motrice N°. 3, est à celle N°. 6, comme 5 $\frac{7}{9}$ est à 10 $\frac{9}{96}$.

1447. Ainsi l'Horloge N°. 6 exige une plus petite force motrice, relativement à la force de mouvement de son balancier, que ne fait N°. 3, relativement à celle de son balancier; car la force de mouvement du balancier N°. 6, est plus que double de celle N°. 3, tandis que la force motrice N°. 6, n'est pas tout-à-fait double de celle du N°. 3.

1448. Mais il faut bien remarquer que cette perfection apparente de N°. 3 comparée à celle de N°. 6, vient en entier de la disposition de son échappement, dont l'action se fait immédiatement sur l'axe de balancier, au lieu que dans N°. 6, l'action de l'échappement est transmise au balancier, au moyen d'un rateau : il y a donc de plus que dans N°. 3, le frottement de deux pivots & d'un engrenage ; or pour mieux s'assurer que cet avantage apparent de N°. 3 ne vient que delà, il faut se rappeller ici que le mouvement libre du balancier N°. 6, dure 10′, tandis que celui N°. 3 ne dure que 3′ $\frac{1}{2}$; ainsi quoique le régulateur N°. 6, soit plus puissant en lui-même (puisque son mouvement libre dure quatre fois plus que celui N°. 3) ; cependant la force motrice est presque aussi grande dans N°. 6, parce qu'elle est communiquée avec perte, & par un moyen désavantageux, celui d'un engrenage, & le frottement de deux pivots. D'où l'on voit combien les méthodes que nous proposons font utiles, & servent heureusement à démêler les quantités qui appartiennent au régulateur, de celles qui dépendent de la construction de l'Horloge, & à juger par-là sainement l'un & l'autre régulateur & les diverses parties de la machine.

Calcul de la force de mouvement du Régulateur de l'Horloge Marine N°. 8, & comparaison avec N°. 6.

1449. L E balancier N°. 8, à 55 lignes $\frac{1}{2}$ de diametre, pese 1911 grains, fait une vibration par seconde, & décrit des arcs de 240 degrés.

La grande roue de cylindre fait un tour en 12 heures ; le cylindre a 23 lignes $\frac{1}{2}$ de diametre ; le poids pese 5 livres 14 onces $\frac{1}{2}$ mouflé, dont la moitié $= 47$ onces $\frac{1}{4}$: on trouve par la proportion. 12 heures : 47 onces $\frac{1}{4}$ :: 8$^\text{h}$: $x = 31$ onces $\frac{1}{2}$; que si le cylindre faisoit un tour en 8 heures, comme N°. 6, le poids seroit de 31 onces $\frac{1}{2}$.

On trouve de même par la proportion. 96 lignes : 23 lignes $\frac{1}{2}$ :: 31 onces $\frac{1}{2}$: $x = 7$ onces $\frac{68}{96}$, que si le poids agissoit à 4 pouces du centre $= 96$ lignes de diametre, comme on l'a supposé dans N°. 3 & N°. 6, que le poids devroit peser 7 onces $\frac{68}{96}$.

Balancier N°. 6.		*Balancier N°. 8.*	
Diametre.	28	Diametre.	$55\frac{1}{2}$
Arc.	13	Arc.	24
	84		220
	28		110
			12
	364		
Vibration.	4		1332
		Vibration.	1
Vîtesse.	1456		
	1456	Vîtesse.	1332
			1332
	8736		
	7280		2664
	5824		3996
	1456		3996
			1332
	2119936		
	311		1774224
			1911
	2119936		
	2119936		1774224
	6359808		1774224
			15968016
			1774224

Force de Mouvement N°. 6. 6,59300096

Force de Mouvement N°. 8. 33,90542064

1450. La force de mouvement du balancier N°. 6, eſt à celle du balancier N°. 8, à peu près comme 6 eſt à 33, & la force motrice N°. 6, eſt à celle N°. 8, comme 10 $\frac{23}{96}$ eſt à 7 $\frac{68}{96}$; d'où l'on voit combien N°. 8 eſt préférable à N°. 6.

Calcul pour le Régulateur de l'Horloge N°. 9.

1451. Le balancier a 83 lignes $\frac{1}{2}$ de diametre, peſe 1319 grains, décrit 210 degrés.

La roue de cylindre fait un tour en 12 heures, le cylindre a 21 lignes $\frac{1}{2}$ de diametre; le poids peſe 10 livres mouflé, dont la moitié $= 5$ liv. $= 80$ onces; on trouve par la proportion. 12 heures : 80 onces :: 8^h : $x = 53$ onces $\frac{3}{12}$, que ſi le cylindre faiſoit un tour en 8 heures, le poids devroit peſer 53 onces $\frac{3}{12}$.

On trouve de même par la proportion. 96 lignes : 21 lig. $\frac{1}{4}$ :: 53 onces $\frac{3}{12}$: $x = 11\frac{88}{96}$, que ſi le poids agiſſoit à 48 lignes $= 96$ lignes de diametre, il peſeroit 11 onces $\frac{88}{96}$.

Balancier N°. 9.

Diametre.	83 lig. $\frac{1}{2}$
Arc.	21

$$
\begin{array}{r}
83 \\
166 \\
10\frac{1}{2} \\
\hline
1753\frac{1}{2}
\end{array}
$$

Vibration.	1
Vîteſſe.	1753 $\frac{1}{2}$

$$
\begin{array}{r}
1753\frac{1}{2} \\
1753\frac{1}{2} \\
\hline
5259 \\
8765 \\
12271 \\
1753876\frac{1}{2} \\
876\frac{1}{2} \\
\hline
3074762 \\
1319 \\
\hline
27672858 \\
3074762 \\
9224286 \\
3074762 \\
\hline
40,55611078
\end{array}
$$

1452.

1452. La force de mouvement du balancier de l'Horloge Marine N°. 8, est à la force de mouvement du balancier de l'Horloge N°. 9, comme 33,90542064 est à 40,55611078, ou environ comme 34 à 40 $\frac{1}{2}$; & la force motrice de l'Horloge N°. 8, est à la force motrice de N°. 9, comme 7 $\frac{68}{76}$ est à 11 $\frac{88}{96}$.

1453. Nous avons vu que l'Horloge N°. 8 est préférable aux autres Horloges qui lui ont été comparées, & elle l'est aussi à celle N°. 9, puisque le poids moteur de celle-ci est plus grand relativement à la force de mouvement de son balancier, que n'est le poids moteur de l'Horloge N°. 8, relativement à la force du balancier de cette Horloge.

1454. De tout ce qui précede, il résulte que l'Horloge Marine N°. 8 est portée à un plus haut degré de perfection qu'aucune autre de mes Horloges Marines; & que bien que l'Horloge N° 9, par une suite de sa construction, dût être supérieure à l'Horloge N°. 8, cependant à cause des difficultés d'exécution, suite de la grandeur de ses dimensions, elle lui est inférieure. Ainsi, dans l'état actuel de mes Horloges, je considere celle N°. 8 comme la plus parfaite.

1455. Mais il est cependant bon d'observer que si l'on vouloit donner à l'Horloge N°. 9 toute la perfection dont elle peut être susceptible, elle feroit certainement encore supérieure à N°. 8. Pour cet effet, il faudroit employer le balancier pesant que j'avois d'abord destiné pour régulateur de cette machine (960), & c'est ce que je ferai aussi-tôt que j'aurai le temps de m'occuper de nouveau de cette Horloge N°. 9.

1456. Je dois ajouter ici que dans les calculs que j'ai fait pour comparer les Horloges N°. 8 & N°. 9, j'ai pris cette derniere en l'état où elle étoit avant que j'y eusse appliqué l'échappement à vibrations libres (décrit 988 & suiv.); & je devois en user ainsi, parce que ces deux machines étoient alors de même construction, ayant même échappement, &c; mais depuis que j'ai changé d'échappement, l'Horloge N°. 9 ne peut plus être comparée au N°. 8, de la même maniere que nous l'avons fait ci-devant ; parce qu'en vertu du nouvel échappement qui a permis de diminuer le poids moteur (998), on pourroit attribuer au régulateur une perfection qui n'appartiendroit en effet qu'à l'échappement ; ainsi dans la comparaison que l'on peut faire des avantages ou des défauts de deux machines, par les méthodes que j'ai proposées ici, il est essentiel que ces machines soient à peu-près semblables : sinon il faut avoir grand soin d'apprécier les quantités qui peuvent appartenir aux différences de leurs constructions.

1457. Nous avons insisté sur les diverses méthodes (a) qui servent à comparer la puissance des régulateurs, ainsi que celles des moteurs, pour en conclure la préférence que l'on doit donner à l'une ou à l'autre Horloge ; parce que nous croyons que ces méthodes sont celles qui peuvent conduire un Artiste à la perfection, en jugeant sûrement les ouvrages par ses propres expériences, & sans attendre les résultats des épreuves, dont la longueur peut retarder la perfection de son travail.

CHAPITRE III.

Addition à l'Horloge N°. 11.

1458. Depuis que j'ai donné la description de l'Horloge Marine N°. 11 (*Seconde Partie, Chapitre XIV.* 1052 *& suiv.*) & pendant qu'on imprimoit la suite de ce Traité, j'ai achevé cette Horloge, & fait quelques expériences qu'il n'est pas inutile de placer ici.

(a) Nous avons encore indiqué d'autres méthodes pour servir à estimer la perfection des diverses parties d'une Horloge Marine. *Voyez* 130 *& suiv.*

P̲remiere E̲xpérience.

Mouvement libre du Balancier étant horizontal.

1459. L'H̲orloge étant entiérement terminée, & toutes les parties ayant le jeu requis, j'ai adapté un fpiral qui eft de force convenable. Alors, avant que de remonter l'échappement, j'ai fait marcher librement le balancier fufpendu par fon reffort & placé horizontalement les pivots roulant entre leurs rouleaux ; fon mouvement a duré 13'.

S̲econde E̲xpérience.

Mouvement libre du Balancier étant vertical.

J'a̲i ôté le reffort de fufpenfion du balancier, afin de faire marcher le balancier verticalement & librement. En cet état fon mouvement n'a duré que 4' au plus : ce qui confirme le grand avantage de la pofition horizontale du balancier fur la verticale.

T̲roisieme E̲xpérience.

Méchanifme de compenfation.

1460. A̲yant affemblé fur la platine le méchanifme de compenfation entiérement terminé , j'ai placé la boîte de compenfation tout près de l'axe du pince-fpiral, afin de faire parcourir le plus grand chemin au pince-fpiral. En cet état, j'ai placé alternativement ce méchanifme ainfi affemblé au froid extérieur 3 degrés, & enfuite l'ayant expofé à la chaleur de 15 degrés environ, l'index du pince-fpiral a parcouru un plus grand nombre de degrés que n'a fait le thermometre qui étoit placé à côté de lui ; enforte que par-là je fuis affuré que la compenfation eft beaucoup trop forte, & que, par conféquent, la lame compofée (1064) produira un effet plus que

fuffifant pour la correction du chaud & du froid. Mais j'ai remarqué que, pour peu qu'on incline la cage, l'index du pince-fpiral varie : effet caufé par la pefanteur de la lame compofée, qui la fait un peu courber lorfque la machine ceffe
d'être dans une pofition horizontale. Voilà un défaut de cette
conftruction que l'on peut corriger en partie, en figurant la
lame en fouet, felon fa largeur ; par ce moyen on ôtera
toute la matiere inutile : mais, malgré cette précaution, il eft
à craindre que dans certaines agitations violentes la lame ne flé-
chiffe, ainfi le chaffis compofé eft toujours préférable.

1461. Ces expériences ainfi faites, j'ai remonté l'échappement & le refte de l'Horloge, afin de la faire marcher &
de la régler. Le balancier décrit des arcs de 160 degrés, &
le reffort moteur appliqué à 4 pouces du centre de la fufée,
tire 16 onces ; l'arc de levée de l'échappement eft de 40 degrés ; le balancier a 28 lignes de diametre, & pefe près de 4 gros.

1462. L'échappement de cette Horloge eft celui à vibrations libres, felon les dimenfions données dans le plan *Fig.*
1, *Pl. XXI.* Mais, au lieu de faire agir la roue fur un talon
formé au cercle d'échappement, j'ai employé un rouleau de
la même maniere que je l'ai pratiqué dans l'échappement libre
de l'Horloge N°. 9 (982), & cela eft bien préférable pour
réduire le frottement à la plus petite quantité poffible.

De la Lame compofée.

1463. La lame d'acier eft faite avec du plus fort reffort
de Pendule : je l'ai percée fans la faire revenir, au moyen d'un
calibre fervant de guide au forêt : la longueur de la lame compofée eft de 5 pouces : fa largeur, 11 lignes ; épaiffeur de la
lame d'acier, $\frac{15}{48}$; celle de cuivre a d'épaiffeur $\frac{20}{48}$.

De l'axe de Balancier, & des Pivots des Rouleaux.

1464. Pour réduire les frottements des pivots de balancier à la plus petite quantité, j'ai fait les pivots de fon axe

aussi petits qu'il a été possible pour pouvoir les tourner rond , & conserver la solidité convenable à l'axe. Ces pivots ont de diametre $\frac{4}{12}$ de lig. ou $\frac{1}{3}$; ils sont nécessairement plus petits que le reste de l'axe ; c'est par cette raison qu'il est absolument nénessaire de démonter deux rouleaux , pour pouvoir remonter ou démonter le balancier. J'ai aussi fait les pivots des rouleaux fort petits, afin de diminuer d'autant plus le frottement de l'axe du balancier. Ces pivots ont $\frac{6}{48}$ lignes de diametre : j'ai fait ces pivots d'un aussi petit diametre , quoique les rouleaux fussent enarbrés avant de former les pivots ; & je les ai cependant exécutés fort aisément , & tournés parfaitement ronds, en employant pour cet effet un très-grand cuivrot , & les axes des rouleaux étant faits avec d'excellent acier fondu.

Tel est, au moment où j'écris cet article, l'état où j'ai conduit l'Horloge Marine N°. 11. J'ai lieu d'espérer qu'étant portée au degré de perfection dont elle peut être susceptible , elle pourra remplir sa destination , & servir , comme je l'ai proposé (1052), aux usages ordinaires de la Navigation. De telles Horloges devenant beaucoup moins dispendieuses que nos grandes Horloges à poids , elles pourront servir pour la Marine Marchande , & même sur les Vaisseaux du Roi pour des Campagnes qui ne font pas de long cours.

CHAPITRE IV.

Addition concernant l'Horloge Marine N°. 8.

1465. Nous en étions à l'impression de la quatrieme Partie du Traité des Horloges Marines , lorsque M. le Chevalier de *Borda* m'a rapporté l'Horloge N°. 8 qui avoit été embarquée, par ordre du Roi, sur la Frégate la *Flore*. Je ne puis mieux terminer cet Ouvrage qu'en exposant ici en peu de mots la marche de cette Horloge pendant la derniere Campagne, dont la durée a été de plus d'un an. Par ce moyen on fera en état de juger fi les corrections que j'ai faites à cette machine, & que j'ai rapportées (926 *& fuiv.*), ont fervi, ainfi que je l'efpérois, à la perfection de cette Horloge.

1466. *Extrait de la marche de l'Horloge Marine* N°. 8 , *pendant le voyage qu'elle a fait en mer par ordre de Sa Majefté, (fur la Fregate la Flore, commandée par M. Verdun de la Crene, Lieutenant des Vaiffeaux du Roi) tel qu'il m'a été communiqué par M. le Chevalier de Borda, Lieutenant des Vaiffeaux du Roi, de l'Académie Royale des Sciences & de la Marine, qui, ainfi que M. Pingré des mêmes Académies, a fait Campagne fur la Frégate la Flore, en qualité de Commiffaire de l'Académie.*

A. BREST.

Du 16 au 26 Octobre 1771 , l'Horloge Marine N°. 8 avance fur le temps moyen en 24 heures de $1'',\frac{39}{100}$

A CADIX.

Du 22 Novembre au 10 Décembre, elle avance par jour de $0'',5$

TÉNÉRIFFE.

Du 24 Décembre au 3 Janvier 1772, elle avance $0'',19$

GORÉE.

Du 16 au 25 Janvier elle avance $1'',46$

AU FORT ROYAL.

Du 17 au 26 Février elle avance $1'',11$

AU RETOUR AU FORT ROYAL.

Du 13 Mars au 7 Avril, avance $0'',50$

AU CAP-FRANÇOIS.

Du 18 au 30 Avril, elle retarde $0'',63$

A SAINT-PIERRE (*)

Du 29 Mai au 5 Juin, elle retarde   3″,00

A PATRIX FIORD.

Du 4 au 18 Juillet, elle retarde   4″,72

A COPENHAGUE.

Du 19 Août au 4 Septembre, elle avance   0″,51

A BREST.

Du 9 au 20 Octobre 1772, elle avance   0″,04

1467. *Longitude conclue de la Marche de l'Horloge Marine N°. 8.*   *Longitude que l'on croit vraie.*

	Deg.	Min.	Sec.		Deg.	Min.	Sec.
Breſt					6,	50,	45
Cadix	8,	34,	36		8,	38,	
Ténériffe	18,	29,	9		18,	35,	
Gorée	19,	46,	56		19,	46,	
La Praya	25,	52,	18		25,	53,	
Fort Royal	63,	26,	16		63,	33,	
Fort Royal	63,	31,	16		63,	33,	
Le Cap François	74,	37,	37		74,	39,	
Saint-Pierre	58,	29,	30				
Patrix Fiord	26,	7,	3		26,	15,	
Copenhague	9,	51,	34 Eſt.		10,	15,	
Dunkerque	0,	9,	53 Eſt.		0,	2,	30
Breſt	6,	44,	22		6,	50,	45

(*) Proche de Terre-Neuve.

Etat de l'Horloge Marine N°. 8, à fon retour de cette derniere Campagne.

PREMIERE OBSERVATION.

1468. APRÈS avoir retiré le mouvement de fon tambour (le 21 Novembre 1772), mon premier foin a été d'examiner fi la rouille n'avoit attaqué aucune partie de la machine; mais j'ai vu avec fatisfaction que le mouvement eft d'un auffi beau poli, fans tache ni rouille (*), que lorfqu'elle eft partie (le 27 Septembre 1771); il n'eft pas entré la moindre pouffiere, ni aucun duvet.

SECONDE OBSERVATION.

1469. La cheville de renverfement du balancier eft très-parfaitement à fon point de repere. Ainfi le fpiral n'a pas changé de figure.

TROISIEME OBSERVATION.

1470. J'ai remonté l'Horloge; je l'ai mife en marche; le mouvement étant placé horizontalement fur mon Laboratoire, je l'ai mife d'accord avec l'Horloge Aftronomique. Le lendemain matin l'étendue des arcs de vibration du balancier étoit de 228 degrés; & au départ de l'Horloge, le 27 Septembre 1772, les arcs de vibration étoient de 233 degrés, le mouvement placé de la même maniere fur mon Laboratoire; ainfi les arcs de vibration ont changé de fort peu, environ 5 degrés depuis 14 mois.

QUATRIEME OBSERVATION.

1471. La marche de l'Horloge N°. 8 me paroît être fort approchant la même qu'elle étoit à Breft au retour de la

---

(*) Je retirai le mouvement de fa caiffe en préfence de MM. Verdun de la Crene, le Chevalier de Borda & Pingré, qui avoient appofés leurs cachets à la caiffe, afin que l'on pût conftater que la rouille n'a attaqué aucune partie de la machine. Ces Meffieurs en ont, en conféquence, dreffé un Procès-verbal.

Campagne,

Campagne, enforte qu'il ne paroît pas qu'en allant & en revenant de Breft (*) les cahotages & mouvements de la voiture aient caufé aucun dérangement, même dans la marche de la machine.

1472. Voilà, en gros, les obfervations que j'ai pu faire depuis le peu de temps que l'Horloge Marine N°. 8 m'a été rendue. C'en eft affez pour que l'on puiffe porter un jugement certain fur la perfection de cette machine, & fur le fuccès des corrections que j'y ai faites. Il fuffit de comparer fa marche dans l'une & l'autre Campagne : quant à moi, je vais continuer l'examen de fa marche ; & fi je ne trouve pas qu'il foit néceffaire d'y faire de nouvelles corrections, l'Horloge N°. 9 qui peut être perfectionnée, m'offre un travail qui peut devenir utile à la Navigation, ainfi que les deux Campagnes faites avec l'Horloge N°. 8, paroiffent le certifier.

(*) Elle eft allée & revenue tout fimplement placée dans le Cabriolet ou Chaife de M. le Chevalier de Borda, qui a bien voulu fe charger du tranfport & de la conduite de cette machine, à laquelle il n'eft pas furvenu le moindre accident.

FIN DE LA QUATRIEME PARTIE.

V v v *

TABLE

DE l'accélération des Etoiles fixes sur le moyen mouvement du Soleil, pour servir à vérifier la marche de l'Horloge, en laissant écouler plusieurs jours entre les observations.

Jours.	H. M. S.	Jours.	H. M. S.	Jours.	H. M. S.
1	0 3 56	16	1 2 54	31	2 1 53
2	0 7 52	17	1 6 50	32	2 5 49
3	0 11 48	18	1 10 40	33	2 9 45
4	0 15 44	19	1 14 42	34	2 13 40
5	0 19 39	20	1 18 38	35	2 17 36
6	0 23 35	21	1 22 34	36	2 21 32
7	0 27 31	22	1 26 30	37	2 25 28
8	0 31 27	23	1 30 26	38	2 29 24
9	0 35 23	24	1 34 22	39	2 33 20
10	0 39 19	25	1 38 17	40	2 37 16
11	0 43 15	26	1 42 13	41	2 41 12
12	0 47 11	27	1 46 9	42	2 45 8
13	0 51 7	28	1 50 5	43	2 49 4
14	0 55 3	29	1 54 1	44	2 52 59
15	0 58 58	30	1 57 57	45	2 56 55

APPENDICE

CONTENANT

DIVERSES PIECES

Relatives à la recherche & au travail de mes Horloges Marines.

APPENDICE N°. 1.

Dépôt fait à l'Académie Royale des Sciences, le 20 Novembre 1754, d'un Mémoire contenant la construction d'une Horloge Marine.

JE soussigné Secrétaire perpétuel de l'Académie Royale des Sciences, certifie à tous qu'il appartiendra que le 20 Novembre 1754, M. Berthoud présenta à l'Académie un paquet cacheté, contenant la description d'une Machine de son invention pour mesurer le temps à la mer, & demanda qu'il lui fût nommé des Commissaires pour en examiner la bonté sans en déclarer la construction qu'il comptoit perfectionner, & que ces Commissaires furent MM. Camus & Bouguer qui sont tous deux morts sans en avoir fait le rapport : en foi de quoi j'ai signé le présent Certificat. A Paris le 15 Janvier 1772.

Signé DE FOUCHY.

APPENDICE N°. 2.

Rapport fait à l'Académie Royale des Sciences, de l'Horloge Marine N°. 1, & des Mémoires déposés en 1760 & 1761 sur la construction de cette Machine.

EXTRAIT DES REGISTRES DE L'ACADÉMIE ROYALE DES SCIENCES.

Du 20 Juin 1764.

NOUS Commissaires nommés par l'Académie, avons examiné une Horloge Marine, inventée & exécutée par le sieur Berthoud, & différents Mémoires qui ont été déposés par cet Artiste, au Secrétariat de l'Académie, pendant qu'il travailloit à l'exécution de cette Horloge.

V vv ij

Le premier Mémoire dépofé à l'Académie le 13 Décembre 1760, fous enveloppe cachetée & ouvert fur la demande de M. Berthoud, le 13 Juillet 1763, dans l'Affemblée de la Compagnie, contient l'expofition des principes qui ont dirigé la conftruction dont il s'agit.

Le fecond Mémoire dépofé le 28 Fevrier 1761, & ouvert auffi le 13 Juillet 1763, eft la continuation du premier, & contient de plus les détails d'un affez grand nombre d'expériences qu'il a fallu faire en travaillant à l'exécution de cette Horloge pour l'amener au point où elle eft aujourd'hui.

La grande régularité des Pendules Aftronomiques, dont on fe fert pour obferver à terre, vient de l'application du pendule qui regle leurs mouvements ; inutilement on a tenté jufqu'ici de rendre ces Horloges portatives ; il n'a pas été poffible de les fufpendre de façon que les ofcillations du pendule ne fuffent point troublées, par l'agitation du Vaiffeau, lorfqu'on a effayé de s'en fervir à la mer. Les dilatations & contractions occafionnées dans la verge du pendule par les alternatives de chaud & de froid, font une autre caufe d'irrégularité dans les Horloges, qu'il eft indifpenfable de corriger, lorfqu'on veut chercher les longitudes par la mefure du temps ; car il ne faut pas plus de 4 minutes d'erreur fur cette mefure, pour produire un degré de différence en longitude : le pendule de M. Huyghens ne convenant point aux Horloges Marines, il a fallu revenir à l'ancien régulateur, au balancier dont on fe fert pour régler les Montres, & prendre en même temps toutes les précautions néceffaires pour que la juftefle de fon mouvement ne pût être troublée, ni par l'agitation du Vaiffeau, ni par les changements qui arrivent, foit dans la force des refforts, foit dans les frottements, foit dans la température de l'air : telles font les conditions que M. Berthoud s'eft propofé de remplir dans la nouvelle Horloge qu'il a préfenté à l'Académie.

Il eft aifé d'appercevoir que toutes les parties mobiles d'une Horloge Marine, & fur-tout celles qui doivent régler fon mouvement, doivent être horizontales ou perpendiculaires au plan des balancements du Vaiffeau, afin que les balancements leur communiquent le moins d'agitation qu'il eft poffible ; par la même raifon, cette machine doit être établie le plus près qu'il eft poffible du centre des balancements, & fufpendue de façon que la communication du mouvement foit très-lente ; enforte qu'il foit prefqu'entiérement amorti en paffant du Vaiffeau dans les rouages de la machine.

L'Horloge de M. Berthoud a pour Régulateur, deux balanciers horizontaux, fufpendus par des refforts, ayant chacun 12 pouces de diametres, & pefant environ cinq livres tout monté ; ces deux balanciers ont des mouvements égaux & fimultanés en fens contraire, par l'engrenage de deux roues horizontales rangées dans le même plan, dont une eft de cuivre & l'autre d'acier, toutes deux fixées aux balanciers ; au moyen de cette avantageufe difpofition, lorfqu'une impulfion extérieure tend à accélérer la vibration d'un balancier : la même impulfion agit fur l'autre balancier en fens contraire, d'où il réfulte que les deux balanciers continuent de tourner avec la même vîteffe qu'ils avoient avant le choc ; ces balanciers étant très-pefants, le frottement de leurs pivots feroit confidérable, fi l'Auteur n'avoit pas pris la précaution de les fufpendre par des refforts fixés à la platine de l'Horloge ; leurs axes font feulement contenus par en bas dans des trous percés dans des agathes d'Orient ; afin que le frottement des axes fur la circonférence intérieure de ces colets, devienne très-petit, lorfqu'ils la touchent ; ce qui arrive néceffairement quand l'Horloge vient à s'incliner.

Chaque balancier eft réglé par un reffort fpiral fixé par un bout à la platine, & par l'autre, à l'axe du balancier. Ces refforts font tels que les balanciers font leurs vibrations en une feconde ; l'Auteur a pris les précautions néceffaires pour qu'ils ne preffent point les pivots contre les parois de leurs trous, & pour que le mouvement de vibrations foit auffi libre qu'il eft poffible ; tout eft difpofé de façon à rendre les vibrations ifochrones : la force motrice, comme dans les Pendules, n'eft que fuffifante pour entretenir les oscillations; elle ne peut point mettre les balanciers en mouvement. La force motrice est un ressort spiral, dont les efforts sont appliqués sur une fusée qui les rend égaux, & pour qu'elle n'éprouve pas de diminution sensible, on remonte l'Horloge tous les jours.

Son échappement est composé de deux pieces, dont une est une roue garnie de chevilles ou dents perpendiculaires au plan de la roue, & taillées dans la même piece de cuivre; l'autre partie de l'échappement, est une espece d'ancre fort courte pour rendre la traînée très-petite, & pour empêcher que les secousses subites n'arrêtent l'Horloge. Cet échappement est à recul; M. Berthoud a fait plusieurs expériences pour en connoître l'effet, & il s'est assuré qu'on pouvoit doubler & même tripler la force motrice, sans déranger l'isochronisme des oscillations des balanciers; d'où il suit, qu'elles doivent être isochrones, malgré l'épaississement des huiles, & les petites différences que le froid & le chaud peuvent causer dans l'action du ressort.

La force des balanciers devant être proportionnée à la force motrice, l'Auteur applique au ressort du balancier, une fourchette mobile qu'on peut avancer ou reculer pour faire parcourir aux balanciers, des arcs plus grands ou plus petits, jusqu'à ce qu'il ne reste à la force motrice que ce qu'il faut pour entretenir le jeu des balanciers.

Les Montres ordinaires sont arrêtées pendant tout le temps que l'on emploie pour les remonter; il a fallu économiser cette perte de temps dans l'Horloge Marine : ici le trou du remontoir est couvert par une détente que l'on déplace pour ajuster la clef sur son quarré : ce mouvement fait agir un ressort qui conduit une des roues du mouvement, pendant tout le temps que l'action du ressort principal est suspendue.

Toutes les autres roues du mouvement sont horizontales, comme les balanciers; leurs pivots portent sur des coquerets d'acier trempés fort dur; tout tend à diminuer les frottements, & à empêcher que l'agitation du Vaisseau ne se transmette dans les rouages.

Mais ces précautions ne suffisoient pas, il falloit encore que les différences de température ne pussent produire aucun changement dans la marche de cette Horloge; l'élasticité des ressorts augmentant par le froid, diminuant par le chaud, on ne pouvoit conserver l'isochronisme des balanciers, qu'en bandant les ressorts plus ou moins, à raison des dilatations & condensations qu'ils éprouvent dans les vicissitudes de chaud & de froid. Cette source d'inégalités est beaucoup plus considérable dans les Horloges à balancier, que dans celles qui sont réglées par un pendule. M. Berthoud s'est assuré par expérience, qu'une différence de 30 degrés dans la température de l'air, produisoit en 24 heures, un dérangement de plus de six minutes, dans une Horloge à seconde à balancier; tandis qu'une Horloge à pendule n'a varié dans le même temps que de 22 secondes.

Pour prévenir de pareils écarts dans l'Horloge Marine, M. Berthoud y joint un chassis d'acier, qui renferme des barreaux d'acier & de cuivre; ensorte que cet assemblage est de 11 barres, y compris celles du chassis, 6 en acier & 5 en cuivre; celle du milieu qui est de cuivre agit sur un talon fixé près du centre d'un levier, dont le grand bras appuie sur un rateau fort près de son centre; à ce rateau tient une fourchette d'acier, dans laquelle passe le ressort spiral d'un des balanciers. Lorsque la chaleur dilatant, le ressort diminue sa force élastique, la même chaleur agissant sur le chassis de cuivre & d'acier, dilate toutes les barres dont il est formé, l'excès de la dilatation de cuivre sur celle de l'acier, fait que la barre du milieu presse & déplace le talon du grand levier, dont l'autre extrémité fait un chemin 17 fois plus grand : ce mouvement est encore multiplié par le rateau que ce grand levier touche près de son centre; par cet artifice, la fourchette portée par l'extrémité du rateau, s'écarte du piton où est attaché l'extrémité extérieure de ce ressort, ce qui le rend plus court, il en devient plus élastique, & ses vibrations sont accélérées; il ne s'agit que de proportionner la marche du rateau, aux augmentations & diminutions de la force élastique dans les restorts spiraux, afin que cette force devienne constante; on y parvient par l'expérience & par le calcul, suivant la méthode que M. Berthoud a exposée dans son *Essai sur l'Horlogerie*, où l'on trouve pareillement les détails d'un grand nombre d'expériences faites par l'Auteur, pour bien connoître les avantages & les inconvénients de chaque partie principale de son Horloge; & pour les amener, tant en particulier que dans leur assemblage, au point de perfection dont elles sont susceptible.

Il nous reste à parler de la suspension qui doit remplir deux objets; le premier, de conserver autant qu'il est possible la position horizontale de la machine; le second, d'amortir les mouvements étrangers, afin qu'ils ne passent pas du Vaisseau dans les rouages, ou du moins qu'ils n'y produisent aucun dérangement sensible. Le grand poids de l'Horloge ou son inertie, contribue à la maintenir dans la situation horizontale; elle est portée par une cage semblable à la suspension de la lampe de cardan, à laquelle est ajouté un fort genou, pour empêcher que les secousses du Navire ne se transmettent à l'Horloge, & pour faciliter le balancement de la cage; toute la machine est suspendue par un fort ressort à boudin, dont l'effet est à peu près le même que celui des ressorts d'un carrosse.

Enfin, pour amortir encore plus les secousses produites par les mouvements de roulis & de tangage, l'Auteur a ménagé, autour des quatre pivots qui soutiennent la machine, quatre demi-cercles de même rayon, sur lesquels il fait appuyer une platine à ressort, afin de produire un frottement qui empêche la machine d'osciller dans le cas d'une agitation considérable.

Nous n'entrerons pas dans de plus grands détails sur la construction & sur la suspension de cette Horloge, parce qu'elles ont été amplement décrites & détaillées par M. Berthoud, dans son *Essai sur l'Horlogerie*, présenté à la censure en 1761 : il nous suffit d'en donner l'idée à ceux qui n'ont pas connoissance de son Ouvrage : l'exécution d'ailleurs se trouve parfaitement conforme aux deux Mémoires qu'il avoit déposés au Secretariat de l'Académie, les 13 Décembre 1760 & 28 Février 1761 : jaloux de conserver la date de son invention, & à juste titre M. Berthoud nous a prié d'exposer à l'Académie, dans ce rapport, que son Horloge Marine étoit achevée au commencement de l'année 1761, qu'il la fit voir alors à M. de la Lande, ainsi qu'à M. de Borry, Capitaine des Vaisseaux du Roi; que cet Officier le pressa de la lui confier pour l'éprouver dans le cours d'un voyage qu'il alloit faire à Saint-Domingue; que M. le Chevalier Turgot, aujourd'hui Gouverneur de Cayenne, & M. Turgot son frere, Intendant de Limoges, alors Maître des Requêtes, la virent aussi dans le même temps, à peine achevée, de même que le sieur Romilly, célebre Horloger, dont le jugement lui fut très-favorable. Cette même machine fut présentée à l'Académie, & déposée chez M. de Mairan, l'un de nous, le 16 Avril 1763, avant le départ de M. Berthoud pour l'Angleterre, après qu'il eût été choisi par l'Académie, & envoyé à Londres par Sa Majesté, avec M. Camus, pour prendre connoissance des découvertes faites par M. Harrisson, sur la même matiere; mais l'objet de ce voyage n'a point été rempli; ainsi l'on ne peut soupçonner M. Berthoud, d'avoir profité des inventions de l'Auteur Anglois, puisqu'elles sont encore tenues secretes : nous pouvons certifier d'ailleurs, qu'il n'a pu faire aucun changement à sa machine, depuis son retour d'Angleterre, puisqu'elle est restée fermée de nos cachets, jusqu'au temps où nous en avons fait l'examen détaillé, dans ce rapport. Nous ne devons pas omettre que dès le 20 Novembre 1754, M. Berthoud avoit déposé au Secretariat de l'Académie, un premier projet d'Horloge marine, où l'on voit qu'il s'appliquoit dès lors à cette importante recherche; nous n'osons pas encore prononcer qu'il ait réussi; mais nous pouvons assurer que son Horloge est construite sur d'excellents principes. Que nous ne connoissons aucunes pieces d'Horlogerie, où l'on ait employé plus de précautions,

& choifi de meilleurs moyens, pour affurer la juftefle de fes mouvements, & preve-
nir les dérangements de toute efpece : ainfi nous croyons qu'elle mérite l'attention du
Miniftere , & qu'il feroit à propos de la faire éprouver en mer , l'objet étant fort important pour la détermination des longitudes ; quand elle ne donneroit pas encore la précifion néceffaire , un voyage fur mer mettroit du moins l'Auteur à portée de connoître ce qui peut manquer à fa perfection, pour y faire les corrections convenables. Il
feroit à fouhaiter que cette Horloge fût un peu moins volumineufe ; M. Berthoud
nous a dit en avoir fait depuis deux autres beaucoup plus petites, conftruites fur les
mêmes principes que la première, mais différentes à quelques égards ; il compte les
préfenter inceffamment à l'Académie, & les effayer avec celle-ci, lorfqu'il aura reçu
des ordres à ce fujet. Nous avons cru devoir obferver fur terre, pendant quelque temps,
la marche de l'Horloge Marine ; M. Camus s'en eft chargé, & l'a comparée avec une
excellente Pendule à fecondes, bien réglée, dans l'intervalle du 13 Mars au 2 Avril
de cette année, il a dreffé une table des variations obfervées jour par jour, qui reftera
jointe à ce rapport ; on y voit que le plus grand écart de l'Horloge à balancier, en
24 heures, a été de 16 fecondes en avançant, qu'elle n'a retardé qu'une feule fois, &
que le retard étoit d'une demi-feconde, la variation ayant toujours été du même côté,
c'eft-à-dire, en avançant. Nous avons lieu de croire que, faute d'expériences fuffifan-
tes, les forces qui fe balancent dans cette machine n'étoient pas auffi parfaitement
réglées qu'elles pourroient l'être. M. Camus remarque de plus, que le pied de biche
à reffort qui fait marcher l'Horloge, pendant qu'on la remonte, la fait avancer d'une
feconde dans la première heure, défaut qu'il eft très facile de corriger. Quoi qu'il en
foit, un écart de 16 fecondes ne produiroit qu'une petite différence, dans la détermination de la longitude à l'équateur, différence qui deviendroit moindre fur les paralleles, & d'autant moindre, qu'on feroit plus éloigné de l'équateur ; en portant fur
un Navire deux ou trois Horloges pareilles, elles fe corrigeroient mutuellement, & leur
terme moyen pourroit donner la longitude avec une précifion fuffifante. Nous croyons
donc que cette invention eft très-digne de l'approbation de l'Académie, & nous invitons
l'Auteur à faire de nouveaux efforts pour la porter à la plus grande perfection, après
l'avoir éprouvée fur mer. *Signé* DORTOUS DE MAIRAN, CAMUS, DUHAMEL DU
MONCEAU, & DE MONTIGNY.

Je certifie le préfent Extrait conforme à fon original & au jugement de l'Académie.
A Paris le 6 Août 1764.

Signé GRANDJEAN DE FOUCHY , *Secretaire perpétuel de l'Académie Royale
des Sciences.*

APPENDICE N°. 3.

*Pieces concernant le voyage que j'ai fait à Londres en 1763, par ordre
du Roi & d'après le choix de l'Académie.*

EXTRAIT DES REGISTRES DE L'ACADÉMIE ROYALE DES SCIENCES.
Du 16 Avril 1763.

EN conféquence des ordres du Roi adreffés à l'Académie , par M. le Comte de Saint-
Florentin , & par MM. les Ducs de Choifeul & de Praflin , pour envoyer en Angleterre

un Académicien, accompagné d'un Artiste, à l'effet d'affifter à l'examen public qui doit être fait à Londres, de la Pendule Marine inventée par le fieur Harriffon, pour déterminer la longitude en mer; la Compagnie a fait choix de M. Camus, & a nommé le fieur Ferdinand Berthoud pour l'accompagner, & pour rendre compte, conjointement avec lui, tant de la conftruction & fufpenfion de ladite Horloge Marine, que des épreuves qui en feront faites à Londres : en foi de quoi j'ai figné le préfent Certificat. A Paris le 16 Avril 1763.

    Signé GRANDJEAN DE FOUCHY, *Secretaire perpétuel de l'Académie Royale des Sciences.*

    Je fouffigné certifie l'Extrait des Regiftres de l'Académie, ci-deffus copié & conforme à l'original qui eft entre mes mains. A Londres le 4 Juin 1763.

                            Signé CAMUS.

Copie d'une Lettre de M. DE MONTIGNY, *de l'Académie Royale des Sciences.*

                      A Paris le 5 Avril 1763.

J'APPRENDS, Monfieur, avec bien de la fatisfaction, par une Lettre de M. le Comte de Saint-Florentin, que le Roi vous a nommé pour affifter avec M. Camus, à l'examen de la Pendule Marine d'Harriffon, qui doit fe faire publiquement à Londres, d'ici à fix femaines; le choix de Sa Majefté ne pouvoit mieux tomber que fur vous deux, & je m'applaudis d'y avoir contribué par mon fuffrage, en vous rendant tous les témoignages qui vous font dûs. J'ai l'honneur d'être bien fincérement,

    Monfieur,

                Votre très-humble & très-obéiffant ferviteur.
                    Signé DE MONTIGNY.

APPENDICE N°. 4.

Mémoire fur la conftruction d'une Horloge Marine, d'une Montre Marine, & d'une Montre Aftronomique, dépofées avec neuf deffeins au Secretariat de l'Académie Royale des Sciences, le 29 Août 1764.

LES trois pièces que j'ai à décrire, font, 1°, une *Horlorge Marine* à peu près de la même conftruction que celle que je dépofai à l'Académie, l'année derniere (l'Horloge Marine N°. 1); mais avec des corrections effentielles pour fa perfection, & qui rendent cette machine d'un ufage facile en mer.

    2°, Une *Montre Marine*, elle eft plus grande que les Montres de carroffe ordinaires : cette Montre eft encore plus commode pour la Navigation, elle n'exige point de fufpenfion, peut fe porter dans une voiture, & occupe peu de place.

    3°, Une *Montre Aftronomique*, elle eft à fecondes, & établies fur des principes qui rendent fa jufteffe très-grande, & conftamment la même.

                                  De

De l'Horloge Marine. (N°. 2)

1°, AVANT même que j'euſſe achevé ma premiere Horloge Marine , je penſois à la conſtruction de celle-ci , en conſervant tout ce qu'il y avoit de bon dans les principes & dans la conſtruction , & en y faiſant les corrections que l'expérience m'indiquoit. La premiere correction (ᵃ), à laquelle je penſai, fut de réduire le volume de cette Horloge , enſorte qu'elle devînt moins embarraſſante dans le Vaiſſeau , plus facile à exécuter & à tranſporter; & pour cet effet , au lieu d'employer des balanciers de 12 pouces de diametre, je les réduiſis à 6 pouces.

Pour avoir un régulateur puiſſant, ainſi que j'avois établi que cela devoit être , je conſervai les balanciers de cette grandeur , en leur donnant un certain poids; mais, comme dans ce cas, ils ont beaucoup d'inertie , & , que par conſéquent, le moindre mouvement en trouble les oſcillations; je fus obligé de conſerver les deux balanciers qui ſe communiquent leur mouvement , & tournent toujours en ſens contraire, ce qui les empêchent d'être ſuſceptibles des agitations.

2°, La ſuſpenſion que j'imaginai, pour ſuſpendre mes balanciers dans mon ancienne Horloge , me réuſſit trop bien pour ne devoir pas la conſerver dans celle-ci : j'ai donc auſſi ſuſpendu mes balanciers par deux reſſorts très-flexibles ; & pour que , par des contre-coups, ces reſſorts ne puiſſent caſſer , & pour d'ailleurs ne pas interrompre la vibration des balanciers, j'ai placé des coquerets d'acier trempés au-deſſous des reſſorts pour contenir une pointe réſervée des axes de balancier; les coquerets ſe logent dans l'intervale formé par une petite cage portée par l'axe : voilà une ſeconde correction.

3°, Peu de temps après que j'eus terminé ma premiere Horloge Marine; je m'apperçus que les arcs de vibration étoient diminués , ce qui provenoit du frottement des pivots , dans les trous d'agathes, de l'épaiſſiſſement des huiles ; & je penſois deſlors à revenir à un moyen que j'avois déja tenté , il y a plus de 10 ans ; c'étoit de faire rouler mes balanciers ſur des rouleaux (ᵇ), qui en réduiroient infiniment le frottement ; je diſpoſai donc ma machine, enſorte que chaque bout d'axe du balancier fût contenus par trois rouleaux, cela fit 12 rouleaux pour les deux balanciers : les rouleaux ſervent uniquement à contenir les axes de balancier, & de ſorte que ſi l'Horloge devient inclinée , alors le frottement eſt infiniment moindre que ſ'il ſe faiſoit dans des trous , & il peut d'ailleurs être réputé conſtant , condition très-eſſentielle.

4°, J'ai beaucoup ſimplifié dans cette machine les ajuſtements des ſpiraux de balancier.

5°, Dans mon ancienne Horloge , un ſeul chaſſis de compenſation compoſé de barres de cuivre & d'acier, ſervoit à corriger ſur un ſeul ſpiral l'action du chaud & du froid, qui s'opere également ſur les deux ſpiraux ; ainſi il arrivoit que les deux reſſorts ſpiraux n'ayant preſque jamais la même élaſticité ou force, les vibrations de chaque balancier tendoient à ſe faire inégalement, ce qui devoit produire un frottement dans l'engrenage de communication de ces deux balanciers : ici ce n'eſt plus la même choſe, car de même que chaque balancier a ſon ſpiral , chaque ſpiral a auſſi un chaſſis, levier & rateau de compenſation ; ainſi les vibrations de chaque balancier ſe font tou-

---

(ᵃ) Quelques-uns des changements que j'ai fait , ſont déja annoncés dans mon Eſſai ſur l'Horlogerie n°. 2210 & ſuivant:.

(ᵇ) Nota. J'ai encore un eſſai que je fis en 1754 , & dont je fis mention dans le Mémoire que je remis cacheté à l'Académie, le 28 Février 1761. Cet eſſai ou machine eſt fait de huit rouleaux qui devoient ſupporter deux eſpeces de balanciers formés par deux boules , attachés à des verges compoſées pour la correction du chaud & du froid , je les deſtinai à être le régulateur d'une Horloge Marine : à peu près dans le même temps, je diſpoſai un petit balancier mobile, entre ſix rouleaux ; je le deſtinai deſlors à une Montre ; ainſi l'application que je viens d'en faire ne m'étoit pas nouvelle ; elle eſt d'ailleurs de fort ancienne date , puiſque Sully en fait uſage pour ſa *Pendule à levier*

Xxx *

jours dans le même temps, d'où il suit que le frottement de l'engrenage est moindre ; il résulte delà un autre avantage, c'est que les chassis peuvent être plus courts, les tringles plus petites, sans que pour cela la pression du levier puisse les faire fléchir, & cela rend son effet plus sûr.

6°, Au lieu de faire les verges des chassis de compensation avec des barres plates, j'ai employé de l'acier tiré, & du laiton tiré ; & tout cela est assemblé très-solidement par des chevilles & des traverses ; il résulte delà, 1°, que cela est d'une plus facile exécution, & que les baguettes ne se touchant point, elles sont plus aisément mises en mouvement par l'action de l'air, & aussi promptement que le sont les spiraux.

7°, Le rateau de compensation, dans mon ancienne Horloge, étoit mobile entre une coulisse, ensorte qu'il éprouvoit un très-grand frottement qui affaissoit le chassis de compensation, de maniere que ce rateau au même degré de température ne s'arrêtoit pas toujours au même point, défaut infiniment nuisible à la justesse de l'Horloge. Ici j'ai paré avec tout le succès possible à ce défaut, en faisant mouvoir chaque rateau sur deux pivots : les rateaux sont très-fixes pour recevoir le battement du spiral, & cependant très-mobiles pour céder à l'impression du levier de compensation, produite par l'action du chaud & du froid sur le chassis.

8°, Pour faciliter les épreuves de cette machine, & pouvoir démonter une partie de l'Horloge sans défaire le tout, je l'ai disposée, de sorte que l'on peut ôter le mouvement sans toucher aux balanciers : on peut démonter chaque balancier séparément, sans démonter les cages des rouleaux ; & pour pouvoir toucher fort aisément aux ressorts spiraux de ces balanciers, j'ai placé les ressorts en dehors de la cage, ainsi que les chassis de compensation, rateaux, leviers, &c. Cette distribution est très-favorable à l'exécution d'une machine aussi considérable, & qui exige des épreuves infinies.

9°, Pour régler l'Horloge, chaque rateau porte une vis de rappel, servant à cet usage, & un index marque sur le rateau les divisions que l'on fait parcourir, soit pour faire avancer ou pour faire retarder l'Horloge ; les divisions de chaque rateau sont de même espece, afin que chaque ressort spiral conserve la même force, & tende à produire des vibrations de même durée aux balanciers.

10°, Pour trouver le vrai point de compensation, chaque axe du rateau porte une branche, sur laquelle est ajustée un coulant portant une cheville qui va correspondre au levier de compensation ; en écartant cette coulisse du centre du rateau, on diminue l'effet de la compensation, & en le rapprochant on l'augmente : on conçoit que pour trouver le vrai point auquel on doit arrêter les coulants, que c'est l'affaire de l'expérience, en faisant passer l'Horloge du chaud au froid, &c : pour concourir au même but, j'ai aussi rendu mobile par une vis de rappel les talons des leviers de compensation, qui vont appuyer sur les chassis ; mais le point de contact requis une fois trouvé, ces vis deviennent inutiles pour une autre Horloge, il suffit de bien conserver les dimensions de chaque partie ; alors les coulants seuls suffiront.

11°, Pour connoître le chemin que les chassis de compensation font faire aux rateaux ; j'ai placé auprès de chaque rateau, un limbe gradué ; ces deux limbes sont divisés en mêmes nombres de degré : un index porté par les rateaux marque sur ces limbes les changemens de la température, ainsi ils servent en quelque sorte de thermometre.

12°, Les deux balanciers sont placés dans une grande cage qui en contient deux autres petites ; c'est dans ces deux dernieres que sont mis les rouleaux, ils sont placés horizontalement, ainsi que les balanciers ; les pivots d'en bas des rouleaux posent sur des coquerets d'acier trempés, de cette maniere ils se meuvent très-librement & avec fort peu de frottement.

13°, Les ressorts de suspension des balanciers sont arrêtés chacun à un fort pont, qui se place sur la grande cage.

14°, Le mouvement de l'Horloge s'attache avec deux vis sur la grande platine supé-

rieure, entre les deux ponts de balancier ; ce mouvement est à reffort & réglé par une
fufée, les fecondes font excentriques au cadran ; j'ai préféré cette méthode, parce qu'elle
eft plus fimple.

15°, Pour que l'Horloge ne ceffe pas de marcher pendant qu'on la remonte, j'y ai
adapté une détente pareille à celle de mon ancienne Horloge Marine. (N°. 1)

16°, Les expériences réitérées que j'ai faites fur les échappements n'ont fervis qu'à
me prouver les difficultés prodigieufes que cette partie entraîne, fi l'on veut que les
inégalités de la force motrice n'influent pas fur l'ifochronifme des vibrations ; & je crois
prefque un tel échappement impoffible : j'en avois appliqué un à ma première Horloge
Marine, auquel j'étois parvenu à donner cette propriété, au moment que je le fis ;
mais comme il exige de l'huile, & que fon frottement eft affez confidérable, cette
propriété n'a dû exifter que pendant tout le temps où les frottements font reftés les mêmes. Si l'on emploie un échappement à double levier, les frottements feront à la vérité en
fort petite quantité, & ils refteront conftants ; mais d'un autre côté, ils feront fufceptibles des inégalités de force motrice : c'eft cependant à cette efpece d'échappement que
j'ai donné la préférence dans ma derniere Horloge, aimant mieux apporter tous les
foins imaginables pour que la force motrice refte conftante, ainfi que les frottements
du rouage.

L'échappement que j'ai appliqué à cette Horloge, eft d'une conftruction très-nouvelle,
& nous n'avons rien qui lui reffemble ; il a la propriété effentielle d'avoir le moins de
frottement poffible, car il ne fe fait point de traînée fur les palettes, elle s'exerce fur des
pivots ; cet échappement eft formé par deux leviers, faits de la figure d'une faulx ;
ces leviers font mobiles fur des pivots, & font portés par une cage formée fur un des axes
de balanciers ; la roue d'échappement porte 30 chevilles rapportées, elle fait fon tour
en une minute, ainfi chaque vibration du balancier eft d'une feconde : lorfque la roue
agit fur un levier, celui-ci fait tourner le balancier, & fans abandonner la cheville ; un
reffort fpiral qui agit fur ce levier cede au mouvement de la roue, & le levier ne
quitte la cheville qu'à l'inftant où l'autre levier vient fe préfenter à une cheville, & tournant en fens contraire, fait rétrograder la roue, & dégage le premier levier, y étant obligé par l'action de fon reffort fpiral ; chaque levier produit ainfi fucceffivement le même effet.
Les leviers cedent à deux mouvements, à celui par lequel la roue entraînant le levier
produit la levée, & l'autre eft produit par le recul que produit le levier au moment
qu'il dégage celui qui vient d'opérer la levée. Cet échappement fe fait ainfi avec la moindre perte de force, puifqu'il n'y en a point de perdue, ni par le frottement qui eft,
on ne peut pas plus, réduit, ni par la chûte qui eft nulle.

Je dois dire que la première idée de cet échappement m'a été fournie dans mon voyage
de Londres, au moins pour l'effet de mener par une efpece de manivelle de roues à
filer ; mais il m'a donné des peines infinies à conftruire pour dégager les leviers, les
placer tous deux fur le même axe, &c.

Cet échappement, tel que je l'ai appliqué à mon Horloge, eft fufceptible des inégalités
de la force motrice, parce qu'il a beaucoup de recul ; en changeant la pofition des
leviers, on pourroit beaucoup diminuer le recul ; mais il fera infiniment difficile d'empêcher cet obftacle : ainfi il faut, ou faire marcher le mouvement avec un poids, afin d'obtenir une force motrice conftante, & réduire pour cela les frottements des pivots, &c ; ou
bien, il faudroit employer un remontoir qui agit fur la roue d'échappement ; par ce premier moyen, on aura une machine qui ira perpétuellement avec la même jufteffe, puifque les frottements infiniment réduits feront conftants, que la force motrice fera toujours la même, & que les variations du chaud & du froid n'influeront point fur la machine,
les fpiraux agiffant toujours avec la même force : voilà la derniere correction que je me
propofe de faire à cette machine, & j'y travaille actuellement.

17°, Pour achever ce qui concerne le plus effentiel de cette Horloge Marine, il me

X x x ij

refte à vous faire voir & à vous parler de la fufpenfion ; car quoique par fa nature, l'Horloge foit peu fufceptible des agitations, à caufe des deux balanciers & des changemens d'inclinaifon, à caufe des rouleaux, qui dans ce cas fupporteroient les balanciers ; il eft cependant néceffaire pour obtenir toute la juftee qu'un tel objet exige d'y joindre encore une fufpenfion qui produife deux effets effentiels ; le premier, de conferver l'Horloge toujours horizontale, malgré les agitations du Vaiffeau ; deuxiemement, d'empêcher que des fortes fecouffes ne fe tranfmettent au mouvement de l'Horloge. Pour produire ce premier effet, la boîte qui contient l'Horloge (cette boîte eft de cuivre, prefque fermée hermétiquement, & très-forte) eft fufpendue, comme une bouffole, à une efpece de *lampe de cardan*, le centre de mouvement de cette boîte eft placé au-deffus du centre de gravité, afin que par-là, cela forme une efpece de Pendule à vibrations fort lentes, mais qui reviendra toujours au même point horizontal, quoi qu'il en foit, dérangé par le mouvement du Vaiffeau ; en cela cette fufpenfion differe de celle de ma premiere Horloge, dans celle-ci l'Horloge même étoit comme une efpece de lentille qui, pour avoir fon mouvement libre dans le Vaiffeau, exigeoit beaucoup de place, & d'autant plus que la piece en elle-même en occupe beaucoup ; ma feconde Horloge tournera fur elle-même, & fans prefque changer de place. Le fecond effet eft produit par un reffort à boudin ou efpece de tire-bourre, pareil à celui de mon ancienne Horloge : il fupporte tout le poids de la machine, & cede ainfi aux agitations du Vaiffeau ; la boîte de l'Horloge eft portée par deux pivots ou vis attachés au bout d'un chaffis de cuivre, l'autre côté de ce chaffis reçoit à fon tour deux pivots diamétralement oppofés aux premiers. Ces pivots font portés par une fourchette de cuivre qui porte un canon qui roule fur un arbre d'acier qui tient au reffort, cet arbre eft placé dans une efpece de cage que forme la table, & perpendiculairement à fon plan. La fourchette peut tourner féparément de l'arbre & de la table, c'eft pour que l'Horloge cede à de certains mouvemens de trépidation que peut avoir le Vaiffeau.

De la Montre Marine. (N°. 3)

LES expériences & les recherches que m'ont fournis ma premiere Horloge Marine, & les principes fur lefquels je l'ai établie ne me fervirent pas feulement à conftruire l'Horloge, dont je viens de donner une idée ; je penfai deffors à en faire l'application à des Montres de poches, mais je ne pouvois parvenir que par degrés à un point auffi difficile. Pour faire l'application de mes principes & de mes recherches à la conftruction d'une Montre Marine, je m'aidois de la théorie que j'ai établie fur les Montres, & dont j'ai traité en partie dans mon *Effai fur l'Horlogerie* ; c'eft par-là que je vis que fi dans une Horloge Marine, il falloit, pour obtenir un régulateur puiffant, faire ufage de deux grands balanciers, afin d'éviter les dérangemens que les agitations du Vaiffeau, ne manqueroient pas de produire à un feul : que cet obftacle feroit évité en faifant un feul balancier qui n'eût pas beaucoup d'inertie, mais qui regagneroit de la force par la vîteffe de fon mouvement ; car il eft bon de remarquer que nos Montres ne font point du tout dérangées par le cahotage du cheval, des voitures, du porté, &c : ce qui vient du peu de pefanteur des balanciers & de la vîteffe de leurs mouvemens ; je conftruifis donc ma Montre Marine, en lui donnant pour régulateur un fimple balancier d'environ deux pouces de diametre, & qui fait quatre vibrations par fecondes ; mais en réduifant ainfi mon régulateur, il paroît que je lui faifois perdre beaucoup de puiffance, les frottemens augmentoient, je ne pouvois plus la fufpendre par un reffort, enforte qu'il falloit néceffairement créer une nouvelle machine ; je difpofai donc mon balancier pour le faire mouvoir verticalement, & afin de réduire à zéro les frottemens des pivots ; je fis rouler l'axe du balancier (qui fert de pivot) fur fix rouleaux, appuyés fur les expériences que m'avoit fourni la machine, repréfentée dans mon *Effai fur l'Horlogerie*, Planche XVIII, Figure 13 & 14. Pour réduire le frottement des bouts des axes, je fis les pointes fort dures, & elles font contenues par des rubis d'Orient.

Le chaffis de compenfation eft compofé de 16 tringles, dont 8 font d'acier tiré & trempé, & 8 de laiton tiré fort dur ; ce chaffis eft pareil à ceux de ma derniere Horloge Marine (N°. 2) ; le levier de compenfation eft conftruit comme ceux de cette même Horloge, & ainfi du rateau.

Le choix de l'échappement, dans une machine de cette efpece, n'étoit point du tout facile à faire ; car il faut qu'il puiffe corriger les inégalités de force motrice, & que cependant les frottements demeurent fenfiblement les mêmes ; j'ai cru raffembler ces deux propriétés en le faifant à repos d'un rayon infiniment petit, afin d'avoir peu d'efpaces parcourus ; j'ai fort heureufement réuffi, car je ne m'apperçois en aucune maniere, ni que les inégalités du reffort & du rouage changent la jufteffe de la Montre, ni que l'action de la détente qui la fait marcher pendant qu'on la remonte caufe aucun dérangement. Cet échappement permet de fort grandes excurfions au balancier, afin que par les agitations du porté le balancier puiffe fimplement décrire de grands arcs, & fans aller battre à la cheville de renverfement ; auffi n'ai-je point apperçu que le mouvement d'un cabriolet, & même d'un fiacre ait dérangé la jufteffe de ma Montre.

Le mouvement de la Montre eft compofé de trois cages, la grande contient le rouage qui eft à reffort & fufée, comme celui d'une Montre : chaque platine de la grand cage forment en dedans, avec une petite platine, une cage, dans laquelle fe meuvent dans chacune, trois rouleaux ; ce font ceux qui portent le balancier ; en démontant deux rouleaux, ' on ôte le balancier fans rien déranger au refte, du rouage : le balancier fe meut entre les deux petites cages des rouleaux, l'échappement eft formé fur le bout de l'axe de balancier qui eft du côté du cadran, il fe fait entre le dehors de la platine des piliers & le cadran. La roue d'échappement eft auffi placée par cette difpofition fous le cadran, & on a ainfi la facilité de travailler l'échappement, & d'y toucher fans être obligé de démonter la Montre ; l'autre bout de l'axe du balancier porte le reffort fpiral, placé en dehors de l'autre platine de la grande cage (on l'appelle *petite platine*) ; c'eft fur la petite platine que font placés, le chaffis de compenfation, le levier, & le rateau, & on peut, par cet arrangement, régler la Montre du chaud au froid, &c, très-facilement, & toucher à ces pieces pour trouver le point de compenfation. La roue dont la tige porte l'aiguille de fecondes, fe meut auffi fous le cadran, elle engrene dans le pignon de la roue d'échappement ; le pivot de cette roue qui porte l'aiguille des fecondes eft porté par le bout du pont des minutes ; ainfi les fecondes font concentriques, & la roue paffe entre ce pont (qui eft creufé), & le dehors de la platine des piliers ; le pignon de cette roue paffe dans la cage pour aller engrener dans la petite roue moyenne ; l'autre pivot de cette roue des fecondes roule dans la petite platine de la grande cage.

3°. De la Montre Aftronomique.

CETTE Montre eft à fecondes concentriques, l'échappement eft à roue de rencontre, & tout le rouage diftribué, de forte que les frottements des pivots font rendus conftants & réduits à la plus petite quantité poffible, en plaçant, pour cet effet, des ponts pour que chaque pivot fupporte le même effort, les trous de ces pivots ont de profonds réfervoirs, &c.

Le balancier eft fort grand, il fait quatre vibrations par fecondes : la force motrice n'eft que fuffifante pour entretenir le mouvement du balancier. Et pour que la Montre n'arrête pas pendant qu'on la remonte, j'ai employé, comme dans mes Horloges Marines, une détente, enforte qu'il n'y a point de temps perdu. Pour corriger les effets du chaud & du froid fur le fpiral, j'ai employé un chaffis de compenfation compofé de fix verges d'acier, tiré & trempé, & de fix de cuivre tiré fort dur : les verges de cuivre du milieu font mouvoir le levier de compenfation, lequel communique fon mouvement au rateau de compenfation, porté par un pont élevé au-deffus du fpiral, comme dans ma Montre Marine ; le rateau marque fur le pont ou coq de balancier gradué les chemins que le chaud & le froid lui font faire ; le rateau porte auffi une petite aiguille pour régler la Montre.

Certificat de M. DE FOUCHY.

Le préfent Ecrit a été dépofé le 29 Août 1764, au Secretariat de l'Académie, avec trois additions & neuf deffeins, fous une enveloppe cachetée, laquelle a été ouverte en préfence de MM. de Mairan, de Montigny, de Parcieux, & Bezout, qui après l'examen qu'ils ont fait des papiers & deffeins, avec les machines mêmes, l'ont recachetée, & remife entre mes mains, d'où elle n'eft fortie que pour être mife au concours le 31 Août 1766. Cette même piece, fes additions, fes deffeins, & le Nº. 105 du Dépôt, ayant été retirés du concours avant le jugement de l'Académie, par M. Camus, à la priere de M. Berthoud, étoient demeurés entre les mains de M. Camus, où elles font reftées jufqu'à fa mort, & m'ont été remifes par fes héritiers ; pour raifon de quoi, M. Berthoud défirant les avoir, j'ai paraphé toutes les fufdites pieces & les deffeins pour lui en conferver la date, comme n'étant point forties depuis le moment où elles ont été dépofées jufqu'à préfent des mains & de la poffeffion de l'Académie : en foi de quoi j'ai figné le préfent. A Paris le 16 Decembre 1768.

Signé GRANDJEAN DE FOUCHY, *Secretaire perpétuel de l'Académie Royale det Sciences.*

Addition à ce Mémoire.

DANS le dernier de mes Mémoires qui a été dépofé à l'Académie, j'annonçois une quatrieme Horloge Marine, & j'oubliai d'en parler dans le Mémoire que je vous ai remis cacheté : voici en quoi confifte cette machine qui eft fort fimple, & dont l'exécution eft fort avancée.

Dans la perfuafion où je fuis, que moyennant certaines précautions, on peut parvenir à faire ufage du pendule pour régulateur d'une Horloge Marine (a) ; je formai

(a) Et je fuis fondé à le croire par l'expérience ; car dès 1664, le célebre Huyghens fit deux Horloges Marines à pendules, qui furent embarquées fur un Vaiffeau Anglois, qui fut à l'Ifle faint Thomas, fous la ligne & fur les côtes d'Afrique ; ces Horloges fervirent à rectifier la longitude trouvée par le Pilote. Ces Horloges fervirent encore avec fuccès dans l'expédition de l'Ifle de Crete, où le Duc de Betford fut envoyé à la tête des François pour fecourir Candie, affiégée par les Turcs. Voyez de *Horologium ofcillatorium*, *pag.* 17 ; le pendule qui fervoit de régulateur à ces Horloges, avoit 9 pouces de long, & le poids de la lentille étoit 4 onces & demi, le moteur étoit un poids. Si les Horloges Marines de M. Huyghens n'ont pas conftamment réuffi ; c'eft, 1º, que l'on n'avoit pas encore penfé à corriger les alongements & raccourciffements du pendule par le chaud & le froid ; or cela feul peut produire un écart de 22 fecondes par jour, en paffant de la température 27 degrés du thermometre de M. de Réaumur, à celle de la glace ; 2º, c'eft que dans ce temps, on ignoroit que le pendule change de longueur en allant du pôle à l'équateur ; cette découverte qui eft due à M. Richer, fut faite à l'Ifle de Cayenne, & ne fut connue qu'au retour de M. Richer, en 1673 ou 1674. On ne pouvoit donc avoir égard à ces différences qui font affez fenfibles, lorfque l'on change de latitude ; 3º, c'eft que fon pendule étoit trop long, ce qui le rendoit trop fufceptible des agitations du Vaiffeau ; 4º, c'eft que le pendule étoit fufpendu par un fil, & que l'humidité & la féchereffe en changent la longueur, & que les agitations du Vaiffeau devoient donner des fecouffes au pendule, enforte que le fil n'étoit pas toujours tendu ; enfin, c'eft que le génie admirable d'Huyghens ne fut pas fecondé par une exécution de ces machines, & convenable à fes belles idées ; l'Horlogerie étoit alors dans fon enfance pour l'exécution, & je crois qu'aujourd'hui, elle eft portée au plus haut degré de perfection.

le projet d'exécuter une Horloge Marine à pendule, dès le 4 Janvier 1762 ; depuis ce temps je ne l'ai pas perdue de vue, & je fis travailler à son exécution le 23 Mars dernier : voici sur quels principes.

J'ai disposé un court pendule à promptes vibrations, afin qu'elles soient dissemblables à celles du Vaisseau.

Le pendule fait trois vibrations par secondes, & a par conséquent 4 pouces de longueur ; la verge du pendule est composée de 13 tringles ; savoir, 7 d'acier tiré rond & trempé, & 6 de cuivre tiré dur, & tellement combinée que le pendule ne change pas de longueur en passant par tous les degrés de température.

La lentille suspendue par son centre, afin que son extension ne change pas la longueur du pendule : cette lentille sera d'une seule piece, & dorée pour qu'il ne puisse y arriver aucun changement ; le pendule sera suspendu par un couteau qui sera arrangé de maniere que les contre-coups ne puissent éloigner de sa rainure ou gouttiere ; le couteau sera renversé, afin que la poussiere ne tombe pas dans la rainure ou gouttiere.

Pour entretenir le mouvement du pendule, je me sers d'un échappement à roue de rencontre ; parce que cette espece d'échappement a fort peu de frottement, les palettes d'échappement seront portées par l'axe même de la gouttiere ou du mouvement du pendule ; par ce moyen, j'éviterai les frottements des pivots d'une verge ; mais comme l'inégalité de force motrice change les vibrations d'un régulateur, dont le mouvement est entretenu par un échappement à roue de rencontre, j'éviterai cet obstacle en mettant la machine à remontoir, de la même maniere que je l'ai fait dans ma seconde Horloge Marine à deux balanciers, ainsi le moteur des balanciers sera un petit ressort spiral placé sur l'axe de la roue de secondes, & qui sera remonté tous les quarts de minutes par le grand ressort.

Pour que la tension de ce spiral moteur du pendule, étant une fois donnée, ne change jamais, quand même on oublieroit de remonter l'Horloge, je me servirai de la même détente que j'ai employée pour éviter cet état dans ma seconde Horloge Marine ; je me dispense d'entrer dans de plus grands détails sur ces deux articles. Vous les voyez, Messieurs, exécutées & dessinées pour ma seconde Horloge Marine, & ils seront tels dans ma quatrieme.

Je n'entre pas dans de plus grands détails sur toutes les parties de construction de ce mouvement, & des précautions prises pour en assurer la justesse ; je suis infiniment persuadé qu'à terre & à repos, cette Horloge ira tout aussi bien que la meilleure Horloge à secondes ; mais cela ne suffit pas, il faut qu'elle conserve la même justesse à la mer, & cela dépend de la maniere de la suspendre, & de la position dans le Vaisseau.

Il est facile de concevoir que les vibrations du pendule étant promptes, & le pendule décrivant de grands arcs, ainsi qu'il le fera ; que par cela seul les petits mouvements du Vaisseau ne seront pas capables de déranger l'Horloge ; il n'y aura donc que les grandes agitations du Vaisseau qui puissent nuire ; or pour réduire presque à zéro les agitations, je me servirai de la même suspension de ma seconde Horloge, que je perfectionnerai encore en réduisant infiniment les frottements des pivots, afin que l'Horloge reprenne sûrement la position verticale ; pour cet effet, au lieu de pivot, j'employerai des couteaux qui poseront sur des gouttieres d'acier trempé en paquet, & pour que les mouvements par les diagonales soient plus faciles ; au lieu de 4 pivots, il y en aura 8, ainsi elle aura 4 mouvements placés à angle droit, au lieu de deux que j'ai employés ; cette suspension deviendra donc très-mobile : par ce moyen, l'inertie ou pesanteur de l'Horloge ne sera point dérangé par le frottement.

Pour que l'on voie facilement l'heure, le cadran sera placé horizontalement, ainsi que le mouvement qui sera, par ce moyen, plus facile à remonter, & les roues portant sur les pointes des pivots auront moins de frottement.

Le pendule sera suspendu au-dessous de la petite platine, au centre de la cage avec laquelle, lorsqu'il sera en repos, il deviendra perpendiculaire; ainsi l'échappement se fera en pressant contre la gouttiere du pendule, & selon la direction de la pesanteur, ce qui ne dérangera pas le centre de suspension du pendule.

La roue de rencontre sera par cette disposition parallele aux platines, & les palettes seront formées sur le dos du couteau ; par-là je supprime la verge de balancier, & le frottement de deux pivots, & je rends l'échappement très-stable.

La roue de champ est plate, & placée en dessous de la platine inférieure au centre, & concentriquement à la roue des minutes ; & le méchanisme qui sert à remonter tous les quarts-de-minutes, le ressort spiral placé sur la roue de secondes est mis sur la platine supérieure au-dessous du cadran ; cette disposition en rend l'exécution plus facile.

Pour arrêter le pendule avant que la fusée soit au bas, j'emploie la même détente & méchanisme que j'ai appliqué à ma seconde Horloge Marine ; mais ici il servira à un double usage, c'est de tenir lieu de garde-chaîne qui devient inutile, le remontoir étant suffisant en lui donnant la solidité convenable.

Paraphé le 16 Décembre 1768.

Signé GRANDJEAN DE FOUCHY, *Secretaire perpétuel de l'Académie Royale des Sciences.*

Construction d'une Horloge Marine, déposée au Secretariat de l'Académie, le 30 Août 1764, pour être jointe aux desseins & descriptions d'Horloges Marines, &c, que j'ai remis à MM. de Mairan, de Montigny, de Parcieux, & Bezout, Commissaires nommés, à cet effet, par l'Académie.

LES épreuves que j'ai faites avec ma Montre Marine (ou N°. 3), & avec l'Horloge Marine (N°. 2), m'ont si parfaitement réussi chacune, en certaines parties essentielles, que je puis aujourd'hui composer de ces deux machines, une nouvelle Horloge Marine qui ira sûrement avec une plus grande justesse, en prenant de chacune des deux susdites machines, tout ce qui a le mieux réussi.

Cette Horloge (N°. 4) est horizontale, comme les deux premieres ; or la Montre Marine ayant très-bien réussi avec un seul balancier, le régulateur de celle N°. 4, est de même formé par un seul balancier ; la Montre Marine avoit été construite pour servir également à la mer & à terre, dans une voiture ; & c'est pour cette raison qu'elle fut rendue verticale ; mais la nouvelle Horloge ne devant, au contraire, servir qu'à la mer, je choisis la position horizontale, comme la plus convenable & la plus propre ; 1°, à n'être pas autant que la verticale susceptible des agitations ; 2°, pour que le balancier ayant la plus grand puissance, eût cependant moins de frottement.

Depuis l'application que j'ai faite d'un remontoir qui à chaque quart-de-minute rebande le moteur de deux balanciers de mon Horloge Marine : les balanciers décrivent constamment les mêmes arcs, lorsque la machine reste dans la même position. Et l'échappement qui reste constamment le même, produit aussi le meilleur effet, ainsi que la suspension des balanciers ; voilà trois parties essentielles de mon Horloge Marine, à appliquer à la nouvelle Horloge ; car la premiere Montre Marine m'a parfaitement réussi ; 1°, en ce que dans les agitations elle ne varie pas, & que les rouleaux du balancier ont donné toute la liberté au balancier à se mouvoir, & que les frottemens infiniment réduits sont constamment les mêmes ; les machines de com-

pensation

penfation font auffi très-bien leur effet, enforte que tout ce qu'il refte à defirer dans cette Horloge pour l'avoir auffi parfaite que cela eft néceffaire pour la détermination de la longitude en mer, eft d'y appliquer un échappement qui ait infiniment peu de frottement, & où ces frottements foient conftants ; or mon échappement à reffort fatis-fait à cette condition : voici donc la compofition d'une nouvelle machine, combinée de mes Horloges Marines, & de la Montre Marine.

Le régulateur fera formé d'un feul balancier qui fera fufpendu à un reffort, com-me dans mes Horloges Marines précédentes; le balancier fera, par conféquent, horizontal, ainfi que le mouvement & le cadran : le balancier de même grandeur & poids que dans ma Montre Marine, & fe mouvant entre fix rouleaux difpofés, comme dans la Mon-tre ; le balancier fera de même quatre vibrations par feconde : la difpofition de la fuf-penfion du balancier fera pareille à celle de ma feconde Horloge Marine à deux balan-ciers, avec la piece de précaution, pour empêcher l'effet des contre-coups qui empê-chent le reffort de fufpenfion de caffer. J'appliquerai ici l'échappement femblable à celui de l'Horloge N°. 2, & un remontoir qui conferve perpétuellement uniforme l'action de la roue d'échappement fur le balancier, j'y adapterai auffi la détente de précau-tion qui arrête le balancier avant que la fufée foit au bas, & qui en remontant la Mon-tre, remet le balancier en mouvement ; tout le méchanifme du remontoir de cette déten-te de l'échappement des rouleaux de la fufpenfion font fuffifamment expliqués & def-finés, dans le Mémoire que j'ai remis cacheté le 29 de ce mois, à MM. de Mairan, de Montigny, de Parcieux & Bezout, pour être dépofé au Secretariat de l'Académie.

Le chaffis de compenfation, ajuftement de fpiral, rateau de compenfation, feront faits de la même maniere que dans ma Montre Marine : cette Horloge fera enfermée dans une boîte de cuivre doré, comme dans ma premiere, & le tout mis dans une feconde caiffe de bois.

Je me réferve à y ajouter une fufpenfion pareille à celle de mon Horloge à pen-dule, dont il eft queftion dans mon dernier Mémoire, fi cela eft néceffaire.

Le refte du mouvement fera d'ailleurs à peu près femblable à celui de ma Montre Marine, il y aura également une détente pour la faire marcher pendant qu'on la remonte ; mais quant à la détente pour arrêter le balancier lorfque l'on veut, je me fervirai de celle même qui l'arrête avant que la fufée foit au bas.

Le méchanifme qui fait mouvoir cette détente de précaution, eft mis en action par une dent du quarré de fufée, & il fert de garde-chaîne, comme je l'ai expliqué pour mon Horloge à pendule ; ainfi je fupprimerai le garde-chaîne.

A P P E N D I C E N°. 5.

Rapport de l'Académie Royale des Sciences, fur la maniere de faire les épreuves des Horloges Marines.

EXTRAIT DES REGISTRES DE L'ACADÉMIE ROYALE DES SCIENCES.

Du 29 Août 1764.

Nous Commiffaires nommés par l'Académie, avons examiné un Mémoire de M. Berthoud, Horloger, ayant pour titre : *de la maniere dont on peut faire l'épreuve d'une Horloge Marine, pour s'affurer de la confiance que l'on doit avoir en elle, pour la détermination de la longitude en mer.*

Dans les premieres pages de ce Mémoire, M. Berthoud expofe à l'Académie, qu'il s'eft appliqué à perfectionner les machines de ce genre , qu'il avoit précédemment imaginées & préfentées à cette Compagnie. Il y rappelle les différentes caufes d'inéga-lité, dont on doit examiner l'influence pour juger de l'effet de ces machines, & dans la fuite de ce Mémoire, il foumet à l'examen de l'Académie, le choix qu'il fait entre les différents moyens connus, qu'on pourroit employer pour conftater la régularité de ces Horloges.

M. Berthoud obferve que pour s'affurer qu'une Horloge propofée peut remplir les conditions qu'exige le problême des longitudes, il ne feroit pas fuffifant de foumet-tre cette Horloge, à l'épreuve d'un voyage de long cours, en fe contentant de compa-rer les inftants du départ, & du retour marqués à la Montre Marine, avec ceux qu'au-roit marqué une bonne Horloge placée dans le lieu du départ ; cette méthode n'étant point propre à faire connoître les variations que cette Montre a pu fubir pendant les parties de la durée du voyage, variations qui peuvent très-bien fe compenfer en tout ou en partie.

Il propofe donc, qu'avant d'admettre une pareille machine pour fubir, même com-me épreuve, un voyage de long cours, on commence par la foumettre aux expérien-ces fuivantes.

1°, De comparer la Montre Marine, heure par heure, pendant un certain inter-valle de temps, avec une Pendule, dont l'uniformité de la marche foit bien confta-tée, l'une & l'autre de ces deux machines étant en repos , afin de connoître fi les inégalités du moteur influent fur le régulateur. Et pour ne point attribuer à la machine des différences qui feroient dûes à des variations furvenues, foit dans la température , foit dans le poids de l'air; M. Berthoud propofe de fe munir d'un baromettre & d'un thermometre, pour s'affurer qu'il n'y aura pendant l'expérience aucune variation dûe à ces caufes.

2°, D'expofer fucceffivement cette Montre au froid de la glace, en l'entourant de glace pilée, & à la chaleur d'une étuve ; & de la confronter dans ces mêmes circonf-tances, avec la Pendule de comparaifon, celle-ci étant entretenue à une température conftante, pendant le cours de l'expérience.

3°, De tranfporter enfuite cette Montre, fur un Bâtiment léger, & dans un endroit où le Bâtiment puiffe recevoir, de la part de la mer, des mouvements vifs & fréquents, & d'où l'on puiffe, par des fignaux, comparer au moins une fois par jour, le mou-vement de la Montre, avec celui d'une Pendule placée à peu de diftance dans un lieu ftable.

4°, Lorfque ces expériences auront conftaté une marche fuffifamment réguliere dans la Montre, on pourra alors l'admettre à faire un voyage d'un lieu dont la longitude foit bien connue à un autre lieu, dont la longitude foit pareillement connue.

A ces conditions, M. Berthoud en ajoute quelques autres tendantes à rendre les expé-riences authentiques, & dignes de foi.

Les vues que M. Berthoud propofe, n'ont rien que de très-conforme à la faine phy-fique & à la prudence.

Nous croyons que l'Académie les jugera, ainfi que nous le faifons, propres à établir les qualités des machines de l'Auteur, en y ajoutant, cependant, la condition d'éprou-ver auffi cette Horloge à terre fucceffivement fous différentes inclinaifons données, & de comparer le mouvement de cette même Horloge, dans la premiere heure après le remontage, avec fon mouvement, dans la derniere heure avant le remontage. Ces machines dont la defcription & les deffeins vus & cachetés par nous Commiffaires, reftent dépofée au Secretariat de l'Académie , jufqu'à ce que l'Auteur juge à propos de les rendre publics. *Signé* Dortous de Mairan , de Montigny, de Parcieux & Bezout.

Je certifie le préfent Extrait conforme à fon original & au jugement de l'Académie. A Paris le 3 Septembre 1764.

Signé GRAND JEAN DE FOUCHY, *Secretaire perp. de l'Acad. Roy. des Scienc.*

APPENDICE. N°. 6.

Mémoire lu à la rentrée publique de l'Académie Royale des Sciences, du 14 Novembre 1764, fur les obfervations faites par ordre du Roi, pour l'examen de l'Horloge Marine, de l'invention de M. Berthoud, Horloger de Paris, & Membre de la Société Royale de Londres.

Par M. l'Abbé CHAPPE D'AUTEROCHE *, de l'Academie Royale des Sciences.*

N. B. *Ce Mémoire m'a été remis en original par M. Chappe, frere de feu M. l'Abbé Chappe : je le donne tel qu'il a été trouvé dans les papiers de cet Aftronome, & corrigé de fa propre main. Ce Mémoire ayant été lu dans une Séance Publique, il doit s'en trouver une Copie au Secretariat de l'Académie.*

LA découverte des longitudes en mer a toujours été l'objet des recherches des Savants, elle eft fi importante pour la navigation, que les Souverains y ont attachés les plus grandes récompenfes : peu de découvertes, en effet, intéreffe plus l'humanité, puifque la fûreté de la navigation eft attachée à celle-ci (a); malgré ces encouragements, les recherches des Savants, des Artiftes, & les progrès qu'ils ont faits fur cet objet, une partie du public a placé cette découverte au nombre de celles de fimple curiofité, & l'a confidérée comme peu avantageufe à la Marine, ce qui m'a obligé d'entrer dans quelques détails qui ne feront point étrangers pour l'Académie.

Les Aftrononomes, en perfectionnant l'Aftronomie, principal guide avec la Géométrie, pour parcourir les mers avec certitude font parvenus à donner les méthodes les plus ingénieufes pour découvrir les longitudes en mer par l'application qu'ils ont faite des nouvelles découvertes à la Marine

Parmi ces différentes méthodes, la lune procure les moyens les plus fréquents de déterminer les longitudes en mer, à caufe de fon apparition prefque perpétuelle fur l'horizon, & par la facilité de l'obferver.

On fait que dans tous les cas où l'on fait ufage en mer de cette planete, il faut déterminer, par les Tables, le lieu de la lune fous le méridien connu, à peu-près avec la même précifion que fi elle y avoit été obfervée; l'imperfection des Tables de la lune, qui dans le dernier fiecle avoit été un obftacle à l'ufage que les anciens pouvoient faire de cette planete, pour déterminer les longitudes, ne l'eft plus dans celui-ci, où la Géométrie & l'Aftronomie ont fait les plus grands progrès.

MM. Clairaut, d'Alembert & Mayer, ce dernier célebre Aftronome de l'Académie de Gottingen, ont publié des Tables de la lune fi exactes, qu'on peut obtenir le plus fou-

______

(a) Philippe III, qui monta fur le trône d'Efpagne en 1598, fut le premier qui propofa un prix à ce fujet ; les Etats de Hollande fuivirent fon exemple ; le Parlement d'Angleterre affigna, en 1714, une récompenfe de 20000 liv. fterlings pour celui qui trouveroit la longitude à un demi-degré près, & M. le Duc d'Orléans, Régent de France, en promit une au nom du Roi. *Hift. Acad.* 1722.

vent, par le calcul, le lieu de cette planete à une minute près, erreur qui en produiroit une dans la longitude d'un $\frac{1}{2}$ degré environ. On pourroit donc se flatter avec cette exactitude de déterminer très-parfaitement les longitudes en mer, si l'on pouvoit, sur le Navire, faire des observations susceptibles de la même exactitude ; mais le mouvement du Vaisseau, la petitesse des instruments dont on est obligé de se servir, & le reflet de la lune, qui, pendant la nuit, empêche souvent de distinguer l'horizon, sont autant d'obstacles, qui, réunis avec le petit écart des Tables, peuvent produire deux ou trois degrés d'erreur dans la détermination des longitudes.

Cette erreur sera moindre par la suite, lorsque M. le Monnier aura fini la période de 18 ans déja bien avancée.

Cet Astronome ayant comparé la lune à des étoiles dont la position est bien constatée, procurera une suite d'observations bien plus exacte que la période de 18 ans de M. Halley, ce célebre Astronome s'étant contenté le plus souvent de comparer la lune au soleil, dont la théorie n'étoit pas alors bien connue, les observations de la lune doivent nécessairement être affectées des mêmes erreurs.

L'exactitude de 2 ou 3 degrés qu'on peut obtenir en mer, est cependant des plus avantageuses, puisque les erreurs qu'on y commet communément sont bien plus considérables ; malgré cet avantage, les calculs que ces différentes méthodes exigent, ont toujours été un obstacle à l'usage qu'on pouvoit faire les Pilotes : M. l'Abbé de la Caille, pour éviter aux Marins ces calculs, leur substitua une simple projection graphique, en faisant usage de la distance de la lune aux étoiles ; mais le fait a prouvé que cette méthode, quoique aisée, offroit encore trop de difficultés aux Pilotes ; de façon que, de tous les moyens que procure l'Astronomie pour déterminer les longitudes en mer, ils n'en ont adopté aucuns, & s'en sont tenus à la méthode ancienne du Loch, la plus imparfaite de toutes ; & en effet dans la mesure de la route par le Loch, on suppose que la mer est tranquille & n'a aucun mouvement, & que le Vaisseau parcourt, dans une demi-minute de temps mesurée au sablier, un espace égal à celui qu'indique le Loch, qu'on considere comme un point fixe, pendant que les vents, l'agitation de la mer, & sur-tout les courants, doivent produire nécessairement de grandes erreurs, en transportant le Loch.

J'ai appris, par le Journal de navigation d'un de nos meilleurs Pilotes, qu'en 1763 plusieurs Vaisseaux partirent d'un de nos Ports pour la Guyanne Françoise ; plusieurs de ces Vaisseaux avoient cherché la sonde 179 lieues plus à l'Est, & par conséquent ils s'étoient trompés de cette quantité, en croyant les côtes plus près de 179 lieues : l'erreur eût été bien dangereuse si elle avoit été dans un sens contraire.

Allant à la Bermude, on releve des rochers situés 100 lieues à l'Est de cette Isle, dont ils indiquent la position & la route qu'il faut tenir pour y arriver. Dans la même année 1763, différents Bâtiments croyant, par leur estime, être arrivés à cette hauteur, releverent des objets qu'ils imaginoient être ces rochers ; mais ils reconnurent bientôt que c'étoit la Bermude même qu'ils relevoient, & qu'ils ne devoient qu'au hazard de n'avoir pas échoué sur ces écueils.

La même année 1763, dans la traversée de France à Cayenne, un Navire arriva sur les côtes pendant qu'il estimoit en être éloigné de 150 lieues ; heureusement il étoit arrivé de jour, & avoit reconnu les terres à temps. Un autre Bâtiment se trouva dans une baie vers le fleuve des Amazones, pendant qu'il s'estimoit en pleine mer, & n'être pas à la sonde ou à la portée des côtes.

M. l'Abbé de la Caille rapporte dans sa relation au Cap de Bonne-Espérance (*), que s'étant embarqué le 21 Novembre 1750 sur le Vaisseau le Glorieux, commandé par M. Daprès, Correspondant de cette Académie ; un bon vent les porta en peu de jours aux

____

(*) Mémoire de l'Académie 1751, *pag.* 521.

Iſles du Cap Verd : « nous tentâmes, dit-il, d'aborder celle de Saint-Yago , pour remédier
» à une voie d'eau conſiderable qu'avoit un petit Bâtiment qui étoit auſſi ſous les ordres de
» M. Daprès ; mais quoiqu'à peine trois ſemaines ſe fuſſent écoulées depuis notre dé-
» part, notre eſtime nous faiſoit à l'Eſt de Saint-Yago, tandis que nous étions réelle-
» ment à l'Oueſt de cette Iſle. Nous la cherchions donc inutilement , mais par bonheur
» une Eclipſe de lune arriva le 13 Décembre , elle nous fit reconnoître notre erreur qui
» étoit de plus de 4 degrés en longitude ».

M. l'Abbé de la Caille rapporte dans la même relation (*page 533*) qu'à ſon départ
du Cap de Bonne-Eſpérance , il s'embarqua le 8 Mars 1753 ſur le Vaiſſeau François le
Puiſieulx deſtiné pour la Chine , & qui devoit relâcher aux Iſles de France & de Bour-
bon : dans cette ſeconde traverſée, il s'occupa, ainſi que dans la premiere , à obſerver
les longitudes en mer, par le moyen des diſtances de la lune aux étoiles , il la propoſa
aux Officiers du Vaiſſeau qui y réuſſirent parfaitement. On lit enſuite : « l'utilité de ces
» obſervations fut bien ſenſible dans cette même traverſée ; car ayant fait route pour
» nous mettre par eſtime à 40 lieues dans l'Eſt de l'Iſle Rodrigue, afin de l'aller recon-
» noître avant d'aborder à l'Iſle de France : les obſervations de longitudes que nous fî-
» mes lorſque nous nous jugeâmes à cette diſtance de 40 lieues , nous en mettoient à
» plus de 180 : ce que l'événement juſtifia ; deſorte que l'eſtime avoit donné une erreur
» de 140 lieues».

Ce même Aſtronome rapporte dans l'Edition *in-8°.* de la Navigation de M. Bouguer
(*page 248*) que dans les voyages de long cours, où l'on a eſſuyé beaucoup de vents
contraires , il arrive ſouvent qu'aux attérages on ſe trouve en erreur de 7 à 8 degrés ſur
la longitude eſtimée , ſelon les regles ordinaires du Pilotage.

L'Angleterre nous fournit quelques exemples trop frappants pour ne pas en faire
mention ici , on les trouve dans un Ouvrage Anglois qui a pour titre : *Récit de ce qui
s'eſt fait à deſſein de découvrir les longitudes.*

L'Auteur Anglois s'exprime ainſi : « depuis 21 ans pluſieurs Vaiſſeaux ſont péris , & la
» vie d'un grand nombre de ſujets eſtimables ont été perdus pour la Patrie par des mé-
» priſes dans la longitude , provenant de la défectuoſité des méthodes actuellement miſes
» en uſage ; pour exemple récent, les Vaiſſeaux de guerre le Littchfield , le Ramillies , le
» Humber, le Dodington , ce dernier de la Compagnie des Indes , ont péris par l'incer-
» titude des longitudes ».

Je ne rapporte que ces faits , pour ne point groſſir ce Mémoire ; ils ſont d'ailleurs plus
que ſuffiſants pour faire connoître les erreurs énormes qu'on commet avec la méthode du
Loch ; auſſi des naufrages ſans nombre ſur les côtes , dépoſent par-tout des triſtes monu-
ments de ſon imperfection ! Que ne devroit donc pas l'humanité à celui dont la découverte des longitudes conſerveroit à l'Etat cette multitude de Citoyens qui ſont enſe-
velis dans les flots, avec les productions des contrées les plus reculées , dont la perte ,
en portant le déſordre dans la fortune des familles , eſt encore le plus petit ſujet de leur
déſolation ?

Dans les recherches que les Savants ont faites ſur les longitudes , ils ont tous reconnu
qu'une Horloge exacte rempliroit cet objet d'autant plus facilement, que ſon uſage ſeroit à la portée des Pilotes les moins inſtruits ; mais l'exécution préſentoit des difficultés preſqu'inſurmontables ; elle exigeoit d'ailleurs des Artiſtes qui ſacrifiaſſent à cette
découverte une partie de leurs vies & de leur fortune dans l'incertitude du ſuccès.

Cette découverte , en nous procurant un moyen ſûr de déterminer les longitudes en
mer, nous en procureroit un , par conſéquent de rectifier les Cartes marines , avantage
qu'il ſuffit d'indiquer pour en ſentir toute l'étendue.

M. de Lalande a expoſé très au long , dans la Connoiſſance des mouvements céleſtes
de 1765 , les travaux de M. Harriſſon Anglois, qui , guidé par ſon ſeul génie , aban-
donna le rabot pour tenter cette découverte ; & l'on voit, par des expériences faites en

Angleterre, qu'il eſt parvenu, après 36 ans de travail, à donner de très-grandes eſpérances d'un ſuccès décidé.

Dès 1754 M. Berthoud s'étoit auſſi occupé en France d'une Horloge Marine, dont il a expoſé les principes dans ſon *Eſſai ſur l'Horlogerie*, préſenté à la cenſure en 1761. Il préſenta à l'Académie, au mois d'Avril 1763, ſon Horloge Marine avant ſon départ pour l'Angleterre, (elle avoit été finie au commencement de l'année 1761). Les Commiſſaires firent le rapport de ſon Horloge à l'aſſemblée du 20 Juin 1764, & des travaux de cet Artiſte dans l'intervalle de ces 10 années.

Depuis cette époque, M. Berthoud a conſtruit deux nouvelles Horloges dont les Commiſſaires ont encore rendu compte à l'Académie (*), c'eſt pour cette raiſon que je n'entrerai dans aucun détail à ce ſujet.

Les nouvelles recherches que cet habile Artiſte avoit faites pour perfectionner ces deux dernieres Montres, l'ont conduit à former le projet d'une nouvelle Horloge Marine, dont il a dépoſé les Plans & Mémoires à l'Académie au mois d'Août dernier, avant notre départ; mais avant de tenter l'exécution de cette derniere, il étoit néceſſaire que M. Berthoud s'aſſurât, par des expériences faites en mer, du degré de perfection de ces Horloges.

M. le Duc de Choiſeuil, trop occupé du progrès de la Marine, pour négliger ce qui peut y avoir rapport auſſi eſſentiellement, fut à peine inſtruit des travaux de cet Artiſte, qu'il en rendit compte au Roi.

Sa Maieſté ordonna que M. Berthoud ſe tranſporteroit en mer à ce ſujet; M. Duhamel & moi reçûmes de même des ordres pour nous rendre à Breſt, & y conſtater l'exactitude de ſon Horloge Marine de concert avec M. le Chevalier de Goimpy, Capitaine de Frégate, auſſi inſtruit dans l'Aſtronomie que dans la Marine; MM. de Grand-lieu, de Secval, Enſeignes, & M. Capelli, Garde de la Marine, furent nommés par M. de Roquefeuille pour concourir au même objet. Nous trouvâmes auprès de M. de Roquefeuille, Commandant dans ce Port, tous les ſecours que nous pouvions deſirer; il s'y porta non-ſeulement par zele pour le ſervice du Roi, mais en ſavant des plus inſtruits ſur cette matiere.

M. Hocquart, Intendant de la Marine, qui dans tous les cas a donné les plus grandes marques de ſon zele & de ſon amour pour la Patrie, en donna de nouvelles dans cette occaſion, par ſes ſoins à faire équiper, avec la plus grande diligence, la Corvette ſur laquelle nous devions nous embarquer.

Dans cet intervalle nous nous occupâmes à conſtater à terre l'état de l'Horloge & ſa marche, afin de connoître au débarquement l'heure qu'elle donneroit au méridien de Breſt, & par conſéquent ſa variation.

Nous nous étions propoſé de faire pluſieurs ſorties en mer dans de petits intervalles, & vérifier chaque fois l'Horloge à terre, afin de connoître ſes plus petites variations, & de n'avoir pas à craindre les compenſations inévitables dans les grands intervalles. L'exactitude d'une Horloge Marine, qui ne ſera fondée que ſur les expériences faites dans un long voyage, ſera toujours des plus équivoques par cette raiſon; &, en effet, ſi au départ d'un Navire pour l'Amérique, le froid fait retarder l'Horloge dans nos climats, en approchant de l'équateur, elle regagnera par le chaud ce qu'elle aura perdu par le froid, & pourra donner très-exactement la longitude au lieu d'arrivée, quoiqu'elle ait eu en mer de très-grandes irrégularités. On fait très-bien que différentes autres cauſes peuvent produire dans la marche de la pendule une compenſation ſemblable à celle de la différente température de l'air.

(*) L'Horloge Marine, dont nous avons fait uſage dans les expériences qu'on trouve à la fin de ce Mémoire, eſt de la groſſeur d'une Montre de carroſſe : elle eſt enfermée dans une boîte, & ſuſpendue verticalement; dans cet état elle peut être placée dans tous les endroits du Vaiſſeau, ſans y cauſer le plus petit embarras, ſon volume n'étant pas d'un pied en quarré.

Pour conftater la régularité d'une Horloge en mer, on n'a d'autres reffources que de comparer la longitude obfervée à l'Horloge, à celle qu'on peut obtenir par le fecouts de l'Aftronomie ; mais on a vu dans le commencement de ce Mémoire qu'on ne pouvoit avoir préfentement la longitude en mer, qu'avec une exactitude de 2 ou 3 degrés, précifion infuffifante pour vérifier celle de l'Horloge Marine.

On devroit commencer, dans ces circonftances, par conftater à terre fa régularité pendant plufieurs mois, & ne l'embarquer, pour un grand voyage, qu'après les différentes épreuves dont nous avons parlé, & celles qu'on peut faire fur le froid & fur le chaud. Les circonftances de notre voyage & la crainte que la faifon ne nous privât pour trop long-temps du foleil, nous déterminerent à ne pas perdre un moment pour faire nos expériences. Nous nous établîmes, à notre arrivée, dans l'Obfervatoire de la Marine, où nous plaçâmes un quart de cercle de trois pieds de rayons ; & pour donner à nos expériences toute l'authenticité poffible, nous fuivîmes la conduite fuivante.

1°. On ne pouvoit parvenir à l'Obfervatoire que par l'ouverture de trois portes, dont M. Fortin, Profeffeur d'Aftronomie, M. Berthoud, & moi avions chacun une clef. 2°. Quant aux obfervations Aftronomiques, j'étois chargé de cette partie, M. Berthoud écrivoit les obfervations dans deux Journaux, & M. Fortin comptoit à la Pendule des longitudes : les obfervations du matin finies, tous les affiftants fignoient au bas des obfervations : l'après midi on fe conduifoit de même, &, par ce moyen, il étoit impoffible d'en fupprimer aucune, ni de les corriger.

Le Ciel s'étant découvert le 7, nous prîmes des hauteurs correfpondantes du foleil ce même jour, ainfi que le 9, le 10 & le 14. Ce dernier jour la Pendule fut portée à bord & enfermée dans une armoire, dont M. le Chevalier de Goimpy avoit la clef, & M. Berthoud celle de l'Horloge : dans cette première fortie il fut décidé que je refterois à terre pour prendre des hauteurs correfpondantes à la Pendule de *Galonde*, dans la crainte où nous étions de ne pas voir le foleil ; mais les précautions furent inutiles. L'Horloge ayant débarqué le 16, nous prîmes le 18 des hauteurs correfpondantes ; le 19 elle fut embarquée de nouveau, & je l'accompagnai pendant que M. Berthoud refta à terre.

Nous prîmes des précautions ordinaires pour qu'elle ne fût ouverte qu'en préfence des témoins, pour la remonter (on trouve tout ce détail dans le Journal). Nous étant propofés d'examiner fi la pendule participoit aux mouvements du Vaiffeau, nous déterminâmes l'angle du roulis du Vaiffeau, que nous trouvâmes de 19 degrés ; nous déterminâmes de même l'angle des ofcillations de l'Horloge, & nous trouvâmes qu'il etoit auffi de 19 degrés, ce qui prouvoit évidemment que la Pendule n'avoit aucun mouvement.

Le 22 nous arrivâmes à la rade à 5 heures du foir, cachetâmes la Pendule, & fûmes la dépofer à l'Obfervatoire où nous prîmes des hauteurs correfpondantes le 23 & le 24.

Je rapporte ici une Table des réfultats de nos obfervations, qu'on trouvera à la fin de ce Mémoire, ainfi que dans le Journal des obfervations dépofé à l'Académie.

La première colonne de cette Table contient les midis obfervés à la Pendule de M. Berthoud, avec les différences dans l'intervalle des obfervations ; la feconde colonne, l'heure du midi moyen calculé pour Breft, avec les différences de ces midis ; la troifieme, la variation de la Pendule dans l'intervalle des obfervations, d'où l'on a conclu la variation qu'elle a dû avoir en 24 heures.

Table de la marche de l'Horloge Marine.

Jours des Observations.	Midi à la Pendule des Longitudes.	Différence.	Midi moyen calculé pour Brest.	Différence.	Variations de la Pendule	
					Dans l'intervalle des Observations.	Dans 24 heures.
Octobre.						
7	11.47.29,2		11.47.42,3.		$+''$ 4, 8.	$+''$ 2, 24.
9	11.47. 1,9	0. 27'',3	11.47.10,2.	0. 32'',1.		
		0. 9, 7.		0. 15, 2.	+ 5, 5.	+ 5, 30.
10	11.46.52,2		11.46.55,0.			
		0. 59,2.		0. 56,12.	— 3, 0.	— 0, 45.
14	11.46.53,0		11.45.58,8.			
en mer		2. 5, 0.		0. 46, 9.	— 18, 1.	— 4, 31.
18	11.44.48,0		11.45.11,9.			
en mer		1. 30, 3.		0. 45, 0.	— 45, 3.	— 9, 4.
23	11.43.17,7		11.44.26,9.			
		0. 17, 5.		0. 7, 0.	— 10, 3.	— 10, 5.
24	11.43. 0,2		11.44.19,9.			

On voit par cette Table que le 7 l'Horloge Marine étoit en retard fur le midi moyen de Breft, de 13'',1; fi elle avoit été parfaitement réglée fur le moyen mouvement, & fi fa marche avoit été uniforme, elle auroit toujours retardé exactement de cette quantité, ou les différences obfervées entre les midis, auroient été les mêmes que celles que donnent les calculs; mais les obfervations du 7 au 9 font connoître que l'Horloge a avancé de 4'',8 dans deux jours, ou de 2'',4 dans 24 heures, ce qui prouveroit que l'Horloge n'étoit point parfaitement réglée fur le moyen mouvement; fi elle avoit d'ailleurs une marche uniforme, dans ce cas elle auroit avancé chaque jour de la même quantité, ou de 2'',4, tandis que du 9 au 10 elle avança de 5'',5, ce qui indique une variation de 3'',1 dont elle a trop avancé.

Depuis le 7 jufqu'au 10 l'Horloge avoit avancé, mais depuis ce jour elle retarda toujours. Du 10 au 14 elle retarda de 3'' dans 4 jours, ou de 45''' en 24 heures; du 14 au 18, de 18'',1 dans 4 jours, ou de 4'',5 dans 24 heures; du 18 au 23, de 45'',3 dans 5 jours, ou de 9'',1 dans 24 heures; & du 23 au 24, de 10'',5. Pour apprécier l'erreur de l'Horloge de M. Berthoud comprife entre les termes les plus éloignés des obfervations, le 7 & le 24 d'Octobre, je fuppoferai fa marche telle qu'elle a été déterminée avant qu'elle fût en mer : elle a d'abord avancé de 3'', 1 dans 24 heures du 10 au 14; dans la première hypothefe où elle avançoit de 3'',1 par jour, elle auroit donné le midi le 24 à 11ʰ 44'',59' 5, fi la marche avoit été conftante. Il fut obfervé à 11ʰ 43'. 0'',2, d'où il réfulte une variation dans la Pendule de 1 59,3 dans 17 jours, ou de 7'' dans 24 heures; l'erreur n'auroit été que de 1',43'' 4, en fuppofant qu'elle n'avançoit que de 2'',4. dans 24 heures, ainfi qu'il refulte des obfervations du 7 au 9.

Dans la deuxieme hypothefe la Pendule avançoit de 45''' en 24 heures du 10 au 14, ainfi dans 17 jours elle auroit dû retarder de 12'',8, & alors elle auroit dû marquer le midi le 24 à 11ʰ. 43'. 54'', tandis qu'il a été obfervé à 11ʰ. 43'. 0'', ce qui donne 54'' d'erreur dans 17 jours, ou 3'',1. dans 24 heures, en diftribuant également l'erreur fur les 17 jours. On voit par ces différents réfultats que la Pendule de M. Berthoud n'a pas à la vérité le degré de précifion qu'il eft à defirer pour la découverte des longitudes;

mais

mais il lui fera d'autant plus facile de remédier à ces écarts, qu'il paroît qu'ils font indépendants du mouvement du Vaiffeau, mais qu'ils dépendent d'une partie de frottement à laquelle il a prévu dans fa nouvelle Horloge Marine, dont l'exécution exigeoit préalablement qu'il eût fait quelques expériences en mer qui puffent le mettre à même de connoître les parties de fa Montre qui demandoient à être perfectionnées, & les obftacle qu'il avoit à craindre des mouvements du Vaiffeau fur lefquels il n'avoit jamais été à portée de faire aucune expérience.

M. Berthoud étant certain, par cette premiere épreuve, de la caufe qui a produit ces écarts, on a tout lieu d'efpérer qu'une feconde épreuve ne laiffera rien à defirer fur la perfection des machines de cet habile Artifte, qui mérite, à tous égards, les plus grands encouragements du Gouvernement & du Public.

PREMIERE SUITE DU N°. *6* DE L'APPENDICE.

Reconnoiffance faite par M. l'Abbé Chappe, en lui confiant la Montre Marine N°. 3.

J E fouffigné, reconnois avoir reçu de M. Ferdinand Berthoud, Horloger Méchanicien du Roi, une Montre Marine de fon invention, laquelle Montre doit fervir aux expériences particulieres que je me propofe de joindre aux obfervations du prochain paffage de Vénus que je vais faire par ordre du Roi.

Je m'engage à remettre à M. Berthoud cette Montre auffi-tôt que je ferai de retour, & à ne rendre jamais compte qu'à lui feul (à moins qu'il n'y confente) des expériences que je ferai avec cette Montre, foit pour la détermination de la longitude en mer, foit pour toute autre obfervation; déclarant en outre que M. Berthoud ne m'a confié ladite Montre que pour mon ufage particulier, & que l'on ne doit rien conclure pour fon degré de précifion, d'après les expériences que M. Berthoud pourroit me permettre de publier; cet Artifte m'ayant prévenu que ladite Montre n'étoit pas portée au degré de perfection dont il favoit qu'elle eft fufceptible, & que d'ailleurs les Horloges Marines qu'il a conftruites par l'ordre & aux frais du Roi, & qui doivent fubir les épreuves qui ont été ordonnées par Sa Majefté, font les feules de fes Horloges à Longitude fur lefquelles on pourra, d'après les épreuves, porter un jugement définitif.

Je promets de plus que, dans aucuns cas, & pour quelques raifons que ce puiffe être, je ne confierai ladite Montre à perfonne, & que je ne permettrai à qui que foit d'en examiner le méchanifme. Fait à Paris le 16 Septembre 1768. *Signé*, CHAPPE D'AUTEROCHES.

SECONDE SUITE DU N°. *6* DE L'APPENDICE.

Déclaration de M. le Chevalier de Chabert, Capitaine des Frégates du Roi, en lui remettant la Montre Marine N°. 3.

Le 24 Mars 1771.

N OUS fouffignés Jofeph-Bernard de Chabert, Capitaine des Frégates du Roi, Chevalier des Ordres royaux & militaires de S. Louis & de S. Lazare, de l'Académie Royale des Sciences & de celle de la Marine, déclarons que M. Ferdinand Berthoud,

Horloger Méchanicien du Roi & de la Marine, ayant l'infpection des Horloges Marines; Membre de la Société Royale de Londres, nous a remis une Horloge Marine de fon invention fous le titre d'Horloge N°. 3 , ayant la forme d'une groffe Montre de Carroffe, la même qui fut éprouvée en mer par M. l'Abbé Chappe en 1764, & dont il rendit compte à la rentrée publique de l'Académie le 14 Novembre de la même année, & de laquelle ce même Aftronome s'eft fervi depuis dans fon voyage en Californie : que c'eft à notre follicitation que M. Berthoud nous a remis ladite Horloge à laquelle il nous a déclaré n'avoir pas eu le temps de faire les corrections qu'il juge convenables, mais qu'il a bien voulu nous confier telle qu'elle eft, à l'effet que nous puiffions nous en fervir pour les opérations Géographiques & autres que nous aurons lieu de faire dans le cours du voyage que nous allons entreprendre dans la Méditerranée, commandant la Frégate du Roi la Mignone , & pour lefquelles la régularité de cette Horloge nous a paru fuffifante. Déclarons en outre que M. Berthoud nous a confié ladite Horloge uniquement pour en faire ufage pour nos opérations , & non point pour éprouver ladite Horloge ou donner des réfultats concernant fa régularité , & que, quelle qu'ait été la juftelle de cette machine , il déclare que l'on ne peut en tirer aucune conféquence favorable ou défavorable aux autres Horloges Marines qu'il a conftruites , ou qu'il pourroit conftruire fur des principes différents de celle-ci , qu'il n'a pas eu le temps d'amener à la perfection dont elle peut être fufceptible; nous 'engageant conféquemment à ne rendre aucun compte public des vérifications que nous ferons de la régularité de ladite Horloge , en nous réfervant d'en tirer pour nous-mêmes, & pour notre travail particulier, les réfultats & les conféquences qui nous paroîtront devoir le perfectionner & en hâter la jouiffance ; en foi de quoi nous avons délivré à M. Ferdinand Berthoud la préfente Déclaration, pour lui fervir en tant que befoin. Fait à Paris le 24 Mars 1771. *Signé*, CHABERT.

APPENDICE. N°. 7.

Extrait d'un Mémoire (dépofé au Secretariat de l'Acad. le 10 Février 1768)
contenant la defcription abrégée des Horloges Marines N°. 6 & N°. 8, &
le précis de ma théorie fur l'Ifochronifme des vibrations du Balancier.

LES deux Horloges Marines que je fais par ordre de Sa Majefté font à la veille d'être éprouvées en mer ; mais avant de les faire partir, je dois, pour éviter toute difficulté fur leur invention, dépofer le précis de leurs conftructions à l'Académie Royale des Sciences : je ne m'étendrai pas beaucoup là-deffus.

Mes Horloges font à poids , conftruites de la maniere que je l'ai expliqué dans mon *Effai fur l'Horlogerie.*

Le rouage eft compofé de cinq roues feulément , y compris celle de l'échappement.

Les heures font marquées par la premiere roue, laquelle porte un cadran qui tourne , & les minutes font marquées par la feconde roue : elles font excentriques ; les fecondes font concentriques & marquées par la quatrieme roue.

La roue d'échappement eft d'acier ; fes dents font figurées comme celles d'une roue de cylindre , excepté que cette roue eft plate.

Le cylindre eft formé par deux palettes de rubis : elles font concentriques à l'axe de l'échappement, lequel eft par conféquent à repos.

L'échappement n'eft pas porté par l'axe de Balancier, mais y communique par un rateau.

Le balancier est suspendu par un ressort de la même maniere que je l'ai toujours fait, & que cela est décrit dans mon Essai sur l'Horlogerie.

Le balancier est toujours horizontal ; au moyen de la suspension toutes les roues du mouvement sont aussi horizontales : le balancier se meut entre six rouleaux comme celui de ma Montre Marine & de mon Horloge Marine, dont les plans sont au dépôt de l'Académie.

L'Horloge marche pendant qu'on la remonte par un ressort contenu dans le tambour du cylindre du poids.

La suspension de l'Horloge est à peu-près la même que celle de ma seconde Horloge Marine.

L'isochronisme des vibrations du régulateur est fondé sur des principes simples, & que je n'ai trouvé qu'après des recherches infinies ; cependant j'avois formé ce projet dès le temps que je publiai mon Essai sur l'Horlogerie, & c'est à cet usage qu'étoit destiné la machine d'expériences sur les ressorts, décrite N°. 512 & suivante, & vue Planche XVIII, Fig. 13 & 14, dont voici le Précis.

PROPOSITION.

LES oscillations libres d'un balancier quelconque peuvent être rendues isochrones par le ressor: spiral, conditions requises pour cela. Ayant toujours pensé qu'il étoit inutile de chercher à rendre les oscillations isochrones par l'échappement où elle ne peut résider, j'ai cherché à la procurer par le spiral, & d'une maniere beaucoup plus simple, plus utile & plus sûre ; car l'échappement pourroit corriger les inégalités de force motrice, & que, cependant, si des agitations du Vaisseau diminuoient l'étendue des arcs, ils ne seroient pas de même durée, condition au moins aussi essentielle que la premiere. Il faut donc absolument réunir ces deux propriétés, & voici comment j'en suis venu à bout, & sur quel principe ma théorie est fondée.

Si l'on a un balancier simple, sans spiral, auquel on veuille alternativement faire décrire de grands ou petits arcs dans le même temps, il faudra que sa force ou puissance augmente dans un certain rapport comme je suppose le quarré des arcs : donc, si au lieu de la puissance on substitue un ressort spiral, il faudra que sa force augmente dans la même proportion ; &, dans ce cas, les oscillations libres seront isochrones. Or, pour donner cette qualité au spiral, on peut le faire en le rendant plus long ou plus court, ainsi qu'il est aisé de le prouver. Si l'on a un ressort assez long & foible, pour être bandé de 10 tours, par exemple, & que l'on suppose que la force au haut est double de celle du bas, le premier tour de bande augmenteroit environ d'un dixieme de la force totale : un tel ressort appliqué à un balancier qui pourroit décrire 180 degrés, ne seroit point dans la proportion qu'exige le balancier pour la propriété en question, la progression ascendante de sa force n'augmenteroit pas assez, par conséquent les grands arcs du balancier libre seroient plus lents que les petits.

Si, au contraire, on rend le même ressort spiral assez court pour ne pouvoir être bandé que très peu, alors la progression de sa force sera très-grande, & augmentera dans une plus grande proportion que l'inertie du balancier, &, par conséquent, que celle requise pour l'isochronisme des vibrations, ainsi les plus grandes vibrations se feront en moins de temps. Il y aura donc une telle longueur à donner au spiral d'un balancier libre quelconque, que les grandes & petites vibrations seront isochrones.

Les oscillations de l'Horloge Marine, encore isochrones, lorsque l'échappement sera adapté au régulateur.

D'après ce que je viens d'établir, il est aisé de voir que si l'on peut donner cette propriété essentielle de l'isochronisme au balancier libre, il ne sera pas plus difficile de le faire : lorfque l'échappement eft appliqué à la machine , les dimenfions du fpiral fe détermineront en conféquence de l'échappement ; il n'eft même poffible que dans ce dernier cas , de favoir fi les ofcillations font ifochrones ; car un balancier libre ne conferve pas fon mouvement affez de temps pour compter les vibrations par les grands & petits arcs pour en conclure leurs durée ; ces expériences ne peuvent donc fe faire qu'au moyen de l'échappement l'Horloge toute montée , ainfi la correction opérera en même temps fur les ofcillations libres & fur l'échappement , fuppofé que celui-ci tendît à le troubler ; & fi l'on fait ufage de l'échappement à repos comme celui que j'ai employé , on fera affuré qu'il ne troublera pas fenfiblement les ofcillations libres : on réunira donc à la fois trois propriétés bien effentielles : 1°, celle de ne pas changer par un peu plus ou un peu moins de force motrice : 2° , que fi les agitations du Vaiffeau diminuent un peu l'étendue des arcs, cela ne changera pas la durée des vibrations ; & enfin fi l'Horloge eft un peu inclinée, les arcs venant à diminuer par un peu plus de réfiftance des rouleaux , cela n'affectera pas la juteffe de l'Horloge.

Si l'on vouloit que les plus petits & les grands arcs de vibration du balancier libre fuffent parfaitement ifochrones, il faudroit non-feulement que le fpiral eût la longueur requife pour cela, mais il faudroit de plus le figurer en conféquence, donner une telle épaiffeur à la lame que les premiers inftants de fon mouvement, & par conféquent fa force fuffent parfaitement proportionnés à l'arc décrit, ainfi la lame devroit être plus épaiffe du centre, &c.

Mais dans le balancier appliqué à l'Horloge , il eft abfolument inutile de chercher cette extrême précifion ; car, au-deffous des arcs de levée, l'Horloge arrêteroit, ainfi cette étendue d'arc ne peut varier ; il fuffit donc que depuis les arcs de levée jufques aux plus grandes vibrations , tous les degrés intermédiaires des vibrations s'achevent dans le même temps ; & cela dépend de la progreffion montante de la force du fpiral, c'eft-à-dire, de fa longueur, de fa figure, &c.

Mais lorfque j'aurai trouvé par expérience, la longueur, la force & le nombre de tours d'un fpiral, pour remplir le but dans un balancier donné, toutes les fois que je ferai un balancier de mêmes dimenfions, celles du fpiral feront auffi les mêmes, & alors les ofcillations feront auffi ifochrones ; en tout cas, il y auroit peu de différence, & il feroit aifé de la corriger , foit par le fpiral ou par le balancier.

Du Spiral.

LES *inflexions de deux refforts d'égale longueur font en raifon inverfe de leurs forces :* fi donc on a un reffort qui ait une force double de celle d'un autre reffort, & tous deux de même longueur, le plus foible aura une inflexion double du premier, & tous deux feront dans le même état forcé au bout de leurs inflexions ; d'où il fuit qu'ayant un balancier donné , lequel faifant des vibrations promptes, avançant par de plus grands arcs, & retardant par de plus petits, on parviendra à rendre fes ofcillations ifochrones, en employant un reffort plus foible , quoique de même longueur, parce que fon inflexion devenant plus grande, la progreffion afcendante de fa force fera dans un plus petit rapport.

Une autre recherche également effentielle qui m'a occupé, a été de donner de telles dimenfions au balancier , aux rouleaux, &c, que les vibrations du balancier ne changent pas d'étendue, quand même l'Horloge feroit un peu inclinée, & j'ai obtenu cette propriété en égalifant, autant qu'il eft poffible, la réfiftance de frottement des rouleaux à celle de la fufpenfion du balancier.

Quoique la juteffe de mes Horloges foit entiérement fondée fur la nature des principes & de la théorie que j'ai établie, je n'ai pas négligé la perfection dans la main-d'œuvre ; je puis même dire l'avoir portée au plus haut degré par les inftruments que j'ai

conftruits & fait exécuter ; j'ai ainfi travaillé à réunir tout ce qui peut porter les Horloges Marines au plus haut degré de jufteffe que l'on puiffe efpérer : je réferve pour
un autre temps le détail immenfe des travaux que j'ai fait pour cette recherche utile. Je
fais maintenant déffiner ces outils & inftruments pour les joindre aux plans même des
Horloges que je fis deffiner l'année derniere. A Paris le 10 Février 1768. FERDINAND
BERTHOUD.

Le préfent Mémoire contenant 15 pages, écrites à mi-papier, a été dépofé le 10
Février 1768 au Secrétariat de l'Académie, cacheté ; & ouvert le 15 Janvier 1772, à la
requifition de l'Auteur qui m'a prié de le parapher pour lui conferver fa date ; ce que
j'ai fait, & le lui ait rendu à l'inftant. A Paris les jour & an que deffus.

Signé, DE FOUCHY.

A P P E N D I C E. N°. 8.

*Rapport de l'Académie Royale des Sciences fur l'épreuve des Horloges
Marines* N°. 6 & N°. 8.

EXTRAIT DES REGISTRES (*) DE L'ACADÉMIE ROYALE DES SCIENCES.

Du 21 Février 1770.

Nous Commiffaires nommés par l'Académie, MM. de Caffini, Maraldi, de Borry, du
Séjour, Bailly & moi, (M. le Chevalier de Borda) avons examiné les extraits du Journal des
obfervations faites par M. d'Eveux, de Fleurieu, Enfeigne des Vaiffeaux du Roi,
Commandant la Corvette l'Ifis, & par M. Pingré de cette Académie dans leur voyage de
Rochefort à Saint-Domingue, & dans leur retour de Saint-Domingue à Rochefort, pour
éprouver les Horloges Marines de M. Berthoud.

MM. de Fleurieu & Pingré ont toujours obfervé féparément ; chacun a fait les calculs
& les réductions de fes obfervations ; la conformité des réfultats eft une preuve de leur
exactitude : il y a toujours eu un Officier & fouvent plufieurs qui ont affifté à ces obfervations, & qui ont figné les Journeaux ; enfin on n'a rien omis de tout ce qui pouvoit donner la plus grande authenticité aux opérations.

Le 3 Novembre 1768, M. Berthoud, étant à Rochefort, remit à MM. de Fleurieu &
Pingré, deux Horloges Marines, dont l'une étoit numérotée 8, & l'autre numérotée
6 ; chaque Horloge étoit dans une caiffe qui fermoit avec deux clefs différentes, M. de
Fleurieu en a gardé une, & l'autre eft reftée entre les mains de M. Pingré. M. Ber-
thoud de retour à Paris a envoyé à ces Meffieurs une Table de correction pour chaque
Horloge, à caufe de la température (*voyez* la Piece N°. 6) qui eft au dépôt de la Marine.

Le 4 Novembre on commença à comparer les Horloges, & on a fuivi exactement
cette comparaifon jour par jour jufqu'au 21 Novembre de l'année fuivante 1769 ; on a
eu auffi le foin de marquer tous les jours le degré du thermometre, & même la hauteur du
mercure dans le barometre. (*Voyez* les Feuilles N°. 2 & N°. 57) du dépôt.

(*) Nous ne donnons pas ici en entier le Rapport de l'Académie : nous en avons retranché tout ce
qui ne concerne pas les Horloges Marines N°. 6 & N°. 8, qui font l'objet de l'épreuve.

Le 8 Novembre les Horloges furent tranfportées à la maifon de M. le Moyne, Commiffaire Général de la Marine, fife rue S. Louis, près la porte du Port, ou MM. de Fleurieu & Pingré avoient établi leur Obfervatoire : elles avoient été comparées l'une à l'autre avant le tranfport : elles furent mifes dans une chambre à côté d'une Horloge Aftronomique ou Pendule à fecondes, dont on avoit déja commencé à conftater la marche par des obfervations de hauteurs correfpondantes du foleil prifes le 6 & le 7 de Novembre ; on compara les Horloges Marines après leur tranfport, & on trouva que le tranfport avoit produit une différence de 7″ entr'elles ; on compara auffi les deux Horloges à la pendule, &, après cette opération, on ferma la porte de la chambre à laquelle on avoit fait mettre deux ferrures, dont les deux clefs furent remifes, l'une à M. Pingré, & l'autre à M. de Saint-Michel, Enfeigne de Vaiffeaux, embarqué fur l'Ifis : on en a fait de même après l'obfervation de chaque jour.

Le 14, le 16, le 18, le 19 & le 28 de Novembre, le 6 & le 7 de Décembre, MM. de Fleurieu & Pingré prirent des hauteurs correfpondantes du foleil. On voit dans les pieces N°. 3, N°. 4 & N°. 8 (du dépôt), les obfervations & les calculs par lefquels MM. de Fleurieu & Pingré établiffent que les Horloges retardoient par jour fur le temps moyen, favoir l'Horloge N°. 8 de 4″, 35 fuivant M. de Fleurieu ; & de 4″, 31 fuivant M. Pingré ; celle N°. 6 de 6″, 35 fuivant M. de Fleurieu, & de 6″, 33 fuivant M. Pingré.

La marche des Horloges ayant ainfi été conftatée à terre, on fe difpofa le 8 Décembre à les faire tranfporter à bord de l'Ifis qui étoit mouillée à l'avant-garde du Port ; elles furent premiérement comparées entr'elles, enfuite elles furent portées par des Matelots de la maifon de M. le Moyne jufqu'au ponton de la machine à mâter ; l'Horloge N°. 6 fut portée à la main par les poignées de fa caiffe ; l'Horloge N°. 8 fut portée fur une civiere, parce que M. Berthoud avoit averti que les principes de fa conftruction qui devoient la rendre plus parfaite que l'Horloge N°. 6, la rendoient auffi plus fufceptible d'être dérangée par les fecouffes brufques : embarquées dans la chaloupe, les Horloges furent portées à bord, & placées dans une armoire pratiquée à ce deffein entre le mât d'artimon & la cloifon de la grande chambre où elles font reftées pendant toute la Campagne : cette armoire étoit fermée à deux cadenats & une ferrure ; les clefs des deux cadenats furent remifes, l'une à M. Pingré, l'autre à M. de Fleurieu, & la clef de la ferrure a toujours été entre les mains de l'Officier de garde ou de quart, qui n'a jamais manqué d'affifter à l'ouverture de l'armoire. Lorfque les Horloges furent placées, on ouvrit la caiffe pour les comparer comme on avoit fait avant le tranfport, on trouva l'Horloge N°. 6 arrêtée ; on l'a remis en mouvement en donnant fimplement une agitation circulaire à la caiffe, & on l'a mit fur l'heure & la minute de l'Horloge N°. 8, fans s'affujettir à lui faire marquer la même feconde, mais en tenant compte des différences.

Le 10 Décembre, l'Ifis mouilla dans la rade de l'Ifle d'Aix, le vent qui fouffla avec affez de violence, pendant plufieurs jours, ne permit que le 16 de tranfporter fur l'Ifle les inftruments propres à obferver les hauteurs correfpondantes : le 17 au matin, MM. de Fleurieu & Pingré obferverent des hauteurs du Soleil ; mais le temps fe couvrit l'après midi, & ne permit pas d'avoir les correfpondantes. Ce même jour M. Pingré tomba malade, & le temps continua d'être mauvais pendant plufieurs jours ; le 21 au matin M. de Fleurieu prit encore des hauteurs du foleil, mais il ne put faire d'obfervations l'après midi. Enfin les obfervations furent completes le 22 Décembre, & M. de Fleurieu a conclu de ces obfervations qu'à l'inftant du midi vrai la Pendule à fecondes marquoit 0^h 7′ 47″, 49, qu'elle avançoit par conféquent fur le temps moyen de 8′, 20″, 19 : on compara par des fignaux faits fur l'Ifle, avec des amorces de poudre qu'on voyoit parfaitement de la Frégate, l'heure de la Pendule avec l'heure des Horloges Marines, & on trouva que l'Horloge N°. 8 retardoit fur la Pendule de 12′. 42″. 66, elle retardoit par conféquent fur le temps moyen de 4′ 22″ 37 ; l'Horloge N°. 8 retardoit fur l'Horloge N°. 6 de 0′ 22″, 28 : donc elle retardoit fur le temps moyen de 4′ 44″, 6.

Nous avons eu égard ici à l'erreur d'une minute faite par M. de Fleurieu, en rapportant l'heure de la Pendule aux Horloges Marines, erreur reconnue par M. Pingré après son rétablissement, & dont on nous a donné des preuves satisfaisantes.

Le premier Janvier 1769 M. Pingré fut en état de se rembarquer; le 5 l'Isis appareilla de la rade de l'Isle d'Aix, mais les vents contraires la forcèrent le lendemain de regagner le mouillage.

Le 8 l'Isis appareilla pour la seconde fois : elle fut 5 jours dehors, & retourna le 13 dans la rade de l'Isle d'Aix, où elle resta jusqu'au 12 de Février. Pendant les 5 jours que l'Isis fut à la mer, MM. de Fleurieu & Pingré firent quelques essais de la méthode de déterminer la longitude par les Horloges Marines, & ils eurent lieu d'être contents des résultats.

Le 16 Janvier on établit un Observatoire sur l'Isle d'Aix, dans une maison sise sur la côte Orientale; le 18 MM. de Fleurieu & Pingré prirent des hauteurs correspondantes du soleil par lesquelles ils déterminèrent l'heure que la Pendule marquoit à l'instant du midi vrai; & par la comparaison de la Pendule aux Horloges Marines, faite par des signaux, comme le 22 Décembre; ils reconnurent l'heure de chaque Horloge; l'Horloge N°. 8 retardoit sur le temps moyen, suivant M. de Pingré, de 7'.0'', 87, & suivant M. de Fleurieu, de 6'59'', 16; l'Horloge N°. 6 retardoit sur le temps moyen, suivant M. Pingré, de 6',7''. 12, & suivant M. de Fleurieu, de 6'5'' 16.

MM. Pingré & de Fleurieu continuent ici leur calcul, en comparant l'état des Horloges Marines du 18 Janvier sur l'Isis, à celui qui a été observé à terre à Rochefort le 7 Décembre; & ces Messieurs conclurent qu'en 42 jours l'erreur de l'Horloge N°. 8 a été de 7'', 4 de temps, ce qui ne fait pas un 30e de degré, & que l'erreur de l'Horloge N°. 6 a été de 1', 3'', 6, ce qui est un peu plus d'un quart de degré.

Nous ne saurions admettre totalement la comparaison de l'état des Horloges Marines du 18 Janvier sur l'Isis à celui du 7 Décembre à Rochefort, parce que dans cet intervalle de temps se trouve compris le transport des Horloges de la maison de M. le Moyne jusqu'à l'Isis, & que nous ne savons pas si ce transport n'a pas occasionné dans l'Horloge N°. 8 des écarts qui dans la suite auront pû être compensés par d'autres erreurs; nos doutes sont fondés sur ce que le transport, fait le 8 Novembre de l'endroit où M. Berthoud avoit livré les Horloges aux Commissaires, avoit produit une différence de 7'' entre les temps comparés; cette différence pouvoit venir ou de l'Horloge N°. 8, quoique portée avec précaution sur une civiere, ou de l'Horloge N°. 6, qui, lors du second transport, a été arrêtée; ou enfin des deux Horloges en même-temps, dont l'une auroit eu un écart de 7'' plus grand que l'autre. Or, rien ne nous détermine à prendre un de ces trois partis, nous ne pouvons donc pas assurer que l'Horloge N°. 8, n'a eu aucune part à l'erreur de 7'' du premier transport, nous devons donc craindre que le second transport ne lui ait aussi causé quelque dérangement.

Le 12 de Février l'Isis mit à la voile; du 12 au 18 elle essuya dans le Golfe de Gascogne deux coups de vent violents; elle éprouva pendant 6 jours consécutifs toute l'agitation de la mer qui est très-rude dans ces parages; elle fut obligée de mettre à la cape; les angles de roulis furent au-delà de 40 degrés; les mouvements de tangage se combinoient avec ceux de roulis : enfin le temps fut tel qu'on pouvoit le désirer pour l'épreuve des Horloges. Le 24 Février l'Isis mouilla dans la baie de Cadix, lorsque MM. de Fleurieu & Pingré furent descendus à terre, M. de Tufiño, Lieutenant des Vaisseaux de Sa Majesté Catholique, & Directeur de l'Académie des Gardes de la Marine & de leur Observatoire, remit à ces Messieurs les clefs de l'Observatoire qu'ils ont gardée pendant tout le temps que la Pendule & les autres instruments y ont resté. Le premier Mars ces Messieurs prirent le matin des hauteurs correspondantes du soleil; on fit à midi les signaux pour comparer les Horloges Marines à la Pendule; M. Pingré faisoit les signaux de l'Observatoire, & M. de Fleurieu les recevoit à bord; ils étoient aidés l'un & l'autre par une partie des Officiers & des Gardes de la Marine de l'Isis; le Ciel se couvrit sur les deux heures de l'après midi , & ne permit pas d'obferver les hauteurs correfpondantes à celles du matin. Le 3 Mars MM. Pingré & de Fleurieu prirent les hauteurs du foleil ; mais M. de Fleurieu qui s'embarqua vers les dix heures pour fe rendre à bord , afin de recevoir les fignaux, ne put parvenir à la Frégate, quelques efforts qu'il fit pendant trois heures ; le vent fouffloit bon frais de l'eft, & il y avoit jufan ; M. de Fleurieu fut obligé de relâcher.

Les Horloges n'avoient point été montées à midi , M. Pingré avoit laiffé fa clef au Pere Buiffon, Aumônier de la Corvette; mais celle de M. de Fleurieu étoit dans fa chambre , & les Officiers ne fe déterminerent à faire enfoncer la porte , que lorfqu'ils virent qu'on ne pouvoit plus différer; on ouvrit les caiffes en préfence du Pere Buiffon ; on trouva l'Horloge N°. 8 en mouvement, mais l'Horloge N°. 6 étoit arrêtée faute d'avoir été montée ; on monta l'Horloge N°. 8 , qui n'avoit point été arrêtée, & on referma la caiffe. Lorfque MM. de Fleurieu & Pingré furent revenus à bord; ils monterent l'Horloge N°. 6, & lui rendirent fon mouvement. Comme depuis le 4 Novembre les Horloges avoient été comparées entr'elles tous les jours , il fut facile de remettre l'Horloge N°. 6 fur l'heure qu'elle devoit marquer , & on peut regarder l'erreur que cet accident a occafionné , comme de nulle conféquence.

Le 4 Mars MM. de Fleurieu & Pingre prirent le matin & le foir des hauteurs correfpondantes, & comparerent enfuite, par des fignaux, la Pendule aux Horloges; ils ont conclu par leurs obfervations la différence des méridiens entre l'Ifle d'Aix & Cadix (en fuppofant le retard journalier des Horloges établi à Rochefort) par l'Horloge N°. 8 de 19′ 33″, 19; mais l'Ifle d'Aix , fuivant la Carte des triangles , eft 14′, 4″ à l'occident de Paris , donc la différence des méridiens de Cadix & de Paris eft , fuivant l'Horloge N°. 8, de 33′ 37″ 19; or M. du Séjour a conclu d'une obfervation très-détaillée de l'éclipfe annulaire du premier Avril 1764 , faite par M. de Tufiño dont nous avons parlé ci-deffus , que la longitude de Cadix eft de 34′ 16″ à l'oueft de Paris , ainfi l'erreur de l'Horloge N°. 8 a été de 38″ 81 dans 45 jours : quant à l'Horloge N°. 6 , elle donnoit pour la longitude de Cadix 34′ 55″ 33 à l'oueft de Paris , ainfi fon erreur étoit de 39″, 33 à peu de chofe près la même que celle du N°. 8 ; mais en fens contraire , par conféquent l'erreur de chaque Horloge ne répond pas tout-à-fait à la fixieme partie d'un degré de longitude, ce qui feroit 3 lieues & ¼ fous l'équateur ; & il faut remarquer que dans cet intervalle de 45 jours font compris 25 jours de rade à l'Ifle d'Aix , pendant lefquels la Frégate a eu beaucoup de roulis, 12 jours à la mer, dont fix ont été très-rudes; & enfin 8 jours dans la baie de Cadix , pendant que la Frégate a eu des roulis qui dans le Journal font marqués de 20 à 27 degrés.

L'Ifis refta dans la baie de Cadix jufqu'au 15 Mars qu'elle partit pour Ténériffe; mais avant de la fuivre dans cette traverfée , nous croyons devoir nous livrer à une difcuffion un peu longue , que les opérations fubféquentes ont rendu néceffaires , & qui regarde d'ailleurs l'ufage général des Horloges Marines.

Nous avons vu ci-deffus que MM. de Fleurieu & Pingré avoient déterminé le mouvement moyen des Horloges le 7 Décembre à Rochefort , & qu'alors l'Horloge N°. 8 retardoit fur le temps moyen de 4″, 33 par jour, & l'Horloge N°. 6 de 6″, 35 : depuis l'époque du 7 Décembre jufqu'à celle du 4 Mars , ces Meffieurs ne chercherent pas à vérifier la marche des Horloges , & ce n'eft même que long-temps après , favoir le 13 Avril dans la rade de la Praya , Ifle de Saint-Yago , qu'ils firent des opérations propres à cette vérification. La juffeffe avec laquelle les Horloges avoient donné la longitude de Cadix leur avoit perfuadé , fans doute , que le mouvement moyen des Horloges n'avoit fouffert aucune altération , & ils ne crurent pas que cela eût befoin d'être prouvé d'une maniere directe : cependant qu'il nous foit permis de remarquer qu'on ne pouvoit pas conclure de ce que les Horloges avoient donné une longitude avec exactitude, que leur mouvement moyen n'avoit pas varié, parce que les erreurs pouvoient s'être compenfées ;

Il fuit delà que rien ne pouvoit difpenfer MM. de Fleurieu & Pingré de vérifier la marche des Horloges à Cadix, & même lors des obfervations faites à l'Ifle d'Aix; & nous
ajouterons même que dans la fuppofition où les Horloges Marines devinffent dans la
fuite d'un ufage général, il fera toujours, finon abfolument néceffaire, du moins très-
prudent de vérifier leur mouvement à chaque relâche : en effet ce feroit exiger de ces
inftruments une trop grande perfection que de demander qu'après un long voyage on
pût toujours compter fur le même mouvement moyen, on augmenteroit par-là la difficulté du problème fans néceffité, & on fe priveroit, peut-être par une idée de perfection mal entendue d'inftruments propres à donner les longitudes fort exactement dans les
voyages ordinaires : outre cela, il feroit difficile que des Marins donnaffent leur confiance à des Horloges dont la marche ne feroit pas vérifiée auffi fouvent qu'il feroit poffible. Concluons donc que l'ufage des Horloges Marines fuppofe auffi l'ufage de comparer
leur marche avec le temps moyen dans les différentes relâches. Ce que nous venons de
dire, MM. de Fleurieu & Pingré l'ont penfé quelque temps après leur départ de Cadix; mais ils ne purent faire de vérifications des Horloges que dans la rade de la Praya le 13
Avril; le réfultat qu'ils trouverent alors par leurs obfervations, leur fit fonger à revenir fur les
calculs précédents, & fur une obfervation du premier Mars faite à Cadix, obfervations
qu'ils avoient regardées jufques-là comme inutiles; qu'ils n'avoient pas même envoyées
au Miniftre avec les autres Pieces juftificatives, & dont ils n'ont fait aucun ufage dans
leurs calculs jufqu'à leur retour d'Amérique. Il étoit fans doute du devoir des Commiffaires d'examiner particuliérement les nouvelles Pieces préfentées par MM. de Fleurieu &
Pingré, & c'eft ce qu'ils n'ont pas manqué de faire, ainfi que l'Académie va en juger.

La premiere de ces Pieces eft fous le N°. 5 *bis*; elle contient la détermination du
mouvement moyen des Horloges lors de leur départ pour Cadix; cette détermination eft
établie fur la comparaifon des obfervations du 22 Décembre à celle du 18 Janvier. Remarquons un grand défaut dans cette vérification; c'eft que dans l'intervalle de temps
qu'elle renferme, on a compris celui pendant lequel l'Ifis a été à la mer, &, par conféquent, on a fuppofé tacitement que les Horloges Marines n'ont fouffert d'autre écart à
la mer que celui qu'elles auroient eu fi elles avoient toujours refté en rade; mais cette fuppofition eft précifément ce qui eft en queftion, & fi elle étoit jufte, on n'auroit befoin
d'éprouver les Horloges que dans les rades; il fuit delà qu'on ne peut pas admettre cette
vérification du mouvement des Horloges Marines, nous croyons cependant qu'en effet ces
Horloges avoient éprouvé dèflors un petit changement dans leur mouvement moyen,
changement que nous avons découvert par l'examen d'obfervations incomplettes, faites
le 19, le 21 & le 22 Décembre; mais les réfultats ne font pas affez précis pour que
nous croyons devoir changer notre calcul par rapport à la longitude de Cadix donnée
par les Horloges.

La feconde Piece numérotée 13 *bis*, concerne l'obfervation du premier Mars faite à
Cadix : nous ne pouvons douter qu'en effet il n'y ait eu une obfervation faite ce jour-là,
& la piece N°. 12, fignée le 6 Mars par tous les Officiers, & envoyée dans le temps
au Miniftre, en eft pour nous une preuve certaine; mais le contenu de cette obfervation ne nous étoit connu que par une piece fignée long-temps après par les mêmes Officiers, & il étoit, pour ainfi dire, néceffaire d'en prouver l'authenticité d'une maniere
particuliere; pour cela nous avons prié MM. de Fleurieu & Pingré de nous communiquer leurs Journaux; nous avons vu en effet fur ces Journaux, qui font fignés jour
par jour, le détail de l'obfervation du premier Mars, tel qu'il a été tranfcrit dans la
piece N°. 13 *bis*, qui fait l'objet de la difcuffion; nous avons vu, outre cela, les feuilles volantes qui ont fervi à porter les obfervations fur le Journal, & qui font fignées par
M. de la Filiere, Officier, alors préfent : nous ne pouvons donc pas douter de la vérité
du contenu de cette obfervation, qui a pour nous toute l'authenticité des autres pieces;
mais qui étoit préfentée fous un point de vue capable de la rendre fufpecte, fi on avoit

A a a a *

pû douter un inſtant de l'exactitude ſcrupuleuſe de MM. de Fleurieu & Pingré ; nous croyons donc en conſéquence pouvoir regarder cette piece comme ayant été envoyée au Miniſtre , avec celle du 4 Mars , & n'avoir aucun égard aux calculs faits d'après d'auttes ſuppoſitions.

Il réſulte de cette piece N°. 13 *bis* , par la comparaiſon des hauteurs du ſoleil priſes le matin du premier Mars , d'autres hauteurs priſes le matin , & quelques correſpondantes priſes le ſoir du 3 Mars ; & enfin des hauteurs priſes le matin & le ſoir du 4 Mars que l'Horloge N°. 8 retardoit de 8″,54 par jour ſur le temps moyen , & que l'Horloge N°. 6 retardoit par jour de 5″,61 : nous avons vu ci-devant que par les obſervations faites à Rochefort le 7 Décembre, l'Horloge N°. 8 retardoit alors de 4″,33 par jour ſur le temps moyen , & que l'Horloge N°. 6 retardoit de 6″,35 ; ainſi , après un intervalle de 87 jours , l'Horloge N°. 8 ſe trouvoit retarder par jour ſur le temps moyen de 4″,⅕ plus qu'à Rochefort , & l'Horloge N°. 6 avoit conſervé le même mouvement à ¼ de ſeconde près. Nous ne ſavons pas ſi la variation du mouvement moyen de l'Horloge N°. 8 étoit venue ſubitement ou graduellement ; mais nous verrons , par le détail des obſervations ſuivantes , que la variation a été preſque toujours dans le même ſens , & avec quelque uniformité.

Reprenons maintenant la ſuite du Journal de l'Iſis : elle étoit partie le 15 Mars de Cadix , & elle arriva le 19 du même mois à Sainte-Croix de Ténériffe ; on conçoit aiſément que dans une auſſi courte traverſée les Horloges devoient donner l'attérage avec beaucoup de préciſion ; c'eſt ce qui arriva en effet , & même ſi dès-lors MM. de Fleurieu & Pingré euſſent connu le vrai mouvement de l'Horloge N°. 8, l'erreur auroit été pour ainſi dire nulle ; mais ce qui doit beaucoup nous étonner , c'eſt que dans le cours de l'intervalle de 4 jours l'erreur de l'eſtime du Loch fut d'un demi-degré de longitude , & même de ¼ de degré environ , ſi l'on veut avoir égard à l'erreur que l'on faiſoit dans l'eſtimation de la longitude de Cadix : l'avantage des Horloges paroît certainement dans cette circonſtance d'une maniere bien frappante , cependant nous ferons remarquer qu'on ne doit pas juger par ce fait particulier de l'inexactitude ordinaire de l'eſtime du Loch ; tous les Marins ſavent qu'il y a beaucoup de courants aux environs des Canaries , & que ces courants ſont fort variables , d'où il ſuit que lorſqu'on navigue dans ſes parages , l'erreur du Loch peut être fort conſidérable même après de courtes traverſées. On peut ajouter à cela cette circonſtance particuliere qu'on a reconnu que les courants ſont plus forts , toutes choſes égales d'ailleurs , dans le temps des Equinoxes , & que c'eſt vers le temps des Equinoxes que s'eſt faite la navigation dont il s'agit. Il ſuit delà que ſi on vouloit juger de la perfection des deux méthodes , par la détermination de l'attérage de Ténériffe , on prendroit le cas le plus favorable pour les Horloges Marines , qui eſt celui d'une nouvelle vérification de leur marche , & le cas le plus défavorable pour l'eſtime du Loch , qui eſt celui de courants d'une direction inconnue , & plus forts qu'ils ne le ſont ordinairement. Nous ne prétendons pas , par ce que nous venons de dire , faire douter de l'avantage des Horloges Marines ; mais nous voulons ſeulement prévenir l'erreur dans laquelle on tomberoit , en ſuppoſant que l'eſtime du Loch eſt toujours à proportion auſſi défectueuſe qu'elle l'a été dans la traverſée de Cadix à Ténériffe : nous ferons remarquer en même temps que l'uſage des Horloges Marines n'eſt jamais plus utile que dans les mers où il y a des courants ; & qu'en comparant le réſultat des Horloges à celui du Loch, on a peutêtre la maniere la plus ſûre de connoître la force des courants.

L'Iſis étoit arrivée le 19 Mars à Sainte-Croix de Ténériffe , mais ce ne fut que le 27 du même mois qu'on put déterminer l'heure du ſoleil par des hauteurs correſpondantes ; on trouva que l'Horloge N°. 8 avançoit de 45′40″,36 ſur le temps moyen , & que celle N°. 6 avançoit de 49′40″36 , d'où en faiſant les corrections des mouvements moyens ſuivant la détermination du premier au 4 Mars , & la correction de la température, ſuivant la Table de la piece N°. 6 ; on a la différence en longitude de Cadix à Sainte-Croix de

Ténériffe de 39′ 44″ de temps par le N°. 8 ; & de 40′ 13″ de temps, par le N°. 6 ; ajoutant 34′ 16″, pour la différence des longitudes de Cadix & de Paris, on aura pour la différence en degrés, entre Sainte-Croix & Paris, 18° 30′, par le N°. 8, & 18° 38′, par le N°. 6 ; l'une & l'autre s'accordent très-bien avec celle de 18° 36′, qui a été trouvée par le Pere Feuillée.

L'Ifis partit le 28 Mars de Sainte-Croix de Ténériffe, pour aller à la reconnoissance des Ifles du Cap Verd ; MM. de Fleurieu & Pingré firent quelques obfervations à Gorée le 7 Avril, par lefquelles ils déterminerent que le N°. 8 avançoit de 0ʰ 47′ 39″ fur le temps moyen, & le N°. 6 avançoit de 0ʰ. 53′ 11″ : fuppofant le retard journalier des deux Horloges, qui avoit été établi du premier au 4 Mars à l'Obfervatoire de Cadix, on trouve pour la longitude de Gorée 19° 32′, par l'Horloge N°. 8, & 19° 47′, par l'Horloge N°. 6 : ces deux déterminations ne different entr'elles que d'un quart de degré, & s'accordent l'une à 7′ près, & l'autre à 22′ près, avec celle qui a été établie par MM. Varin & Deshayes.

L'Ifis appareilla de Gorée le Dimanche 9 Avril, & fe rendit à la rade de la Praya dans l'Ifle de Saint-Yago, une de celle du Cap Verd où elle mouilla le Mercredi 12, après trois jours de traverfée : MM. de Fleurieu & Pingré entreprirent dans cette rade une opération très-importante & très-remarquable pour l'ufage des Horloges Marines ; il s'agiffoit de vérifier la marche des Horloges, & il fe trouvoit que l'état des vents & la fituation de la rade ne permettoient pas de porter à terre les inftruments propres aux obfervations. Dans cette circonftance MM. de Fleurieu & Pingré eurent recours à l'inftrument ordinaire des Marins à l'octan de réflexion dont on fait d'ailleurs que l'ufage eft indifpenfable pour déterminer les attérages par les Horloges Marines. Ces Meffieurs prirent avec cet inftrument des hauteurs du foleil pendant 6 jours confécutifs ; ces hauteurs étoient prifes par M. de Fleurieu ; & M. Pingré comptoit, avec une Montre à fecondes, l'heure de chaque hauteur qu'on rapportoit enfuite à celle des Horloges Marines. L'octan de M. de Fleurieu n'étoit qu'à fimple pinule ; malgré cela on voit, par l'accord des différents réfultats, que le mouvement des Horloges a été déterminé avec précifion ; cela nous prouveroit une chofe fort intéreffante pour l'ufage de ces Horloges, c'eft qu'il eft poffible dans toutes les relâches de vérifier leur marche d'une maniere fimple, commode, & fouvent répétée ; mais quoique nous ayons la plus grande confiance dans les obfervations de MM. de Fleurieu & Pingré, l'importance de la chofe nous fait defirer qu'on la conftate par de nouvelles expériences.

Ces Meffieurs trouverent, par leurs obfervations, que le retard journalier de l'Horloge N°. 8 fur le temps moyen étoit de 11″ 61, c'eft-à-dire, de 3″ plus grand qu'il n'avoit été trouvé à Cadix 40 jours auparavant, & que le retard journalier de l'Horloge N°. 6 étoit de 7″ 85, c'eft-à-dire, 2″ ¼ plus grand qu'il n'avoit été trouvé à Cadix, & feulement 1″ ½ plus grand qu'il n'étoit à Rochefort, 127 jours auparavant. On trouve auffi, par les opérations de la Praya, que le 13 Avril le N°. 8 avançoit fur le mouvement moyen de 1ʰ 11′ 6″, 02, & que le N°. 6 avançoit de 1ʰ. 17′ 10″, 77 : d'où en employant les mouvements des Horloges trouvées à Cadix qui étoient alors les feuls qu'on pouvoit connoître ; on a pour la longitude de la Praya 25° 37′ 51″, par l'Horloge N°. 8, & 25° 57′ 18″, par l'Horloge N°. 6 ; la différence des deux déterminations eft d'un tiers de degré.

L'Ifis appareilla de la rade de la Praya le 18 Avril, & fit route pour la Martinique : le 3 Mai, vers les 4 heures ½ du foir, felon les obfervations qui furent faites, la Frégate n'étoit plus qu'à 2 lieues de diftance du Cul-de-fac-Robert, felon l'Horloge N° 8, & un peu moins felon l'Horloge N°. 6 ; felon l'eftime des Pilotes, elle étoit encore à 33 ou 34 lieues. On parcourut 15 à 16 lieues dans la nuit ; le Jeudi 4 mai, à 5 heures du matin, on découvrit la terre ; felon les Horloges, la Frégate ne devoit plus être qu'à 5 lieues de la Côte, & on jugea que cette diftance étoit parfaitement conforme à celle qu'on eftimoit à la vue.

Par les obfervations que MM. de Fleurieu & Pingré firent au Fort Saint-Pierre le 7,

Mai, l'Horloge N°. 8 avançoit sur le temps moyen de 3ʰ 36′ 3″, & l'Horloge N°. 6 avançoit de 3ʰ 43′ 36″, 8 : maintenant, pour trouver la longitude de Saint-Pierre par les Horloges, nous prendrons Cadix pour point de départ, parce que la longitude de ce lieu nous eft affez connue ; quant au mouvement des Horloges, il ne nous eft plus permis de prendre ni celui qui a été établi à la Praya, ni celui qui a été établi à Cadix ; mais il faut employer, pour le temps de la traverfée de Cadix à la Praya, un mouvement qui tienne le milieu entre ceux qui ont été établi dans ces deux endroits, & enfuite le mouvement établi à la Praya pour la traverfée de la Praya à Saint-Pierre. D'après ces fuppofitions, on trouve pour la longitude de Saint-Pierre 63° 26′, par le N°. 8 , & 63° 57′, par le N°. 6 ; MM. de Fleurieu & Pingré eftiment par la longitude déja connue du Cul-de-fac-Robert, que celle de Saint-Pierre eft de 63° 26′ : fi on s'en tient à cette détermination, l'erreur du N°. 8 fera nulle, & celle du N°. 6 fera de 31′ de degrés, après 64 jours & une relâche.

Si on n'avoit pas touché à la Praya, ou qu'on n'y eût pas vérifié les Horloges, on auroit été obligé de fuppofer pour toute la traverfée le mouvement établi à Cadix, & alors le N°. 8 auroit donné 62° 52′, & le N°. 6 auroit donné 63° 32′; différence entre les deux déterminations 40′; erreur de l'Horloge N°. 8, 33′ de degré, c'eft-à-dire, un peu plus d'un demi-degré dans 64 jours fans relâche ; erreur de l'Horloge N°. 6, 6′ de degré pour le même intervalle de temps.

On peut encore faire d'autres fuppofitions par rapport à l'attérage de la Martinique ; comme celle-ci, par exemple, qu'on fût parti de l'Ifle d'Aix, & qu'on n'eût point connu la longitude de Cadix (ce qui eft vrai en partie, puifque les anciennes obfervations donnoient 33′ 25″, & qu'on a par celle de M. de Tufiño, calculée par M. du Séjour, 34′ 16″). Dans ce cas-là, en fuppofant toujours qu'on eût vérifié le mouvement moyen à Cadix & à la Praya, & qu'on eût fait un ufage légitime de ces vérifications, on auroit eu pour la longitude de Saint-Pierre 63° 40′ par le N°. 8, & 64° 3′, par l'Horloge N°. 6 : donc la plus grande erreur n'eft que de ⅔ de degré, après 109 jours & deux relâches.

On voit que, dans les différentes fuppofitions que nous venons de faire, les réfultats font très-favorables aux Horloges : nous ne diffimulerons pas cependant que fi l'on ne veut point avoir égard à la variation du mouvement moyen reconnu à Cadix & à la Praya, la détermination de la longitude de Saint-Pierre en partant de l'Ifle d'Aix, fera extrêment fautive ; mais nous fommes bien loin de penfer qu'on doive exiger d'une Horloge Marine qu'elle conferve fon mouvement moyen pendant un intervalle de plufieurs mois ; nous nous fommes déja expliqué fur cet article, mais qu'il nous foit permis d'employer ici une autorité qui doit être d'un grand poids principalement dans la queftion préfente. Nous favons que le problême des longitudes, propofé en Angleterre, confiftoit à demander un moyen par lequel on déterminât les longitudes à un demi-degré près pour un voyage de fix femaines ; remarquons que non-feulement on a borné le voyage à un temps affez court, mais qu'on n'a pas même demandé que, pour un temps double ou triple de celui-là, on eût qu'une erreur double ou triple du demi-degré. Ceux qui propoferent le problême, & l'illuftre Newton étoit de ce nombre, nous paroiffent avoir fenti que cette nouvelle condition ajouteroit à la difficulté, & peut-être même imaginoient-ils dès-lors qu'on pouvoit y fuppléer en vérifiant le mouvement moyen des Horloges à chaque relâche : nous n'oferions affurer que ç'ait été l'idée de ceux qui propoferent ce problême ; mais nous croyons pouvoir nous fervir de leur autorité pour dire qu'on ne doit pas exiger des Horloges Marines que, fans vérification de leur mouvement moyen dans les différentes relâches, elles déterminent les longitudes dans des voyages de plufieurs mois.

Nous avons laiffé l'Ifis au Fort S. Pierre de la Martinique, delà elle fe rendit au Fort-Royal, où MM. Pingré & de Fleurieu firent des obfervations pour déterminer le mouvement moyen des Horloges, ils trouverent que l'Horloge N°. 8 retardoit de 13″, 4 par jour fur le temps moyen, c'eft-à-dire, 1″ 8 de plus qu'à la Praya, & que l'Horloge N°. 6 retardoit de 4″ ½, c'eft-à-dire de 3″, 7 moins qu'à la Praya, & ce changement s'étoit fait en 31 jours.

De la Martinique l'Ifis partit pour Saint Domingue ; elle mouilla dans la rade du Cap François le 23 Mai ; les obfervations du 30 Mai fervirent à vérifier la marche des Horloges Marines ; le retard journalier du N°. 8 fut trouvé de 12″, 83 à une demi-feconde près, le même qu'il avoit été trouvé à la Martinique ; le mouvement du N°. 6 étoit de 6″ 12, c'eft-à-dire, qu'il avoit varié en retard de 2″, & qu'il étoit revenu à une demi-feconde près à l'état où on l'avoit trouvé à Cadix.

Pour déterminer par les Horloges Marines la longitude du Cap, nous avons fuppofé qu'il n'y a eu qu'une feule relâche, favoir celle de la Praya entre Cadix & Saint Domingue, & alors la longitude du Cap fe trouve de 74° 21′ par le N°. 8, & de 75° 10′ par le N°. 6 : MM. de Fleurieu & Pingré ont fait dans cette Ville des obfervations de hauteurs abfolues de la lune, par lefquelles ils ont déterminé fa longitude de 74°. 35′, ainfi l'erreur des Horloges, après 87 jours & une relâche, a été de 14′ par le N°. 8, & de 35′ par le N°. 6.

Si on fuppofoit la relâche de la Martinique & la détermination du mouvement moyen dans cette Ifle, les longitudes données par les deux Horloges fe rapprocheroient entr'elles, & ne s'éloigneroient l'une que d'une minute, & l'autre de quatre minutes de celle qui a été trouvée par MM. de Fleurieux & Pingré.

Le 16 Juin l'Ifis appareilla pour retourner en Europe ; elle a paffé par le milieu du grand Banc de Terre Neuve, par les Ifles Açores, eft retournée à l'Ifle de Ténériffe & à Cadix ; la piece N°. 39 contient la relation de la traverfée de Saint Domingue à Ténériffe ; nous ne pourrions en faire un rapport exaCt qu'en la copiant en entier ; nous omettrions beaucoup d'obfervations intéreffantes fi nous voulions l'abréger ; nous prierons l'Académie dans un autre temps de vouloir en entendre la leCture. Nous dirons feulement que le 23 Juillet l'Ifis a mouillé dans la rade d'Angra de l'Ifle de Tercere, une des Açores : M. de Fleurieu y a renouvellé l'opération faite dans la rade de la Praya le 13 Avril, pour déterminer le mouvement des Horloges par des obfervations faites avec l'oCtan : nous avons encore examiné, avec beaucoup d'attention, les différents réfultats qui nous ont paru s'accorder affez bien, & qui nous font efpérer de plus en plus qu'on pourra avec l'oCtan feul, fans fecours d'aucun autre inftrument, faire toutes les opérations relatives aux Horloges Marines, avantage immenfe pour l'ufage de ces Horloges.

Les opérations faites à Angra donnerent 16″, 76 pour le retard journalier de l'Horloge N°. 8, & 12″, 79 pour celui de l'Horloge N°. 6.

L'Ifis partit de la rade d'Angra le premier Août, & arriva le 15 à Ténériffe ; MM. de Fleurieu & Pingré établirent leur Obfervatoire dans la maifon de M. Cafalon, Conful de France ; ils obferverent le 16 une émerfion du premier Satellite de Jupiter ; ils prirent le 18 & le 21 des hauteurs correfpondantes du foleil, & ils conclurent l'erreur des Horloges en 144 jours, depuis le 27 Mars, premiere ftation dans la rade de Sainte-Croix, jufqu'au 18 Août, feconde ftation dans la même rade ; favoir, l'erreur dans l'Horloge N°. 8 de 3′ 24″ de temps ou 51′ de degré, & l'erreur de l'Horloge N°. 6 de 3′ 19″ de temps, ou 49′ 45″ de degré.

Dans cette détermination MM. de Fleurieu & Pingré ont employé le mouvement trouvé à Cadix pour la traverfée de Ténériffe à la Praya, le mouvement trouvé à la Praya pour la traverfée de la Praya au Fort-Royal, & enfuite fucceffivement les mouvements trouvés au Fort-Royal, au Cap & à Angra pour les traverfées du Fort-Royal au Cap, du Cap à Angra, & d'Angra à Ténériffe ; l'attérage auroit été beaucoup plus jufte fi, comme cela auroit dû être, ces Meffieurs euffent employé pour chaque traverfée le mouvement qui tenoit le milieu entre ceux qui avoient été établis dans les différents points de départ & ceux d'arrivée, l'erreur des deux Horloges n'auroit été alors que d'un 8ᵉ de degré seulement après 144 jours.

Mais nous venons de remarquer, par rapport au N°. 6, que depuis le 10 Juin, temps où on a vérifié les Horloges à Saint-Domingue, jusqu'au 31 Juillet, temps d'une autre vérification à Angra, le retard journalier de cette Horloge a varié de 6″ 12 à 12″, 78 ; or il est clair qu'une Horloge qui auroit une pareille variation, pourroit, par cette seule cause, indépendamment de toute autre, donner d'assez grandes erreurs dans la traversée. Supposons, par exemple, que dans celle de Saint-Domingue à Angra, le retard du mouvement de cette Horloge, en passant de 6″, 12 à 12″, 78, ait augmenté uniformément, on trouvera qu'en comptant sur le mouvement de 6″, 12 établi au point de départ, on auroit eu une erreur de 3″ ⅓ par jour sur l'estime de ce mouvement, & par conséquent on auroit eu après 56 jours une erreur de 3′. 6″ de temps par cette seule variation. Ainsi, malgré la grande précision apparente de l'Horloge Nᶜ. 6, pendant la période de 144 jours, on ne peut disconvenir que dans une partie de cette période elle n'ait été sujette à d'assez grandes erreurs.

Quant à l'Horloge N°. 8 elle a eu aussi dans le retour de Saint Domingue à Angra de plus fortes variations qu'elle n'en avoit éprouvé jusques-là ; mais ces variations ont été bien au-dessous de celles du N°. 6.

On trouva aussi, par les opérations faites à Ténériffe, que l'Horloge N°. 8 retardoit alors de 19″, 27 par jour sur le temps moyen, & que l'Horloge N°. 6 retardoit de 14″, 05.

L'Isis appareilla de la rade de Sainte-Croix de Ténériffe ; le 24 Août elle fut contrariée par les vents, & ne put mouiller dans la baie de Cadix que le 15 de Septembre, 22 jours après son départ de Ténériffe : dans le premier voyage elle avoit fait la traversée dans 4 jours ; le 4 & le 10 d'Octobre MM. de Fleurieu & Pingré prirent des hauteurs correspondantes du soleil ; il résulta de leurs observations que le retard journalier du N°. 8 étoit alors de 15″, 92, c'est-à-dire, qu'il étoit plus petit qu'à Ténériffe de 3″, & il faut remarquer que c'est alors pour la premiere fois dans toute la durée de l'épreuve qu'on a trouvé une accélération un peu considérable dans le mouvement de cette Horloge ; jusqu'alors, à l'exception de quelques petites irrégularités qu'elle avoit éprouvée en Amérique, son mouvement avoit toujours été en retardant.

Le retard de l'Horloge N°. 6 fut trouvé à Cadix de 25″, 03, c'est-à-dire, que dans l'intervalle de 48 jours, savoir, depuis le 23 Août jusqu'au 10 Octobre, ce retard journalier avoit été augmenté de 10″, 98.

L'Isis partit de Cadix le 13 Octobre pour se rendre à Rochefort ; elle a été fort tourmentée par des roulis dans cette traversée, & notamment du 23 au 27 Octobre quelques-uns ont été au-delà de 45 degrés ; en comparant les Horloges entr'elles, on s'est apperçu deux fois que les boîtes qui contenoient ces Horloges frappoient assez rudement contre les suspensions ; il est probable qu'elles y ont frappé encore dans d'autres temps où l'inclinaison a été égale, & même plus grande ; le dérangement visible qu'a eu l'Horloge N°. 6, depuis le départ de S. Domingue, vient peut-être de ces chocs qui ont dû être plus fréquents dans les gros temps continus, que la Frégate a essuyés sur la fin de l'épreuve. Au reste, nous ne donnons cette réflexion que comme une pure conjecture à laquelle nous ne tenons en aucune maniere.

L'Isis mouilla le 31 Octobre dans la rade de l'Isle d'Aix, l'Observatoire fut établi le même jour sur l'Isle ; MM. de Fleurieu & Pingré prirent des hauteurs correspondantes le premier & le 13 de Novembre ; ils ont conclu de ces observations que le retard journalier du N°. 8 étoit de 18″, 60, & celui de l'Horloge N°. 6 de 25″, 05.

Le 13 Novembre, après avoir observé les hauteurs du soleil, on éprouva si la concussion, que produit sur un Navire le jeu de toute son artillerie, occasionneroit quelqu'altération dans la marche des Horloges. Pour cet effet, vers les quatre heures après

midi , on compara les deux Horloges Marines à l'Horloge Aftronomique qui étoit reftée
à l'Ifle d'Aix , & dont on connoiffoit la marche ; enfuite on fit cinq décharges de toute
l'artillerie de la Corvette , en faifant jouer les deux bords enfemble ; les concuffions furent très-violentes ; 45 ferrures des chambres qui étoient voifines de celle des Horloges ,
& des petits meubles attachés contre le bord furent arrachés par les fecouffes , ainfi
qu'une ferrure de l'Armoire des Horloges : après cette épreuve on compara de nouveau
les Horloges Marines à l'Horloge Aftronomique , & il ne parut pas que leur marche
en eût affectée.

Le 17 Novembre les Horloges furent tranfportées à terre ; on les compara entr'elles
avant & après le tranfport ; on jugea que des chocs, que le N°. 6 avoit reçus , devoient
avoir fufpendu fon mouvement pendant quelque temps , parce qu'on le trouva de deux
minutes environ moins en avance fur le N°. 8 après le tranfport , qu'il ne l'avoit été
avant le tranfport. On continua de les comparer jufqu'au 22 Novembre , jour auquel on
ceffa de les monter.

Nous venons de rendre compte du Journal d'obfervations de MM. de Fleurieux & Pingré ; pour fe faire une idée plus complette de leur travail , il faudroit jetter les yeux fur
les pieces N°. 57, 58 & 59, qui en font des extraits. On trouve dans la piece N°. 57 ,
1°, les obfervations du baromètre & du thermomètre , depuis le 10 Novembre 1768 , jufqu'au 21 Novembre 1769 ; 2°, le rapport des deux Horloges comparées entr'elles chaque jour ; 3°, l'état de la mer , & les époques des obfervations.

La piece N°. 58 contient l'état des différents retards journaliers des Horloges conclu
par un milieu entre les retards obfervés à différentes époques, dont on s'eft fervi dans la
conftruction de la Table de la différence des méridiens , entre divers Ports où la Frégate
a relâché : cette Table eft dans la même piece N°. 58.

La piece N°. 59 eft un Journal de l'Ifis ; on y voit 1°, une Table des latitudes conclue des obfervations de la hauteur méridienne du foleil , ou celles qui ont été déduites de
l'eftime ; 2°, une Table du progrès journalier en longitudes , calculé d'après l'eftime des
Pilotes ; 3°, les relèvements faits à la vue de terre.

Enfin il nous a paru que ces Meffieurs n'ont rien négligé de tout ce qui peut contribuer à la perfection de la navigation ; leurs obfervations font fi nombreufes , & faites
avec une fi grande précifion , qu'elles doivent infpirer la plus grande confiance.

Il réfulte du rapport que nous venons de faire , que l'Horloge N°. 6 a été d'une
grande précifion pendant les fix premiers mois de l'épreuve ; que du 18 Janvier , jour
où on a fait de nouvelles obfervations à l'Ifle d'Aix , jufqu'au 4 Mars qu'on a fait de
nouvelles obfervations à Cadix , elle n'a donné qu'une erreur d'un fixieme de degré après
45 jours ; qu'en partant de Cadix elle a donné , après 23 jours , la longitude de Ténériffe à 6' de degré près la même que celle qui a été établie par le Pere Feuillée ; qu'a-
près 34 jours , depuis fon départ de Cadix , elle a déterminé la longitude de Gorée à
un tiers de degré près , comme MM. Varin & Deshayes ; qu'en prenant encore Cadix
pour point de départ elle a donné , après 64 jours , la longitude du Fort Saint-Pierre
de la Martinique à un demi-degré près la même que celle qui avoit été donnée par le
Pere Feuillée ; qu'elle a donné , après 87 jours , la longitude du Cap Francois à Saint-
Domingue à un demi-degré près , comme MM. de Fleurieu & Pingré l'ont déterminé
par les obfervations des hauteurs de la lune ; qu'enfin , depuis le 27 Mars , premiere
ftation dans la rade de Sainte-Croix de Ténériffe , jufqu'au 18 Août , feconde ftation
dans la même rade , fon erreur n'a été que d'un 8e de degré ; que cependant , malgré
cette précifion furprenante , il eft certain qu'elle a éprouvé dans fon retour de Saint-
Domingue aux Açores une variation très-grande , puifque fon retard journalier fur le
temps moyen étoit de 6" plus grand aux Açores le 31 Juillet , qu'il n'avoit été trouvé
à Saint-Domingue le 10 Juin , 51 jours auparavant ; que dans le retour de Ténériffe à
Cadix , le retard journalier avoit encore augmenté de 10" 98 , dans 50 jours ; qu'en-

fin la variation, depuis Cadix jufqu'à l'Ifle d'Aix, a été très-petite. D'où nous con-cluons que cette Horloge N°. 6, dans l'état d'ifochronifme où elle s'eft trouvée pendant les fix premiers mois ; favoir, depuis le 8 Décembre jufqu'au 10 Juin, pourroit donner les longitudes à moins d'un demi-degré près, pour un voyage de 45 jours ; que depuis le 10 Juin jufqu'au 31 Juillet, on n'auroit pas pû compter fur une précifion auffi grande, & qu'enfin, dans l'état d'altération où elle s'eft trouvée depuis le 21 Août juf-qu'au 10 Octobre, il eft probable qu'elle n'auroit donné les longitudes tout au plus qu'à un degré près dans 45 jours.

Quant à l'Horloge N°. 8, nous trouvons qu'elle a eu une variation continuelle dans fon mouvement moyen ; mais que ces écarts ont toujours été fort au-deffous des grands écarts de l'Horloge N°. 6 : que depuis le 18 Janvier, jour où l'on a obfervé à l'Ifle d'Aix, jufqu'au 4 Mars, jour où l'on a fait de nouvelles obfervations à Cadix, l'erreur n'a été que d'un fixieme de degré ; qu'en comptant fur le mouvement moyen, établi à Cadix le 4 Mars, elle a donné à très-peu de chofe près les longitudes de Ténériffe & de Gorée, comme le Pere Feuillée, M. Deshayes & Varin les avoient établies ; qu'en corrigeant la marche de cette Horloge par les obfervations faites dans la rade de la Praya, elle a donné les longitudes du Fort Saint-Pierre, de la Martinique & de la ville du Cap à Saint-Do-mingue, très-conforme à celles qui ont été établies, l'une par le Pere Feuillée, & l'autre par MM. Pingré & de Fleurieu ; que dans la traverfée de Saint-Domingue à Angra, fa variation dans le mouvement moyen a été affez grande, mais beaucoup plus petite que celle du N°. 6 ; que dans la période de 144 jours, qui eft l'intervalle du temps com-pris entre les deux ftations faites à Ténériffe, l'erreur n'a été que d'un 8e de degré ; que dans le retour de Ténériffe à Cadix, & de Cadix à l'Ifle d'Aix, la variation a été peu confidé-rable. D'où nous concluons que cette Horloge, pendant les fix premiers mois de l'épreu-ve, a donné les longitudes à moins d'un demi-degré près pour un voyage de 45 jours, en fuppofant, comme cela doit être, qu'on ait égard aux verifications du mouvement moyen faites dans les différents relâches ; que dans la traverfée de Saint-Domingue à Angra, & peut-être auffi dans celle d'Angra à Ténériffe, l'altération qu'a éprouvé fon mouvement moyen, quoique fort inférieure à celle du N°. 6, nous fait croire que dans cet état elle auroit donné les longitudes tout au plus à un demi-degré près pour 45 jours, & que dans la traverfée de Ténériffe à Cadix, & de Cadix à l'Ifle d'Aix, elle a donné les longitudes avec la même précifion que dans les premiers temps de l'épreuve.

Enfin nous penfons qu'en général les Horloges de M. Berthoud peuvent être très-utile à la mer, pour la détermination des longitudes, & le voyage de l'Ifis en fournit des preu-ves multipliées.

Fait au Louvre, dans la falle de l'Académie des Sciences, le vingt-un Février mil fept cent foixante & dix.

Je certifie le préfent Extrait conforme à fon original, & au jugement de l'Académie. A Paris, le quatorze Mars mil fept cent foixante & dix, & eft *Signé* GRANDJEAN DE FOUCHY, Secretaire perpétuel de l'Académie Royale des Sciences.

APPENDICE

APPENDICE. N°. 9.

Extrait d'une Lettre de Monfieur de Boynes, Secretaire d'Etat au Département de la Marine, écrite à M. de Fleurieu, Enfeigne de Vaiffeau.

De Marly le 16 Juin 1771.

L'ÉPREUVE des Horloges de M. Berthoud a été faite dans toute fon étendue par vous & M. Pingré, les comptes rendus & le rapport de l'Académie ont authentiquement conftaté leur bonté, & qu'elles ont rempli le but propofé. L'engagement, pris avec M. Berthoud par le Roi, a eu en conféquence fon exécution ; une feconde épreuve ne peut ni changer fon fort, ni rien ajouter au jugement rendu fur fes Horloges.

L'Académie des Sciences a propofé de faire l'armement d'un Bâtiment dans lequel feroient reçues toutes les machines propres à déterminer les longitudes que les Artiftes voudroient préfenter. Le Roi y a confenti, & l'a fait annoncer. Il a été auffi décidé que les Horloges de M. Berthoud y feroient embarquées ; mais ce n'eft ni pour les foumettre à une nouvelle épreuve, d'où dépendra le fort de ce Méchanicien, ni pour les mettre enconcurrence avec d'autres Horloges, puifqu'il n'entend pas concourir au prix de l'Académie.

Ainfi, dans le fait, on profite feulement de l'occafion de ce Bâtiment, pour conftater la fuite de la régularité des Horloges de M. Berthoud. Il me paroît qu'il eft plus de l'intérêt de M. Berthoud que fes Horloges affiftent aux épreuves générales, que d'en faire faire une feconde épreuve à part.

Nous fouffigné, Officier des Vaiffeaux du Roi, certifions le préfent extrait conforme à la lettre originale à nous adreffée par M. de Boynes, Secretaire d'Etat au Département de la Marine. A Paris ce 19 Juin 1771. *Signé*, le Chevalier DE FLEURIEU.

APPENDICE N°. 10.

Lettre de M. de Boynes, relative à l'embarquement de mon Horloge Marine fur la Frégate la Flore.

A Compiegne, le 12 Août 1771.

LA Frégate du Roi la Flore, Monfieur, deftinée aux épreuves à faire des différents moyens propres à déterminer les longitudes en mer, fera armée à Breft dans le courant de Septembre prochain, pour partir au commencement d'Octobre. Il convient que vous vous arrangiez en conféquence avec MM. de Borda & Pingré, Commiffaires nommés par l'Académie des Sciences, pour faire cette Campagne, afin que vos Horloges Marines (a) foient rendues à Breft dans le courant de Septembre, & affez tôt pour qu'il y ait le temps néceffaire pour vérifier leur marche à terre, & faire toutes les obfervations relatives : vous voudrez bien m'informer des mefures que vous aurez prifes à ce fujet.

Je fuis, Monfieur, très-parfaitement à vous.
Signé, DE BOYNES.

(*) Je n'ai livré que l'Horloge N°. 8, pour faire cette campagne, parce que je n'avois alors en ma poffeffion que celle-là qui appartînt au Roi, N°. 6 étoit aux Indes.

Bbbb *

APPENDICE. N°. 11.

Inftruction fur la maniere dont il faut placer l'Horloge Marine N°. 6 dans le Vaiffeau, la conduire, &c. adreffée à M. l'Abbé de Rochon, de l'Académie Royale des Sciences, Aftronome de la Marine.

OBSERVATIONS PRÉLIMINAIRES.

1°. L'HORLOGE Marine ne doit pas marcher pendant fon tranfport de Paris à l'Orient ni à fon retour à Paris, ni pendant fon tranfport de terre fur le Vaiffeau.

2°. L'Horloge Marine fera placée dans le Vaiffeau lorfqu'il fera en rade : c'eft alors feulement qu'il faudra, aprés l'avoir placée, la faire marcher.

3°. Cette Horloge ne doit être déplacée de deffus le Vaiffeau qu'à fon retour en France ; mais, avant de la defcendre du Vaiffeau, il faudra de nouveau vérifier fa marche.

Du lieu du Vaiffeau où l'on doit placer l'Armoire qui doit contenir l'Horloge.

POUR que l'Horloge foit moins agitée par le Vaiffeau, il faut la placer le plus près que l'on pourra du centre de balancement ou d'ofcillation, & l'on doit avoir également en vue, en déterminant fon lieu dans le Vaiffeau, de choifir un endroit fain & pas humide, & où l'Horloge ne foit cependant pas expofée aux changements trop fubits de la température : j'ai déja marqué dans une note qu'il feroit à propos de placer l'armoire de l'Horloge Marine entre le mât d'artimon & la Sainte-Barbe ; mais que cette armoire foit bien fermée, folide & ifolée.

La plus grande longueur de la caiffe de l'Horloge doit être dans le fens du roulis, cependant fi on trouve des difficultés à la placer de ce fens, on peut la diriger de l'autre : cette caiffe doit être arrêtée ou amarée très-folidement fur le plancher par des taquets, le rebord de cette caiffe étant deftinée à cet ufage.

Le dedans de l'armoire doit être garni d'étoffe de laine pour empêcher l'entrée du mauvais air, & la porte doit être fermée par une bonne ferrure, dont la clef peut être remife au Capitaine ; & comme la caiffe de l'Horloge eft fermée par un cadenat, & enfuite par une ferrure, on peut, fi l'on veut, ajouter à l'ufage de cette Horloge l'authenticité pour affurer tous les procédés, comme a fait M. de Fleurieu dans fa campagne en Amérique : on peut, dis-je, remettre la clef du cadenat entre les mains de l'Officier de quart, & la clef de la ferrure de la caiffe reftera entre les mains de M. l'Abbé de Rochon.

De forte que, pour remonter l'Horloge, ou pour obferver fa marche & s'en fervir à fes ufages dans la Navigation, il faudra que les trois Perfonnes chargées des clefs fe réuniffent. Mais c'étoit une forme qui devenoit néceffaire dans une épreuve des Horloges Marines, mais que M. l'Abbé de Rochon ne fuivra à la rigueur, qu'autant que lui & les Officiers du Vaiffeau le jugeront néceffaire pour l'authenticité de leurs obfervations.

La grandeur de l'armoire, dans laquelle fera placée l'Horloge, fera déterminée par la place qu'on aura ; plus cette armoire fera grande, & mieux fera ; cependant on pourroit, fi l'on vouloit, ne lui donner que la grandeur requife pour que la caiffe de l'Horloge puiffe s'ouvrir.

Placer l'Horloge dans ſa Caiſſe ſur ſa ſuſpenſion.

La caiſſe de l'Horloge étant fixée dans ſon armoire, & le Vaiſſeau étant prêt à aller en rade, on pourra placer l'Horloge dans ſa caiſſe ſur ſa ſuſpenſion ; pour cet effet, on fera porter la caiſſe du tambour qui contient l'Horloge dans le Vaiſſeau, & là on retirera le tambour de ſa caiſſe : on ôtera en conſéquence les vis qui arrêtent le couvercle au moyen des quatre traverſes de fer : on fera ſortir le tambour de ſa caiſſe au moyen de la corde de ſoie attachées aux mains : on élévera ſeulement ce tambour (qui eſt fort ſerré dans ſa caiſſe) de la quantité ſuffiſante, pour que les mains ou chevilles de cuivre attachées à ce tambour ſoient dégagées de la caiſſe, afin de prendre avec les mains ces chevilles, ſans ſe ſervir de la corde qu'on ôtera.

Le tambour étant retiré de ſa caiſſe, il faut déviſſer & retirer tout-à-fait deux vis d'acier placées au bas du tambour ſur le côté, & diamétralement oppoſées ; & en place de ces deux vis d'acier, on mettra les deux vis de cuivre courtes, & ſeulement deſtinées à boucher les deux trous du tambour.

Le tambour, pendant ce temps, eſt ſuppoſé poſant ſur une table ou ſur le plancher du Vaiſſeau ; en cet état on pourra remonter l'Horloge au moyen de ſa clef, & on attendra le moment de midi au temps moyen, heure à laquelle ſont arrêtées les aiguilles de l'Horloge : on ouvrira la lunette au moyen d'un tournevis ; on écartera du centre du cadran la détente placée devers les 20 minutes, laquelle arrête le balancier. A l'inſtant du midi moyen qu'on aura porté par une Montre à ſecondes, on fera tourner le tambour ſur lui-même d'un quart de tour, allant & revenant juſqu'à ce que l'Horloge marche ; on obſervera de ne pas abandonner pendant tout ce temps le tambour, pour qu'il ne puiſſe tomber par un mouvement quelconque du Vaiſſeau.

Cela fait, on poſera le tambour ſur ſa ſuſpenſion (que nous ſuppoſons dégagée de ſon emballage, & dont on aura eu la précaution de détourner les petits ponts qui recouvrent les rigoles dans leſquelles doivent poſer les pivots d'acier portés par le tambour) le ſens dont il faut placer le tambour eſt indiqué par le midi du cadran, qui doit être dirigé devers le XII marqué à la caiſſe. Le tambour ainſi placé ſur ſa ſuſpenſion, on tournera les deux ponts de cuivre de ſuſpenſion, pour qu'ils recouvrent les pivots de ſuſpenſion, & on ſerrera les deux vis à tête gaudronnées : on mettra de l'huile d'olive aux quatre pivots de ſuſpenſion.

On remontera de cette maniere l'Horloge Marine tous les jours devers midi : on doit être fort attentif à cela ; car elle ne marche que 28 heures ſans remonter.

On ne doit remonter l'Horloge que lorque l'aiguille eſt éloignée du trou de remontoir, afin qu'avec la clef on ne puiſſe la déranger.

Tous les jours, lorſqu'on remonte l'Horloge, il faut porter ſur un regiſtre l'état du thermometre : ce thermometre doit être placé dans la caiſſe : cette précaution eſt néceſſaire pour eſtimer exactement la véritable marche de l'Horloge ou le temps moyen, en tenant compte des quantités dont elle differe de ce temps par les différentes températures.

Equation de la température ou des quantités qu'il faut ajouter ou ſouſtraire de l'heure marquée par l'Horloge Marine N°. 6, lorſqu'elle eſt expoſée aux différents degrés de température marqués par cette Table, pour avoir le temps exact ou moyen.

La compenſation du chaud & du froid n'étant pas parfaitement à ſon véritable point, mais étant un peu forcée, il arrive que l'Horloge avance par le chaud & retarde par le froid : la Table ſuivante indique les quantités qu'il faut ajouter ou ſouſtraire de l'heure marquée par l'Horloge pour avoir le temps moyen.

Bbbb ij

A 11 degrés du thermometre . . . . o correction.
à 18 deg. l'Horloge avance (*) . . . . $2'' \frac{1}{10}$ en 24 heures.
à 24 deg. l'Horloge avance . . . . $3'' \frac{1}{2}$ en 24 heures.
à 29 deg. l'Horloge avance . . . . $7 \frac{1}{33}$ en 24 heures.

Voilà les seuls termes que j'ai pu assigner d'après l'expérience ; mais par la méthode d'interpolation on trouvera les quantités correspondantes aux degrés intermédiaires de ces termes connus ; & si l'Horloge est exposée à un degré de froid qui soit au-dessous du terme connu, 11 degrés, dans ce cas elle retarderoit sensiblement d'une quantité égale à celle dont elle avance par le degré correspondant au-dessus de 11. Je suppose donc que l'Horloge soit exposée à 4 degrés, elle retarderoit de $2'' \frac{1}{10}$: on peut donc, par la même méthode d'interpolation, continuer la Table au-dessous de 11 degrés.

Lorsque l'Horloge Marine sera placée dans le Vaisseau, & qu'il sera en rade, on vérifiera la marche de cette machine en la comparant à l'Horloge Astronomique placée à terre : on se servira, pour cette comparaison, d'une Montre à secondes (ou de signaux) : si on se sert d'une Montre, on tiendra compte du changement qui sera survenu en la portant de terre au Vaisseau : on pourra estimer assez exactement ce changement en redescendant du Vaisseau à terre, & comparant l'heure de la Montre à celle de l'Horloge Astronomique ; car la moitié de la différence sera la quantité dont on devra tenir compte, en supposant qu'on a mis autant de temps à aller de terre au Vaisseau, qu'en redescendant du Vaisseau à terre.

La marche de l'Horloge Marine ainsi établie, & connue d'après la comparaison avec une Horloge Astromique, & des hauteurs correspondantes, on se servira de cette marche corrigée de l'équation de la température, soit pour régler la route du Vaisseau, ou pour déterminer la position d'Isles, Bancs, &c ; & à la premiere relâche on vérifiera de nouveau la marche de l'Horloge comme à l'Orient avec le temps moyen : si l'on trouve quelques différences dans la marche de l'Horloge, on l'emploiera telle qu'on l'aura reconnue par cette vérification pour les operations Géographiques & autres que l'on voudra faire dans la seconde traversée ; & comme par la nature actuelle de cette machine il existe une cause qui tendra à la faire retarder à la longue, la quantité étant connue par cette premiere vérification, on pourra très-bien employer dans la seconde traversée la progression reconnue dans cette premiere avant la seconde relâche, & supposer que l'accroissement qu'elle a eu dans la premiere traversée, se continuera dans la seconde, & suivra sensiblement la même loi ; telle doit au moins être la marche de cette Horloge ; & si elle en differe, ce sera un défaut que j'aurai à corriger lorsque cette machine me reviendra.

Mais en supposant, comme je le fais, que la marche qu'on aura d'abord reconnue à l'Horloge souffre quelques alterations (même à chaque traversée) cela n'empêchera pas que l'on ne puisse, par son moyen, fixer avec beaucoup d'exactitude la longitude des lieux que l'on aura observés en faisant route ; mais on attendra pour cet effet de fixer la longitude de ces lieux que l'on ait relâché, pour reconnoître par des observations la nouvelle marche de l'Horloge : alors on pourra rectifier le temps qu'elle donnoit aux époques des observations faites pendant la traversée ; ainsi, pour fixer avec la plus grande certitude la position des lieux placés dans ses routes, M. l'Abbé de Rochon peut attendre son retour en France. Le tableau général de la marche de l'Horloge, pendant toutes ces Campagnes, servira à établir sûrement la longitude de ces lieux.

(*) Si donc l'Horloge est exposée à 18 degrés de température, il faudra soustraire $2'' \frac{1}{10}$ par jour du temps qu'elle marque pour avoir le temps exact ou moyen A 24 degrés, on soustraira $3'' \frac{1}{2}$, &c : & si l'Horloge est exposée à 4 degrés sur 0, on ajoutera au temps qu'elle marquera $2'' \frac{1}{10}$ par jour.

Quand on voudra faire ufage de l'Horloge Marine, ou du temps qu'elle marque pour des obfervations quelconques, il faudra aller prendre l'heure avec une Montre à fecondes, que l'on mettra exactement à l'heure de l'Horloge : l'obfervation faite, on ira comparer l'heure de la Montre à celle de l'Horloge, afin de voir fi la Montre ne s'eft pas dérangée, & de tenir compte du changement furvenu.

Au retour en France, pour me rapporter l'Horloge à Paris, on la remettra au même état qu'elle étoit dans fa caiffe. Pour cet effet, on laiffera marcher l'Horloge tout-à-fait au bas pour qu'elle s'arrête toute feule ; alors on ôtera les deux vis de cuivre mifes au bas du tambour, & on mettra en place les deux groffes vis d'acier qui y étoient pendant le tranfport de Paris à l'Orient ; on ouvrira la lunette, & l'on pouffera devers le centre du cadran la détente qui arrête le balancier ; on refermera la lunette ; enfuite on fera entrer le tambour dans fa caiffe ; le midi dirigé devers le XII marqué à la caiffe, on remettra la corde paffée dans les mains de cuivre, & enfin on pofera le couvercle de la caiffe, & on l'arrêtera par des vis pu'on aura confervées.

Je finis en obfervant que tous les foins que j'indique ici, feront réduits dans mes autres Horloges à un ufage très-facile par les nouvelles difpofitions que j'y donne, & que quant à leur ufage en mer, pour la navigation ordinaire dépouillée du travail des Cartes qui va occuper M. l'Abbé de Rochon, un fimple octant fuffira, ainfi que M. de Fleurieu l'a prouvé par plufieurs expériences faites dans le cours de fa Campagne, il a fouvent vérifié la marche de l'Horloge avec un octant ordinaire, étant en mer en vue de terre.

PREMIERE SUITE DU N°. 11. DE L'APPENDICE.

Copie de la Lettre de M. l'Abbé DE ROCHON, de l'Académie R. des Sciences de Paris, écrite de l'Ifle de France, en date du 27 Novembre 1771.

» J'ATTENDOIS, Monfieur, avec empreffement le Vaiffeau le *Bruni*, efpérant recevoir
» par ce Bâtiment les Tables des variations de votre Horloge Marine felon les divers
» degrés du Thermometre (*). J'ai, pendant tout le voyage de France à l'Ifle de France,
» obfervé journellement l'heure vraie : & toutes mes obfervations font confignées dans un
» Regiftre coté & paraphé, de forte que ce travail eft auffi en regle qu'il fe puiffe. Je
» vous en enverrai une copie par les premiers Vaiffeaux qui partiront pour France. J'ai
» vu avec une vraie fatisfaction que la marche de cette Horloge eft infiniment plus ré-
» guliere que je ne pouvois l'imaginer : & quelque prévenu que je fuffe fur la perfection,
» je puis certifier qu'elle eft encore beaucoup au-deffus de l'idée que je m'en étois formé.
» J'ai fait auffi un très-grand nombre d'obfervations Aftronomiques pour la détermi-
» nation des longitudes. J'ai même eu prefque tous les jours des obfervations de lon-
» gitude ; de ces diverfes obfervations, il réfultera, je me flatte, des connoiffances utiles au
» progrès de la Navigation ».

  » J'ai l'honneur, &c. *Signé*, l'Abbé DE ROCHON.

(*) Auffi-tôt après le départ de M. l'Abbé de Rochon, je lui envoyai à l'Orient un paquet à l'adreffe qu'il m'avoit indiqué, qui étoit celle de M. Choquet ; ce paquet contenoit l'inftruction en queftion. Mais M. l'Abbé de Rochon ne l'ayant pas reçue, il en écrivit à M. le Chevalier Dolfy, à qui j'en remis deux copies pour les lui faire parvenir à l'Ifle de France : j'ai donné (n°.760) cette Table & l'Inftruction, Appendice n°. 11.

SECONDE SUITE DU N°. 11. DE L'APPENDICE.

Instruction sur la maniere dont il faut placer l'Horloge Marine N°. 8. dans le Vaisseau (ᵃ) ; la remonter, &c.

1°. L'Horloge Marine ne doit être mise en marche que dans le Vaisseau, lorsqu'il est en rade ou prêt à y aller.

2°. Cette Horloge une fois placée dans le Vaisseau, on ne doit la redescendre à terre qu'à la fin de la Campagne.

3°. La plus grande longueur de la boîte de l'Horloge doit être dans le sens du roulis; cette boîte doit être *amarée* très-solidement sur le plancher du Vaisseau par des *taquets* & des coins, le rebord de la boîte étant destiné à cet usage.

4°. La boîte de l'Horloge étant fixée dans le Vaisseau, on mettra *en place* le cercle ovale de suspension & à son repere marqué 60. On attachera par sa vis la piece d'acier qui sert à contenir un des pivots porté par ce cercle : on détournera les ponts de cuivre qu'il porte pour que ces ponts ne recouvrent pas les rainures qui doivent recevoir les pivots portés par le tambour.

5°. On retirera le tambour (ᵇ) de dedans sa caisse : on dévissera en conséquence les vis qui arrêtent le couvercle. Le tambour porte deux grosses chevilles de cuivre qui sont faites pour porter plus aisément le tambour, soit qu'on veuille le retirer de dedans sa caisse de transport, ou qu'on veuille le placer sur sa suspension.

6°. On ôtera deux vis d'acier placées au bas du tambour (ᶜ), on mettra en leur place deux vis de cuivre faites pour boucher les trous des vis d'acier ôtées. Le tambour, pendant cette opération, doit être posé sur une table & retenu avec précaution d'un main, crainte qu'il ne tombe, pendant qu'avec l'autre main on ôte les vis d'acier, & que l'on met en place celles de cuivre. Cela fait, on portera le tambour sur la suspension, en plaçant le 60 du cadran du côté marqué 60 à la suspension. On tournera les deux ponts de cuivre pour qu'ils recouvrent les pivots du tambour : on en serrera les vis, & l'on mettra de l'huile d'olive au quatre pivots de suspension.

7°. L'Horloge ainsi disposée, il faudra la remonter : ensuite on ouvrira la lunette; on ôtera une vis à tête *gaudronée* placée près de l'ouverture quarrée faite au cadran. On attendra le moment de midi au temps moyen, heure à laquelle les aiguilles de l'Horloge sont arrêtées; à cet instant on poussera devers le dehors du cadran la cheville qui est au fond de l'ouverture quarrée, & aussi-tôt l'Horloge marchera; on remettra à sa place la vis à tête gaudronée, afin que la *détente* (ᵈ) reste à sa place.

8°. On remontera l'Horloge tous les jours à la même heure.

9°. Il ne faut jamais faire entrer la clef qui sert à remonter l'Horloge sur son quarré, qu'au moment où l'aiguille des secondes est arrivée au-delà du trou de remontoir, & qu'elle va en s'en éloignant. L'Horloge étant remontée en haut, on sentira une résistance qu'il ne faut pas forcer : on aura toujours soin de reboucher avec le petit

---

(ᵃ) Ceci est la copie de l'instruction que je remis à M. le Chevalier de Borda, en même temps que l'Horloge Marine N°. 8. le 27 Septembre 1771.

(ᵇ) Il faut faire porter le mouvement de l'Horloge tout emballé dans le Vaisseau pour éviter tout accident.

(ᶜ) Ces vis servent à contenir le poids moteur de l'Horloge, afin que, dans le transport par terre, ce poids ne puisse prendre aucun jeu ni fatiguer la machine.

(ᵈ) La détente dont je parle ici, est la même dont j'ai traité, Seconde Partie N°. 938 & suiv.

chapeau (ª) de cuivre le trou de remontoir fait à la glace.

10°. La compenfation du chaud & du froid n'étant pas complette ni la même dans tous les degrés de température , j'ai dreffé la Table fuivante qui indique les quantités dont l'Horloge avance , lorfqu'elle eft expofée aux degrés de température marqués par la Table ; ainfi, pour avoir le temps exact , il faut fouftraire du temps marqué par l'Horloge les quantités marquées par la Table. Pour cet effet, tous les jours à midi', lorfqu'on remonte l'Horloge, il faut noter fur un Regiftre l'état du Thermometre placé dans la boîte même de l'Horloge.

Equation de la température pour l'Horloge Marine N°. 8.

Correction.

Le Thermometre qui eft placé dans la boîte de l'Horloge étant. . . . .

$$\left\{ \begin{array}{l} \text{à } 3 \text{ degrés.} \ldots\ldots\ldots\ldots o \\ \text{à } 10^{d}. \ldots \text{L'Horloge avance } 1''\tfrac{1}{3} \\ \text{à } 13^{d}. \ldots\ldots\ldots \text{avance } 2'' \\ \text{à } 15^{d}. \ldots\ldots\ldots \text{avance } 2''\tfrac{1}{2} \\ \text{à } 18^{d}. \ldots\ldots\ldots \text{avance } 1'' \\ \text{à } 20^{d}. \ldots\ldots\ldots \text{avance } 0''\tfrac{1}{2} \\ \text{à } 25^{d}. \ldots\ldots\ldots\ldots o'' \end{array} \right\} \text{en 24 heures.}$$

Voilà les feules quantités que j'ai pu établir , je n'ai même pu m'affurer parfaitement de l'exactitude du terme 15 degrés, & répéter celui de 3 degrés.

Pour me rapporter l'Horloge au retour de la Campagne, on remettra le tambour dans fa caiffe de la même maniere qu'il y étoit placé au départ. Pour cet effet , on laiffera marcher l'Horloge tout-à-fait au bas , enforte qu'elle s'arrête toute feule (ᵇ). Alors on ôtera les deux vis de cuivre mifes au bas du tambour , & on mettra en leur place les deux vis d'acier qui y étoient pendant le tranfport de Paris à Breft : on ouvrira la lunette, & on repouffera la détente (ᶜ) devers le milieu du cadran ; on l'arrêtera avec fa vis. On fera entrer le tambour dans fa caiffe de *tranfport* (ᵈ) ; & à fon repere , le 60 du cadran du côté 60 écrit à la caiffe , on attachera le couvercle de la caiffe avec fes vis : on ôtera le cercle ovale de fufpenfion , & on le mettra à part , parce que s'il reftoit en place dans la boîte de l'Horloge, les pivots pourroient fe caffer dans le tranfport.

A Paris le 27 Septembre 1771.

(ª) La glace de la lunette du cadran eft percée d'un trou qui répond au quarré de remontoir : par ce moyen on peut remonter l'Horloge fans ouvrir la lunette ; & pour empêcher la pouffiere & les faletés d'entrer fur la platine cadran , ce trou de la glace eft fermé par un bouton ou petit chapeau : le quarré de remontoir porte en outre un *entonnoir* pour recevoir la pouffiere, & l'empêcher de s'introduire dans le mouvement.

(ᵇ) Cette précaution eft néceffaire , afin que le poids moteur de l'Horloge defcende tout au fond du tambour , & que les deux vis d'acier étant attachées au tambour arrêtent le poids , & l'empêchent de prendre aucun jeu pendant le tranfport.

(ᶜ) C'eft la détente décrite 938 & fuiv. dont l'effet eft de foutenir le balancier, de forte qu'il ne puiffe fatiguer ni les rouleaux ni le reffort de fufpenfion du balancier.

(ᵈ) Cette caiffe ne fert que pendant le tranfport de l'Horloge par terre, le tambour y entre très-jufte, & porte au fond fur du liege qui fert à adoucir les fecouffes de la voiture. C'eft par ces diverfes précautions que l'on peut faire voyager une Horloge Marine par terre, fans courir le rifque de la déranger ni de caffer aucunes de fes parties. J'ai joint ici cette inftruction, afin de préfenter les moyens que j'ai mis en ufage pour le tranfport de mes Horloges : cela peut fervir de guide en pareil cas.

APPENDICE N°. 12.

De quelques longitudes déterminés par le secours de la Montre Marine N°. 3.
que j'avois confiée à M. l'Abbé Chappe pour son voyage de Californie.

EN parcourant la Relation du *voyage de Californie* (a) faite par M. l'Abbé Chappe ,
j'ai trouvé quelques déterminations de longitudes donnés à la Mer par la Montre N°. 3.
que j'avois confiée à cet Astronome. « M. l'Abbé Chappe (dit M. de Cassini le fils, qui a ré-
» digé les observations de cet Astronome) avoit emporté avec lui une Montre Marine (b)
» qui, du Havre à Cadix & dans le reste du voyage, avoit toujours annoncé la Terre
» avec la plus grande exactitude. Le 7 Février 1769, M. Chappe se trouvant proche
» de la pointe de l'isle de la Dominique, la Montre Marine donna la longitude de
» 315 degrés 32'. Or la Carte de Sople publiée par M. Buache en 1740, la donne de
» 315 degrés 47'. Suivant M. Bellin dans sa Carte de 1766 , cette longitude n'est que
» 315 degrés 2'.
» On voit donc qu'admettant comme la meilleure la longitude de la Carte qui dif-
» fere le plus de celle de la Montre Marine, l'erreur de cette Montre n'étoit à la Do-
» minique que d'environ 10 lieues.
» Trente-sept jours après, c'est-à-dire, le 14 Mars, M. Chappe étant à Vera-Crux
» détermina le midi vrai à la Montre Marine à 6 heures 4' 59'' ¼. L'avance connue &
» déterminée de cette Montre sur le temps moyen devoit être ce jour-là de 41'' 18''',
» ce qui donne le temps moyen à Cadix au moment de la Vera-Crux de 6 heures 4'
» 18'', 2 ; d'où retranchant 9' 21'' 18''' pour l'équation du temps, on aura 5 heures
» 54' 56'', 54''' pour l'heure vraie de Cadix; y ajoutant 34' 16'' différence des Méri-
» diens de Cadix & de Paris, on aura 6 heures 29' 13'', ou 97 degrés 18' ¼ pour la
» différence de longitude entre Paris & Vera-Crux, qui se trouve plus occidentale.
» On voit donc que la moindre erreur des Cartes sur la longitude de Vera-Crux ,
» est de 3 degrés.
» Quoique cette détermination de la longitude de Vera-Crux par la Montre Marine
» ne soit pas aussi exacte ou aussi exempte de doute que si elle avoit été déduite d'ob-
» servations Astronomiques nombreuses & bien faites , néanmoins on peut inferer que
» cette longitude ne peut être que peu différente de la véritable , & sur-tout qu'elle
» est préférable à celle que donnent les Cartes. En effet depuis Cadix jusqu'à la Domi-
» nique , la traversée a été de 75 jours , & fort orageuse ; néanmoins on ne peut taxer

---

(a) Page 102. Ce livre se vend à Paris , chez C. A. Jombert.

(b) M. de Cassini le fils étoit présent quand le frere de M. l'Abbé Chappe me remit la Montre Marine que j'avois confiée à cet Astronome pour son voyage de Californie. M. l'Abbé Chappe m'avoit promis par écrit (*Voyez Appendice, page* 545) qu'il ne rendroit jamais public, sans mon consentement , le résultat des opérations qu'il avoit faite avec cette Montre , M. de Cassini ne pouvoit pas ignorer cette convention , puisque je la lui rappellai quand on me remit cette Montre, & le priai de n'en faire aucune mention dans le compte qu'il rendroit du voyage de M. l'Abbé Chappe. Je n'ai donc pu voir sans étonnement l'usage qu'il a fait des longitudes que cette Montre a données; quelque régularité qu'elle puisse avoir eue, quelque flatté que je puisse être de son succès, j'ai droit de me plaindre qu'elle ait été citée sans mon aveu : il me paroît qu'au moins on eut dû m'en faire honneur , & ne pas désigner sous la détermination vague *d'une Mon-tre Marine*, une Montre dont M. de Cassini ne pouvoit pas ignorer que j'étois l'Auteur.

» la

» la Montre que d'une erreur de tout au plus 10 lieues (ᵃ) dans la longitude de la
» Dominique. Or de la Dominique à la Vera-Crux, il n'y a eu que 37 jours d'inter-
» valle ; ce feroit donc mettre tout au pis que de fuppofer une erreur de 15 lieues
» dans la longitude de la Vera-Crux, déterminée par la Montre Marine.

» D'ailleurs l'erreur de 3 degrés indiquée par la Montre Marine fe trouvera bien-
» tôt confirmée par rapport à un autre lieu peu éloigné de la Vera-Crux (Mexico)
» par des obfervations mêmes Aftronomiques ».

APPENDICE N°. 13.

Déclaration enregiftrée au bas des Inftructions que j'ai remifes à Meffieurs
Merfais & Dagelet embarqués en qualité d'Aftronomes fur les Vaiffeaux
le Roland & l'Oifeau, commandés par M. de Kerguelen en leur livrant
les Horloges Marines, N°. 8 & N°. 11.

JE déclare que l'Horloge Marine N°. 11 que j'ai confenti à livrer pour fervir dans
l'expédition de M. Kerguelen, n'ayant pu être terminée que depuis peu de temps, il ne
m'a pas été poffible d'y faire les corrections néceffaires, & qu'en conféquence je ne
puis efpérer qu'elle donne la juftefle dont elle feroit fufceptible, fi j'avois pu changer
l'échappement & le méchanifme de compenfation du chaud & du froid : ce méchanifme
n'étant pas le même que j'emploie dans mes Horloges Marines. J'avois appliqué dans
cette Horloge N°. 11, cette difpofition qui eft plus fimple pour entrer dans des vues
d'économie (*) que l'on avoit paru defirer, & pour fervir d'ailleurs à mon inftruction
particuliere ; mais j'ai reconnu que ce méchanifme eft très-defectueux, je me réferve
donc de le fupprimer au retour de cette Horloge, & d'y appliquer mon méchanifme de
compenfation ordinaire, tel qu'il eft dans mes Horloges Marines N°. 6, 7, 8, 9, &c.
La Table d'Equation pour la température donnée ci-devant (inférée dans le corps de
l'Inftruction) montre combien le méchanifme de compenfation de l'Horloge N°. 11 eft
irrégulier. On verra dans mon Traité des Horloges Marines qui eft prêt à publier, la
difpofition de ce méchanifme ; & fes défauts Chapitre III. 4ᵉ Partie, page 515, & dans
le fupplément à ce Traité, Article I.

(*) *Traité des Horloges Marines*, page 350 n°. 1064 & page 344 n°. 1052 & fuiv.

Fait à Paris le 15 Mars 1773.

FERDINAD BERTHOUD.

Nous fouffignés Dagelet & Merfais envoyés en qualité d'Aftronomes pour l'expédition
. . . . commandée par M. de Kerguelen, certifions que la déclaration
ci-deffus, ainfi que l'Inftruction (ᵇ) qui la précede, eft conforme à celle que nous

---

(ᵃ) Il y a dans cet endroit du Mémoire de M. de Caffini une faute d'impreffion que je corrige : il y eft dit qu'on ne peut taxer la Montre que d'une erreur tout au plus de 100 lieues (pour la longitude de la Dominique), il doit y avoir 10 lieues comme il l'a dit lui-même à la page précédente, & il dit plus bas que l'erreur de la longitude de la Vera-Crux ne peut être de 15 lieues ; & en prenant la différence en partie de degré, on trouve la même quantité de 10 lieues pour l'erreur de la Montre.

(ᵇ) L'Inftruction étant pareille à celle du N°. 11 de l'Appendice, & de la feconde fuite de ce Numéro, nous ne la répétons pas ici : je ne puis cependant omettre un article de cette Iftruction, lequel traite de l'Horloge N°. 8 que je n'ai pas eu le temps de remettre au même état qu'elle étoit pour la Campagne de la Flore. Cet article eft placé

avons reçue des mains de M. Berthoud pour la conduite des Horloges Marines N°. 8 & N°. 11. Fait à Paris le 15 Mars 1773, & *signé*, MERSAIS & P. DAGELET.

à la fuite de la Table de Température, il y eft dit: *Voilà les feules quantités que j'ai pu établir dans le peu de temps que j'ai eu pour terminer l'Horloge N°. 11, & pour vérifier la marche du N°. 8 ; après avoir nettoyé cette dernière, je déclare même ici que c'eft pour me conformer aux vues d'utilité* que *Monfieur de Boynes fe propofe dans cette nouvelle Campagne que j'ai pu confentir à remettre ces deux Horloges avant de les avoir mifes en l'état de perfeftion que j'aurois pu defirer, & que ces machines peuvent comporter.*

SUPPLÉMENT.

ARTICLE I.

Addition à l'Horloge Marine N°. 11.

J'AI donné la defcription de l'Horloge N°. 11, Chap. XIV, feconde Partie N°. 1052 & fuivants, & expliqué à quel deffein (a) cette Horloge a été conftruite, & j'ai rapporté, quatrieme Partie, Chap. III, quelques expériences que j'ai faites avec cette machine ; mais ayant depuis deftiné cette Horloge pour une nouvelle Campagne ordonnée par M. de Boynes, Secretaire d'Etat au Département de la Marine, je me fuis occupé à donner une nouvelle difpofition à cette machine, dans l'efpérance qu'elle pourroit remplir le but que je m'étois propofé dans fa conftruction. Comme ce travail m'a obligé de fufpendre l'impreffion de cet Ouvrage, je crois devoir profiter de cette cir-conftance pour placer ici, en forme de Supplément, quelques obfervations que j'ai eu lieu de faire avec l'Horloge N°. 11 ; elles ferviront à eftimer les avantages & les défauts de cette ma-chine. Ainfi en comparant les diverfes machines que nous avons décrites dans ce Traité, & les expériences faites par leur

(a) L'objet que j'avois en vue de la pre-miere difpofition de cette Horloge, avoit été de la rendre moins coûteufe & d'un moindre volume.

moyen, on fera en état d'apprécier à coup sûr le mérite de chacune de ces Horloges, & celle à laquelle la préférence doit être accordée.

PREMIERE CORRECTION.

Le moteur de l'Horloge étoit un reffort que j'ai fupprimé, &
j'ai mis cette machine à poids.

AUSSI-TÔT que j'eus pris le parti de donner l'Horloge Nº. 11, pour être employée dans l'expédition projettée, je me déterminai à changer une partie effentielle de fa conftruction en fubftituant un poids moteur au reffort, guidé par les motifs de préférence que le poids a fur le reffort (*voyez* nº. 313). Cela m'entraîna dans un nouveau travail & une affez grande dépenfe, puifque la fufpenfion & la caiffe de l'Horloge, le tambour ne purent plus fervir ; mais ces confidérations ne doivent pas être mifes en balance avec l'idée de perfection que préfente une force motrice conftante que l'on augmente ou diminue à volonté felon le befoin, qui n'entraîne aucuns défauts, point d'accidents, en un mot, qui réunit tous les avantages defirables auxquels on ne peut oppofer que des raifons d'économie qui ne doivent pas avoir lieu dans des machines de cette importance : il eft inutile de parler ici de la conftruction du poids, elle eft la même que dans les Horloges Marines Nº. 8 & 10, &c.

SECONDE CORRECTION.

Subftituer au Balancier qui étoit employé un autre plus pefant.

IL ne fuffit pas dans une machine de cette efpece d'avoir un moteur conftant pour obtenir de la jufteffe, il faut, comme je l'ai déjà tant répété de fois, que toutes les parties de la machine aient la plus grande perfection : or la plus effentielle, c'eft le régulateur dont la puiffance doit être la plus grande poffible, en réduifant fes frottements à la plus petite quantité ; par ce moyen les changements qui arrivent dans ces frottements (lef-

quels font très-indépendants de la force motrice) ne peuvent
pas changer la juſteſſe de la Horloge ; c'eſt dans cette vue que,
pour donner à cette machine tout ce qu'elle peut comporter,
j'adaptai un balancier plus peſant , & j'exécutai un reſſort ſpiral
iſochrone & de force convenable.

TROISIEME CORRECTION.

*Détente pour ſervir à garantir le Balancier pendant le tranſport
qu'on peut faire par terre.*

J'AI donné une idée n°. 938 & ſuivants , d'une détente que
j'ai adaptée à l'Horloge N°. 8 , pour garantir le reſſort de ſuſpenſion du balancier & les pivots des rouleaux de tout accident
pendant le tranſport de cette machine par terre : cette détente
m'a trop bien réuſſi pour ne devoir pas en faire l'application à
toutes les machines de cette eſpece. Je l'ai donc également
adaptée à l'Horloge n°. 11, en place de la détente décrite n°.
1087, que j'ai ſupprimée l'autre lui étant bien préférable ;
mais pour mieux concevoir cette diſpoſition eſſentielle d'une
Horloge Marine , j'ai fait graver dans la Planche XXI cette
détente dont les effets, quoique fort détaillés aux n°. 938,939,
940 , 941 & 942, ſera encore mieux conçue au moyen des figures 5 & 6 de la Planche XXI. *P P fig.* 5 repréſente le balancier de l'Horloge n°. 11 ; *r,r* l'axe de balancier & *k* le reſſort
de ſuſpenſion du balancier. *N N , Q Q , R R* ſont des platines
de la cage du régulateur, leſquelles ſont marquées par les mêmes lettres employées pour déſigner ces mêmes platines dans la
figure 1 : *Z h*, 12, 13 eſt la détente (dont le centre du mouvement eſt en *Z* (*fig.* 4); l'axe de cette détente a conſervé la même
poſition que celle qu'elle a dans le profil *fig.* 1; mais la partie ou
bras 12,13 eſt différente à celle que nous avons décrite (1076).
Dans la nouvelle diſpoſition le bout 13 eſt terminé en fourchette qui vas vers le centre du balancier : ce bout eſt formé en
plan incliné pour élever la croiſée *d e* , & il eſt fendu pour qu'en
agiſſant il ne puiſſe toucher à l'axe de balancier : cette croiſée *d e*

porte trois vis à portée 1, 2, 3 dont les têtes qui font plates, vont agir dans la circonférence du balancier en des points
également éloignés, & le foulevent en même temps, afin qu'il
ceffe d'être foutenu par fon reffort de fufpenfion ; & cet effet fe
fait tellement que les vis de la croifée font également effort,
afin qu'aucun des rouleaux ne foit plus chargé, ce qui arriveroit néceffairement, fi par exemple, une feule vis le foulevoit.
Pour régler l'effet de la détente, afin que le balancier ne foit
pas trop élevée, le bout i de l'axe va pofer fur le pont m qui
defcend au deffous de la platine $N N$, par ce moyen le balancier ne peut monter plus haut ; & en rendant la preffion du plan
incliné fur le deffous de la croifée d, e un peu forte, les vis 1, 2, 3
de cette croifée arrêtent le balancier affez fûrement pour
qu'aucune fecouffe de la voiture ne puiffe le faire tourner ; &
cela eft néceffaire, car, en arrêtant le balancier au-deffus de la
levée de l'échappement avant le départ de l'Horloge, on voit
que dès qu'elle eft arrivée, on n'a qu'à dégager la détente pour
laiffer en même temps retomber le balancier qui reprend auffi-
tôt fon mouvement, fans qu'il foit befoin d'autre effet pour faire
marcher l'Horloge.

La figure 6 fait voir en perfpective les différentes parties de
cette détente, $R R$ eft la petite platine des rouleaux inférieurs
du balancier, c'eft au-deffous de cette platine que la croifée d, e
eft attachée par les 3 vis 1, 2, 3 : le corps de ces vis paffe librement dans les trous faits à la platine, afin que la croifée
puiffe monter & defcendre facilement par l'action du plan incliné formé au bout 13 de la détente ; la pefanteur feule de la
croifée feroit fuffifante pour la faire defcendre, lorfque le plan
incliné eft écarté ; mais pour en rendre l'effet plus fûr, j'ai
adapté le reffort $a b$ placé au-deffus de la platine, ce reffort porte
un talon qui va preffer la croifée. Le corps $Z h$ de la détente eft
mis en cage dans la cage du rouage par fes pivots $h i$: & le
pivot prolongé $h l$ eft terminé en quarré pour recevoir l'affiette 12 de la détente, c'eft fur cette affiette qu'eft rivé le bras
12, 13, dont le bout 13 eft figuré en plan incliné & en fourchette.

Sur l'affiette *Z* chaffée à force fur le bout fupérieur de l'axe de la détente eft rivé le bras *g i fig. 6*, ce bras eft à fleurs du deffous de la platine des piliers, laquelle porte une ouverture pour le paffage de la vis *g* qui regle le chemin de la détente ; & au moyen de cette vis, on arrête la détente, de forte qu'elle ne puiffe fe déranger, foit dans le tranfport, lorfque le balancier eft foulevé, ou foit en Mer, lorfque la fourchette eft écartée, & que la croifée eft defcendue.

De la Clef qui fert à remonter l'Horloge.

J'ai parlé n°. 813 d'une **Clef** propre à remonter l'Horloge, au moyen de laquelle on ne peut pas la remonter à rebour ; mais faute de place, je n'avois pu la repréfenter : on la voit gravée *Planche XXI, fig. 7*, elle eft vue en perfpective en *A B C*, & en plan en *D* : *A* eft la partie qui fert à remonter : le bord en eft gauderoné, ce cercle *A* eft rivé fur un canon ; fur l'autre bout du même canon eft rivé, le rochet *C* qui fait encliquetage avec le cliquet *d* preffé par le reffort *e* : le cliquet & le reffort font placés fur une plaque *E* rivée fur le corps de la clef *B F* : le bout *B* eft percé d'un trou rendu quarré pour aller fur le quarré de l'arbre de la roue du cylindre, & le bout *F* fert de tige au canon du rochet *C*.

Expérience faite avec cette Horloge avant fon départ, laquelle fert à prouver que la lame compofée eft un moyen défectueux pour la correction du chaud & du froid dans une Horloge Marine.

Le peu de temps que j'ai eu pour reconftruire cette machine, ne m'a pas permis d'employer mon méchanifme ordinaire de compenfation au lieu de la lame compofée décrite (1074) dont je ne m'étois déterminé à en faire ufage que pour me prêter, quoique malgré moi, aux vues d'économie dont on paroiffoit être occupé ; je puis en dire autant de l'échappement à vibrations libres que je n'ai confervé dans cette Horloge, que parce que je n'ai pas eu affez de temps pour lui fubftituer un échappement pareil à celui de l'Horloge N°. 8 , que je regarde comme très-préférable à tous égards.

Lorfque l'Horloge N°. 11 a été terminée, & après m'être afsûré de la perfection de diverfes parties , j'ai travaillé à trouver le point de compenfation du chaud & du froid ; mais j'ai employé très-inutilement bien du temps à répéter ces expériences. Je n'ai jamais pu trouver un point propre à rendre la compenfation exacte pour plufieurs termes ou degrés dans la température , cela vient de ce que les inflexions ou courbures de la lame n'ont aucune correfpondance avec les dilatations & contractions du balancier, ou plutôt avec les changements qui furviennent dans l'élafticité du fpiral par les diverfes températures ; & je n'ai même pas toujours trouvé que dans les mêmes termes ou degrés de chaud & de froid , le méchanifme revint aux mêmes points (a). Et malheureufement je n'ai parfaitement bien connu combien ce moyen de compenfation eft imparfait , que lorfqu'il ne me reftoit plus affez de temps pour fupprimer cette lame, & employer le chaffis compofé dont j'ai fait ufage dans toutes mes autres Horloges : méthode qui m'a toujours bien réuffi, enforte que j'ai fait partir l'Horloge N°. 11 avec la connoiffance de fes défauts , & le regret de ne pouvoir la corriger avant l'expédition projettée : voilà une expérience qui m'a au moins été utile , elle a fervi à mon inftruction particuliere , & à me confirmer encore plus dans l'idée où je fuis, que dans une machine de l'efpece des Horloges Marines : ce n'eft pas la fimplicité des moyens & l'économie que l'on doit confulter, à moins qu'elle ne préfente à coup fûr une plus grande perfection.

Malgré les défauts que nous venons de remarquer dans l'Horloge N°. 11 , j'ai été forcé de livrer cette Horloge pour l'expédition de M. de Kerguelen ; mais, pour éviter toute difficulté, j'ai cru néceffaire d'en prévenir les Aftronomes qui en font chargés, & les Officiers qui s'en ferviront par une déclartion placée au bas des inftructions remifes à MM. Merfais & Dagelet. (*Voyez Appendice* n°. 13).

(a) Ainfi les doutes que j'ai préfentés n°. 1064 fur la lame compofée étoient bien fondés.

ARTICLE II.

De la préférence que l'on doit donner à l'Echappement à repos à palettes de rubis, sur celui à vibrations libres ; constatée par des expériences décisives.

J'AI répété en divers endroits de cet Ouvrage, combien il est essentiel que le Régulateur d'une Horloge Marine ait la plus grande puissance possible & le moins de frottement : or pour cela, il faut employer, comme des N°. 8 & 9, un grand balancier pesant, des vibrations lentes comme d'une seconde, des rouleaux d'un grand diametre ; mais l'échappement à vibrations libres que j'ai adapté à l'Horloge N°. 9, quoique satisfaisant au premier coup d'œil, présente bien des difficultés : la premiere, c'est qu'avec des vibrations d'une seconde qui sont les plus favorables à la réduction des frottements (a), l'aiguille des secondes ne fera qu'un battement en deux secondes : or il est très-difficile, ainsi que je l'ai éprouvé avec N°. 9, de faire des observations exactes ; car il y a toujours de l'incertitude, & on peut se tromper d'une seconde dans la comparaison, à moins que l'on ne soit bien exercé à observer : 2°. cet échappement ne présente pas cette certitude si essentielle, la promptitude (b) de ses effets effraye l'imagination, & fait toujours craindre que la détente ou la palette ne fassent pas leurs fonctions avec la précision requise : 3°. quoique cet échappement soit facile à exécuter, il

---

(a) Si on a trois balanciers ayant même force de mouvement & mobiles entre des rouleaux de mêmes diametres ; que celui *A* fasse quatre vibrations par seconde, *B* deux vibrations par seconde, & celui *C* une vibration par seconde : nous avons prouvé que les frottements & résistance des huiles feront comme les nombres de vibrations, en supposant les pivots les mêmes (89); ainsi *A* aura 4 fois plus de frottement que *B*, & *B* 2 fois plus de frottement que *C*.

(b) On pourroit, à la vérité, diminuer cette vîtesse, en rendant le cercle d'échappement plus petit; mais dans ce cas la *chûte* de la roue quoiqu'étant la même qu'avec un grand cercle (cette chûte) diminueroit une plus grande partie de la force de mouvement (985); d'ailleurs il resteroit encore d'autres défauts à cet échappement.

est

eſt compoſé d'un trop grand nombre de pieces : 4°. cet échappement exige une roue de plus, laquelle a beaucoup de vîteſſe,
ce qui augmente les frottements & les réſiſtances des huiles ;
ainſi je penſe que celui à repos avec des palettes de rubis que
j'ai employé dans mes Horloges N°. 6, 7, 8, & N°. 9 eſt encore
fort préférable à celui à vibrations libres. Le ſeul défaut que j'ai
à reprocher à cet échappement, eſt d'exiger de l'huile, & il ſe
pourroit encore qu'il ſeroit plus avantageux de ne point mettre d'huile à cet échappement : car j'ai toujours éprouvé avec
l'Horloge N°. 8, que lorſqu'il n'y avoit pas d'huile à l'échappement, le balancier décrivoit de plus grands arc que lorſqu'il
y avoit de l'huile ; mais d'ailleurs en choiſiſſant de l'huile d'une
bonne qualité, il n'en peut réſulter aucune variation dans
l'Horloge, ainſi que le prouve la Campagne faite ſur la *Flore*.
Enfin je dois ajouter par rapport à l'échappement à repos à palette de rubis que je penſe qu'il y auroit peut-être lieu de l'appliquer à une Horloge Marine d'une façon plus ſimple ; car
de la maniere que je l'ai appliqué ci-devant à mes Horloges
Marines, il n'agit pas immédiatement ſur le balancier ; mais il
y communique par le moyen d'une roue qui engrene dans un
pignon porté par l'axe de balancier, ce qui augmente le travail d'une roue & d'un pignon aſſez difficile à exécuter ; enſorte
qu'indépendamment de cela, il en réſulte le frottement d'un
engrenage & de deux pivots : on pourroit donc faire agir immédiatement l'échappement ſur le balancier ; il reſteroit alors la
difficulté de faire décrire d'aſſez grands arcs, toujours favorables
dans mes Horloges Marines. Mais en ſuppoſant encore qu'il
faille conſerver la diſpoſition que cet échappement a dans toutes mes Horloges, c'eſt-à-dire, d'agir ſur le balancier par
l'entremiſe d'un engrenage, je crois qu'il eſt encore fort ſupérieur à celui que j'avois propoſé, & dont j'ai faitl'eſſai dans les
Horloges N°. 9 & N°. 11, malgré l'idée ſéduiſante que préſente l'échappement libre. Diverſes expériences que je viens de
parcourir dans le Journal que je tiens de mes Horloges, ne
ſervent qu'à me confirmer dans cette préférence de l'échappement à repos & à palette de rubis. Je trouve en pluſieurs

D d d d*

en droits de ce Journal, qu'ayant effayé de faire marcher l'Horloge N°. 8 fans mettre d'huile à l'échappement, les arcs de vibrations étoient plus grands que lorfque j'y mettois de l'huile; j'ai même fait marcher cette Horloge depuis le 9 Janvier 1771, jufqu'au commencement de Mars de la même année, fans qu'il y eut de l'huile à l'échappement, & les vibrations étoient auffi libres que dans le commencement : l'huile que je croyois néceffaire à cet échappement, ne l'étant donc point, on ne peut lui trouver que la difficulté d'exécution ; or celui à vibrations libres eft compofé d'un grand nombre de pieces, dont le jeu & les effets font fi rapides qu'en le voyant agir, on craint que tout ne caffe ; enforte qu'après un mûr examen, je reviens au premier échappement difpofé comme dans les Horloges N°. 6, 7, 8, & tel enfin qu'il étoit dans l'Horloge N°. 9, & que je viens de rétablir après avoir fupprimé celui à vibrations libres dont j'ai donné la defcrifption n° 988.

REMARQUE.

Nous avons vû en rapportant les expériences faites avec les Horloges N°. 6 & N°. 7, que ces machines dont l'échappement eft le même que dans N°. 8, n'ont cependant pû marcher fans qu'il y eût de l'huile mife à l'échappement : il eft aifé d'en fentir la raifon. Dans les Horloges N°. 6 & N°. 7 le balancier fait quatre vibrations par fecondes, & par conféquent l'efpace parcouru par l'échappement eft beaucoup plus grand que dans N°. 8; d'ailleurs les balanciers qui font petits & legers, ont une force de mouvement bien plus petite que n'a celui de l'Horloge N°. 8. La différence des réfultats donnée par ces expériences fert encore à prouver combien la conftruction de l'Horloge N°. 8 eft préférable à celle de N°. 6 & N°. 7 (*voy.* n. 831, 1451, &c) Mais en fuppofant encore qu'on employât la conftruction des Horloges N°. 6 & N°. 7 avec l'échappement à palette de rubis (ces palettes étant parfaitement polies ainfi que cela doit être) il n'en réfulteroit qu'un écart très-petit dans la marche de l'Horloge caufé par les différents états de l'huile mife à l'échappement, pourvû que le fpiral fût parfaitement ifochrone, *voyez* n. 702, 744, &c.

FIN.

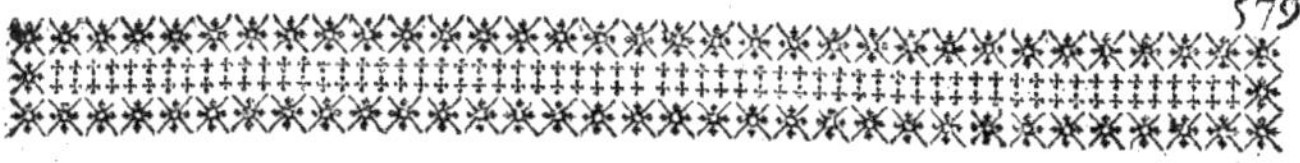

TABLE ALPHABÉTIQUE
DES MATIERES

Contenues dans le Traité des Horloges Marines.

Les Chiffres indiquent le Numéro (ou la page) du Texte où l'on doit recourir pour l'explication de l'Article cherché.

A.

AGITATIONS du Vaiſſeau (les) ſont une des cauſes qui empêchent l'uſage des Horloges à pendule à la mer n. 8. Les agitations du Vaiſſeau & les frottements de l'Horloge rendent l'iſochroniſme des vibrations du balancier indiſpenſable, & que la force motrice ſoit aſſez grande pour reſtituer au balancier le mouvement que les agitations lui font perdre, n. 322.

Appendice, ou Recueils des Pieces relatives au travail de mes Horl. Marines, *page* 523. N°. 1, de l'Appendice. Premier dépot fait à l'Académie le 20 Novembre 1754 d'un projet d'Horloge Marine, *p.* 523. N°. 2. Rapport de l'Académie ſur l'Horl. Marine N°. 1, *pag.* 523. N°. 3. Pieces concernant le voyage fait à Londres, *pag.* 527. N°. 4, Divers Mémoires ſur les Horloges Marines, &c. dépoſés en 1764. *pag.* 528. N°. 5, Rapport de l'Académie ſur la maniere d'éprouver les Horloges Marines, *pag.* 537. N°. 6, Mémoire de M. l'Abbé Chappe ſur les épreuves faites à Breſt, en 1764, avec ma Montre Marine, *pag.* 539. Ire ſuite du N° 6 de l'Appendice. Reconnoiſſanc faite par M. l'Abbé Chappe en lui confiant la Montre Marine pour ſon voyage de Californie *pag.* 545. IIem ſuitte du N°. 6. de l'Appendice. Déclaration de M. de Chabert en lui remettant la Montre Marine *pag.* 545. N° 7. Dépot fait à l'Académie, le 10

Février 1768, d'un Mémoire ſur l'iſochoniſme des vibrations &c. *p.* 546. N°. 8. Rapport de l'Académie ſur l'épreuves des Horl. Marines N°. 6 & N°. 8 n. *p.* 562. N°. 9 & N°. 10, Lettres de M. de Boynes, Miniſtre de la Marine, *pag.* 561. N°. 11. Inſtruction ſur la maniere de placer les Horl. Marines dans le Vaiſſeau, &c, *p.* 562. Premiere ſuite du N°. 11. Lettre de M. l'Abbé Rochon écrite de l'Iſle de France ſur l'Horloge Marine N°. 6. *pag.* 565. De quelques longitudes déterminées par le ſecours de la Montre Marine N°. 3. dans le voyage de M. Chappe en Californie, *pag.* 568,

B.

BALANCE élaſtique : Son uſage pour éprouver les reſſorts ſpiraux, & connoître s'ils ſont propres à rendre iſochrones les oſcillations du balancier : Note du n. 145, & n. 201. Uſage eſſentiel de cet inſtrument, n. 214. Sa deſcription, n. 1144 *& ſuiv.*

Balancier, définition, Note du n. 20. Le balancier doit être le régulateur d'une Horloge Marine, n. 19. Il doit être horizontal & ſuſpendu par un reſſort, n. 23, n. 124. Les vibrations promptes rendent un balancier moins ſuſceptible des agitations, n. 95. Expériences ſur la durée du mouvement libre d'un balancier, faiſant alternativement des vibrations promptes & des lentes. Note du n. 97. Des forces de mouvement des balan

D d d d ij

ciers, n. 83 & *suiv.* De la maniere de déterminer la pefanteur convenable au balancier, n. 112 & *suiv.* Il faut augmenter le diametre du balancier plutôt que la pefanteur, n. 120. Les vibrations du balancier doivent être lentes, n. 121. Principes pour fervir à trouver les dimenfions les plus favorables à donner au balancier, n. 89 & *suiv.* Quelle doit être la difpofition des balanciers, felon les diverfes agitations qu'ils doivent éprouver, n. 95, 99 & *suiv.* Le plus grand obftacle du balancier, employé pour régulateur d'une Horloge Marine, vient des frottements de fes pivots, n. 121. Comment les réduire, n. 122 & *suiv.* Les grands & les petits arcs de vibrations d'un balancier ne font pas naturellement ifochrones, n. 137. Les arcs de vibrations du balancier d'Horloge Marine, varient par deux caufes : 1°, par les inégalités de la force motrice, &c : 2°, par les agitations du Vaiffeau ; mais on ne peut rendre ces derniers ifochrones que par la combinaifon même du régulateur, n. 138. Comment on peut rendre ifochrones les ofcillations d'inégales étendue du balancier par une combinaifon particuliere du fpiral, n. 141. Les ofcillations du balancier étant rendues ifochrones par le fpiral, l'Horloge ne variera pas malgré les inégalités de la force motrice, & les agitations du Vaiffeau, n. 145. Les ofcillations du balancier encore ifochrones après l'application de l'échappement à l'Horloge, n. 145. Du rapport entre la pefanteur du balancier & la force du fpiral, n. 183 & *suiv.* La force du fpiral étant donnée, trouver la pefanteur du balancier, n. 193, 196, 200. De la matiere dont le balancier d'une Horloge Marine doit être fait, n. 242. Calcul de l'écart produit dans la marche de l'Horloge, par la dilatation & contraction du balancier, n. 247 & *suiv.*

C.

Compensation. Méchanifme de compenfation. Premiere notion, n. 24. Des divers moyens de compenfer les effets du chaud & du froid dans les Horloges Marines : leurs défauts & avantages, n. 255 & *suiv.* On peut obtenir la compenfation, 1°, par le balancier difpofé à cet effet, n. 256, 259, 261 : 2°, par le fpiral rendu plus long ou plus court, n. 257 : 3°, par des Thermometres de mercure de la même maniere que Graham en avoit fait ufage, n. 260. Moyen de compenfation que j'ai adopté, n. 262 & *suiv.* Autre moyen de compenfation, n. 272. Il faut dreffer une Table pour l'équation de la température, n. 265, 267. Des changements qui arrivent dans la compenfation, par les réfiftances qui réfultent des huiles & des frottements, n. 268 & *suiv.* De la compenfation des effets du chaud & du froid par les huiles, & les frottements des pivots de balancier : elle eft trop vicieufe pour des Horloges Marines, n. 271. L'effet de la compenfation doit être d'autant plus grand, que les frottements du régulateur font réduits à la plus petite expreffion, n. 270.

Compteur ou Valet Aftronomique, n. 1354.

D.

Dilatation des métaux par le chaud : Note du n. 242.

E.

Echappement. Office de l'échappement, n. 274 & *suiv.* Qualités qu'il doit avoir, n. 276. Effet des huiles dans l'échappement, n. 67. Un échappement quelconque ne peut rendre ifochrones que les arcs inégaux rendus tels par la force motrice, & non ceux qui font caufés par les agitations du Vaiffeau, n. 139 & *suiv.* Défaut de l'échappement à repos ordinaire, n. 277. Echappement à repos, dont le frottement eft tranfporté fur des pivots, n. 278. Echappement à crochet & à reffort de l'Horloge N°. 2. Il eft à recul, & par conféquent fufceptible des inégalités de la force motrice, n. 279. Echappement à vibrations libres, dont je fis le modele en 1754, n. 281. Echappement à repos, avec des palettes de rubis & une roue d'acier, tel que je

F.

Forces (les) des corps en mouvement sont en raison composées de leurs maffes , & du quarré de leurs vîteffes, n. 78. Force de mouvement des balanciers , n. 83 *& fuiv.* Force (de la) communiquée au régulateur par la roue d'échappement , n. 301 *& fuiv.*

Frottement, définition , n. 30. La confidération du frottement très-effentiele dans les machines qui mefurent le temps , n. 32. Expériences fur la force requife pour vaincre le frottement, n. 33 *& fuiv.* Sur le frottement on peut confulter *Mufchen-broeck , Defaguillier & Amontons*, n. 39. Le frottement augmente en raifon de la preffion , n. 38. Il augmente comme l'efpace parcouru , n. 39. Le frottement des pivots augmente comme les diametres, n. 41. Il eft le produit de la maffe par l'efpace parcouru , n. 42. Le frottement accroît à mefure que les parties frottantes fe déchirent , n. 43. Il change par les diverfes températures, n. 44. La réduction du frottement & les réfiftances variables des huiles , font les objets les plus effentiels des Horloges Marines, n. 45. Ce n'eft pas tant à la quantité abfolue des frottements qu'il faut avoir égard, qu'à rendre ce frottement conftant, n. 46. La matiere ne peut fupporter qu'une certaine quantité de preffion au-delà de laquelle les parties fe déchirent : le frottément varie donc felon la nature des corps ; ainfi, pour rendre le frottement conftant , il faut proportionner le nombre des parties frottantes à la preffion , vîteffe , &c , & différemment felon la dureté des corps , n. 47. Les premiers pivots d'un rouage doivent avoir un plus grand diametre pour réduire le frottement, n. 48. De la réduction du frottement, n. 50 *& fuiv.* Le frottement varie felon que l'huile qui fert à l'adoucir, refte plus ou moins fluide, n. 57. Pour diminuer les frottements & les réfiftances des huiles , il faut tenir les pivots des rouleaux & des roues très-petits , n. 66. Donner la plus grande puiffance au régulateur , n. 69. Les frottements augmentent par une plus grande preffion , & les réfiftances des huiles diminuent par une grande force, n. 38, 61, 71. Le frottement des pivots de balancier augmente comme le nombre des vibrations dans

le même temps , n. 89. Des frottements du régulateur : on réduit les frottemens des pivots de balancier, 1°, le balancier étant d'un grand diametre , & les vibrations lentes, n. 121. 2°, En faifant rouler les pivots entre les rouleaux , n. 122 , & rendant les pivots les plus petits, & les rouleaux les plus grands, n. 123. 3°, En fufpendant le balancier par un reffort, n. 124. Des frottemens des pivots du rouage : comment les diminuer , n. 295 *& fuiv.* Si les frottemens du régulateur étoient entiérement réduits, l'action du chaud & du froid cauferoit de plus grands écarts à l'Horloge fuppofée fans compenfation , n. 270. Mais ayant appliqué un bon méchanifme de compenfation , on auroit la machine la plus exacte. n. 1410.

H.

H UILE. Des effets de l'Huile pour diminuer le frottement , n. 56. La réfiftance des huiles varie par le chaud & par le froid , n. 60. Les changements qui arrivent dans une machine par les divers états des huiles, caufent des variations d'autant plus petites que cette machine a une grande force de mouvement, n. 61. Obfervations effentielles fur les effets des huiles & des frottements dans les machines qui mefurent le temps, n. 63. Différence de l'effet des huiles , & de ceux des frot-frottements, n. 71. Il faut bien s'affurer de la nature de l'huile que l'on emploie, n. 68.

Horloge Aftronomique , n. 8. Les Horloges Aftromiques font les machines les plus exactes fervant à la mefure du temps, n. 343. Caufe de leur juftaffe, n. 344 *& fuiv.* 348 *& fuiv.* Des obftacles qui empêchent d'employer ces fortes d'Horloges à la mer, n. 8 & 354.

Horloge Marine. Degrés de fa juftaffe pour donner la longitude en mer , n. 5. Obftacle à vaincre pour faire fervir les Horlges à la mer n. 10 *& fuiv.* Divifions des parties qui compofent mes Horloges Marines, n. 28. Lorfqu'une Horloge Marine eft expofée au-deffous du 5e degré du thermometre , il feroit néceffaire de tenir une lampe allumée , n. 70. Une Horloge Marine ne doit pas fervir également dans un Vaiffeau ou dans

on peut rendre l'opération plus prompte, n. 1159 & *suiv.* Ebauchage des pieces d'acier , n. 1166 & *f.* De l'exécution du chassis de compensation , 1170 & *suiv.* De l'exécution des pignons, n. 1182 & *f.* Monter les cages, n. 1188. Mettre les roues en cage, & terminer le rouage, n. 1200. Des rouleaux, n. 1202 & *suiv.* De l'exécution des pivots des rouleaux, n. 1212 & *suiv* De l'exécution du balancier de son axe , &c, n. 1228 & *suiv.* Mettre les rouleaux en cage, n. 1225, 1238 & *suiv.* Observation sur le moyen de rendre l'exécution plus prompte, n. 1240. Mettre l'axe de balancier en cage , 1242. De l'exécution du méchanisme de compensation , n. 1244 & *suiv.* De la manicre de graduer les cadrans , limbes , &c, au moyen de l'outil à fendre , &c. n. 1253. De l'exécution de l'échappement à rubis, n. 1258 & *f.* Cet échappement étant fort difficile à exécuter , je me suis occupé de la recherche d'un autre plus facile , n. 1266. De l'exécution de l'échappement à vibrations libres, appliqué à l'Horloge Marine N°. 9. Principes de construction, &c, n. 1267 & *f.* De l'exécution du ressort spiral , n. 1278 & *f.* Trouver la force du spiral pour un régulateur donné, n. 1284. Plier la lame d'un ressort spiral, & fixer sa figure, 1290 & *suiv.* De la trempe du ressort spiral , n. 1297 & *suiv.* Polir l'Horloge, la mettre libre & la remonter, n. 1309. Examiner les effets du méchanisme de compensation , n. 1314 & *suiv.* Nétoyer & remonter l'Horloge à demeure , & ajuster le ressort de suspension du balancier, n. 1317 & *f*

I.

*I*NSTRUMENTS (des) & outils nécessaires pour rendre l'exécution des Horloges Marines plus prompte & plus parfaite , n. 1106 & *suiv.* De la machine à fendre , 1108. Ses usages pour fendre les roues enarbrées, &c, n. 1009. Pour les pignons , n. 1110. Comment fendre les pignons, n. 1111. Pour graduer les cadrans, limbes, &c, n. 1113. De l'outil à arrondir les dents des roues & pignons, & à égaliser les pignons, n. 1117. De l'outil à figurer & à tailler les limes à arrondir les roues & les pignons, n. 1129. De l'outil à

tailler les fraises qui servent à former les limes à arrondir , n. 1135. De l'outil d'engrenage , son usage, sa description , n. 1139 & *suiv.* De l'outil à dresser les plans inclinés des roues d'échappements à cylindre , n. 1141. De l'outil à tremper les roues d'échappements & les ressorts spiraux , n. 1142. De l'outil à faire revenir les roues d'échappement, n. 1143. De la balance élastique , son usage , n. 1144. Sa Description , n. 1145. De l'outil à plier les ressorts spiraux , n. 1147.

Instrument des hauteurs Correspondantes , n. 1345 & *suiv.*

Instrument des passages , n. 1332 & *suiv.*

Isochrones. On appelle *Vibrations* ou *Oscillations isochrones* , celles qui sont de même durée. On peut obtenir des oscillations isochrones ; 1°, en les conservant constamment de même étendue ; 2°, par le régulateur , note du n. 137.

Isochronisme des vibrations. Voyez Spiral.

L.

*L*ATITUDE. Définition, Introduction, Note (ª). *page. ix.*

Longitude. Définition , Introduction, Note (ª), *page. ix.* Moyen de déterminer les longitudes en mer , par le moyen des Horloges Marines, Introduction , Note (ª) *pag. xiij.* Cette Méthode est la plus simple & la plus à portée de tous les Marins *pag. xij.* On a lieu d'espérer qu'elle sera la plus exacte. *Voyez* Introduction.

M.

*M*ACHINES qui mesurent le temps. Qualités à réunir pour leur composition, n. 1. Division des machines qui mesurent le temps en trois especes ; 1°, les Horloges à pendule pour les observatoires fixes ; 2°, les Montres de poches ; 3°, les Horloges Marines, n. 105, & les Montres de Carrosses, n. 101. Montres Marines, n. 106, 112, 119.

Main-d'œuvre des Horloges Marines. Voyez Horloges Marines & n. 1151 & *suiv.*

Méchanisme de compensation : premiere no-

R.

S.

FIN DE LA TABLE DES MATIERES.

APPROBATION.

J'AI lu, par ordre de Monfeigneur le Chancelier , un manufcrit qui a pour titre , *Traité des Horloges Marines* , par M' FERDINAND BERTHOUD. Je n'ai rien trouvé dans cet Ouvrage qui puiffe en empêcher l'impreffion. A Paris le 15 Février 1772.

BÉZOUT.

PRIVILEGE DU ROI.

LOUIS, PAR LA GRACE DE DIEU, ROI DE FRANCE ET DE NAVARRE: A nos amés & féaux Confeillers les gens tenans nos Cours de Parlement , Maîtres des Requêtes ordinaires de notre Hôtel, grand Confeil, Prévôt de Paris, Baillifs, Sénéchaux , leurs Lieutenans Civils & autres nos Jufticiers qu'il appartiendra : SALUT, notre amé le Sieur FERDINAND BERTHOUD, Nous a fait expofer qu'il defireroit faire imprimer & donner au Public *un Traité des Horloges Marines de fa compofition.* s'il Nous plaifoit lui accorder nos Lettres de Privilége pour ce néceffaires. A CES CAUSES, voulant favorablement traiter l'Expofant , Nous lui avons permis & permettons par ces préfentes , de faire imprimer ledit Ouvrage autant de fois que bon lui femblera , & de le vendre , faire vendre & débiter par tout notre Royaume pendant le temps de fix années confécutives, à compter du jour de la date des Préfentes : Faifons défenfes à tous Imprimeurs, Libraires & autres perfonnes , de quelque qualité & condition qu'elles foient , d'en introduire d'impreffion étrangere dans aucun lieu de notre obéiffance; comme auffi d'imprimer , ou faire imprimer , vendre , faire vendre, débiter, ni contrefaire ledit Ouvrage, ni d'en faire aucun extrait fous quelque prétexte que ce puiffe être, fans la permiffion expreffe & par écrit dudit Expofant, ou de ceux qui auront droit de lui, à peine de confifcation des Exemplaires contrefaits , de trois mille livres d'amende contre chacun des contrevenans, dont un tiers à Nous , un tiers à l'Hôtel-Dieu de Paris , & l'autre tiers audit Expofant, ou à celui qui aura droit de lui, & de tous dépens, dommages & intérêts; à la charge que ces Préfentes feront enregiftrées tout au long fur le Regiftre de la Communauté des Imprimeurs & Libraires de Paris, dans trois mois de la date d'icelles; que l'impreffion dudit Ouvrage fera faite dans notre Royaume & non ailleurs, en beau papier & beaux caracteres, conformément aux Réglemens de la Librairie, & notamment à celui du 10 Avril mil fept cent ving-cinq, à peine de déchéance du préfent Privilége; qu'avant de l'expofer en vente, le manufcrit qui aura fervi de copie à l'impreffion dudit Ouvrage, fera remis dans le même état où l'Approbation y aura été donnée, ès mains de notre très-cher & féal Chevalier , Chancelier , Garde des Sceaux de France, le Sieur DE MAUPEOU; qu'il en fera enfuite remis deux Exemplaires dans notre Bibliotheque publique, un dans celle de notre Château du Louvre , & un dans celle dudit fieur DE MAUPEOU; le tout à peine de nullité des Préfentes; du contenu defquelles vous mandons & enjoignons de faire jouir ledit Expofant & fes ayant caufes, pleinement & paifiblement , fans fouffrir qu'il leur foit fait aucun trouble ou empêchement. Voulons que la copie des

590

Préfentes, qui fera imprimée tout au long, au commencement ou à la fin dudit Ouvrage , foit tenue pour dûement fignifiée , & qu'aux copies collationnées par l'un de
nos amés & féaux Confeillers Secrétaires, foi foit ajoutée comme à l'original. Com-
mandons au premier notre Huiffier ou Sergent fur ce requis , de faire pour l'exécution d'icelles , tous actes requis & néceffaires , fans demander autre permiffion , &
nonobftant clameur de Haro , Charte Normande & Lettres à ce contraires. Car tel
eft notre plaifir. Donné à Paris , le treifieme jour du mois de Janvier l'an de grace
mil fept cent foixante-treize, & de notre Régne le cinquante-huitieme. Par le Roi en
fon Confeil.

LE BEGUE.

Regiftré fur le Regiftre XIX de la Chambre Royale & Syndicale des Libraires & Im-
primeurs de Paris , N°. 1980. fol. 45. conformément au Réglement de 1723, qui fait
défenfes , Article 4 , à toutes perfonnes de quelque qualité & condition qu'elles foient ,
autres que les Libraires & Imprimeurs, de vendre , débiter , faire afficher aucuns
livres , pour les vendre en leurs noms , foit qu'ils s'en difent les Auteurs ou autre-
ment , & à la charge de fournir à la fufdite Chambre huit exemplaires prefcrits par
l'Article 108 du même Réglement. A Paris , ce 9 Mars 1773.

C. A. JOMBERT pere, *Syndic.*

De l'Imprimerie de L. F. DELATOUR. 1773.

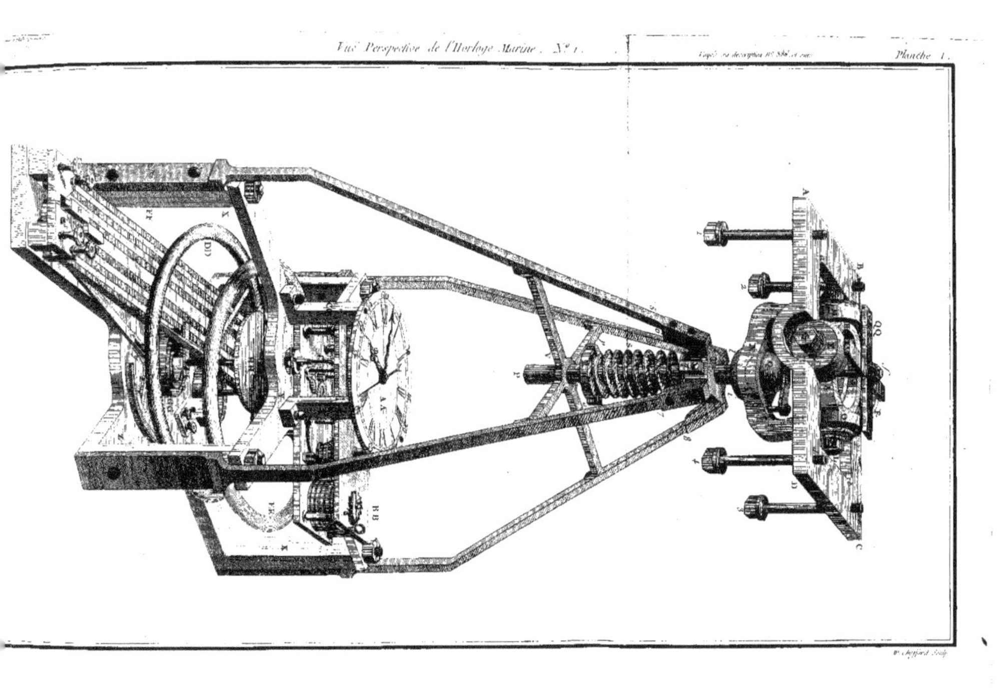

W. Chappart Sculp.

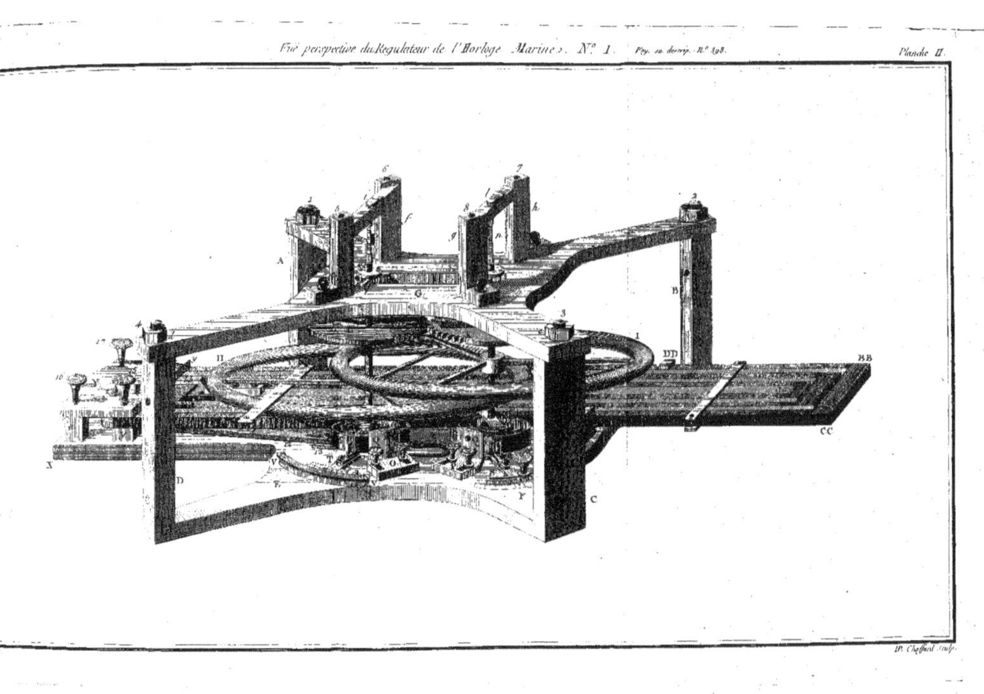

Vüe perspective du Regulateur de l'Horloge Marine. Nᵒ. 1.
Voy. sa descrip. nᵒ 198.
Planche II.
P. Choffard Sculp.

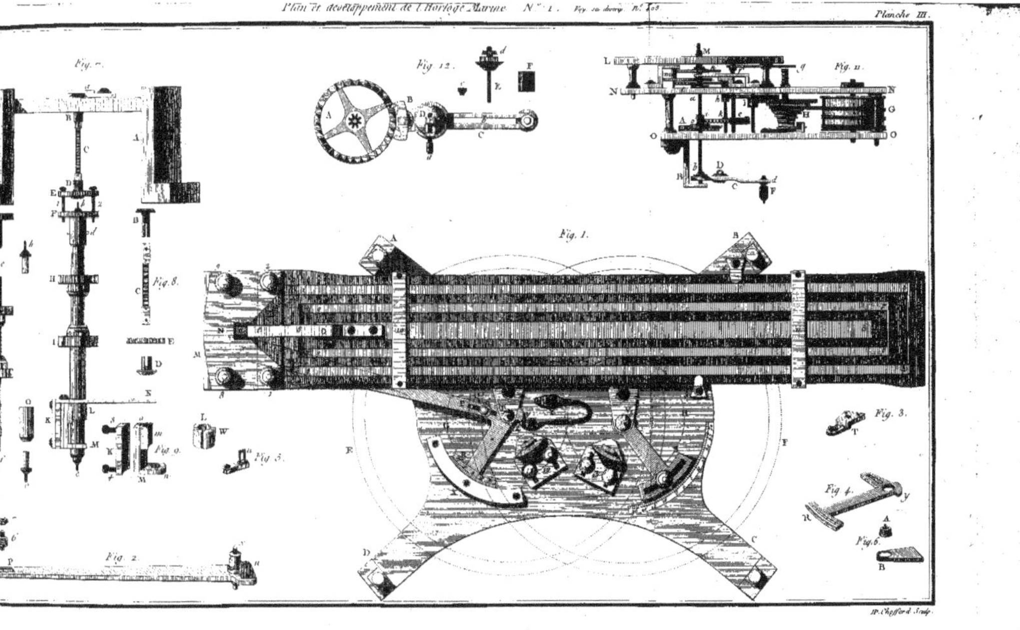

Mr. Chofford Sculp.

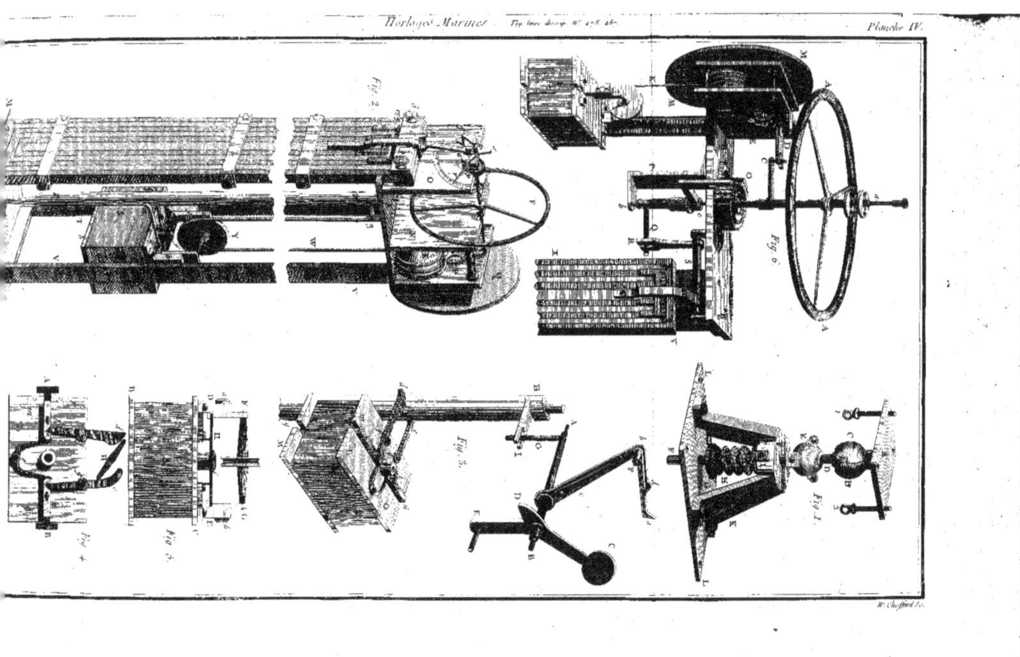
Fig. 2.
Fig. 6.
Fig. 3.
Fig. 1.
Fig. 4.
Fig. 5.
W. Chefford Sc.

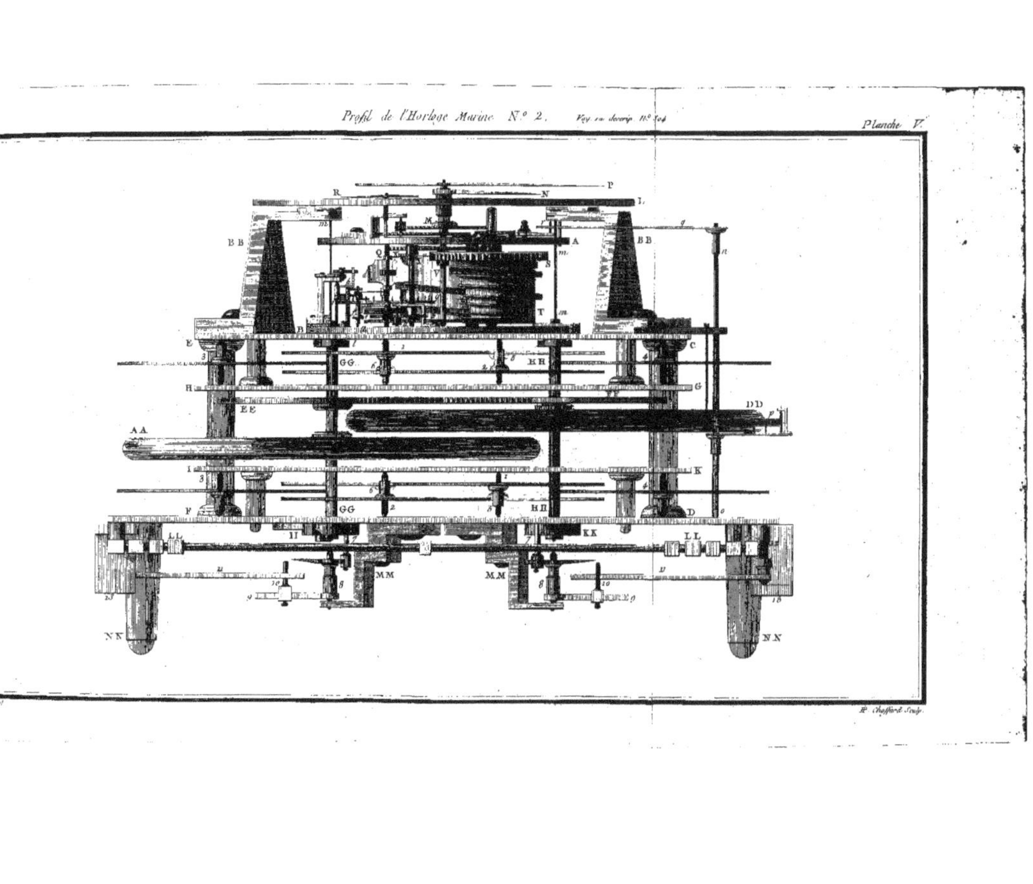

Profil de l'Horloge Marine. N.º 2.
Voy. sa descrip. nº 104
Planche V.
R
P
N
L
m
M
A
BB
BB
q
Q
n
S
m
T
B
C
E
GG
KH
4
H
G
EE
DD
AA
I
3
K
F
GG
2
5
HH
D
o
LL
II
KK
LL
u
MM
MM
v
NN
NN
H. Chaffard Sculp.

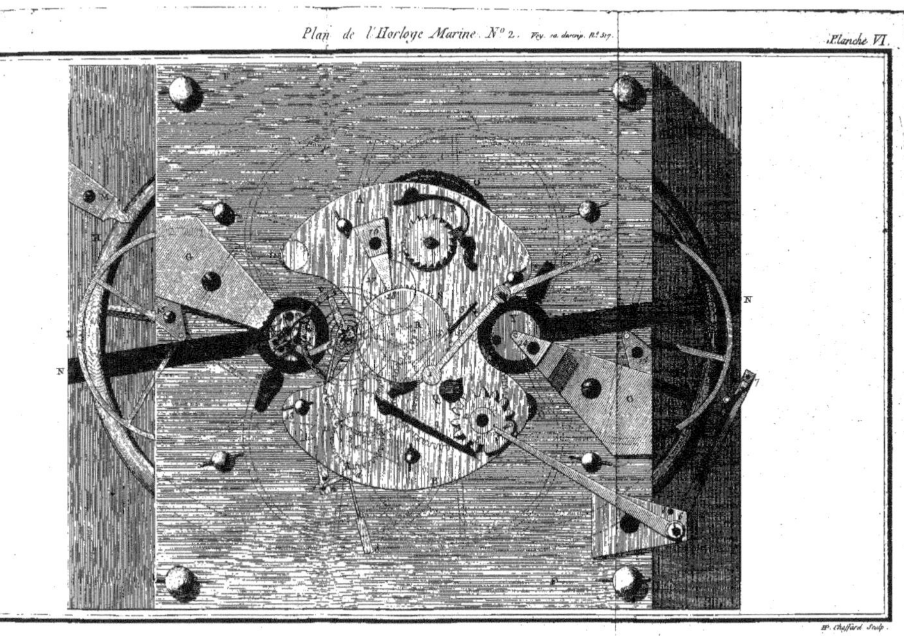

Plan de l'Horloge Marine. N° 2. Voy. sa descrip. p. 317.
Planche VI.
N
N
P. Chaffard Sculp.

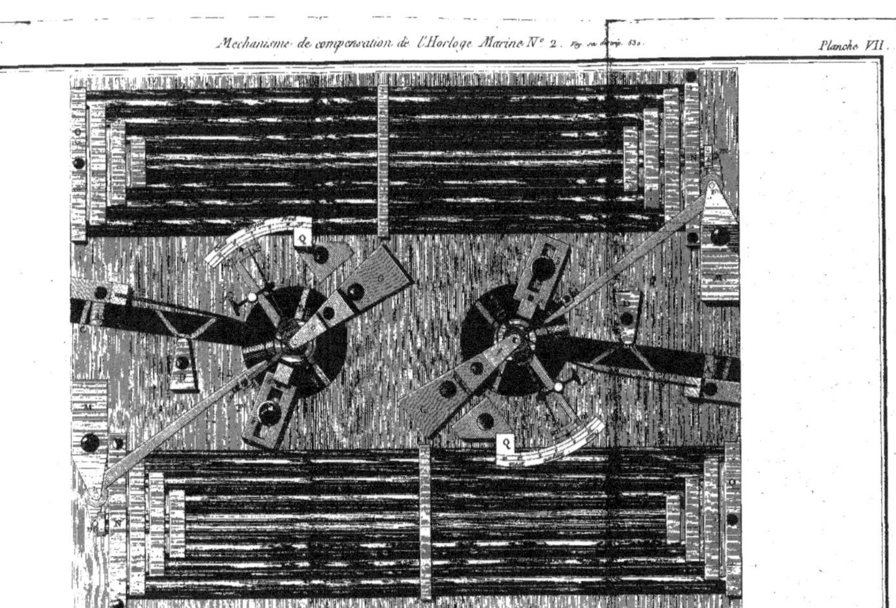

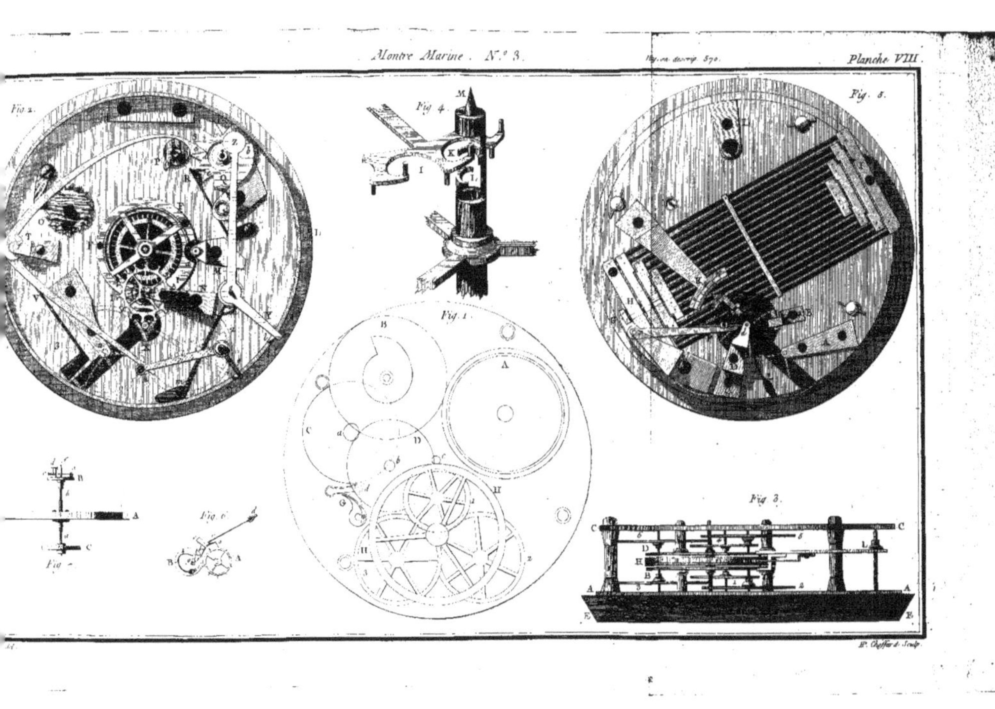

Montre Marine. N.º 3.
Planche VIII.
Fig. 2.
Fig. 4.
Fig. 1.
Fig. 5.
Fig. 3.
Choffard Sculp.

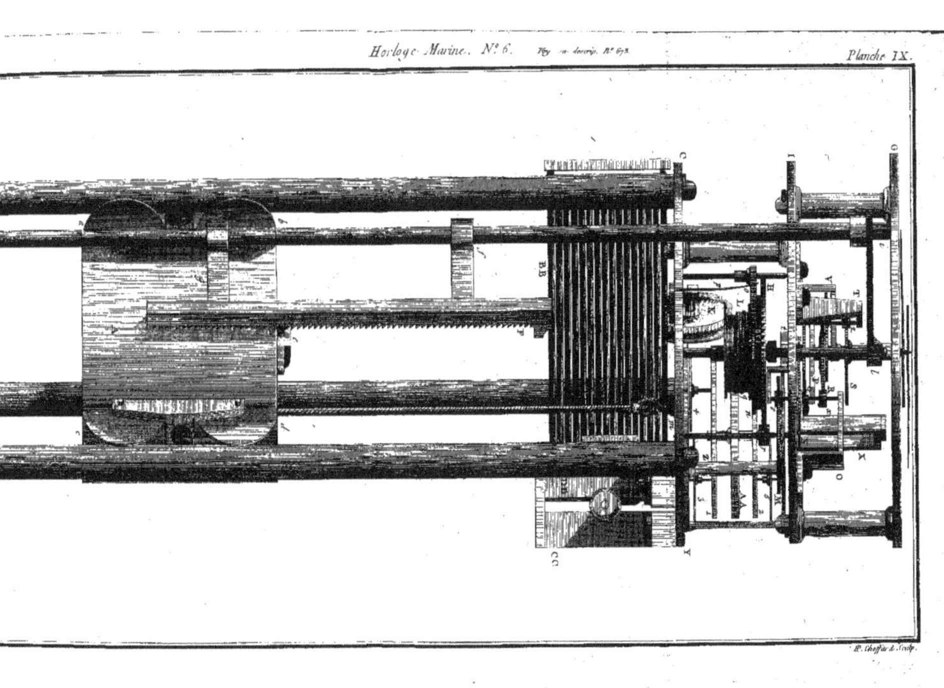

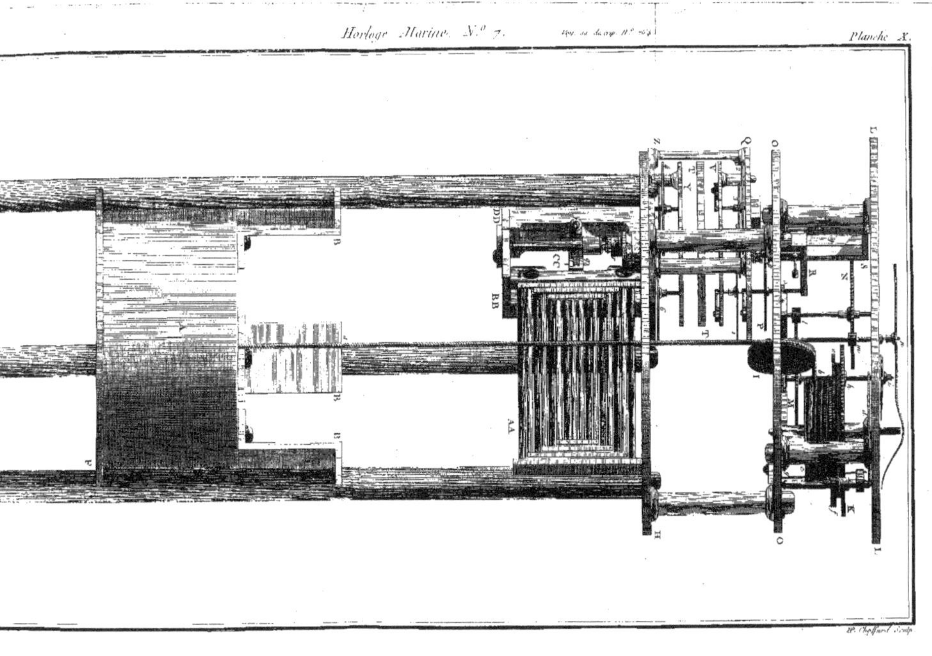

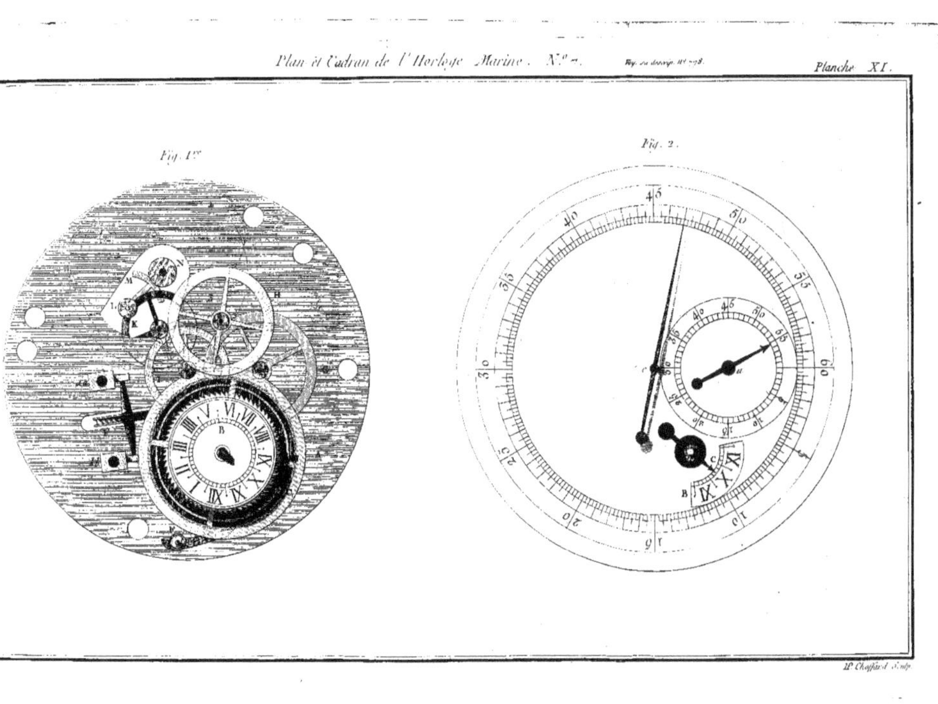
Fig. 1.ᵉʳ
Fig. 2.

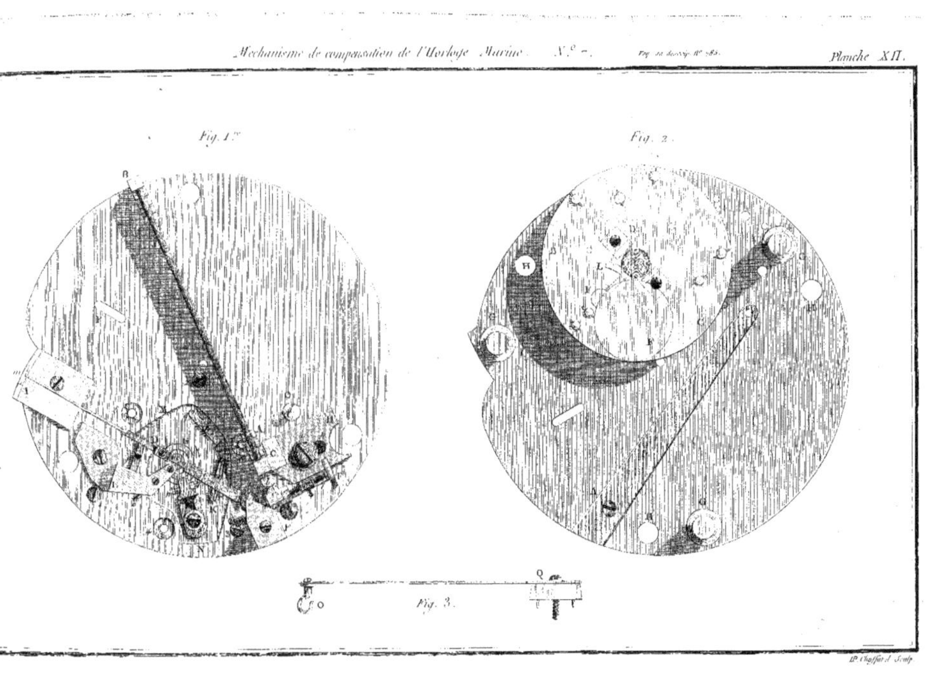

Fig. 1ᵉʳ
Fig. 2.
Fig. 3.

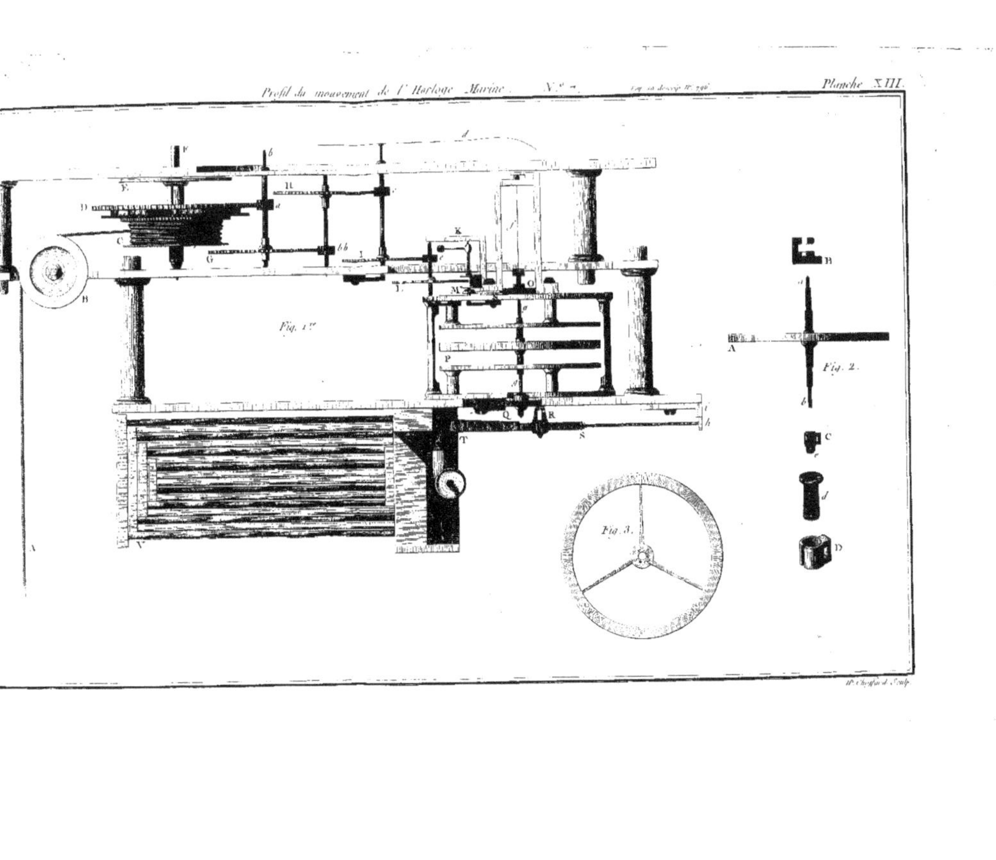

H. Chevillet Sculp.

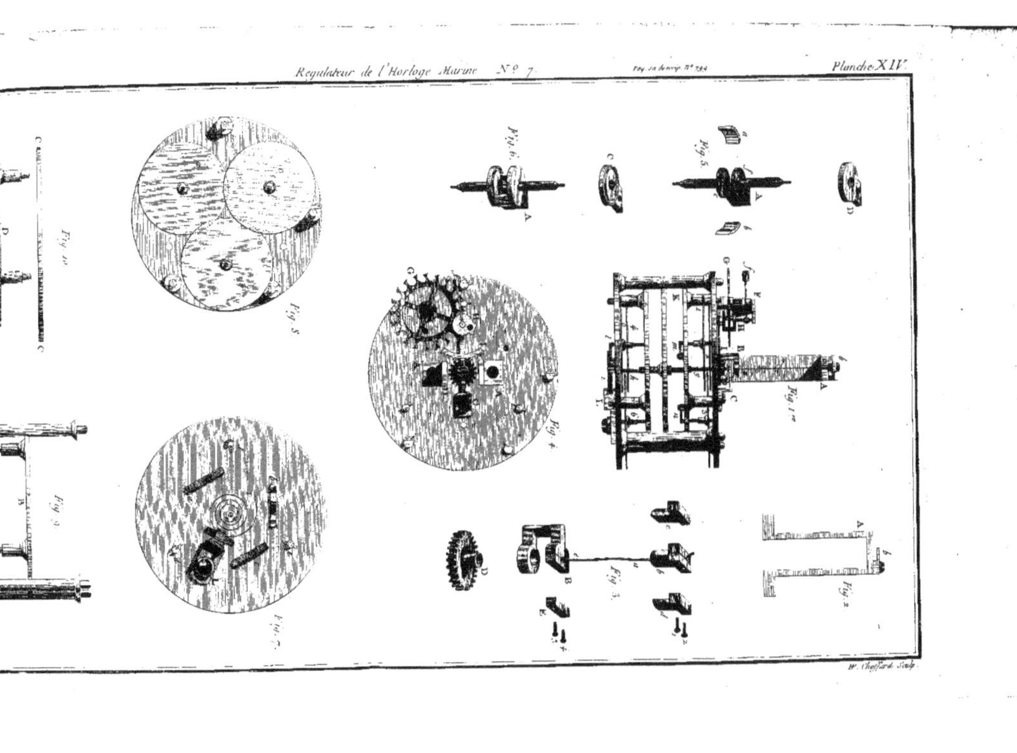

N. Cheffard Sculp.

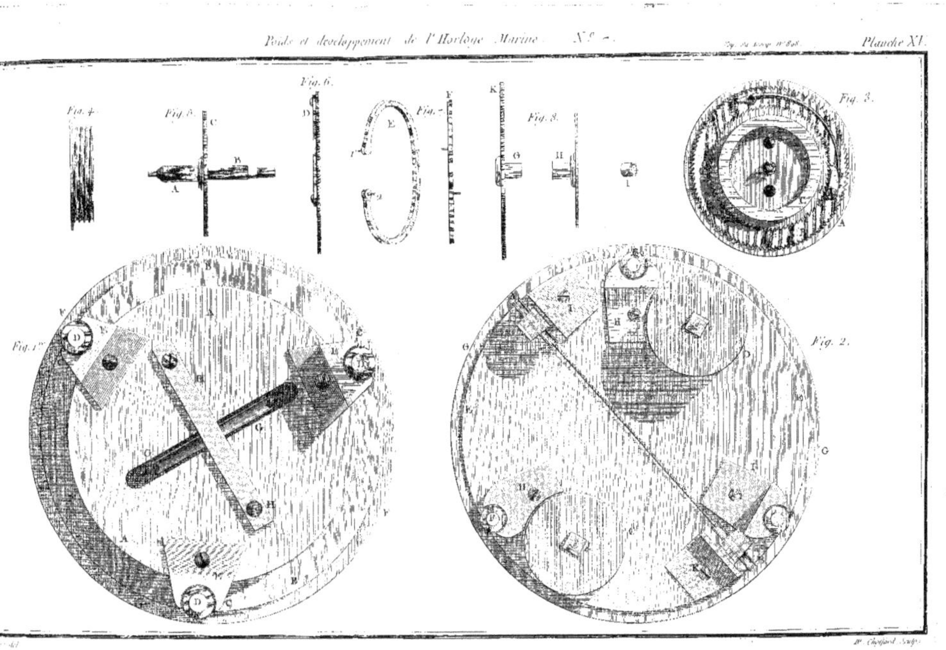
Fig. 4.
Fig. 5.
Fig. 6.
Fig. 7.
Fig. 8.
Fig. 3.
Fig. 1.ʳᵉ
Fig. 2.

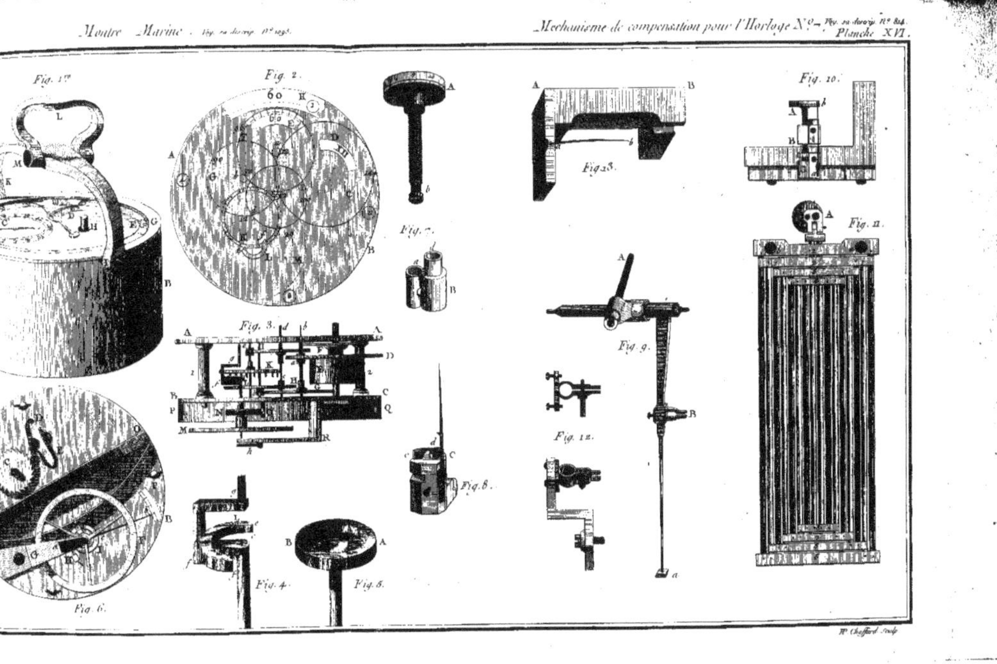
Fig. 1.re
Fig. 2.
Fig. 10.
Fig. 13.
Fig. 11.
Fig. 7.
Fig. 3.
Fig. 9.
Fig. 8.
Fig. 12.
Fig. 4.
Fig. 5.
Fig. 6.

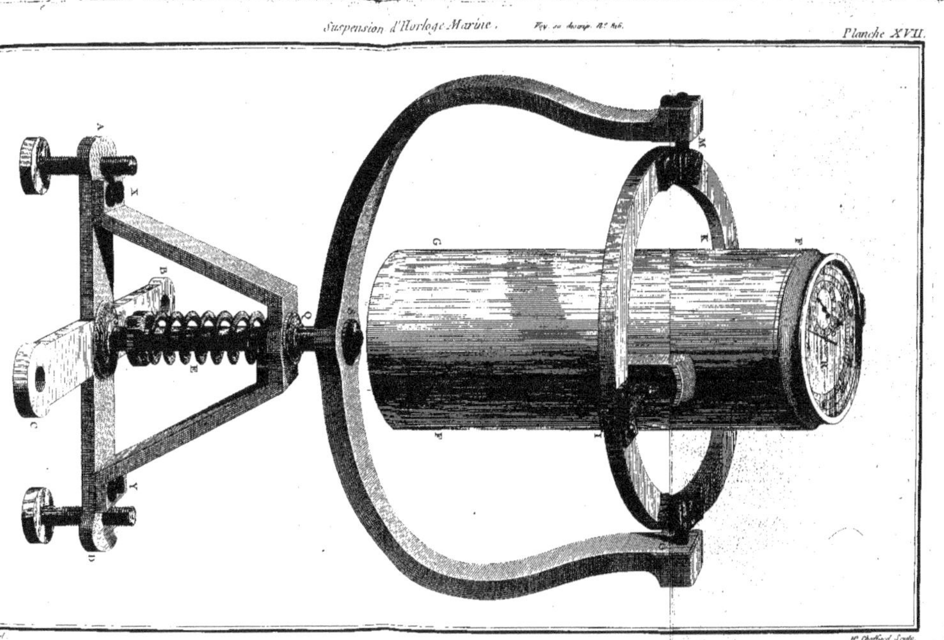

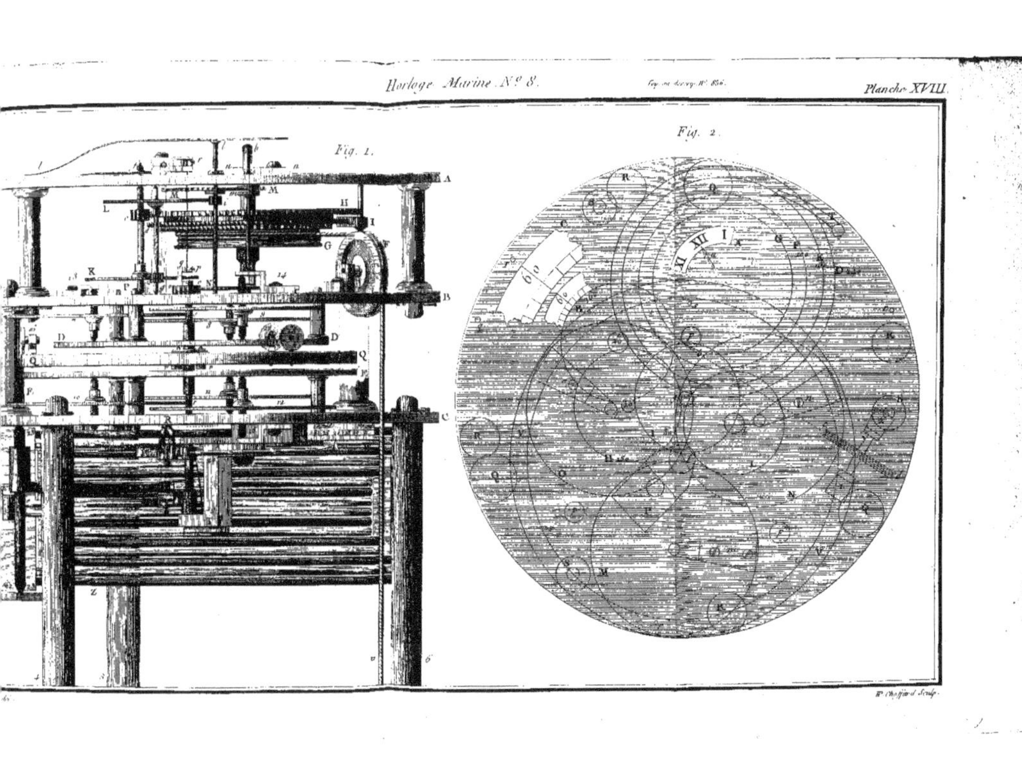
Fig. 1.
Fig. 2.
Planche XVIII.

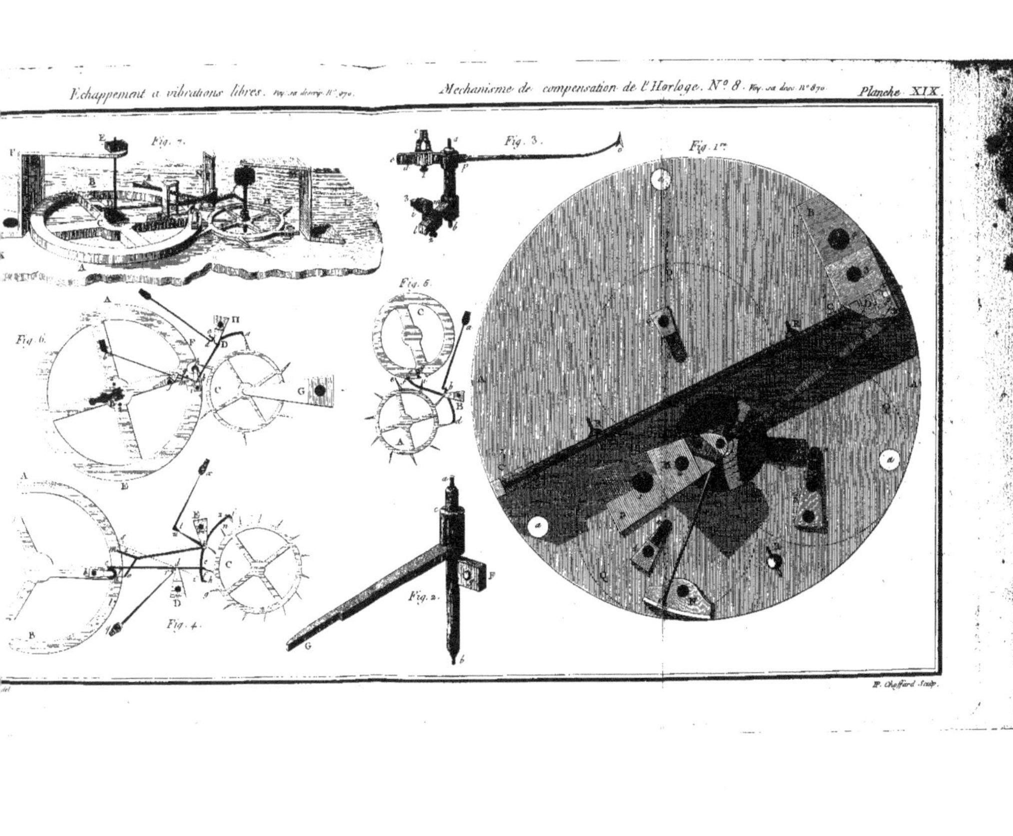
Fig. 7.
Fig. 3.
Fig. 1.
Fig. 6.
Fig. 5.
Fig. 4.
Fig. 2.
P. Choffard Sculp.

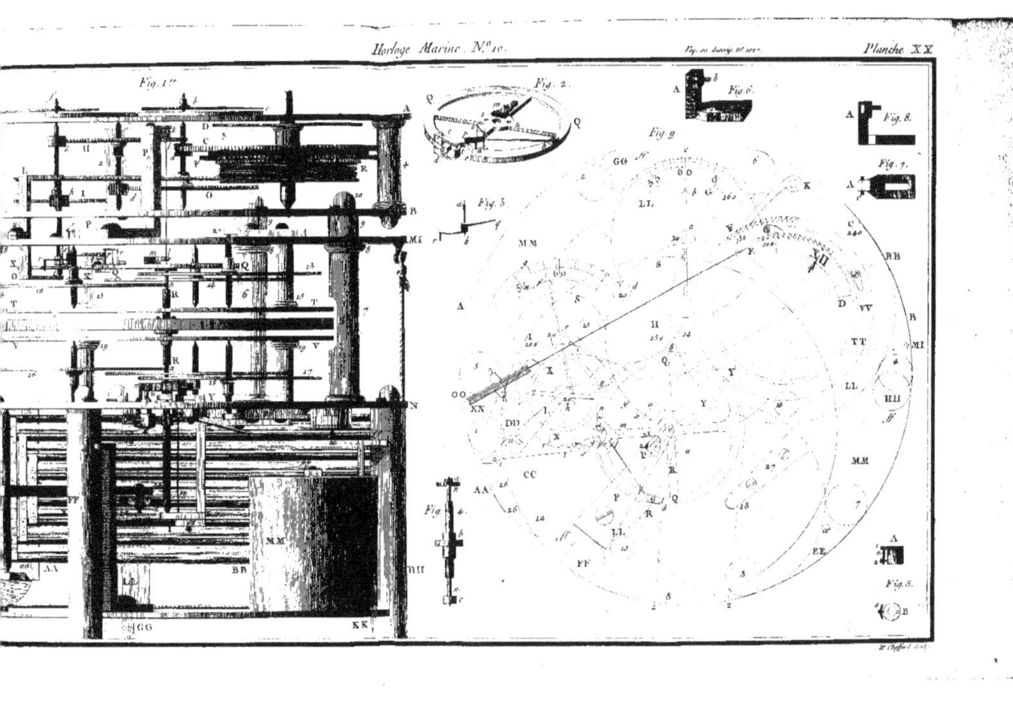
Planche XX.
Fig. 1.re
Fig. 2.
Fig. 6.
Fig. 8.
Fig. 9.
Fig. 7.
Fig. 3.
Fig. 4.
Fig. 5.

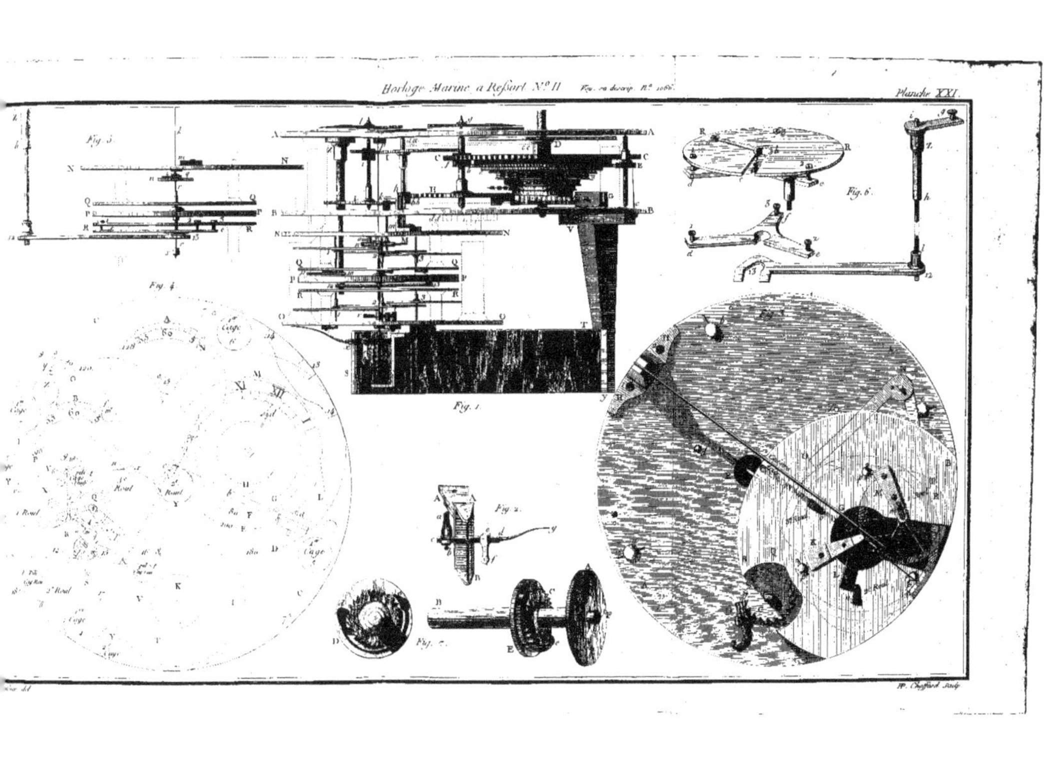

Fig. 3.
Fig. 4.
Fig. 1.
Fig. 2.
Fig. 5.
Fig. 6.
Fig. 7.

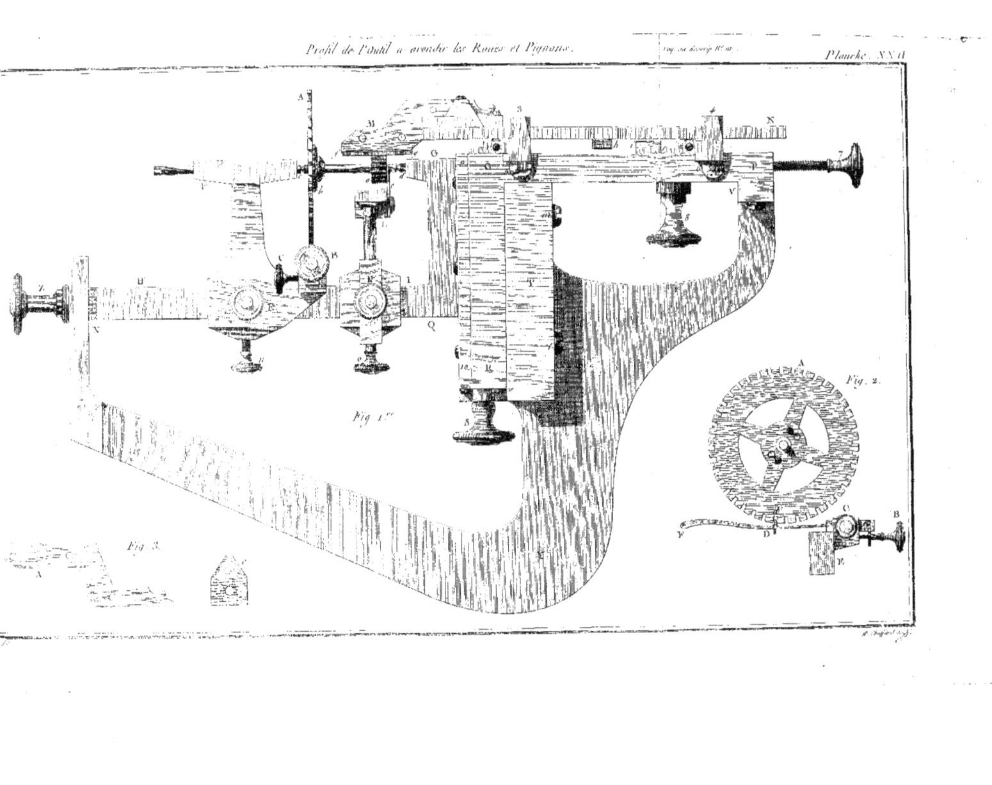
Fig. 1.re
Fig. 2.
Fig. 3.

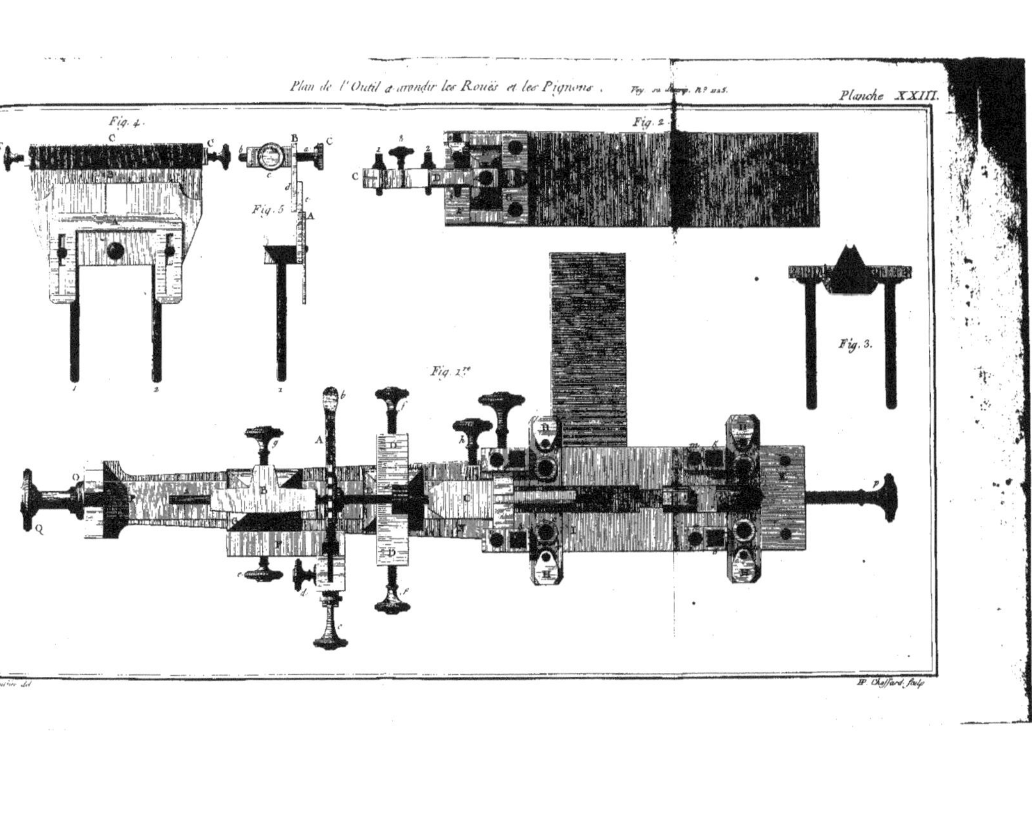

Plan de l'Outil a arondir les Roües et les Pignons .
Planche XXIII.
Fig. 4.
Fig. 5.
Fig. 2.
Fig. 3.
Fig. 1.re

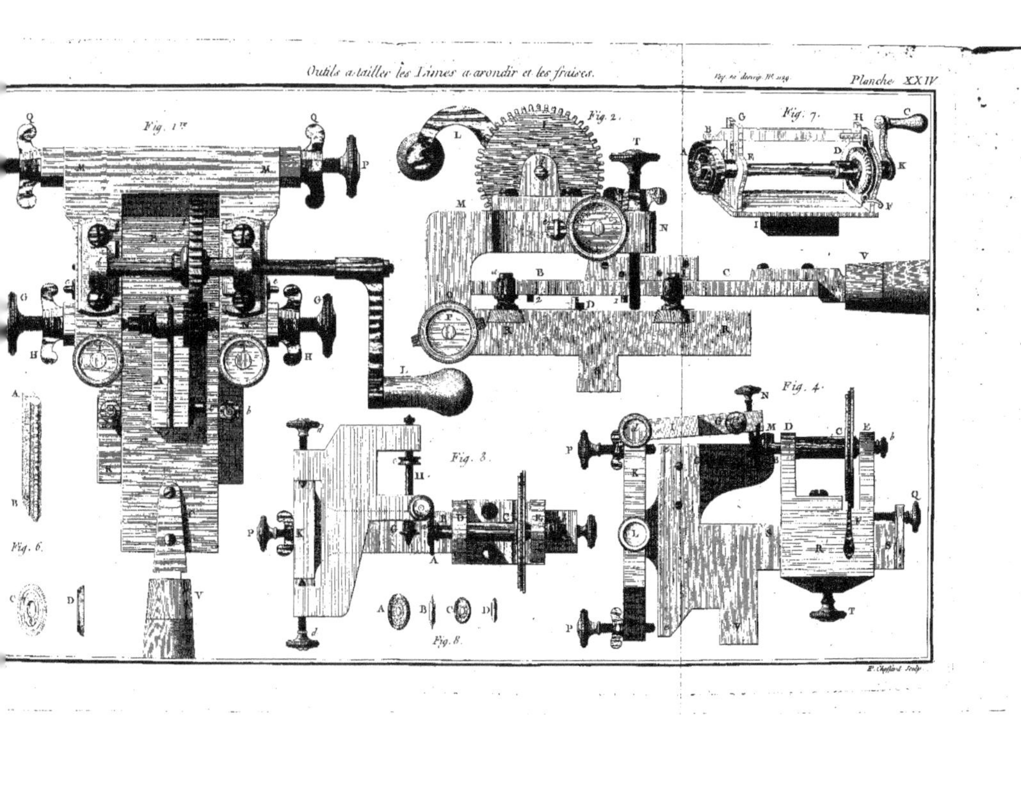

P. Chesdard Sculp.

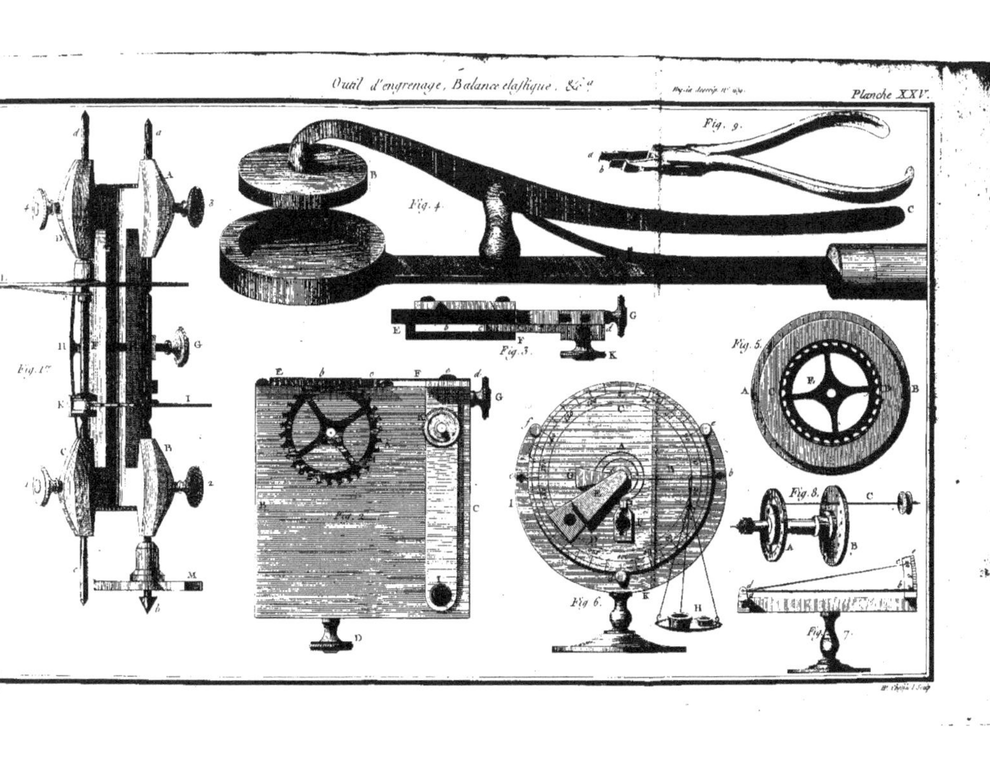
Planche XXV.
Fig. 9.
Fig. 4.
Fig. 3.
Fig. 5.
Fig. 6.
Fig. 8.
Fig. 7.
Fig. 1.er

Etuve et suspension pour les Horloges Marines.

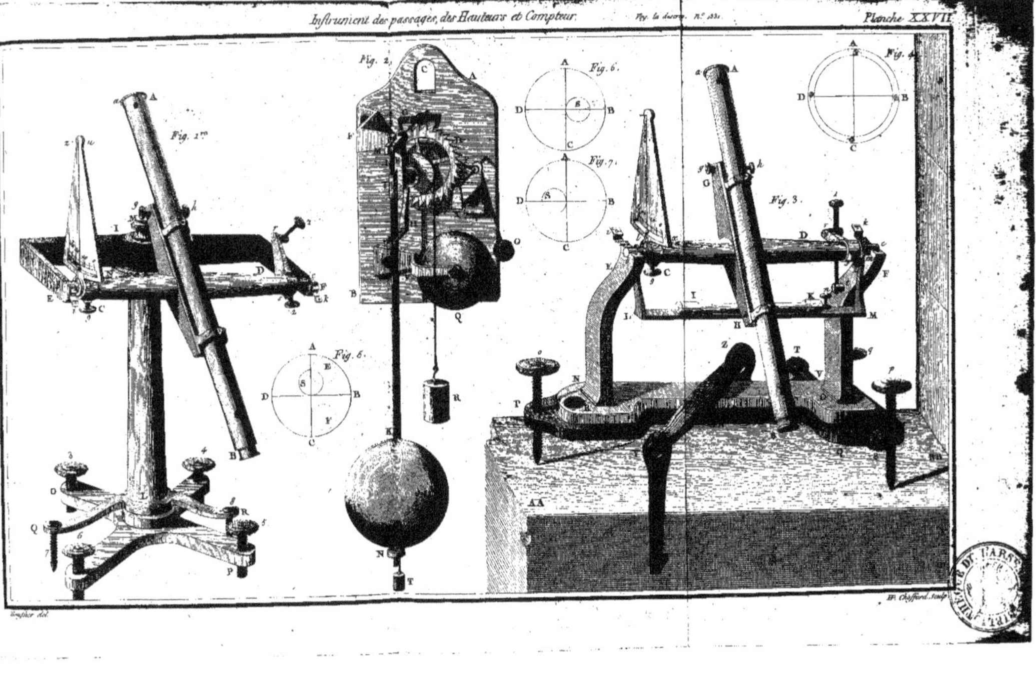

Instrument des passages, des Hauteurs et Compteur.
Planche XXVII
Fig. 1re
Fig. 2.
Fig. 3.
Fig. 4.
Fig. 5.
Fig. 6.
Fig. 7.